Android编程实战学习手册

唐城教育　编

電子工業出版社
Publishing House of Electronics Industry
北京 • BEIJING

内 容 简 介

本书基于最新的 Android 4.2 编写，Android SDK、ADT 都基于 4.2 版本进行设计。本书全面介绍了 Android 应用开发的相关知识，内容涵盖 Java 基础知识、Android 用户界面开发、Android 四大组件、Android 资源访问、图形/图像处理、事件处理机制、Android 输入/输出处理、音频/视频多媒体开发、网络通信编程、Android 平台的 WebService、传感器应用开发、GPS 应用开发、地图开发等。

本书并不局限于介绍 Android 编程的各种理论，而是从项目案例的角度讲授，全书包括近百个实例，可帮助读者更好地理解各知识点在实际开发中的应用，供开发时参考。如果读者在阅读本书时遇到技术问题，可在网上发帖（www.tangcco.com），作者会及时予以解答。

本书适合对面向对象编程思想有简单了解的读者、计算机相关专业大学生、有志于从事 Android 应用开发的 Java 工程师，以及对编程感兴趣的人员。

未经许可，不得以任何方式复制或抄袭本书之部分或全部内容。
版权所有，侵权必究。

图书在版编目（CIP）数据

Android 编程实战学习手册 / 唐城教育编. —北京：电子工业出版社，2016.1
ISBN 978-7-121-27666-8

Ⅰ. ①A… Ⅱ. ①唐… Ⅲ. ①移动终端—应用程序—程序设计 Ⅳ. ①TN929.53

中国版本图书馆 CIP 数据核字（2015）第 285524 号

责任编辑：许存权　　特约编辑：谢忠玉　冯彩茹
印　　刷：涿州市京南印刷厂
装　　订：涿州市京南印刷厂
出版发行：电子工业出版社
　　　　　北京市海淀区万寿路 173 信箱　邮编 100036
开　　本：787×1 092　1/16　印张：32.75　字数：838 千字
版　　次：2016 年 1 月第 1 版
印　　次：2023 年 3 月第 2 次印刷
定　　价：89.00 元

凡所购买电子工业出版社图书有缺损问题，请向购买书店调换。若书店售缺，请与本社发行部联系，联系及邮购电话：（010）88254888。

质量投诉请发邮件至 zlts@phei.com.cn，盗版侵权举报请发邮件至 dbqq@phei.com.cn。

服务热线：（010）88258888。

前　言

当我们团队的老师们萌生写书的念头，一切显得那么自然，四本书一气呵成，涵盖技术类、营销类、专业英语类，本书是其中之一。十年磨一剑，今年是唐城的第十个年头，在这个时候出版，既是献礼，也是十年技术、教学经验扎扎实实的沉淀。我们深知，教育是一种理念、一份责任！我们秉承“让无业者有业，让有业者乐业”的职业教育理念，用专业、职业、敬业的施教精神，帮助超8000名学员成功跨入IT行业、网络营销行业的大门！

因教学经验的积累，我们更知道如何让读者通过阅读，从“不会”到“学会”，从“学会”到“精通”。深入浅出、循序渐进地带领读者走进安卓开发，揭开安卓神秘的面纱，经典的案例，详细的讲解，汇聚了我们多年的教学研讨与企业调研，我们形成了一套成熟的课程体系，完善的组织架构。

移动互联网已经成为当今世界发展最快、市场潜力最大、前景最诱人的业务，而Android则是移动互联网上市场占有率最高的平台，也搭载着Android系统的设备层出不穷。与此同时，Android应用选择了Java作为其开发语言，这对于Java程序员来说是一个极好的机会。

本书特色

本书主要由4名资深安卓老师编写，精雕细琢，一切从读者角度出发，案例设置合理紧凑，知识点讲解细致到位。从如何搭建环境开始，到后期NDK开发，从前端的UI设计，到后台的服务器端建设，面面俱到、以点盖面，提升读者的研发能力，拓展产品思路。由于各位老师长期处于授课第一线，更了解学员学习过程中可能遇到的困难，了解如何通过生活中的案例能使学员快速掌握重点难点内容。以教育为出发点，以学员学会为目标，以实用技能为核心，把这个整体的教育理念灌输于本书。减轻了读者的学习压力，提升了学习效率，通过丰富的项目案例提升读者的个人成就感。本书内容由基础知识到实际开发，结构清晰、语言简洁，非常合适Android初学者和Android进阶程序开发者阅读参考。

关于读者

本书适合具有一定Java编程基础的读者学习，如果读者已熟练掌握Java编程语法，并具有一定的界面编程经验，将更适合阅读本书。否则，阅读本书之前，建议学习一些 Java 编程的基础知识，相关内容可以访问 www.tangcco.com。

同类书比较

本书案例简单易懂，知识架构清晰，由浅入深，由前端到后台，整体诠释了安卓 app 开发的每个要点，所有案例均采用图文混编的形式，并附有通过测试的所有关键代码。总结开发过程中的经验，使读者达到举一反三的效果。真正意义上地实现从零基础快速入门，开始 Android 开发之路，指引新手入门捷径。

感谢

特别感谢鲍健婷、钟华两位校长对本书编写的大力支持，以及对本书内容的指导。

感谢霍炜、唐碧、孙沛林三位老师的整理与撰写，他们兢兢业业、精益求精，将自己最宝贵的知识积累呈现给读者。

感谢聂众老师在编写本书过程中，提供 Java 与 Android 之间的差异化及如何实现在两者间过渡编程的思想。

唐城教育

目　录

第 1 章

Java OOP 基础串讲

欢迎进入唐城 Android 的课程学习，在之前的学习中，已经学习了 Java 的知识，经过一段时间后可能会有些淡忘，那么，在进入正式的 Android 学习前，先来简单复习一下 Java。通过本章内容的学习，应该着重掌握以下内容。

（1）类和对象。

（2）封装。

（3）继承。

（4）多态。

（5）抽象类及接口。

（6）集合框架及泛型。

1.1 对象

Java 是面向对象的编程语言，首先，就来回忆一下什么是对象。

对象是人们要进行研究的任何事物，从最简单的整数到复杂的飞机等均可看作对象，它不仅能表示具体的事物，还能表示抽象的规则、计划或事件（万物皆对象）。

对象的状态（属性）和行为（方法）如下：

（1）对象具有状态（属性）。使用一组数据值来描述对象的状态（属性）。状态是关于个体的具体事实。比如你的名字，就是你的具体事实。简单做法就是通过名词找属性。

（2）对象具有行为（方法）。用以实现某个功能或修改对象状态的操作就是对象的行为（方法）。简单做法就是通过动词找行为（方法）。

（3）对象实现了数据和操作的结合，用以更准确地描述对象。

（4）通过对象的状态（属性）能够简单地区分不同的对象。比如，你的身份证号和其他人的身份证号不同，用以区分你和其他人。

1.2 类

具有相同特性（数据元素）和行为（功能）的对象的抽象就是类。因此，对象的抽象是类，类实际上就是一种数据类型。

（1）类具有属性，它是对象的状态的抽象，用数据结构来描述类的属性。

（2）类具有操作，它是对象的行为的抽象，用操作名和实现该操作的方法来描述。

从对象中抽取类就是从一系列相似的对象中抽取出它们的共通点。比如，人类。要抽取出人类，那么就必须找到所有隶属于人类的对象的共有特征。如姓名、年龄、身高、体重等。这些都是人类所拥有的共同特征，都是使用名词进行的描述，那么，这些特征就可以定义为类的属性。还可以抽取出一些动作。如吃、跑、跳、说等，这些都是动词也就是类的方法。那么，如何确切地定义有用的属性和方法呢？简单地说，就是抽取出对你的程序运行有帮助的属性和方法，而那些没有帮助的属性和方法，就可以忽略掉。

为了便于回忆，我们先定义一个简单的类。

```
    class student{
        int stuNo;
        String stuName;
        int stuAge;
        int stuGender;

        void show(){
                System.out.print("我叫" + stuName + "，今年" + stuAge + "岁了。
")
    }
    }
```

其中，stuNo、stuName、stuAge、stuGender 为类的属性，show()方法为类的操作。通过赋予类的属性以不同的属性值，可以区分不同的对象。而 show()方法则是所有隶属此类对象的共通方法。

1.3 类和对象的关系

在面向对象的编程中，会频繁地定义类和使用对象。那么在程序中，类和对象的关系就非常重要，理清类和对象的关系，有助于在实际编程中快速地定义类和使用对象协作。那么，类和对象之间到底是什么样的关系呢？

以前的学习中，了解到类和对象的关系就是抽象和具体的关系。简单来说，就是包含的关系。类包含对象，对象属于类。类能够代表对象，而对象无法代表类。

1.4　封装

什么是封装？封装就是在程序上，隐藏对象的属性和实现细节，仅对外公开接口，控制在程序中属性的读和修改的访问级别；将抽象得到的数据和行为（或功能）相结合，形成一个有机的整体，也就是将数据与操作数据的源代码进行有机的结合，形成“类”，其中数据和函数都是类的成员。

封装的目的是增强安全性和简化编程，使用者不必了解具体的实现细节，而只是通过外部接口，以特定的访问权限来使用类的成员。

封装在原则上要求把尽可能多的东西藏起来，对外提供简捷的接口。

```
class student{
     private int stuNo;
     public int getStuNo(){
         return stuNo;
  }
  public int setStuNo(int StuNo){
       this.stuNo = StuNo;
  }
  }
```

以上就是一个最简单的封装，能够看到将属性使用 private 修饰，外部类无法直接访问属性。增加了两个方法，get()和 set()，用来使外部类能够通过方法访问内部属性，那么，get()和 set()就是属性 stuNo 对外的接口。

1.5　继承

继承一词来自于生活，指按照法律或遵照遗嘱接受死者的财产、职务、头衔、地位等。

程序中的继承是软件技术当中的一个概念。如果一个类 A 继承自另一个类 B，就把这个 A 称为 B 的子类，而把 B 称为“A 的父类”。继承可以使得子类具有父类的各种属性和方法，而不需要再次编写相同的代码。在令子类继承父类的同时，可以重新定义某些属性，并重写某些方法，即覆盖父类的原有属性和方法，使其获得与父类不同的功能。另外，为子类追加新的属性和方法也是常见的做法。

Java 继承是使用已存在类的定义作为基础建立新类的技术，新类的定义可以增加新的数据或新的功能，也可以用父类的功能，但不能选择性地继承父类。

Java 不支持多继承，单继承使 Java 的继承关系很简单，一个类只能有一个父类，易于管理程序，同时一个类可以实现多个接口，从而克服单继承的缺点。

继承避免了对一般类和特殊类之间共同特征进行的重复描述。同时，通过继承可以清晰地表达每一项共同特征所适应的概念范围——在一般类中定义的属性和操作，适应于这个类本身以及它以下的每一层特殊类的全部对象。运用继承原则使得系统模型比较简练也比较清晰。

1.6 多态

多态（Polymorphism）按字面的意思就是“多种状态”。在面向对象语言中，接口的多种不同实现方式即为多态。引用 Charlie Calverts 对多态的描述，即多态性是允许你将父对象设置成为和一个或更多的它的子对象相等的技术，赋值之后，父对象就可以根据当前赋值，给它的子对象的特性以不同的方式运作。如果一个语言只支持类而不支持多态，只能说明它是基于对象的，而不是面向对象的。

从程序设计的角度而言，多态可以如下来实现。

```
public interface Parent {
 public void show();
}

public class Child_ONE implements Parent {
 public void show(){
     //子类 1 的具体实现
}
}

public class Child_TWO implements Parent {
 public void show(){
     //子类 2 的具体实现
}
}

public class Test {
 Public static void main(String[] args) {
     //以父类对象名称指向子类对象实例的方式调用子类 1 的方法
Parent p1 =  new Child_ONE();
     p1.show();
     //以父类对象名称指向子类对象实例的方式调用子类 2 的方法
Parent p2 =  new Child_TWO();
     P2.show();
}
}
```

p1.show()调用子类 1 的方法，p2.show()调用子类 2 的方法。

所以，对于抽象的父类或者接口给出了具体的实现后，p1 和 p2 可以完全不管实现的细节，而只访问定义的方法，就可以。事实上，这就是多态所起的作用，可以实现控制反转，这在大量的 J2EE 轻量级框架中被用到，比如，Spring 的依赖注射机制。

1.7 抽象类

关键字 abstract 声明的方法称之为抽象方法。抽象方法是一个不完整的方法，只包含方法的声明，不包含方法的具体实现。

如果一个类中至少包含一个或一个以上的抽象方法，则这个方法所在的类必须声明为：抽象类。

抽象类以及抽象方法的示例如下。

```
//抽象类
public abstract class Human {
 //抽象方法
 public abstract  void eat();
}
```

但是，即使不包括任何 abstract 方法，亦可将一个类声明成抽象类。如果一个类没必要拥有任何抽象方法，而且又想禁止那个类的所有实例，这种能力就会显得非常有用。

在面向对象的概念中，所有的对象都是通过类来描绘的，但是反过来却不是这样。并不是所有的类都是用来描绘对象的，如果一个类中没有包含足够的信息来描绘一个具体的对象，这样的类就是抽象类。抽象类往往用来表征对问题领域进行分析、设计中得出的抽象概念，是对一系列看上去不同，但是本质上相同的具体概念的抽象。比如，如果进行一个图形编辑软件的开发，就会发现问题领域存在着圆、三角形这样一些具体概念，它们是不同的，但是它们又都属于形状这样一个概念，形状这个概念在问题领域是不存在的，它就是一个抽象概念。正是因为抽象的概念在问题领域没有对应的具体概念，所以，用以表征抽象概念的抽象类是不能够实例化的。

现在来说说抽象类在继承中的体现。

如果从一个抽象类继承，而且想生成新类型的一个对象，就必须为基础抽象类中的所有抽象方法提供方法具体实现。如果不这样做，则衍生类也会是抽象的，而且编译器会强迫用 abstract 关键字标志那个类的抽象本质。

综上所述，在面向对象领域，抽象类主要用来进行类型隐藏。可以构造出一个固定的一组行为的抽象描述，但是这组行为却能够有任意个可能的具体实现方式。这个抽象描述就是抽象类，而这一组任意个可能的具体实现，表现为所有可能的派生类。模块可以操作一个抽象体，由于模块依赖于一个固定的抽象体，因此，它可以是不允许修改的；同时，通过从这个抽象体派生，也可扩展此模块的行为功能。

1.8 接口

接口实现和类继承的规则不同，为了数据的安全，继承时一个类只有一个直接父类，也就是单继承，但是一个类可以实现多个接口，接口弥补了类不能多继承的缺点，继承和接口的双重设计既保持了类的数据安全，也变相实现了多继承。

Java 接口本身没有任何实现，因为 Java 接口不涉及表象，而只描述 public 行为，所以 Java 接口比 Java 抽象类更抽象化。但是接口不是类，不能使用 new 运算符实例化一个接口。

```
//接口
public interface Parent{
}

public class Test {
 public static void main(String[] args){
 Parent p =  new Parent();//这是错误的!!
}
}

public class Test1 {
 public static void main(String[] args){
 Parent p;//这是正确的
}
}
```

Java 接口的方法只能是抽象的和公开的，Java 接口不能有构造器，Java 接口可以有 public、静态的和 final 属性。即接口中的属性可以定义为 public static final int value = 3。

接口把方法的特征和方法的实现分割开来。这种分割体现在接口常常代表一个角色，它包装与该角色相关的操作和属性，而实现这个接口的类便是扮演这个角色的演员。一个角色由不同的演员来演，而不同的演员之间除了扮演一个共同的角色外，并不要求其他的共同之处。

1.9 集合框架

集合框架是为表示和操作集合而规定的一种统一标准的体系结构。任何集合框架都包含三大块内容：对外的接口、接口的实现和对集合运算的算法。

Java2 的集合框架，就其核心，主要有三类：List、Set 和 Map。List 和 Set 继承了 Collection，而 Map 则独成一体。初看上去，可能会对 Map 独成一体感到不解，它为什么不继承 Collection 呢？但是仔细想想，这种设计是合理的。一个 Map 提供了通过 Key 对 Map 中存储的 Value 进行访问，也就是说，它操作的都是成对的对象元素，比如 put()和 get()方法，而这是一个 Set 和 List 所不具备的。当然在需要时，可以由 keySet()方法或 values()方法从一个 Map 中得到键的 Set 集或值的 Collection 集

1. Collection 接口提供了一组操作成批对象的方法

它提供了基本操作，如添加、删除。它也支持查询操作，如是否为空 isEmpty()方法等。为了支持对 Collection 进行独立操作，Java 的集合框架给出了一个 Iterator，它可以泛型操作一个 Collection，而不需知道这个 Collection 的具体实现类型是什么。

2. List 接口对 Collection 进行了简单的扩充

它常用的具体实现类有 ArrayList 和 LinkedList。可以将任何东西放到一个 List 容器中，并在需要时从中取出。从 ArrayList 命名中可以看出，它以一种类似数组的形式进行存储，因此，它的随机访问速度极快，而 LinkedList 的内部实现是链表，它适合用于在链表中间需要频繁进行插入和删除操作。在具体应用时，可以根据需要自由选择。List 最重要的特征就是有序；它能确保以一定顺序保存元素。List 在 Collection 基础上添加了大量方法，使之能在序列中间插入和删除元素（只对 LinkedList 推荐使用）。List 可以制造 ListIterator 对象，除能用它在 List 中间插入和删除元素外，还能用它沿两个方法遍历 List。

ArrayList：一个用数组实现的 List。能进行快速的随机访问，但是往列表中间插入和删除元素时比较慢。ListIterator 只能用在反向遍历 ArrayList 的场合，不能用它插入和删除元素，因为相比 LinkedList，在 ArrayList 里用 ListIterator 的系统开销比较高。

LinkedList：对顺序访问进行了优化。在 List 中间插入和删除元素的代价也不高，随机访问的速度相对较慢。此外，它还有 addFirst()、addLast()、getFirst()、getLast()、removeFirst()和 removeLast()等方法，能把它当成栈（stack）、队列（queue）、双向队列（deque）来用。

3. Map 是一种把键对象和值对象进行关联的容器

一个值对象又可以是一个 Map，因此，这样就可形成一个多级映射。对于键对象来说，像 Set 一样，一个 Map 容器中的键对象不允许重复，这是为了保持查找结果的一致性；如果有两个键对象一样，想得到那个键对象所对应的值对象时就有问题，可能得到的并不是想要的那个值对象，结果会造成混乱，所以键的唯一性很重要，也符合集合的性质。当然，在使用过程中，某个键所对应的值对象可能会发生变化，这时会按照最后一次修改的值对象与键对应。对于值对象没有唯一性的要求，可以将任意多个键都映射到一个值对象上，这不会发生任何问题（不过对使用可能会造成不便，不知道得到的到底是那一个键所对应的值对象）。Map 有两种比较常用的实现方法：HashMap 和 TreeMap。HashMap 也用到了哈希码的算法，以便快速查找一个键，TreeMap 则是对键按序存放，因此，它有一些扩展的方法，比如 firstKey()、lastKey()等，还可以从 TreeMap 中指定一个范围以取得其子 Map。键和值的关联很简单，用 put(Object key,Object value)方法即可将一个键与一个值对象相关联。用 get(Object key)可得到与此 key 对象所对应的值对象。

HashMap：基于 hash 表的实现（用它来代替 Hashtable）。提供时间恒定的插入与查询，在构造函数中可以设置 hash 表的 capacity 和 load factor，可以通过构造函数来调节其性能。

TreeMap：基于红黑树数据结构的实现。当查看键或 pair 时，会发现它们是按顺序（根据 Comparable 或 Comparator，全面介绍）排列的。TreeMap 的特点，所得到的是一个有序的 Map。TreeMap 是 Map 中唯一有 subMap()方法的实现。这个方法能获取这个树中的一部分。

综上所述：

①Collection 持有单个元素，而 Map 持有相关联的 pair。

②和数组一样，List 也把数字下标与对象联系起来，可以把数组和 List 想象成有序的容器，List 会随元素的增加自动调整容量。

③如果要做很多随机访问，那么用 ArrayList，但是，如果要在 List 的中间做很多插入和删

除的话，就应该用 LinkedList。

④LinkedList 能提供队列、双向队列和栈的功能。

⑤Map 提供的不是对象与数组的关联，而是对象和对象的关联。

⑥HashMap 看重的是访问速度，而 TreeMap 看重键的顺序，因而 TreeMap 不如 HashMap 快。

⑦没必要在新代码里再使用旧类库留下来的 Vector、Hashtable 和 Stack。

1.10 泛型

泛型（Generic type 或 generics）是对 Java 语言的类型系统的一种扩展，以支持创建可以按类型进行参数化的类。可以把类型参数看作使用参数化类型时指定类型的一个占位符，就像方法的形式参数是运行时传递值的占位符一样，Java 泛型是 JDK1.5 的新特性。

示例如下：

```
//不使用泛型
 List list = new ArrayList();
 list.put(new Integer(3));
 Integer I = (Integer)list(0);

//使用泛型
 List<Integer> list = new ArrayList<Integer>();
 list.put(new Integer(3));
 Integer I = list(0);
```

在 Java 语言中，引入泛型的一个重要目标，就是维护向后兼容。尽管 JDK 5.0 的标准类库中的许多类，比如集合框架，都已经泛型化，但是，使用集合类（比如 HashMap 和 ArrayList）的现有代码，将继续不加修改地在 JDK 5.0 中工作。当然，没有利用泛型的现有代码，将不会赢得泛型的类型安全好处。

这里，需要注意一个问题。关于泛型的混淆， List<Object> 不是 List<String> 的父类型。他们之间没有继承关系，即使 String 继承了 Object。

下面的代码是非法的：

```
//使用泛型
 List<String> list = new ArrayList<String>();
 List<Object> olist = list;
```

这样设计的原因，在于根据 olist 的声明，编译器允许向 olist 中添加任意对象（例如 Integer），但是，此对象是 List<String>，破坏了数据类型的完整性

泛型同样可以用于方法和类，即泛型方法和泛型类。

1. 泛型方法

在引入泛型之前，类中的方法要支持多个数据类型，就需要对方法进行重载，在引入泛型后，可以解决此问题（多态），进一步可以定义多个参数以及返回值之间的关系。

例如：

```
//重载方法
 public void write(Integer i,Integer[] array);
 public void write(Double i,Double[] array);

//泛型方法
 public <T> void write(<T> I,<T>[] array);
```

类型参数的命名风格如下。

推荐用简练的名字作为形式类型参数的名字（如果可能，用单个字符）。最好避免小写字母，这能使它和其他普通的形式参数很容易区分。使用 T 代表类型，无论何时都没有比这更具体的类型区分，这经常见于泛型方法。如果有多个类型参数，可能使用字母表中的临近的字母 T，比如 S。如果一个泛型函数在一个泛型类里出现，最好避免在方法的类型参数和类的类型参数中使用同样的名字，避免混淆。对内部类也是一样。

2. 泛型类

定义带类型参数的类时，在紧跟类名之后的<>内,指定一个或多个类型参数的名字，同时也可以对类型参数的取值范围进行限定，多个类型参数之间用逗号（,）分隔。定义了类型参数后，可以在定义位置之后的类的几乎任意地方（静态块、静态属性、静态方法除外），使用类型参数，就像使用普通的类型一样。

```
public class Test<T> {
//类内部代码
}
注意，父类定义的类型参数不能被子类继承。
通配符。通配符即是对类型参数赋予不确定值。
例如：
//通配符定义泛型集合
 List<?> unkownList;
```

注意，在 Java 集合框架中，对于参数值是未知类型的容器类，只能读取其中元素，不能向其中添加元素，因为，其类型未知，所以编译器无法识别添加元素的类型和容器的类型是否兼容，唯一的例外是 NULL。

```
 List<String> list;
List<?> unkownList;
List<?> unknowList1 = list;
 unkownList = unknowList1;
List = unkownList; //编译错误
```

Java 语言中引入泛型是一个较大的增强功能。不仅语言、类型系统和编译器有较大变化，以支持泛型，而且类库也进行了大的修改，所以许多重要的类，比如集合框架，都已经泛型化。这带来了以下好处。

①类型安全。

泛型的主要目标是提高 Java 程序的类型安全。知道使用泛型定义的变量的类型限制，编译器可以在高程度上验证类型假设。没有泛型，这些假设就只存在于程序员的头脑中（还可能存在于代码注释中）。

Java 程序中的一种流行技术是定义这样的集合，即它的元素或键是公共类型的，比如“String 列表”或“String 到 String 的映射”。通过在变量声明中捕获这一附加的类型信息，泛型允许编译器实施这些附加的类型约束。类型错误就可以在编译时被捕获，而不是在运行时当作 ClassCastException 展示出来。将类型检查从运行时段提前到编译时段，有助于更快找到错误，并可提高程序的可靠性。

②消除强制类型转换。

泛型的一个附带好处是，消除源代码中的许多强制类型转换。这提高了代码的可读性，并且减少出错机会。

第 2 章

Android 布局及控件

前一章回顾了 java 基础知识，以及学习了 Java 的高级特性后，本章将进入 Android 的学习，将针对 Android 的基础布局及基础控件展开深入学习，读者应该重点掌握以下内容。

（1）会使用安卓中常用的五种布局。

（2）熟练掌握及使用 Android 中的控件。

2.1 Android 简介

2009 年 1 月 7 日，工业和信息化部正式发放了 3G 牌照，中国移动、中国电信和中国联通分别获得 TD-SCDMA、CDMA2000 和 WCDMA 牌照。随着 3G 牌照的发放，这一年被业界称为“中国的 3G 元年”。

2.1.1 移动互联网时代

3G 到底是什么，为什么无数人对之翘首期盼，无数人对 3G 的到来欢呼雀跃。3G 是第三代数字通信技术的简称。所谓 3G，是指将无线通信与国际互联网等多媒体通信结合的新一代移动通信系统。3G 只是一种通信技术标准，符合这个标准的技术有 WCDMA、CDMA2000、TD-SCDMA 三种制式。中国联通使用的是 WCDMA（世界上大部分 3G 网络都采用该标准），中国电信使用的是 CDMA2000（日、韩和北美使用），中国移动使用的是具有自主知识产权的 TD-SCDMA（只有中国才使用）。相对第一代模拟制式手机（1G）和第二代 GSM、CDMA 等数字手机（2G），3G 网络能处理图像、音乐、视频等多种媒体形式，提供包括网页浏览、电话会议、电子商务等多种信息服务。第三代与前两代的主要区别是在传输声音和数据的速度上有很大提升。作为新一代数字通信技术，3G 能为我们带来什么？

60 年前计算机的出现和发展，将人类带入了信息时代，20 多年前 PC 的出现，造就了软件领域的微软和硬件领域的英特尔与戴尔，今天我们正快速迈进以“手机+互联网”为代表的移动互联网时代，全世界的程序员都面临着一次巨大的机遇。

纵观当前的移动设备上的操作系统，依然还处于 iPhone OS、Windows Mobile、和 Android 群雄争霸的阶段。与其他的操作系统相比，由 Google 领衔的开放手机联盟所推出的世界上第一个开源的手机平台——Android，无疑成为了其中的佼佼者。

2.1.2 Android 的优势

开放手机联盟（Open Handset Alliance）是美国 Google 公司于 2007 年宣布组建的一个全球性的联盟组织，该组织由大约 30 家机构组成，致力于向市场推出一个优秀的开放移动系统——Android，移动设备上第一个开放、完善和免费的平台。作为传统互联网领域的霸主，Google 早在 2002 年就进入了移动领域，并试图一统传统互联网和移动互联网。Android 的推出，就是实现这一雄心勃勃目标的重要一步。那么，被 Google 寄予如此厚望的 Android 到底具有哪些优势呢？

- 开源

开源是 Android 最值得关注的特征之一，源代码完全开放，便于开发人员更清楚地把握实现细节，便于提高开发人员的技术水平，有利于开发出更具差异性的应用。同时开放的平台意味着平台上所有缺失的元素都将被全世界的开发者提供。举例来说，多媒体编解码器可以由第三方程序员提供而不是依赖于 Google 或其他任何一个机构。

- 应用程序平等

Android 是一个构建于移动设备之上的软件平台，包括一个基于 Linux 操作系统的内核、丰富的用户接口、应用程序、代码库、应用程序框架/多媒体支持等重要的组成部分。虽然其底层的操作系统是用 C、C++编写的，然而 Android 上的应用程序却使用 Java 语言开发。甚至一些内置的应用程序也是用 Java 编写的。设备上运行的内置程序与用户基于 SDK 创建的应用程序没有任何区别，这意味着设备上的应用程序甚至一些核心程序是可以被替换或扩展的。甚至手机中的拨号程序都可以由第三方程序员所开发的拨号程序替代，这在其他的任何手机平台上几乎是不可能实现的。

- 应用程序间无界限

应用程序可以通过标准 API 访问核心移动应用，应用程序还可以声明它们的功能可以供其他应用程序使用。此外，Android 程序员可以把 Web 上的数据与本地的联系人、日历和位置信息同步，从而创造全新的用户体验。

- Dalvik 虚拟机

出于某些考虑，Google 并未在 Android 平台上使用 Java 虚拟机，而是开发了自己的虚拟机 Dalvik。Dalvik 虚拟机在有限内存、电池和 CPU 等多方面进行了优化，使其更适合在移动终端上使用，大大提高了 Android 的运行速度。

- 良好的产业链支持

历来困扰移动市场的一个很大问题，是市场中不同的角色有着各自不同的利益诉求。移动运营商、硬件厂商、软件厂商相对独立和封闭，大大提高了进入移动互联网市场的门槛。Android 的推出和开放手机联盟的组建，使相关各方拥有了一个标准的、开放式的统一平台，因而得到了各方的大力支持。再加上其良好的盈利模式使产业链各方都可以获得不错的利益，将移动终端的评价标准从硬件向软件转变，极大地激发了软件开发者的热情。

如前所述，Android 的优势使得其在移动市场获得了优异的表现，市场占有率节节攀升。Android 为平台的手机如雨后春笋不断涌现，以 Android 为平台的平板电脑也已经面世。业界一致看好 Android 平台在未来的表现，甚至有机构预测未来 Android 的市场占有率将超过百分之五十。那么究竟是什么样的技术和设计支撑着 Android 如此强势的表现呢？后面将介绍 Android 的系统架构，以使大家对 Android 能够有进一步的了解。

2.1.3　Android 系统架构

从图 2-1 中可以看到，Android 平台由 Linux 内核、库、Android 运行时、应用程序框架和应用程序五部分组成。下面，介绍 Android 的系统结构。

图 2-1

- Android 内核

Android 依赖 Linux 内核 2.6 提供核心服务，比如安全、内存管理、进程管理、网络、硬件驱动（包括显示驱动、摄像头驱动、蓝牙驱动、Flash 内存驱动、Binder（IPC）驱动、USB 驱动、键盘驱动、WiFi 驱动、音频驱动及电源管理）。在这里，Linux 内核扮演的是硬件层和系统其他层之间的一个抽象层的角色，以使应用程序开发人员可以忽略硬件层次的一些细节。通常的做法，是硬件厂商在生产硬件设备的同时，应当为在其设备上运行的 Android 系统修改其 Linux 内核，在 Linux 内核中写入该硬件设备的驱动（图 2-2），而这一细节与该硬件设备上运行的应用程序无关。

图 2-2

Android 平台使用的 Linux 内核并非类 GNU/Linux 的内核，因为其系统库、系统初始化和编程接口都和标准的 Linux 系统有所不同。从 Google 目前公布的 Linux 系统来看，该系统没有虚拟内存文件系统，系统所用的是 yaffs2 文件系统，具体的映像也都位于 SDK 安装目录下。通过 emulator –console 命令可以在 host 中断下得到一个简单的可以控制 Android 的 shell。该系统还包含一个“工具箱”，提供一些基本的命令工具，集中在 /sbin、/system/sbin、/system/bin 目录中，但是很简陋，命令种类也很少。

1．Android 运行时

虽然 Android 使用 Java 语言来开发应用程序，但却没有采用大家常用的 J2ME 来执行 Java 程序，而是采用 Android 自有的 Android 运行时来执行。

Android 运行时包括核心库和 Dalvik 虚拟机两个核心。

①核心库提供 Java 编程语言核心库的大多数功能。

其中最核心的部分见表 2-1 和如图 2-3 所示。

表 2-1

序文件	说明
java.lang	Java 语言的核心包
java.io	输入输出包
java.net	网络连接包
java.util	常用工具包
java.text	文本操作相关的包
java.math	数学包
javax.net	网络连接的扩展包
javax.security	安全相关的包
javax.xml	基于 DOM 的 xml 操作类
org.aptech	Http 相关的一些类
org.xml	基于 SAX 的 xml 操作类
…	

图 2-3

②Dalvik 虚拟机。

如前所述，Android 采用针对移动设备优化过的 Dalvik 虚拟机运行其程序。在 Android 中，每一个应用程序都有一个自有的进程，Android 并不是使用一个 Dalvik 虚拟机来同时执行多个 Android 应用程序，而是为每一个 Android 应用程序都分配一个 Dalvik 虚拟机来执行。Dalvik 被设计成一个设备可以同时高效地运行多个虚拟系统。

Dalvik 虚拟机有许多地方是参考 Java 虚拟机的设计，但 Dalvik 虚拟机所执行的中间代码并非是 Java 虚拟机所执行的 Java 字节码，同时也不直接执行 Java 类（Java Class File），而是依靠转换工具将 Java 字节码转为 dex（Dalvik Executable）可执行文件（扩展名为.dex）。

Dalvik 虚拟机与 Java 虚拟机最大的不同，在于 Java 虚拟机是基于栈的（stack-based），而 Dalvik 虚拟机是基于寄存器的（register-based）。从技术层面来看，基于寄存器的虚拟机有一个很大的好处，那就是对于目前主流的硬件架构，很容易与现有系统整合，且达到最优化，而所需要的资源也相对较少。最重要的是，Dalvik 虚拟机并不是由 J2ME 实现，从而绕开了 J2ME 授权相关的问题。

2. Android 系统库

Android 包含一些 C/C++库，这些库能被 Android 系统中不同的组件使用。它们通过 Android 应用程序框架为开发者提供服务，以下是一些核心库。

- Surface Manager

对显示子系统的管理，并且为多个应用程序提供 2D 和 3D 图层的无缝融合。

- Media Libraries

基于 PacketVideo OpenCORE，该库支持多种常用的音频、视频格式回放和录制，同时支持静态图像文件。编码格式包括 MPEG4, H.264, MP3, AAC, AMR, JPG, PNG。

- SQLite

SQLite 是一套开放源码的关系数据库，一个对于所有应用程序可用，功能强劲的轻型关系型数据库引擎。

- OpenGL|ES（3D 类库）

基于 OpenGL ES 1.0 APIs 实现，该库可以使用硬件 3D 加速（如果可用），或者使用高度优化的 3D 软加速。

- Free Type

位图（bitmap）和矢量（vector）字体显示。

- WebKit/LibWebCore

一个最新的 Web 浏览器引擎，支持 Android 浏览器和一个可嵌入的 Web 视图。

- SGL

底层的 2D 图形引擎。

- SSL

Secure Socket Layer 用于保护网页通信的协议。

- libc (c 系统函数库)

一个从 BSD 继承来的标准 C 系统函数库，它是专门为基于 embedded linux 的设备定制的，如图 2-4 所示。

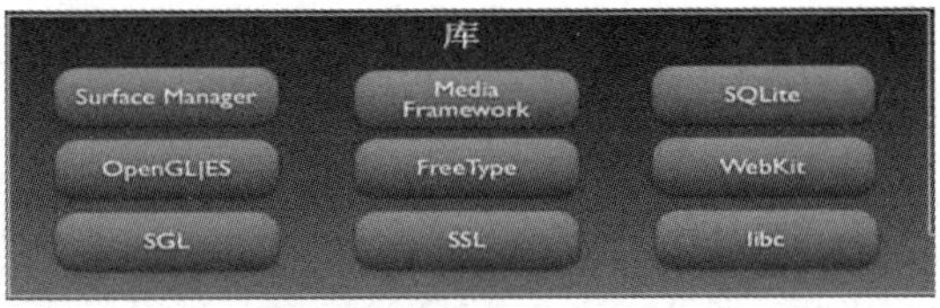

图 2-4

3. Android 应用程序框架

开发人员也可以完全访问核心应用程序所使用的 API 框架。该应用程序的架构设计简化了组件的重用，任何一个应用程序都可以发布它的功能块，并且任何其他的应用程序都可以使用其所发布的功能块（不过，必须遵循框架的安全性限制）。同样，该应用程序的重用机制也使用户可以方便地替换程序组件，如图 2-5 所示。

图 2-5

隐藏在每个应用后面的是一系列的服务和系统，其中包括如下。

- Activity Manager（Activity 管理器）

用来管理应用程序生命周期，并提供常用的导航回退功能。

- Window Manager（窗口管理器）

管理所有的窗口程序。

- Content Providers（内容提供器）

使应用程序可以访问另一个应用程序的数据（如联系人数据库），或者共享它们自己的数据。

- Views System（视图系统）

丰富而又可扩展的视图（Views），可以用来构建应用程序，它包括列表（lists），网格（grids），文本，框（text boxes），按钮（buttons），甚至可嵌入的 web 浏览器。

- Notification Manager（通知管理器）

使应用程序可以在状态栏中显示自定义的提示信息。通知列设定在手机的顶部，像短信（short Message），Voice mail 都会在此进行提示。

- Package Manager（包管理器）

Android 系统内的程序管理。

- Telephony Manager（电话管理器）

用来管理所有移动设备的功能。

- Resource Manager（资源管理器）

提供非代码资源的访问，如本地字符串、图形、布局文件（layout files）等。

- Location Manager（位置管理）。

用来提供位置服务

4. Android 应用程序

Android 应用程序会同一系列核心应用程序包一起发布，该应用程序包包括 E-mail 客户端，SMS 短消息程序、日历、地图、浏览器、联系人管理程序等（图 2-6）。所有的应用程序都是使用 Java 语言编写的。

图 2-6

至此，简单地介绍了 Android 的系统架构，可能对于有些读者来说感觉这些架构非常陌生，不要紧，随着我们逐步深入学习 Android 的开发知识，还能更深入地理解 Android 的系统架构。那么，就让我们开始 Android 学习之旅吧。

2.1.4　搭建 Android 开发环境

在开始正式学习之前，先做好前期的一些准备工作，包括准备硬件设备和开发环境等。学习 Android 开发，无需购买特定的终端设备，只需准备一台计算机，并安装好相应的开发环境和模拟器即可。Android 对硬件要求不高，当前的主流计算机（不包括上网本）一般均可安装 Android 开发环境，具体的系统环境要求可以参考 http://androidappdocs.appspot.com/ sdk/requirements.html。

Android 的开发环境可以在不同的操作系统上安装，但在下载开发工具时，需注意下载与操作系统对应的软件版本。下面，一步一步地开始搭建开发环境。

1．下载所需软件

（1）JDK

开发 Android 应用程序，以 Java 为开发语言，所以，需要下载并安装 JDK。可以在以下网址下载最新的 JDK，http://www.oracle.com/technetwoek/java/javase/ downloads/index.html，下载页面如图 2-7 所示。

图 2-7

在图 2-7 所示页面，单击 Download JDK 按钮，进入如图 2-8 所示的页面。

如图 2-8 所示，在 platform 选项处选择与计算机对应的操作系统，本书采用 Windows 操作系统。然后填写其他注册信息，单击 Continue 按钮，进入如图 2-9 所示页面。

在如图 2-9 所示页面中，单击下载图标或超链接，开始下载。

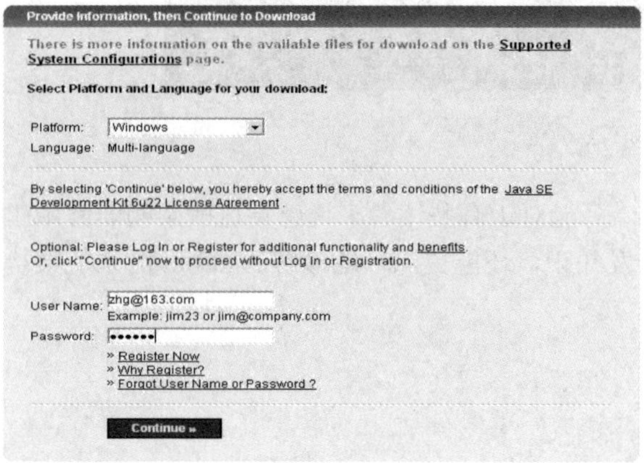

图 2-8　　　　图 2-9

（2）Eclipse

Eclipse 是当前比较流行的一款优秀的开源开发工具，通过安装相关插件（ADT），可以使用 Eclipse 来开发。Eclipse 可以 http:// www.eclipse.org/download 下载，建议下载 Eclipse IDE for Java EE Devlopers 版本，下载页面如图 2-10 所示。

（3）Android SDK 安装包

Android SDK 安装包可以在 http://androidappdocs.appspot.com/sdk/index.html 下载，选择与操作系统对应的链接进行下载，如图 2-11 所示。

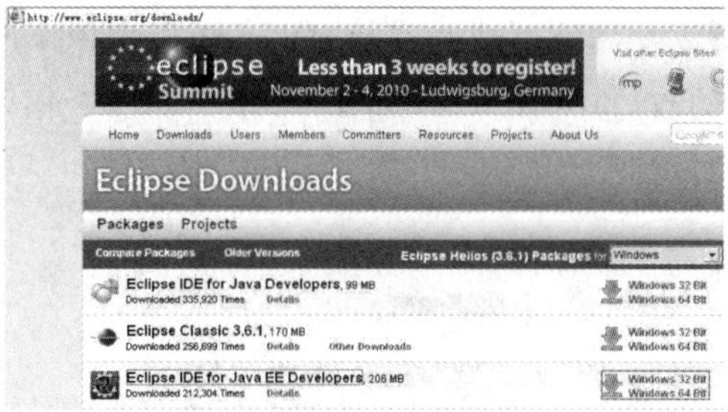

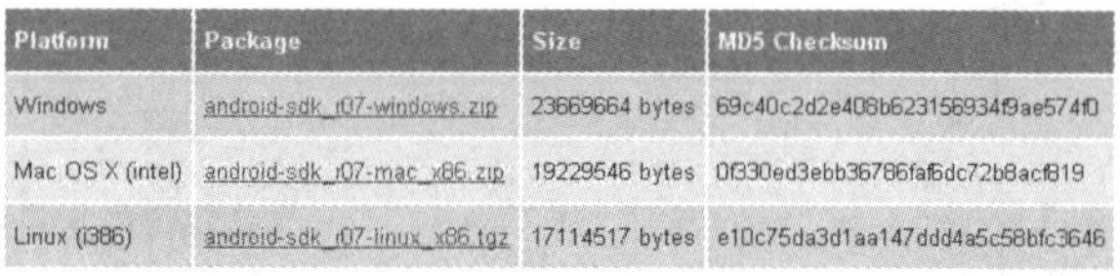

Platform	Package	Size	MD5 Checksum
Windows	android-sdk_r07-windows.zip	23669664 bytes	69c40c2d2e408b623156934f9ae574f0
Mac OS X (intel)	android-sdk_r07-mac_x86.zip	19229546 bytes	0f330ed3ebb36786faf6dc72b8acf819
Linux (i386)	android-sdk_r07-linux_x86.tgz	17114517 bytes	e10c75da3d1aa147ddd4a5c58bfc3646

图 2-10　　　　图 2-11

（4）Android ADT 插件

ADT 插件是安装在 Eclipse 上的插件，安装方式有两种，第一种安装方式无需下载此插件，直接在 Eclipse 中配置插件下载地址即可安装插件，第二种方式是先下载此插件，再配置 Eclipse，本书采用第二种方式。ADT 插件的下载地址为：http://androidappdocs.appspot.com/sdk/eclipse-adt.html，下载页面如图 2-12 所示，单击图中的 ADT 超链接即可下载，当前的最新版本为 22.6.3，本书使用 ADT10.0.0 版本。

图 2-12

2．安装 JDK

下载完成后，可以开始安装开发环境了，首先安装 JDK，双击之前下载的 JDK 安装程序，弹出如图 2-13 所示窗口。在窗口中单击“接受”按钮，弹出如图 2-14 所示窗口。

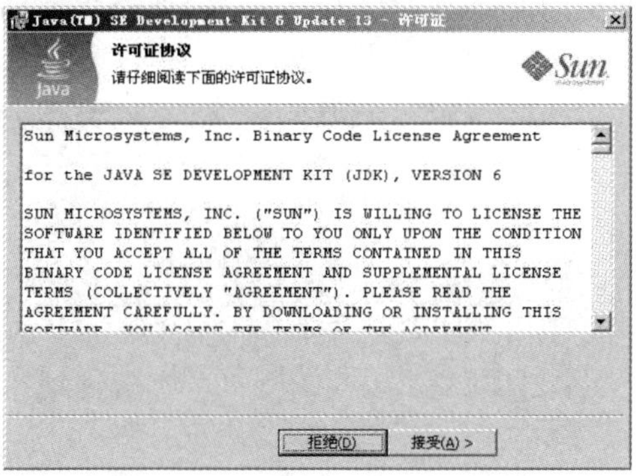

图 2-13

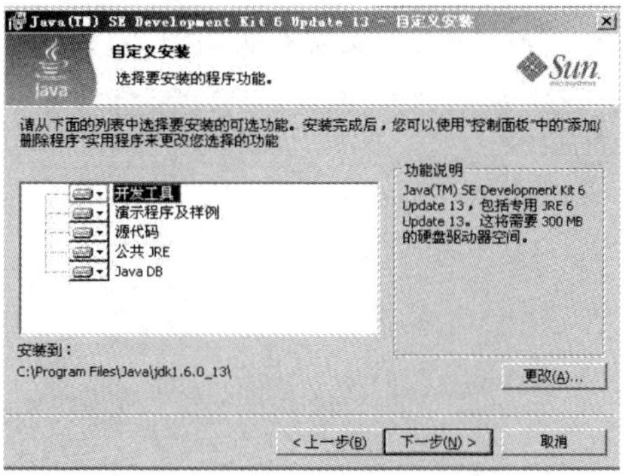

图 2-14

单击“更改”按钮，可选择安装路径，可以在 C 盘下建立一个名为 Adroid_dev 的文件夹，将所有 Android 开发环境的相关软件都安装在该文件夹内。选择好路径之后，单击“下一步”按钮，开始安装，如图 2-15 所示。

安装完成后弹出如图 2-16 所示窗口，单击“完成”按钮即完成了 JDK 的安装。

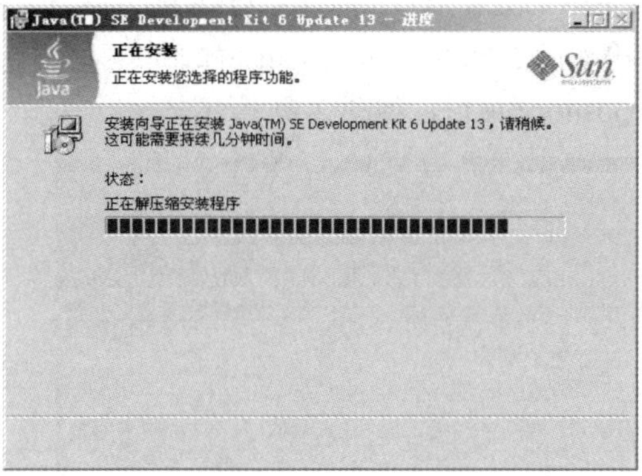

图 2-15

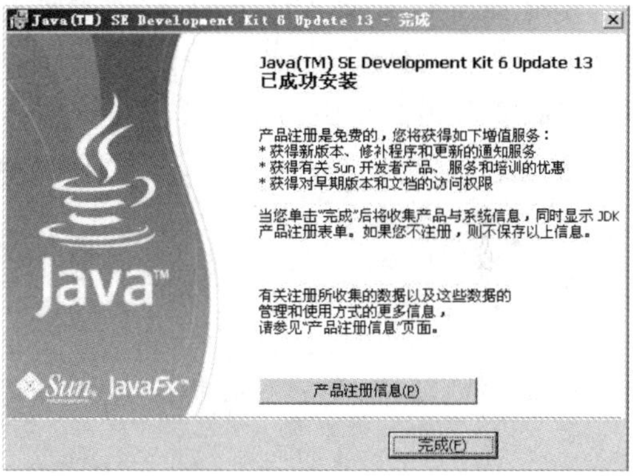

图 2-16

3．安装 Eclipse

Eclipse 是一款绿色软件，其安装比较简单，将下载的压缩包直接解压到指定路径即可。

本书的解压路径设置为 C:\Android_dev\。我们下载的 JDK 为英文版本，如需汉化，可到 Eclipse 官方网站下载汉化包。由于使用软件涉及的英文并不复杂，建议大家使用英文版本，可以避免一些汉化中出现的错误。

4．安装 SDK

前面我们下载了 Android SDK 的安装包，双击该安装包，会自动弹出两个安装窗口，引导我们下载和安装所需的 SDK，如图 2-17、图 2-18 所示。

在图 2-18 所示页面左侧列表框中，选择需要安装的 SDK 版本，绿色对号为选中，取消选中可直接单击绿色对号或选中相应项目后单击右侧的单选按钮 Reject。选择好后，单击 Install 按钮开始下载和安装 SDK。安装时间根据网速和选择的版本多少而不同，一般需要比较长的时间，耐心等待即可，安装界面如图 2-19 所示。

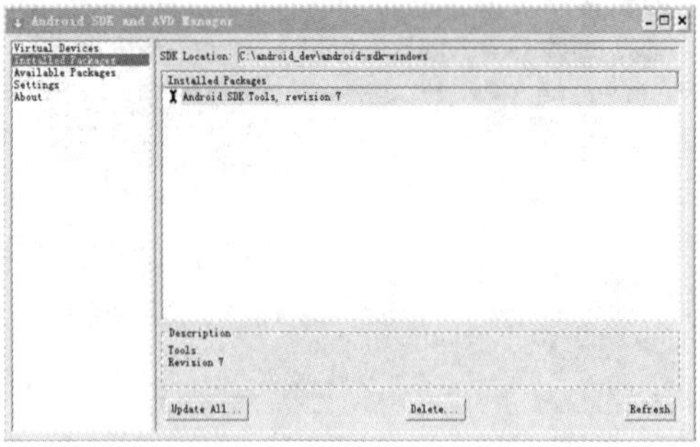

图 2-17

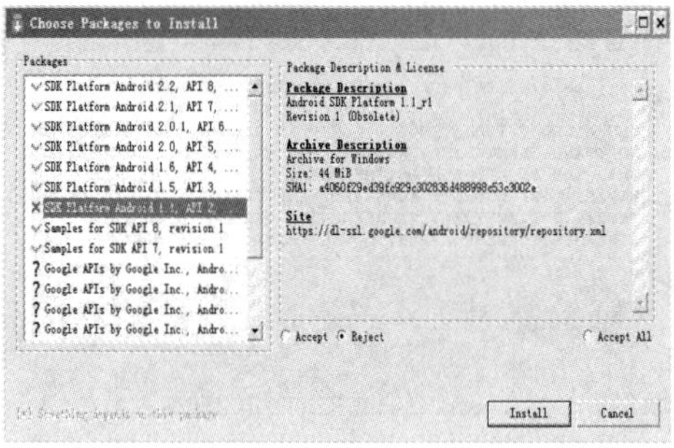

图 2-18

提示，一般在开发中，为了保持对以前版本的兼容，需要做兼容性测试。所以安装 SDK 时可能需要选择多个版本，本书安装了 1.5 到 2.3.1 版本的 SDK。

5．安装和配置 ADT

使用 Eclipse 开发 Android 程序，需要先在 Eclipse 中安装 ADT 插件。启动 Eclipse，选择 Eclipse 的菜单项 Help→Install New Software…，弹出如图 2-20 所示的 Install 窗口。

单击图 2-20 窗口中的 Add 按钮，弹出 Add Repository 窗口，如图 2-21 所示。

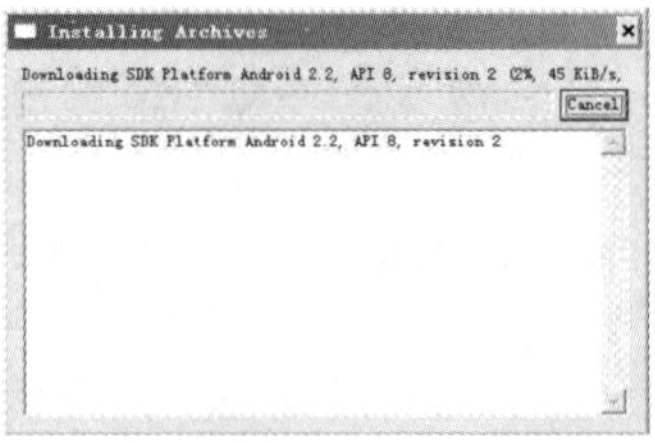

图 2-19

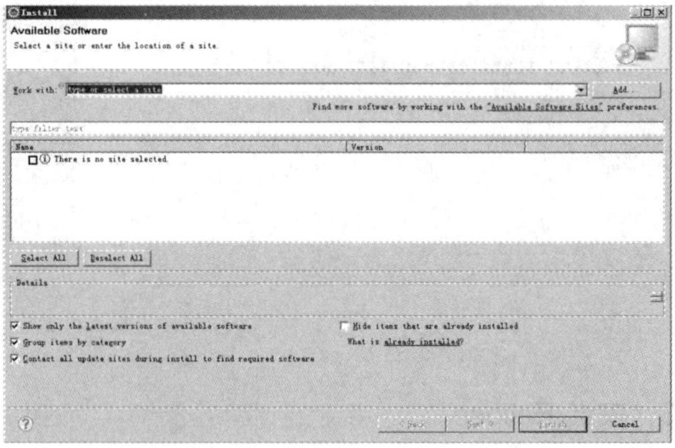

图 2-20

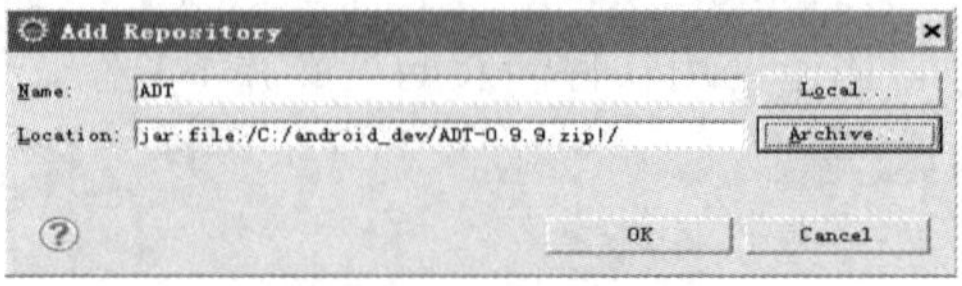

图 2-21

如图 2-21 所示，在 Name 文本框内输入插件名，然后单击 Archive 按钮，返回到 Install 窗口，选中 Install 窗口中解析出的所有安装包（在选项前的方框中打钩），如图 2-22 所示。

连续单击 Next 按钮，进入如图 2-23 所示窗口，在右下角选择 I accept the terms of the license agreements 单选按钮，然后单击 Finish 按钮。

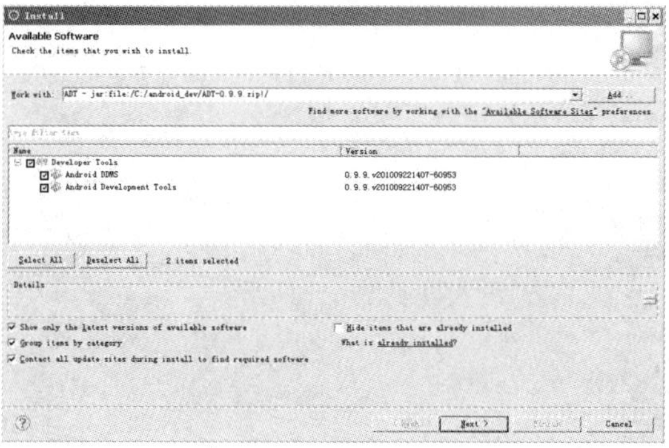

图 2-22

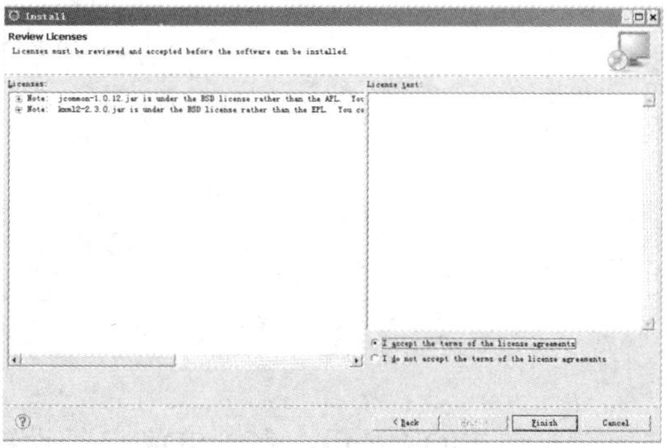

图 2-23

安装完成后，弹出 Software Updates 对话框，单击 Restart Now 按钮重启 Eclipse，即完成了 ADT 插件的安装，如图 2-24 所示。

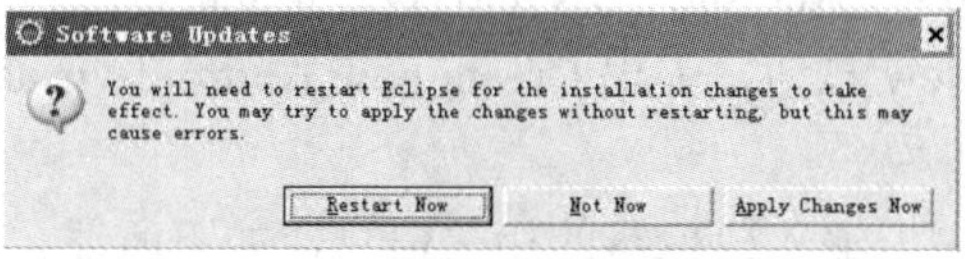

图 2-24

6．配置 SDK

安装好 ADT 插件后，开始在 Eclipse 中配置 SDK 路径，在 Eclipse 菜单中选择 Window→Preferences...，弹出 Preferences 窗口，如图 2-25 所示。

在如图 2-26 所示的左侧树状菜单中选择 Android 节点，然后单击 Browse 按钮，选择 Android SDK 所在的根目录，然后单击 Apply 按钮，即可看到所安装的 ADK 包，如图 2-26 所示。

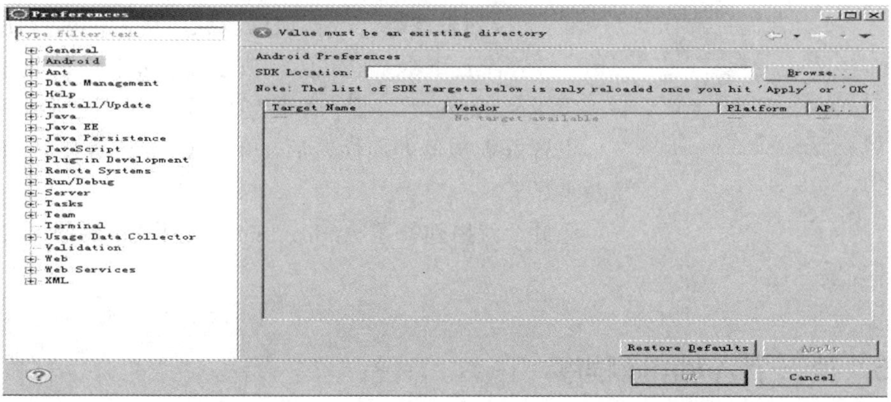

图 2-25

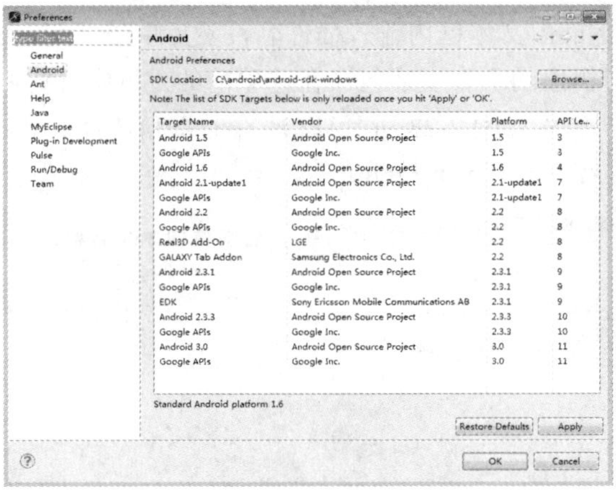

图 2-26

最后单击 OK 按钮，完成 SDK 路径设置。

7．创建 AVD（Android 模拟器）

模拟器是测试和执行 Android 应用程序的一个虚拟 Android 手机环境，要创建 AVD，首先在 Eclipse 中选择菜单 Window→Android SDK and AVD Manager，然后在弹出的 Android SDK and AVD Manager 窗口中单击 New 按钮，弹出 Create new Android virtual Device（AVD）对话框，如图 2-27 所示。

在图 2-27 所示对话框中，输入模拟器的相关信息，如下所述。

- Name：该文本框输入模拟器的名字。
- Target：该下拉列表中选择 SDK 的版本，这里选择的是 Android SDK2.2 版本。
- SD Card：用于设置模拟器的 SD 卡，可以使用 Size 指定 SD 卡的大小，也可以使用下面 File 指定的一个配置文件，这里我们直接设定 SD 卡的大小为 1024MB。
- Skin：用于指定模拟器的皮肤，可以使用 Built-in 之后的下拉列表选择一个默认的皮肤风格，也可以使用自己从网络上下载的模拟器皮肤。另外一种选择是使用 Resolution，设置一个指定屏幕大小的模拟器。

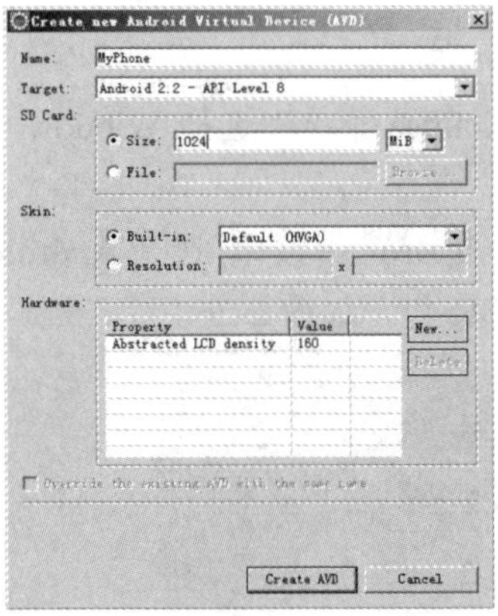

图 2-27

设置好模拟器的属性之后，单击 Create AVD 按钮，模拟器就创建好了。

至此，就搭建好了 Android 的开发环境。后面，将开始我们的 Android 开发之旅。

2.1.5　第一个 Android 程序

在本小节，将创建我们的第一个 Android 程序——Hello Android 。下面就一步一步完成我们的第一个项目吧。

1．创建 Android 项目

在 Eclipse 中，选择菜单 File→New，或使用快捷键 Alt+Shift+N，弹出子菜单，如图 2-28 所示。

在弹出的子菜单中，上半部分列出了常用的一些项目类型，在这些项目类型中，并没有我想要创建的 Android Project，这是因为我们第一次创建 Android Project 项目，该选项还没有加入到这个常用列表中。此时可以单击 Project 菜单项，弹出 New Project 窗口，如图 2-29 所示。

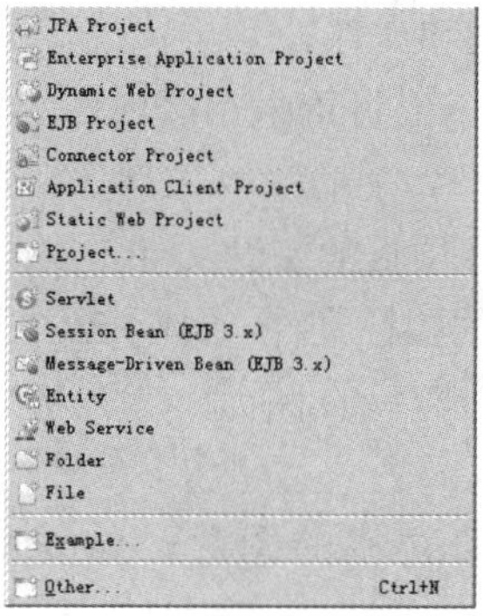

图 2-28

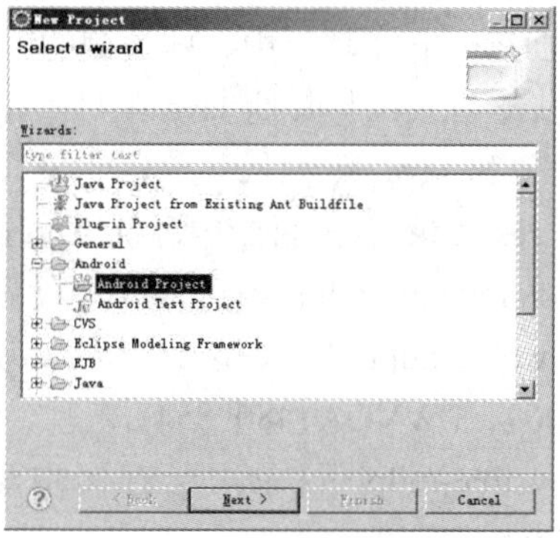

图 2-29

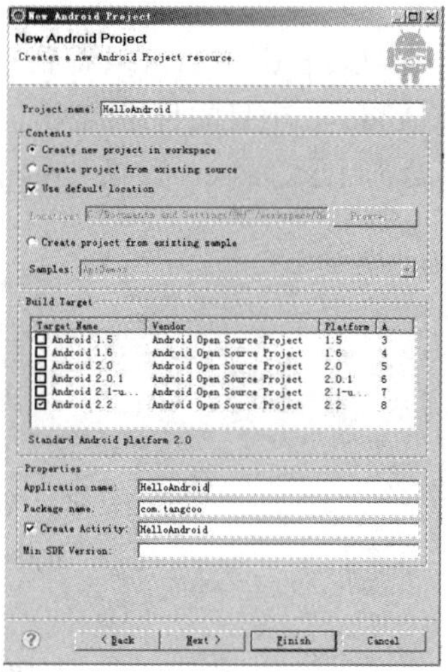

图 2-30

在如图 2-29 所示的树状菜单中，选中 Android→Android Project，然后单击 Next 按钮，弹出 New Android Project 窗口，如图 2-30 所示。

在如图 2-30 所示的窗口中，填写项目的相关信息，需要填写的各项信息的内容如下。

- **Project name**：项目名，每个项目都有一个名称，本例项目名为 HelloAndroid。
- **Contents**：该面板描述项目的创建方式和项目保存位置，项目的创建方式有以下三种。
  - ✓ Create new Project in workspace（在工作空间中创建新项目）；
  - ✓ Create project from existing source（从已经存在的代码创建项目）；
  - ✓ Create project from existing sample（从已经存在的例子创建项目)

可以通过选中对应的单选按钮，选择其中的任意一种创建方式。而复选框 Use default location 用于设定是否使用默认路径保存项目文件。如果勾选该复选框，则项目创建在工作空间中（工作空间路径，由第一次启动 Eclipse 时设定）。取消勾选该复选框，则允许单击 Browse 按钮，选择一个保存路径。

- **Build Target**：该面板列出当前安装的所有 Android SDK 版本，需要选择当前项目使用的 SDK 版本。本例选择 SDK2.3.1 版本。
- **Properties**：该面板中包含以下几项。
  - ✓ Application name：用于输入应用程序名，注意，应用程序名与项目名不是同一个概念。这里我们将应用程序名设置为与项目名一致。

✓ Package name：用于设定应用程序的包名称。一般使用域名倒转作为包名。

✓ Create Activity：选择是否创建项目时，同时创建一个 Activity，如果勾选该复选框，则需在之后的文本框中设定该 Activity 的名字，关于 Activity 的概念，在后面的章节中具体讨论，这里我们创建一个 Activity，名字为 HelloAndroid。

设定好项目的相关属性后，单击 Finish 按钮，完成项目创建。接下来，来看一下创建的项目。

2. Android 项目的目录结构

在 Eclipse 中，可以看到左侧有一个 Package Explorer 面板，该面板显示了刚刚创建的 HelloAndroid 项目的目录结构，如图 2-31 所示。HelloAndroid 项目由 src 目录、Android2.3.1 类库、gen 目录、assets 目录、res 目录和 AndroidManifest.xml 文件构成。

图 2-31

下面逐一介绍项目中一些关键的目录和文件。

- **src 目录**：与其他 Java 项目一样，src 目录中存储项目所有的包和 Java 源文件。
- **res 目录**：res 目录中存储 Android 项目的资源文件。

Res/drawable-*dpi：存储项目中使用的图标文件，如*.png、*.jpg。

✓ drawable-hdpi 目录用于存储高分辨率的图片，如 WVGA（480*800）、FWVGA (480*854)。

✓ drawable-mdpi 目录用于存储中等分辨率的图片，如 HVGA（320*480）。

✓ drawable-lpdi 目录用于存储低分辨率图片，如 QVGA（240*320）。

程序执行时，系统会根据手机的实际屏幕分辨率在相应的文件夹中获取图片。

可以为程序提供不同版本的图片，根据需要分别存放在三个文件夹中，以提高程序的兼容性。

- **layout 目录**：用于存放界面布局文件（*.xml）。
- **values 目录**：用于存放相关的值和样式资源，如字符串、样式、数组、颜色、尺寸等。
- **assets 目录**：assets 目录存放静态资源文件，即无需编译，直接添加到应用程序中的原生文件，如音频、视频、图片文件等。
- **gen 目录**：gen 目录中存放 Android 系统自动生成的文件。包含有 R.java 文件。R.java 是在建立项目时自动生成的，这个文件是只读模式，不能更改。R.java 文件中定义了一个 R 类，R 类中包含很多静态类，且静态类的名字都与 res 中的一个名字对应，即 R 类定义该项目所有资源的索引。R.java 由 Android 系统自动维护，当 res 资源目录中的资源文件发生变化时，R.java 自动随之变化。在 Android 程序中，需要通过 R 类来引用 res 中定义的资源文件。
- **AndroidManifest.xml**：该文件是 Android 项目的总配置文件，记录应用中所使用的各种组件。这个文件列出了应用程序所提供的功能，在这个文件中，可以指定应用程序使用到的服务（如电话服务、互联网服务、短信服务、GPS 服务等）。另外，当新添加一个

Activity 时，也需要在这个文件中进行相应配置，只有配置好后，才能调用此 Activity。AndroidManifest.xml 将包含如下设置：application permissions、Activities、intent filters 等。

3. 运行 Android 程序

创建好项目以后，就可以试着运行它。在 HelloAndroid 项目的项目名（目录树的根节点）处单击右键，在弹出的菜单上选择 Run As→1 Android Application，即可运行该程序。在运行程序时，如果尚未启动模拟器，则 Eclipse 会自动启动模拟器，然后上传、安装和运行 Android 程序。其过程可在 Eclipse 右侧下方 Console 面板的输出内容中观察到。

可以看到，Android 首先启动前面创建的模拟器 MyPhone，为程序的执行创建一个执行环境。然后启动该环境的 Home 界面（手机的主界面），接着上传程序到设备并安装。安装成功后启动程序中的“HelloAndroid” Activity（关于 Activity 的概念，在后面的章节中会详细讲解）。程序运行后，其结果如图 2-32 所示。

该程序在模拟器屏幕上显示了字符串“Hello World,HelloAndroid”，这样，就完成了我们的第一个 Android 程序。后面，将学习 Android 的布局及基础控件的使用。

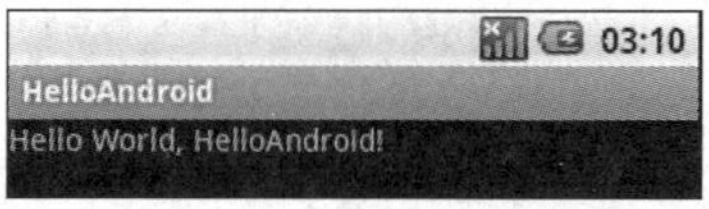

图 2-32

2.2 布局及基础控件（一）

2.2.1 Android 界面布局

前面我们完成了第一个 Android 应用程序，应用程序的人机交互界面由很多 Android 控件组成，前面示例显示的“Hello World，HelloAndroid！”就是一个基本控件。Android 控件可以说是目前所有手机控件中最完美的，下面将对这些控件进行详细介绍，Android 常用控件如图 2-33 所示。

2.2.2 文本标签（TextView）

我们知道，前面的 HelloAndroid 工程就是用 TextView 来显示一个文本。TextView 就是一个显示文本标签的控件，下面把 HelloAndroid 工程改写成“硬编码”实现，从而修改使用 TextView 显示的文本颜色、大小等属性，运行效果如图 2-34 所示，具体实现代码如下。

图 2-33

图 2-34

```
public class HelloWorldActivity extends Activity {
 private TextView textView1;
 @Override
   public void onCreate(Bundle savedInstanceState) {
      super.onCreate(savedInstanceState);
      setContentView(R.layout.main);
      //获得 TextView 对象
      textView1 = (TextView)findViewById(R.id.textView1);
      String str = "TextView 示例，欢迎使用!";
      //设置文本颜色
      textView1.setTextColor(Color.RED);
      //设置字体大小
      textView1.setTextSize(20);
      //设置文字背景
      textView1.setBackgroundColor(Color.BLUE);
      //设置 TextView 显示的文字
      textView1.setText(str);
   }
}
```

因为在代码中使用了 findViewById 来获得 TextView 对象，因此在布局文件 main.xml 中需要指定 TextView 资源的 ID，具体代码如下。

```
<TextView
 android:id="@+id/textView1"
   android:layout_width="fill_parent"
   android:layout_height="wrap_content"
   android:text="@string/hello"
   />
```

上一节，我们完成了第一个 Android 应用程序，Android 应用程序中一个完整的 UI 界面，需要将各个组件按照一定的样式进行布局，这就要使用 AndroidXML 布局文件来完成了。

AndroidXML 文件的大体结构很简单，它是一个标签的树，每个标签就是 View 类的名字。可以使用任何继承自 View 类的名字作为标签的名字，包括代码中自定义的 View 类。通过这个结构可以很容易地构建界面，它比在源代码中使用的结构和语法更简单。这个模式的设计灵感来自 Web 开发，就是可以将界面和应用程序逻辑分离的模式。常用的布局框架如下。

- **LinearLayout：**线性布局，按照垂直或水平的顺序依次排列子元素，每个子元素都位于前一个元素之后。如果是垂直排列，那么将是一个 N 行单列的结构，每一行只会有一个元素，而不论这个元素的宽度为多少；如果是水平排列，那么将是一个单行 N 列的结构。如果搭建两行两列的结构，通常的方式是先垂直排列两个元素，每一个元素里再包含一个 LinearLayout 进行水平排列。
- **RelativeLayout：**相对布局。RelativeLayout 里面可以放多个控件，不过控件的位置是相对位置。 RelativeLayout 允许子元素指定它们相对于其父元素或兄弟元素的位置，这是实际布局中最常用的布局方式之一。它灵活性大很多，当然属性也多，操作难度也大，属性之间产生冲突的可能性也大，使用相对布局时要多做些测试。
- **AbsoluteLayout：**绝对布局。指定了子元素准确的 x/y 坐标值，并显示在屏幕上。该布局没有屏幕边框，允许元素之间互相重叠。在实际中，不提倡使用这种布局方式，因为它固定了位置，所以在进行屏幕旋转时有明显弊端。
- **TableLayout：**表格布局。这个要和 TableRow 一起配合使用，很像 HTML 里面的 Table。
- **FrameLayout：**帧布局。FrameLayout 是最简单的布局。所有放在布局里的控件，都按照层次堆叠在屏幕的左上角，定义任何空间位置相关的属性都毫无意义。后加进来的控件覆盖前面的控件。

现在，我们重点来学习线性布局——LinearLayout。

一般情况，当有很多控件需要在一个界面中列出来时，可以使用 LinearLayout 布局。下面先看一个通过 LinearLayout 布局的例子，运行效果如图 2-35 所示，实现代码如下。

```
    <LinearLayout
xmlns:android="http://schemas.android.com/apk/res/android"
        android:orientation="vertical"
        android:layout_width="fill_parent"
        android:layout_height="fill_parent"
        >
    <TextView
        android:layout_width="fill_parent"
        android:layout_height="wrap_content"
        android:layout_weight="1"
        android:textSize="25sp"
        android:background="#aa0000"
        android:gravity="center_vertical"
        android:text="第一行"
        />
        <TextView
        android:layout_width="fill_parent"
```

```
    android:layout_height="wrap_content"
    android:layout_weight="1"
    android:textSize="25sp"
    android:background="#00aa00"
    android:gravity="center_vertical"
    android:text="第二行"
    />
    <TextView
    android:layout_width="fill_parent"
    android:layout_height="wrap_content"
    android:layout_weight="1"
    android:textSize="25sp"
    android:background="#0000aa"
    android:gravity="center_vertical"
    android:text="第三行"
    />
    <TextView
    android:layout_width="fill_parent"
    android:layout_height="wrap_content"
    android:layout_weight="1"
    android:textSize="25sp"
    android:background="#aaaa00"
    android:gravity="center_vertical"
    android:text="第四行"
    />
</LinearLayout>
```

代码中通过 android:orientation="vertical"声明了这个线性布局以垂直方式排版，通过 android:layout_width="fill_parent"定义当前视图在屏幕上可以使用的宽度，fill_parent 即填充整个屏幕；android:layout_height="wrap_content"表示随控件的大小而改变大小。android:layout_weight 用于给一个 LinearLayout 布局中诸多视图的重要度赋值，所有的视图都有一个 layout_weight 值，默认为 0，它用于描述该子元素在剩余空间中占有的大小比例。如果一行中有两个等长的文本框，那么它们的 android:layout_weight 值可以是同为 1。如果一行中有两个不等长的文本框，那么它们的 android:layout_weight 值分别为 1 和 2，第一个文本框将占据剩余空间的三分之二，第二个文本框将占据剩余空间中的三分之一。android:layout_weight 遵循数值越小重要度越高的原则。android:gravity 表示水平居中，android:background="#aaaa00"设置了 TextView 的背景颜色。

图 2-35

在 XML 布局文件中，会遇到如下一些单位。

- px：是屏幕的像素点。
- in：英寸。

- mm：毫米。
- pt：磅，1/72 英寸。
- dp：一个基于 density 的抽象单位，如果一个 160dpi 的屏幕，1dp=1px。
- dip：等同于 dp。
- sp：同 dp 相似，但会根据用户的字体大小偏好进行缩放。
- 建议使用 sp 作为文本的单位，其他用 dip。

2.2.3 按钮（Button）

按钮是用得最多的控件，在 Android 平台中，按钮是通过 Button 来实现的，实现的过程也非常简单。用户可以通过触摸它，以触发一系列事件，要知道一个没有单击事件的 Button 是没有任何意义的，因为用户的固定思维是见到它就想去点，所以需要对按钮设置 setOnClickListener 事件监听。

在此应该掌握在 Android 中如何建立 Button，掌握 Button 的常用属性，掌握 Button 按钮的单击事件（监听器）。

先看下 Android 中普通 Button 的样子，如图 2-36 所示。

以及点中 Button 后的样子，如图 2-37 所示。

图 2-36

图 2-37

在 Android 控件系列之 XML 静态资源中已经强调了布局和代码分离的重要性，因此本例中的 Button 将用这种方式来实现。

（1）为了设置 Button 上的值（如图 2-37 的“确定”），我们把这个值先作为一个资源存放在 res\values\ strings.xml 中。

```
<string name="btnText">确定</string>
```

其中 btnText 可以看作这个值的键或 ID，确定则是它的值，我们最后绑定的是它的键，Android 系统会自动根据键找到它的值。

（2）在 layout 目录下的 XML 布局文件中，我们添加一个 Button。

```
<?xml version="1.0" encoding="utf-8"?>
<LinearLayout
xmlns:android="http://schemas.android.com/apk/res/android"
    android:orientation="vertical"
    android:layout_width="fill_parent"
    android:layout_height="fill_parent"
    >
<Button
android:layout_width="fill_parent"
android:layout_height ="wrap_content"
```

```
android:text="@string/btnText"
></Button>
</LinearLayout>
```

其中 layout_width 和 layout_height 的属性是必须的，但可以根据项目需要具体赋值。而 Text 属性，则显示了按钮的值。在这个例子中，用资源文件 btnText 所对应的值作为 Button 的值，那么如果要把“确定”改成“取消”，只需要改变 strings.xml 中的值即可，不需要改动任何 Java 代码，对于那些需要将项目移植为其他语言版本的也非常有用。

（3）为 Button 声明 ID，继续在 main.xml 中给 Button 添加 ID 属性。

```
android:id="@+id/btnOK"
```

其中“@+id/”中的“+”表示通过它来生成静态资源，如果没有“+”，表示使用的是指定位置的静态资源或已经声明过的 ID，一般为控件赋 ID 时，都使用“+”这个方法。保存 XML 后，可以发现 R.java 中已经有一个内部类 id，这个 id 类有一个静态字段 btnOK，它的具体值不必关心，可以在代码中获得它。

（4）在 Activity 中获取到这个 Button 实例。

如果想把每个控件 ID 都背下来，可能很难，更合适的做法是利用 R.id 来获取指定的名称，而这个名称又唯一对应控件 ID。一般的，如果希望在某个 Activity 中使用按钮，想到的第一个方法应该是 findViewById，通过 R 中的静态 ID，可以轻易获得控件实例，至于如何寻找，这是 Android 的事。

```
package com.tangcco;
import android.app.Activity;
import android.os.Bundle;
import android.widget.Button;

public class ButtonActivity extends Activity {
        /** Called when the activity is first created. */
        @Override
        public void onCreate(Bundle savedInstanceState) {
            super.onCreate(savedInstanceState);
            setContentView(R.layout.main);//当前 Activity 加载的 main.xml
布局文件
            //查找任何控件的 ID 一定要在加载布局文件之后，否则无法找到
            Button btn = (Button)findViewById(R.id.btnOK);
        }
}
```

可以在 Activity 的生命周期内，随时寻找到这个 Button，但应尽量避免这种用法，如果需要多次调用这个 Button 时，在 onCreate 中利用 findViewById 找到它后，把它记录在 Activity 的一个全局变量中，然后，不需要再去 find 这个 Button，因为 find 本身也需要时间，即使用户没有察觉，但他的确需要花费时间。因为 Android 运行在手机或者平板电脑上，建议在编码时充分考虑代码的简洁、效率，从而节省资源和电量。获取到这个 Button 的实例后，可以利用代码为他赋值，比如 btn.setText("按钮的值改变了")等操作。

（5）给 Button 添加监听器。

当单击按钮之后，需要做哪些事情，需要在 main.xml 中添加一个 Textview 来做测试，目的是要在单击按钮后，在 TextView 中显示文字，完整代码如下。

```
<?xml version="1.0" encoding="utf-8"?>
<LinearLayout
xmlns:android="http://schemas.android.com/apk/res/android"
    android:orientation="vertical"
    android:layout_width="fill_parent"
    android:layout_height="fill_parent"
    >
<TextView
 android:id="@+id/tvMessage"
 android:layout_width="wrap_content"
 android:layout_height="wrap_content"
 android:textSize="20sp"
></TextView>
<Button
android:layout_width="fill_parent"
android:layout_height ="wrap_content"
android:text="@string/btnText"
android:onClick="clickButton"
android:id="@+id/btnOK"
></Button>
</LinearLayout>
```

其中，Button 控件中 android:onClick="clickButton"属性，是说明当按钮按下时执行的方法名称，所以，需要在 ButtonActivity 中定义 clickButton 的方法，完整代码如下。

```
package com.tangcco;

import android.app.Activity;
import android.os.Bundle;
import android.view.View;
import android.widget.Button;
import android.widget.TextView;

public class ButtonActivity extends Activity {
        /** Called when the activity is first created. */
        @Override
        public void onCreate(Bundle savedInstanceState) {
            super.onCreate(savedInstanceState);
            setContentView(R.layout.main);//当前 Activity 加载的 main.xml
布局文件
            //查找任何控件的 ID 一定要在加载布局文件之后，否则无法找到
```

```
                Button btn = (Button)findViewById(R.id.btnOK);
                btn.setText("值改变了");
            }

            public void clickButton(View view){
                TextView tvMessage = (TextView)findViewById(R.id.tvMessage);
                tvMessage.setText("文本的值也改变了！");
            }
    }
```

这样简单的按钮应用，相信读者已经基本掌握，具体事件及监听，将在下一小节详细讲解。

2.2.4 文本框（EditText）

EditText 在开发中也是经常使用的控件，比如，要实现一个登录页面，需要用户输入账号、密码等信息，然后获得用户数据的内容，把它交给服务器来判断。因此，这一小节需要学习如何在布局文件中实现编辑框，具体事例如图 2-38 所示。

图 2-38

实现代码如下，在 stirng.xml 中加入常量值。

```
    <string name="height">请输入身高：（cm）</string>
        <string name="weight">请输入体重：（kg）</string>
    <string name="calc">计算 BMI 值</string>
    main.xml 布局文件代码如下。
    <?xml version="1.0" encoding="utf-8"?>
    <LinearLayout xmlns:android="http://schemas.android.
com/apk/res/android"
            android:orientation="vertical"
            android:layout_width="fill_parent"
            android:layout_height="fill_parent"
        >
    <TextView
            android:layout_width="fill_parent"
            android:layout_height="wrap_content"
            android:text="@string/height"
            android:textSize="20sp"
        />
    <EditText
          android:id="@+id/txtHeight"
          android:layout_width="fill_parent"
          android:layout_height="wrap_content"
    ></EditText>
    <TextView
```

```
            android:layout_width="fill_parent"
            android:layout_height="wrap_content"
            android:text="@string/weight"
            android:textSize="20sp"
        />
    <EditText
        android:id="@+id/txtWeight"
        android:layout_width="fill_parent"
        android:layout_height="wrap_content"
    ></EditText>
    <Button
        android:id="@+id/btnCalc"
        android:layout_width="fill_parent"
        android:layout_height="wrap_content"
        android:text="@string/calc"
    ></Button>
    </LinearLayout>
```

通过练习，已经基本能够掌握 EditText 控件的布局方式以及原理。

在不同的应用中，EditText 功能的不同要求配置的属性也不同。现在总结 EditText 的一些常用属性，代码如下。

```
    android:hint="请输入数字！"//设置显示在空间上的提示信息
    android:numeric="integer"//设置只能输入整数，如果是小数则是：decimal
    android:singleLine="true"//设置单行输入，一旦设置为 true，则文字不会自动换行。
    android:password="true"//设置只能输入密码
    android:textColor = "#ff8c00"//字体颜色
    android:textStyle="bold"//字体，bold，italic，bolditalic
    android:textSize="20dip"//大小
    android:capitalize = "characters"//以大写字母写
    android:textColorHighlight="#cccccc"//被选中文字的底色，默认为蓝色
    android:textColorHint="#ffff00"//设置提示信息文字的颜色，默认为灰色
android:textScaleX="1.5"//控制字与字之间的间距
    android:typeface="monospace"//字型，normal，sans，serif，monospace
    android:layout_weight="1"//权重，控制控件之间的地位,在控制控件显示的大小时很有
用的。
    android:layout_gravity="center_vertical"//设置控件显示的位置：默认 top，这
里居中显示，还有 bottom
    android:gray="top" //多行中指针在第一行第一位置
    android:autoText //自动拼写帮助
    android:digits //设置只接受某些数字
    Android：singleLine//是否单行或者多行，回车是离开文本框还是文本框增加新行
    android：numeric //只接受数字
    android：phoneNumber //输入电话号码
```

```
android: editable //是否可编辑
android:autoLink=”all” //设置文本超链接样式当单击网址时，跳向该网址
在后续的课程中，将通过练习深入地了解 EditText 控件。
```

2.2.5 单选按钮（RadioButton、RadioGroup）

相信大家对单选按钮都不陌生，Android 平台也提供了单选按钮组件，可以使用 RadioGroup、RadioButton 组合起来完成一个单选效果。现在仍然通过一个示例来说明该功能是如何实现的，示例运行效果如图 2-39 所示。

其实，要实现这样的效果并不复杂，从运行结果可以看出，一个单选按钮由两部分组成，分别是前面的选择按钮和后面的“答案”。Android 平台上的选择按钮可以通过 RadioButton 来实现，为了保证不同的单选按钮能够在同一个组里有且只有一个被选中，所以需要使用 RadioGroup，否则多个 RadioButton 是不会关联在一起的，具体实现代码如下。

```
<?xml version="1.0" encoding="utf-8"?>
<LinearLayout xmlns:android="http://schemas.android.com/ apk/res/android"
    android:orientation="vertical"
    android:layout_width="fill_parent"
    android:layout_height="fill_parent"
    >
<TextView
    android:layout_width="fill_parent"
    android:layout_height="wrap_content"
    android:text="Android底层是基于什么操作系统？"
    android:textSize="20sp"
    android:textStyle="bold"
    />
<RadioGroup android:id="@+id/rdoGroup1"
android:layout_width="fill_parent"
android:layout_height="wrap_content"
>
    <RadioButton
      android:id="@+id/rdoWindows"
      android:layout_width="wrap_content"
      android:layout_height="wrap_content"
      android:text="Windows"
      android:textSize="18sp"
    ></RadioButton>
    <RadioButton
      android:id="@+id/rdoWindows"
      android:layout_width="wrap_content"
      android:layout_height="wrap_content"
      android:text="Linux"
```

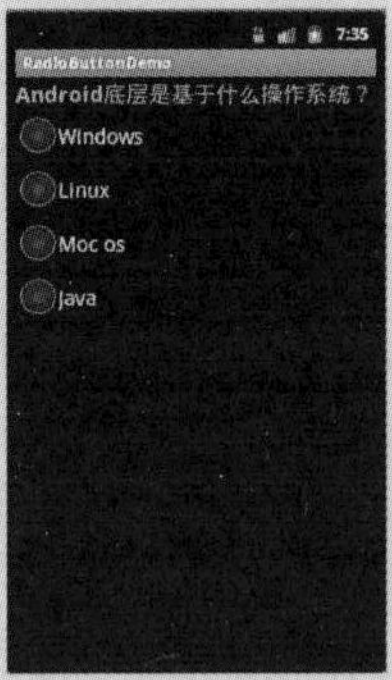

图 2-39

```
        android:textSize="18sp"
      ></RadioButton>
      <RadioButton
        android:id="@+id/rdoWindows"
        android:layout_width="wrap_content"
        android:layout_height="wrap_content"
        android:text="Moc os"
        android:textSize="18sp"
      ></RadioButton>
      <RadioButton
        android:id="@+id/rdoWindows"
        android:layout_width="wrap_content"
        android:layout_height="wrap_content"
        android:text="Java"
        android:textSize="18sp"
      ></RadioButton>
    </RadioGroup>
    </LinearLayout>
```

2.2.6　复选按钮（CheckBox）

前面实现了单选按钮，那么复选框又如何实现呢？多项选择与单项选择最重要的区别，就在于可以让用户选择一个以上的选项。Android 平台提供了 CheckBox 来实现复选框。这里需要注意，既然用户可以选择多项，那么为了确定用户是否选择了哪一项，需要对每个选项进行事件监听，实现如图 2-40 所示效果，具体监听内容将在下一小节详细举例。

该示例的实现过程和单选按钮相类似，在布局文件中定义 CheckBox 的代码如下。

```
    <?xml version="1.0" encoding="utf-8"?>
    <LinearLayout
xmlns:android="http://schemas.android.com/apk/res/android"
      android:orientation="vertical"
      android:layout_width="fill_parent"
      android:layout_height="fill_parent"
      >
    <TextView
      android:layout_width="fill_parent"
      android:layout_height="wrap_content"
      android:text="调查：你喜欢Android的原因？"
      android:textSize="20sp"
      android:textStyle="bold"
      />

      <CheckBox
```

```
        android:id="@+id/rdoWindows"
        android:layout_width="wrap_content"
        android:layout_height="wrap_content"
        android:text="无界限的应用程序"
        android:textSize="18sp"
    ></CheckBox>
    <CheckBox
        android:id="@+id/rdoWindows"
        android:layout_width="wrap_content"
        android:layout_height="wrap_content"
        android:text="应用程序是在平等的条件下创建的"
        android:textSize="18sp"
    ></CheckBox>
    <CheckBox
        android:id="@+id/rdoWindows"
        android:layout_width="wrap_content"
        android:layout_height="wrap_content"
        android:text="应用程序可以轻松地嵌入网络"
        android:textSize="18sp"
    ></CheckBox>
    <CheckBox
        android:id="@+id/rdoWindows"
        android:layout_width="wrap_content"
        android:layout_height="wrap_content"
        android:text="应用程序可以并行运行"
        android:textSize="18sp"
    ></CheckBox>
</LinearLayout>
```

图 2-40

2.3 布局及基础控件（二）

2.3.1 事件监听器

什么是事件，事件就是用户与 UI（图形界面）交互时所触发的操作。所有基于 UI 的应用程序，事件都不可或缺。试想一下，如果程序对单击按钮和其他控件都没有反应，那么，就如同一个人在这个世界上听不到声音一样。

Android 提供了两种事件处理方式，①基于监听器的事件处理；②基于回调的事件处理。

对于基于监听器的事件处理而言，主要是为 Android 界面组件绑定特定的事件监听器；对于基于回调的事件处理而言，主要做法是重写 Android 组件特定的回调函数，Android 大部分界面组件都提供了事件响应的回调函数，只要重写它们就行。在此着重讲解基于监听器的事件处理，基于回调的事件处理将在后面讲解。

相比于基于回调的事件处理，这是更具“面向对象”性质的事件处理方式。在监听器模型中，主要涉及以下三类对象。

- 事件源 Event Source：产生事件的来源，通常是各种组件，如按钮，窗口等。
- 事件 Event：事件封装了界面组件上发生的特定事件的具体信息，如果监听器需要获取界面组件上所发生事件的相关信息，一般通过事件 Event 对象来传递。
- 事件监听器 Event Listener：负责监听事件源发生的事件，并对不同事件做相应的处理。

1. 匿名内部类作为事件监听器类

代码如下。

```
Button btn = (Button)findViewById(R.id.btnOK);
        btn.setOnClickListener(new Button.OnClickListener() {
            @Override
            public void onClick(View v) {
                // TODO Auto-generated method stub
                System.out.println("匿名内部类作为事件监听器类");
            }
    });
```

大部分时候，事件处理器都没有什么利用价值(可利用代码通常都被抽象成业务逻辑方法)，因此，大部分事件监听器只是临时使用一次，所以，使用匿名内部类形式的事件监听器更合适，实际上，这种形式是目前最广泛的事件监听器形式。上面的程序代码就是用匿名内部类来创建事件监听器的。

对于使用匿名内部类作为监听器的形式来说，唯一的缺点就是匿名内部类的语法不易掌握，如果读者 Java 基础扎实，匿名内部类的语法掌握较好，建议使用匿名内部类作为监听器。

2. 内部类作为监听器

代码如下。

```
package com.tangcco;

import android.app.Activity;
import android.os.Bundle;
import android.view.View;
import android.view.View.OnClickListener;
import android.widget.Button;
import android.widget.TextView;

public class ButtonActivity extends Activity {
    /** Called when the activity is first created. */
    @Override
          public void onCreate(Bundle savedInstanceState) {
              super.onCreate(savedInstanceState);
```

```
            setContentView(R.layout.main);// 当 前  Activity  加 载 的
main.xml 布局文件
            //查找任何控件的 ID 一定要在加载布局文件之后，否则无法找到
            Button btn = (Button)findViewById(R.id.btnOK);
            btn.setOnClickListener(new ButtonListener());
        }
        class ButtonListener implements OnClickListener{
            public void onClick(View v) {
            // TODO Auto-generated method stub
                System.out.println("内部类作为监听器");
            }
        }
    }
```

将事件监听器类定义成当前类的内部类。第一，使用内部类可以在当前类中复用监听器类，因为监听器类是外部类的内部类；第二，所以可以自由访问外部类的所有界面组件。这也是内部类的两个优势，上面代码就是内部类的形式。

3. Activity 本身作为事件监听器

代码如下。

```
    public class ButtonActivity extends Activity implements OnClickListener {
        /** Called when the activity is first created. */
        @Override
        public void onCreate(Bundle savedInstanceState) {
            super.onCreate(savedInstanceState);
            setContentView(R.layout.main);// 当 前  Activity  加 载 的
main.xml 布局文件
            //查找任何控件的 ID 一定要在加载布局文件之后，否则无法找到
            Button btn = (Button)findViewById(R.id.btnOK);
            btn.setOnClickListener(this);
        }
      @Override
      public void onClick(View v) {
        // TODO Auto-generated method stub
        System.out.println("Activity 本身作为事件监听器");
      }
    }
```

这种形式使用 Activity 本身作为监听器类，可以直接在 Activity 类中定义事件处理器方法，这种形式非常简洁。但这种做法有两个缺点，第一，这种形式可能造成程序结构混乱。Activity 的主要职责应该是完成界面初始化；但此时还需包含事件处理器方法，从而引起混乱。第二，如果 Activity 界面类需要实现监听器接口，让人感觉比较怪异。

上面的程序使 Activity 类实现了 OnClickListener 事件监听接口，从而可以在该 Activity 类中直接定义事件处理器方法 onClick(view v)，当为某组件添加该事件监听器对象时，直接使用 this 作为事件监听器对象即可。

4．外部类作为监听器

ButtonActivity 类，代码如下。

```
public class ButtonActivity extends Activity{
        /** Called when the activity is first created. */
        @Override
        public void onCreate(Bundle savedInstanceState) {
            super.onCreate(savedInstanceState);
            setContentView(R.layout.main);// 当 前  Activity  加 载 的
main.xml 布局文件
            //查找任何控件的 ID 一定要在加载布局文件之后，否则无法找到
            Button btn = (Button)findViewById(R.id.btnOK);
            btn.setOnClickListener(new ButtonListener());
        }
}
当用户单击 button 按钮时，程序会触发 MyButtonListener 监听器。
外部 MyButtonListener 类，代码如下。
public class ButtonListener implements OnClickListener{
    @Override
    public void onClick(View v) {
        // TODO Auto-generated method stub
        System.out.println("外部类作为监听器");
    }
}
```

使用顶级类定义事件监听器类的形式比较少见，主要有下面两个原因。

（1）事件监听器通常属于特定的 GUI 界面，定义成外部类不利于提高程序的内聚性。

（2）外部类形式的事件监听器，不能自由访问创建 GUI 界面的类中的组件，编程不够简洁。

但如果某个事件监听器确实需要被多个 GUI 界面所共享，而且主要是完成某种业务逻辑的实现，则可以考虑使用外部类的形式来定义事件监听器类。

5．直接绑定到标签

Android 还有一种更简单的绑定事件监听器的方式，直接在界面布局文件中为指定标签绑定事件处理方法。具体案例请参阅 2.2.3 小节中案例。

2.3.2 回调事件响应

基于回调的事件处理，就是重写 Android 组件特定的回调方法，或者重写 Activity 的回调

方法。Activity 为大部分界面组件提供了事件响应的回调方法，只要重写他们即可。

一般来说，基于回调的事件处理，可用于处理一些具有通用性的事件，基于回调的事件处理代码比较简洁。但对于某些特殊的事件，无法使用基于回调的事件处理，只能采用基于监听的事件处理。

对于回调的事件处理模型来说，事件源与事件监听器是统一的，或者说事件监听器完全消失了。当用户在 GUI 组件上触发某个事件时，组件自己特定的方法将会负责处理该事件。

为了实现回调机制的事件处理，Android 为所有 GUI 组件都提供了一些事件处理的回调方法，以 View 为例，该类包含的方法如下。

```
boolean onKeyDown(int keyCode, KeyEvent event)
boolean onKeyLongPress(int keyCode, KeyEvent event)
boolean onKeyShortcut(int keyCode, keyEvent event)
boolean onKeyUp(int keyCode, keyEvent event)
boolean onTouchEvent(MotionEvent event)
boolean onTrackballEvent(MotionEvent event)
```

几乎所有基于回调的事件处理方法都有一个 boolean 类型的返回值，该返回值用于标识该处理方法是否完全处理该事件。

如果事件处理的方法返回 true，表明处理方法已完全处理该事件，该事件不会传播出去。

如果事件处理的方法返回 false，表明该处理方法并未完全处理该事件，该事件会传播出去。

对比 Android 提供的两种事件处理模型，发现基于事件监听处理模型更具有优势，即基于监听的事件模型更明确，事件源、事件监听由两个类分开实现，因此，具有更好的可维护性。

Android 的事件处理机制保证基于监听的事件监听器会被优先触发。

但在某些情况下，基于回调的事件处理机制会更好地提高程序的内聚性。

2.3.3 提示（Toast）

Toast 是一个 View 视图，快速地为用户显示少量信息。Toast 在应用程序上给用户浮动显示信息，它永远不会获得焦点，不影响用户的输入等操作，主要用作帮助或提示。

Toast 最常见的创建方式是使用静态方法 Toast.makeText()，使用方法有如下五种。

1. 默认效果如图 2-41 所示，实现代码如下。

```
// 第一个参数：当前的上下文环境。可用 getApplicationContext()或 this
 // 第二个参数：要显示的字符串。也可是 R.string 中字符串 ID
 // 第三个参数：显示的时间长短。Toast 默认的有两个 LENGTH_LONG(长)和
LENGTH_SHORT(短)，也可以使用毫秒如 2000ms
 Toast toast=Toast.makeText(getApplicationContext(), "默认的 Toast",
Toast.LENGTH _SHORT);
 //显示 toast 信息
toast.show();
```

2. 自定义显示位置如图 2-42 所示，代码如下。

```
        Toast toast=Toast.makeText(getApplicationContext(), "自定义显示位置的
Toast", Toast.LENGTH_SHORT);
        //第一个参数：设置 toast 在屏幕中显示的位置。我现在的设置是居中靠顶
        //第二个参数：相对于第一个参数设置 toast 位置的横向 X 轴的偏移量，正数向右偏移，
负数向左偏移
        //第三个参数：同的第二个参数道理一样
        //如果你设置的偏移量超过了屏幕的范围，toast 将在屏幕内靠近超出的那个边界显示
        toast.setGravity(Gravity.TOP|Gravity.CENTER, -50, 100);
        //屏幕居中显示，X 轴和 Y 轴偏移量都是 0
    //toast.setGravity(Gravity.CENTER, 0, 0);
     toast.show();
```

图 2-41

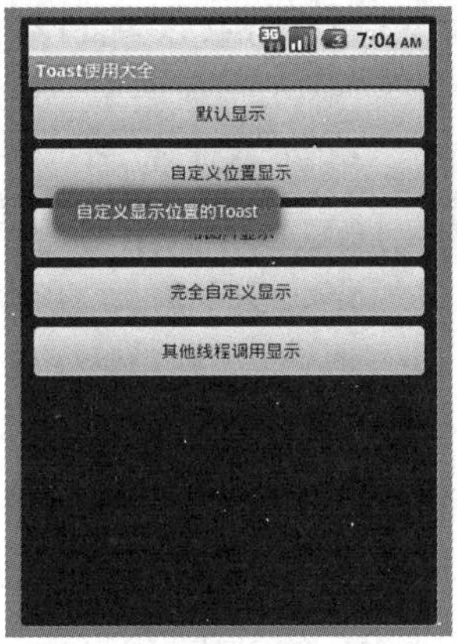

图 2-42

3. 带图片的 Toast 如图 2-43 所示，相关代码如下。

```
    Toast toast=Toast.makeText(getApplicationContext(), "显示带图片的 toast",
3000);
        toast.setGravity(Gravity.CENTER, 0, 0);
        //创建图片视图对象
        ImageView imageView= new ImageView(getApplicationContext());
        //设置图片
        imageView.setImageResource(R.drawable.icon);
        //获得 toast 的布局
        LinearLayout toastView = (LinearLayout) toast.getView();
        //设置此布局为横向的
        toastView.setOrientation(LinearLayout.HORIZONTAL);
        //将 ImageView 在加入到此布局中的第一个位置
        toastView.addView(imageView, 0);
    toast.show();
```

4．完全自定义方式显示 Toast，如图 44 所示，代码如下。

```
        //Inflater 意思是充气
        //LayoutInflater 这个类用来实例化 XML 文件到其相应的视图对象的布局
        LayoutInflater inflater = getLayoutInflater();
        //通过制定 XML 文件及布局 ID 来填充一个视图对象
       View    layout    =    inflater.inflate(R.layout.toastlayout,(ViewGroup)
findViewById (R.id.llToast));
       ImageView image = (ImageView) layout.findViewById(R.id.tvImageToast);
        //设置布局中图片视图中图片
        image.setImageResource(R.drawable.icon);
        TextView title = (TextView) layout.findViewById(R.id.tvTitleToast);
        //设置标题
        title.setText("标题栏");
        TextView text = (TextView) layout.findViewById(R.id.tvTextToast);
        //设置内容
        text.setText("完全自定义 Toast");
        Toast toast= new Toast(getApplicationContext());
        toast.setGravity(Gravity.CENTER , 0, 0);
        toast.setDuration(Toast.LENGTH_LONG);
        toast.setView(layout);
    toast.show();
```

5．在其他线程中调用显示如图 2-45 所示，由于多线程部分会在后面介绍，在此只需要了解 Toast 有此种用法即可，具体代码如下：

```
    package com.tangcco;

    import android.app.Activity;
    import android.os.Bundle;
    import android.os.Handler;
    import android.os.Message;
    import android.widget.Toast;

    public class ButtonActivity extends Activity implements Runnable{
       /** Called when the activity is first created. */
         Handler handler=new Handler(){
                @Override
                public void handleMessage(Message msg) {
                    int what=msg.what;
                    switch (what) {
                    case 1:
                        showToast();
                        break;
                    default:
```

```
                    break;
                }

                super.handleMessage(msg);
            }
        };
        @Override
        public void onCreate(Bundle savedInstanceState) {
            super.onCreate(savedInstanceState);
            setContentView(R.layout.main);// 当前 Activity 加载的 main.xml 布局文件
        //调用方法 1
            //Thread th=new Thread(this);
            //th.start();
            //调用方法 2
            handler.post(new Runnable() {
                @Override
                public void run() {
                    showToast();
                }
            });
        }
        public void showToast(){
            Toast toast=Toast.makeText(getApplicationContext(), "Toast 在其他线程中调用显示", Toast.LENGTH_SHORT);
            toast.show();
        }
        @Override
        public void run() {
            handler.sendEmptyMessage(1);
        }
}
```

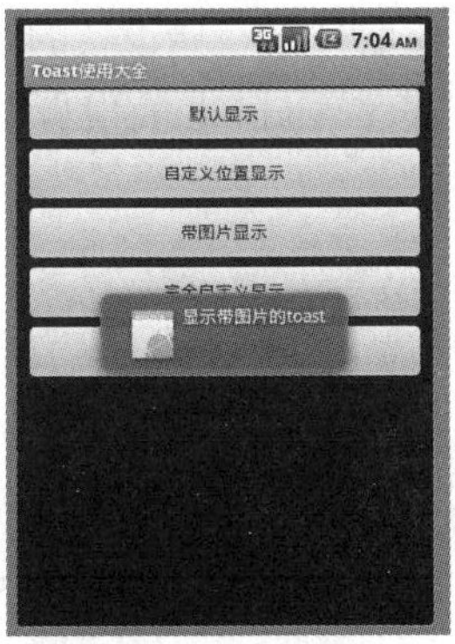

图 2-43

图 2-44

图 2-45

2.3.4 读写 SDCard

SD 卡的读写是在开发 android 应用程序过程中最常见的操作。下面介绍 SD 卡的读写操作方式。

1. 获取 SD 卡的根目录

```
    String sdCardRoot = Environment.getExternalStorageDirectory().
getAbsolutePath();
```

其中，Environment 是一个提供访问环境变量的类。

Environment 包含如下常量。

MEDIA_BAD_REMOVAL	返回 getExternalStorageState()表明 SDCard 卸载前已被移除
MEDIA_CHECKING	返回 getExternalStorageState()表明对象正在磁盘检查
MEDIA_MOUNTED	返回 getExternalStorageState()表明对象是否存在并具有读/写权限
MEDIA_MOUNTED_READ	返回 getExternalStorageState()表明对象权限为只读_ONLY
MEDIA_NOFS	返回 getExternalStorageState()表明对象为空白或正在使用不受支持的文件系统
MEDIA_REMOVED	返回 getExternalStorageState() 如果不存在 SDCard 返回
MEDIA_SHARED	返回 getExternalStorageState() 如果 SDCard 未安装，并通过 USB 大容量存储共享返回
MEDIA_UNMOUNTABLE	返回 getExternalStorageState() 返回 SDCard 不可安装，如果 SDCard 存在但不可以被安装
MEDIA_UNMOUNTED	返回 getExternalStorageState() 返回 SDCard 已卸掉，如果 SDCard 存在但是没有被安装

Environment 的常用方法如下。

getDataDirectory()	返回 File	获取 Android 数据目录
getDataDirectory()	返回 File	获取 Android 下载缓存内容目录
getExternalStorageDirectory()	返回 File	获取外部存储目录，即 SDCard
getExternalStoragePublicDirectory(String type)	返回 File	获取一个高端的公用外部存储器目录来存放某些类型的文件
getExternalStorageState()	返回 File	获取外部存储设备的当前状态
getRootDirectory()	返回 File	获取 Android 的根目录

2. 在 SD 卡上创建文件夹目录

```
    /**
        * 在 SD 卡上创建目录
        */
       public File createDirOnSDCard(String dir){
           File dirFile = new File(sdCardRoot + File.separator + dir
+File.separator);
           Log.v("createDirOnSDCard", sdCardRoot + File.separator + dir
```

```
+File.separator);
            dirFile.mkdirs();
            return dirFile;
      }
```

其中 File.separator 为文件分隔符。

3．在 SD 卡上创建文件

```
      /**
         * 在 SD 卡上创建文件
         */
        public File createFileOnSDCard(String fileName, String dir) throws
IOException{
           File file = new File(sdCardRoot + File.separator + dir + File.separator
+ fileName);
            Log.v("createFileOnSDCard", sdCardRoot + File.separator + dir +
File.separator + fileName);
            file.createNewFile();
            return file;
      }
```

4．判断文件是否存在于 SD 卡的某个目录

```
      /**
         * 判断 SD 卡上文件是否存在
         */
        public boolean isFileExist(String fileName, String path){
           File file = new File(sdCardRoot + path + File.separator + fileName);
           return file.exists();
      }
```

5．将数据写入 SD 卡指定目录

```
      public File writeData2SDCard(String path, String fileName, InputStream
data){
            File file = null;
            OutputStream output = null;
            try {
                     createDirOnSDCard(path);  //创建目录
                     file = createFileOnSDCard(fileName, path);  //创建文件
                     output = new FileOutputStream(file);
                     byte buffer[] = new byte[2*1024];          //每次写 2K 数据
                     int temp;
                     while((temp = data.read(buffer)) != -1 )
                     {
```

```
                    output.write(buffer,0,temp);
                }
                output.flush();
            } catch (Exception e) {
                e.printStackTrace();
            }
            finally{
                try {
                    output.close();    //关闭数据流操作
                } catch (Exception e2) {
                e2.printStackTrace();
                }
            }
            return file;
    }
```

对 SD 卡的操作，必须申请权限代码如下。

```
    <uses-permission android:name="android.permission.WRITE_EXTERNAL_
STORAGE"/>
    <uses-permission android:name="android.permission.MOUNT_UNMOUNT_
FILESYSTEMS"/>
```

这两个权限申请代码需要写在 AndroidManifest.xml 文件中。

2.3.5 简单 IO

IO 为输入（Input）和输出（Output）的缩写，有关的类或接口见表 2-2。

表 2-2

类	说明
File	文件类
RandomAccessFile	随机存取文件类
InputStream	字节输入流
OutputStream	字节输出流
Reader	字符输入流
Writer	字符输出流

流是一组有顺序的、有起点和终点的字节集合，是对数据传输的总称或抽象。数据在两设备间的传输称为流，流的本质是数据传输，根据数据传输特性将流抽象为各种类，方便、直观地进行数据操作。

IO 流的分类如下。

- 根据处理数据类型的不同，分为字符流和字节流。
- 根据数据流向不同，分为输入流和输出流。

（1）字符流和字节流

字符流的由来，因为数据编码的不同，而有了对字符进行高效操作的流对象。其实就是基于字节流读取时，去查指定的码表。字节流和字符流的区别如下。

- 读写单位不同。字节流以字节（8bit）为单位，字符流以字符为单位，根据码表映射字符，一次可能读取多个字节。
- 处理对象不同。字节流能处理所有类型的数据（如图片、avi 等），而字符流只能处理字符类型的数据。

要是处理纯文本数据，就优先考虑使用字符流。除此之外，都使用字节流。

（2）输入流和输出流

对输入流只能进行读操作，对输出流只能进行写操作，程序中需要根据传输数据的不同特性，而使用不同的流。

Java IO 流类图分布，如图 2-46 所示。

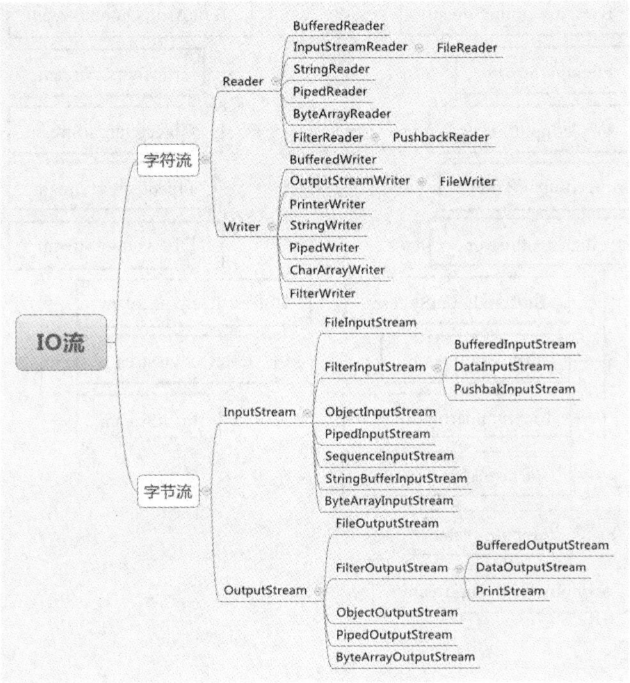

图 2-46

Java IO 流对象介绍如下。

（1）输入字节流 InputStreamIO 输入字节流的继承图，如图 2-46 所示，可以得出以下结果。

InputStream 是所有的输入字节流的父类，它是一个抽象类。

ByteArrayInputStream、StringBufferInputStream、FileInputStream 是三种基本的介质流，它们分别从 Byte 数组、StringBuffer 和本地文件中读取数据。PipedInputStream 是从其他线程共用的管道中读取数据，与 Piped 相关的知识后面单独介绍。

ObjectInputStream 和所有 FilterInputStream 的子类都是装饰流（装饰器模式的主角）。

（2）输出字节流 OutputStream

IO 中输出字节流的继承图，如图 2-46 所示，可以得出以下结果。

OutputStream 是所有输出字节流的父类，它是一个抽象类。

ByteArrayOutputStream、FileOutputStream 是两种基本的介质流，它们分别向 Byte 数组和本地文件中写入数据。PipedOutputStream 是向其他线程共用的管道中写入数据。

ObjectOutputStream 和所有 FilterOutputStream 的子类都是装饰流。

（3）字节流的输入与输出的对应

图 2-47 中粗线框的为主要的对应部分，细线框的部分就是不对应部分。虚线框部分代表这些流一般要搭配使用。从图中可以看出 Java IO 中的字节流是极其对称的。“存在及合理”，下面看看这些字节流中不太对称的几个类。

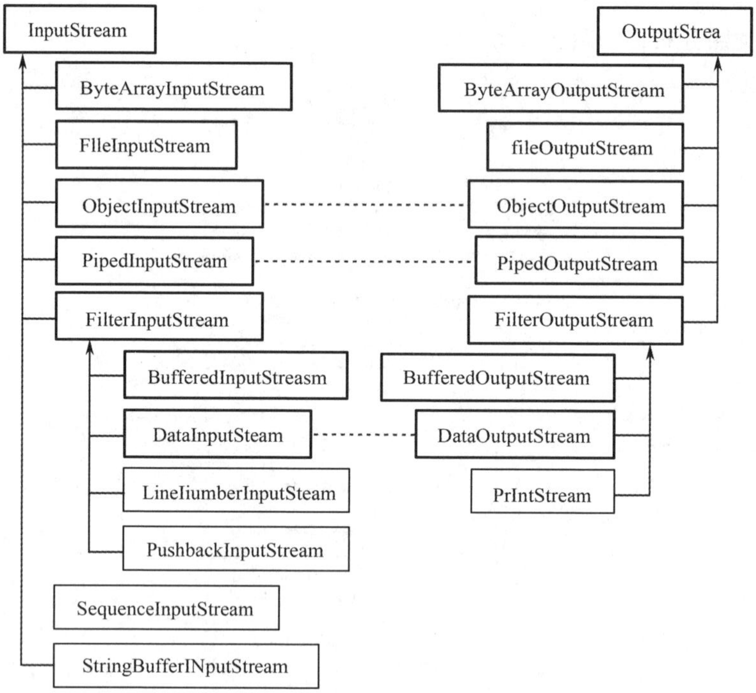

图 2-47

LineNumberInputStream 在完成从流中读取数据时，会得到相应的行号，至于什么时候分行、在哪里分行是由该类主动确定的，并不是在原始数据中有这样一个行号。在输出部分没有对应部分，我们可以自己建立一个 LineNumberOutputStream，在最初写入时会有一个基准行号，以后每次遇到换行时，会在下一行添加一个行号。

PushbackInputStream 的功能是查看最后一个字节，不满意就放入缓冲区。主要用在编译器的语法、词法分析部分。输出部分的 BufferedOutputStream 实现相近的功能。

StringBufferInputStream 已经被 Deprecated，本身不应该出现在 InputStream 部分，主要因为 String 属于字符流的范围，已经被废弃了，当然输出部分也不需要它，还允许它存在只是为了保持版本的向下兼容而已。

SequenceInputStream 可以认为是一个工具类，将两个或多个输入流当成一个输入流依次读取。完全可以从 IO 包中去除，还不影响 IO 包的结构，却让其更“纯洁”——纯洁的 Decorator

模式。

PrintStream 也可以认为是一个辅助工具，主要可以向其他输出流，或者 FileInputStream 写入数据，本身内部实现还是带缓冲的。本质上是对其他流综合运用的一个工具而已。一样可以踢出 IO 包，System.out 和 System.out 就是 PrintStream 的实例

（4）字符输入流 Reader

在上面的继承关系中，可以得出以下结果。

Reader 是所有的输入字符流的父类，它是一个抽象类。

CharReader、StringReader 是两种基本的介质流，它们分别在 Char 数组、String 中读取数据。PipedReader 是从其他线程共用的管道中读取数据。

BufferedReader 很明显就是一个装饰器，它和其子类负责装饰其他 Reader 对象。

FilterReader 是所有自定义具体装饰流的父类，其子类 PushbackReader 对 Reader 对象进行装饰，会增加一个行号。

InputStreamReader 是一个连接字节流和字符流的桥梁，它将字节流转变为字符流。FileReader 可以说是一个达到此功能、常用的工具类，在其源代码中明显使用了将 FileInputStream 转变为 Reader 的方法。可以从这个类中得到一定的技巧。Reader 中各个类的用途和使用方法基本和 InputStream 中的类使用一致。后面会有 Reader 与 InputStream 的对应关系。

（5）字符输出流 Writer

在上面的关系中，可以得出以下结果。

Writer 是所有的输出字符流的父类，它是一个抽象类。

CharArrayWriter、StringWriter 是两种基本的介质流，它们分别向 Char 数组、String 中写入数据。PipedWriter 是向与其他线程共用的管道中写入数据，

BufferedWriter 是一个装饰器，为 Writer 提供缓冲功能。

PrintWriter 和 PrintStream 极其类似，功能和使用也非常相似。

OutputStreamWriter 是 OutputStream 到 Writer 转换的桥梁，它的子类 FileWriter 就是一个实现此功能的具体类（具体可以研究一 SourceCode）。功能和使用与 OutputStream 极其类似，后面会有它们的对应图。

（6）字符流的输入与输出的对应

字符流的输入与输出的对应关系，如图 2-48 所示。

（7）字符流与字节流转换

转换流的特点如下：

- 其是字符流和字节流之间的桥梁；
- 可对读取到的字节数据经过指定编码转换成字符；
- 可对读取到的字符数据经过指定编码转换成字节。

在以下情况使用转换流：

- 当字节和字符之间有转换动作时；
- 流操作的数据需要编码或解码时。

具体的对象体现如下：

- InputStreamReader：字节到字符的桥梁；
- OutputStreamWriter：字符到字节的桥梁。

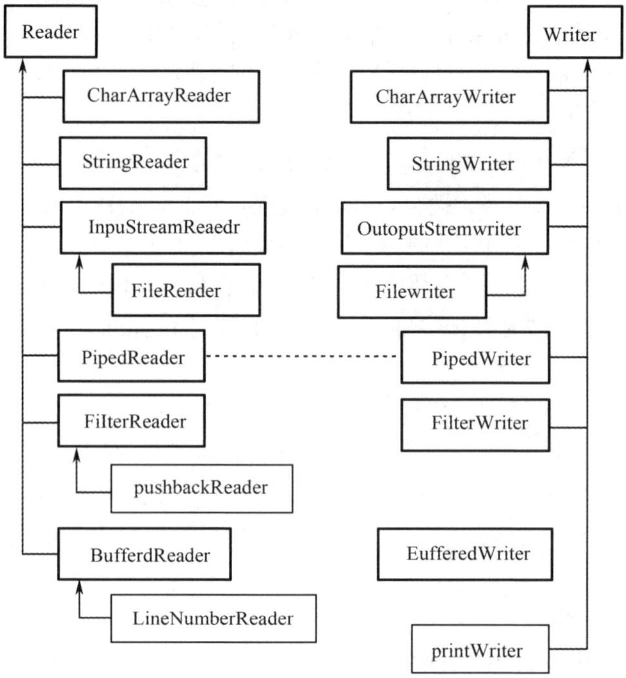

图 2-48

这两个流对象是字符体系中的成员，它们有转换作用，本身又是字符流，所以在构造时，需要传入字节流对象。

（8）File 类

File 类是对文件系统中文件以及文件夹进行封装的对象，可以通过对象的思想来操作文件和文件夹。File 类保存文件或目录的各种元数据信息，包括文件名、文件长度、最后修改时间、是否可读、获取当前文件的路径名，判断指定文件是否存在、获得当前目录中的文件列表，创建、删除文件和目录等方法。

（9）RandomAccessFile 类

该对象并不是流体系中的一员，其封装了字节流，同时还封装了一个缓冲区（字符数组），通过内部的指针来操作字符数组中的数据。

该对象特点如下：

- 该对象只能操作文件，所以构造函数接收两种类型的参数，①字符串文件路径，②File 对象；
- 该对象既可以对文件进行读操作，也能进行写操作，在进行对象实例化时可指定操作模式(r,rw)。

注意，该对象在实例化时，如果要操作的文件不存在，会自动创建；如果文件存在，写数据未指定位置，会从头开始写，即覆盖原有的内容。 可以用于多线程下载或多个线程同时写数据到文件。

2.4　布局及基础控件（三）

2.4.1　RelativeLayout 布局

RelativeLayout 顾名思义，相对布局，在这个容器内部的子元素可以使用彼此之间的位置或容器间的相对位置来进行定位。

注意，不能在 RelativeLayout 容器本身和它的子元素之间产生依赖，比如，不能将 RelativeLayout 的高度设置成为 WRAP_CONTENT 时，再将子元素的高度设置成为 ALIGN_PARENT _BOTTOM。

下面先了解一下 RelativeLayout 布局的常见属性。

- 控件与控件之间位置相关的关系
  - ✓ android：layout_above　　将该控件置于给定 ID 的控件之上。
  - ✓ android：layout_below　　将该控件置于给定 ID 的控件之下。
  - ✓ android：layout_toLiftOf　　将该控件置于给定 ID 的控件之左。
  - ✓ android：layout_toRightOf　　将该控件置于给定 ID 的控件之右。
- 控件与控件之间对齐相关的关系
  - ✓ android：layout_alignBaseline　　该控件基线对齐给定 ID 的基线。
  - ✓ android：layout_alignBottom　　该控件于给定 ID 的控件底部对齐。
  - ✓ android：layout_alignLift　　该控件于给定 ID 的控件左对齐。
  - ✓ android：layout_alignRight　　该控件于给定 ID 的控件右对齐。
  - ✓ android：layout_alignTop　　该控件于给定 ID 的控件顶部对齐。
- 控件和它的容器之间的关系
  - ✓ android：layout_alignParentLift　　如果为 True，该控件位于父控件的左部。
  - ✓ android：layout_alignParentRight　　如果为 True，该控件位于父控件的右部。
  - ✓ android：layout_alignTop　　如果为 True，该控件位于父控件的顶部。
  - ✓ android：layout_alignBottom　　如果为 True，该控件位于父控件的底部。
- 控件和它的容器位置之间的关系
  - ✓ android：layout_centerVertical　　如果为 Ture，该控件将被置于水平方向的中央。
  - ✓ android：layout_centerHorizontal　　如果为 Ture，该控件将被置于垂直方向的中央。
  - ✓ android：layout_centerInParent　　如果为 Ture，该控件将被置于父控件水平方向和垂直方向的中央。

在以后的学习和工作中，会大量的使用该布局，希望读者把以上属性能够灵活自如运用。现在练习一下 RelativeLayout，实现如图 2-49 所示布局效果。

代码如下：

```
<?xml version="1.0" encoding="utf-8"?>
<RelativeLayout
```

```
xmlns:android="http://schemas.android.com/apk/res/androi
d"
            android:layout_width="fill_parent"
android:layout_height="fill_parent">
        <TextView android:layout_width="fill_parent"
            android:layout_height="wrap_content"
android:text="请输入用户名"
            android:id="@+id/text"
android:textSize="20sp" />
        <EditText android:layout_width="fill_parent"
            android:layout_height="wrap_content"
android:layout_below="@id/text"
            android:id="@+id/edit" />
        <Button android:layout_width="wrap_content"
            android:layout_height="wrap_content" android:text="取消"
            android:layout_alignParentRight="true"
android:layout_below="@id/edit"
            android:id="@+id/cancle" />
        <Button android:layout_width="wrap_content"
            android:layout_height="wrap_content"
android:layout_toLeftOf="@id/cancle"
            android:layout_alignTop="@id/cancle" android:text="确定" />
    </RelativeLayout>
```

图 2-49

2.4.2 AutoCompleteTextView 控件

在我们平常上网的时候，经常会用到谷歌或百度，在输入框中输入想要输入的信息就会出现其他与其相关的提示信息，非常方便。这种效果在 Android 中是用 AutoCompleteTextView 实现的。

AutoCompleteTextView 是一个可编辑的文本视图，显示自动完成。建议列表显示在一个下拉菜单，用户可以从中选择一项，以完成输入。建议列表是从一个数据适配器获取的数据。它有三个重要的方法：①clearListSelection()，清除选中的列表项；②dismissDropDown()，如果存在，关闭下拉菜单；③getAdapter()，获取适配器。

要如下实例化适配器：

```
    ArrayAdapter adapter=new ArrayAdapte(this,android.R.
layout.simple_dropdown_ item_1line,strs);
```

要实现如图 2-50 所示效果。

在 main.xml 配置文件中加入如下代码：

```
    <AutoCompleteTextView
     android:id="@+id/autoText"
```

图 2-50

```
    android:layout_width="fill_parent"
    android:layout_height="wrap_content"
    ></AutoCompleteTextView>
    在 Activity 中加入如下 Java 代码：
    private  String[]  ary=new  String[]{"abc","abcd",  "abcde",  "abcdef",
"abcdefg", "hij", "hijk", "hijkl", "hijklm", "hijklmn"};
        @Override
        public void onCreate(Bundle savedInstanceState) {
            super.onCreate(savedInstanceState);
            setContentView(R.layout.main);
            AutoCompleteTextView actv = (AutoCompleteTextView)findViewById
(R.id.autoTex t);
            ArrayAdapter<String> adapter = new ArrayAdapter<String>(this,
android.R.layout.simple_dropdown_item_1line,ary);
            actv.setAdapter(adapter);
        }
```

目前，还没有过多地接触适配器，ArrayAdapter 在后续章节会介绍。

2.4.3　ScrollView 控件

ScrollView 和 HorizontalScrollView 是为控件或布局添加滚动条，两个控件只能有一个孩子，但是它并不是传统意义上的容器。两个控件可以互相嵌套。ScrollView 用于设置垂直滚动条，HorizontalScrollView 用于设置水平滚动条：需要注意的是，属性 scrollbars 可以设置滚动条的方向，但是 ScrollView 设置成 horizontal 和设置成 none 效果相同，HorizontalScrollView 设置成 vertical 和 none 效果相同。

一种可供用户滚动的层次结构布局容器，允许显示比实际多的内容。ScrollView 是一种 FrameLayout，该控件继承了 FrameLayout，意味着需要在其上放置有自己滚动内容的子元素。子元素可以是一个复杂对象的布局管理器。常用的子元素是垂直方向的 LinearLayout，是显示在最上层的垂直方向可以让用户滚动的箭头。

TextView 类也有自己的滚动功能，不需要使用 ScrollView，但是只有两个结合使用，才能保证显示较多内容时的效率。但只有两者结合使用，才可以实现在一个较大的容器中一个文本视图效果。

ScrollView 只支持垂直方向的滚动。

使用时，只需在所需滚动的控件外层，嵌套 ScrollBar 标签即可。

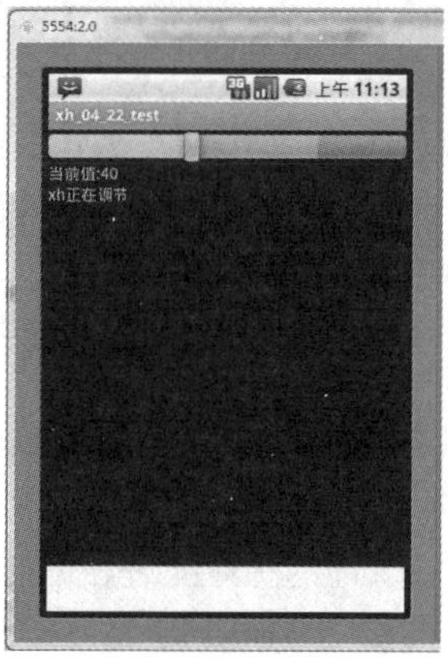

图 2-51

2.4.4　SeekBar 控件

拖动条类似进度条，不同的是用户可以控制。比如，应用程序中用户可以对音效进行控制，就可以使用拖动条来实现。由于拖动条可以被用户控制，所以需要对其进行事件监听，就需要实现 SeekBar.OnSeekBarChangeListener 接口。在 SeekBar 中需要监听 3 个事件，分别是数值的改变（onProgressChanged）、开始拖动（onStartTrackingTouch）、停止拖动（onStopTrackingTouch）。在 onProgressChanged 中可以得到当前数值的大小。先看看运行效果，如图 2-51 所示。

布局文件代码如下：

```
<?xml version="1.0" encoding="utf-8"?>
<LinearLayout
xmlns:android="http://schemas.android.com/apk/res/android"
    android:orientation="vertical"
    android:layout_width="fill_parent"
    android:layout_height="fill_parent"
    >
  <SeekBar
  android:id="@+id/seek"
  android:layout_width="fill_parent"
  android:layout_height="wrap_content"
  android:max="100"
  android:progress="50"
  android:secondaryProgress="75"/>
  <TextView
  android:id="@+id/progress"
  android:layout_width="fill_parent"
  android:layout_height="wrap_content"
  />

  <TextView
  android:id="@+id/tracking"
    android:layout_width="fill_parent"
    android:layout_height="wrap_content"
    />
</LinearLayout>
```

Java 代码如下：

```
package com.tangcco.autocompletetextview;

import android.app.Activity;
import android.os.Bundle;
import android.widget.SeekBar;
import android.widget.TextView;

public class MainActivity extends Activity implements
      SeekBar.OnSeekBarChangeListener {
      /** Called when the activity is first created. */
```

```
        //声明 SeekBar 和 TextView 对象
        SeekBar mSeekBar;
        TextView mProgressText;
        TextView mTrackingText;

        @Override
        public void onCreate(Bundle savedInstanceState) {
                super.onCreate(savedInstanceState);
                setContentView(R.layout.main);
                //取得 SeekBar 对象
                mSeekBar = (SeekBar) findViewById(R.id.seek);
                mSeekBar.setOnSeekBarChangeListener(this);
                mProgressText = (TextView) findViewById(R.id.progress);
                mTrackingText = (TextView) findViewById(R.id.tracking);
        }
        @Override
        //在拖动中--即值在改变
        public void onProgressChanged(SeekBar seekBar, int progress,
                        boolean fromUser) {
                //progress 为当前数值的大小
                mProgressText.setText("当前值:" + progress);
        }
        @Override
        //在拖动中会调用此方法
        public void onStartTrackingTouch(SeekBar seekBar) {
                mTrackingText.setText("xh 正在调节");
        }
        @Override
        //停止拖动
        public void onStopTrackingTouch(SeekBar seekBar) {
                mTrackingText.setText("xh 停止调节");
        }
}
```

2.4.5 RatingBar 控件

RatingBar 是 SeekBar 和 ProgressBar 的扩展，用星来评级。使用默认大小 RatingBar 时，用户可以触摸/拖动或使用键来设置评分，它有两种样式（大、小），其中大的只适合指示，不适合用户交互。要实现一个基本的 RatingBar,并不复杂，就需要一个布局，在这个布局中，再添加 RatingBar 这个组件就行，效果如图 2-52 所示。

代码如下：

```
<?xml version="1.0" encoding="utf-8"?>
                                                        <LinearLayout
 xmlns:android="http://schemas.android.com/apk/res/and
roid"
            android:orientation="vertical"
            android:layout_width="wrap_content"
            android:layout_height="wrap_content"
            >
        <RatingBar android:id="@+id/ratingBar"
            android:layout_height="wrap_content"
            android:layout_width="wrap_content"
            android:rating = "3.5"
            android:numStars="5"
            android:stepSize = "0.5"/>
        </LinearLayout>
```

图 2-52

接着就是 activity 的代码，如下：

```
@SuppressWarnings("unused")
    private RatingBar ratingBar;
    @Override
    public void onCreate(Bundle savedInstanceState) {
        super.onCreate(savedInstanceState);
        setContentView(R.layout.main);
        RatingBar ratingBar = (RatingBar) findViewById(R.id.ratingBar);
```

这里，对布局文件上几个属性进行说明，因为这是构建 RatingBar 必须了解的，而且还是需要修改的。注意，如果布局中有 RatingBar，那么 layout_width 和 layout_height 最好要设置成 wrap_content，至少 layout_width 必须这么做，如果没有这么做，那么很可能星星显示不出来。当然，可以修改一下星星的大小，就可以显示更多的星星。接下来，介绍 RatingBar 中的相关属性。android:rating = "3.5"，这一条是设置默认的分数，可以是浮点数，因为 RatingBar 其实是评分条，所以星星的数量其实就是用来显示分数的数量，而默认的分数就是应用一开始出现的星星数量。android:numStars="5",这是设置显示的星星数量，理论上，任何整数都可以，但是，建议最好是 5，因为如果多于 5 的话，有的手机，如 3.7 寸大的屏幕，最多只能显示 5.8，为什么是这么怪的数据，因为第六个星星就还有一角没有显示出来。android:stepSize = "0.5“，这是显示步长的。什么是步长，就是当你的分数增加时，是按照多大的分数增加，这里，步长是 0.5，那么手机上显示的星星可以用手指单击来增加分数，而这里就会按照一次单击增加 0.5 的步长，就是半颗星星。

但是，必须注意，大部分情况不希望 RatingBar 是可以改动的，要固定地显示分数，那么，再增加一条属性，android:isIndicator="true",这样分数就会固定，不会改变，所以，步长的设定就完全没有必要。

2.4.6　NotificationBar 控件

当有短信或未接电话时，Android 手机的状态栏就会显示一个小图标，可以滑下状态栏，单击图标这一栏，就会跳转到相应的界面，之后这个图标将消失。本小节将专门介绍这个控件——Notification。在 Android 系统中，通过 NotificationManager 来管理这些东西。

下面来看一些创建 Notification 的步骤。

（1）通过 getSystemService 方法获得一个 NotificationManager 对象。

（2）创建一个 Notification 对象。每一个 Notification 对应一个 Notification 对象，在这一步需要设置显示在屏幕上方状态栏的通知消息、通知消息前方的图像资源 ID 和发出通知的时间，一般为当前时间。

（3）由于 Notification 可以与应用程序脱离。也就是说，即使应用程序被关闭，Notification 仍然会显示在状态栏中。当应用程序再次启动后，又可以重新控制这些 Notification，如清除或替换它们。因此，需要创建一个 PendingIntent 对象，该对象由 Android 系统负责维护。因此，在应用程序关闭后，该对象仍然不会被释放。

（4）使用 Notification 类的 setLatestEventInfo 方法设置 Notification 的详细信息。

（5）使用 NotificationManager 类的 notify 方法显示 Notification 消息。在这一步需要指定标识 Notification 的唯一 ID。这个 ID 必须相对于同一个 NotificationManager 对象是唯一的，否则会覆盖相同 ID 的 Notificaiton。

下面通过一个实例来看看效果，如图 2-53、图 2-54、图 2-55 所示。

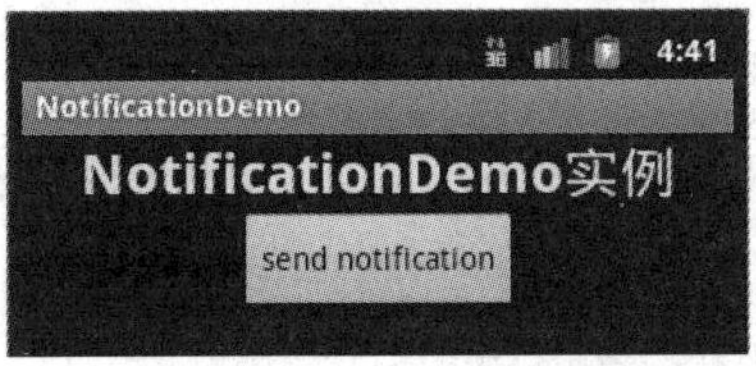

图 2-53

图 2-54

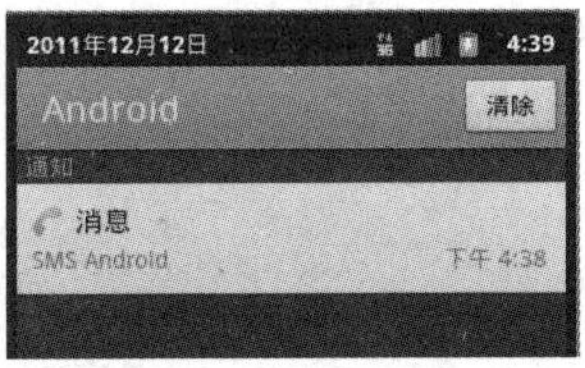

图 2-55

程序框架结构图，如图 2-56 所示。

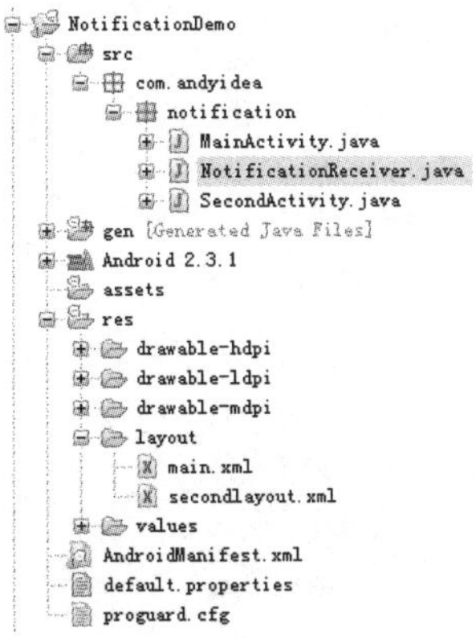

图 2-56

布局文件 main.xml 代码如下：

```
    <?xml version="1.0" encoding="utf-8"?>
    <LinearLayout
xmlns:android="http://schemas.android.com/apk/res/android"
            android:orientation="vertical"
            android:layout_width="fill_parent"
            android:layout_height="fill_parent"
            >
    <TextView
            android:layout_width="fill_parent"
            android:layout_height="wrap_content"
```

```
            android:gravity="center"
            android:textColor="#EEE"
            android:textStyle="bold"
            android:textSize="25sp"
            android:text="NotificationDemo 实例" />
    <Button
            android:id="@+id/btnSend"
            android:text="send notification"
            android:layout_width="wrap_content"
            android:layout_height="wrap_content"
            android:layout_gravity="center"/>
    </LinearLayout>
```

MainActivity.java 代码如下：

```
    package com.tangcco.notification;
    import android.app.Activity;
    import android.content.Intent;
    import android.os.Bundle;
    import android.view.View;
    import android.widget.Button;
    public class MainActivity extends Activity {
         private Button btnSend;
            //定义 BroadcastReceiver 的 action
            private   static   final   String   NotificationDemo_Action   =
"com.tangcco. notification.NotificationDemo_Action";
            /** Called when the activity is first created. */
            @Override
            public void onCreate(Bundle savedInstanceState) {
                super.onCreate(savedInstanceState);
                setContentView(R.layout.main);
                btnSend = (Button)findViewById(R.id.btnSend);
               btnSend.setOnClickListener(new View.OnClickListener() {
                    @Override
                    public void onClick(View v) {
                        Intent intent = new Intent();
                        intent.setAction(NotificationDemo_Action);
                        sendBroadcast(intent);
                    }
                });
            }
    }
```

布局文件 secondlayout.xml 代码如下：

```
    <?xml version="1.0" encoding="utf-8"?>
```

```
<LinearLayout
        xmlns:android="http://schemas.android.com/apk/res/android"
        android:orientation="vertical"
        android:layout_width="fill_parent"
        android:layout_height="fill_parent">
    <TextView
        android:layout_width="fill_parent"
        android:layout_height="wrap_content"
        android:gravity="center"
        android:textColor="#EEE"
        android:textStyle="bold"
        android:textSize="25sp"
        android:text="显示通知界面" />
<Button
        android:id="@+id/btnCancel"
        android:text="cancel notification"
        android:layout_width="wrap_content"
        android:layout_height="wrap_content"
        android:layout_gravity="center" />
</LinearLayout>
```

SecondActivity.java 代码如下：

```
package com.tangcco.notification;
import android.app.Activity;
import android.app.Notification;
import android.app.NotificationManager;
import android.app.PendingIntent;
import android.content.Intent;
import android.os.Bundle;
import android.view.View;
import android.widget.Button;

public class SecondActivity extends Activity {

    private Button btnCancel;
        //声明Notification
        private Notification notification;
        //声明NotificationManager
        private NotificationManager mNotification;
        //标识Notification的ID
        private static final int ID = 1;

        @Override
        protected void onCreate(Bundle savedInstanceState) {
            super.onCreate(savedInstanceState);
```

```
            setContentView(R.layout.secondlayout);
            btnCancel = (Button)findViewById(R.id.btnCancel);
            //怎样获得 NotificationManager 的实例?
            String service = NOTIFICATION_SERVICE;
            mNotification = (NotificationManager)getSystemService
(service);
            //获得 Notification 的实例
            notification = new Notification();
            //设置该图标 会在状态栏显示
            int icon = notification.icon = android.R.drawable.stat_sys_
phone_call;
            //设置提示信息
            String tickerText = "Test Notification";
            //设置显示时间
            long when = System.currentTimeMillis();
            notification.icon = icon;
            notification.tickerText = tickerText;
            notification.when = when;
            Intent intent = new Intent(this, MainActivity.class);
        PendingIntent pi = PendingIntent.getActivity(this, 0, intent, 0);
        notification.setLatestEventInfo(this, "消息", "SMS Android", pi);
            mNotification.notify(ID, notification);
            btnCancel.setOnClickListener(new View.OnClickListener() {
                @Override
                public void onClick(View v) {
                    mNotification.cancel(ID);  //--->取消通知
                }
            });
        }
    }
```

NotificationReceiver.java 代码如下：

```
    package com.tangcco.notification;

    import android.content.BroadcastReceiver;
    import android.content.Context;
    import android.content.Intent;

    public class NotificationReceiver extends BroadcastReceiver {
        @Override
        public void onReceive(Context context, Intent intent) {
            //实例化 Intent
                Intent i = new Intent();
                //在新任务中启动 Activity
```

```
                i.setFlags(Intent.FLAG_ACTIVITY_NEW_TASK);
                //设置 Intent 启动的组件名称
                i.setClass(context, SecondActivity.class);
                //启动 Activity,显示通知
                context.startActivity(i);
        }
    }
```

2.5 Dialog 及基础控件

2.5.1 ProgressBar 控件

ProgressBar 是 Android 的进度条，体验效果如图 2-57 所示。

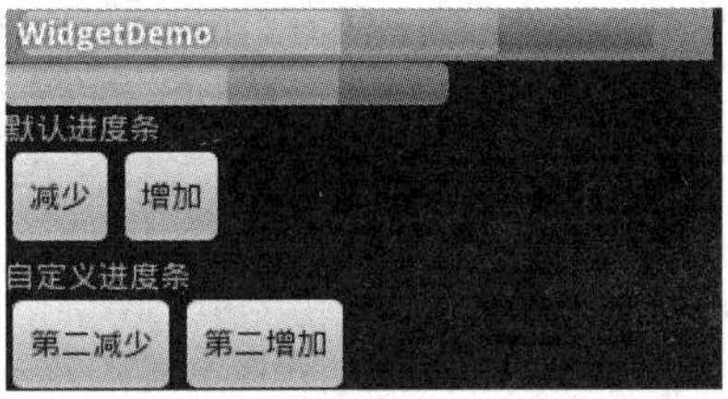

图 2-57

在某些操作进度中的可视指示器，为用户呈现操作的进度，它有一个次要的进度条，用来显示中间进度，如在流媒体播放缓冲区的进度。一个进度条也可不确定其进度。在不确定模式下，进度条显示循环动画。这种模式常用于应用程序使用任务的长度是未知的情况。

重要属性、方法及事件如下：

- android:progressBarStyle：默认进度条样式
- android:progressBarStyleHorizontal：水平样式
- getMax()：返回这个进度条范围的上限
- getProgress()：返回进度
- getSecondaryProgress()：返回次要进度
- incrementProgressBy(int diff)：指定增加的进度
- isIndeterminate()：指示进度条是否在不确定模式下
- setIndeterminate(boolean indeterminate)：设置不确定模式
- setVisibility(int v)：设置该进度条是否可见
- onSizeChanged(int w, int h, int oldw, int oldh)：当进度值改变时引发此事件

具体实例代码如下：

```
    <?xml version="1.0" encoding="utf-8"?>
    <LinearLayout
xmlns:android="http://schemas.android.com/apk/res/android"
        android:orientation="vertical"
        android:layout_width="match_parent"
        android:layout_height="wrap_content">
```

```
    <ProgressBar android:id="@+id/progress_horizontal"
        style="?android:attr/progressBarStyleHorizontal"
        android:layout_width="200dip"
        android:layout_height="wrap_content"
        android:max="100"
        android:progress="50"
        android:secondaryProgress="75" />
    <TextView
        android:layout_width="wrap_content"
        android:layout_height="wrap_content"
        android:text="默认进度条" />
    <LinearLayout
        android:orientation="horizontal"
        android:layout_width="match_parent"
        android:layout_height="wrap_content">
        <Button android:id="@+id/decrease"
            android:layout_width="wrap_content"
            android:layout_height="wrap_content"
            android:text="减少" />
        <Button android:id="@+id/increase"
            android:layout_width="wrap_content"
            android:layout_height="wrap_content"
            android:text="增加" />
    </LinearLayout>
    <TextView
        android:layout_width="wrap_content"
        android:layout_height="wrap_content"
        android:text="自定义进度条" />
    <LinearLayout
        android:orientation="horizontal"
        android:layout_width="match_parent"
        android:layout_height="wrap_content">
        <Button android:id="@+id/decrease_secondary"
            android:layout_width="wrap_content"
            android:layout_height="wrap_content"
            android:text="第二减少" />
        <Button android:id="@+id/increase_secondary"
            android:layout_width="wrap_content"
            android:layout_height="wrap_content"
            android:text="第二增加" />
    </LinearLayout>
</LinearLayout>
```

Java 代码如下：

```
public class MainActivity extends Activity {
  /* (non-Javadoc)
     * @see android.app.Activity#onCreate(android.os.Bundle)
     */
  @Override
  protected void onCreate(Bundle savedInstanceState) {
      // TODO Auto-generated method stub
      super.onCreate(savedInstanceState);
      requestWindowFeature(Window.FEATURE_PROGRESS);
        setContentView(R.layout.main);
        setProgressBarVisibility(true);
        final ProgressBar progressHorizontal = (ProgressBar) findViewById
(R.id.progress_horizontal);
        setProgress(progressHorizontal.getProgress() * 100);
        setSecondaryProgress(progressHorizontal.getSecondaryProgress()
* 100);
        Button button = (Button) findViewById(R.id.increase);
        button.setOnClickListener(new Button.OnClickListener() {
            public void onClick(View v) {
                progressHorizontal.incrementProgressBy(1);
                // Title progress is in range 0..10000
                setProgress(100 * progressHorizontal.getProgress());
            }
        });

        button = (Button) findViewById(R.id.decrease);
        button.setOnClickListener(new Button.OnClickListener() {
            public void onClick(View v) {
                progressHorizontal.incrementProgressBy(-1);
                // Title progress is in range 0..10000
                setProgress(100 * progressHorizontal.getProgress());
            }
        });

        button = (Button) findViewById(R.id.increase_secondary);
        button.setOnClickListener(new Button.OnClickListener() {
            public void onClick(View v) {
                progressHorizontal.incrementSecondaryProgressBy(1);
                // Title progress is in range 0..10000
               setSecondaryProgress(100 * progressHorizontal.getSecondary
Progress());
            }
```

```
            });

            button = (Button) findViewById(R.id.decrease_secondary);
            button.setOnClickListener(new Button.OnClickListener() {
                public void onClick(View v) {
                    progressHorizontal.incrementSecondaryProgressBy(-1);
                    // Title progress is in range 0..10000
                  setSecondaryProgress(100 * progressHorizontal.getSecondary
Progress());
                }
            });
        }
    }
```

2.5.2 DatePicker、TimePicker 控件

日期选择控件 DatePicker 继承自 FrameLayout 类，主要功能是向用户提供包含年、月、日的日期数据，并允许用户对其修改。如果要捕获用户修改日期选择控件中的数据事件，需要为 DatePicker 添加 OnDateChangedListener 监听器。下面是一个简单案例，如图 2-58 所示。

图 2-58

图 2-59

main.xml 代码如下：

```
    <?xml version="1.0" encoding="utf-8"?>
    <LinearLayout
xmlns:android="http://schemas.android.com/apk/res/android"
            android:layout_width="wrap_content"
            android:layout_height="wrap_content"
            android:orientation="vertical">
            <TextView android:id="@+id/dateDisplay"
```

```
                android:layout_width="wrap_content"
                android:layout_height="wrap_content"
                android:text=""/>
            <Button android:id="@+id/pickDate"
                android:layout_width="wrap_content"
                android:layout_height="wrap_content"
                android:text="Change the date"/>
        <DatePicker android:id="@+id/datePicker"
            android:foreground="@android:color/background_dark"
            android:layout_width="wrap_content"
                android:layout_height="wrap_content"
            android:longClickable="true"/>
</LinearLayout>
```

HelloDatePickerActivity.java 代码如下

```
package com.tangcco;

import java.util.Calendar;
import android.app.Activity;
import android.app.DatePickerDialog;
import android.app.Dialog;
import android.os.Bundle;
import android.view.View;
import android.widget.Button;
import android.widget.DatePicker;
import android.widget.TextView;

public class HelloDatePickerActivity extends Activity {
     /** Called when the activity is first created. */
     private TextView mDateDisplay;
     private Button mPickDate;
     private int mYear;
     private int mMonth;
     private int mDay;
     //该常量用于标识DatePickerDialog
     static final int DATE_DIALOG_ID = 0;

     @Override
     public void onCreate(Bundle savedInstanceState) {
         super.onCreate(savedInstanceState);
         setContentView(R.layout.main);
         // capture our View elements
         mDateDisplay = (TextView) findViewById(R.id.dateDisplay);
         mPickDate = (Button) findViewById(R.id.pickDate);
```

```
        // add a click listener to the button
        //这里用的是匿名内部类，OnClickListener 只是一个接口， 用它来绑定监听器，
        mPickDate.setOnClickListener(new View.OnClickListener() {
            public void onClick(View v) {
                // 些方法会调用 protected Dialog onCreateDialog(int id)
                showDialog(DATE_DIALOG_ID);
            }
        });
        // get the current date
        final Calendar c = Calendar.getInstance();
        mYear = c.get(Calendar.YEAR);
        mMonth = c.get(Calendar.MONTH);
        mDay = c.get(Calendar.DAY_OF_MONTH);
        // display the current date (this method is below)
        updateDisplay();
    }
    private void updateDisplay() {
        mDateDisplay.setText(new StringBuilder()
                // Month is 0 based so add 1
                .append(mMonth + 1).append("-").append(mDay).append("-")
                .append(mYear).append(" "));
    }
    //这里使用的是匿名内部类，OnDateSetListener 只是这个类里面的一个接口，必须
实现 onDateSet 这个类。
    private DatePickerDialog.OnDateSetListener mDateSetListener = new
DatePickerDialog.OnDateSetListener() {
        public void onDateSet(DatePicker view, int year, int monthOfYear,
    int dayOfMonth) {
            mYear = year;
            mMonth = monthOfYear;
            mDay = dayOfMonth;
            updateDisplay();
        }
    };
    @Override
    protected Dialog onCreateDialog(int id) {
        switch (id) {
        case DATE_DIALOG_ID:
            return new DatePickerDialog(this, mDateSetListener, mYear,
mMonth,mDay);
        }
        return null;
```

```
        }
    }
```

时间选择控件 TimePicker 也继承自 FrameLayout 类。为用户显示一天中的时间（可以为 24 小时，也可以为 AM/PM 制），并允许用户进行选择。如果要捕获用户修改时间数据的事件，需要为 TimePicker 添加 OnTimeChangedListener 监听器以下实例，实现如图 2-59 所示，效果代码如下。

main.xml 布局文件代码如下：

```
    <?xml version="1.0" encoding="utf-8"?>
    <LinearLayout
xmlns:android="http://schemas.android.com/apk/res/android"
            android:orientation="vertical"
            android:layout_width="fill_parent"
            android:layout_height="fill_parent">
            <DatePicker android:id="@+id/datePicker"
                android:layout_width="wrap_content"
                android:layout_height="wrap_content"
                android:layout_gravity="center_horizontal"/>
            <EditText android:id="@+id/dateEt"
                android:layout_width="fill_parent"
                android:layout_height="wrap_content"
                android:cursorVisible="false"
                android:editable="false"/>
            <TimePicker android:id="@+id/timePicker"
                android:layout_width="wrap_content"
                android:layout_height="wrap_content"
                android:layout_gravity="center_horizontal"/>
            <EditText android:id="@+id/timeEt"
                android:layout_width="fill_parent"
                android:layout_height="wrap_content"
                android:cursorVisible="false"
                android:editable="false"/>
    </LinearLayout>
```

DpTpActivity.java 源文件代码如下：

```
    package com.tangcco;

    import java.util.Calendar;
    import android.app.Activity;
    import android.os.Bundle;
    import android.widget.DatePicker;
    import android.widget.EditText;
    import android.widget.TimePicker;

    public class DpTpActivity extends Activity {
```

```
            private EditText dateEt=null;
            private EditText timeEt=null;

            @Override
            public void onCreate(Bundle savedInstanceState) {
                super.onCreate(savedInstanceState);
                setContentView(R.layout.main);
                dateEt=(EditText)findViewById(R.id.dateEt);
                timeEt=(EditText)findViewById(R.id.timeEt);
                DatePicker
datePicker=(DatePicker)findViewById(R.id.datePicker);
                TimePicker
timePicker=(TimePicker)findViewById(R.id.timePicker);

                Calendar calendar=Calendar.getInstance();
                int year=calendar.get(Calendar.YEAR);
                int monthOfYear=calendar.get(Calendar.MONTH);
                int dayOfMonth=calendar.get(Calendar.DAY_OF_MONTH);
               datePicker.init(year, monthOfYear, dayOfMonth, new DatePicker.
OnDateChangedListener(){
                    public void onDateChanged(DatePicker view, int year,int
monthOfYear, int dayOfMonth) {
                        dateEt.setText("您选择的日期是："+year+"年
"+(monthOfYear+1)+"月"+dayOfMonth+"日。");
                    }
                });
                timePicker.setOnTimeChangedListener(new
TimePicker.OnTimeChangedListener(){
             public void onTimeChanged(TimePicker view, int hourOfDay, int
minute) {
               timeEt.setText("您选择的时间是："+hourOfDay+"时"+minute+"分。");
             }
           });
        }
    }
```

2.5.3 AlertDialog

对话框在程序中不是必备的，但是用好对话框能为编写的应用增色不少。采用对话框可以大大增加应用的友好性。常用的背景有用户登录、网络正在下载、下载成功或失败的提示，还有，短信来了、电池没电了等，只要想提高用户体验的，都可以使用对话框。

Dialog 类，是一切对话框的基类，需要注意，Dialog 类虽然可以在界面上显示，但是并非继承于 View 类，而是直接从 java.lang.Object 开始构造的。类似于 Activity，Dialog 也是有生命周期的，它的生命周期由 Activity 维护。Activity 负责生成、保存、恢复它。在生命周期的每一个阶段都有一些回调函数供系统反向调用。ShowDialog(int id)负责显示标示为 id 的 Dialog，如果调用这个函数，系统将反向调用 Dialog 的回调函数 onCreateDialog(int id)。dismissDialog(int id)使标示为 id 的 Dialog 在界面当中消失。

Dialog 有两个比较常见的回调函数，onCreateDialog(int id)和 onPrepareDialog(int id,Dialog dialog)。如果 Activity 调用了 showDialog(int id)，并且这个 Dialog 是第一次生成，系统将反向调用 Dialog 的回调函数 onCreateDialog(int id)，再调用 onPrepareDialog(int id ,Dialog dialog)，如果这个 Dialog 还没有生成，还没有显示出来，那么将不会回调 onCreateDialog(int id)，而是直接回调 onPrepareDialog(int id,Dialog dialog)方法。onPrepareDialog(int id,Dialog dialog)方法提供了这样一套机制，当 Dialog 生成，但没有显示出来时，使得有机会在显示前对 Dialog 做一些修改，如对 Dialog 标题进行修改。

什么是 AlertDialog，什么是 AlertDialog.Builder，AlertDialog 是 Dialog 的一个直接子类，一个 AlertDialog 可以有两个 Button 或者 3 个 Button，可以对一个 AlertDialog 设置 title、message。不能直接通过 AlertDialog 的构造函数来生成一个 AlertDialog，一般生成的时候都是通过它的一个内部静态类 AlertDialog.Builder 来构造的。

Android API 支持下列类型的对话框对象。

- 警告对话框 AlertDialog，一个可以有 0 到 3 个按钮，一个单选框或复选框的列表对话框。警告对话框可以创建大多数的交互界面，是推荐的类型。
- 进度对话框 ProgressDialog，显示一个进度环或者一个进度条，由于它是 AlertDialog 的扩展，所以它也支持按钮。
- 日期选择对话框 DatePickerDialog，让用户选择一个日期。
- 时间选择对话框 TimePickerDialog，让用户选择一个时间。

如果希望自定义对话框，可以扩展 Dialog 类。

可以使用 AlertDialog.Builder 产生一个提示框，例如，像 messagebox 的实例，代码如下。

```
          new AlertDialog.Builder(this)
          .setTitle("Android 提示")
          .setMessage("这是一个提示,请确定")
          .show();
```

带一个确定的对话框，代码如下：

```
new AlertDialog.Builder(this)
          .setMessage("这是第二个提示")
          .setPositiveButton("确定",new DialogInterface.OnClickListener(){
              public void onClick(DialogInterface dialoginterface, int i){
                    //按钮事件
                 }
            }).show();
AlertDialog.Builder 还有很多复杂的用法,有确定和取消的对话框
new AlertDialog.Builder(this)
          .setTitle("提示")
          .setMessage("确定退出?")
```

```
            .setIcon(R.drawable.quit)
            .setPositiveButton("确定", new DialogInterface.OnClickListener() {
            public void onClick(DialogInterface dialog, int whichButton) {
                setResult(RESULT_OK);//确定按钮事件
                finish();
            }
            }).setNegativeButton("取消", new DialogInterface. OnClickListener() {
                public void onClick(DialogInterface dialog, int whichButton) {
                    //取消按钮事件
                }
            })
            .show();
```

2.5.4 ProgressDialog

ProgressDialog（进度对话框）是 AlertDialog 的扩展。它可以显示一个动画的进度——进度环或者进度条。这个对话框也可以提供按钮，例如取消一个下载等。

打开一个进度对话框很简单，只需要调用 ProgressDialog.show()即可。例如，对话框可以不通过 onCreateDialog(int)，而直接调用如下代码：

```
    ProgressDialog dialog = ProgressDialog.show(MyActivity.this,
"","Loading. Please wait...", true);
```

第一个参数是应用程序上下文，第二个为对话框的标题（这里为空），第三个为对话框内容，最后一个为该进度是否为不可确定的。

进度对话框的默认样式为一个旋转的环，Showing a progress bar 显示为进度条

使用一个动画进度条来显示进度，使用 ProgressDialog(Context)构造函数来初始化一个 ProgressDialog 对象。

将进度样式设置为"STYLE_HORIZONTAL"，使用 setProgressStyle(int)方法。并且设置其他属性，例如内容等。

在需要显示时，调用 show()，或者从 onCreateDialog(int)回调函数中返回该 ProgressDialog。

可以使用 setProgress(int)或者 incrementProgressBy(int)来增加显示的进度。

例如，可以如下设置。

```
    ProgressDialog progressDialog;
    progressDialog = new ProgressDialog(mContext);
    progressDialog.setProgressStyle(ProgressDialog.STYLE_HORIZONTAL);
    progressDialog.setMessage("Loading...");
    progressDialog.setCancelable(false);
```

设置很简单，大部分创建进度对话框需要的代码，存在于在更新它的进程中。可能需要在一个新的线程中更新它，并使用 Handler 来将进度报告给 Activity。如果不熟悉使用 Handler 和另外的线程，请看下列例子，该例子使用了一个新的线程来更新进度。

Example ProgressDialog with a second thread 使用一个线程来显示进度对话框

这个例子使用一个线程来跟踪一个进程的进度（其实为从 1 数到 100）。每当进度更新时，该线程通过 Handler 给主 Activity 发送一个消息。主 Activity 更新 ProgressDialog.package com.tangcco. progressdialog。

```
import android.app.Activity;
import android.app.Dialog;
import android.app.ProgressDialog;
import android.os.Bundle;
import android.os.Handler;
import android.os.Message;
import android.view.View;
import android.view.View.OnClickListener;
import android.widget.Button;
public class NotificationTest extends Activity {
        static final int PROGRESS_DIALOG = 0;
        Button button;
        ProgressThread progressThread;
        ProgressDialog progressDialog;
        /** Called when the activity is first created. */
        public void onCreate(Bundle savedInstanceState) {
            super.onCreate(savedInstanceState);
            setContentView(R.layout.main);
            // Setup the button that starts the progress dialog
            button = (Button) findViewById(R.id.progressDialog);
            button.setOnClickListener(new OnClickListener(){
                public void onClick(View v) {
                    showDialog(PROGRESS_DIALOG);
                }
            });
        }
        protected Dialog onCreateDialog(int id) {
            switch(id) {
            case PROGRESS_DIALOG:
            progressDialog = new ProgressDialog(NotificationTest.this);

progressDialog.setProgressStyle(ProgressDialog.STYLE_HORIZONTAL);
                progressDialog.setMessage("Loading...");
                progressThread = new ProgressThread(handler);
                progressThread.start();
                return progressDialog;
            default:
                return null;
            }
```

```
            }
        // Define the Handler that receives messages from the thread and update
the progress
            final Handler handler = new Handler() {
                public void handleMessage(Message msg) {
                    int total = msg.getData().getInt("total");
                    progressDialog.setProgress(total);
                    if (total >= 100){
                        dismissDialog(PROGRESS_DIALOG);

    progressThread.setState(ProgressThread.STATE_DONE);
                    }
                }
            };
            /** Nested class that performs progress calculations (counting) */
            private class ProgressThread extends Thread {
                Handler mHandler;
                final static int STATE_DONE = 0;
                final static int STATE_RUNNING = 1;
                int mState;
                int total;
                ProgressThread(Handler h) {
                    mHandler = h;
                }
                public void run() {
                    mState = STATE_RUNNING;
                    total = 0;
                    while (mState == STATE_RUNNING) {
                        try {
                        Thread.sleep(100);
                        } catch (InterruptedException e) {
                        Log.e("ERROR", "Thread Interrupted");
                        }
                        Message msg = mHandler.obtainMessage();
                        Bundle b = new Bundle();
                        b.putInt("total", total);
                        msg.setData(b);
                        mHandler.sendMessage(msg);
                        total++;
                    }
                }
           /* sets the current state for the thread,
            * used to stop the thread */
```

```
            public void setState(int state) {
                mState = state;
            }
        }
    }
```

2.5.5 时间、日期 Dialog

Android 程序中经常会用到对话框的使用，Android 提供的日期时间对话框分别是 DatePickerDialog 和 TimePickerDialog 两种，它们的使用方式类似，下面将它们归纳一下，来详细介绍其使用方法。

这两个类都是 AlertDialog 的子类，两个控件的使用非常简单，下面直接通过案例来看看 DatePickerDialog 和 TimePickerDialog 的使用。

在布局上定义两个 Button 和两个 EditText，当单击第一个按钮，弹出一个 DatePickerDialog，并得到选择的日期，显示在第一个 EditText 上，单击第二个按钮，弹出一个 TimePickerDialog，得到选择的时间，显示在第二个 EditText 上。

main.xml 代码如下：

```
    <RelativeLayout
xmlns:android="http://schemas.android.com/apk/res/android"
        xmlns:tools="http://schemas.android.com/tools"
        android:layout_width="match_parent"
        android:layout_height="match_parent" >
        <Button
            android:id="@+id/button1"
            android:layout_width="wrap_content"
            android:layout_height="wrap_content"
            android:layout_alignParentTop="true"
            android:layout_centerHorizontal="true"
            android:layout_marginTop="99dp"
            android:text="DatePickerDialog" />
        <EditText
            android:id="@+id/editText1"
            android:layout_width="wrap_content"
            android:layout_height="wrap_content"
            android:layout_alignParentTop="true"
            android:layout_centerHorizontal="true"
            android:layout_marginTop="29dp"
            android:ems="10" >
        </EditText>
        <EditText
            android:id="@+id/editText2"
```

```
        android:layout_width="wrap_content"
        android:layout_height="wrap_content"
        android:layout_below="@+id/button1"
        android:layout_centerHorizontal="true"
        android:layout_marginTop="31dp"
        android:ems="10" >
        <requestFocus />
    </EditText>
    <Button
        android:id="@+id/button2"
        android:layout_width="wrap_content"
        android:layout_height="wrap_content"
        android:layout_below="@+id/editText2"
        android:layout_centerHorizontal="true"
        android:layout_marginTop="24dp"
        android:text="TimePickerDialog" />
</RelativeLayout>
```

MainActivity 类代码如下：

```
package com.tangcco;

import java.util.Calendar;

import android.app.Activity;
import android.app.DatePickerDialog;
import android.app.TimePickerDialog;
import android.os.Bundle;
import android.view.View;
import android.widget.Button;
import android.widget.DatePicker;
import android.widget.EditText;
import android.widget.TimePicker;

public class MainActivity extends Activity {
    private Button button;
    private Button button2;
    private EditText editText;
    private EditText editText2;
    private int year, monthOfYear, dayOfMonth, hourOfDay, minute;

    @Override
    protected void onCreate(Bundle savedInstanceState) {
        super.onCreate(savedInstanceState);
        setContentView(R.layout.main);
```

```
        button = (Button) findViewById(R.id.button1);
        button2 = (Button) findViewById(R.id.button2);
        editText = (EditText) findViewById(R.id.editText1);
        editText2 = (EditText) findViewById(R.id.editText2);

        Calendar calendar = Calendar.getInstance();
        year = calendar.get(Calendar.YEAR);
        monthOfYear = calendar.get(Calendar.MONTH);
        dayOfMonth = calendar.get(Calendar.DAY_OF_MONTH);
        hourOfDay = calendar.get(Calendar.HOUR_OF_DAY);
        minute = calendar.get(Calendar.MINUTE);

        button.setOnClickListener(new View.OnClickListener() {
            @Override
            public void onClick(View view) {
                /**
                * 实例化一个 DatePickerDialog 的对象
                * 第二个参数是一个 DatePickerDialog.OnDateSetListener 匿
名内部类
                * ，当用户选择好日期单击 done 会调用里面的 onDateSet 方法
                */
                DatePickerDialog datePickerDialog = new DatePickerDialog(
                    MainActivity.this,
                    new DatePickerDialog.OnDateSetListener() {
                        @Override
                        public void onDateSet(DatePicker view, int year,
                                int monthOfYear, int dayOfMonth) {
                            editText.setText("日期： " + year + "-"
                                    + (monthOfYear + 1) + "-" + dayOfMonth);
                        }
                    }, year, monthOfYear, dayOfMonth);

                datePickerDialog.show();
            }
        });

        button2.setOnClickListener(new View.OnClickListener() {
            @Override
            public void onClick(View v) {
            /**
             * 实例化一个 TimePickerDialog 的对象
             * 第二个参数是一个 TimePickerDialog.OnTimeSetListener 匿名内部类
```

```
                    * ，当用户选择好时间后单击 done 会调用里面的 onTimeset 方法
                    */
                      TimePickerDialog timePickerDialog = new TimePickerDialog(
                          MainActivity.this,
                          new TimePickerDialog.OnTimeSetListener() {
                              @Override
                              public void onTimeSet(TimePicker view,
                                      int hourOfDay, int minute) {
                                  editText2.setText("Time: " + hourOfDay + ":"
                                          + minute);
                              }
                          }, hourOfDay, minute, true);

                      timePickerDialog.show();
                  }
              });
          }
      }
```

可以看到，如果要得到一个日期或时间弹出框，只需要实例化一个 DatePickerDialog 和 TimePickerDialog 对象即可，日期和时间弹出框的样子，如图 2-60、图 2-61 所示。

2.5.6 自定义 Dialog

如果想自定义一个对话框，可以使用布局元素来创造对话框的布局。定义好布局后，将根 View 对象或者布局资源 ID 传给 setContentView(View)。

例如，创建如图 2-62 所示的对话框。

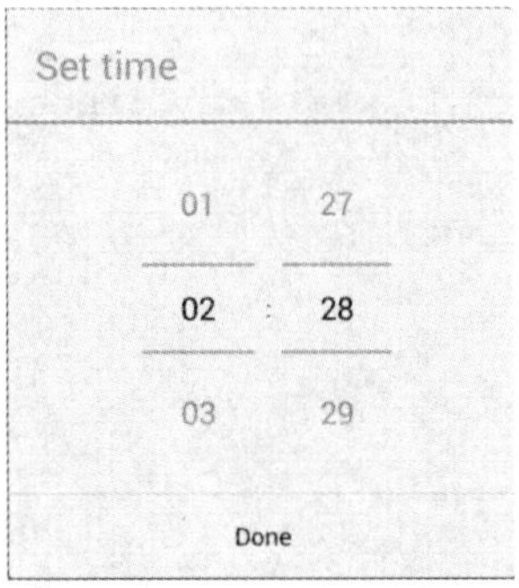

图 2-60

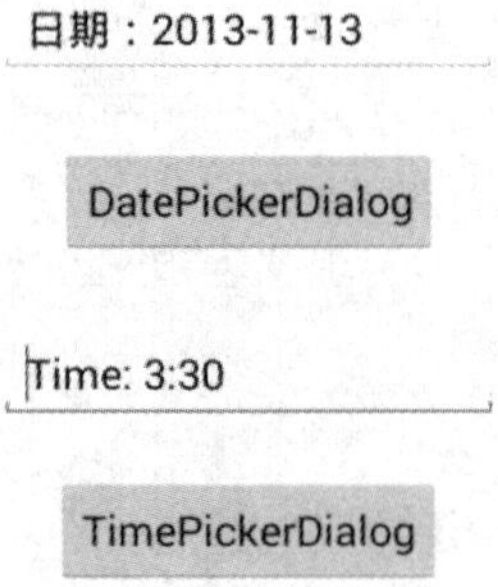

图 2-61

图 2-62

创建一个 xml 布局 custom_dialog.xml，代码如下：

```
<?xml version="1.0" encoding="utf-8"?>
<LinearLayout
```

```
xmlns:android="http://schemas.android.com/apk/res/android"
                android:id="@+id/layout_root"
android:orientation="horizontal"
                android:layout_width="fill_parent"
android:layout_height="fill_parent"
                android:padding="10dp">
            <ImageView android:layout_width="wrap_content"
                android:layout_height="fill_parent"
       android:layout_marginRight="10dp" />
            <TextView android:layout_width="wrap_content"
                android:layout_height="fill_parent" android:textColor="#FFF" />
       </LinearLayout>
```

该 xml 定义了一个 LinearLayout 中的一个 ImageView 和一个 TextView。将以上布局设为对话框的 content view，并且定义 ImageView 和 TextView 的内容，代码如下：

```
       Context mContext = getApplicationContext();
              Dialog dialog = new Dialog(mContext);
              dialog.setContentView(R.layout.custom_dialog);
              dialog.setTitle("Custom Dialog");
              TextView text = (TextView) dialog.findViewById(R.id.text);
              text.setText("Hello, this is a custom dialog!");
              ImageView image = (ImageView) dialog.findViewById(R.id.image);
          image.setImageResource(R.drawable.android);
```

在初始化 Dialog 之后，使用 setContentView(int)，将布局资源 id 传给它。现在 Dialog 有一个定义好的布局，可以使用 findViewById(int)找到该元素的 id，并修改它的内容。使用前面所讲的方法显示对话框。

一个使用 Dialog 类建立的对话框必须有一个标题。如果不调用 setTitle()，那么标题区域会保留空白。如果不希望有一个标题，那么应该使用 AlertDialog 类来创建自定义对话框。然而，由于一个 AlertDialog 使用 AlertDialog.Builder 类来建立最方便，所以没有方法使用 setContentView(int)，而只能使用 setView(View)。该方法接受一个 View 对象，所以需要从 xml 中展开根 View。

要展开一个 xml 布局，使用 getLayoutInflater() (或 getSystemService())取得 Layout Inflater，然后调用 inflate(int, ViewGroup)，第一个参数为布局 id，而第二个参数为根 View 的 id。现在，可以使用展开后的布局来找 View 对象，并定义 ImageView 和 TextView 元素的内容。然后，实例化 AlertDialog.Builder，并使用 setView(View)来为对话框设置展开后的布局。

```
              AlertDialog.Builder builder;
              AlertDialog alertDialog;
              Context mContext = getApplicationContext();
             LayoutInflater inflater = (LayoutInflater) mContext.getSystemService
(LAYOUT_INFLATER_SERVICE);
              View layout = inflater.inflate(R.layout.custom_dialog, (ViewGroup)
findViewById(R.id.layout_root));
```

```
            TextView text = (TextView) layout.findViewById(R.id.text);
            text.setText("Hello, this is a custom dialog!");
            ImageView image = (ImageView) layout.findViewById(R.id.image);
            image.setImageResource(R.drawable.android);
            builder = new AlertDialog.Builder(mContext);
            builder.setView(layout);
        alertDialog = builder.create();
```

使用 AlertDialog 自定义对话框，可以利用其内置特性，例如按钮、选择列表、标题、图标等。

2.6 ImageView 及基础控件

2.6.1 ImageView 控件

要将一张图片显示在屏幕上，首先需要创建一个显示图片的对象，在 Android 中，这个对象是 ImageView 对象，然后通过 setImageResource 方法来设置要显示的图片资源索引。当然，还可以对图片执行一些其他操作，比如设置它的 Alpha 值等。这里直接引用一个示例来分析 ImageView 的使用，该示例中有两个 ImageView 组件，第一个用来显示想要展示的图片，第二 ImageView 用来显示当单击图片上某一位置时，在该组件上显示部分图片，运行效果如图 2-63 所示，下面的代码实现该功能。

```
    <?xml version="1.0" encoding="utf-8"?>
    <LinearLayout
xmlns:android="http://schemas.android.com/apk/res/android"
        android:layout_width="match_parent"
        android:layout_height="match_parent"
        android:orientation="vertical" >
        <!-- android:src 设置 ImageView 所显示的 Drawable 对象的 ID -->
        <ImageView
            android:id="@+id/img1"
            android:layout_width="fill_parent"
            android:layout_height="300dp"
            android:background="#cccccc"
            android:src="@drawable/pig" />
        <!--android:scaleType 设置所显示的图片如何缩放或移动以适应 ImageView 的大小
其值在中文 API 上有详细的说明 -->
        <ImageView
            android:id="@+id/img2"
            android:layout_width="100dp"
            android:layout_height="100dp"
```

```
        android:background="#cccccc"
        android:scaleType="fitStart"
        android:layout_marginTop="20dp"
        />
</LinearLayout>
```

MainActivity.java 代码如下：

```
package com.tangcco.listview;

import android.app.Activity;
import android.graphics.Bitmap;
import android.graphics.drawable.BitmapDrawable;
import android.os.Bundle;
import android.view.MotionEvent;
import android.view.View;
import android.view.View.OnTouchListener;
import android.widget.ImageView;

public class MainActivity extends Activity implements OnTouchListener {
    ImageView imageView1, imageView2;

    protected void onCreate(Bundle savedInstanceState) {
        super.onCreate(savedInstanceState);
        this.setContentView(R.layout.main);
        findViews();
    }

    private void findViews() {
        imageView1 = (ImageView) findViewById(R.id.img1);
        imageView2 = (ImageView) findViewById(R.id.img2);
        //为 imageView 添加触摸监听事件
        imageView1.setOnTouchListener(this);
    }

    public boolean onTouch(View v, MotionEvent
event) {
        float scale = 412 / 320;
        //获取需要显示的图片的开始点
        int x = (int) (event.getX() * scale);
        int y = (int) (event.getY() * scale);

        //需要考虑边界问题
        int width = (int) (100 * scale);
        int height = (int) (100 * scale);
```

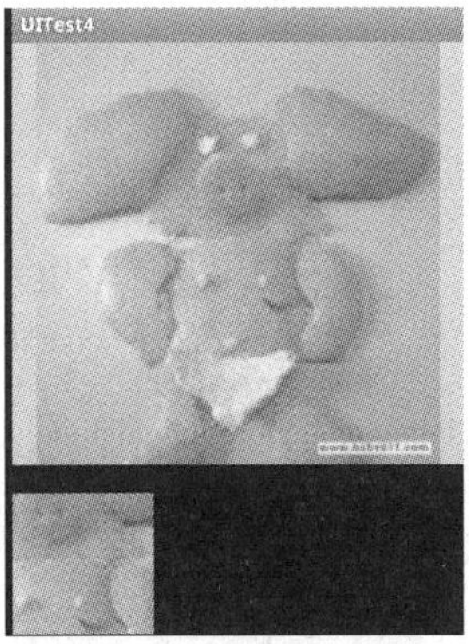

图 2-63

```
            //获取图片显示框中的位图
            BitmapDrawable bitmapDrawable =
(BitmapDrawable) imageView1.getDrawable();
            //显示图片指定的区域
            imageView2.setImageBitmap(Bitmap.createBitmap(bitmapDrawable
.getBitmap(),x,y, width, height));

            return false;
        }
}
```

2.6.2 ImageButton 控件

除了可以使用 Android 系统自带的 Button（按钮）外，在 Android 平台中，还可以制作带图标的按钮，但需要使用 ImageButton 组件。

要制作带图标的按钮，首先要在布局文件中定义 ImageButton，然后通过 setImageDrawable 方法来设置按钮要显示的图标。同样需要对按钮设置事件监听 setOnClickListener，以此来捕捉事件并处理。下面这个例子的运行效果，如图 2-64 所示。

图 2-64

main.xml 布局文件代码如下：

```
        <?xml version="1.0" encoding="utf-8"?>
                                            <LinearLayout
 xmlns:android="http://schemas.android.com/apk/res/andr
oid"
            android:orientation="vertical"
            android:layout_width="fill_parent"
            android:layout_height="fill_parent"
            >
        <TextView
        android:id="@+id/TextView01"
            android:layout_width="fill_parent"
            android:layout_height="wrap_content"
    android:text="@string/hello"
    />
<ImageButton
android:id="@+id/ImageButton01"
android:layout_width="wrap_content"
android:layout_height="wrap_content"
android:src="@drawable/button1"
/>
<ImageButton
android:id="@+id/ImageButton02"
```

```
android:layout_width="wrap_content"
android:layout_height="wrap_content"
android:src="@drawable/button2"
/>
<ImageButton
android:id="@+id/ImageButton03"
android:layout_width="wrap_content"
android:layout_height="wrap_content"
android:src="@drawable/button3"
/>
<ImageButton
android:id="@+id/ImageButton04"
android:layout_width="wrap_content"
android:layout_height="wrap_content"/>
</LinearLayout>
```

MainActivity.javaf 代码如下：

```
package com.tangcco.listview;

import android.app.Activity;
import android.app.AlertDialog;
import android.app.Dialog;
import android.app.AlertDialog.Builder;
import android.content.DialogInterface;
import android.os.Bundle;
import android.view.View;
import android.widget.Button;
import android.widget.ImageButton;
import android.widget.TextView;

public class MainActivity extends Activity {
      /** Called when the activity is first created. */
    TextView textView;
    ImageButton imageButton1,imageButton2,imageButton3,imageButton4;
        @Override
        public void onCreate(Bundle savedInstanceState) {
            super.onCreate(savedInstanceState);
            setContentView(R.layout.main);

            textView = (TextView)findViewById(R.id.TextView01);
            imageButton1 = (ImageButton)findViewById(R.id.ImageButton01);
            imageButton2 = (ImageButton)findViewById(R.id.ImageButton02);
            imageButton3 = (ImageButton)findViewById(R.id.ImageButton03);
            imageButton4 = (ImageButton)findViewById(R.id.ImageButton04);
```

```
            //给按钮设置使用的图标,由于 button1,button2,button3,已经在 xml 文件中设
置了这里就不设置了

    imageButton4.setImageDrawable(getResources().getDrawable(
       android.R.drawable.sym_call_incoming));

            //以下分别为每个按钮设置事件监听 setOnClickListener
                  imageButton1.setOnClickListener(new
Button.OnClickListener(){
                public void onClick(View v) {
                    //对话框   Builder 是 AlertDialog 的静态内部类
                    Dialog dialog = new AlertDialog.Builder(MainActivity.this)
                    //设置对话框的标题
                        .setTitle("小航提示")
                    //设置对话框要显示的消息
                        .setMessage("我真的是 ImageButton1")
                    //给对话框来个按钮 叫"确定" ,并且设置监听器 这种写法也真是有些 BT
                        .setPositiveButton("确定定", new DialogInterface.
OnClickListener(){

                            public void onClick(DialogInterface dialog, int which) {
                                //单击 "确定定" 按钮之后要执行的操作就写在这里
                            }
                        }).create();//创建按钮
                        dialog.show();//显示一把
                }
            });

            imageButton2.setOnClickListener(new Button.OnClickListener(){
                public void onClick(View v) {
                    Builder dialog = new AlertDialog.Builder(MainActivity.this);
                    dialog.setTitle("提示");
                    dialog.setMessage("我是 ImageButton2,我要使用 ImageButton3 的
图标");
                    dialog.setPositiveButton("确定", new DialogInterface.
OnClickListener(){
                        public void onClick(DialogInterface dialog, int which) {
                            //好了我成功把 Button3 的图标掠夺过来

    imageButton2.setImageDrawable(getResources().getDrawable(R.drawable.icon));
                        }
                    }).create();//创建按钮
```

```
                dialog.show();
            }
        });

        imageButton3.setOnClickListener(new Button.OnClickListener(){
            public void onClick(View v) {
                Builder dialog = new AlertDialog.Builder(MainActivity.this);
                dialog.setTitle("提示");
                dialog.setMessage("我是 ImageButton3,我要使用系统打电话图标");
                dialog.setPositiveButton("确定", new DialogInterface.
OnClickListener(){
                    public void onClick(DialogInterface dialog, int which) {
                        //把 imageButton3 的图标设置为系统的打电话图标

    imageButton3.setImageDrawable(getResources().getDrawable(android.R.drawa
ble.sym_action_call));
                    }
                }).create();//创建按钮
                dialog.show();
            }
        });

        imageButton4.setOnClickListener(new Button.OnClickListener(){
            public void onClick(View v) {
                Builder dialog = new AlertDialog.Builder(MainActivity.this);
                dialog.setTitle("提示");
                dialog.setMessage("我没钱买图标使用的是系统图标");
                dialog.setPositiveButton("确定", new DialogInterface.
OnClickListener(){
                    public void onClick(DialogInterface dialog, int which) {

                    }
                }).create();//创建按钮
                dialog.show();
                }
                });
            }
    }
```

2.6.3 FrameLayout 布局

帧布局是最简单的布局形式，所有添加到这个布局中的视图都以层叠的方式显示。第一个添加的控件被放在最底层，最后一个添加到框架布局中的视图显示在最顶层，上一层的控件会覆盖下一层的控件。这种显示方式类似于堆栈。一般很少使用，所以只是作为一个知识点列出，借鉴于以前的样例，效果如图 2-65 所示。

```
    <FrameLayout
xmlns:android="http://schemas.android.com/apk/res/a
ndroid"
        android:layout_width="fill_parent"
        android:layout_height="fill_parent">
        <TextView android:id="@+id/textview1"
            android:layout_width="300dp"
            android:layout_height="300dp"
            android:layout_gravity="center"
            android:background="#FF33ffff" />
        <TextView android:id="@+id/textview2"
            android:layout_width="240dp"
            android:layout_height="240dp"
            android:layout_gravity="center"
            android:background="#FF33ccff" />
        <TextView android:id="@+id/textview3"
            android:layout_width="180dp"
            android:layout_height="180dp"
            android:layout_gravity="center"
            android:background="#FF3399ff" />
        <TextView android:id="@+id/textview4"
            android:layout_width="120dp"
            android:layout_height="120dp"
            android:layout_gravity="center"
            android:background="#FF3366ff" />
        <TextView android:id="@+id/textview5"
            android:layout_width="60dp"
            android:layout_height="60dp"
            android:layout_gravity="center"
            android:background="#FF3300ff" />
    </FrameLayout>
```

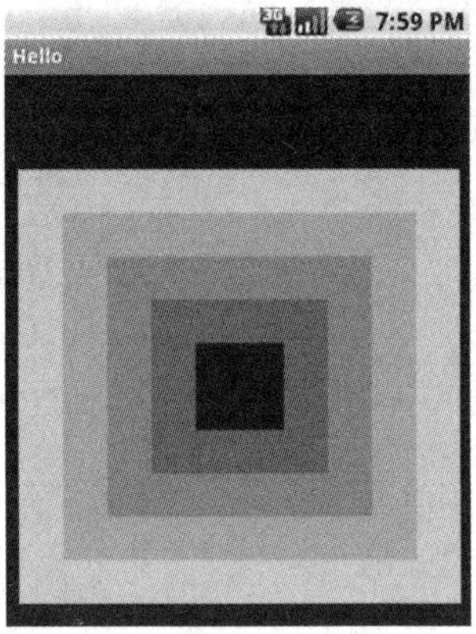

图 2-65

2.7 Listview 控件及适配器

2.7.1 Listview 控件及 ArrayAdapter 适配器

在 Android 中，ListView 是一个非常常用的控件，用来显示一个列表。当然，用户可以选择操作这个列表，同时必然会触发一些事件。当鼠标滚动时会触发 setOnItemSelectListener 事件，单击时则会发生 setOnItemClickListener 事件，通过下面例子来分析 ListView 的使用。

下面用 ListView 来显示一组数据信息，并处理鼠标滚动及单击事件。程序运行前，先用 ArrayAdapter 模拟信息来源，实现如图 2-66、图 2-67 所示效果。

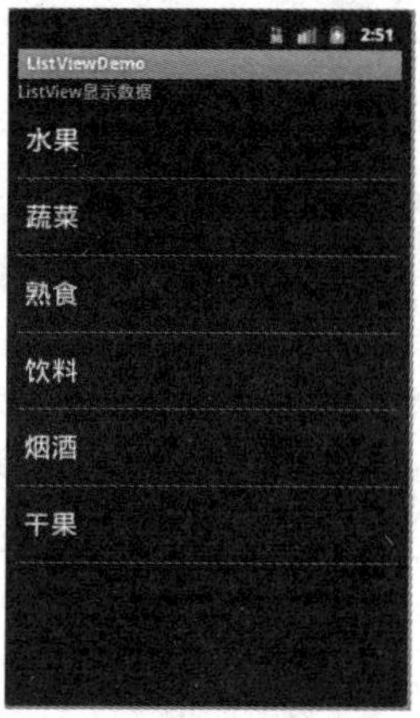

图 2-66

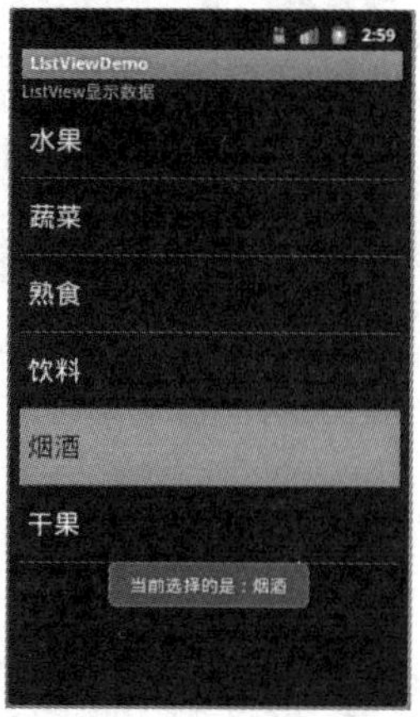

图 2-67

在编码时，先获得 ListView 对象，然后创建 ArrayAdapter 适配器，通过 ArrayAdapter 适配器将准备好的数组中的数据与 ListView 连接起来；接着将 ArrayAdapter 添加到 ListView 中，最后给 ListView 添加 OnItemSelectListener 选中监听，添加每一项被选中后的动作。

main.xml 代码如下：

```
    <?xml version="1.0" encoding="utf-8"?>
    <LinearLayout
xmlns:android="http://schemas.android.com/apk/res/android"
        android:orientation="vertical"
        android:layout_width="fill_parent"
        android:layout_height="fill_parent"
        >
    <TextView
        android:layout_width="fill_parent"
        android:layout_height="wrap_content"
        android:text="ListView 显示数据"
```

```
    />
    <ListView
     android:id="@+id/lvInfo"
     android:layout_width="fill_parent"
     android:layout_height="match_parent"
    ></ListView>
    </LinearLayout>
```

MainActvity.java 源文件代码如下：

```
    package com.tangcco.listview;

    import android.app.Activity;
    import android.os.Bundle;
    import android.view.View;
    import android.widget.AdapterView;
    import android.widget.ArrayAdapter;
    import android.widget.ListView;
    import android.widget.Toast;

    public class MainActivity extends Activity {
        /** Called when the activity is first created. */
            private String[] str = {"水果","蔬菜","熟食","饮料","烟酒","干果
"};//定义显示信息数据
          @Override
            public void onCreate(Bundle savedInstanceState) {
                super.onCreate(savedInstanceState);
                setContentView(R.layout.main);
                //获得 ListView 对象
                ListView lv = (ListView)findViewById(R.id.lvInfo);
                ArrayAdapter<String> adapter = new ArrayAdapter<String>
(this, android.R.layout.simple_list_item_1, str);
                lv.setAdapter(adapter);
                lv.setOnItemSelectedListener(new
AdapterView.OnItemSelectedListener() {
                @Override
                public void onItemSelected(AdapterView<?> arg0, View arg1,
                    int arg2, long arg3) {
                // TODO Auto-generated method stub
                    Toast.makeText(MainActivity.this, "当前选择的是:
"+str[arg2], 2000).show();
                }
                @Override
                public void onNothingSelected(AdapterView<?> arg0) {
                // TODO Auto-generated method stub
```

```
                }
            });
        }
    }
```

本示例中只显示简单单一的信息，所以用 ArrayAdapter 来实现，代码中 android.R.layout.simple_list_item_1 是 Android 提供的一个单一项布局文件，用户可以查找 jar 包找到源文件。下面，再用 android.R.layout.simple_list_item_2 来展示两列数据，但是不能再使用 ArrayAdapter 来作为 ListView 的适配器了，需要用 SimpleAdapter 来提供数据。

2.7.2　SimpleAdaper 适配器

在 Android 开发中，ListView 是比较常用的组件，它以列表的形式展示具体内容，并且能够根据数据的长度自适应显示。

列表的显示需要以下三个元素。

①ListVeiw 用来展示列表的 View。

②适配器用来把数据映射到 ListView 上的中介。

③数据 具体的将被映射的字符串、图片或者基本组件。

根据列表的适配器类型，列表分为三种，ArrayAdapter、SimpleAdapter 和 SimpleCursorAdapter，其中 ArrayAdapter 最为简单，只能展示一行字。SimpleAdapter 有最好的扩充性，可以自定义出各种效果。 SimpleCursorAdapter 可以认为是 SimpleAdapter 对数据库的简单结合，可以方便地把数据库的内容以列表的形式展示出来。

在此，重点介绍如何使用 SimpleAdapter 作为适配器给 ListView 提供数据支持。

SimpleAdapter(Context context, List<? extends Map<String, ?>> data, int resource, String[] from, int[] to)

- 参数 context：上下文，比如 this。关联 SimpleAdapter 运行的视图上下文。
- 参数 data：Map 列表，列表要显示的数据，这部分需要自己实现，如例子中的 getData()，类型要与上面的一致，每条项目要与 from 中指定的条目一致。
- 参数 resource：ListView 单项布局文件的 id，这个布局就是用户自定义的布局，用户想显示什么样的布局都在这个布局中。这个布局中必须包括 to 中定义的控件 id。
- 参数 from：一个被添加到 Map 上，关联每一个项目列名称的列表，数组里面是列名称。
- 参数 to：是 int 数组，数组里面的 id 是自定义布局中各个控件的 id，需要与上面的 from 对应。

SimpleAdapter 可以使用自定义的 ListView，然后执行 setContentView 即可。也可以直接使用系统自带的 ListAcitivity，该 ListActivity 实现了 ListView，显示 ListView 的时候，做了很多优化。

ListActivity 直接执行 extends ListActivity 即可，不需要再执行 setContentView，完成的效果如图 2-68 所示。

main.xml 代码如下：

```
<?xml version="1.0" encoding="utf-8"?>
<LinearLayout
xmlns:android="http://schemas.android.com/apk/res/android"
    android:layout_width="fill_parent"
    android:layout_height="fill_parent"
    android:orientation="horizontal" >

    <ImageView
        android:id="@+id/img"
        android:layout_width="wrap_content"
        android:layout_height="wrap_content"
        android:layout_margin="3px"
        />
    <LinearLayout
        android:layout_width="fill_parent"
        android:layout_height="wrap_content"
        android:orientation="vertical"
        >
        <TextView
            android:id="@+id/title"
            android:layout_width="fill_parent"
            android:layout_height="wrap_content"
            android:textSize="16sp"
            />
        <TextView
            android:id="@+id/info"
            android:layout_width="fill_parent"
            android:layout_height="wrap_content"
            android:textSize="10sp"
            />
    </LinearLayout>
</LinearLayout>
```

图 2-68

MainActivity.java 代码如下：

```
package com.tangcco.listview;
import java.util.ArrayList;
import java.util.HashMap;
import java.util.List;
import java.util.Map;

import android.app.ListActivity;
import android.os.Bundle;
import android.widget.SimpleAdapter;
```

```
    public class MainActivity extends ListActivity {
            /** Called when the activity is first created. */
            @Override
            public void onCreate(Bundle savedInstanceState) {
                super.onCreate(savedInstanceState);
                SimpleAdapter adapter = new SimpleAdapter(this, getData(),
                        R.layout.main, new String[] { "img", "title",
"info" },
                        new int[] { R.id.img, R.id.title, R.id.info });
                setListAdapter(adapter);
            }

            private List<Map<String, Object>> getData() {
                List<Map<String, Object>> list = new ArrayList<Map<String,
Object>>();
                Map<String, Object> map = new HashMap<String, Object>();
                map.put("img", R.drawable.e001);
                map.put("title", "小宗");
                map.put("info", "电台 DJ");
                list.add(map);

                map = new HashMap<String, Object>();
                map.put("img", R.drawable.e002);
                map.put("title", "貂蝉");
                map.put("info", "四大美女");
                list.add(map);

                map = new HashMap<String, Object>();
                map.put("img", R.drawable.e04b);
                map.put("title", "奶茶");
                map.put("info", "清纯妹妹");
                list.add(map);

                map = new HashMap<String, Object>();
                map.put("img", R.drawable.e04e);
                map.put("title", "大黄");
                map.put("info", "是小狗");
                list.add(map);

                map = new HashMap<String, Object>();
                map.put("img", R.drawable.e11a);
                map.put("title", "hello");
                map.put("info", "every thing");
```

```
                list.add(map);

                map = new HashMap<String, Object>();
                map.put("img", R.drawable.e11d);
                map.put("title", "world");
                map.put("info", "hello world");
                list.add(map);

                return list;
            }
    }
```

当 ListView 控件中出现按钮等元素，用 SimpleAdapter 就不能实现按钮的事件处理，需要用 BaseAdapter 来解决该类问题。

2.7.3 Spinner 控件

当在某个网站注册账号时，网站会要用户提供性别、生日、城市等信息，为了方便，提供了一个下拉列表供用户选择，在 Android 也同样有这样的功能，这就是 Spinner 下拉列表。

在编码的同时，首先需要在布局中定时 Spinner 组件，然后将可选内容通过 ArrayAdapter 和下拉列表连接起来，最后要获得用户选择的选项，需要设计事件监听器 setOnItemSelectedListener，并实现 onItemSelected，从而获得用户所选择的内容，最后通过 setVisibility 方法设置当前的显示项。

SpinnerTest.java 代码如下：

```
    package com.tangcco.radio;
    import android.app.Activity;
    import android.os.Bundle;
    import android.view.View;
    import android.widget.AdapterView;
    import android.widget.ArrayAdapter;
    import android.widget.Spinner;
    import android.widget.TextView;
    public class MainActivity extends Activity {
        /** Called when the activity is first created. */
            private static final String[] citys={"杭州","北京","成都","大连","
深圳","南京"};
            private TextView text;
            private Spinner spinner;
            private ArrayAdapter<String> adapter;
          @Override
```

```
        public void onCreate(Bundle savedInstanceState) {
            super.onCreate(savedInstanceState);
            setContentView(R.layout.main);
            text=(TextView)findViewById(R.id.text);
            spinner=(Spinner)findViewById(R.id.spinner);
            //将可选内容与 ArrayAdapter 连接
            adapter=new ArrayAdapter<String>(this,android.R.layout. simple_
spinner_item,citys);
            //设置下拉列表风格

adapter.setDropDownViewResource(android.R.layout.simple_spinner_dropdown_ite
m);
            //将 adapter 添加到 spinner 中
            spinner.setAdapter(adapter);
            //添加 Spinner 事件监听
          spinner.setOnItemSelectedListener(new Spinner.OnItemSelectedListener()
            {
                    @Override
                public void onItemSelected(AdapterView<?> arg0, View arg1,
                                int arg2, long arg3) {
                        // TODO Auto-generated method stub
                        text.setText("你所在的城市是: "+citys[arg2]);
                        //设置显示当前选择的项
                        arg0.setVisibility(View.VISIBLE);
                    }
                    @Override
                    public void onNothingSelected(AdapterView<?> arg0) {
                        // TODO Auto-generated method stub
                    }
                });
            }
    }
```

main.xml 代码如下：

```
    <?xml version="1.0" encoding="utf-8"?>
    <LinearLayout
xmlns:android="http://schemas.android.com/apk/res/android"
            android:orientation="vertical"
            android:layout_width="fill_parent"
```

```
            android:layout_height="fill_parent"
        >
    <TextView
            android:id="@+id/text"
            android:layout_width="fill_parent"
            android:layout_height="wrap_content"
            android:text="您所在的城市"
        />
    <Spinner
            android:id="@+id/spinner"
            android:layout_width="wrap_content"
            android:layout_height="wrap_content"
            android:layout_centerHorizontal="true"
    />
    </LinearLayout>
```

运行效果如图 2-69、图 2-70 所示。

图 2-69

图 2-70

2.8 ImageSwitcher 及基础控件

2.8.1 ImageSwitcher 控件

在 Windows 平台上要查看多张图片，最简单的办法就是通过“Window 图片和传真查看器”在“下一张”和“上一张”之间切换，Android 平台上可以通过 ImageSwitcher 类来实现这一效果。ImageSwitcher 类必须设置一个 ViewFactory，主要用来将显示的图片和父窗口区分开来，因此需要实现 ViewSwitcher.ViewFactory 接口，通过 makeView()方法来显示图片，这里会返回一个 ImageView 对象，而方法 setImageResource 用来指定图片资源。先看看这个例子的运行效果，如图 2-71 所示。

图 2-71

实现代码如下：

```
<?xml version="1.0" encoding="utf-8"?>
<RelativeLayout
xmlns:android="http://schemas.android.com/apk/res/android"
    android:layout_width="match_parent"
    android:layout_height="match_parent">
    <ImageSwitcher android:id="@+id/switcher"
        android:layout_width="match_parent"
        android:layout_height="match_parent"
        android:layout_alignParentTop="true"
        android:layout_alignParentLeft="true"
    />
    <Gallery android:id="@+id/gallery"
        android:background="#55000000"
        android:layout_width="match_parent"
        android:layout_height="60dp"
        android:layout_alignParentBottom="true"
        android:layout_alignParentLeft="true"
        android:gravity="center_vertical"
        android:spacing="16dp"
    />
</RelativeLayout>
```

MainActivity.java 代码如下：

```
package com.tangcco;
import android.app.Activity;
import android.content.Context;
import android.os.Bundle;
import android.view.View;
import android.view.ViewGroup;
import android.view.Window;
import android.view.animation.AnimationUtils;
import android.widget.AdapterView;
import android.widget.BaseAdapter;
import android.widget.Gallery;
import android.widget.ImageSwitcher;
import android.widget.ImageView;
import android.widget.AdapterView.OnItemSelectedListener;
import android.widget.Gallery.LayoutParams;
import android.widget.ViewSwitcher.ViewFactory;

public class MainActivity extends Activity implements
```

```
        OnItemSelectedListener, ViewFactory {
    private ImageSwitcher is;
    private Gallery gallery;

    private Integer[] mThumbIds = { R.drawable.b, R.drawable.c,
            R.drawable.d, R.drawable.f, R.drawable.g,
            };

    private Integer[] mImageIds = { R.drawable.b, R.drawable.c,
            R.drawable.d, R.drawable.f, R.drawable.g, };

/*
 * (non-Javadoc)
 *
 * @see android.app.Activity#onCreate(android.os.Bundle)
 */
    @Override
    protected void onCreate(Bundle savedInstanceState) {
        // TODO Auto-generated method stub
        super.onCreate(savedInstanceState);
        requestWindowFeature(Window.FEATURE_NO_TITLE);
        setContentView(R.layout.imageswitcherpage);

        is = (ImageSwitcher) findViewById(R.id.switcher);
        is.setFactory(this);

        is.setInAnimation(AnimationUtils.loadAnimation(this,
                        android.R.anim.fade_in));
        is.setOutAnimation(AnimationUtils.loadAnimation(this,
                        android.R.anim.fade_out));

        gallery = (Gallery) findViewById(R.id.gallery);

        gallery.setAdapter(new ImageAdapter(this));
        gallery.setOnItemSelectedListener(this);
    }

    @Override
    public View makeView() {
        ImageView i = new ImageView(this);
        i.setBackgroundColor(0xFF000000);
        i.setScaleType(ImageView.ScaleType.FIT_CENTER);
        i.setLayoutParams(new ImageSwitcher.LayoutParams(
            LayoutParams.MATCH_PARENT, LayoutParams.MATCH_PARENT));
```

```
            return i;
        }

        public class ImageAdapter extends BaseAdapter {
            public ImageAdapter(Context c) {
                mContext = c;
            }

            public int getCount() {
                return mThumbIds.length;
            }

            public Object getItem(int position) {
                return position;
            }

            public long getItemId(int position) {
                return position;
            }

            public View getView(int position, View convertView, ViewGroup
parent) {
                ImageView i = new ImageView(mContext);
                i.setImageResource(mThumbIds[position]);
                i.setAdjustViewBounds(true);
                i.setLayoutParams(new Gallery.LayoutParams(
                    LayoutParams.WRAP_CONTENT,
LayoutParams.WRAP_CONTENT));
                i.setBackgroundResource(R.drawable.e);
                return i;
            }
            private Context mContext;
        }
        @Override
        public void onItemSelected(AdapterView<?> parent, View view, int
position,
            long id) {
            is.setImageResource(mImageIds[position]);
        }
        @Override
        public void onNothingSelected(AdapterView<?> parent) {
            // TODO Auto-generated method stub
        }
    }
```

2.8.2 Gallery 控件及 BaseAdapter 适配器

在 Android 中，画廊控件 Gallery 用来显示图片列表，可以用手指直接拖动图片左右移动。Gallery 只能水平显示一行，且 Gallery 列表中的图片会根据不同的拖动情况向左或向右移动，直到显示到最后一个图片为止。下面通过一个实例来演示如何实现 Gallery 画廊控件功能。

在 xml 布局文件中，使用 LinearLayout 对整个界面进行垂直布局。在界面上端设置一个 ImageView 控件，用来显示当前选中的 Gallery 列表图片。在界面下端设置一个 Gallery 控件，用来显示 Gallery 列表图片。整个布局文件很简单，具体源代码如下：

```
    <LinearLayout
xmlns:android="http://schemas.android.com/apk/res/android"
        xmlns:tools="http://schemas.android.com/tools"
    android:orientation="vertical"
    android:gravity="center_horizontal"
        android:layout_width="fill_parent"
        android:layout_height="fill_parent" >
        <ImageView
            android:id="@+id/imageView"
            android:layout_width="200dip"
            android:layout_height="200dip"    >
        </ImageView>
        <Gallery
            android:id="@+id/gallery"
            android:layout_width="match_parent"
            android:layout_height="120dip"
            android:spacing="2dp"
            android:layout_marginTop="5dp"    >
        </Gallery>
    </LinearLayout>
```

其中，在 Gallery 属性标签中，android:spacing="2dp"属性用于指定 Gallery 列表图片之间的间隔为 2dp，程序运行后的效果如图 2-72 所示。

要实现 Gallery 画廊控件功能，需要一个容器来存放 Gallery 显示的图片。可以使用一个继承自 BaseAdapter 类的派生类 ImageAdapter 来装这些图片。

在 ImageAdapter 类中，需要实现 Adapter 类中的以下 4 个抽象方法：

①public int getCount()

②public Object getItem(int position)

③public long getItemId(int position)

④public View getView(int position, View convertView, ViewGroup parent)

其中，getCount()方法用于获取 ImageAdapter 适配器中的图片个数，getItem()方法用于获取图片在 Image Adapter 适配器中的位置，getItemId()方法用于获取图片在 ImageAdapter 适配器中位置，getView()用于获取 ImageAdapter 适配器中指定位置的视图对象。

上述 4 个抽象方法的具体实现方法代码如下：

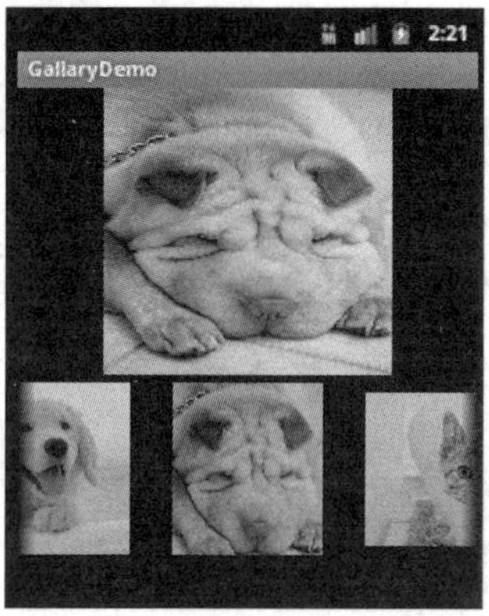

图 2-72

```
package com.tangcco.gallery;

import com.tangcco.gallary.R;

import android.app.Activity;
import android.content.Context;
import android.os.Bundle;
import android.view.View;
import android.view.ViewGroup;
import android.widget.AdapterView;
import android.widget.BaseAdapter;
import android.widget.Gallery;
import android.widget.ImageView;

public class MainActivity extends Activity {
    /** Called when the activity is first created. */
  public static int[] mImageResourceIds = new int[]{R.drawable.p1,R.
drawable.p2,R.drawable.p3,R.drawable.p4};
  private ImageView image = null;
    @Override
    public void onCreate(Bundle savedInstanceState) {
        super.onCreate(savedInstanceState);
        setContentView(R.layout.main);
        image = (ImageView)findViewById(R.id.imageView);
        Gallery g = (Gallery)findViewById(R.id.gallery);
        g.setAdapter(new ImageAdapter(this));
        g.setOnItemClickListener(new AdapterView.OnItemClickListener() {
          @Override
          public void onItemClick(AdapterView<?> arg0, View arg1, int arg2,
                long arg3) {
              // TODO Auto-generated method stub
              image.setBackgroundResource(mImageResourceIds[arg2]);
          }
        });
    }
    //内部类继承自 BaseAdapter Gallery 的适配器
    private class ImageAdapter extends BaseAdapter {
        Context mContext = null;          //上下文对象

        //构造方法
```

```
        public ImageAdapter(Context context) {
            this.mContext = context;
        }

        //获取图片的个数
        public int getCount() {
            return mImageResourceIds.length;
        }

        //获取图片在库中的位置
        public Object getItem(int position) {
            return mImageResourceIds[position];
        }

        //获取图片在库中的位置
        public long getItemId(int position) {
            return position;
        }

        //获取适配器中指定位置的视图对象
      public View getView(int position, View convertView, ViewGroup parent) {
            ImageView imageView = new ImageView(mContext);
            imageView.setImageResource(mImageResourceIds[position]);
           imageView.setLayoutParams(new Gallery.LayoutParams(120, 120));
            imageView.setScaleType(ImageView.ScaleType.FIT_CENTER);
            return imageView;
        }

    }
}
```

其中，imageView.setImageResource(mImageResourceIds[position])用于将 ImageAdapter 中的指定位置图片资源加载到 imageView 中。imageView.setLayoutParams(new Gallery.LayoutParams(120, 120))用于设置 Gallery 中图片的显示大小。imageView.setScaleType(ImageView.ScaleType.FIT_CENTER)用于设置 imageView 中图片的缩放显示格式。实现了 ImageAdapter 类之后，可以通过 setAdapter()方法把资源文件添加到 Gallery 中进行显示即可。除此之外，为了在如图 2-72 所示的界面上端的 ImageView 控件中同步显示 Gallery 控件中的当前图片。还需要对 Gallery 控件进行事件监听，以便获知用户选中了 Gallery 控件中的哪一张图片。

2.8.3　GridView 控件

图 2-73

网格视图 GridView 的排列方式与矩阵类似，当屏幕上有很多元素（文字、图片或其他元素）需要按矩阵格式进行显示时，就可以使用 GridView 控件来实现。在此将以一个具体的实例来说明如何使用 GridView 控件实现手机屏幕上各个应用软件图标的摆放，以及应用软件名称的显示，完成后的程序运行效果，如图 2-73 所示。

通过查看 GridView 的 API 帮助文档（http://developer.android.com/reference/android/ widget/GridView. html），可以了解到 GridView 的常用 xml 属性见表 2-3。

表 2-3

属性名	相关方法	功能描述
android:columnWidth	setColumnWidth(int)	Specifies the fixed width for each column.
android:gravity	setGravity(int)	Specifies the gravity within each cell.
android:horizontalSpacing	setHorizontalSpacing(int)	Defines how default horizontal speacing between columns.
android:numColumns	setNumColumns(int)	Defines how many columns to show.
android:stretchMode	setStretchMode(int)	Defines how columns should stretch to fill the available empty space, if any.
android:verticalSpacing	setVerticalSpaching(int)	Defines the default vertical spacing between rows.

其中，android:columnWidth[int]用于设置每列的宽度；android:gravity[int]用于设置每个网格的比重；android:horizontalSpacing[int]用于设置网格之间列的默认水平距离；android:numColumn[int]用于设置列数；android:stretchMode[int]用于设置列以何种方式填充可用空间；android:verticalSpacing[int]用于设置网格之间行的默认垂直距离。

了解了上述的 GridView 常用 xml 属性之后，就可以完成对主界面的 xml 布局文件编写了。在 xml 布局文件中，我们使用 LinearLayout 对整个界面进行垂直布局，然后在该布局中添加一个 GridView 控件即可。具体的 xml 布局文件源代码如下：

```
    <LinearLayout
xmlns:android="http://schemas.android.com/apk/res/android"
          xmlns:tools="http://schemas.android.com/tools"
          android:orientation="vertical"
          android:layout_width="match_parent"
          android:layout_height="match_parent" >
          <GridView
             android:id="@+id/gridView"
             android:layout_width="match_parent"
             android:layout_height="wrap_content"
```

```
            android:numColumns="4"
            android:horizontalSpacing="10dp"
            android:verticalSpacing="10dp">
        </GridView>
</LinearLayout>
```

在 GridView 控件中，通过 android:numColumns="4"指定了网格的列数为 4；通过 android:horizontalSpacing="10dp"和 android:verticalSpacing="10dp"指定了网格之间的水平距离和垂直距离都为 10dp。如图 2-72 所示，在每个网格内，都需要显示两项内容，即应用软件图标和应用软件名称。因此，还需要对网格内元素进行相应的布局。

我们可以在项目工程的 layout 目录下新建一个名为 griditeminfo.xml 的 xml 布局文件，完成对网格内元素的布局。在该 xml 布局文件中，使用相对布局 RelativeLayout 对网格内的元素进行排列，将一个 ImageView 控件以水平居中的形式放置在网格内（上方），用来显示应用程序的图标；将一个 TextView 控件以水平居中的形式放置在网格内（下方），用来显示应用程序的名称，具体的 griditeminfo.xml 源代码如下：

```
<?xml version="1.0" encoding="utf-8"?>
<RelativeLayout xmlns:android="http://schemas.android.com/apk/res/android"
        android:layout_width="match_parent"
        android:layout_height="wrap_content"    >
        <ImageView
            android:id="@+id/itemImage"
            android:layout_width="wrap_content"
            android:layout_height="wrap_content"
            android:layout_centerHorizontal="true"    >
        </ImageView>
        <TextView
            android:id="@+id/itemName"
            android:layout_below="@+id/itemImage"
            android:layout_width="wrap_content"
            android:layout_height="wrap_content"
            android:layout_centerHorizontal="true"    >
        </TextView>
</RelativeLayout>
```

在该实例中，需要对众多的应用软件图标以及应用软件名称进行储存。很显然，应用软件图标以及应用软件名称之间存在着一一对应的关系，可以使用 HashMap 分别对应用软件图标以及应用软件名称进行存储，然后再将 HashMap 添加到 ArrayList 中，便可以完成资源的储存，具体实现方法的代码如下：

```
ArrayList<HashMap<String, Object>> item = new ArrayList<HashMap<String,
 Object>>();
   for (int i = 0; i < resIds.length; i++) {
       HashMap<String, Object> map = new HashMap<String, Object>();
          map.put("itemImage", resIds[i]);
```

```
            map.put("itemName", name[i]);
        item.add(map);
    }
```

其中，数组 resIds[]储存着应用软件图标的资源 id；数组 name[]储存着应用软件名称，并通过 for 循环遍历语句将其存入 HashMap 中。简单适配器 SimpleAdapter 继承自 BaseAdapter，用于将静态数据映射到 xml 文件定义好的视图当中。比如，可以指定静态数据为由 Map 组成的 ArrayList，在 ArrayList 中每个条目对应 List 中的一行，Map 可以包含多项数据。

SimpleAdapter 的构造方法如下：

```
    public SimpleAdapter (Context context, List<? extends Map<String, ?>> data,
                        int resource, String[] from, int[] to);
```

其中，参数 context 用于指定 SimpleAdapter 所关联的上下文对象，参数 data 用于指定 Map 列表，参数 resource 用于指定资源标识符（即列表项的视图布局），参数 from 用于指定 Map 列表中每项数据所对应的标签，参数 to 用于指定 Map 列表中每项数据在布局文件中所要匹配的对象。

在该实例中，实现 SimpleAdapter 的构造方法如下：

```
    SimpleAdapter simpleAdapter = new SimpleAdapter(
    this,
    item,
    R.layout.griditeminfo,
    new String[] {"itemImage","itemName"},
                                        new int[] {R.id.itemImage,R.id.itemName}) ;
```

实现了简单适配器 SimpleAdapter 之后，还需要将该简单适配器 SimpleAdapter 添加到 GridView 对象当中，可以通过方法 mGridView.setAdapter(simpleAdapter)实现，在实际应用当中，需要对用户的操作进行监听，即需要知道用户选择了哪一个应用软件。

在网格控件 GridView 中，常用的事件监听器有两个，即 OnItemSelectedListener 和 OnItemClickListener。其中，OnItemSelectedListener 用于项目选择事件监听，OnItemClickListener 用于项目单击事件监听。

要实现这两个事件监听很简单，继承 OnItemSelectedListener 和 OnItemClickListener 接口，并实现其抽象方法即可。其中，需要实现的 OnItemClickListener 接口的抽象方法如下：

```
    public void onItemClick(AdapterView<?> parent, View view, int position, long id);
```

需要实现的 OnItemSelectedListener 接口的抽象方法有两个，分别如下：

```
    public void onItemSelected(AdapterView<?> parent, View view, int position, long id);
    public void onNothingSelected(AdapterView<?> parent);
```

2.9 TabHost 及基础控件

2.9.1 TabHost 控件

在 Android 中，通常可以使用切换卡（选项卡）实现切换显示不同页面内容的功能。这一功能可以通过 TabHost 控件来实现。下面通过一个简单的实例，演示如何使用 TabHost 控件完成切换卡功能，完成后的运行效果，如图 2-74 所示。

图 2-74

可以看出，在该实例中，总共设置了 4 个 TabHost 标签，分别为主页、时间、联系人和搜索。在单击这些标签时，便可以完成相应页面内容的显示。

TabHost 是整个 Tab 的容器，由 TabWidget 和 FrameLayout 两部分组成。其中，TabWidget 是每个 Tab 的标签，而 FrameLayout 则是 Tab 所要显示的内容。

根据以上描述，就可以对整个显示界面进行合理的布局。以 LinearLayout 的垂直布局方式将整个 TabHost 分成上下两部分，上面使用 TabWidget 控件显示标签，下面使用 FrameLayout 布局显示每个标签下的对应内容。

具体的 xml 布局文件源代码如下：

```
<?xml version="1.0" encoding="utf-8"?>
<TabHost xmlns:android="http://schemas.android.com/apk/res/android"
        android:id="@android:id/tabhost"
        android:layout_width="match_parent"
        android:layout_height="match_parent" >

        <LinearLayout
            android:orientation="vertical"
            android:layout_width="match_parent"
            android:layout_height="match_parent">

            <!-- TabHost 的标签 -->
            <TabWidget
                android:id="@android:id/tabs"
                android:layout_width="match_parent"
                android:layout_height="wrap_content"    >
            </TabWidget>

            <!-- TabHost 的内容 -->
```

```
            <FrameLayout
                android:id="@android:id/tabcontent"
                android:layout_width="match_parent"
                android:layout_height="match_parent"    >

                <!-- 第一个标签要显示的内容 -->
                <ImageView
                    android:id="@+id/homeimage"
                    android:layout_width="wrap_content"
                    android:layout_height="wrap_content"
                    android:src="@+drawable/homeimage"
                    android:background="#FFFFFF"    ></ImageView>

                <!-- 第二个标签要显示的内容 -->
                <LinearLayout
                    android:id="@+id/time"
                    android:layout_width="match_parent"
                    android:layout_height="match_parent"
                    android:orientation="vertical"
                    android:background="#000000">
                    <AnalogClock
                        android:layout_marginTop="30dp"
                        android:layout_width="match_parent"

android:layout_height="wrap_content"    ></AnalogClock>
                    <DigitalClock
                        android:textColor="#FFFFFF"
                        android:gravity="center_horizontal"
                        android:layout_marginTop="10dp"
                        android:layout_width="match_parent"

android:layout_height="wrap_content"    ></DigitalClock>
                </LinearLayout>

                <!-- 第三个标签要显示的内容 -->
                <TextView
                    android:id="@+id/personlist"
                    android:layout_width="match_parent"
                    android:layout_height="match_parent"
                    android:text="联系人列表">
                </TextView>

                <!-- 第四个标签要显示的内容 -->
```

```
                    <LinearLayout
                        android:id="@+id/searcher"
                        android:orientation="horizontal"
                        android:layout_width="match_parent"
                        android:layout_height="match_parent"    >
                        <EditText
                            android:layout_weight="5"
                            android:layout_width="0dp"
                            android:layout_height="wrap_content"
                            android:hint="请输入搜索关键字"    ></EditText>
                        <Button
                            android:layout_weight="1"
                            android:layout_width="0dp"
                            android:layout_height="wrap_content"
                            android:text="搜索">    </Button>
                    </LinearLayout>

                </FrameLayout>
            </LinearLayout>
        </TabHost>
```

根据以上代码可以看出，在 FrameLayout 布局中分别实现了 4 个标签下所要显示内容的布局设置。比如，在第二个标签“时间”中，以 LinearLayout 的垂直布局方式显示了一个指针式时钟 AnalogClock 和数字式时钟 DigitalClock，其显示效果如图 2-75 所示。

此外，在使用 TabHost 控件时有一点需要特别注意，TabHost、TabWidget 以及 FrameLayout 的 id 是固定的，必须按如下形式进行设置。

- TabHost 的 android:id 必须设置为：android:id="@android:id/tabhost"
- TabWidget 的 android:id 必须设置为：android:id="@android:id/tabs"
- FrameLayout 的 android:id 必须设置为：android:id="@android:id/tabcontent"

了解了如何对 TabHost 控件进行布局之后，还需要了解 TabHost 控件的一些常用方法，具体如下：

```
        public void addTab(TabHost.TabSpec tabSpec);
 //添加 Tab
        public int getCurrentTab();
//获取当前 Tab 的 index
        public String getCurrentTabTag();
//获取当前 Tab 的 tag
        public View getCurrentTabView();
//获取当前 Tab 的视图
        public void setCurrentTab(int index);
   //设置当前显示哪个 Tab
        public void setCurrentTabByTag(String tag);
```

图 2-75

```
//设置当前显示哪个 Tab
```

从 TabHost 控件的常用方法中可以看出，要将 Tab 加入到 TabHost 中，需要使用 addTab (TabHost.TabSpec tabSpec)方法，而这个方法的参数是一个 TabHost.TabSpec 对象，那么 TabHost 的内部类 TabHost.TabSpec 是用来干嘛的呢？

每个 Tab 都由 TabWidget 和 FrameLayout 两部分组成。而 TabHost.TabSpec 可以为每个 Tab 设置一个 Tag（类型为 String），以此来跟踪每一个 Tab。此外，TabHost.TabSpec 还可以为 Tab 设置标签、图标以及内容。由此可以看出 TabHost.TabSpec 类对 TabHost 控件来说是及其重要的。

TabHost.TabSpec 类的常用方法如下所示。

Public Methods	
String	getTag()
TabHost.TabSpec	setContent(int viewId) Specify the id of the view that should be used as the content of the tab.
TabHost.TabSpec	setContent(Intent intent) Specify an intent to use to launch an activity as the tab content.
TabHost.TabSpec	setContent(TabHost.TabContentFactory contentFactory) Specify a TabHost.TabContentFactory to use to create the content of the tab.
TabHost.TabSpec	setIndicator(CharSequence label) Specify a label as the tab indicator.
TabHost.TabSpec	setIndicator(View view) Specify a view as the tab indicator.
TabHost.TabSpec	setIndicator(CharSequence label, Drawable icon) Specify a label and icon as the tab indicator.

可以看出，在 TabHost.TabSpec 类中提供了设置 Tab 标签和图标的方法 setIndicator()，以及设置 Tab 内容的方法 setContent()。利用这两个方法，可以将在 xml 布局文件中定义好的 Tab 内容加载到对应的 TabHost 控件中，具体实现方法如下：

```
    public class MainActivity extends TabActivity {
        /** Called when the activity is first created. */
     TabHost mTabHost = null;
        public void onCreate(Bundle savedInstanceState) {
            super.onCreate(savedInstanceState);
            setContentView(R.layout.main);

            mTabHost = getTabHost();          //获取 TabHost 对象

            //添加"主页"Tab 到 TabHost 控件中
            mTabHost.addTab(mTabHost.newTabSpec("home")
                   .setIndicator("主页", getResources().getDrawable (R.drawable.
home))//设置 Tab 标签和图标
                    .setContent(R.id.homeimage));        //设置 Tab 内容

            //添加"时间"Tab 到 TabHost 控件中
            mTabHost.addTab(mTabHost.newTabSpec("time")
                .setIndicator("时间", getResources().getDrawable (R.drawable.time))
                    .setContent(R.id.time));

            //添加"联系人"Tab 到 TabHost 控件中
```

```
            mTabHost.addTab(mTabHost.newTabSpec("persons")
                    .setIndicator("联系人", getResources().getDrawable (R.drawable.
persons))
                      .setContent(R.id.personlist));
            //添加"搜索"Tab 到 TabHost 控件中
            mTabHost.addTab(mTabHost.newTabSpec("searcher")
                    .setIndicator("搜索", getResources().getDrawable (R.drawable.
search))
                      .setContent(R.id.searcher));
        //设置 TabHost 控件的背景图片
            mTabHost.setBackgroundResource(R.drawable.background);
            mTabHost.setCurrentTab(0);                          //设置当前显示第一个 Tab
            mTabHost.setOnTabChangedListener(this);    //设置 TabHost 控件的事件
监听
        }
```

通过以上代码，向 TabHost 控件中添加了 4 个 Tab 对象，并设置了各自的 Tab 标签和图标以及 Tab 内容。此外，还为 TabHost 控件设置了背景图片以及默认显示第一个 Tab。对 TabHost 控件进行事件监听，需要实现 OnTabChangeListener 接口中的 OnTabChanged()方法。

2.9.2 Menu 控件

1. 普通的 Menu

先看看最简单的 Menu 怎样实现。

在主 Activity 中覆盖 onCreateOptionsMenu(Menu menu)方法。

```
    @Override
        public boolean onCreateOptionsMenu(Menu menu) {
            // TODO Auto-generated method stub
            menu.add(0, 1, 1, "苹果");
            menu.add(0, 2, 2, "香蕉");
            return super.onCreateOptionsMenu(menu);
        }
```

这样就有了两个菜单选项。如果要添加单击事件，则要覆盖 onOptionsItemSelected(MenuItem item)方法。

```
    @Override
        public boolean onOptionsItemSelected(MenuItem item) {
            // TODO Auto-generated method stub
            if(item.getItemId() == 1){
                Toast t = Toast.makeText(this, "你选的是苹果", Toast.LENGTH_
SHORT);
                t.show();
```

```
            }
            else if(item.getItemId() == 2){
                Toast t = Toast.makeText(this, "你选的是香蕉", Toast.LENGTH_
SHORT);
                t.show();
            }
            return true;
        }
```

2. SubMenu

SubMenu 的制作也同样简单，在第一段代码 onCreateOptionsMenu(Menu menu)方法中加入几句，变成如下代码。

```
    @Override
        public boolean onCreateOptionsMenu(Menu menu) {
            // TODO Auto-generated method stub
            menu.add(0, 1, 1, "苹果");
            menu.add(0, 2, 2, "香蕉");
            SubMenu subMenu = menu.addSubMenu(1, 100, 100, "桃子");
            subMenu.add(2, 101, 101, "大桃子");
            subMenu.add(2, 102, 102, "小桃子");
            return true;
        }
```

单击“桃子”后就会出现子菜单，有两个子选项，分别是“大桃子”和“小桃子”，如图 2-76 所示。

3. Context Menu

类似于电脑上的右键，长按某个 View 之后弹出来的菜单。

首先在 main.xml 中定义若干个按钮。然后覆盖 onCreateContextMenu(ContextMenu menu, View v, ContextMenuInfo menuInfo)方法。

要进行注册操作，在 onCreate 方法里，代码如下：

```
    @Override
        public void onCreate(Bundle savedInstanceState) {
            super.onCreate(savedInstanceState);
            setContentView(R.layout.main);
            b1 = (Button) findViewById(R.id.b1);
            b2 = (Button) findViewById(R.id.b2);
            registerForContextMenu(b1);
            registerForContextMenu(b2);
        }
    @Override
        public void onCreateContextMenu(ContextMenu menu,
View v,
```

图 2-76

```
            ContextMenuInfo menuInfo) {
        // TODO Auto-generated method stub
        if(v==b1){
            menu.setHeaderTitle("这是 1");
            menu.add(200, 200, 200, "Context Menu 1");
            menu.add(200, 201, 201, "Context Menu 2");
        }
        else if(v==b2){
            menu.setHeaderTitle("这是 2");
            menu.add(300, 300, 300, "C 1");
            menu.add(300, 301, 301, "C 2");
        }
        super.onCreateContextMenu(menu, v, menuInfo);
    }
```

4．动态 Menu

动态菜单就是根据不同的界面有不同的菜单。下面的代码实现这样的功能：当主界面的某个 TextView 的值是“M” 和“N”时，弹出不同的菜单。如图 2-77、图 2-78、图 2-79 所示。

```
@Override
    public boolean onPrepareOptionsMenu(Menu menu) {
        // TODO Auto-generated method stub
        String currentText = tv1.getText().toString();
        if("M".equals(currentText)){
            menu.clear();//先清掉菜单
    MenuItem item = menu.add(0, 400, 401, "to N");//可以通过单击这个菜单项
来改变 tv1 的值这样(变成 N)就可以测试了
            item.setIcon(android.R.drawable.alert_dark_frame);//android
自带的图标
        }
        if("N".equals(currentText)){
            menu.clear();//先清掉菜单
    MenuItem item = menu.add(0, 401, 402, "to M");//可以通过单击这个菜单项
来改变 tv1 的值这样(变成 M)就可以测试了
            item.setIcon(android.R.drawable.alert_light_frame);
    }
        menu.add(0, 402, 403, "Now is " + currentText);//现在共有两个菜单
子项
        return super.onPrepareOptionsMenu(menu);
    }
```

图 2-77

图 2-78

图 2-79

5. 用 xml 文件方式创建 Menu

之前都是用代码的方法创建 Menu，用 xml 配置文件也可以相当方便地制作菜单。

要在 res/目录下建一个文件夹，名为 menu，下面建一个 xml 文件，名为 menu_xml_file.xml，代码如下：

```
<?xml version="1.0" encoding="utf-8"?>
<menu xmlns:android="http://schemas.android.com/apk/res/android">
<group android:id="@+id/grout_main">
   <item android:id="@+id/menu_1"
            android:title="This 1"/>
   <item android:id="@+id/menu_2"
         android:title="This 2" />
</group>
</menu>
```

在 Activity 中覆盖 onCreateOptionsMenu(Menu menu)方法，代码如下：

```
@Override
   public boolean onCreateOptionsMenu(Menu menu) {
      // TODO Auto-generated method stub
      MenuInflater inflater = getMenuInflater();
      inflater.inflate(R.menu.menu_xml_file, menu);
      return true;
   }
```

其他的都与在 Activity 中制作菜单一样。

2.9.3 自定义控件

开发自定义控件的步骤如下：

①了解 View 的工作原理；

②编写继承自 View 的子类；

③为自定义 View 类增加属性；

④绘制控件；

⑤响应用户消息；

⑥自定义回调函数。

1. View 结构原理

Android 系统视图结构的设计也采用了组合模式，即 View 作为所有图形的基类，Viewgroup 对 View 继承扩展为视图容器类。View 定义了绘图的基本操作，基本操作由三个函数完成，即 measure()、layout()、draw()，其内部又分别包含 onMeasure()、onLayout()、onDraw()三个子方法。

（1）measure 操作

measure 操作主要用于计算视图的大小，即视图的宽度和长度。在 view 中定义为 final 类型，要求子类不能修改。measure()函数中又会调用函数 on Measure()。

onMeasure()，视图的大小将在这里最终确定，也就是说 measure 只是对 onMeasure 的一个包装，子类可以覆写 onMeasure()方法实现自己的计算视图大小的方式，并通过 setMeasuredDimension(width, height)保存计算结果。

（2）layout 操作

layout 操作用于设置视图在屏幕中显示的位置。在 view 中定义为 final 类型，要求子类不能修改。layout()函数中有以下两个基本操作。

- setFrame（l,t,r,b），l,t,r,b 即子视图在父视图中的具体位置，该函数用于将这些参数保存起来。
- onLayout()，在 View 中这个函数什么都不会做，该函数主要是为 viewGroup 类型布局子视图的。

（3）draw 操作

draw 操作，利用前两步得到的参数，将视图显示在屏幕上，到这里也就完成了整个视图的绘制工作。子类也不应该修改该方法，因为其内部定义了绘图的以下基本操作。

- 绘制背景。
- 如果要视图显示渐变框，这里会做一些准备工作。
- 绘制视图本身，即调用 onDraw()函数。在 View 中 onDraw()是个空函数，也就是说具体的视图都要覆写该函数来实现自己的显示（比如 TextView 在这里实现了绘制文字的过程）。而对于 ViewGroup 则不需要实现该函数，因为作为容器是“没有内容“的，其包含了多个子 View，而子 View 已经实现了自己的绘制方法，因此只需要告诉子 View 绘制自己就可以了，也就是下面的 dispatchDraw()方法。
- 绘制子视图，即 dispatchDraw()函数。在 View 中这是个空函数，具体的视图不需要实现该方法，它是专门为容器类准备的，也就是容器类必须实现该方法。
- 如果需要（应用程序调用了 setVerticalFadingEdge 或者 setHorizontalFadingEdge），开始绘制渐变框。
- 绘制滚动条。

从上面可以看出，自定义 View 需要最少覆写 onMeasure()和 onDraw()两个方法。

2. View 类的构造方法

创建自定义控件的 3 种主要实现方式。

（1）继承已有的控件来实现自定义控件。主要是当要实现的控件和已有的控件在很多方面比较类似, 通过对已有控件的扩展来满足要求。

（2）通过继承一个布局文件实现自定义控件。一般来说，作为组合控件时，可以通过这个方式来实现。注意此时不用 onDraw 方法，在构造广告中通过 inflater 加载自定义控件的布局文件，再执行 addView(view)，自定义控件的图形界面就加载进来了。

（3）通过继承 View 类来实现自定义控件，使用 GDI 绘制出组件界面，一般在无法通过上述两种方式来实现时，用该方式。

```
View(Context context)
Simple constructor to use when creating a view from code.
View(Context context, AttributeSet attrs)
Constructor that is called when inflating a view from XML.
View(Context context, AttributeSet attrs, int defStyle)
Perform inflation from XML and apply a class-specific base style.
```

3. 自定义 View 增加属性的两种方法

（1）在 View 类中定义。通过构造函数中引入的 AttributeSet 去查找 XML 布局的属性名称，然后找到它对应引用的资源 ID 去找值。

案例，实现一个带文字的图片（图片、文字是 onDraw 方法重绘实现）。

```
public class MyView extends View {

 private String mtext;
 private int msrc;

 public MyView(Context context) {
     super(context);
     // TODO Auto-generated constructor stub
 }

 public MyView(Context context, AttributeSet attrs) {
     super(context, attrs);
     // TODO Auto-generated constructor stub
     int resourceId = 0;

     int textId = attrs.getAttributeResourceValue(null, "Text",0);
     int srcId = attrs.getAttributeResourceValue(null, "Src", 0);

     mtext = context.getResources().getText(textId).toString();
```

```
        msrc = srcId;

    }


    @Override
    protected void onDraw(Canvas canvas) {
        // TODO Auto-generated method stub

        Paint paint = new Paint();
        paint.setColor(Color.RED);
        InputStream is = getResources().openRawResource(msrc);

          Bitmap mBitmap = BitmapFactory.decodeStream(is);

          int bh = mBitmap.getHeight();
          int bw = mBitmap.getWidth();

        canvas.drawBitmap(mBitmap, 0,0, paint);

        //canvas.drawCircle(40, 90, 15, paint);
        canvas.drawText(mtext, bw/2, 30, paint);
    }
}
```

布局文件代码如下：

```
<?xml version="1.0" encoding="utf-8"?>
<LinearLayout xmlns:android="http://schemas.android.com/apk/res/android"
    android:layout_width="match_parent"
    android:layout_height="match_parent"
    android:orientation="vertical" >

    <com.example.myimageview2.MyView
        android:id="@+id/myView1"
        android:layout_width="wrap_content"
        android:layout_height="wrap_content"
        Text="@string/hello_world"
        Src="@drawable/xh"/>

</LinearLayout>
```

属性 Text, Src 在自定义 View 类的构造方法中读取。

（2）通过 XML 为 View 注册属性。与 Android 提供的标准属性写法一样。

案例：实现一个带文字说明的 ImageView (ImageView+TextView)组合，文字说明，可在布局文件中设置位置。

```
public class MyImageView extends LinearLayout {
    public MyImageView(Context context) {
        super(context);
        // TODO Auto-generated constructor stub
    }
    public MyImageView(Context context, AttributeSet attrs) {
        super(context, attrs);
        // TODO Auto-generated constructor stub
        int resourceId = -1;
        TypedArray typedArray = context.obtainStyledAttributes(attrs,
                R.styleable.MyImageView);
        ImageView iv = new ImageView(context);
        TextView tv = new TextView(context);
        int N = typedArray.getIndexCount();
        for (int i = 0; i < N; i++) {
            int attr = typedArray.getIndex(i);
            switch (attr) {
            case R.styleable.MyImageView_Oriental:
                resourceId = typedArray.getInt(
                        R.styleable.MyImageView_Oriental, 0);
                this.setOrientation(resourceId == 1 ? LinearLayout.HORIZONTAL
                        : LinearLayout.VERTICAL);
                break;
            case R.styleable.MyImageView_Text:
                resourceId = typedArray.getResourceId(
                        R.styleable.MyImageView_Text, 0);
                tv.setText(resourceId > 0 ? typedArray.getResources().getText(
                        resourceId) : typedArray
                        .getString(R.styleable.MyImageView_Text));
                break;
            case R.styleable.MyImageView_Src:
                resourceId = typedArray.getResourceId(
                        R.styleable.MyImageView_Src, 0);
                iv.setImageResource(resourceId > 0 ?resourceId:R.drawable.
ic_launcher);
                break;
            }
        }
        addView(iv);
        addView(tv);
        typedArray.recycle();
        }
    }
```

attrs.xml 进行属性声明，文件放在 values 目录下，代码如下：

```
<?xml version="1.0" encoding="utf-8"?>
<resources>

    <declare-styleable name="MyImageView">
        <attr name="Text" format="reference|string"></attr>
        <attr name="Oriental" >
            <enum name="Horizontal" value="1"></enum>
            <enum name="Vertical" value="0"></enum>
        </attr>
        <attr name="Src" format="reference|integer"></attr>
    </declare-styleable>
</resources>
```

MainActivity 的布局文件，先定义命名空间。

```
xmlns:uview="http://schemas.android.com/apk/res/com.example.myimageview2"
```

然后，可以像使用系统属性一样使用 uview:Oriental="Vertical"。

```
<LinearLayout xmlns:android="http://schemas.android.com/apk/res/android"
     xmlns:uview="http://schemas.android.com/apk/res/com.example.myimageview2"
    xmlns:tools="http://schemas.android.com/tools"
    android:layout_width="match_parent"
    android:layout_height="match_parent"
    android:orientation="vertical"
    tools:context=".MainActivity" >

    <TextView
        android:layout_width="wrap_content"
        android:layout_height="wrap_content"
        android:text="@string/hello_world" />

    <com.example.myimageview2.MyImageView
        android:id="@+id/myImageView1"
        android:layout_width="wrap_content"
        android:layout_height="wrap_content"
        uview:Text="这是一个图片说明"
        uview:Src="@drawable/tw"
        uview:Oriental="Vertical">
    </com.example.myimageview2.MyImageView>

</LinearLayout>
```

自定义 View 的方法

- onFinishInflate()，回调方法，当应用从 XML 加载该组件，并用它构建界面之后调用的方法；

- onMeasure()，检测 View 组件及其子组件的大小；
- onLayout()，当该组件需要分配其子组件的位置、大小时；
- onSizeChange()，当该组件的大小被改变时；
- onDraw()，当组件将要绘制它的内容时；
- onKeyDown，当按下某个键盘时；
- onKeyUp，当松开某个键盘时；
- onTrackballEvent，当发生轨迹球事件时；
- onTouchEvent，当发生触屏事件时；
- onWindowFocusChanged(boolean)，当该组件得到、失去焦点时；
- onAtrrachedToWindow()，当把该组件放入到某个窗口时；
- onDetachedFromWindow()，当把该组件从某个窗口上分离时触发的方法；
- onWindowVisibilityChanged(int)，当包含该组件窗口的可见性发生改变时触发的方法。

第 3 章

Activity 及 Intent

前一章学习了 Android 的基础控件和常用的布局对象，相信读者对 Android 的 UI 有一定的了解，在 Android 的应用中，接触最多的就是屏幕操作，例如，手指在屏幕上滑动，单击某个按钮后跳转到一个新的屏幕等，这些操作都需要熟悉 Android 的屏幕，也就是 Activity。Activity 也是 Android 的四大组件之一，除此之外，还有 Service 服务、Content Provider 内容提供者、BroadcastReceiver 广播接收器。四大组件创建之后，都需要在 AndroidManifest.xml 文件中声明，本章重点学习 Activity，其他组件的使用在后续章节详细介绍，读者在学习本章的时候，重点掌握以下知识点。

（1）使用 Intent 实现 Activity 之间的跳转以及传值。

（2）Activity 的生命周期。

3.1 Activity 介绍

Android 中，Activity 是所有程序的根本，所有程序的流程都运行在 Activity 之中，在 Android 应用程序中，一个 Activity 通常就是一个单独的屏幕，它可以显示一些控件，也可以监听并处理用户的事件，进而做出响应，例如拨号、拍照、发送 email、查看地图等。每一个 activity 被给予一个窗口，在这窗口上可以绘制用户接口。窗口通常充满屏幕，但也可以小于屏幕而浮于其他窗口之上。Activity 是 Android 系统中的四大组件之一，可以用于显示 View，几乎所有的 Activity 都是和用户进行交互的，所以 Activity 在 Android 系统的 MVC 中，充当 Controller 而存在。

3.1.1 Activity 的创建

创建一个 Activity，必须继承 Activity 类（或 Activity 的子类，或 Activity 的子类的子类）。

在 Activity 中，需要重写系统的回调方法，当 Activity 在它生命周期的多种状态中转换时，例如当 Activity 被创建、停止、恢复或摧毁，两个最重要的回调方法如下。

1. onCreate

系统调用这个方法创建 Activity 时。在实现中，应该初始化 activity 的基本的组件。更重要的是，这里就必须调用 setContentView（）来加载布局文件，定义 Activity 用户接口的地方。

2. onPause

当用户离开 Activity，进入其他 Activity 时，通常应该进行相关数据的保存，因为用户还有可能回来，开发者应该提供一个流畅的用户体验，例如播放视频的时候，当有来电时，视频会暂停，并且保存视频播放的进度，当挂断电话时，视频继续播放，这就需要重写 onPause（），在这个方法里进行数据保存。

```
public class TangccoMainActivity extends Activity {
    @Override
    protected void onCreate(Bundle savedInstanceState) {
        // TODO Auto-generated method stub
        super.onCreate(savedInstanceState);
        setContentView(R.layout.main);
    }
    @Override
    protected void onPause() {
        // TODO Auto-generated method stub
        super.onPause();
    }
}
```

3.1.2　Activity 的配置

为了使 Activity 可以被系统访问，必须在 AndroidManifest.xml 文件里声明 Activity。打开 AndroidManifest.xml 文件，添加一个<activity>元素作为<application>元素的子元素。

```
<?xml version="1.0" encoding="utf-8"?>
<manifest xmlns:android="http://schemas.android.com/apk/res/android"
 package="com.tangcco.android.t3" android:versionCode="1"
 android:versionName="1.0">
 <application android:icon="@drawable/icon" android:label=
"@string/app_name">
     <activity android:name=".activity.MainActiv`ity" android:label=
"@string/app_name">
             <intent-filter>
               <action android:name="android.intent.action.MAIN" />
               <category
```

```
    android:name="android.intent.category.LAUNCHER" />
            </intent-filter>
        </activity>
    </application>
</manifest>
```

一个<activity>元素也能指定多种 intent filters， 使用<inetent-filter>元素为了声明其他应用程序可以激活它，如果希望应用程序自包含，并且不希望别的应用程序激活它的 activitys，那么就不需要任何其他的 intent filters，应该只有一个 activity 有 main 动作和 launcher 分类，就像上面的代码一样，不希望被其他应用程序访问的 activitys 应该没有 intent filters。

<action>元素指定，对这个应用程序来说 MainActivity 是一个 main 入口点，就是启动的 activity；<category>元素指定，这个 activity 应该被列入系统应用程序列表中。关于 Intent 和 Intent filter，在本章的 Activity 跳转部分详细讲解。

3.2 Activity 跳转

Android 用 Intent 这个特殊类实现在 Activity 与 Activity 之间的切换。通过解析各种 Intent，从一个屏幕导航到另一个屏幕是很简单的。当向前导航时，Activity 会调用 startActivity(Intent myIntent)方法。

1. Intent 简介

Android 中提供了 Intent 机制来协助应用间的交互与通讯，Intent 负责对应用中一次操作的动作、动作涉及数据、附加数据进行描述，Android 则根据此 Intent 的描述，负责找到对应的组件，将 Intent 传递给调用的组件，并完成组件的调用。

Intent 不仅可用于应用程序之间，也可用于应用程序内部 Activity/Service 之间的交互。因此，Intent 在这里起着一个媒体中介的作用，专门提供组件互相调用的相关信息，实现调用者与被调用者之间的解耦。在 SDK 中给出了 Intent 作用的表现形式如下：

- 通过 Context.startActivity() 或者 Activity.startActivityForResult() 启动一个 Activity；
- 通过 Context.startService() 启动一个服务，或者通过 Context.bindService() 和后台服务交互；
- 通过广播方法（如 Context.sendBroadcast()、Context.sendOrderedBroadcast()、Context.sendStickyBroadcast()）发给 broadcast receiver。

2. Intent 作用

什么是 Intent，Intent 的中文意思是目的，在 Android 中也是目的的意思，就是我们要去哪里，从这个 Activity 要前往另一个 Activity 就需要用到 Intent。Intent 是一个将要执行的动作的抽象描述，一般来说是作为参数来使用，由 Intent 来协助完成 Android 各个组件之间的通讯。比如说调用 startActivity()来启动一个 Activity，或者由 broadcaseIntent()来传递给所有感兴趣的

BroadcaseReceiver，或者由 startService()

/bindservice()来启动一个后台的 service。所以可以看出，intent 主要的作用是用来启动其他的 Activity 或者 service，所以可以将 intent 理解成 activity 之间的粘合剂。

3. Intent 的构成

要在不同的 Activity 之间传递数据，就要在 intent 中包含相应的东西，一般来说，数据中最基本的应该包括以下几项内容。

（1）Action（动作）：用来指明要实施的动作是什么，如 ACTION_VIEW、ACTION_EDIT 等，具体的动作可以查阅 android SDK-> reference 中的 Android.content.intent 类，里面的 constants 中定义了所有的 Action。

（2）Data（数据）：要实施的具体数据，一般由一个 Uri 变量来表示。

示例：ACTION_VIEW　content://contacts/1　　　//显示 identifier 为 1 的联系人的信息。

　　　ACTION_DIAL　content://contacts/1　　　//给这个联系人打电话

除了 Action 和 Data 这两个最基本的元素外，intent 还包括一些其他的元素。

（3）Category（类别）：这个选项指定了将要执行的这个 action 的其他一些额外的信息，例如 LAUNCHER_CATEGORY 表示 Intent 的接受者应该在 Launcher 中作为顶级应用出现；而 ALTERNATIVE_CATEGORY 表示当前的 Intent 是一系列可选动作中的一个，这些动作可以在同一数据上执行。Activity 类默认有一个 android.intent.category.DEFAULT 的 category。 具体的类别同样可以参考 android SDK-> reference 中的 Android.content.intent 类。

（4）Type（数据类型）：显式指定 Intent 的数据类型（MIME）。一般 Intent 的数据类型能够根据数据本身进行判定，但是通过设置这个属性，可以强制采用显式指定的类型而不再进行推导。

（5）component（组件）：指定 Intent 目标组件的类名称。通常 Android 会根据 Intent 中包含的其他属性的信息，比如 action、data/type、category 进行查找，最终找到一个与之匹配的目标组件。但是，如果 component 这个属性有指定的话，将直接使用它指定的组件，而不再执行上述查找过程。指定了这个属性以后，Intent 的其他所有属性都是可选的。

（6）extras（附加信息）：是其他所有附加信息的集合。使用 extras 可以为组件提供扩展信息，比如，如果要执行“发送电子邮件”这个动作，可以将电子邮件的标题、正文等保存在 extras 里，传给电子邮件发送组件。

4. Intent 构造 ImageView

公共构造函数如下。

（1）Intent() 空构造函数。

（2）Intent(Intent o) 拷贝构造函数。

（3）Intent(String action) 指定 action 类型的构造函数。

（4）Intent(String action, Uri uri)指定 Action 类型和 Uri 的构造函数，Uri 主要是结合程序之间的数据共享 ContentProvider。

（5）Intent(Context packageContext, Class<?> cls) 传入组件的构造函数。

（6）Intent(String action, Uri uri, Context packageContext, Class<?> cls) 前两种结合体。

Intent 有以上六种构造函数，（3）、（4）、（5）是最常用的，Intent(String action, Uri uri) 的 action 就是对应在 AndroidMainfest.xml 中 action 节点的 name 属性值。在 Intent 类中定义了很多 Action 和 Category 常量。

5. Intent 分类

从 Intent 寻找目标组件的方式方面，可以将 Intent 分为隐式 Intent 和显式 Intent 两类。

①隐式 Intent。它通过 Intent Filter 实现，一般用在没有明确指出目标组件名称的前提下，一般用于不同应用程序之间

②显式 Intent。它通过指定 Intent 组件名称实现，一般用在知道目标组件名称的前提下，一般在相同应用程序内部实现。

（1）显式 Intent

显式 Intent，在同一个应用程序中切换 Activity 时，通常知道要启动具体哪一个 Activity，因此常用显式 Intent 来实现的，两种启动显式 Intent 方法的关键代码如下。

①方法一。

```
Intent intent = new Intent();
intent.setClass(A.this,B.class);
startActivity(intent);  //启动 Activity
```

②方法二。

```
Intent intent = new Intent(A.this, B.class);
startActivity(intent)
```

如图 3-1、图 3-2 所示，案例实现从 FirstActivity 上单击按钮跳转到 SecondActivity。

图 3-1

图 3-2

AndroidManifest.xml 文件中声明已经创建好的 Activity，代码如下。

```
<activity android:name=".activity.FirstActivity"
        android:label="FirstActivity">
        <intent-filter>
            <action android:name="android.intent.action.MAIN" />
            <category android:name="android.intent.category.DEFAULT" />
            <category android:name="android.intent.category.LAUNCHER" />
        </intent-filter>
    </activity>
    <activity android:name=".activity.SecondActivity" android:label=
"SecondActivity">
    </activity>
```

FirstActivity.java 类关键代码如下。

```
setContentView(R.layout.layout_first);    // 加载布局文件
Button btn= (Button) findViewById(R.id.btn_to_second);
```

```
        btn.setOnClickListener(new OnClickListener() {     // 响应按钮 btn 事件
                @Override
                public void onClick(View v) {
                    Intent intent = new Intent();// 实例化 Intent
                    intent.setClass(FirstActivity.this, SecondActivity.class);
//设置显示意图
                    startActivity(intent); // 启动 Activity
                }
            });
```

（2）隐式 Intent

隐式 Intent，顾名思义，隐式意图就是在不明确设置激活对象的前提下寻找最匹配的组件。比如，有如下 5 个人的身高：

A：170cm

B：160cm

C：180cm

D：190cm

E：200cm

如果是显式意图的话，我们要指明选择 A 的话，会说："我选择 A"，但是如果是隐式意图，则会说："我要选择 170cm 的人"，虽然没有指明要选 A，但会寻找条件最匹配的人。

应用程序的组件为了告诉 Android 自己能响应、处理哪些隐式 Intent 请求，可以声明一个、甚至多个 Intent Filter。每个 Intent Filter 描述该组件所能响应 Intent 请求的能力，即组件希望接收什么类型的请求行为，什么类型的请求数据。隐式 Intent(Explicit Intents)和 Intent Filter(Implicit Intents)进行比较时的三要素，是 Intent 的动作、数据以及类别。实际上，一个隐式 Intent 请求要能够传递给目标组件，必须通过这三个方面的检查。如果任何一个方面不匹配，Android 都不会将该隐式 Intent 传递给目标组件。

在 intent 过滤器中，类似于上面例子中的"身高"条件的匹配条件有以下三个：

①action

②category

③data：scheme、host、path、type

当在程序中设置了这些激活组件的条件时，程序就会去寻找最匹配的组件。但是，只要有一点不进行匹配则不匹配。

在 AndroidManifest.xml 中为某个 Activity 设置意图过滤器，代码如下：

```
    <activity>
    <intent-filter>
    <!— 一个 intent-filter 至少包含一个 action，可以是系统或自定义 -->
    <action android:name="...."/>
    <!—设置启动的类 Activity-->
    <action android:name=" android.intent.action.MAIN"/>
    <category android:name="...."/>
    <!--此句一般都要加 -->
```

```
        <category android:name="android.intent.category.DEFAULT"/>
        <!--决定应用程序是否显示表里，Main 和 LAUNCHER 同时设定才有意义 -->
        <category android:name="android.intent.category.LAUNCHER" />
        <category android:name="android.Intent.Category.BROWSABLE" />
        <data android:scheme="..." android:host="..." android:path="/..." and
roid:type="..."/>
        <data android:type="video/mpeg" android:scheme="http" ……/>
        <data android:type="audio/mpeg" android:scheme="http" …… />
        </intent-filter>
        </activity>
```

以上是设置 Activity 本身的属性，接下来在程序中要设置的，是我们要寻找组件时，匹配的条件如下：

①Intent intent = new Intent();

②intent.setAction("a");　　//此句只是指定了 Action

③intent.addCategory("....");

④intent.setData(Uri.parse("...."));

//设置 data 的 scheme、host、path 条件

⑤intent.setDataAndType(Uri.parse(""),String type);

//同时设置 data 的 scheme、host、path、type 条件

⑥startActivity(intent);

//寻找最匹配的组件激活，内部会调用 intent.addCategory("android.intent.category.DEFAULT");

例如，在 AndroidManifest.xml 里面配置声明 activity 的例子。

```
        <?xml version="1.0" encoding="utf-8"?>
        <manifest xmlns:android="http://schemas.android.com/apk/res/android"
         package="com.tangcco.andriod.t3" android:versionCode="1"
         android:versionName="1.0">
         <uses-sdk android:minSdkVersion="9" />
         <application  android:icon="@drawable/icon"  android:label="@string/
app_name">
            <activity android:name=".activity.CallPhoneActivity"
                android:label="@string/intent1">
                <intent-filter>
                    <action
android:name="com.tangcco.andriod.t3.activity.CallPhoneActivity" />
                    <!-- category LAUNCHER 一定要配置，否则报错：找不到 Activity -->
        <category android:name="android.intent.category.LAUNCHER" />
                    <category
```

```
android:name="com.tangcco.andriod.t3.activity.Category1" />
                    <category android:name="android.intent.category.INFO" />
                    <category
android:name="android.intent.category.BROWSABLE" />
                    <category android:name="android.intent.category.DEFAULT" />
                </intent-filter>
            </activity>
            <activity android:name=".activity.ExplicitIntentTest"
                android:label="ExplicitIntent">
                <intent-filter>
                    <action android:name="android.intent.action.MAIN" />
                    <category android:name="android.intent.category.LAUNCHER" />
                </intent-filter>
            </activity>
        </application>
    </manifest>
```

上述配置代码中<action android:name="com.tangcco.andriod.t3.activity.CallPhoneActivity" /> 为自定义的 action，一般用于不同项目之间通过自定义的 action 进行跳转。

ExplicitIntentActivity.java

```
    public class ExplicitIntentTest extends Activity {
     private Button btn_explicit_intent_action;
     private Button btn_explicit_intent_data;
    @Override
     protected void onCreate(Bundle savedInstanceState) {
         // TODO Auto-generated method stub
         super.onCreate(savedInstanceState);
         setContentView(R.layout.layout_explicit_intent);
    btn_explicit_intent_action = (Button) findViewById(R.id.btn_explicit_
intent_action);
         btn_explicit_intent_action.setOnClickListener(new OnClickListener() {
             @Override
             public void onClick(View v) {
                 // TODO Auto-generated method stub
                 Intent intent = new Intent();
                 // 设置 Intent 的动作

   intent.setAction("com.tangcco.andriod.t3.activity.CallPhoneActivity");
                 /**
                  * 不指定 Category 或 只指定 AndroidManifest.xml 文件中
<intent-filter>
                  * 标签中配置的任意一个 Category 就可以访问该 Activity
                  */

   intent.addCategory("com.tangcco.andriod.t3.activity.Category1");
```

```
                intent.addCategory(Intent.CATEGORY_INFO);
                intent.addCategory(Intent.CATEGORY_DEFAULT);
                startActivity(intent);
            }
        });
    }
}
```

layout_explicit_intent.xml 代码如下：

```
<?xml version="1.0" encoding="utf-8"?>
<LinearLayout
xmlns:android="http://schemas.android.com/apk/res/android"
    android:layout_width="match_parent"
android:layout_height="match_parent"
    android:orientation="vertical">
    <Button android:text="创建一个隐式 Intent 对象:Action 动作"
  android:id="@+id/btn_explicit_intent_action"
        android:layout_width="wrap_content"
android:layout_height="wrap_content"></Button>
    <Button android:text="创建一个隐式 Intent 对象:Data 数据"
        android:layout_width="wrap_content"
android:layout_height="wrap_content"
        android:id="@+id/btn_explicit_intent_data"></Button>
</LinearLayout>
```

运行程序，单击屏幕上“创建一个隐式 Intent 对象”按钮后，跳转到 CallPhoneActivity，如图 3-3 和图 3-4 所示。

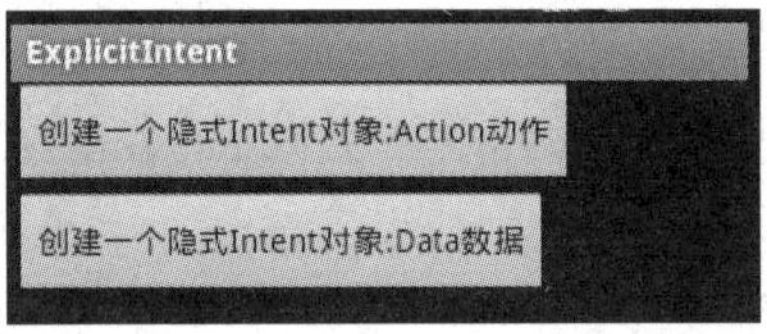

图 3-3

图 3-4

修改 AndroidManifest.xml，增加如下代码：

```
<activity android:name=".activity.TangccoActivity"
        android:label="进入 Tangcco 官网">
        <intent-filter>
            <action android:name="com.tangcco.andriod.t3" />
            <category android:name="android.intent.category.DEFAULT" />
            <category android:name="com.tangcco.andriod.category" />
            <data android:host="www.tangcco.com" android:scheme="http"
                android:mimeType="text/*" />
        </intent-filter>
            </activity>
```

修改 ExplicitIntentActivity.java，在 onCreate()方法里面增加”创建一个隐式 Intent 对象:Data 数据”按钮事件：

```
      btn_explicit_intent_data = (Button) findViewById(R.id.btn_explicit_
intent_data);
          btn_explicit_intent_data.setOnClickListener(new OnClickListener() {
              @Override
              public void onClick(View v) {
                  // // TODO Auto-generated method stub
                  Intent intent = new Intent();
                  intent.setAction("com.tangcco.andriod.t3");
                  intent.addCategory("com.tangcco.andriod.category");
      // setData、setDataAndType、setType 这三种方法只能单独使用，不可共用
      // intent.setType("text/plain");
      // intent.setData(uri);
      //intent.setDataAndType(uri, "text/plain");

                  //intent.setData(Uri.parse("http://www.tangcco.com/"));
      // 匹配了 text/*

   intent.setDataAndType(Uri.parse("http://www.tangcco.com/"),"text/plain");
      // 此方法中调用 intent.addCategory("android.intent.category.DEFAULT");
                  startActivity(intent);
              }
          });
```

编写 layout_tangcco.xml 布局文件，增加 TangccoActivity.java 类，并加载 layout_tangcco.com

res/layout/layout_tangcco.xml。

```
      <?xml version="1.0" encoding="utf-8"?>
      <LinearLayout
xmlns:android="http://schemas.android.com/apk/res/android"
       android:layout_width="match_parent"
android:layout_height="match_parent"
       android:gravity="center_horizontal">
       <TextView android:text="http://www.tangcco.com/" android:id=
"@+id/txt_tangcco_id"
          android:autoLink="web" android:layout_width="wrap_content"
          android:layout_height="wrap_content"
android:textSize="25sp"></TextView>
      </LinearLayout>
```

com/tangcco/andriod.t3/activity/TangccoActivity.java 代码如下：

```
      public class TangccoActivity extends Activity {
       @Override
```

```
    protected void onCreate(Bundle savedInstanceState) {
        // TODO Auto-generated method stub
        super.onCreate(savedInstanceState);
        setContentView(R.layout.layout_tangcco);
    }
}
```

运行项目，单击“创建一个隐式 Intent 对象:Data 数据”按钮，如图 3-5 和图 3-6 所示。

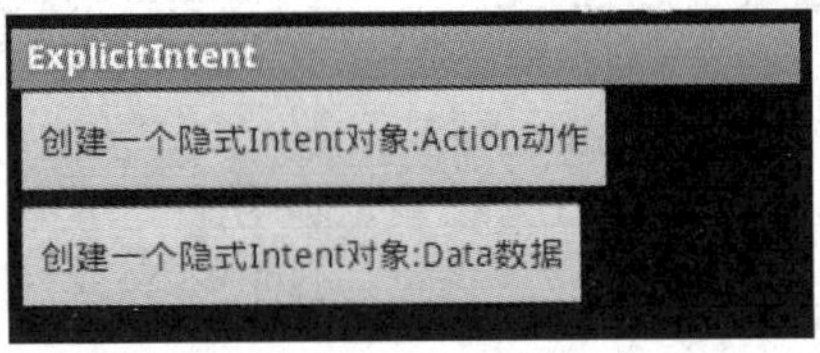

图 3-5

图 3-6

使用隐式 Intent 实现 Activity 之间的切换，实现前面学习过的显式 Intent 一样的功能。图 3-7 为 FirstActivity，单击按钮后跳转到 SecondActivity，如图 3-8 所示。

图 3-7

图 3-8

AndroidManifest.xml 代码如下。

```
    <activity android:name=".activity.FirstActivity"
            android:label="FirstActivity">
            <intent-filter>
                <action android:name="android.intent.action.MAIN" />
                <category android:name="android.intent.category.DEFAULT" />
                <category android:name="android.intent.category.LAUNCHER" />
            </intent-filter>
        </activity>
        <activity android:name=".activity.SecondActivity"
            android:label="SecondActivity">
            <intent-filter>
                <action android:name="com.tangcco.andriod.t3.activity.
SecondActivity" />
                <category android:name="android.intent.category.DEFAULT" />
                <category android:name="android.intent.category.LAUNCHER" />
            </intent-filter>
        </activity>
```

在 SecondActivity 的配置里面配置 action（动作），这里可以任意指定一个动作，建议使用需要跳转的 activity 完整路径，本例使用了 com.tangcco.andriod.t3.activity.SecondActivity。

在 com/tangcco/andriod.t3/activity 下增加 FirstActivity.java，重写 onCreate(Bundle savedInstanceState)方法，代码如下。

```
    setContentView(R.layout.layout_first); //加载布局文件，布局文件中放置一个按钮
    Button btn = (Button) findViewById(R.id.btn_to_second); // 实例化按钮对象
        btn.setOnClickListener(new OnClickListener() {     // 响应按钮 btn
事件
            @Override
            public void on Click(View v) {
                Intent it = new Intent();     // 实例化 Intent
     // 设置 Intent 的 Action 属性，此处设置的 Action 属性必须和
     //AndroidManifest.xml 文件中 SecondActivity 的 action 元素配置相同
    it.setAction("com.tangcco.andriod.t3.activity.SecondActivity");
                // 启动 Activity
                startActivity(it);
            }
        });
```

注意，上述代码是在同一应用程序中实现的 Activity 跳转，同时也可以将 FirstActivity 和 SecondActivity 分别放在不同的应用程序中，通过上述配置，同样可以通过隐式 Intent 进行跨应用程序的跳转。

综上所述，对于显 Intent，Android 不需要再做解析，因为目标组件很明确，Android 需要解析的是隐式 Intent，通过解析，将 Intent 映射给可以处理该 Intent 的 Activity、Service 等。Intent 的解析机制主要是通过查找已经注册在 AndroidManifest.xml 中的所有 IntentFilter，以及其中定义的 Intent，最终找到匹配的 Intent。

前面讲到 Android 系统会提供很多的 action、category、type 等，下面来看一个使用 Android 提供 android.intent,action.edit 系统 action 实现 activity 跳转的案例。

AndroidManifest.xml 文件，在 CallPhoneActivity 的配置里增加<action android:name=" android.intent.action.EDIT" />，再增加 SendMsgActivity 类和配置代码，代码如下。

```
    <?xml version="1.0" encoding="utf-8"?>
    <manifest xmlns:android="http://schemas.android.com/apk/res/android"
     package="com.tangcco.andriod.t3" android:versionCode="1"
     android:versionName="1.0">
     <uses-sdk android:minSdkVersion="9" />
     <application                          android:icon="@drawable/icon"
android:label="@string/app_name">
        <activity android:name=".activity.MainActivity"
            android:label="@string/app_name">
            <intent-filter>
                <action android:name="android.intent.action.MAIN" />
                <category android:name="android.intent.category.LAUNCHER" />
            </intent-filter>
        </activity>
```

```
        <activity android:name=".activity.CallPhoneActivity"
            android:label="@string/intent1">
            <intent-filter>
                <action android:name="android.intent.action.EDIT" />
                <!-- category 一定要配置，否则报错：找不到 Activity -->
                <category android:name="android.intent.category.DEFAULT" />
                <category android:name="android.intent.category.LAUNCHER" />
            </intent-filter>
        </activity>
        <activity android:name=".activity.SendMsgActivity"
            android:label="@string/intent2">
            <intent-filter>
                <action android:name="android.intent.action.EDIT" />
                <category android:name="android.intent.category.DEFAULT" />
                <category android:name="android.intent.category.LAUNCHER" />
            </intent-filter>
        </activity>
    </application>
</manifest>
strings.xml 代码如下。
<string name="intent1">打电话</string>
<string name="intent2">发短信</string>
```

上面配置的 CallPhoneActivity 和 SendMsgActivity 两个 activity 具有相同的 action 类型，都为 android.intent.action.EDIT，当 Intent 的 action 属性为 Intent.ACTION_EDIT、Uri 属性为 null，系统不知道转向哪个 Activity 时，就会弹出一个 Dialog 列出所有 action 为 android.intent.action.EDIT 的 Activity 供用户选择，代码如下。

```
public class MainActivity extends Activity {
 private Button btn_edit;
 @Override
 public void onCreate(Bundle savedInstanceState) {
     super.onCreate(savedInstanceState);
     setContentView(R.layout.main);
     btn_edit = (Button) findViewById(R.id.btn_edit);
     btn_edit.setOnClickListener(new OnClickListener() {
         @Override
         public void onClick(View v) {
             Intent intent = new Intent(Intent.ACTION_EDIT, null);
             startActivity(intent);
         }
     });
 }
}
```

单击 MainActivity 中的按钮，运行结果如图 3-9 所示。

6. 使用隐式 Intent 实现拨号功能

拨打电话属于手机底层的服务，与用户隐私及通话费等相关，因此，程序必须取得相关权限，在 AndroidManifest 中添加 users-permission，并声明使用权限，代码如下。

```
<uses-permission  android:name="android.permission.CALL_PHONE" />
```

通过 Intent 对象，设置 ACTION_CALL 这个动作，并通过 Uri.parse()方法设置用户要拨打的电话号码。

最后以 startActivity()方法（将自定义的 Intent 传入），即可完成通过程序拨打电话。

单击图 3-9 中“打电话”选项，进入 CallPhoneActivity，如图 3-10 所示。

输入电话号码，如“5556”，单击 Call 按钮，运行结果如图 3-11、图 3-12 所示。

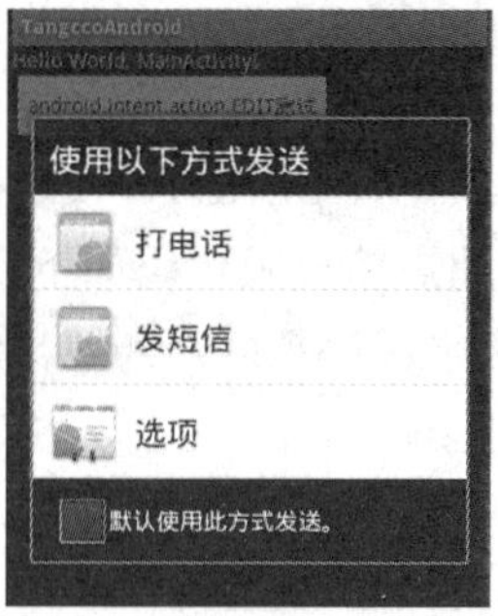

图 3-9

图 3-10

图 3-11

CallPhoneActivity.java 代码如下。

```
public class CallPhoneActivity extends Activity {
 private EditText edt_phonenumber;
 private Button btnCall;
 @Override
 protected void onCreate(Bundle savedInstanceState) {
     // TODO Auto-generated method stub
     super.onCreate(savedInstanceState);
     setContentView(R.layout.layout_callphone);
     edt_phonenumber  =  (EditText)  findViewById
(R.id.edt_phone);
     btnCall = (Button) findViewById(R.id.btn_call);
     btnCall.setOnClickListener(new
OnClickListener() {
         @Override
         public void onClick(View v) {
             // TODO Auto-generated method stub
             String strMobile = edt_phonenumber.getText().toString();
             // 此处应该对电话号码进行验证。。
             Intent intent = new Intent(Intent.ACTION_CALL, Uri.parse("tel:"
```

图 3-12

```
                    + strMobile));
            CallPhoneActivity.this.startActivity(intent);
        }
    });
  }
}
```

上述 CallPhoneActivity 代码是实现直接拨号的，将如下直接拨号代码

```
Intent intent = new Intent(Intent.ACTION_CALL, Uri.parse("tel:"+ strMobile));
```

修改为：

```
Intent intent = new Intent(Intent.ACTION_DIAL, Uri.parse("tel:"+ strMobile));
```

运行程序，将叫出拨号程序。

7. 使用隐式 Intent 实现短信功能

Android 中的发送短信功能，主要有两种方法。第一，调用系统短信接口直接发送短信，android.telephony.SmsManager；第二，使用隐式 Intent 的 Intent.ACTION_SENDTO 发送短信；短信发送需要添加权限，首先在 AndroidManifest.xml 文件里增加短信权限代码如下：

```
<uses-permission android:name="android.permission.SEND_SMS"></uses-permission>
```

（1）方法一

在 res/layout/目录下增加 layout_sms.xml，代码如下。

```
<?xml version="1.0" encoding="utf-8"?>
<LinearLayout xmlns:android="http://schemas.android.com/apk/res/android"
  android:layout_width="match_parent" android:layout_height="match_parent"
  android:orientation="vertical">
  <LinearLayout android:id="@+id/linearLayout1"
      android:layout_width="match_parent"  android:layout_height="wrap_
content">
      <TextView android:text="电话号码:" android:id="@+id/txt_phonenumber"
          android:layout_width="wrap_content"   android:layout_height=
"wrap_content"></TextView>
      <EditText android:id="@+id/edt_phonenumber"
          android:layout_width="match_parent"   android:layout_height=
"wrap_content"></EditText>
  </LinearLayout>
  <LinearLayout android:id="@+id/linearLayout2"
      android:layout_width="match_parent" android:layout_height="wrap_
content">
      <TextView android:text="短信内容:" android:id="@+id/textView2"
          android:layout_width="wrap_content"
android:layout_height="wrap_content"></TextView>
      <EditText android:id="@+id/edt_smscontent"
```

```
                android:layout_width="match_parent"
android:layout_height="100dp"></EditText>
        </LinearLayout>
        <LinearLayout android:id="@+id/linearLayout3"
            android:layout_width="match_parent"
android:layout_height="wrap_content">
            <Button android:text="发送" android:id="@+id/btn_send"
                android:layout_width="wrap_content"
android:layout_height="wrap_content"
                android:layout_marginLeft="100dp"></Button>
        </LinearLayout>
    </LinearLayout>
```

运行界面如图 3-13、图 3-14 所示。

图 3-13

图 3-14

创建 SendMsgActivity.java，并调用系统短信接口，实现发送短信功能。

```
    public class SendMsgActivity extends Activity {
     private EditText edt_phoneNumber;
     private EditText edt_smsContent;
     private Button btn_send;
     /**
      * 直接调用短信接口发短信
      * @param phoneNumber
      * @param message
      */
     public void sendSMS(String phoneNumber, String message) {
         try {
             // 获取短信管理器
             android.telephony.SmsManager smsManager = android.telephony.
SmsManager
                     .getDefault();
             // 拆分短信内容（手机短信长度限制）
```

```
                List<String> divideContents = smsManager.divideMessage (message);
                for (String text : divideContents) {
                    smsManager.sendTextMessage(phoneNumber, null, text, null,
null);
                }
                Toast.makeText(this, "短信发送成功", 1000).show();
            } catch (Exception e) {
                e.printStackTrace();
            }
        }
        @Override
        protected void onCreate(Bundle savedInstanceState) {
            // TODO Auto-generated method stub
            super.onCreate(savedInstanceState);
            setContentView(R.layout.layout_sms);
            edt_phoneNumber = (EditText) findViewById(R.id.edt_phonenumber);
            edt_smsContent = (EditText) findViewById(R.id.edt_smscontent);
            btn_send = (Button) findViewById(R.id.btn_send);
            btn_send.setOnClickListener(new OnClickListener() {
                @Override
                public void onClick(View v) {
                    // TODO Auto-generated method stub
                    // 此处需要做电话号码非空验证
                  sendSMS(edt_phoneNumber.getText().toString(), edt_smsContent.
getText()
                          .toString());
                }
            });
        }
    }
```

运行程序，结果如图 3-14 所示。

发送短信的参数说明如下：

```
    smsManager.sendTextMessage(destinationAddress, scAddress, text, sentIntent,
deliveryIntent)
```

- destinationAddress：目标电话号码
- scAddress：短信中心号码
- text: 短信内容
- sentIntent：发送→中国移动→中国移动发送失败→返回发送成功或失败信号→后续处理

即，这个意图包装了短信发送状态的信息

- deliveryIntent：发送→中国移动→中国移动发送成功→返回对方是否收到这个信息→后续处理

即，这个意图包装了短信是否被对方收到的状态信息（供应商已经发送成功，但是对方没有收到）。

（2）方法二

修改 SendMsgActivity.java 代码，编写方法，将“发送”按钮调用的方法改为如下。

```
/**
  * 调起系统发短信功能
  * @param phoneNumber
  * @param message
  */
 public void doSendSMSTo(String phoneNumber, String message) {
     //处理电话号码串的各种公用设施,是否是全球的电话号码
     if (PhoneNumberUtils.isGlobalPhoneNumber(phoneNumber)) {
         Intent intent = new Intent(Intent.ACTION_SENDTO, Uri.parse("smsto:"
                 + phoneNumber));
         intent.putExtra("sms_body", message);
            startActivity(intent);
     }
 }
```

运行程序，输入电话号码和短信内容，单击“发送”按钮，弹出发送短信屏幕，如图 3-15、图 3-16 所示。

图 3-15

图 3-16

3.3　Activity 传值

前面讲解了如何启动 Activity，Activity 跳转，主要是通过 Intent 类，Intent 的作用是激活组件和附带数据，即一个 Intent 对象不仅包含目的地，还可以包含跳转过程中的数据内容，这好比一封 Email，其中不仅应该包含收件人地址，还可以包含具体的内容。对于一个 Intent 对象，“目的地”是必需的，而内容则是可选项，数据主要是通过 Bundle 来实现保存，在 Activity 跳转过程中，传值方式主要有以下三种，下面分析其关键代码。

（1）方法一

```
    Intent intent = new Intent(CurrentActivity.this,OtherActivity.class); //
创建 Intent 对象
```

```
Bundle bundle =new Bundle();// 创建 email 内容
bundle.putBoolean("boolean_key", true);// 编写内容
bundle.putString("string_key", "string_value");
intent.putExtra("key", bundle);// 封装 email
startActivity(intent);// 启动新的 Activity
```

那么收件人该如何收信呢？在 OtherActivity 类的 onCreate()，或者其他任何地方使用下面的代码就可以打开这封 Email 阅读其中的信息。

```
Intent intent =getIntent();// 收取 Email
Bundle bundle =intent.getBundleExtra("key");// 打开 Email
bundle.getBoolean("boolean_key");// 读取内容
bundle.getString("string_key");
```

上面通过 Bundle 对象来传递信息，Bundle 维护了一个 HashMap<String, Object>对象，将数据存储在这个 HashMap 中进行传递。但是像上面这样的代码稍显复杂，因为 Intent 内部准备好了一个 Bundle，所以也可以使用以下这种更为简便的方法。

（2）方法二

```
Intent intent =new Intent(CurrentActivity.this,OtherActivity.class);
intent.putExtra("boolean_key", true);
intent.putExtra("string_key", "string_value");
startActivity(intent);
```

在 OtherActivity 类里获取数据：

```
Intent intent =getIntent();// 收取 email
intent.getBooleanExtra("boolean_key");
intent.getStringExtra("string_key");
```

通过下面的例题来了解 Android 屏幕之间的通信，程序运行界面如图 3-17 所示，用户输入两个数，num1 和 num2，单击“+”按钮，跳转到计算结果界面，如图 3-18 所示。

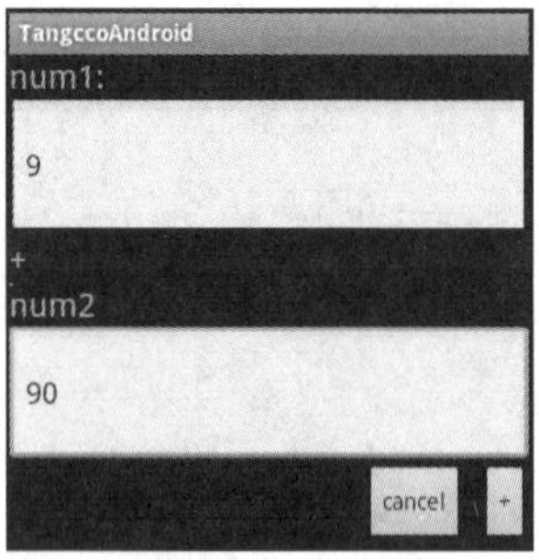

图 3-17

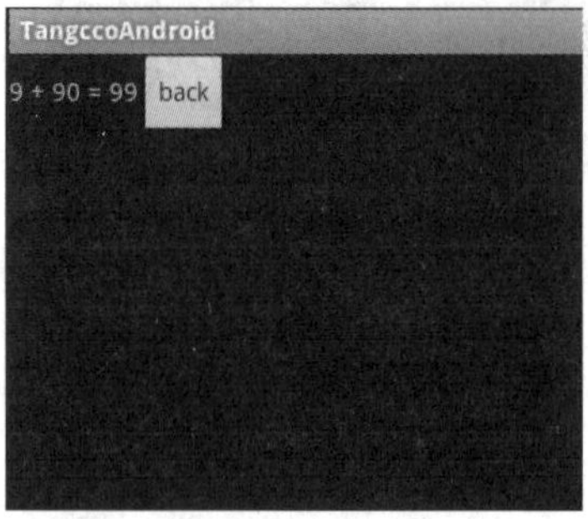

图 3-18

res/layout/calc.xml 代码如下。

```
<?xml version="1.0" encoding="utf-8"?>
<RelativeLayout
xmlns:android="http://schemas.android.com/apk/res/android"
    android:layout_width="fill_parent"
android:layout_height="fill_parent"
```

```
        android:orientation="vertical">
        <TextView android:text="@string/txt_num1" android:id="@+id/textnum1"
            android:layout_width="fill_parent"
android:layout_height="wrap_content"
            android:textSize="20sp"></TextView>
        <EditText android:id="@+id/edit_num1" android:lines="3"
            android:layout_below="@+id/textnum1"
android:layout_height="wrap_content"
            android:layout_width="fill_parent" />
        <TextView android:layout_width="wrap_content"
            android:layout_height="wrap_content" android:id="@+id/text_add"
            android:text="+" android:layout_below="@+id/edit_num1"
            android:textSize="20sp"></TextView>
        <TextView android:layout_width="wrap_content"
            android:layout_height="wrap_content" android:id="@+id/txt_num2"
            android:text="@string/txt_num2"
android:layout_below="@+id/text_add"
            android:textSize="20sp"></TextView>
        <EditText android:id="@+id/edit_num2" android:layout_height="wrap_content"
            android:layout_width="fill_parent"
android:layout_below="@+id/txt_num2"
            android:lines="3"></EditText>
        <!-- android:layout_alignParentRight="true" 使当前控件的右端和父控件的右端
对齐 -->
        <Button android:id="@+id/btn_add" android:layout_height="wrap_content"
            android:layout_width="wrap_content"
android:layout_below="@+id/edit_num2"
            android:text="@string/btn_add" android:layout_marginLeft="10dip"
            android:layout_alignParentRight="true"></Button>
        <Button android:id="@+id/btn_cancel" android:layout_height="wrap_content"
            android:layout_width="wrap_content" android:layout_below="@+id/edit_
num2"
            android:text="@string/btn_cancel"  android:layout_alignTop="@id/
btn_add"
            android:layout_toLeftOf="@id/btn_add"></Button>
    </RelativeLayout>
```

res/values/strings.xml 代码如下。

```
    <string name="txt_num1">num1:</string>
     <string name="txt_num2">num2</string>
     <string name="btn_add"> +     </string>
     <string name="btn_cancel">cancel</string>
     <string name="btn_back">back</string>
```

com/tangcco/andriod/t3/activity/CalcActivity.java 代码如下。

```
public class CalcActivity extends Activity implements OnClickListener {
 private EditText editnum1;
 private EditText editnum2;
 private Button btnadd;
 private Button btnclose;

 @Override
 protected void onCreate(Bundle savedInstanceState) {
     super.onCreate(savedInstanceState);
     setContentView(R.layout.calc);
     editnum1 = (EditText) this.findViewById(R.id.edit_num1);
     editnum2 = (EditText) this.findViewById(R.id.edit_num2);
     btnadd = (Button) this.findViewById(R.id.btn_add);
     btnclose = (Button) this.findViewById(R.id.btn_cancel);
     btnadd.setOnClickListener(this);
     btnclose.setOnClickListener(this);
 }

 @Override
 public void onClick(View v) {
     Intent intent;
     switch (v.getId()) {
     case R.id.btn_add:
         intent = new Intent();
            //方法一
         Bundle bundle = new Bundle();
         bundle.putInt("num1", editnum1.getText().toString().trim());
         bundle.putInt("num2", editnum2.getText().toString().trim());
         intent.putExtra("bundle", bundle);  //intent.putExtras(bundle);
//方法二
         intent.putExtra("num1", editnum1.getText().toString().trim());
         intent.putExtra("num2", editnum2.getText().toString().trim());

startActivity(intent);
         break;
     case R.id.btn_cancel:
         System.exit(0);     // this.finish();
         break;
     }
 }
}
```

res/layout/calcresult.xml 代码如下。

```
<?xml version="1.0" encoding="utf-8"?>
<LinearLayout xmlns:android="http://schemas.android.com/apk/res/android"
    android:layout_width="match_parent"
android:layout_height="match_parent">
    <TextView android:layout_height="wrap_content" android:text="TextView"
        android:layout_width="wrap_content"
android:id="@+id/textview_result"></TextView>
    <Button android:layout_height="wrap_content"
        android:layout_width="wrap_content" android:id="@+id/btn_back"
        android:text="@string/btn_back"></Button>
</LinearLayout>
```

com/tangcco/andriod.t3/activity/ CalcResultActivity.java 代码如下。

```
public class CalcResultActivity extends Activity {
    @Override
    protected void onCreate(Bundle savedInstanceState) {
        // TODO Auto-generated method stub
        super.onCreate(savedInstanceState);
        setContentView(R.layout.calcresult);
        TextView textview_result = (TextView) this
                .findViewById(R.id.textview_result);
        Button btn_back = (Button) this.findViewById(R.id.btn_back);
        Intent intent = getIntent();
          //方法一
    Bundle bundle = intent.getBundleExtra("bundle");   //Bundle bundle =
intent.getExtras();
        int num1 = bundle.getInt("num1");
        int num2 = bundle.getInt("num2");
    //方法二
        int num1 = Integer.parseInt(intent.getStringExtra("num1"));
        int num2 = Integer.parseInt(intent.getStringExtra("num2"));

        int result = num1 + num2;
        textview_result.setText(num1 + " + " + num2 + " = " + result);

        btn_back.setOnClickListener(new View.OnClickListener() {
            @Override
            public void onClick(View v) {
                // TODO Auto-generated method stub
                Intent intent = new Intent(CalcResultActivity.this,
                        CalcActivity.class);
                startActivity(intent);
                finish();
```

```
            }
        });
    }
}
```

前面学习到的 Activity 之间传值，可以使用自定义 Bundle 和 Intent 默认的 Bundle 实现，其实 Activity 之间的传值还可以通过文件保存，然后，跳转到其他的 Activity 之后，再读取文件，关于使用文件进行数据存储，将在第 5 章详细学习，下面来了解一下最简单的一种方式，SharedPreferences。

（3）方法三

使用 SharedPreferences。SharedPreferences 使用 xml 格式，为 Android 应用提供一种永久的数据存贮方式。对于一个 Android 应用，它存储在文件系统的/data/data/your_app_package_name/shared_prefs/目录下，可以被处在同一个应用中的所有 Activity 访问。Android 提供了相关的 API 来处理这些数据，而不需要程序员直接操作这些文件，不需要考虑数据同步问题。

```
// 写入 SharedPreferences
SharedPreferences preferences = getSharedPreferences("name", MODE_PRIVATE);
 Editor editor = preferences.edit();
 editor.putBoolean("boolean_key", true);
 editor.putString("string_key", "string_value");
 editor.commit();
// 读取 SharedPreferences
SharedPreferences preferences = getSharedPreferences("name", MODE_PRIVATE);
 preferences.getBoolean("boolean_key", false);
 preferences.getString("string_key", "default_value");
```

这里有两个 Activity，即 CalcActivity 和 CalcResultActivity，从 CalcActivity 中向 CalcResultActivity 中传递数据的时候，如果采用 Bundle 封装数据，然后从 CalcActivity 中跳转到 CalcResultActivity 中，当 CalcResultActivity 有需求将数据封装起来回传给 CalcActivity 并跳转回 CalcActivity，那么 CalcActivity 中接收数据时，还要先判断 Bundle 是否为空，因为第一次访问 CalcActivity 的时候（即 CalcResultActivity 还没有回传的时候），Bundle 是为空的，getIntent().getStringExtra("bundle_key") 是否等于 null，这样是比较麻烦的。用 startActivityForResult 来做跳转，给了我们更好的解决办法。

startActivityForResult 回传步骤如下：

①跳转的时候不是采用 startActivity(Intent)，而是采用 startActivityForResult(Intent, Request_code)。

```
Intent intent=new Intent();
intent.setClass(FirstActivity.this, OtherActivity.class);
Bundle bundle=new Bundle();
String str1="aaaaaa";
bundle.putString("str1", str1);
intent.putExtras(bundle);
startActivityForResult(intent, 0);
```

这里采用 startActivityForResult 来做跳转，此处的 0 为一个依据，可以写其他的值，但不能小于 0。

②重写 onActivityResult 方法，用来接收回传的数据。

```
    protected void onActivityResult(int requestCode, int resultCode, Intent
data) {
    switch (resultCode) {
            case RESULT_OK:
                Bundle b=data.getExtras(); //data 为 SecondRequestActivity
中回传的 Intent
                String str=b.getString("str1");//str 即为回传的值
                break;
            default:
                break;
    }
    }
```

resultCode 为回传的标记，如果 OtherActivity 中回传的是 RESULT_OK，则匹配了第一个 case。

③在 OtherActivity 中回传数据时采用 setResult 方法，并且之后要调用 finish 方法。

```
    setResult(RESULT_OK, intent);
    finish(); //此处一定要调用 finish()方法
```

intent 为 FirstActivity 传来的带有 Bundle 的 intent，当然也可以自己定义新的 Bundle，这样，当 OtherActivity 调用 finish 方法的时候，跳转到 FirstActivity 时会自动调用 onActivityResult 方法来获取 OtherActivity 中回传的 intent。

上面的案例中，如果需要将 CalcResultActivity 中相加后的结果返回 CalcResultActivity，单击如图 3-18 所示的“back”按钮，返回 CalcActivity，结果如图 3-19 所示。

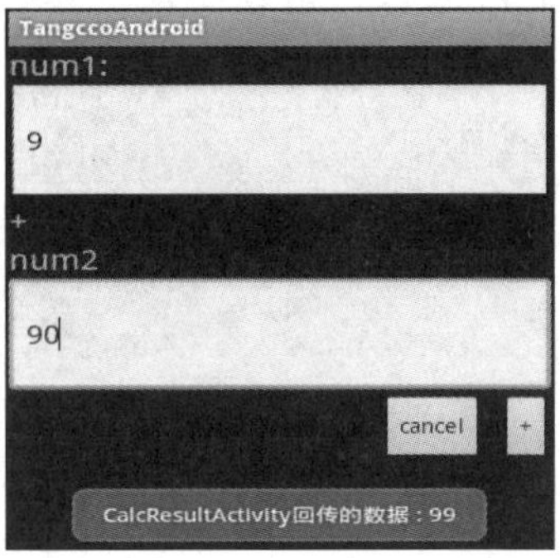

图 3-19

修改 CalcActivity 类的代码如下。

```
            @Override
      public void onClick(View v) {
          Intent intent;
          switch (v.getId()) {
          case R.id.btn_add:
              intent = new Intent();
                //..............................................
              editor.commit();
              intent.setClass(CalcActivity.this, CalcResultActivity.class);

              startActivityForResult(intent, 0);
              break;
          case R.id.btn_cancel:
              System.exit(0);// this.finish();
              break;
          }
```

```
    }
        //重写 onActivityResult 方法
    @Override
    protected void onActivityResult(int requestCode, int resultCode,
            Intent intent) {
        // TODO Auto-generated method stub
        super.onActivityResult(requestCode, resultCode, intent);
        if (requestCode == 0 && resultCode == Activity.RESULT_FIRST_USER) {
            if (intent != null) {
                String data = intent.getStringExtra("back_data");
                Toast.makeText(CalcActivity.this,
                        "CalcResultActivity回传的数据 : " + data, 1000).show();
            }
        }
    }
```

修改 CalcResultActivity.java 代码如下。

```
    Button btn_back = (Button)this.findViewById(R.id.btn_back);
    //......................................................................
        btn_back.setOnClickListener(new View.OnClickListener() {
            @Override
            public void onClick(View v) {
                // TODO Auto-generated method stub
                Intent intent = new Intent(CalcResultActivity.this,
                        CalcActivity.class);
                intent.putExtra("back_data", result + "");
                setResult(Activity.RESULT_FIRST_USER, intent);
                finish();
            }
        });
```

3.4 Activity 传递对象

前面学习了 Activity 跳转过程中传递参数的方式，一般使用自定义 Bundle 对象或者使用 Intent 自带的 Bundle 来传递，查看 SDK API，发现 Bundle 的 put 方法如图 3-20 所示。

能够发现，如果 Activity 之间传值的时候，想要传递一个对象，可以使用以下两个方法。

- putSerializable(String key, Serializable value): void - Bundle
- putParcelable(String key, Parcelable value): void - Bundle

一种是 Bundle.putSerializable(Key,Object)，另一种是 Bundle.putParcelable(Key, Object)。当然这些 Object 是有一定的条件的，前者实现了 Serializable 接口，后者实现了 Parcelable 接口。

下面使用这两种方法实现 Activity 之间传递对象。第一步，在 com.tangcco.andriod.t3.activity.model 包下创建 Dept.java 和 Employee.java 类。

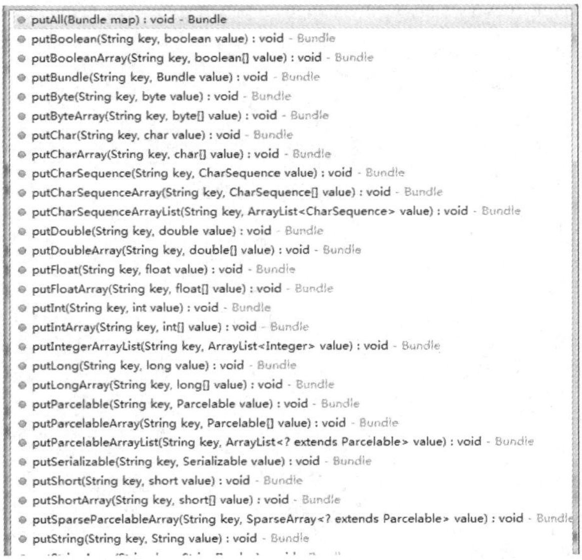

图 3-20

Dept.java 代码如下。

```
/**
 * 使用 Serializable 实现传递对象
 * @author tangcco
 */
public class Dept implements Serializable {
    private String deptName;
    private String deptDesc;

    public String getDeptName() {
        return deptName;
    }

    public void setDeptName(String deptName) {
        this.deptName = deptName;
    }

    public String getDeptDesc() {
        return deptDesc;
    }

    public void setDeptDesc(String deptDesc) {
        this.deptDesc = deptDesc;
    }

}
```

IntentTranObjectActivity.java 代码如下。

```
/**
 * 使用 Parcelable 实现传递对象
 * @author tangcco
 */
public class Employee implements Parcelable {
 private String name;
 private int age;
 private String dept;

 public String getName() {
     return name;
 }

 public void setName(String name) {
     this.name = name;
 }

 public int getAge() {
     return age;
 }

 public void setAge(int age) {
     this.age = age;
 }

 public String getDept() {
     return dept;
 }

 public void setDept(String dept) {
     this.dept = dept;
 }

 @Override
 public int describeContents() {
     // TODO Auto-generated method stub
     return 0;
 }

 public static final Parcelable.Creator<Employee> CREATOR = new Creator
<Employee>() {
     public Employee createFromParcel(Parcel source) {
         Employee mEmployee = new Employee();
```

```
            mEmployee.name = source.readString();
            mEmployee.age = source.readInt();
            mEmployee.dept = source.readString();
            return mEmployee;
        }

        public Employee[] newArray(int size) {
            return new Employee[size];
        }
    };

    @Override
    public void writeToParcel(Parcel parcel, int flags) {
        // TODO Auto-generated method stub
        parcel.writeString(name);
        parcel.writeInt(age);
        parcel.writeString(dept);
    }

}
```

第二步，在 com.tangcco.andriod.t3.activity 包下创建 IntentTranObjectActivity.java。

```
    public class IntentTranObjectActivity extends Activity implements
OnClickListener {
    private Button sButton, pButton;
    public final static String SER_KEY = "com.tangcco.objecttran.ser";
    public final static String PAR_KEY = "com.tangcco.objecttran.par";

    @Override
    protected void onCreate(Bundle savedInstanceState) {
        // TODO Auto-generated method stub
        super.onCreate(savedInstanceState);
        setContentView(R.layout.layout_intent_object);
        setupViews();
    }

    public void setupViews() {
        sButton = (Button) findViewById(R.id. btn_serializable);
        pButton = (Button) findViewById(R.id. btn_parcelable);
        sButton.setOnClickListener(this);
        pButton.setOnClickListener(this);
    }

    // Serializeable 传递对象的方法
    public void SerializeMethod() {
```

```
        Dept mDept = new Dept();
        mDept.setDeptName("学术质量部");
        mDept.setDeptDesc("从事学术研究和教学质量研究工作");
        Intent mIntent = new Intent(this, SerializableTranObjectActivity.
class);
        Bundle mBundle = new Bundle();
        mBundle.putSerializable(SER_KEY, mDept);
        mIntent.putExtras(mBundle);

        startActivity(mIntent);
    }

    // Pacelable 传递对象方法
    public void PacelableMethod() {
        Employee mEmployee = new Employee();
        mEmployee.setName("唐城老师");
        mEmployee.setAge(31);
        mEmployee.setDept("学术质量部");
        Intent mIntent = new Intent(this, PacelableTranObjectActivity.class);
        Bundle mBundle = new Bundle();
        mBundle.putParcelable(PAR_KEY, mEmployee);
        mIntent.putExtras(mBundle);

        startActivity(mIntent);
    }

    @Override
    public void onClick(View v) {
        // TODO Auto-generated method stub
        if (v == sButton) {
            SerializeMethod();
        } else {
            PacelableMethod();
        }
    }
}
```

第三步，在 res/layout 目录下创建 layout_intent_object.xml。

```
<?xml version="1.0" encoding="utf-8"?>
<LinearLayout
xmlns:android="http://schemas.android.com/apk/res/android"
    android:orientation="vertical"
    android:layout_width="fill_parent"
    android:layout_height="fill_parent"
    >
```

```
<TextView
    android:layout_width="fill_parent"
    android:layout_height="wrap_content"
    android:text="这里是使用 Intent 传递对象的两种方式演示"
    />
<Button
    android:id="@+id/btn_serializable"
    android:layout_width="fill_parent"
    android:layout_height="wrap_content"
    android:text="Serializable"
/>
<Button
    android:id="@+id/btn_parcelable"
    android:layout_width="fill_parent"
    android:layout_height="wrap_content"
    android:text="Parcelable"
/>
</LinearLayout>
```

第四步，在 com.tangcco.andriod.t3.activity 包下创建 SerializableTranObjectActivity.java 和 PacelableTranObjectActivity.java 类。

SerializableTranObjectActivity.java 代码如下。

```
public class SerializableTranObjectActivity extends Activity {
 @Override
 protected void onCreate(Bundle savedInstanceState) {
     // TODO Auto-generated method stub
     super.onCreate(savedInstanceState);

     TextView mTextView = new TextView(this);
     Dept mDept = (Dept) getIntent().getSerializableExtra(
             IntentTranObjectActivity.SER_KEY);
     mTextView.setText("Dept name is: " + mDept.getDeptName() + "\r\n"
             + "Dept desc is: " + mDept.getDeptDesc());

     setContentView(mTextView);
 }
}
```

PacelableTranObjectActivity.java 代码如下。

```
public class PacelableTranObjectActivity extends Activity {
 @Override
 protected void onCreate(Bundle savedInstanceState) {
     // TODO Auto-generated method stub
     super.onCreate(savedInstanceState);

     TextView mTextView = new TextView(this);
```

```
        Employee mEmployee = (Employee) getIntent().getParcelableExtra(
                IntentTranObjectActivity.PAR_KEY);
        mTextView.setText("You name is: " + mEmployee.getName() + "\r\n"
                + "You age is: " + mEmployee.getAge() + "\r\n"
                + "You dept is: " + mEmployee.getDept());
        setContentView(mTextView);
    }
}
```

第五步，修改 AndroidManifest.xml 文件，增加以上三个 Activity 的声明。

```
<activity android:name=".activity.IntentTranObjectActivity"
    android:label="SecondActivity">
    <intent-filter>
        <action android:name="android.intent.action.MAIN" />
        <category android:name="android.intent.category.DEFAULT" />
        <category android:name="android.intent.category.LAUNCHER" />
    </intent-filter>
</activity>
<activity android:name=".activity.SerializableTranObjectActivity"
    android:label="SecondActivity">
    <intent-filter>
        <category android:name="android.intent.category.DEFAULT" />
        <category android:name="android.intent.category.LAUNCHER" />
    </intent-filter>
</activity>
<activity android:name=".activity.PacelableTranObjectActivity"
    android:label="SecondActivity">
    <intent-filter>
        <category android:name="android.intent.category.DEFAULT" />
        <category android:name="android.intent.category.LAUNCHER" />
    </intent-filter>
</activity>
```

运行程序，界面如图 3-21 所示。

单击如图 3-21 所示的 Serializable 按钮，跳转至如图 3-22 所示界面，单击如图 3-21 所示的 Parcelable 按钮，跳转至如图 3-23 所示界面。

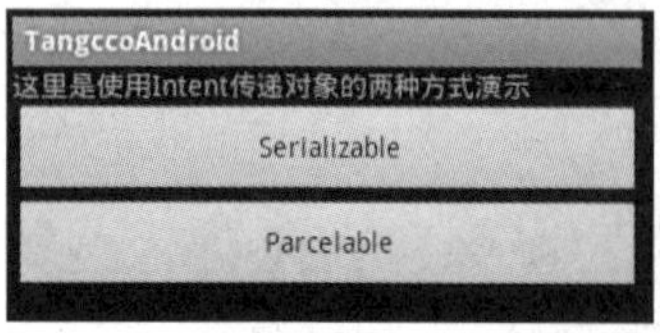

图 3-21

图 3-22

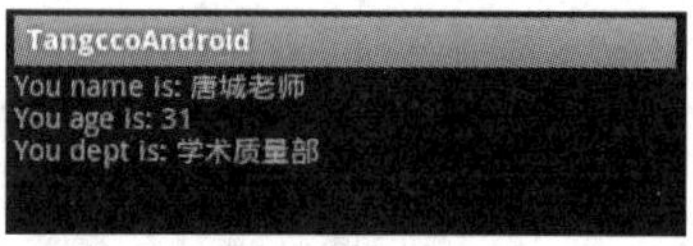

图 3-33

3.5 Activity 启动模式

在 Android 中，每个界面都是一个 Activity，切换界面操作其实是多个不同 Activity 之间的实例化操作。Activity 的启动模式决定了 Activity 的启动运行方式。简单地说启动模式就是 Activity 启动时的策略，在 AndroidManifest.xml 中的<Activity>标签的 android:launchMode 属性设置；启动模式有 4 种，分别为 standard、singleTop、singleTask、singleInstance。

3.5.1 任务栈

launchMode 在多个 Activity 跳转的过程中扮演着重要的角色，它可以决定是否生成新的 Activity 实例，是否重用已存在的 Activity 实例，是否和其他 Activity 实例共用一个 task。task 是一个具有栈结构的对象，一个 task 可以管理多个 Activity，启动一个应用，也就创建一个与之对应的 task。每个应用都有一个任务栈，用来存放 Activity，功能类似于方法调用的栈，先后顺序代表 Activity 的出现顺序。比如 Activity1→Activity2→Activity3，则任务栈如图 3-24 所示。

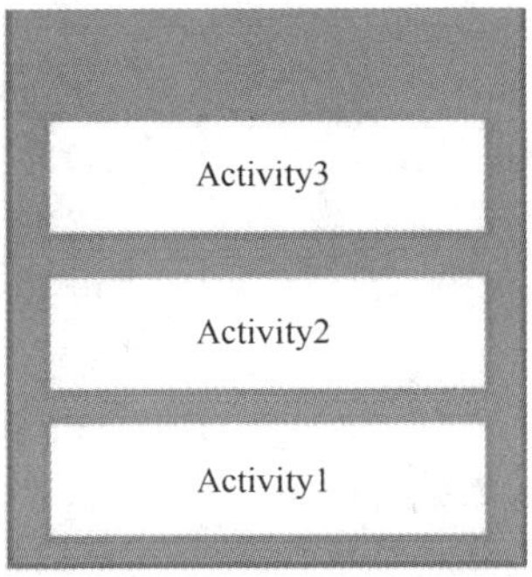

图 3-24

3.5.2 启动模式

Activity 启动模式设置，在 AndriodManifest.xml 文件中声明 Activity 时设定如下。

```
<activity android:name=".MainActivity" android:launchMode="standard" />
```

（1）standard。每次激活 Activity 时（startActivity），都创建 Activity 实例并放入任务栈。Activity 默认启动模式，如图 3-25 所示。

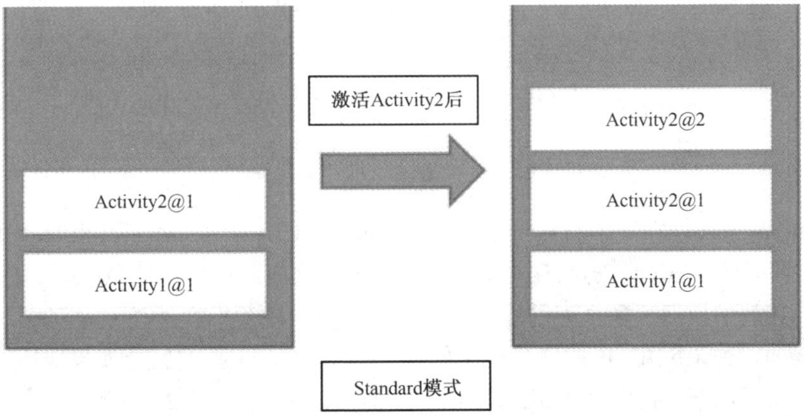

图 3-25

（2）singleTop。如果在任务的栈顶正好存在该 Activity 的实例，就重用该实例，否者就会创建新的实例并放入栈顶（即使栈中已经存在该 Activity 实例，只要不在栈顶，都会创建实例）；即如果某个 Activity 自己激活自己，即任务栈栈顶就是该 Activity，则不需要创建，其余情况都要创建 Activity 实例，如图 3-26 所示。

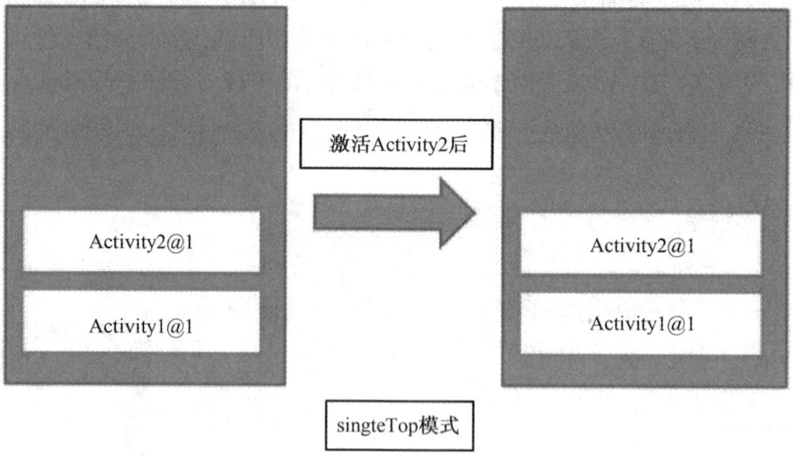

图 3-26

（3）singleTask。如果要激活的那个 Activity 在任务栈中存在该实例，则不需要创建，重用该实例（会调用实例的 onNewIntent()），会让该实例回到栈顶，因此，在它上面的实例将会被移出栈；如果栈中不存在该实例，将会创建新的实例放入栈中，如图 3-27 所示。

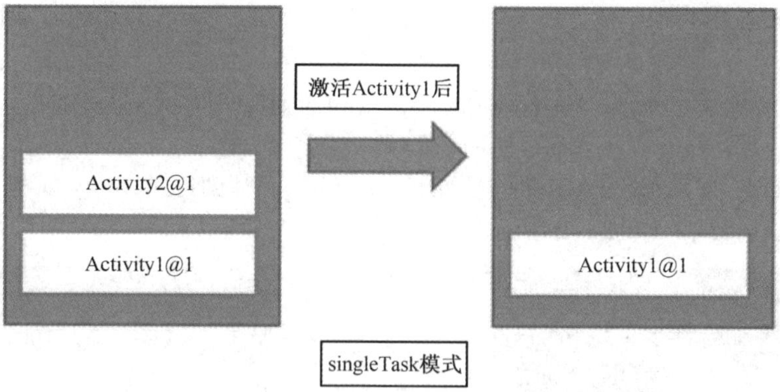

图 3-27

（4）singleInstance。在一个新栈中创建该 Activity 实例，并让多个应用共享栈中的该 Activity 实例。一旦该模式的 Activity 实例存在于某个栈中，任何应用再激活该 Activity 时，都会重用该栈中的实例，其效果相当于多个应用程序共享一个应用，不管谁激活该 Activity，都会进入同一个应用中。例如，如果应用 1 的任务栈中创建了 MainActivity 实例，如果应用 2 也要激活该 MainActivity，则不需要创建，两应用共享该 Activity 实例，如图 3-28 所示。

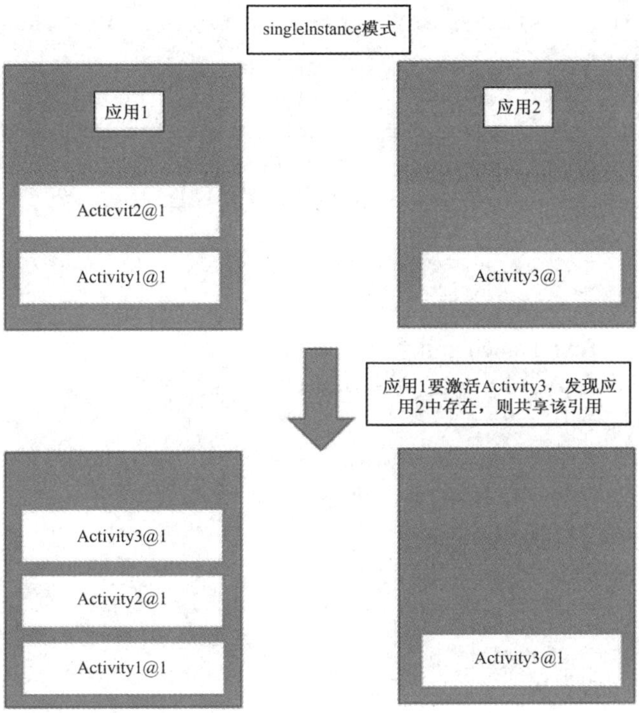

图 3-28

3.5.3 Activity 启动模式案例分析

standard 启动模式是默认的启动模式，即可以不为<activity>配置 android:launchMode 属性，当然也可以指定值为 standard，我们在 com.tangcco.andriod.t3.activity 包下创建一个 LaunchModeFirstActivity.java 类，代码如下。

```
public class LaunchModeFirstActivity extends Activity {
 private Button standardButton;
 private TextView showView;

 @Override
 protected void onCreate(Bundle savedInstanceState) {
     // TODO Auto-generated method stub
     super.onCreate(savedInstanceState);
     setContentView(R.layout.layout_first_launch);
     showView = (TextView) this.findViewById(R.id.txt_showview);
     standardButton = (Button) this.findViewById(R.id.btn_standard);
     standardButton.setOnClickListener(listener);
     showView.setText(this.toString());
 }
```

```
        private OnClickListener listener = new OnClickListener() {
            @Override
            public void onClick(View v) {
                Intent intent = new Intent(LaunchModeFirstActivity.this,
                        LaunchModeFirstActivity.class);
                startActivity(intent);
            }
        };
    }
```

布局文件 Layout_first_launch.xml 参考代码如下。

```
    <?xml version="1.0" encoding="utf-8"?>
    <LinearLayout
xmlns:android="http://schemas.android.com/apk/res/android"
        android:layout_width="match_parent"
android:layout_height="match_parent"
        android:orientation="vertical">
        <TextView android:id="@+id/txt_showview" android:layout_width=
"wrap_content"
            android:layout_height="wrap_content"></TextView>
        <Button                          android:layout_height="wrap_content"
android:id="@+id/btn_standard"
            android:layout_width="match_parent" android:text="standard启动模式
"></Button>
    </LinearLayout>
```

AndroidManifest.xml 配置 Activity，代码如下。

```
        <activity android:name=".activity.LaunchModeFirstActivity"
            android:label="@string/app_name" android:launchMode=
"standard">
            <intent-filter>
                <action android:name="android.intent.action.MAIN" />
                <category android:name="android.intent.category.DEFAULT" />
                <category android:name="android.intent.category.LAUNCHER" />
            </intent-filter>
        </activity>
```

运行程序，界面如图 3-29 所示。单击图 3-29 屏幕上的按钮，运行结果如图 3-30 所示。

图 3-29

图 3-30

我们发现都是 LaunchModeFirstActivity 的实例，但序列号不同，如果单击了几次按钮，发现每次序列号都不同，然后需要连续按几次后退键，才能回到前一个 LaunchModeFirstActivity。

standard 模式的原理如图 3-31 所示。

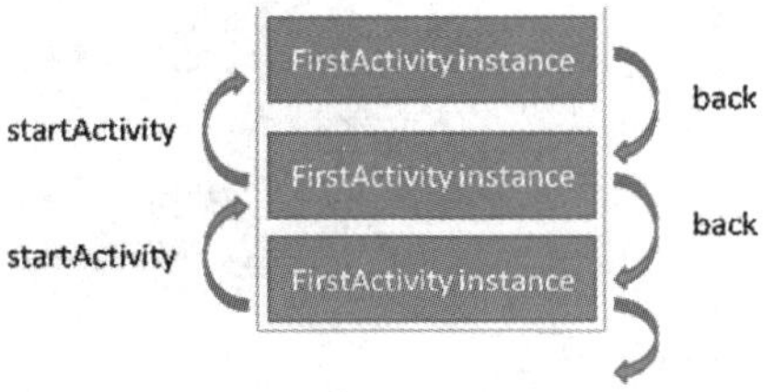

图 3-31

在上面的代码中，将 AndroidManifest.xml 文件中声明的 Activity 启动模式改为 singleTop，代码如下。

```
    <activity
android:name=".activity.OneActivity"
android:label="@string/app_name"
    android:launchMode="singleTop">
```

改变布局文件按钮的文本信息，再次运行程序，此时，单击屏幕上的按钮，发现屏幕上的序列号不再发生改变，如图 3-32 所示，因为此时让 LaunchFirstActivity 跳转到 LanuchFirstActivity，而 LaunchFirstActivity 已经位于栈顶了，所以此时重用了栈顶的 Activity。

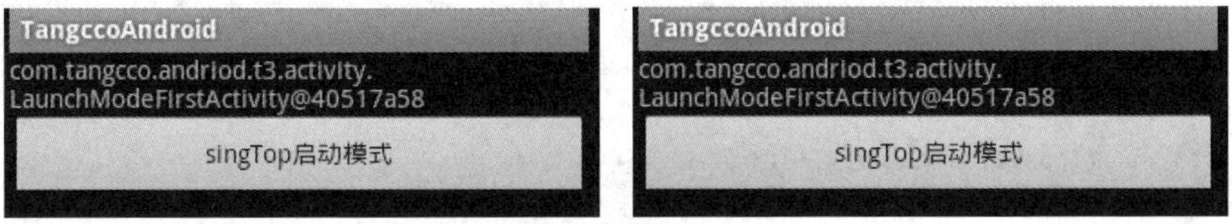

图 3-32

从图 3-32 看到这个结果与 standard 有所不同，运行的序列号是相同的，也就是说使用的都是同一个 LaunchFirstActivity 实例；如果按一下后退键，程序立即退出，说明当前栈结构中只有一个 Activity 实例。singleTop 模式的原理如图 3-33 所示。

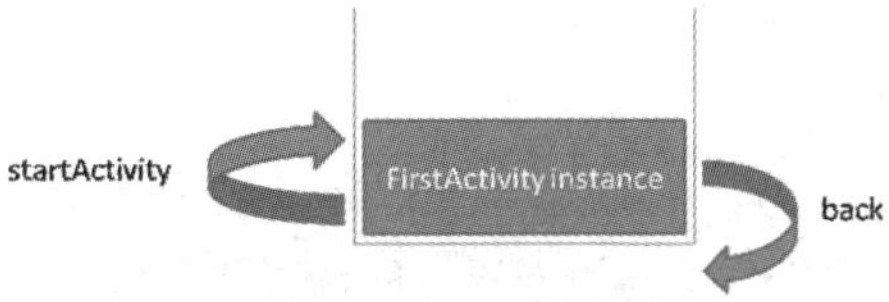

图 3-33

再创建一个 Activity 类 LunchModeSecondActivity.java 和一个布局文件 layout_second_launch.xml: LunchModeSecondActivity.java 代码如下。

```
    Public class LaunchModeSecondActivity extends Activity {
     private Button standardButton;
     private TextView showView;
     @Override
     protected void onCreate(Bundle savedInstanceState) {
         // TODO Auto-generated method stub
         super.onCreate(savedInstanceState);
         setContentView(R.layout.layout_second_launch);
         showView = (TextView) this.findViewById(R.id.txt_second_showview);
         standardButton = (Button) this.findViewById(R.id.btn_second);
         standardButton.setOnClickListener(listener);
         showView.setText(this.toString());
     }
```

```
        private OnClickListener listener = new OnClickListener() {
            @Override
            public void onClick(View v) {
                Intent intent = new Intent(LaunchModeSecondActivity.this,
                        LaunchModeFirstActivity.class);
                startActivity(intent);
            }
        };
    }
```

Layout_second_launch.xml 代码如下。

```
    <?xml version="1.0" encoding="utf-8"?>
    <LinearLayout xmlns:android="http://schemas.android.com/apk/res/android"
        android:layout_width="match_parent"
android:layout_height="match_parent"
        android:orientation="vertical">
        <TextView android:id="@+id/txt_second_showview" android:layout_
width="wrap_content"
            android:layout_height="wrap_content"></TextView>
        <Button android:layout_height="wrap_content" android:id= "@+id/btn_second"
            android:layout_width="match_parent" android:text="singTop 启动模式
返回FirstActivity">
    </Button>
    </LinearLayout>
```

AndroidManifest.xml 代码如下。

```
    <activity android:name=".activity.LaunchModeFirstActivity"
              android:label="@string/app_name"
android:launchMode="singleTop">
              <intent-filter>
                  <action android:name="android.intent.action.MAIN" />
                  <category android:name="android.intent.category.DEFAULT" />
                  <category android:name="android.intent.category.LAUNCHER" />
              </intent-filter>
          </activity>
          <activity android:name=".activity.LaunchModeSecondActivity"
              android:label="@string/app_name"
android:launchMode="standard">
              <intent-filter>
                  <category android:name="android.intent.category.DEFAULT" />
                  <category android:name="android.intent.category.LAUNCHER" />
              </intent-filter>
          </activity>
```

将 LaunchFirstActivity 中的按钮单击事件改为跳转至 LaunchSecondActivity，即如下代码。

```
    Intent intent = new Intent(LaunchModeFirstActivity.this,
```

```
        LaunchModeSecondActivity.class);
```

运行项目，初始界面如图 3-34 所示。

当单击按钮进入 LaunchSecondActivity，如图 3-35 所示，然后单击 LaunchSecondActivity 上的按钮返回至 LaunchFirstActivity，如图 3-36 所示。

图 3-34

图 3-35

图 3-36

从上图中发现，当从 LaunchSecondActivity 跳转到 LaunchFirstActivity 时，系统发现存在有 LaunchFirstActivity 实例，但不是位于栈顶，于是重新生成一个实例。这就是 singleTop 启动模式，如果发现有对应的 Activity 实例正位于栈顶，则重复利用，不再生成新的实例，否则重新生成实例。

而如果想要从 LaunchSecondActivity 跳转到 LaunchFirstActivity 的时候，再继续使用任务栈中的 LaunchFirstActivity 对象，而此时 LaunchFirstActivity 不位于栈顶，只需要将 LaunchFirstActivity 的 android:launchMode 改为等于“singleTask”即可。

修改上述布局文件按钮文本信息，并将 LaunchFirstActivity 的 android:launchMode 改为 singleTask，代码如下。

```
    <activity android:name=".activity.LaunchModeFirstActivity"
        android:label="@string/app_name" android:launchMode="singleTask">
```

运行结果如图 3-37 所示。

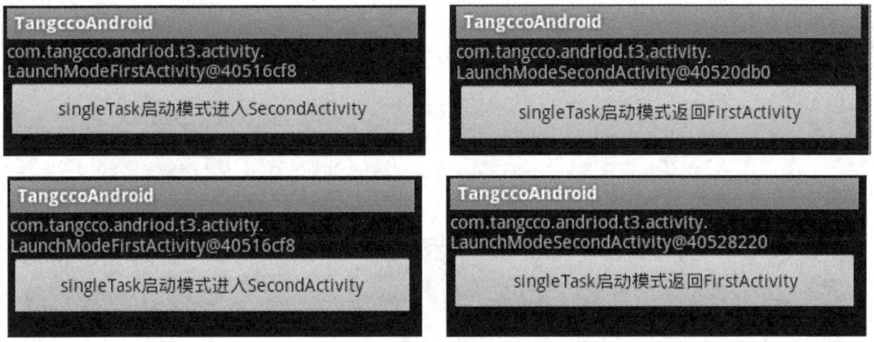

图 3-37

从图 3-37 可以看出，LaunchFirstActivity 的序列号是不变的，LaunchSecondActivity 的序列号却不是唯一的，说明从 LaunchSecondActivity 跳转到 LaunchFirstActivity 时，没有生成新的实例，但是从 LaunchFirstActivity 跳转到 LaunchSecondActivity 时生成了新的实例。singleTask 模式的原理图如图 3-38 所示。

图 3-38 的下半部分是 LaunchSecondActivity 跳转到 LaunchFirstActivity 后栈结构变化的结果，注意到，LaunchSecondActivity 消失了，在这个跳转过程中系统发现已有 LaunchFirstActivity 实例，于是不再生成新的实例，而是将 LaunchFirstActivity 之上的 Activity 实例统统出栈，将 LaunchFirstActivity 变为栈顶对象，显示到幕前。也许读者有疑问，如果将 LaunchSecondActivity 也设置为 singleTask 模式，那么 LaunchSecondActivity 实例是不是可以唯一呢？在这个示例中是不可能的，因为每次从 LaunchSecondActivity 跳转到 FirstActivity 时，LaunchSecondActivity 实例都被迫出栈，下次等 LaunchFirstActivity 跳转到 LaunchSecondActivity 时，找不到存在的 LaunchSecondActivity 实例，于是必须生成新的实例。但是，如果有 LaunchThirdActivity，让 LaunchSecondActivity 和 LaunchThirdActivity 互相跳转，那么 LaunchSecondActivity 实例就可以保证唯一。这就是 singleTask 模式，如果发现有对应的 Activity 实例，则使此 Activity 实例之上其他 Activity 实例统统出栈，使此 Activity 实例成为栈顶对象，显示到幕前。

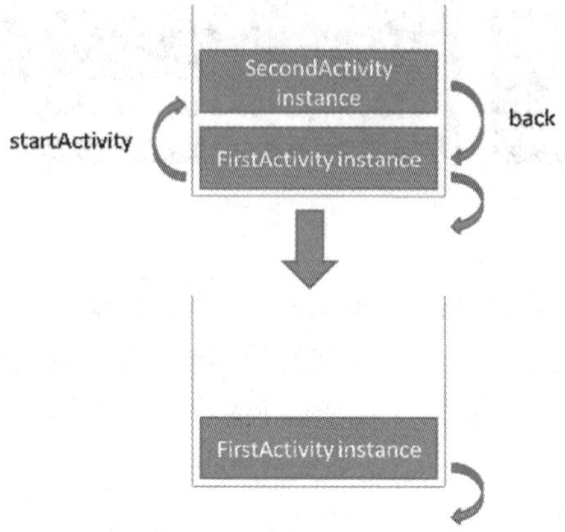

图 3-38

SingleInstance 这种启动模式比较特殊，因为它会启用一个新的栈结构，将 Acitvity 放置于这个新的栈结构中，并保证不再有其他 Activity 实例进入。我们修改 LaunchFirstActivity 的 launchMode="standard"，LaunchSecondActivity 的 launchMode="singleInstance"，由于涉及到了多个栈结构，需要在每个 Activity 中显示当前栈结构的 id，所以我们为每个 Activity 的 onCreate 为文本框赋值的代码修改如下。

```
//........................
    showView.setText("");
    showView.setText(this.toString());
    showView.setText(showView.getText() + "\r\n" + "current task id:"
            + this.getTaskId());
```

运行程序，结果如图 3-39 所示。

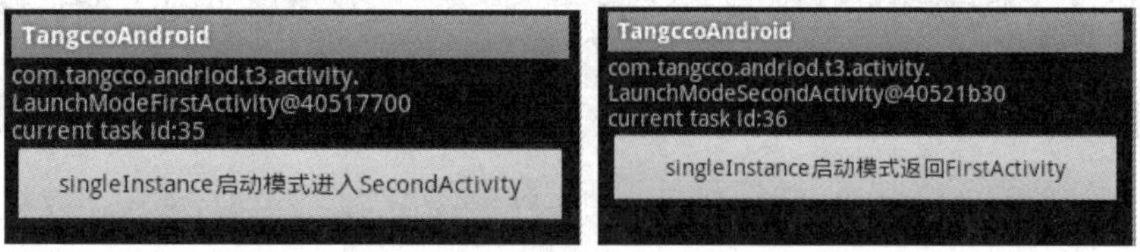

图 3-39

发现这两个 Activity 实例分别被放置在不同的栈结构中，关于 singleInstance 的原理如图 3-40 所示。

我们看到从 LaunchFirstActivity 跳转到 LaunchSecondActivity 时，重新启用了一个新的栈结构，放置 LaunchSecondActivity 实例，然后按下后退键，再次回到原始栈结构，如

图 3-41 所示；在图 3-41 上单击按钮进入 LaunchSecondActivity，运行结果如图 3-42 所示，在图 3-42 的屏幕上单击按钮，返回 LaunchFirstActivity，如图 3-43 所示，图 3-40 中下半部分显示的在 LaunchSecondActivity 中再次跳转到 LaunchFirstActivity，这时系统会在原始栈结构中生成一个 LaunchFirstActivity 实例，也就是如图 3-43 所示的屏幕，然后回退一次，屏幕从图 3-43 回到了图 3-41，回退第二次，再从图 3-41 回到了图 3-42，回退了两次也没有退出系统，而是回到了 LaunchSecondActivity，为什么呢？是因为从 LaunchSecondActivity 跳转到 LaunchFirstActivity 时，我们的起点变成了 LaunchSecondActivity 实例所在的栈结构，这样一来，需要“回归”到这个栈结构。

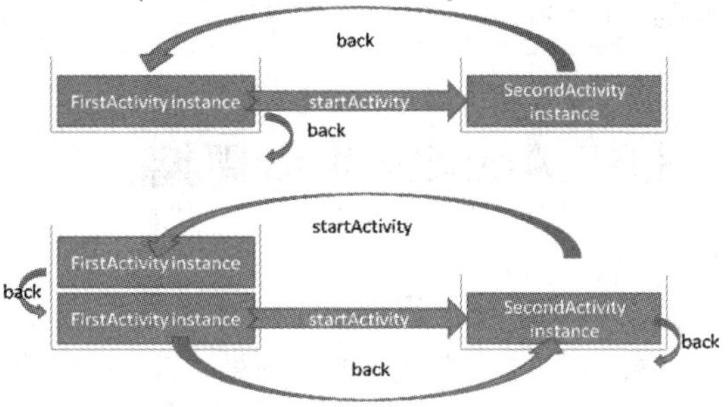

图 3-40

图 3-41

图 3-42

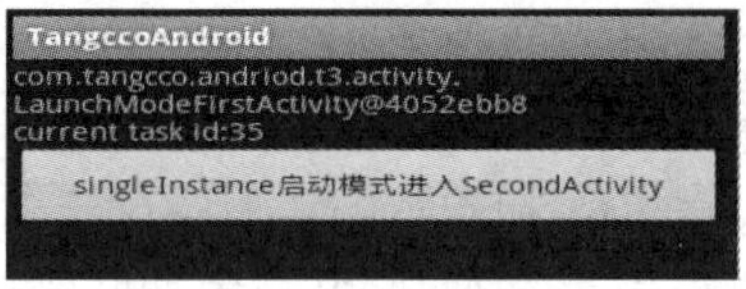

图 3-43

如果修改 FirstActivity 的 launchMode 值为 singleTop、singleTask、singleInstance 中的任意一个，运行程序，结果如图 3-44 所示，单击按钮，结果如图 3-45 所示，再单击按钮又回到如图 3-44 所示。流程如图 3-46 所示。

图 3-44

图 3-45

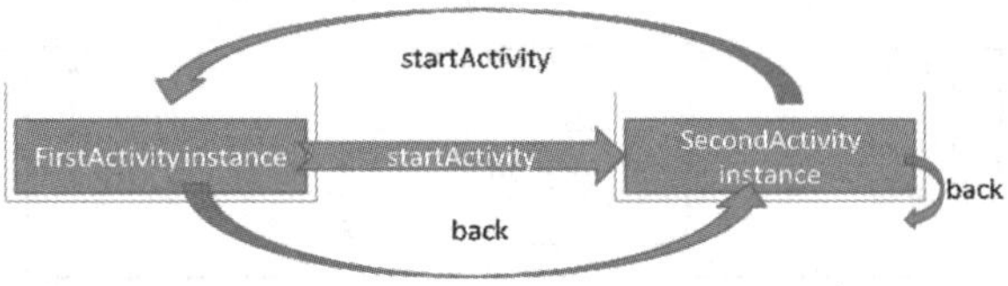

图 3-46

单击如图 3-44、图 3-45 所示上的按钮数次后，如果当前屏幕在 LaunchSecondActivity 状态，单击回退按钮时，LaunchSecondActivity 消失，进入到 LaunchFirstActivity，当再次单击回退按钮时，系统退出。如果当前屏幕在 LaunchFirstActivity 状态，单击回退按钮时，LaunchFirstActivity

消失，进入到 LaunchSecondActivity，当再次单击回退按钮，系统退出；即单击两次回退按钮，系统就会退出。

3.6 Activity 生命周期

在 Android 应用组件中，所有组件都具有生命周期，当组件被创建时，开始其生命周期，当组件被销毁时，结束其生命周期。Activity 的生命周期交给系统统一管理，Android 中的所有 Activity 都是平等的。在系统中的 Activity 被一个 Activity 栈所管理（即 Tasks 来管理），当一个新的 Activity 启动时，将被放置到栈顶，成为运行中的 Activity，前一个 Activity 保留在栈中，不再放到前台，直到新的 Activity 退出为止。

Activity 在其整个生命周期中，有 4 个状态，即运行（running）、暂停（paused）、停止（stopped）、销毁（Destroyed）。当一个 Activity 被启动时，该 Activity 被放置在 Tasks 的顶部，其状态处于活动状态或者运行状态（active or running）。

当一个 Activity 失去焦点，但仍然可视时，该 Activity 处于暂停状态，即“paused”状态。在“paused”状态下，一个暂停状态的 Activity 依然保持活力（保持所有的状态、成员信息和窗口管理器保持连接），但是在系统可用内存非常低时，该 Activity 则可能被杀掉，被销毁。

当一个 Activity 完全不可视时，被另外的 Activity 完全覆盖掉，该 Activity 处于停止状态，即“stopped”状态。它依然保持所有状态和成员信息，但是它不再可见，所以它的窗口被隐藏，当系统内存需要被用在其他地方的时候，该 Activity 可能将被杀掉，被销毁。

当一个 Activity 处于 Paused 或者 Stopped 状态，系统可以将该 Activity 从内存中删除，Activity 因为某种原因被销毁，该 Activity 将处于销毁状态，即“Destroyed”状态，有时也叫做非活动状态。Android 系统采用两种方式进行删除，要么要求该 Activity 结束，要么直接杀掉它的进程。当该 Activity 再次显示给用户时，它必须重新开始和重置前面的状态。

这四种状态是可以相互转换的，转换关系图如图 3-47 所示。

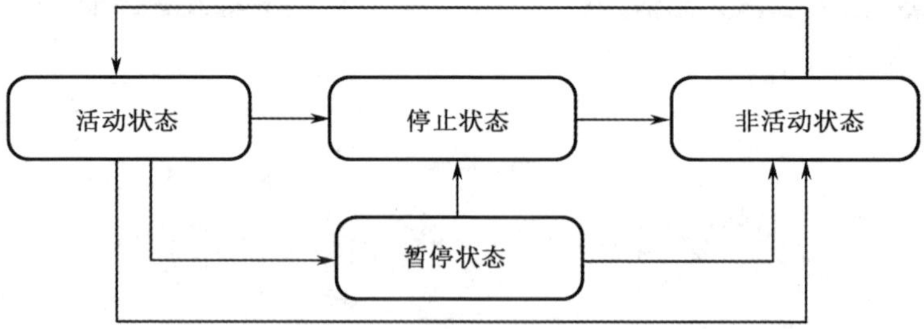

图 3-47

Activity 其实是继承了 ApplicationContext 这个类，可以重写以下方法，代码如下。

```
public class Activity extends ApplicationContext {
        protected void onCreate(Bundle savedInstanceState);
        protected void onStart();
        protected void onRestart();
        protected void onResume();
        protected void onPause();
        protected void onStop();
        protected void onDestroy();
}
```

Android 调用以上的事件回调方法，通知 Activity 从某一状态转变到另一状态，这七个方法的执行非常清晰的体现了 Android 的 Activity 生命周期，Activity 活动周期如图 3-48 所示。

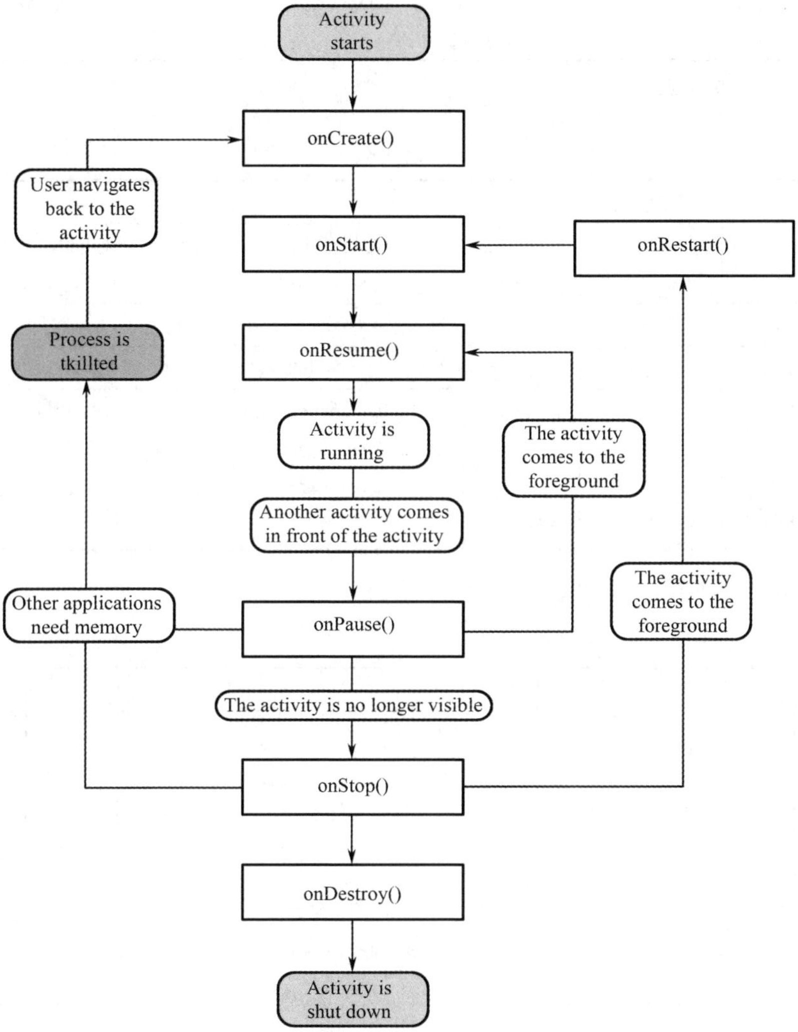

图 3-48　Activity 的重要状态转换

图 3-48 的矩形框表明 Activity 在状态转换之间的回调接口（方法），深色的椭圆形表明 Activity 所处的状态。

Activity 生命周期过程中所涉及的方法说明如下。

重要方法，见表 3-1。

表 3-1

方法	是否可终止	说明
onCreate()	否	Activity 启动后第一个被调用的方法，常用来进行 Activity 的初始化，例如创建 View、绑定数据或恢复信息等
onStart()	否	当 Activity 显示在屏幕上时，该方法被调用
onRestart()	否	当 Activity 从停止状态进入活动状态前，调用该方法
onResume()	否	当 Activity 能够与用户交互，接收用户输入时，该方法被调用。此时的 Activity 位于 Activity 栈的栈顶

其他方法，见表 3-2。

表 3-2

方法	是否可终止	说明
onPause()	是	当 Activity 进入暂停状态时，该方法被调用。一般用来保存持久的数据或释放占用的资源
onStop()	是	当 Activity 进入停止状态时，该方法被调用
onDestroy()	是	在 Activity 被终止前，即进入非活动状态前，该方法被调用
onSaveInstanceState()	否	Android 系统因资源不足终止 Activity 前调用该方法，用以保存 Activity 的状态信息，供 onRestoreInstanceState()或 onCreate()恢复之用
onRestoreInstanceState()	否	恢复 onSaveInstanceState()保存的 Activity 状态信息，在 onStart()和 onResume () 之间被调用

Activity 事件回调方法的调用顺序，如图 3-49 所示。

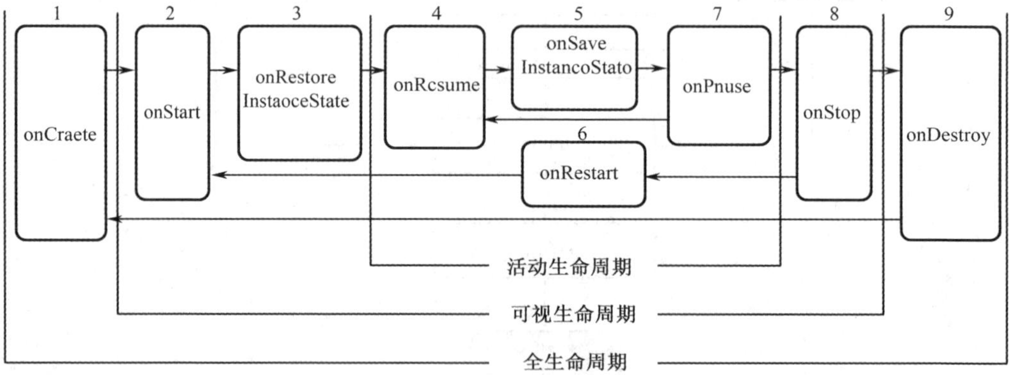

图 3-49

在 com.tangcco.andriod.t3.activity 包下创建 OneActivity、TwoActivity、ThreeActivity 三个 java 类；分别实现 Activity 的上述七个方法；在 res/layout 目录下创建 layout_one.xml、layout_two.xml、layout_three.xml 三个布局文件。参考代码如下。

注意，以下 Activity 生命周期的讲解，以 Activity 默认的启动模式 standard 为例。

layout_one.xml 代码如下。

```
<?xml version="1.0" encoding="utf-8"?>
<LinearLayout
xmlns:android="http://schemas.android.com/apk/res/android"
    android:orientation="vertical" android:layout_width="fill_parent"
    android:layout_height="fill_parent">
    <TextView android:layout_width="fill_parent"
        android:layout_height="wrap_content" android:text="OneActivity" />
    <EditText                              android:id="@+id/edt_hello"
android:layout_height="wrap_content"
        android:layout_width="match_parent"></EditText>
    <Button android:layout_height="wrap_content"
        android:layout_width="wrap_content"
android:id="@+id/btn_to_two_activity"
        android:text="跳转到TwoActivity类">`
    </Button>
</LinearLayout>
```

OneActivity.java 代码如下。

```
public class OneActivity extends Activity implements OnClickListener {
    private final String Tag = "ActivityLifeCicle";
    private EditText edt_info;
    private Button btnToSecond;
    @Override
    protected void onCreate(Bundle savedInstanceState) {
        // TODO Auto-generated method stub
        super.onCreate(savedInstanceState);
        setContentView(R.layout.layout_one);
        btnToSecond = (Button) findViewById(R.id.btn_to_two_activity);
        edt_info = (EditText) findViewById(R.id.edt_hello);

        btnToSecond.setOnClickListener(this);
        Log.i(Tag, "OneActivity -> oncreate()");
    }

    @Override
    public void onClick(View v) {
        // TODO Auto-generated method stub
        switch (v.getId()) {
        case R.id.btn_to_two_activity:
            Intent intent = new Intent(getApplicationContext(),
                    TwoActivity.class);
            startActivity(intent);
            // finish();
            break;
```

```
        }
    }

    @Override
    protected void onStart() {
        // TODO Auto-generated method stub
        super.onStart();
        Log.i(Tag, "OneActivity -> onStart()");
    }

    @Override
    protected void onResume() {
        // TODO Auto-generated method stub
        super.onResume();
        Log.i(Tag, "OneActivity -> onResume()");
    }

    @Override
    protected void onPause() {
        // TODO Auto-generated method stub
        super.onPause();
        Log.i(Tag, "OneActivity -> onPause()");
    }

    @Override
    protected void onStop() {
        // TODO Auto-generated method stub
        super.onStop();
        Log.i(Tag, "OneActivity -> onStop()");
    }

    @Override
    protected void onDestroy() {
        // TODO Auto-generated method stub
        super.onDestroy();
        Log.i(Tag, "OneActivity -> onDestory()");
    }

    @Override
    protected void onRestart() {
        // TODO Auto-generated method stub
        super.onRestart();
        Log.i(Tag, "OneActivity -> onRestart()");
    }
}
```

layout_two.xml 代码如下。

```
<?xml version="1.0" encoding="utf-8"?>
<LinearLayout
xmlns:android="http://schemas.android.com/apk/res/android"
    android:orientation="vertical" android:layout_width="fill_parent"
    android:layout_height="fill_parent">
    <TextView android:layout_width="fill_parent"
        android:layout_height="wrap_content" android:text="TwoActivity" />
    <Button android:layout_height="wrap_content"
        android:layout_width="wrap_content"
android:id="@+id/btn_back_one_activity"
        android:text="返回OneActivity"></Button>
    <Button android:layout_height="wrap_content"
        android:layout_width="wrap_content"
android:id="@+id/btn_to_three_activity"
        android:text="跳转到ThreeActivity类"></Button>
</LinearLayout>
```

TwoActivity.java 代码如下。

```
public class TwoActivity extends Activity implements OnClickListener {
    private final String Tag = "ActivityLifeCicle";
    @Override
    protected void onCreate(Bundle savedInstanceState) {
        // TODO Auto-generated method stub
        super.onCreate(savedInstanceState);
        setContentView(R.layout.layout_two);
        Button btnBackOne = (Button) findViewById(R.id.btn_back_one_activity);
        btnBackOne.setOnClickListener(this);
        Button btnToThree = (Button) findViewById(R.id.btn_to_three_activity);
        btnToThree.setOnClickListener(this);
        Log.i(Tag, "TwoActivity -> onCreate()");
    }
    @Override
    public void onClick(View v) {
        // TODO Auto-generated method stub
        Intent intent = null;
        switch (v.getId()) {
        case R.id.btn_back_one_activity:
            intent = new Intent(getApplicationContext(), OneActivity.class);
            startActivity(intent);
            // finish();
            break;
        case R.id.btn_to_three_activity:
            intent = new Intent(getApplicationContext(), ThreeActivity.class);
            startActivity(intent);
```

```
            // finish();
            break;
        default:
            finish();
            break;
        }
    }
    @Override
    protected void onStart() {
        // TODO Auto-generated method stub
        super.onStart();
        Log.i(Tag, "TwoActivity -> onStart()");
    }
    @Override
    protected void onResume() {
        // TODO Auto-generated method stub
        super.onResume();
        Log.i(Tag, "TwoActivity -> onResume()");
    }
    @Override
    protected void onPause() {
        // TODO Auto-generated method stub
        super.onPause();
        Log.i(Tag, "TwoActivity -> onPause()");
    }
    @Override
    protected void onStop() {
        // TODO Auto-generated method stub
        super.onStop();
        Log.i(Tag, "TwoActivity -> onStop()");
    }
    @Override
    protected void onDestroy() {
        // TODO Auto-generated method stub
        super.onDestroy();
        Log.i(Tag, "TwoActivity -> onDestory()");
    }
    @Override
    protected void onRestart() {
        // TODO Auto-generated method stub
        super.onRestart();
        Log.i(Tag, "TwoActivity -> onRestart()");
    }
}
```

layout_three.xml 代码如下。

```
<?xml version="1.0" encoding="utf-8"?>
<LinearLayout
xmlns:android="http://schemas.android.com/apk/res/android"
    android:orientation="vertical" android:layout_width="fill_parent"
    android:layout_height="fill_parent">
    <TextView android:layout_width="fill_parent"
        android:layout_height="wrap_content" android:text="ThreeActivity" />
    <Button android:layout_height="wrap_content"
        android:layout_width="wrap_content"
android:id="@+id/btn_back_two_activity"
        android:text="返回 TwoActivity 类"></Button>
</LinearLayout>
```

ThreeActivity.java 代码如下。

```
    public class ThreeActivity extends Activity implements OnClickListener {
    private final String Tag = "ActivityLifeCicle";
    @Override
    protected void onCreate(Bundle savedInstanceState) {
        // TODO Auto-generated method stub
        super.onCreate(savedInstanceState);
        setContentView(R.layout.layout_three);
        Button btnBackTwo = (Button) findViewById(R.id.btn_back_two_activity);
        btnBackTwo.setOnClickListener(this);
        Log.i(Tag, "ThreeActivity -> onCreate()");
    }
    @Override
    public void onClick(View v) {
        // TODO Auto-generated method stub
        switch (v.getId()) {
        case R.id.btn_back_two_activity:
            Intent intent = new Intent(getApplicationContext(),TwoActivity.
class);
            // intent.setClass(getApplicationContext(), SecondActivity.class);
            startActivity(intent);
            break;
        }
    }
    @Override
    protected void onStart() {
        // TODO Auto-generated method stub
        super.onStart();
        Log.i(Tag, "ThreeActivity -> onStart()");
    }
    @Override
```

```
    protected void onResume() {
        // TODO Auto-generated method stub
        super.onResume();
        Log.i(Tag, "ThreeActivity -> onResume()");
    }
    @Override
    protected void onPause() {
        // TODO Auto-generated method stub
        super.onPause();
        Log.i(Tag, "ThreeActivity -> onPause()");
    }
    @Override
    protected void onStop() {
        // TODO Auto-generated method stub
        super.onStop();
        Log.i(Tag, "ThreeActivity -> onStop()");
    }
    @Override
    protected void onDestroy() {
        // TODO Auto-generated method stub
        super.onDestroy();
        Log.i(Tag, "ThreeActivity -> onDestory()");
    }
    @Override
    protected void onRestart() {
        // TODO Auto-generated method stub
        super.onRestart();
        Log.i(Tag, "ThreeActivity -> onRestart()");
    }
}
```

AndroidManifest.xml 代码如下。

```
            <!-- Activity生命周期 -->
        <activity  android:name=".activity.OneActivity"  android:label=
"@string/app_name">
            <intent-filter>
                <action android:name="android.intent.action.MAIN" />
                <category android:name="android.intent.category.DEFAULT" />
                <category android:name="android.intent.category.LAUNCHER" />
            </intent-filter>
        </activity>
        <activity android:name=".activity.TwoActivity" android:label=
"@string/app_name">
            <intent-filter>
                <category android:name="android.intent.category.DEFAULT" />
```

```
                <category android:name="android.intent.category.LAUNCHER" />
            </intent-filter>
        </activity>
        <activity android:name=".activity.ThreeActivity"
            android:label="@string/app_name"
android:theme="@android:style/Theme.Dialog">
            <intent-filter>
                <category android:name="android.intent.category.DEFAULT" />
                <category android:name="android.intent.category.LAUNCHER" />
            </intent-filter>
        </activity>
```

在 LogCat 里添加 ActivityLifeCicle 标签进行日志过滤，运行程序，在 OneActivity 屏幕的文本框中输入文本信息，如“tangcco”，程序运行的初始界面和 Activity 方法的执行结果如图 3-50 所示。

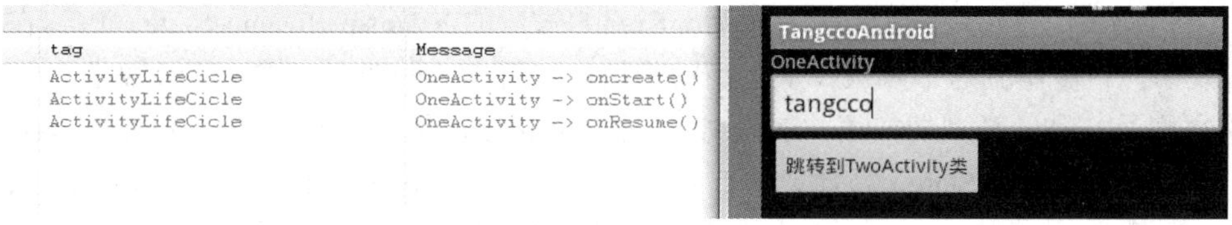

图 3-50

从图 3-50 可以看出，OneActivity 执行先后经过了 onCreate()、onStart()和 onResume()三个方法，这三个方法执行完成，屏幕就显示出来。

在 AndroidManifest.xml 文件中， OneActivity 声明的内部<intent-filter>元素中有以下两行代码。

```
    <intent-filter>
        <action android:name="android.intent.action.MAIN"/>
        <category android:name="android.intent.category.LAUNCHER"/>
</intent-filter>
```

这两行代码的含义是什么？它和 Activity 的执行流程有什么关系呢？

假如将上述关于 Activity 生命周期的应用发布到手机上后，当双击“抽屉”里该应用的图标时，系统会将这个单击事件包装成一个 Intent，该 Intent 包含两个参数，如上所述的两个参数被传递给应用之后，在应用的功能清单文件中，寻找与该意图匹配的意图过滤器，如果匹配成功，找到相匹配的意图过滤器所在的 Activity 元素，再根据<activity>元素的 name 属性来寻找其对应的 Activity 类。接着 Android 操作系统创建该 Activity 类的实例对象，对象创建完成之后，系统会执行到该类的 onCreate 方法，是一个 Activity 生命周期的开始，此 onCreate 方法是重写父类 Activity 的 onCreate 方法，onCreate 方法用于初始化 Activity 实例对象。如下是前面 OneActivity.java 类中 onCreate()方法代码，用于加载布局文件 layout_one.xml，同时负责实例化 Button 按钮并注册事件。

```
    @Override
    protected void onCreate(Bundle savedInstanceState) {
```

```
            // TODO Auto-generated method stub
            super.onCreate(savedInstanceState);
            setContentView(R.layout.layout_one);
            Button btnToSecond = (Button) findViewById(R.id.btn_to_two_
activity);
            btnToSecond.setOnClickListener(this);
            Log.i(Tag, "OneActivity -> oncreate()");
        }
```

其中 super.onCreate(savedInstanceState)的作用是调用其父类 Activity 的 onCreate 方法，实现对界面的图画绘制工作，在实现自己定义的 Activity 子类的 onCreate 方法时一定要记得调用该方法，以确保能够绘制界面。setContentView(R.layout.layout_one)的作用是加载一个屏幕，该方法中传入的参数是“R.layout.layout_one”，其含义为 R.java 类中静态内部类 layout 的静态常量 layout_one 的值，而该值是一个指向 res 目录下的 layout 子目录下的 layout_one.xml 文件标识符。因此，代表着显示 layout_one.xml 所定义的画面。

【小资料】有一点容易被忽视，就是 onCreate 方法的参数 saveInsanceState。因为在一般的程序开发中，很少用到这个参数，从上面的代码可以看出，onCreate 方法的参数是一个 Bundle 类型的参数。Bundle 类型的数据与 Map 类型的数据相似，都是以 key-value 的形式存储数据。从字面上看 saveInsanceState，是保存实例状态的。实际上，saveInsanceState 也就是保存 Activity 的状态的。那么，saveInsanceState 中的状态数据是从何处而来的呢？这需要了解 Activity 的另一个方法 onSaveInsanceState。 onsaveInsanceState 方法是用来保存 Activity 的状态的。当一个 Activity 在生命周期结束前，会调用该方法保存状态。这个方法有一个参数名称与 onCreate 方法参数名称相同，如下所示

```
          public void onSaveInsanceState(Bundle saveInsanceState){
        super.onSaveInsanceState(saveInsanceState);
    }
```

在实际应用中，当一个 Activity 结束前，如果需要保存状态，就在 onsaveInsanceState 中，将状态数据以 key-value 的形式放入到 saveInsanceState 中。这样，当一个 Activity 被创建时，就能从 onCreate 的参数 saveInsanceState 中获得状态数据。

状态这个参数在实现应用中有很大用途，比如，一个游戏在退出前，保存一下当前游戏运行的状态，当下次开启时能接着上次的继续玩下去。再比如，电子书程序，当一本小说被阅读到第 199 页后退出了（不管是内存不足还是用户自动关闭程序），当下次打开时，读者可能已忘记了上次已阅读到第几页了，但是，读者想接着上次的读下去；再例如，视频播放器程序，当用户正在看着某一视频，临时有事想要退出视频或者突然来电，又或者让手机横竖屏切换的时候，都会导致视频播放终止，如果想下次再打开该视频时或者通话结束后，横竖屏切换完成后继续上次播放位置播放，需要保存一下播放器的播放进度，如果采用 saveInstallState 参数，就很容易解决上述问题。

Activity 初次创建时被调用，应该在这里进行一般的静态设置，即创建 view、将数据绑定到 list 等。如果 activity 之前存在冻结状态，那么，此状态将在 Bundle 中提供。如果 activity 首次创建，本方法后将会调用 onStart()，如果 activity 是停止后重新显示，则将调用 onRestart()。

当单击 OneActivity 屏幕的按钮进入到 TwoActivity 时，OneActivity 被暂停，TwoActivity

被创建并初始化，然后 TwoActivity 屏幕显示出来，运行结果和执行的方法如图 3-51 所示。

从图 3-51 可以发现，OneActivity 接着 onResume 方法后执行了 onPause()，之后 TwoActivity 先后执行了 onCreate()，onStart()，onResume()方法，此时 TwoActivity 显示出来，接着 OneActivity 执行了 onStop 方法，OneActivity 隐藏起来，但并没有被销毁。如果修改 OneActivity 上按钮单击事件代码，将 finish()注释去掉，则 OneActivity 在执行完 onStop 方法后，还会执行 onDestory 方法，销毁 OneActivity。

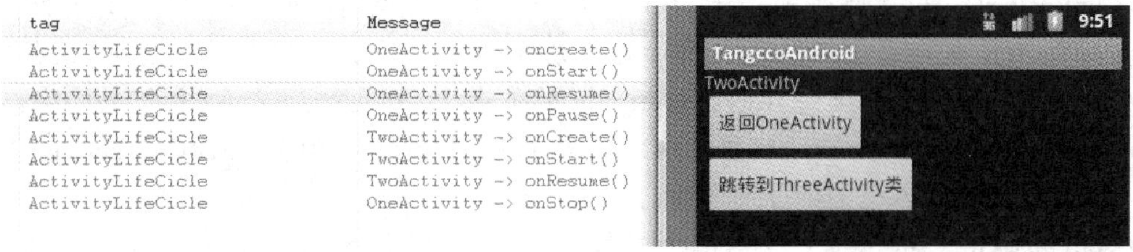

图 3-51

```
@Override
 public void onClick(View v) {
     // TODO Auto-generated method stub
     switch (v.getId()) {
     case R.id.btn_to_two_activity:
         Intent intent = new Intent(getApplicationContext(), TwoActivity.
class);
         startActivity(intent);
         // finish();
         break;
     }
 }
```

此时单击 Back 键，如果没有修改 OneActivity，则屏幕会回到 OneActivity，运行结果如图 3-52 所示。

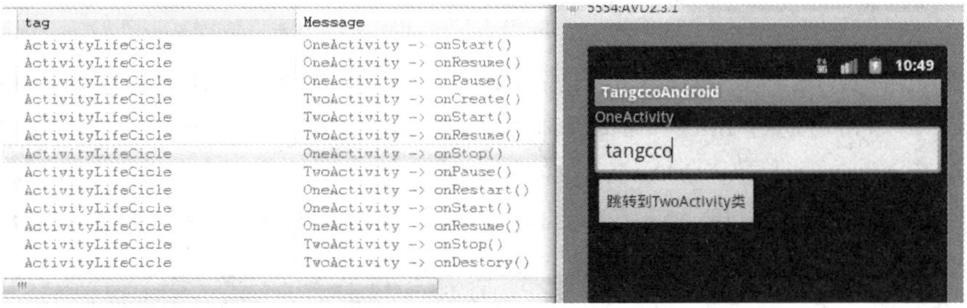

图 3-52

此时 OneActivity 显示出来，同时在文本框中输入的 tangcco 字符串还保留着，这不难分析，从图 3-25 中 Activity 执行的方法可知，TwoActivity 被暂停，OneActivity 先后执行 onRestart()，onStart()和 OnResum()方法，而 TwoActivity 执行完 onStop()方法后，还执行了 onDestroy()，由

此可分析得到两点，首先单击键，当前屏幕最后会被销毁，而上一个被暂停或停止的 Activity 被显示出来；第二，对比图 3-21 中 Activity 状态转换图可发现，被暂停的方法只运行 onResume()，被停止的方法需要运行 onRestart()，onStart()和 onResume()，但是都没有执行 onCreate()，没有重新创建新的 OneActivity。所以，此时的 OneActivity 和跳转到 TwoActivity 之前的 OneActivity 状态保持一致，文本框里的 tangcco 文本信息还保留着。那么 onRestart()，onStart()，onPause()，onResume()，onStop()和 onDelete()方法各自有什么作用呢？

- onRestart()：再次启动 Activity，在 activity 停止后被调用，重新开始之前运行此方法。
- onStart()：是在当 activity 对用户即将可见时调用，一般用于注册一些变量，或者初始化赋值，这些变量必须在 Android Activity 类在前台（可见）的时候才能够被响应。
- onResume()：当 activity 将要与用户交互时调用此方法，此时 activity 在 activity 栈的栈顶，用户的输入已经可以传递给它。
- onPause()：一般是做一些变量的设置，因为这时 Activity 马上就要切到后台（不可见）处理，可能有些变量就要被释放或者状态要做些相应的调整，所以，一般在这个方法里进行状态的保存或者释放变量。
- onStop()：反注册在 onStart 方法中注册的变量，关闭、释放变量。
- onDestory()：反注册在 onCreate 方法中注册的变量，关闭、释放变量。

而如果单击图 3-51 上“返回 OneActivity”按钮，此时返回 OneActivity 屏幕后的界面如图 3-53 所示。

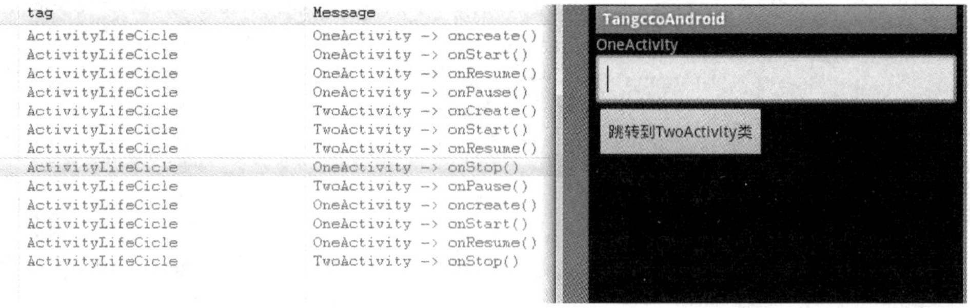

图 3-53

从图 3-53 可以发现，TwoActivity 被暂停，OneActivity 重新被实例化，运行 onCreate()、onStart()和 onResume()，因为是通过 Intent 跳转过来的，此时的 OneActivity 和单击跳转到 TwoActivity 之前的 OneActivity 不再是同一个 Activity 对象，所以文本框里的文本信息没有被保存。

【注意】此时的 OneActivity 使用默认的启动模式 android:launchMode=" standard "，但如果 OneActivity 启动模式设置为 singleTask，则由于在任务栈中已经存在 OneActivity，所以 OneActivity 会运行 onRestart()、onStart()和 onResume()方法，则不会再次运行 onCreate()，也就是说重用了任务栈中的 OnActivity 对象，没有重新创建，而此时的 OnActivity 屏幕上文本框的值就可以保留。

两种特殊情况如下。

情况 1：按 Back 键。运行 TangccoAndroid 程序，进入初始界面，如图 3-50 所示，当按 Back 键时，这个应用程序将结束，这时，将先后调用 onPause()→onStop()→onDestory()三个方法，如图 3-54 所示。

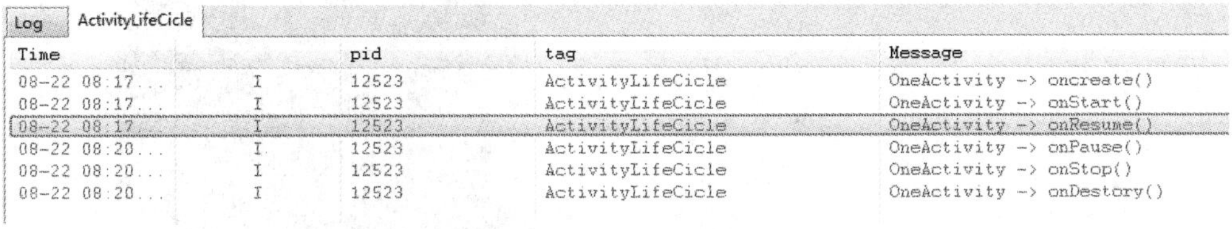

Log | ActivityLifeCicle

Time		pid	tag	Message
08-22 08:17...	I	12523	ActivityLifeCicle	OneActivity -> oncreate()
08-22 08:17...	I	12523	ActivityLifeCicle	OneActivity -> onStart()
08-22 08:17...	I	12523	ActivityLifeCicle	OneActivity -> onResume()
08-22 08:20...	I	12523	ActivityLifeCicle	OneActivity -> onPause()
08-22 08:20...	I	12523	ActivityLifeCicle	OneActivity -> onStop()
08-22 08:20...	I	12523	ActivityLifeCicle	OneActivity -> onDestory()

图 3-54

情况 2：按“Home”键。当正在运行某个应用程序时，突然想打开其他应用，例如打开浏览器，正在浏览 NBA 新闻，看到一半时，突然想听歌，这时会选择按 HOME 键，然后去打开音乐应用程序，而当按 HOME 时，Activity 先后执行了 onPause()→onStop()两个方法，这时应用程序并没有销毁，如图 3-55 所示。

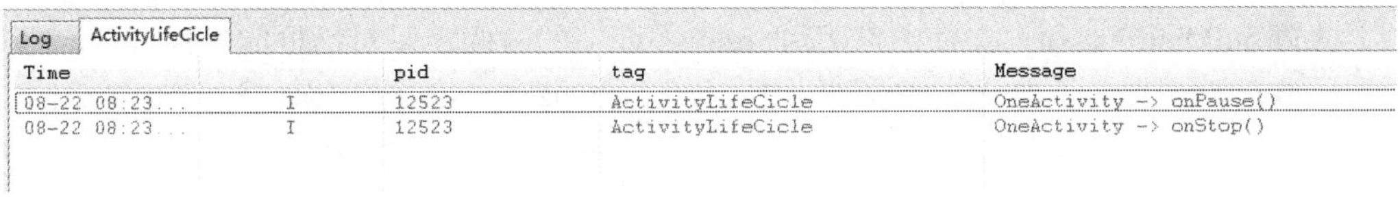

Log | ActivityLifeCicle

Time		pid	tag	Message
08-22 08:23...	I	12523	ActivityLifeCicle	OneActivity -> onPause()
08-22 08:23...	I	12523	ActivityLifeCicle	OneActivity -> onStop()

图 3-55

而当打开 Android 应用程序安装列表界面，再次启动 TangccoAndroid 应用程序时，则先后分别执行了 onRestart()→onStart()→onResume()三个方法，如图 3-56 所示。

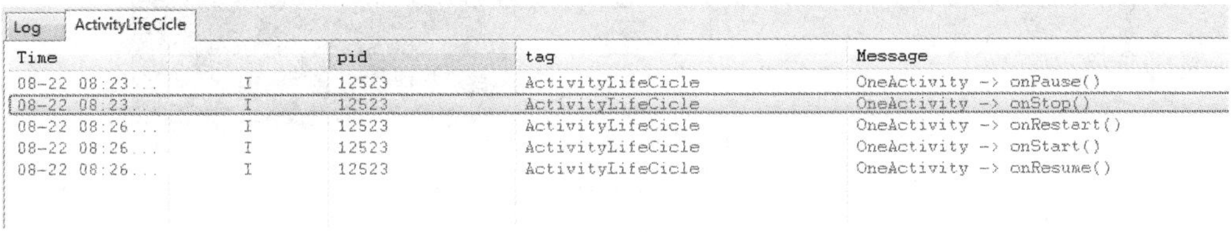

Log | ActivityLifeCicle

Time		pid	tag	Message
08-22 08:23...	I	12523	ActivityLifeCicle	OneActivity -> onPause()
08-22 08:23...	I	12523	ActivityLifeCicle	OneActivity -> onStop()
08-22 08:26...	I	12523	ActivityLifeCicle	OneActivity -> onRestart()
08-22 08:26...	I	12523	ActivityLifeCicle	OneActivity -> onStart()
08-22 08:26...	I	12523	ActivityLifeCicle	OneActivity -> onResume()

图 3-56

当按 HOME 键，然后再进入 TangccoAndroid 应用时，如果想要恢复之前 Activity 的一些数据，可以重写 onRestart()，在 onRestart()方法中进行数据恢复。

再回顾之前编写的三个 Activity、三个布局文件和 AndroidManifest.xml 文件的代码，以下是 AndriodManifest.xml 文件中声明 ThreeActivity 的时候，增加了一个对话框的样式。

```
    <activity android:name=".activity.ThreeActivity"
              android:label="@string/app_name"
android:theme="@android:style/Theme.Dialog">
              <intent-filter>
                  <category android:name="android.intent.category.DEFAULT" />
                  <category android:name="android.intent.category.LAUNCHER" />
```

```
            </intent-filter>
        </activity>
```

单击图 3-23 中的“跳转到 ThreeActivity 类”按钮，ThreeActivity 以对话框的形式显示，而此时 TwoActivity 并没有完全隐藏，运行结果如图 3-57 所示。

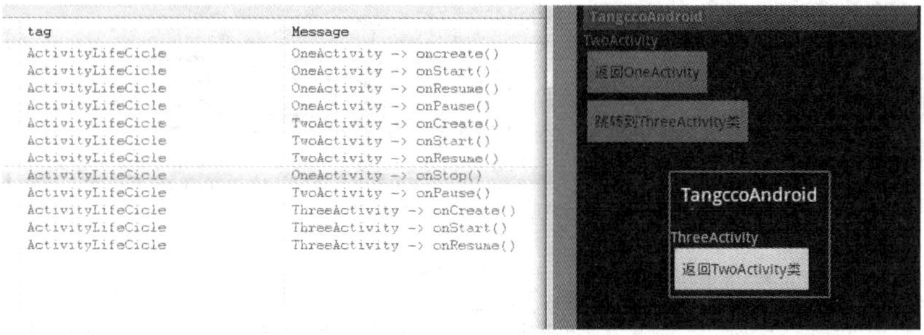

图 3-57

从图 3-57 中可以发现，TwoActivity 被暂停，只运行了 onPause()方法，没有运行 onStop()，所以 TwoActivity 没有完全隐藏，而 ThreeActivity 运行了 onCreate()、onStart()和 onResume()方法，以 AndroidManifest.xml 文件中声明 ThreeActivity 的时候，以对话框的形式打开，当单击 ThreeActivity 里的“返回 TwoActivity”按钮，返回到 TwoActivity 屏幕，运行结果如图 3-58 所示。

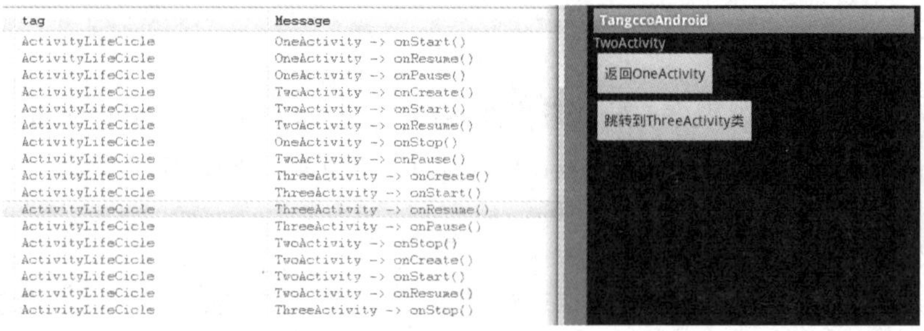

图 3-58

从图 3-58 可以发现，ThreeActivity 被暂停并停止，而 TwoActivity 则先运行 onStop()方法，再先后运行 onCreate()、onStart()和 onResume()，重新实例化一个 TwoActivity 显示。

第 4 章

图片处理

手机应用离不开图片，图片不但可以给应用带来美观的界面，而且可以为用户提供丰富的功能和体验，在当下，很难想象一个完全由文本组成的手机软件；而在开发过程中，对图片的加载、缓存、显示等处理又直接影响整个项目的应用。所以，在 Android 中对图片处理的重要性不言而喻。本章重点内容如下。

（1）使用 Matrix 对图片进行变换。

（2）Bitmap 的操作。

（3）图片异步加载框架的使用。

4.1 图片操作

4.1.1 使用 Style 和 Theme 创建样式与主题

如果平时注意观察了那些成熟的 Android 应用，就会发现它们大都使用一种统一的风格和样式贯穿整个项目，例如，统一的背景色或背景图片，统一的标题栏，统一的按钮样式，统一的字体等。而这种“统一”就来自于 Style（样式）和 Theme（主题）的使用。

1. Style

Style 从本质上讲，就是一些属性的集合，例如，layout_width、layout_height、textSize、textColor 等，Style 将这些属性定义在 xml 文件中，供其他布局文件中的控件引用。其角色类似于页面中的 css，将样式单独抽离出来，方便修改和重用。

（1）Style 的定义

Style 在 styles.xml 中定义，创建在 res/values/目录下，代码如下。

```
<?xml version="1.0" encoding="utf-8"?>
```

```
<resources>
    <style name="itemTitle">
         <item name="android:textSize">25sp</item>
         <item name="android:textStyle">bold</item>
   </style>
</resources>
```

上面代码中定义了一个名为 itemTitle 的样式，它包含 textSize、textStyle 两个属性。

（2）Style 的使用

Style 可以在布局文件中通过名字来引用，代码如下。

```
<TextView
    style="@style/itemTitle"
    android:text="测试样式"
    />
```

2. Theme

Theme 可以说与 Style 是完全一样的，只不过 Theme 是针对 Activity 或整个项目的。

（1）Theme 的定义

Theme 在 theme.xml 中定义，创建在 res/values/目录下，代码如下。

```
<?xml version="1.0" encoding="utf-8"?>
<resources>
   <color name="custom_background_color">#FFFFFFFF</color>
   <style name="RiverTheme" parent="android:Theme.Light">
     <item    name="android:windowBackground">@color/custom_background_
color</item>
   </style>
</resources>
```

上面代码中定义了一个名为 RiverTheme 的主题，它包含一个 windowBackgroud 属性。这里继承了系统的 theme.light，一般 theme 是继承的，这样，对默认的风格不必重复定义。本例定义了一个背景色，这里背景色要单独声明，不能在 item 元素中直接写颜色值，会提示语法错误。

（2）Theme 的使用

Theme 可以在 Manifest 文件中通过名字来引用，代码如下。

```
<activity .............
  android:theme="@style/RiverTheme">
```

4.1.2 Matrix 实现图片的几何操作

在 Android 中，若要对图片进行缩放、旋转等操作，就需要使用 Matrix 类。Matrix 的操作，分为 translate（平移）、rotate（旋转）、scale（缩放）和 skew（倾斜）四种，下面的代码展示了实现缩放和旋转两种操作的步骤。

```
      //根据图片资源创建相应的 Bitmap 对象
    myBmp = BitmapFactory.decodeResource(getResources(), R.drawable.im01);
```

```
            //获取图片的原始宽高
            bmpWidth = myBmp.getWidth();
            bmpHeight = myBmp.getHeight();
            //实例化 matrix
            Matrix matrix = new Matrix();
            //设定 Matrix 属性 x，y 缩放比例为 1.5
            matrix.postScale(1.5F, 1.5F);
            //顺时针旋转 45 度
            matrix.postRotate(45.0F);
            //根据 Matrix 的设定产生新的 Bitmap 对象
            newBmp = Bitmap.createBitmap(myBmp, 0, 0, bmpWidth, bmpHeight,
matrix, true);
```

在上面代码中，matrix 的方法 postScale 和 postRotate 分别用于对图片的缩放和旋转进行设定。缩放和旋转都围绕着一个中心点来进行，在默认情况下，中心点为(0,0)，该点位于图片的物理中心。

实例 BitmapDemo 演示了对图片的旋转和缩放，如图 4-1 所示，拖动界面上方的拖动条（SeekBar），可以顺时针旋转图片；单击下方按钮，可以放大图片。

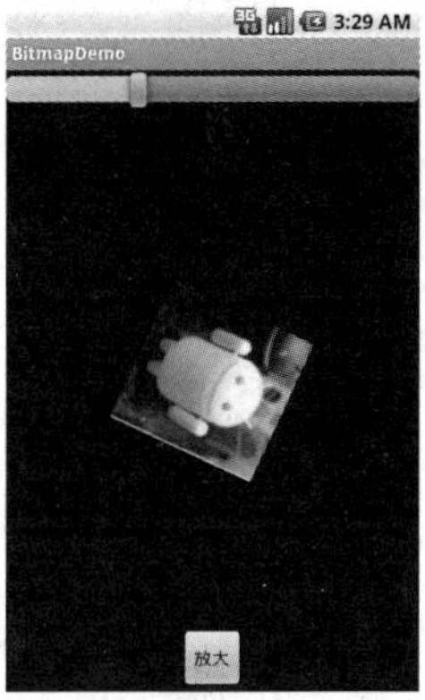

图 4-1　图片的旋转和缩放

布局文件 main.xml 代码如下。

```
        <?xml version="1.0" encoding="utf-8"?>
        <RelativeLayout
xmlns:android="http://schemas.android.com/apk/res/and
roid"
           android:layout_width="fill_parent"
           android:layout_height="fill_parent" >
         <!-- 拖动条 -->
           <SeekBar
              android:id="@+id/seekBarId"
              android:layout_width="fill_parent"
              android:layout_height="wrap_content"
              android:layout_alignParentTop="true" />
         <!-- 图片 -->
           <ImageView
              android:id="@+id/imageview"
              android:layout_width="wrap_content"
              android:layout_height="wrap_content"
              android:src="@drawable/im01"
              android:layout_centerInParent="true" />
           <!-- 按钮 -->
           <Button
              android:id="@+id/big"
              android:layout_width="wrap_content"
              android:layout_height="wrap_content"
```

```
        android:text="放大"
        android:layout_alignParentBottom="true"
        android:layout_centerHorizontal="true"
        />
</RelativeLayout>
```

BitmapDemoActivity.java 代码如下。

```
package com.spl;

import android.app.Activity;
import android.graphics.Bitmap;
import android.graphics.BitmapFactory;
import android.graphics.Matrix;
import android.os.Bundle;
import android.view.View;
import android.view.View.OnClickListener;
import android.widget.Button;
import android.widget.ImageView;
import android.widget.SeekBar;

public class BitmapDemoActivity extends Activity
{
    ImageView myImageView;
    Bitmap myBmp, newBmp;
    int bmpWidth, bmpHeight;
    SeekBar seekbarRotate;
    Button big;
    float rotAngle, scaleRate;

    @Override
    public void onCreate(Bundle savedInstanceState)
    {
        super.onCreate(savedInstanceState);
        setContentView(R.layout.main);
        myImageView = (ImageView) findViewById(R.id.imageview);
        //根据图片资源创建相应的 Bitmap 对象
        myBmp = BitmapFactory.decodeResource(getResources(), R.drawable.
im01);
        //获取图片的原始宽高
        bmpWidth = myBmp.getWidth();
        bmpHeight = myBmp.getHeight();
        scaleRate = 1.2F;
        //实例化 matrix
        Matrix matrix = new Matrix();
        //设定 Matrix 属性 x，y 缩放比例为 1.5
```

```
            matrix.postScale(1.5F, 1.5F);
            //顺时针旋转 45 度
            matrix.postRotate(45.0F);
            //根据 Matrix 的设定产生新的 Bitmap 对象
            newBmp = Bitmap.createBitmap(myBmp, 0, 0, bmpWidth, bmpHeight,
matrix, true);
            seekbarRotate =(SeekBar) findViewById(R.id.seekBarId);
            seekbarRotate.setOnSeekBarChangeListener(onRotate);
            big = (Button) findViewById(R.id.big);
            big.setOnClickListener(bigClick);
        }
        //按钮单击监听器
        private OnClickListener bigClick = new OnClickListener() {
          @Override
          public void onClick(View arg0) {
             Matrix matrix = new Matrix();
            //设定 Matrix 属性 x，y 缩放比例为 1.5
            matrix.postScale(scaleRate, scaleRate);
            newBmp = Bitmap.createBitmap(myBmp, 0, 0, bmpWidth, bmpHeight,
matrix, true);
            myImageView.setImageBitmap(newBmp);
            BitmapDemoActivity.this.setTitle("scale:"+scaleRate);
            scaleRate *= 1.2F;// 让放大比例持续增大
          }
      };
      // 拖动条监听器
        private SeekBar.OnSeekBarChangeListener onRotate=new SeekBar.
OnSeekBarChangeListener() {

            public void onStopTrackingTouch(SeekBar seekBar)
            {

            }
            public void onStartTrackingTouch(SeekBar seekBar)
            {

            }
            public void onProgressChanged(SeekBar seekBar, int progress,
                    boolean fromUser)
            {
              //拖动过程中的事件处理
               Matrix m = new Matrix();
               m.postRotate((float)progress*3.6F);//产生一定角度的旋转
               newBmp=Bitmap.createBitmap(myBmp, 0, 0, bmpWidth, bmpHeight,
```

```
m, true);
                myImageView.setImageBitmap(newBmp);
            }
        };
    }
```

4.1.3 Bitmap 的使用

Bitmap 称为点阵图像或位图图像，是由像素组成的，每个像素都可以看成颜色及透明度等信息的二进制编码单位，多个像素在平面上的二维排列就构成了 Bitmap。Bitmap 是 Android 中处理图像最重要的类之一。一张图片要显示在 Android 应用中，必须先将图片文件的信息内容读取到 Bitmap 中。Bitmap 位于 android.graphics 包中，它不提供对外的构造方法，只能通过 BitmapFactory 的静态方法来实例化。

BitmapFactory 提供了多个方法来获取 Bitmap 实例，下面逐一介绍。

（1）从文件获取

```
myBmp = BitmapFactory.decodeFile(pathName);
myBmp = BitmapFactory.decodeFile(pathName, opts);
```

pathName 为图片的绝对路径，一般为 SDCard 中的路径。

（2）从资源中获取

```
        myBmp = BitmapFactory.decodeResource(res, id);
 myBmp = BitmapFactory.decodeResource(res, id, opts);
```

res 为资源对象，一般为 getResources()。

id 为图片的资源 id，在 R 文件中有定义，例如，R.drawable.img。

（3）从流中获取

```
myBmp = BitmapFactory.decodeStream(is);
myBmp = BitmapFactory.decodeStream(is, outPadding, opts);
```

is 是 InputStream 对象，该输入流的来源可以是本地文件，也可以是网上资源。

（4）从字节数组中获取

```
myBmp = BitmapFactory.decodeByteArray(data, offset, length);
myBmp = BitmapFactory.decodeByteArray(data, offset, length, opts);
```

data 为字节数组。

offset 为在数组中从第几个下标开始解析。

length 是解析的长度。

以上方法都有一个带 opts 参数的重载，这个 opts 参数的类型是 BitmapFactory.Options，通过它可以对图片加载的尺寸、内存的占用等方面进行设定，从而达到防止内存溢出，提高运行速度等效果。BitmapFactory.Options 的几个常用属性和使用样例，代码如下。

```
BitmapFactory.Options opts = new BitmapFactory.Options();
opts.outWidth = 200; // 输入缩略图宽度为 200
opts.outHeight = 200; // 输出缩略图高度为 200
//如果设置为 TRUE，不获取图片，不加载到内存。但是会把图片的高度和宽度都获取到
```

```
            opts.inJustDecodeBounds = true;
            //设为 2 代表宽和高都是原来的 1/2 ，则图是原来的 1/4;且在内存所占空间也是原
来的 1/4
        opts.inSampleSize = 2;
```

从以上代码可以看出，多数 Options 的属性都有降低资源消耗的作用，这为应用程序的提高效率和健壮性等方面提供了很大帮助，使编写的程序更加具有专业水平。

实例 BitmapSampleDemo 演示了上面介绍的 4 中加载 Bitmap 的方法，运行结果如图 4-2 所示。

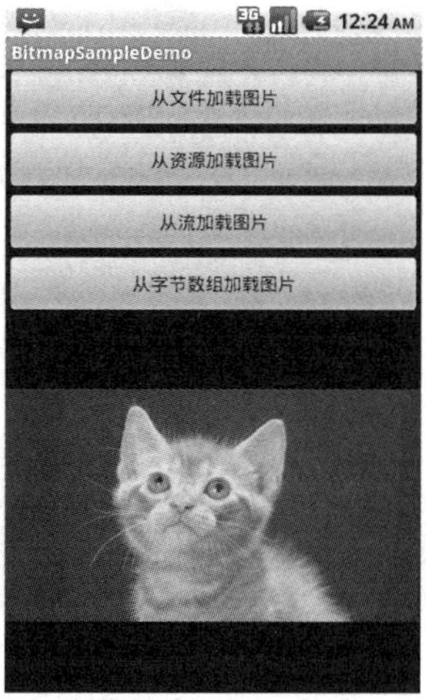

图 4-2　实例 BitmapSampleDemo 运行效果

该实例界面由 4 个按钮、1 个 ImageView 和 1 个 ProgressBar 组成，布局文件 main.xml 的代码如下。

```
    <?xml version="1.0" encoding="utf-8"?>
    <LinearLayout
xmlns:android="http://schemas.android.com/a
pk/res/android"

android:layout_width="fill_parent"

android:layout_height="fill_parent"
        android:orientation="vertical" >

        <Button
            android:id="@+id/button1"
            android:layout_width="fill_parent"
            android:layout_height="wrap_content"
            android:text="从文件加载图片" />

        <Button
            android:id="@+id/button2"
            android:layout_width="fill_parent"
            android:layout_height="wrap_content"
            android:text="从资源加载图片" />

        <Button
            android:id="@+id/button3"
            android:layout_width="fill_parent"
            android:layout_height="wrap_content"
            android:text="从流加载图片" />

        <Button
            android:id="@+id/button4"
            android:layout_width="fill_parent"
            android:layout_height="wrap_content"
            android:text="从字节数组加载图片" />
```

```
<RelativeLayout
    android:layout_width="fill_parent"
    android:layout_height="fill_parent" >

  <!-- 图片 -->
    <ImageView
        android:id="@+id/imageView1"
        android:layout_width="wrap_content"
        android:layout_height="wrap_content"
        android:layout_centerInParent="true" />

    <!-- 进度条 -->
    <ProgressBar
        android:id="@+id/progressBar1"
        style="?android:attr/progressBarStyleLarge"
        android:layout_width="wrap_content"
        android:layout_height="wrap_content"
        android:layout_centerInParent="true"
        android:visibility="invisible"/>

</RelativeLayout>

</LinearLayout>
```

该实例的 MainActivity 代码如下。

```
package spl.bitmap.sample;

import java.io.ByteArrayOutputStream;
import java.io.InputStream;
import java.net.HttpURLConnection;
import java.net.URL;

import android.app.Activity;
import android.content.res.AssetManager;
import android.graphics.Bitmap;
import android.graphics.BitmapFactory;
import android.os.Bundle;
import android.os.Environment;
import android.os.Handler;
import android.os.Message;
import android.view.View;
import android.view.View.OnClickListener;
import android.widget.Button;
import android.widget.ImageView;
```

```
import android.widget.ProgressBar;

public class MainActivity extends Activity {
    ImageView imageview;
    ProgressBar progressBar;
    Bitmap bitmap;

    Handler handler = new Handler() {
        public void handleMessage(Message msg) {
            switch (msg.what) {
            case 0:
                imageview.setImageBitmap(bitmap);// 给ImageView加载Bitmap
                progressBar.setVisibility(View.INVISIBLE);// 隐藏进度条
                break;
            }
        };
    };

    @Override
    public void onCreate(Bundle savedInstanceState) {
        super.onCreate(savedInstanceState);
        setContentView(R.layout.main);

        // 初始化控件
        Button btn1 = (Button) findViewById(R.id.button1);
        Button btn2 = (Button) findViewById(R.id.button2);
        Button btn3 = (Button) findViewById(R.id.button3);
        Button btn4 = (Button) findViewById(R.id.button4);

        imageview = (ImageView) findViewById(R.id.imageView1);
        progressBar = (ProgressBar) findViewById(R.id.progressBar1);

        // 设置按钮单击监听
        btn1.setOnClickListener(listener);
        btn2.setOnClickListener(listener);
        btn3.setOnClickListener(listener);
        btn4.setOnClickListener(listener);
    }

    /** 按钮单击监听 */
    private OnClickListener listener = new OnClickListener() {

        @Override
        public void onClick(View v) {
```

```
            progressBar.setVisibility(View.VISIBLE);// 显示进度条
            final int btnid = v.getId();
            new Thread(new Runnable() {//开启子线程，实现图片异步加载
                @Override
                public void run() {
                    try {
                        // 用 switch 语句判断事件源
                        switch (btnid) {
                        case R.id.button1:// 从文件加载图片
                            loadFromFile();
                            break;
                        case R.id.button2:// 从资源加载图片
                            loadFromResource();
                            break;
                        case R.id.button3:// 从流加载图片
                            loadFromStream();
                            break;
                        case R.id.button4:// 从字节数组加载图片
                            loadFromByteArray();
                            break;
                        }
                    } catch (Exception e) {
                        e.printStackTrace();
                    }
                    handler.sendEmptyMessage(0);//发送消息
                }
            }).start();

        }
    };

    protected void loadFromFile() {
        // 拼装图片在 SDCard 上的路径
        String path = Environment.getExternalStorageDirectory()
                .getAbsolutePath() + "/001.jpg";
        BitmapFactory.Options opts = new BitmapFactory.Options();
        opts.inSampleSize = 2;// 设为 2 代表宽和高都是原来的 1/2 ，则图是原来的 1/4;
且在内存所占空间也是原来的 1/4
        bitmap = BitmapFactory.decodeFile(path, opts);
    }

    protected void loadFromResource() {
        // 图片保存在 drawable 文件夹里
        bitmap = BitmapFactory.decodeResource(getResources(), R.drawable.c);
```

```
    }

    protected void loadFromStream() throws Exception{
        // 图片保存在 assets 文件夹里
        AssetManager assetManager = this.getAssets();
        String filename = "002.jpg";
        InputStream in = assetManager.open(filename);
        bitmap = BitmapFactory.decodeStream(in);
    }

    protected void loadFromByteArray() throws Exception{
        // 图片资源在网络中
        String path = "http://utility.voc.com.cn/cms/attachment/100813/
20100813128167300lf312.jpg";
        URL url = new URL(path);// 设置 URL 路径
        HttpURLConnection conn = (HttpURLConnection) url.openConnection();//
创建网络连接对象
        conn.setConnectTimeout(5 * 1000);//设置超时 5 秒
        conn.setRequestMethod("GET");// 设定请求模式
        if(conn.getResponseCode() == 200){//请求成功
            InputStream inStream = conn.getInputStream();//获取响应流
            byte[] data = readStream(inStream);//取得网络图片的二进制数据
            bitmap = BitmapFactory.decodeByteArray(data, 0, data.length);
//将二级制解码成位图
        }
    }

    /**
     * 读取输入流中的数据
     * @param inputStream 输入流
     * @return 流中的二进制数据
     * @throws Exception
     */
    public byte[] readStream(InputStream inputStream) throws Exception{
        ByteArrayOutputStream outputStream = new ByteArrayOutputStream();
        byte[] buffer = new byte[1024];
        int len = 0 ;
        while((len = inputStream.read(buffer)) != -1){
            outputStream.write(buffer, 0, len);
        }
        outputStream.close();
        inputStream.close();
        return outputStream.toByteArray();
    }
```

```
    }
```

由于实例中涉及网络访问，需要在 Manifest 文件中添加相应权限，代码如下。

```
<uses-permission android:name="android.permission.INTERNET" />
```

该实例中，4 个按钮对应着 4 个不同的图片加载方式，并且分别展示了图片保存在 SDCard，drawable 文件夹，assets 文件夹和网络中时，编码上的区别，并且实现了子线程加载图片，发送消息通知主线程，这样的异步加载方式。

4.2 简单 2D 动画

在 Android 应用中，经常会见到一些简单的动画，比如游戏的开启动画，图片的加载淡入动画等，这些动画效果可以吸引用户眼球，提高用户体验。Androi 中的动画大致可以分为两类：补间动画和逐帧动画。

4.2.1 补间动画

补间动画（渐变透明度、渐变尺寸、画面位置移动、画面旋转），是指在确定了动画的起点和终点两个端点状态之后，由系统自动计算中间的各个状态，并补充到两个端点之间，形成一个连续的动画效果。例如，给出透明度的两个端点，起点是完全透明（alpha=0.0），终点是完全不透明（alpha=1.0），然后，由系统计算出数个介于两点之间的 alpha 值，按照相等的时间间隔插入到两点之间，最后一起播放就形成了一个淡入动画效果。补间动画根据动画变换的类型可分为以下 4 种。

- 渐变透明度动画（AlphaAnimation）
- 渐变尺寸缩放动画（ScaleAnimation）
- 画面位置移动动画（TranslateAnimation）
- 画面旋转动画（RotateAnimation）

无论以上何种动画类型，补间动画的实现都可以大致分成以下几个步骤。

①在 res 目录下建立文件夹 anim。

②在 anim 文件夹下建立 animation.xml 动画文件。

③在 animation.xml 文件中描述某种动画的属性。

④在代码中利用 AnimationUtils.loadAnimation 方法加载动画文件。

⑤在代码中用 View 的 startAnimation 方法启动动画。

4 种补间动画在实现上，除了第 3 步以外，其他全部相同，所以，下面就逐一介绍各种动画文件的编写。

1. 渐变透明度动画（AlphaAnimation）

渐变透明度动画可以演示一个视图在透明度上的渐变效果，它的主要属性如下。

- fromAlpha，动画起始时透明度，取值在 0.0-1.0 之间；
- toAlpha，动画结束时透明度，取值在 0.0-1.0 之间；
- duration，动画持续时间，以毫秒为单位；
- repeatCount，动画重复次数，这个重复次数不包括第一次播放。

下面是一个典型的透明度渐变动画的 xml 文件，代码如下。

```
<?xml version="1.0" encoding="utf-8"?>
<set xmlns:android="http://schemas.android.com/apk/res/android">
 <alpha
     android:fromAlpha="0.1"
     android:toAlpha="1.0"
     android:duration="2000"
     android:repeatCount="10" />
</set>
```

以上 xml 文件也可以用下面的代码实现。

```
        // 设置自定义动画
        animation = new AlphaAnimation(0.1f, 1.0f);//设定透明度起点和终点
        animation.setDuration(2000);//设定动画时长
        animation.setRepeatCount(3);//设定重复次数
```

2. 渐变尺寸缩放动画（ScaleAnimation）

渐变尺寸缩放动画可以演示一个视图在宽高上的渐变效果，它的主要属性如下。

- fromXScale，动画起始时 X 坐标上的伸缩倍数，0.0 表示收缩到没有；
- fromYScale，动画起始时 Y 坐标上的伸缩倍数；
- toXScale，动画终止时 X 坐标上的伸缩倍数 2.0 表示扩大 2 倍；
- toYScale，动画终止时 Y 坐标上的伸缩倍数；
- pivotX，X 轴上的伸缩参考点；
- pivotY，Y 轴上的伸缩参考点，50%代表 X 或 Y 方向坐标上的中点位置；

下面是一个典型的渐变尺寸缩放动画的 xml 文件，代码如下。

```
<?xml version="1.0" encoding="utf-8"?>
<set xmlns:android="http://schemas.android.com/apk/res/android">
   <scale
       android:fromXScale="0"
       android:fromYScale="0"
       android:toXScale="2.0"
       android:toYScale="2.0"
       android:pivotX="50%"
       android:pivotY="50%"
       android:duration="2000"/>
</set>
```

以上 xml 文件也可以用下面的代码实现。

```
        // 设置自定义动画
```

```
            animation =new ScaleAnimation(0.0f, 2.0f, 0.0f, 2.0f,
Animation.RELATIVE_TO_SELF, 0.5f, Animation.RELATIVE_TO_SELF, 0.5f);
            animation.setDuration(2000);
            animation.setRepeatCount(10);
```

上面代码中 ScaleAnimation 的构造器参数为：fromX、toX、fromY、toY、pivotXType、pivotXValue、pivotYType、pivotYValue，其中 fromX、toX、fromY、toY、pivotXValue、pivotYValue 分别对应之前提到过的 6 个属性；参数 pivotXType 的值 Animation.RELATIVE_TO_SELF 代表伸缩的参考点相对于自己，也就是自己的中心点。

3．位移动画（TranslateAnimation）

位移动画可以演示一个视图在 X 轴和 Y 轴上位置改变的渐变效果，它的主要属性如下。

- fromXDelta，动画起始时 X 坐标上的位置；
- fromYDelta，动画起始时 Y 坐标上的位置；
- toXDelta，动画终止时 X 坐标上的位置；
- toYDelta，动画终止时 Y 坐标上的位置；

注意，如果没有指定 fromXType toXType fromYType toYType 时，默认以自己为参照物。

下面是一个典型的位移动画的 xml 文件，代码如下。

```
<?xml version="1.0" encoding="utf-8"?>
<set xmlns:android="http://schemas.android.com/apk/res/android">
    <translate
        android:fromXDelta="500"
        android:toXDelta="0"
        android:fromYDelta="0"
        android:toYDelta="0"
        android:duration="2000"
        />
</set>
```

以上 xml 文件也可以用下面的代码实现。

```
        // 设置自定义动画
        animation=new TranslateAnimation(500.0f, 0f, 0f, 0f);
//fromXDelta, toXDelta, fromYDelta, toYDelta
        animation.setDuration(2000);
        animation.setRepeatCount(10);
```

4．旋转动画（RotateAnimation）

位移动画可以演示一个视图在 X 轴和 Y 轴上，位置改变的渐变效果，它的主要属性如下。

- fromDegrees，动画起始时的角度；
- toDegrees，动画终止时的角度；
- pivotX，旋转围绕点的 X 轴上相对位置，50%代表自己的中点；

- pivotY，旋转围绕点的 Y 轴上相对位置，50%代表自己的中点。

下面是一个典型的旋转动画的 xml 文件，代码如下。

```
    <?xml version="1.0" encoding="utf-8"?>
    <set xmlns:android="http://schemas.android.com/apk/res/android">
        <rotate
            android:fromDegrees="0"
            android:toDegrees="360"
            android:pivotX="50%"
            android:pivotY="50%"
            android:duration="2000"
            />
    </set>
```

以上 xml 文件也可以用下面的代码实现。

```
            // 设置自定义动画
            animation=new RotateAnimation
    (0.0f, 360.0f,Animation.RELATIVE_TO_SELF,0.5f,Animation.RELATIVE_TO_SELF,
0.5f);
            //fromDegrees, toDegrees, pivotXType, pivotXValue, pivotYType,
pivotYValue
            animation.setDuration(2000);
            animation.setRepeatCount(10);
```

以上定义好的动画文件，可以通过下面代码来实现加载。

```
        // 从 xml 中装载动画
    animation = AnimationUtils.loadAnimation(
    AnimationTestActivity.this,R.anim.alpha_animation);
```

其中 alpha_animation 是透明度动画文件的资源 id，可以替换成任意其他动画的 id。如果是用代码方式实现动画定义，此代码可以省略。

最后启动动画的代码如下。

```
        view.clearAnimation();//清除原有动画
        view.startAnimation(animation);//启动动画
```

4.2.2　逐帧动画

逐帧动画是将事先准备好的一组图像，按顺序播放出来。与补间动画不同的是，逐帧动画的中间帧不是由系统计算出来的，而需要人为给出。逐帧动画适合那些中间步骤没有计算算法的动画，比如一小段影片。

逐帧动画的实现步骤与补间动画的步骤类似，也可以通过 xml 文件或者代码的方式来描述动画，下面的 frame_animation.xml 描述了一个加载进度的动画。

```
    <?xml version="1.0" encoding="utf-8"?>
    <animation-list xmlns:android="http://schemas.android.com/apk/res/android"
     android:oneshot="false">
```

```
    <item android:drawable="@drawable/loading_1" android:duration="80" />
    <item android:drawable="@drawable/loading_2" android:duration="80" />
    <item android:drawable="@drawable/loading_3" android:duration="80" />
    <item android:drawable="@drawable/loading_4" android:duration="80" />
    <item android:drawable="@drawable/loading_5" android:duration="80" />
    <item android:drawable="@drawable/loading_6" android:duration="80" />
    <item android:drawable="@drawable/loading_7" android:duration="80" />
    <item android:drawable="@drawable/loading_8" android:duration="80" />
</animation-list>
```

在上面的 xml 文件中，每个 item 标签就代表一帧画面，drawable 属性引用的是该帧所显示的图片，duration 属性代表该帧持续的时间，以毫秒为单位。

把动画文件加载到对象中，并启动动画，代码如下。

```
        view.setBackgroundResource(R.anim.frame_animation);//加载 xml 文件
        animationDrawable=(AnimationDrawable)view.getBackground();
        animationDrawable.start();
```

当然，以上效果的实现，也可以用如下代码来代替。

```
        view.setBackgroundDrawable(animationDrawable);
        for(int i=1;i<8;i++){
            //获取图片资源 id
            int id = getResources().getIdentifier("loading_"+i, "drawable",

    AnimationTestActivity.this.getApplicationContext().getPackageName());
            //获取图片
            Drawable draw = AnimationTestActivity.this.getResources().
getDrawable(id);
            //将要播放的图片加入动画
            animationDrawable.addFrame(draw, 80);//图片，duration
        }
        animationDrawable.setOneShot(false);//不是只播放一次
        animationDrawable.start();
```

在这段代码中，巧妙地使用了 for 循环来让每一张图片加载到帧动画中，这样做的前提是图片的文件名中必须由递增的数字组成。

4.3 图片异步加载框架

在平时开发项目过程中，并非必须遵循所有代码都出自己手，有时善用他人代码或框架，不但能事半功倍，而且也符合 OOP 中代码重用的精神，更能锻炼我们面向抽象编程的能力。所以运用优秀的框架，其实也是一种必不可少的技能。下面就介绍一种广泛使用的图片异步加载框架（类库），Android-Universal-Image-Loader，简称 AUIL。

4.3.1　AUIL 框架的特性

AUIL 是一个开源项目，它提供了对图片的加载、缓存和显示等功能，并且在线程和内存管理方面有较为专业的实现，可以帮助我们绕开繁冗的技术细节，实现美观又健壮的应用。图 4-1 所示的就是使用 AUIL 框架开发的图片列表（ListView）、图片网格（GridView）和图片滑动页（ViewPager）的例子。

图 4-1　用 AUIL 实现的案例

4.3.2　AUIL 框架的使用步骤以及配置

步骤 1：添加类库。

在 GITHUB 网站下载 jar 包，并拷贝到项目的 libs 文件中即可。

步骤 2：Manifest 中授权。

```
        <uses-permission android:name="android.permission.INTERNET" />
      <uses-permission
android:name="android.permission.WRITE_EXTERNAL_STORAGE" />
```

其中第一条 Internet 访问权限是为了加载网络图片；第二条 SDCard 的写权限是为了图片的缓存机制。

步骤 3：配置全局配置 ImageLoaderConfiguration。

```
        ImageLoaderConfiguration config = new ImageLoaderConfiguration.
Builder(context)
            .threadPriority(Thread.NORM_PRIORITY - 2)// 线程的优先级别
            .denyCacheImageMultipleSizesInMemory() // 拒绝不同的缓存大小
            .diskCacheFileNameGenerator(new Md5FileNameGenerator())// 对临时文
件名加密
            .diskCacheSize(50 * 1024 * 1024) // 50 Mb SDCard 上的缓存空间
            .tasksProcessingOrder(QueueProcessingType.LIFO)// 任务队列采取 LIFO
            .writeDebugLogs() //调试日志-可在项目发布时删除
            .build();// 构建配置
```

以上配置，根据项目需求进行选择，而且多数都有默认配置，所以不需要全部配置。

注意，以上代码需要在第一次调用 ImageLoader 类之前编写，其目的在于对全局配置（ImageLoaderConfiguration）的设置以及初始化 ImageLoader。全局配置在整个项目只能设置一次，可以编写在 Application 或者 Activity 类的创建方法中。

步骤 4：初始化 ImageLoader。

```
// ImageLoader 获得实例,初始化总体配体
 ImageLoader.getInstance().init(config);
```

注意，代码中的 config 就是上一步骤中的全局配置实例。

步骤 5：配置显示选项 DisplayImageOptions。

```
// 图片的显示设置(选项)
DisplayImageOptions options = new DisplayImageOptions.Builder()
  //.showImageOnLoading(R.drawable.ic_launcher)// 加载时的图标
.showImageForEmptyUri(R.drawable.ic_error)//地址错误时的图标
.showImageOnFail(R.drawable.err0)//加载失败的图标
 //.resetViewBeforeLoading(true)// 在加载前重置 View
.cacheInMemory(true)
.cacheOnDisk(true)// 在 SDCard 上缓存
.imageScaleType(ImageScaleType.EXACTLY)//拉伸类型
.bitmapConfig(Bitmap.Config.RGB_565)//图片的解码格式
.considerExifParams(true)// 考虑 JPEG 的旋转
.displayer(new FadeInBitmapDisplayer(1000))// 淡入特效时间
.build();
```

以上配置也是根据项目需求进行选择。

步骤 6：调用显示图片的方法。

```
imageLoader.displayImage(uri, imageView);
imageLoader.displayImage(uri, imageView, options);
imageLoader.displayImage(uri, imageView, options, listener);
```

以上代码展示了 ImageLoader 显示图片的最常用的 3 个方法重载。其中 uri 是图片资源地址，imageView 为控件，options 是步骤 5 中配置好的显示选项，listener 是图片加载进程的监听器。下面列出了 5 种可接受的 uri 类型：

```
 String uri = "http://site.com/image.png"; // 图片来自网络
String uri = "file:///mnt/sdcard/image.png"; // 图片来自 SD card
String uri = "content://media/audio/album/13"; // 图片来自 content
provider
String uri = "assets://image.png"; // 图片来自 assets 文件夹
String uri = "drawable://" + R.drawable.image; // 图片来自 drawable
文件夹
```

而 listener 可以用来处理图片加载时的业务逻辑（如显示进度条），代码如下。

```
new SimpleImageLoadingListener(){
    @Override
    public void onLoadingStarted(String imageUri, View view) {
        // 开始加载
```

```
                progressBar.setVisibility(View.VISIBLE);
            }
            @Override
            public void onLoadingFailed(String imageUri, View view,
                    FailReason failReason) {
                // 加载失败
                progressBar.setVisibility(View.GONE);
            }
            @Override
            public void onLoadingComplete(String imageUri, View view,
                    Bitmap loadedImage) {
                // 加载完成
                progressBar.setVisibility(View.GONE);
            }
            @Override
            public void onLoadingCancelled(String imageUri, View view) {
                // 加载取消
                progressBar.setVisibility(View.GONE);
            }
        }
```

4.3.3　AUIL 框架应用实例

实例 UniImageLoaderDemo 演示了如何使用框架来显示网络中的图片，分别使用了 ListView 和普通方式显示图片，运行效果如图 4-2 所示。

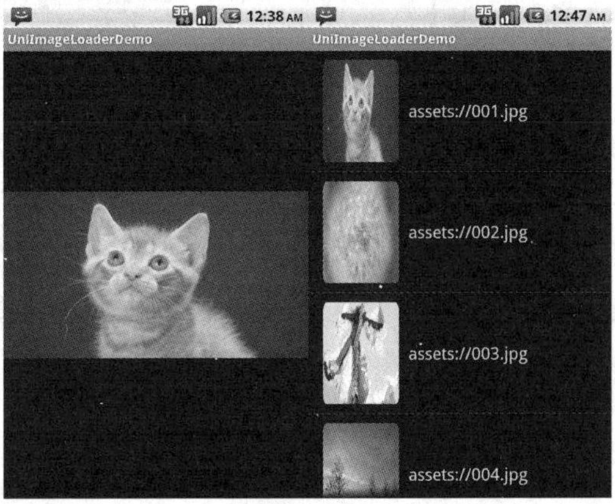

图 4-2　实例 UniImageLoaderDemo 的运行效果

该实例的主界面布局文件 main.xml 代码如下。

```
<?xml version="1.0" encoding="utf-8"?>
<RelativeLayout
```

```
xmlns:android="http://schemas.android.com/apk/res/android"
        android:layout_width="fill_parent"
        android:layout_height="fill_parent"
        android:background="@android:color/background_dark" >
      <!-- 图片显示区域 -->
        <ImageView
            android:id="@+id/image1"
            android:layout_width="wrap_content"
            android:layout_height="wrap_content"
            android:layout_centerInParent="true"
            />
        <!-- 进度条 -->
        <ProgressBar
            android:id="@+id/progressbar1"
            android:layout_width="wrap_content"
            android:layout_height="wrap_content"
            android:layout_centerInParent="true"
            android:visibility="gone"
            />
    </RelativeLayout>
```

可见 main.xml 布局中放置了一个 ImageView 用于显示图片，ProgressBar 用于显示图片加载进度。该实例的主 Activity 为 UniImageLoaderDemoActivity，代码如下。

```
    package spl.andr.imageloader;

    import
com.nostra13.universalimageloader.cache.disc.naming.Md5FileNameGenerator;
    import com.nostra13.universalimageloader.core.DisplayImageOptions;
    import com.nostra13.universalimageloader.core.ImageLoader;
    import
com.nostra13.universalimageloader.core.ImageLoaderConfiguration;
    import com.nostra13.universalimageloader.core.assist.FailReason;
    import com.nostra13.universalimageloader.core.assist.ImageScaleType;
    import
com.nostra13.universalimageloader.core.assist.QueueProcessingType;
    import
com.nostra13.universalimageloader.core.display.FadeInBitmapDisplayer;
    import
com.nostra13.universalimageloader.core.listener.SimpleImageLoadingListener;

    import android.app.Activity;
    import android.graphics.Bitmap;
    import android.os.Bundle;
    import android.view.View;
    import android.widget.ImageView;
```

```
    import android.widget.ProgressBar;

    public class UniImageLoaderDemoActivity extends Activity {
        ImageView imageview;
        ProgressBar progressBar;
        ImageLoader imageLoader = ImageLoader.getInstance();
        @Override
        public void onCreate(Bundle savedInstanceState) {
            super.onCreate(savedInstanceState);
            //1. 设置总体配置
            ImageLoaderConfiguration config = new ImageLoaderConfiguration.
Builder(this)
           .threadPriority(Thread.NORM_PRIORITY - 2)// 线程的优先级别
           .denyCacheImageMultipleSizesInMemory() // 拒绝不同的缓存大小
           .diskCacheFileNameGenerator(new Md5FileNameGenerator())// 对临时文
件名加密
           .diskCacheSize(50 * 1024 * 1024) // 50 Mb SDCard 上的缓存空间
           .tasksProcessingOrder(QueueProcessingType.LIFO)// 任务队列采取 LIFO
           .writeDebugLogs() //调试日志-可在项目发布时删除
           .build();// 构建配置
            // ImageLoader 获得实例,初始化总体配体
            ImageLoader.getInstance().init(config);

            setContentView(R.layout.main);
            imageview = (ImageView) findViewById(R.id.image1);
            progressBar = (ProgressBar) findViewById(R.id.progressbar1);
            // 图片的显示设置(选项)
            DisplayImageOptions options = new DisplayImageOptions.Builder()
           .showImageForEmptyUri(R.drawable.ic_error)//地址错误时的图标
           .showImageOnFail(R.drawable.err0)//加载失败的图标
           .cacheInMemory(true)
           .cacheOnDisk(true)// 在 SDCard 上缓存
           .imageScaleType(ImageScaleType.EXACTLY)//拉伸类型
           .bitmapConfig(Bitmap.Config.RGB_565)//图片的解码格式
           .considerExifParams(true)// 考虑 JPEG 的旋转
           .displayer(new FadeInBitmapDisplayer(1000))// 淡入特效时间
           .build();

            imageLoader.displayImage(

  "http://f.hiphotos.baidu.com/image/w%3D310/sign=190868822d2eb938ec6d7cf3
e56385fe/6d81800a19d8bc3efcda6da9808ba61ea9d34586.jpg",
                    imageview,
                    options,
```

```
                    new SimpleImageLoadingListener(){
                        @Override
                        public void onLoadingStarted(String imageUri, View view) {
                            // 开始加载
                            progressBar.setVisibility(View.VISIBLE);
                        }
                        @Override
                        public void onLoadingFailed(String imageUri, View view,
                                FailReason failReason) {
                            // 加载失败
                            progressBar.setVisibility(View.GONE);
                        }
                        @Override
                        public void onLoadingComplete(String imageUri, View view,
                                Bitmap loadedImage) {
                            // 加载完成
                            progressBar.setVisibility(View.GONE);
                        }
                        @Override
                        public void onLoadingCancelled(String imageUri, View view) {
                            // 加载取消
                            progressBar.setVisibility(View.GONE);
                        }
                    }
                    );
            }
        }
```

在 UniImageLoaderDemoActivity 的 onCreate 方法中，ImageLoaderConfiguration 和 DisplayImageOptions 均进行了一般性的配置，ImageLoader 调用的显示图片的方法是 4 个参数的重载，其中在加载监听器中实现了进度条的显示和隐藏。

list_item.xml 文件描述了图片列表中每一行的布局，代码如下。

```
    <?xml version="1.0" encoding="utf-8"?>
    <LinearLayout
xmlns:android="http://schemas.android.com/apk/res/android"
        android:layout_width="match_parent"
        android:layout_height="130dp"
        android:padding="10dp"
        android:gravity="center_vertical"
         >
        <ImageView
            android:id="@+id/image"
            android:layout_width="80dp"
            android:layout_height="120dp"
            android:scaleType="centerCrop"
```

```
            android:layout_marginLeft="5dp"
                 />
         <TextView
            android:id="@+id/text"
            android:layout_width="wrap_content"
            android:layout_height="wrap_content"
            android:layout_marginLeft="10dp"
            android:textColor="#eeeeee"
            android:textSize="18sp" />
      </LinearLayout>
```

通过上面的代码可以发现，该布局比较简单，只显示了一个图标和文字，文字部分用来显示图片的资源地址。

ImageListActivity 继承了 ListActivity，用来显示图片列表，代码如下。

```
      package spl.andr.imageloader;

      import com.nostra13.universalimageloader.cache.disc.naming.
Md5FileNameGenerator;
      import com.nostra13.universalimageloader.core.DisplayImageOptions;
      import com.nostra13.universalimageloader.core.ImageLoader;
      import com.nostra13.universalimageloader.core.
ImageLoaderConfiguration;
      import com.nostra13.universalimageloader.core.assist.
QueueProcessingType;
      import com.nostra13.universalimageloader.core.display.
RoundedBitmapDisplayer;

      import android.app.ListActivity;
      import android.os.Bundle;
      import android.view.View;
      import android.view.ViewGroup;
      import android.widget.BaseAdapter;
      import android.widget.ImageView;
      import android.widget.ListView;
      import android.widget.TextView;

      public class ImageListActivity extends ListActivity {

       ListView listview;
       DisplayImageOptions options;
       ImageLoader imageLoader = ImageLoader.getInstance();
       String[] urls = {"http://h.hiphotos.baidu.com/image/w%3D310/sign=
5e65029eb11bb0518f24b529067bda77/503d269759ee3d6da2e9897741166d224f4ade5b.jp
g",
```

```
    "http://f.hiphotos.baidu.com/image/w%3D310/sign=0cb954f139c79f3d8fe1e231
8aa0cdbc/43a7d933c895d14368cff52d71f082025aaf0706.jpg",

    "http://d.hiphotos.baidu.com/image/w%3D310/sign=695d9124bb12c8fcb4f3f0cc
cc0292b4/5bafa40f4bfbfbedb0b2d57b7af0f736aec31fce.jpg",

    "http://f.hiphotos.baidu.com/image/w%3D310/sign=0493a91ac45c1038247ec8c3
8210931c/e4dde71190ef76c64a2c522b9f16fdfaaf516730.jpg"};

        @Override
        protected void onCreate(Bundle savedInstanceState) {
            // TODO Auto-generated method stub
            super.onCreate(savedInstanceState);
            //1. 设置总体配置
              ImageLoaderConfiguration config = new ImageLoaderConfiguration.
Builder(this)
            .threadPriority(Thread.NORM_PRIORITY - 2)// 线程的优先级别
            .denyCacheImageMultipleSizesInMemory() // 拒绝不同的缓存大小
            .diskCacheFileNameGenerator(new Md5FileNameGenerator())// 对临时文
件名加密
            .diskCacheSize(50 * 1024 * 1024) // 50 Mb SDCard上的缓存空间
            .tasksProcessingOrder(QueueProcessingType.LIFO)// 任务队列采取 LIFO
            .writeDebugLogs() //调试日志-可删除 Remove for release app
            .build();// 构建配置
              // ImageLoader 获得实例,初始化总体配体
              ImageLoader.getInstance().init(config);
              // 配置图片的显示选项
              options = new DisplayImageOptions.Builder()
            .showImageOnLoading(R.drawable.ic_launcher)
            .showImageForEmptyUri(R.drawable.err0)
            .showImageOnFail(R.drawable.ic_error)
            .cacheInMemory(true)
            .cacheOnDisk(true)
            .considerExifParams(true)
            .displayer(new RoundedBitmapDisplayer(20))
            .build();

              listview = this.getListView();
              listview.setAdapter(new ItemAdapter());// 设置适配器
        }

        class ViewHolder{
            TextView text;
            ImageView image;
        }
```

```
        class ItemAdapter extends BaseAdapter{

            @Override
            public int getCount() {
                return urls.length;
            }

            @Override
            public Object getItem(int position) {
                return position;
            }

            @Override
            public long getItemId(int position) {
                return position;
            }

            @Override
            public View getView(int position, View convertView, ViewGroup parent) {
                View view = convertView;
                ViewHolder holder;
                if (view == null) {
                    view // 获取行布局的对象
                    =
getLayoutInflater().inflate(R.layout.list_item,parent,false);
                    holder = new ViewHolder();
                    holder.image = (ImageView) view.findViewById(R.id.image);
                    holder.text = (TextView) view.findViewById(R.id.text);
                    view.setTag(holder);
                }else{
                    holder = (ViewHolder) view.getTag();
                }
                holder.text.setText(urls[position]);//文本部分为图片 URL 地址
                imageLoader.displayImage(urls[position],
holder.image,options);//加载图片
                return view;
            }

        }

    }
```

urls 是一个字符串数组，用来储存网络图片地址，它在适配器 ItemAdapter 的 getView 方法中通过 position 下标来提取当前行要显示的图片地址，该样例主要展现了如何在适配器中应用 ImageLoader 类加载图片。

第 5 章

数 据 存 储

前一章介绍了图片的处理以及优化，在程序中，图片其实也是数据中的一部分，在开发中数据存储是使用最频繁的，在 Android 的开发中，如何对数据进行存储和操作，本章向读者介绍 Android 中最常见的五种数据存储方式，本章重点内容如下。

（1）SDCard 的读写。

（2）PULL 解析 XML 文件。

5.1 DDMS

5.1.1 DDMS 简介

Dalvik 调试监视服务（Dalvik Debug Monitor Service,DDMS）是由 Android 软件开发包（Software Development Kit,SDK）提供的调试工具。开发人员可以使用 DDMS 提供的窗口，来监视模拟器和真实设备的调试，包括对文件和进程的管理等。它是以下 4 个工具的完美融合：任务管理器（Task Manager）、文件浏览器（File Explorer）、模拟控制台（Emulator console）和日志控制台（Logging console），可以利用 DDMS 为测试设备截屏，针对特定的进程查看正在运行的线程以及堆信息、Logcat、广播状态信息、模拟电话呼叫、SMS、虚拟地理坐标等。

1. 启动 DDMS 的两种方法

（1）直接双击 SDK－tools\ddms.bat 运行结果，如图 5-1 所示。

（2）在 Eclipes 中启动 DDMS。

单击 Eclipse Window 菜单，选择 Open Perspective（打开透视图），如图 5-2 所示，选择 DDMS 即可启动 DDMS，如果在 Open Perspective 里面没有找到 DDMS，单击 Other，打开如图 5-2 所示，选择 DDMS。如果没有找到 DDMS，可选择 Other，就可以找到。或者单击 Eclipse 右上角

，选择 DDMS，如果没有找到，也可以选择 Other，在弹出的列表中选择 DDMS，如图 5-3 所示。DDMS 如图 5-4 所示。

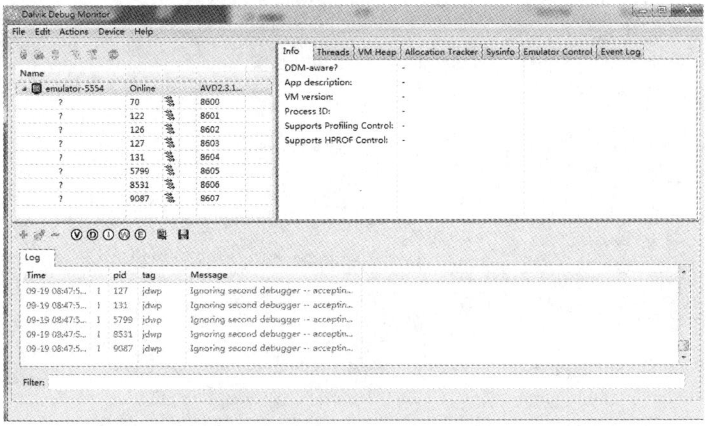

图 5-1

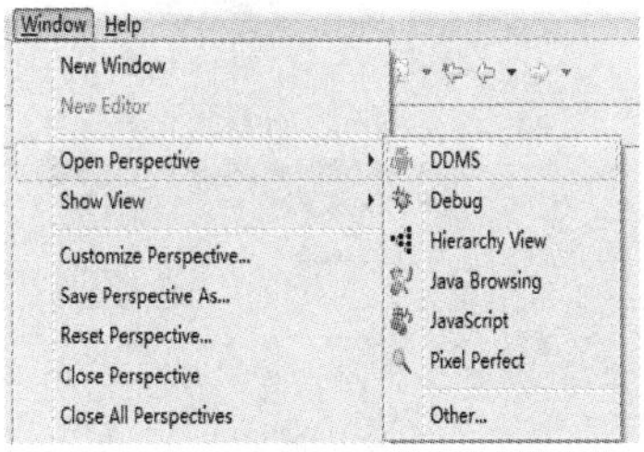

图 5-2

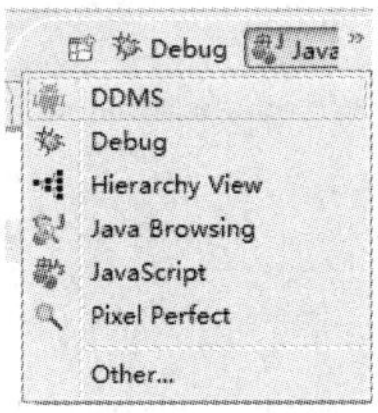

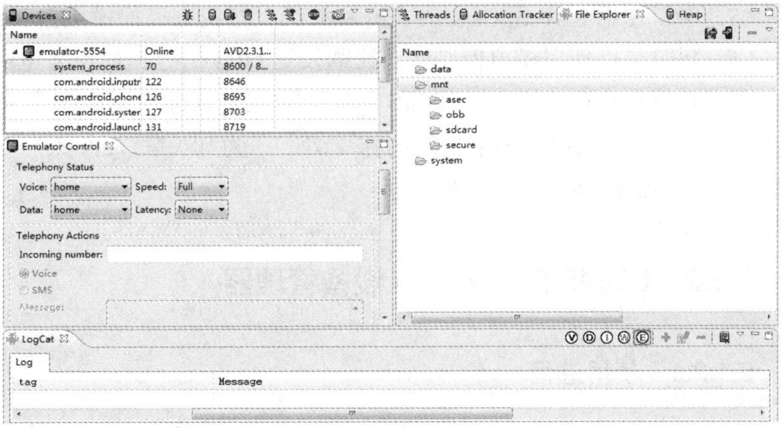

图 5-3

图 5-4

图 5-4 上显示的试图中，Threads、Allocation、File Explorer、Heap 等可以通过 Eclipse 的 Window 窗口中的 show view 打开，如图 5-5 所示，打开 Progress 视图。

2. DDMS 的关键特性

无论是在 Eclipse 中使用 DDMS，还是单独使用它，都需要注意以下几个关键特性。

（1）在左上角，能够找到处于运行状态的模拟器和连接设备。

（2）文件浏览器允许查看模拟器和设备上的文件（包括应用程序文件、目录和数据库），并且可以进行提取或添加。

（3）LogCat 窗口能够监视 Android 日志控制台（LogCat）。在这里将显示 Log.i()、Log.e()和其他 Log 方法调用产生的消息。

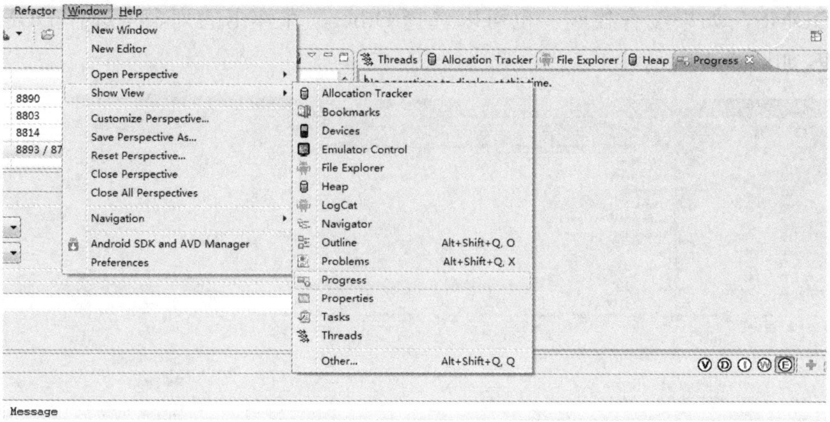

图 5-5

（4）可以查看每一个进程（堆和线程更新），也可以查看每一个线程，还可以终止进程。可以触发进程上的垃圾回收（garbage collection），并随后查看应用程序所使用的堆。

（5）可以使用 Screem Capture（屏幕捕捉）按钮来捕捉模拟器和设备上的屏幕画面。

（6）随时可以使用模拟控制台，比如发送 GPS 信息、模拟来电或 SMS 到达等。

某些功能只有在 Eclipse DDMS 视图下可用，比如，可以在模拟器或设备的某个进程上单击，然后，单击那只绿色的小虫子图标（），为其关联（attach）一个调试器，这样，可以在提供了源码的情况下，调试这个进程。

5.1.2 DDMS 的 Devices 设备管理器

5.1.2.1 使用进程

DDMS 将搭建起 IDE 与测试终端（Emulator 或者 connected device）的链接，它们应用各自独立的端口监听调试器的信息，DDMS 可以实时监测到测试终端的连接情况。当有新的测试终端连接后，DDMS 将捕捉到终端的 ID，并通过 adb 建立调试器，从而实现发送指令到测试终端的目的。

每一个 Android 应用程序都是用其自己的用户 id，运行在操作系统的单独的 VM（虚拟机）中。通过 DDMS 左侧的 Devices 面板，可以查看到所有与 DDMS 连接的终端的详细信息，以及每个终端正在运行的 APP 进程，每个进程最右边相对应的是与调试器链接的端口；DDMS 监听第一个终端 APP 进程的端口为 8600，APP 进程将分配 8601，如果有更多终端或者更多 APP 进程，将按照这个顺序依次类推。DDMS 通过 8700 端口（base port）接收所有终端的指令

DDMS 非常有用的一个特性在于可以与进程打交道。可以查看所在设备上运行的 VM 实例，每一个均以其包名称作为标示，如图 5-6 所示。

在面板的右上角有一排很重要的按键，他们分别是 Debug the selected process、Update Threads、Update Heap、Stop Process 和 ScreenShot 等。

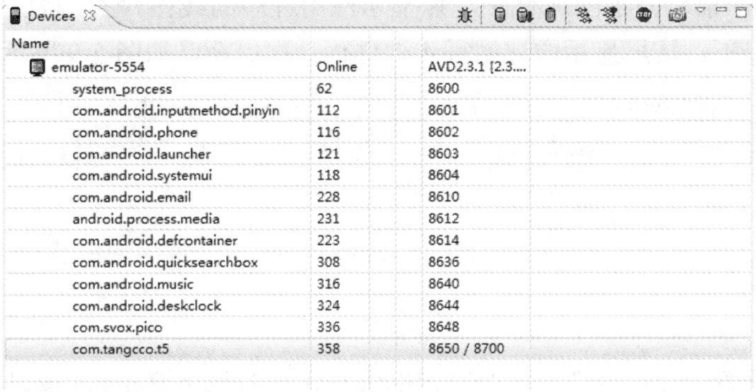

图 5-6

例如，现在有一个项目，其包名为 com.tangcco.t5，当运行该项目的某个 Activity 时，要查看运行的进程信息，可以使用以下步骤。

①在 Eclipse 中关联（attach）并调试应用程序。

②监视线程

③监视堆。

④强制进行垃圾回收（Garbage Collection,GC）。

⑤终止进程。

下面来学习一下具体的操作步骤。

（1）向 Android 应用程序关联调试器。

可以使用 DDMS 来选择任何需要调试的应用程序，直接关联并调试。要为一个进程关联调试器，需要在 Eclipse 工作区中打开对应包的源代码。然后执行以下步骤进行调试。

①在模拟器或设备上，确认要调试的应用程序处于运行状态。

②在 DDMS 中，找到这个应用程序的包，并且单击它，使其高亮。

③单击绿色的小虫图标（），开始调试。

④在必要时，切换到 Eclipse 的调试视图，像通常一样进行调试，如图 5-7 和图 5-8 所示。

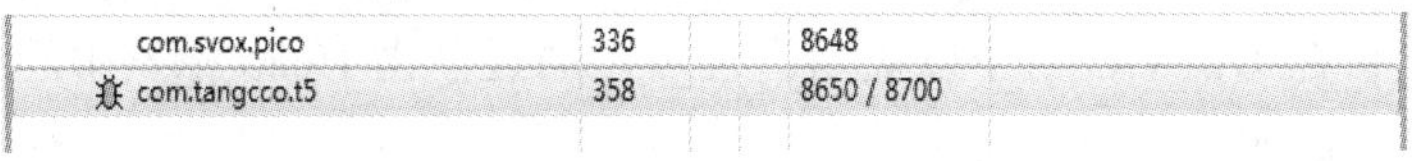

图 5-7

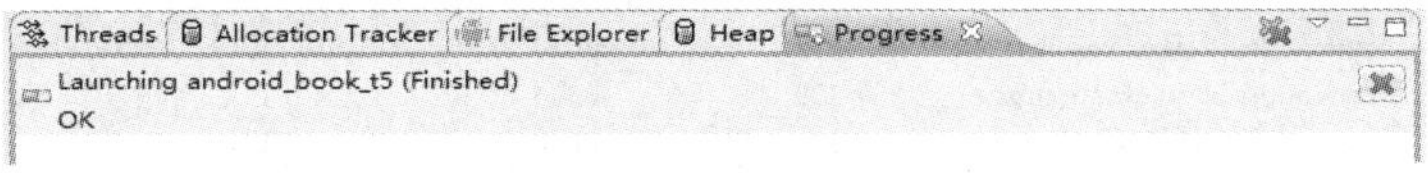

图 5-8

（2）监视 Android 应用程序的线程活动。

可以使用 DDMS 来监视每一个 Android 应用程序的线程活动。

①在模拟器或设备上，确认想要监视的应用程序处于运行状态。

②在 DDMS 中，找到应用程序的包，并且单击它，使其高亮。

③单击带有 3 个箭头的小图标（），以显示应用程序的线程。它们将出现在右侧的 Thread 标签中。 默认情况下，这里显示的数据每 4 秒进行一次更新，如图 5-9 所示。

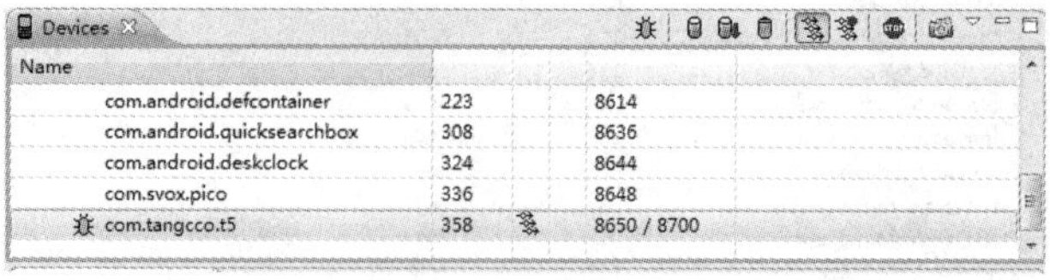

图 5-9

④在 Thread 标签中，可以选择某个特定的线程，并且按下 Refresh 按钮来深入查看这个线程。其中包含的类将会显示在下方区域，如图 5-10 所示。

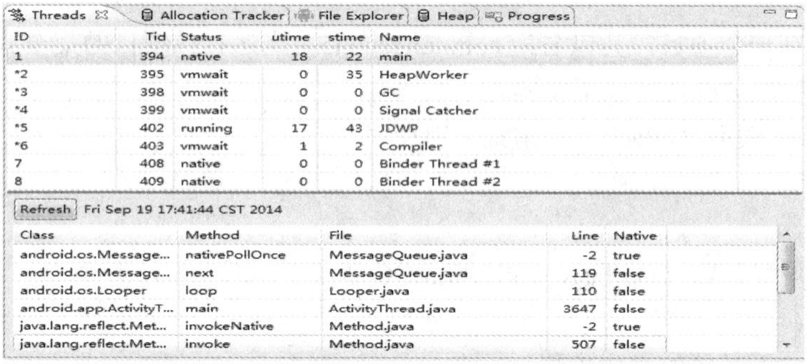

图 5-10

（3）监视 Android 应用程序的堆活动。

可以使用 DDMS 来监视每一个 Android 应用程序的堆统计数据。在每次 GC 后，堆的统计数据将进行更新。

①在模拟器或设备上，确认想要监视的应用程序处于运行状态。

②在 DDMS 中，找到这个应用程序的包，并且单击它，使其高亮。

③单击绿色的圆筒图标（），以显示该应用程序的堆信息。统计数据将出现在 Heap 标签的右侧，这一数据将在每次 GC 后予以更新。也可以通过单击 Heap 标签中的 Cause GC 按钮，来触发一个 GC 操作，如图 5-11 所示。

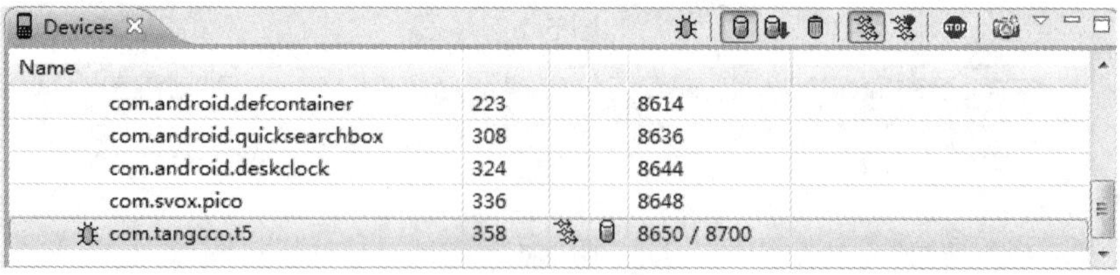

图 5-11

④在 Heap 标签中，可以选择特定类型的对象。它的使用情况图表将显示在 Heap 标签的底部，如图 5-12 所示。

（4）在 Android 应用程序中触发垃圾回收（GC）。

可以使用 DDMS 来强制进行垃圾回收（Garbage Collection,GC）。

①在模拟器或设备上，确认想要进行 GC 的应用程序处于运行状态。

②在 DDMS 中，找到这个应用程序的包，并且单击它，使其高亮。

③选择 Devices 视图上的 Cause GC 按钮，也可以在 Heap 标签中执行这一操作。

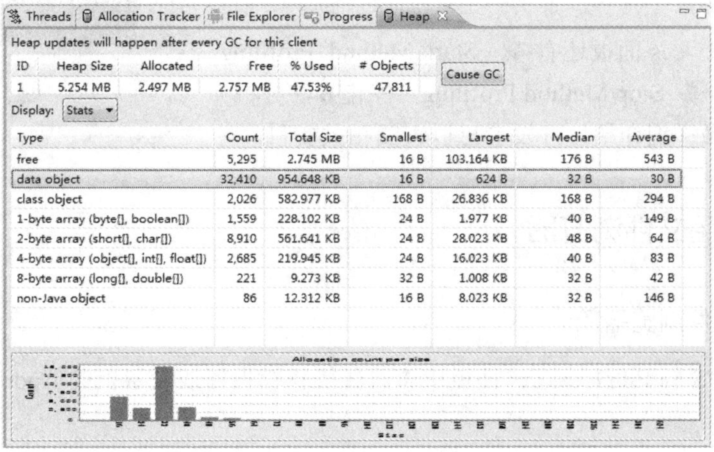

图 5-12

（5）终止 Android 进程。

可以使用 DDMS 来终止一个 Andriod 应用程序。

①在模拟器或者设备上，确认想要终止的应用程序处于运行状态。

②在 DDMS 中，找到这个应用程序包，并且单击它，使其高亮。

③单击带有红色停止符号的图标（ ），终止该进程。

5.1.2.2 重启 ADB

当开发 android 程序时，ddms 与 android 模拟器断掉了，但是 ddms 上没有连接之类的按钮，这时只能将模拟器关掉，然后，再重新启动模拟器，重启模拟器需要一定的时间。DDMS 的 Devices 面板提供了重启 ADB 的功能，单击 Devices 最右边向下的小箭头，选择最后一项 Reset adb 即可，如图 5-13 所示。

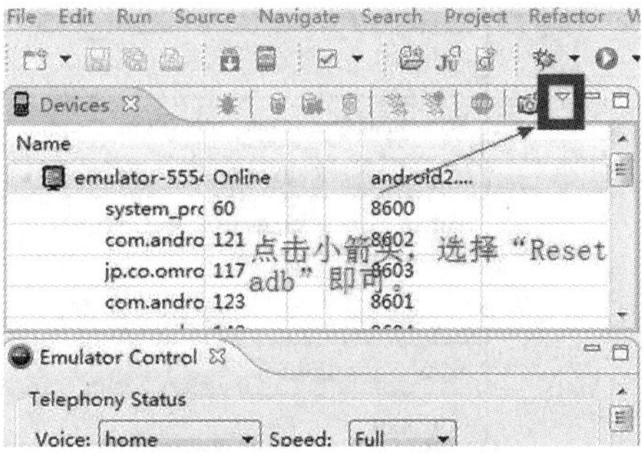

图 5-13

5.1.2.3 在模拟器或者目标设备上截屏

可以在 DDMS 中截取模拟器或设备的屏幕显示。设备屏幕对于调试来讲非常有用，它使 DDMS 工具特别适合 QA（QUALITY ASSURANCE 质量保证）人员，并且受到开发人员的欢迎。要进行屏幕截取，可以执行以下步骤。

①在 DDMS 中，选择需要截屏的模拟器或设备。

②在模拟器或设备上，确认屏幕显示的正是想要截取的画面。

③单击 Devices 右上方的照相机图标（ ），进行截屏，此时将启动一个截屏窗口。

④在截屏窗口中，单击 Save 按钮，保存屏幕截图，如图 5-14 所示。

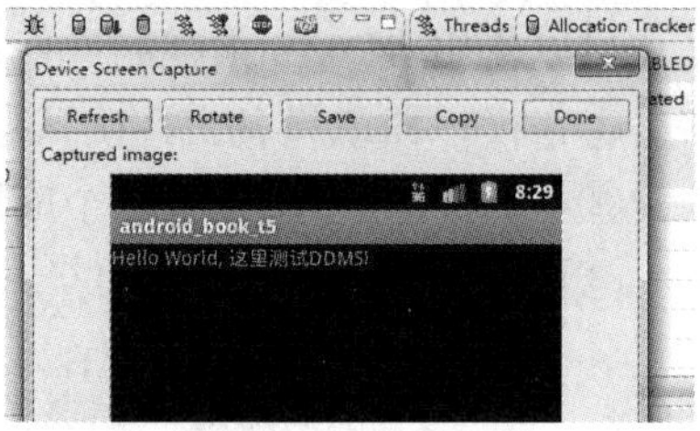

图 5-14

DDMS 的 Devices 面板还有 Start Method Profiling（开启方法分析） Stop Method Profiling（停止方法分析）等功能，本书不做详细介绍，开发者可以查阅相关资料。

5.1.3 使用文件浏览器

5.1.3.1 文件浏览器简介

可以在 DDMS 的 File Explorer 面板中查看并操作模拟器或设备上的 Android 文件系统，如图 5-15 所示。

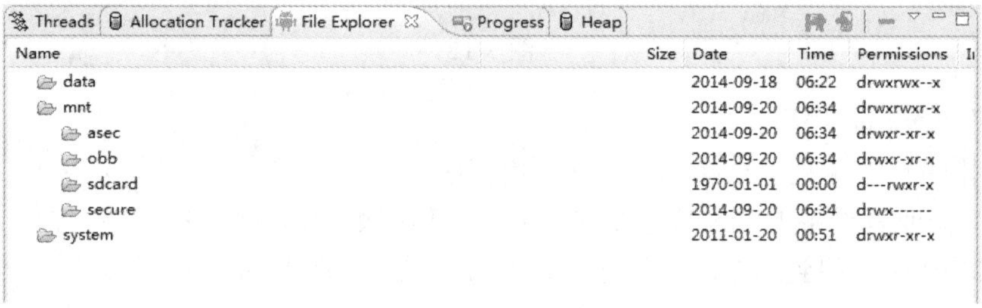

图 5-15

在该面板中的主要目录结果如图 5-16 所示。

目录	说明
/data/data/<packagename>/	应用程序顶层目录 例如：/data/data/com.androidbook.pettracker
/data/data/<packagename>/shared_prefs/	应用程序共享首先项目录 命名的首选项以 XML 文件的方式进行存储
/data/data/<packagename>/files/	应用程序文件目录
/data/data/<packagename>/cache/	应用程序缓存目录
/data/data/<packagename>/databases/	应用程序数据库目录 例如： /data/data/com.androidbook.pettracker/databases/test.db
/sdcard/download/	用于存储模拟器上的浏览器下载图像
/data/app/	用于存储第三方 Android 应用程序的 APK 文件

图 5-16

要浏览 Android 某个应用程序的文件系统，可以使用以下步骤。

①运行应用程序，在 DDMS 左侧的 Devices 面板中，选择想要浏览的模拟器或设备。

②切换到 File Explorer 标签，选择 data/data/<packagename>看到底层显示的目录，如图 5-17 所示。

③浏览某个文件夹或文件。该目录下面的文件夹，系统会根据所做的操作自动生成，例如，在进行 sharedpreferences 文件读写时，系统会自动生成一个 shared_prefs 文件夹；进行数据库操作如 SQLite 创建数据库时，系统会自动生成一个 databases 文件夹，在本章的后部分内容将学习到这些内容。

图 5-17

5.1.3.2 向模拟器或设备拷贝文件

可以使用文件夹浏览器将计算机上的文件拷贝到模拟器或设备的文件系统中，步骤如下。

①使用文件夹浏览器导航至需要拷贝文件的文件夹，单击使其高亮。

②在文件夹浏览器的右上角，单击 Phone 图标（），向设备中添加文件。另外，可以展开图标旁边的下拉菜单（），并从中选择 Push File 来执行这一操作。

③选择计算机上待拷贝的文件，然后单击 Open 按钮。

文件夹浏览器还支持鼠标拖拽。这也是唯一可以向 Andriod 文件系统中拷贝文件夹的操作。不过，并不推荐向 Android 文件系统中拷贝文件夹，因为并没有用于删除它们的选项。但是，如果拥有许可权限，则需要使用程序代码来删除这些文件夹。总之，可以从计算机上将一个文件或文件夹拖到文件浏览器中，并在适当的位置释放它。

5.1.3.3 从模拟器或设备上拷贝文件

可以使用文件夹浏览器，将模拟器或设备上的文件或文件夹拷贝到计算机上，步骤如下。

①使用文件夹浏览器导航至需要拷贝的文件或文件夹，单击使其高亮。

②在文件浏览器的右上角，单击 Disk 图标（），提取设备中的文件。另外，可以展开图标旁边的下拉菜单（），并从中选择 Pull File 来执行这一操作。

③输入计算机上用于存放文件或文件夹的路径，然后单击 Save。

5.1.3.4 删除模拟器或设备上的文件

可以使用文件浏览器来删除模拟器或设备上的文件（但不能删除文件夹），步骤如下。

①使用文件浏览器导航至需要删除的文件，单击使其高亮。

②在文件浏览器的右上角，单击红色的减号图标（），删除文件。

注意，执行这一操作时需要特别小心，因为没有任何确认提示，文件将立即删除，并且没有办法恢复。

5.1.4 使用模拟器控制

5.1.4.1 模拟控制器介绍

可以通过 DDMS 的 Emulator Control（模拟控制）标签来操作模拟器实例，在此之前，必须在 Devices 中选中需要操作的模拟器。可以针对下面的目的使用模拟器控制标签，如图 5-18 所示。

（1）修改通话（telephony）状态。

（2）模拟语音通话呼入。

（3）模拟 SMS 接收。

（4）发送位置坐标。

5.1.4.2 模拟语音来电

如图 5-18 所示，选中 Devices 设备中号码为“5554”的设备（如果启动了多个模拟器或设备，都会在这里显示出来），表示当前控制的是“5554”这个设备，接下来在 Emulator Control 面板的 Incoming number 对应文本框中输入一个需要操控的设备号码，它可以包括任意数字、“+”和“#”，这里输入“5554”，表示操控自己（也可以再启动一个模拟器或设备，如果再启动一个模拟器，则第二个模拟器默认的号码是“5556”，依次递增变化，然后输入“5556”，表示当前“5554”的设备需要对“5556”的设备进行操控，比如发短信，打电话等）。在 incoming number 下面有两个单选按钮，其中 Voice 表示通话，即模拟拨号，SMS 表示短信，即模拟发短信息。单击 Call 按钮，模拟器将会接收到呼入并响铃，如图 5-19 所示，模拟器可以像正常情况一样挂断电话，也可以使用 DDMS 中的 Hang Up 按钮终止通话。

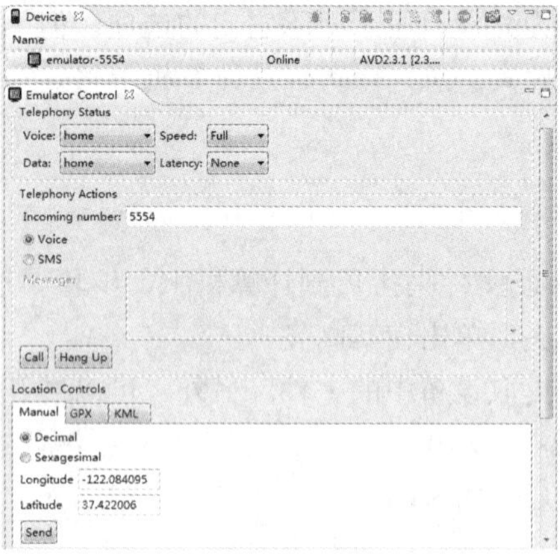

图 5-18

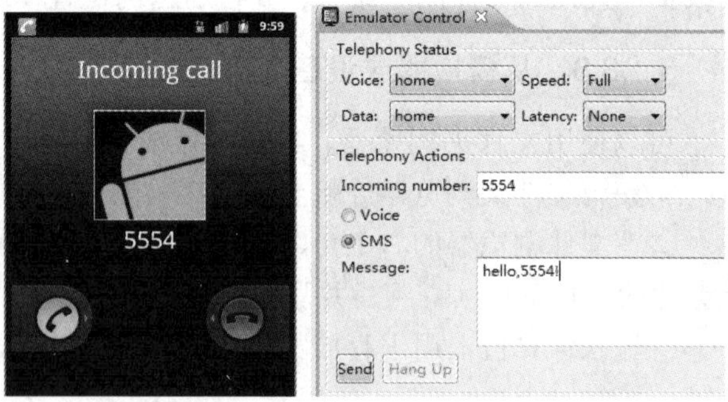

图 5-19

5.1.4.3 模拟短消息接收

选中 SMS 单选按钮，在 Message 对应的文本框中输入发送短信的内容，如图 5-19 所示，单击 Send 按钮，发送短信，模拟器将会接收到 SMS，并显示通知，如图 5-20 所示。

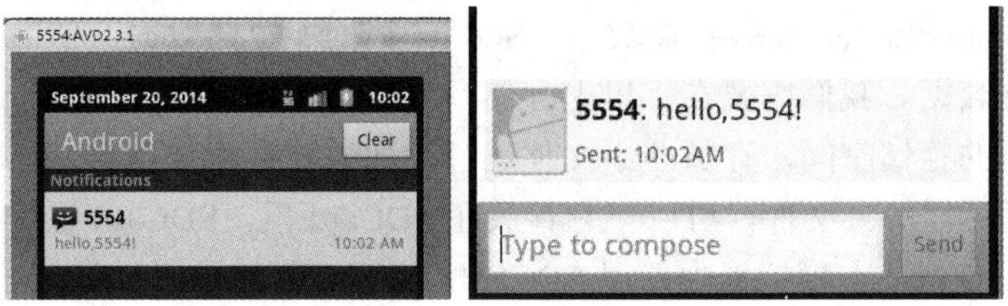

图 5-20

5.1.5　使用应用程序日志

DDMS 中融合了 LogCat 工具，它默认显示在 DDMS 用户界面底部，也可以在 Eclipse 的 Window 窗口的 show view 中，选择 Logcat，打开该视图。可以通过单击内含字母的圆圈图标（ⓋⒹⒾⓌⒺ）来控制信息的显示量。默认的Ⓥ代表 Verbose（即显示所有信息），其余可选图标包括Ⓓ（Debug，调试）、Ⓘ（Infornation,信息）、Ⓦ (Warning，警告)和Ⓔ (Error, 错误)。还可以创建自定义过滤标签以显示仅与调试标记（Debug Tag）相关的 LogCat 信息。可以通过＋按钮来添加一个过滤标签，以显示仅与特定标记匹配的日志信息，应用程序创建专有的调试标记将非常有用，这样，可以过滤 LogCat，以保证只显示与应用程序相关的日志活动。例如，在应用程序中有如下代码。

```
public static final String DEBUG_TAG= "MainActivityApp";
Log.i(DEBUG_TAG, "is info about MainActivityApp.");
```

那么，可以使用＋按钮创建 LogCat 过滤器。将过滤器命名为 MainActivityApp，并且设置标记为 MainActivityApp。这样，你就拥有了一个名为 MainActivityApp 的 LogCat 标签，它将只显示带有应用程序标签的日志信息，如图 5-21 所示。

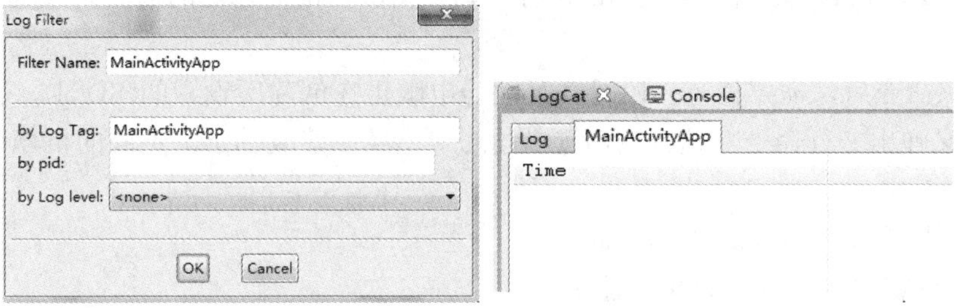

图 5-21

5.2　SDCard 数据读取

5.2.1　SDCard 介绍及关联模拟器

数据存储在开发中使用最频繁，Android 平台中实现数据存储有 5 种方式，分别为：文件存储数据，使用 SharedPreferences 存储数据，SQLite 数据库存储数据，使用 ContentProvider 存储数据，网络存储数据。我们需要在手机上存储音频、视频等大文件，由于考虑到手机本身的存储空间小，手机的存储空间，存放些小文件还行，如果要存放像视频这样的大文件，是不可行的。对于像视频这样的大文件，可以把它存放在 SDCard 里。SDCard 是干什么的？可以把它看作是移动硬盘或 U 盘。在模拟器中使用 SDCard，需要先创建一张 SDCard 卡（当然不是真的 SDCard，只是镜像文件）。创建 SDCard，可以在 Eclipse 创建模拟器时随同创建，SDCard 的镜像文件同时放在 AVD 的目录下，也可以使用 DOS 命令进行创建。

（1）创建一个 SD 卡，在 Android 程序中就是一个镜像文件。

如图 5-22 所示。打开开始菜单→运行，输入 cmd，进入 android-sdk-windows\tools；或者配置 Android 环境变量。输入如下命令 mksdcard 1024M sdcard.img, 该命令会在当前目录下生成一个 sdcard.img 文件，该文件就是 SDCard 镜像文件，或指定目录创建，如：mksdcard -l sdcard 1024M d:/log/sdcard.img。

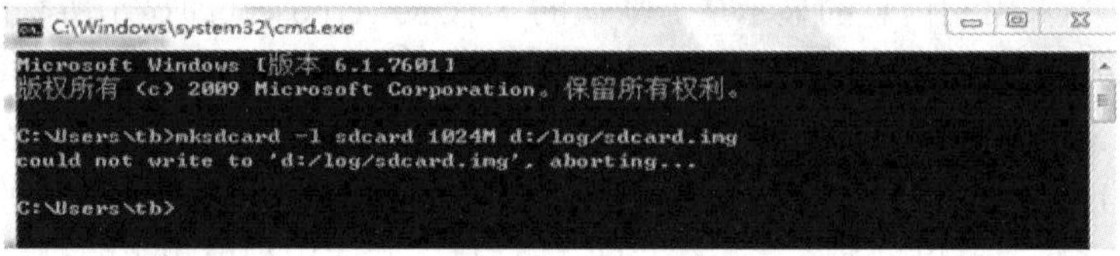

图 5-22

在 D 盘对应的目录下就会生成 sdcard.img 镜像文件, 该文件为 Android 模拟器 SDCard 镜像文件。1024M 表示 SD 卡有 1024M 大小即 1G 容量。目前 Android 支持 8M~128G 的 SD 卡。

说明：

①1024M 即创建的 SD 卡的大小，可以根据自己需要来改变输入。

②d:\log\sdcard.img 是所设置的 SD 卡存放路径，可以根据自己的需要来改变，但路径中不能有空格出现。

③执行该命令后，需要稍等一段时间，因为电脑正在创建所设置的 SD 卡，直到重新出现 DOS 界面中又弹出一行命令，这说明所要的 SD 卡已经创建成功了。不同的机器可能等待的时间不一样。

（2）创建模拟器，并关联该 SDCard。

创建了 SD 卡镜像文件，只是创建了一个文件，还不能在模拟器中直接用，要在模拟器中可看到该 SD 卡，方法有两种。

方法一：在命令提示符里输入 android，如图 5-23 所示。

单击 AVD Manager 的 New 按钮，即可弹出创建 AVD 的窗口。

方法二：在 Eclipse 的 windows→Android SDK and AVD Manager and create AVD 中，进行设置。如图 5-24 和图 5-25 所示。

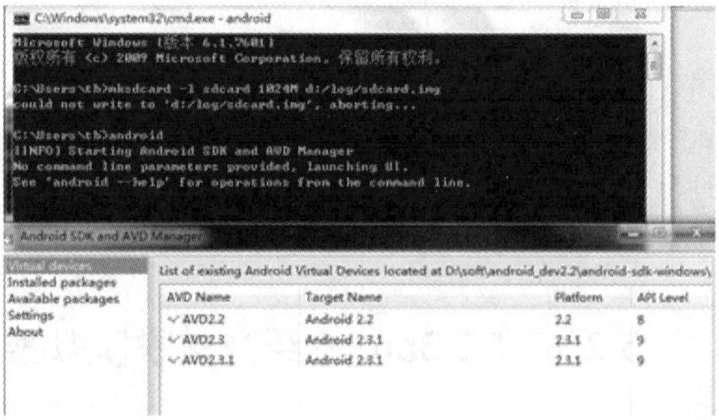

图 5-23

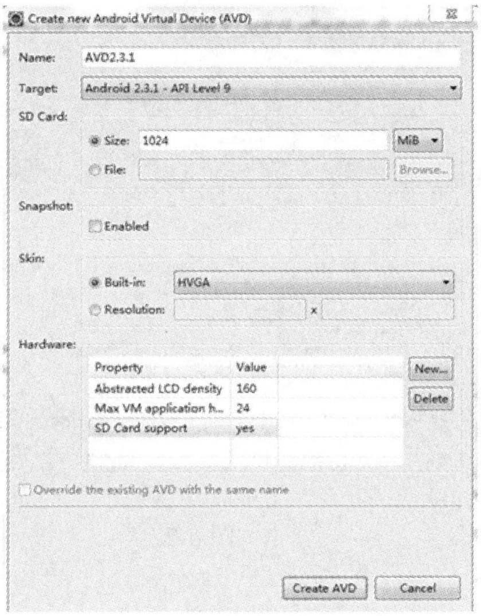

图 5-24

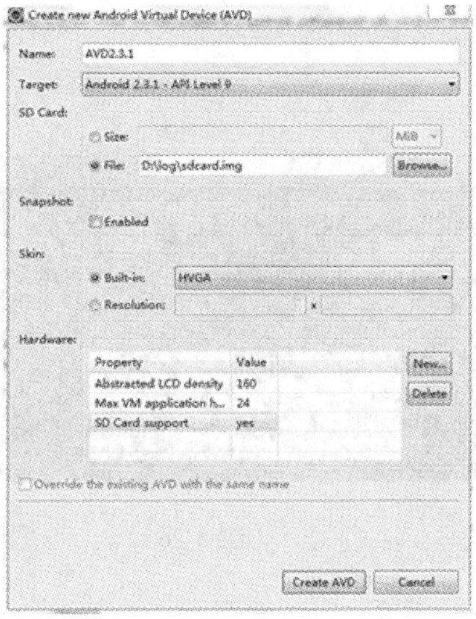

图 5-25

- Name 可以任意取。
- Target 选择 Android SDK 即可。
- SD Card 输入 Size，输入的 Size 就是 SD Card 的大小。

创建 AVD 的时候，如果选择 SD Card，指定 SD Card 的 Size，那么 sdcard 会有一个默认的镜像文件，名称叫做 sdcard.img，存放在 AVD 的创建目录下。如 D:\android-sdk-windows\.android\avd\AVD2.3.1.avd，也可以在 SD Card 这个选项处选择 File 单选按钮，选择刚创建的镜像文件，如上图所示。

（3）启动模拟器，激活 SDCard。有以下两种启动方式。

方式一：命令行模式。

这种方式下首先要查看具体的模拟器，单击电脑开始菜单，选择运行，输入 cmd，在弹出的命令提示符里输入命令 android list avd，然后启动模拟器 emulator－avd AVD2.3.1 -sdcard d:/log/sdcard.img。其中 AVD2.3.1 为创建的模拟器，如图 5-26 所示。

方式二：Eclipse 工具启动。

在 Eclipse 中，选择项目右键，在 Run AS→Run Configurations...（MyEclipse 中是 Open Run Dialog…）菜单里的 Target 标签页里面，输入启动参数，如图 5-27 所示。

单击 Run 运行，即可启动模拟器。或者在 Eclipse 的 window 窗口菜单选择 Preferences→Android→Launch，加入 sdcard 镜像文件，如图 5-28 所示。

启动模拟器完成后，打开 Eclipse 的 DDMS→File Explorer，可以看到目录结构，如图 5-29 所示。

注意，Android2.2 及以上版本是这样的结构，Android2.2 以下版本的 sdcard 目录与 data 在同一目录下，同时发现 sdcard 的 permissions 为 d---rwxr-x，说明具有对 sdcard 创建、读写的权限。

图 5-26

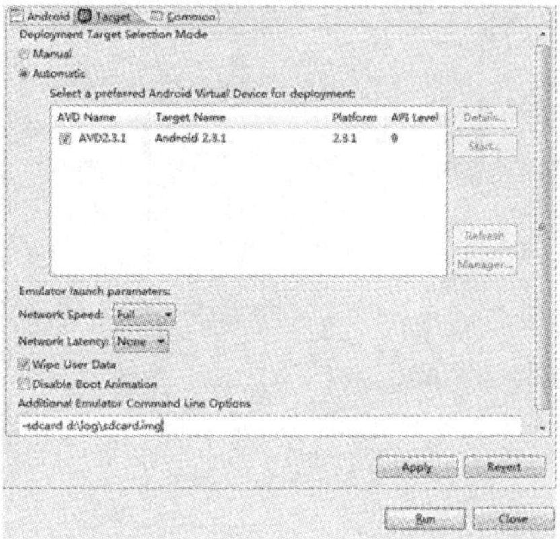

图 5-27

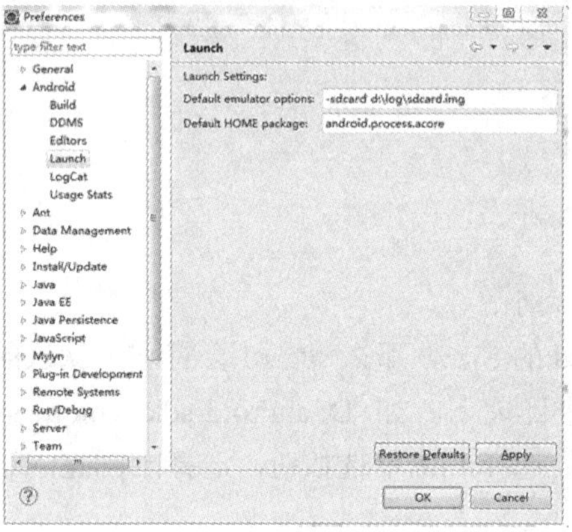

图 5-28

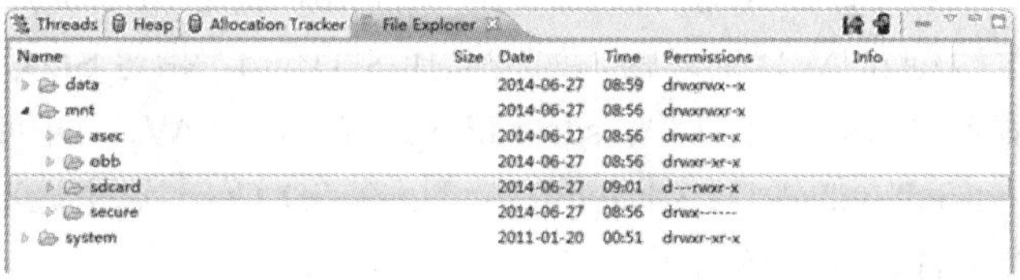

图 5-29

如果要在程序中使用 sdcard 进行存储，必须要 AndroidManifset.xml 文件进行下面的权限设置，在 AndroidManifest.xml 中加入访问 SDCard 的权限，代码如下：

```
<!-- 在 SDCard 中创建与删除文件权限 -->
<uses-permission
android:name="android.permission.MOUNT_UNMOUNT_FILESYSTEMS"/>
<!-- 往 SDCard 写入数据权限 -->
<uses-permission
android:name="android.permission.WRITE_EXTERNAL_STORAGE"/>
```

5.2.2 了解 Android 里的 Environment

获取 SDCard 上的文件存放路径，一般有以下方法。

方法一：private String folder = "/sdcard/DCIM/Camera/"（SD 卡上拍照程序的图片存储路径），这种方法将路径固定，虽然不会报错，但不建议，因为不同的手机保存的目录不一样。

方法二：

```
    public String getSdPath() {
        File sdDir = null;
           boolean sdCardExist = Environment.getExternalStorageState().equals(
                Environment.MEDIA_MOUNTED); // 判断 sd 卡是否存在
        if (sdCardExist) {
           sdDir = Environment.getExternalStorageDirectory();// 获取跟目录
        }
       return sdDir.toString();
    }
```

然后，在后面加上斜杠，再加上文件名就可以获取某个文件了，String fileName = getSDPath() +"/" + name。

在方法二中使用了 android.os.Environment 类，现在来了解一下这个类，如图 5-30 所示。

Environment 是一个提供访问环境变量的类，getExternalStorageState()返回的 Environment 常量值，如表 5-1 所示。

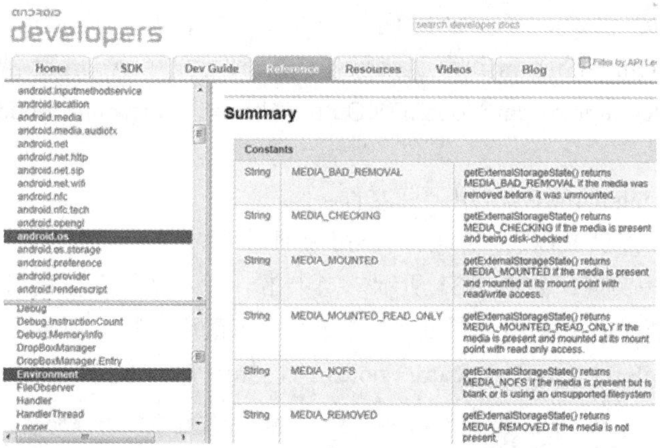

图 5-30

表 5-1

常量	解释
MEDIA_BAD_REMOVAL	表明 SDCard 被卸载前已被移除
MEDIA_CHECKING	表明对象正在磁盘检查
MEDIA_MOUNTED	表明对象是否存在并具有读/写权限
MEDIA_MOUNTED_READ_ONLY	表明对象权限为只读
MEDIA_NOFS	表明对象为空白或正在使用不受支持的文件系统
MEDIA_REMOVED	如果不存在 SDCard，返回
MEDIA_SHARED	如果 SDCard 未安装，并通过 USB 大容量存储共享，返回
MEDIA_UNMOUNTABLE	返回 SDCard 不可被安装，如果 SDCard 存在但也不可以被安装
MEDIA_UNMOUNTED	返回 SDCard 已卸掉，如果 SDCard 是存在但是没有被安装

Environment 的常用方法，如表 5-2 所示。

表 5-2

方法	解释
getDataDirectory()	返回 File ，获取 Android 数据目录
getDownloadCacheDirectory()	返回 File ，获取 Android 下载/缓存内容目录
getExternalStorageDirectory()	返回 File ，获取外部存储目录即 SDCard
getExternalStoragePublicDirectory(String type)	返回 File ，取一个高端的公用外部存储器目录来摆放某些类型的文件
getExternalStorageState()	返回 File ，获取外部存储设备的当前状态
getRootDirectory()	返回 File ，获取 Android 的根目录
isExternalStorageEmulated()	返回 Boolean 值,判断外部设置是否有效
isExternalStorageRemovable()	返回 Boolean 值，判断外部设置是否可以移除

5.2.3 使用 IO 实现 SDCard 公有文件的读写

在 Android 中读写文件可以采用两种方式：一种是采用 JDK 提供的 IO 类，如 FileInputStream、FileOutputStream 这些类来操作;另一种是采用 Android 的 Context 类自带的一些方法操作，如 FileOutputStream openFileOutput(String name, int mode)方法用于写文件，FileInputStream

openFileInput(String name)方法用于读文件。

先学习采用 JDK 提供 IO 类来实现 SDCard 文件读写。

通过 android 程序实现，如图 5-31 所示，当单击“写入文件”按钮时，向 sdcard 目录里创建一个名为 notes.txt 的文件，并将从屏幕上文本框里输入的内容写入到该文件中，如图 5-31 所示。

DDMS→File Explorer→mnt→sdcard→notes.txt，如图 5-32 所示。

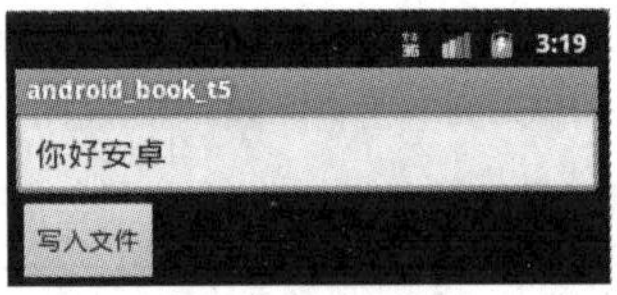

图 5-31

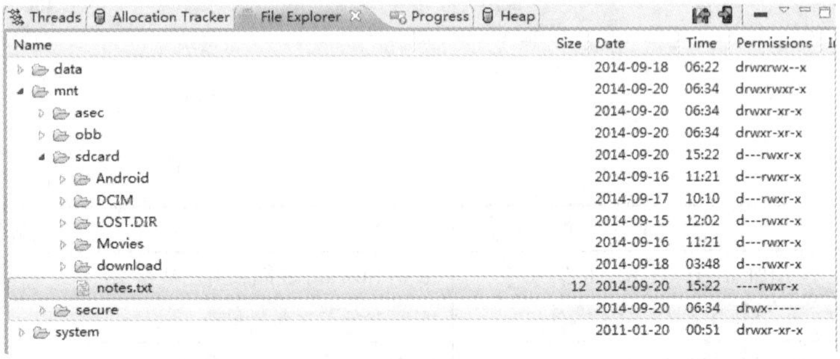

图 5-32

首先，在 AndroidMainifest.xml 文件中增加应用程序对 SDCard 的操作权限，代码如下。

```
    <!-- 在 SDCard 中创建与删除文件权限,允许安装和卸载移动设备 -->
    <uses-permission
android:name="android.permission.MOUNT_UNMOUNT_FILESYSTEMS" />
    <!-- 往 SDCard 写入数据权限 -->
    <uses-permission
android:name="android.permission.WRITE_EXTERNAL_STORAGE" />
```

res/values/strings.xml 文件代码如下。

```
<string name="btn_write_sdcard">写入文件</string>
<string name="btn_get_sdcard">获取文件</string>
```

然后编写布局文件和 Activity 类，代码详解。

activity_sdcard.xml 文件代码如下。

```
<?xml version="1.0" encoding="utf-8"?>
<LinearLayout xmlns:android="http://schemas.android.com/apk/res/
android"
    android:layout_width="match_parent" android:layout_height="match_
parent"
    android:orientation="vertical">
    <EditText android:id="@+id/editHello" android:layout_height="wrap_content"
        android:layout_width="match_parent"></EditText>
    <Button android:id="@+id/btn_write_sdcard" android:layout_width="wrap_content"
        android:layout_height="wrap_content"
android:text="@string/btn_write_sdcard"></Button>
</LinearLayout>
```

要往 SDCard 存放文件，程序必须先判断设备的 SDCard 是否可用，并且是否可以进行读写。

SdCardOperatorActivity.java，文件代码如下。

```
public class SdCardOperatorActivity extends Activity {
  private final static String PATH = "/mnt/sdcard";
  private final static String FILENAME = "/notes.txt";
  private static String LOG_TAG = "SdCardOperatorActivity";
  private EditText editHello;
  private Button btn_wirte_sdcard;
  /**
   * 写入文件
   * @author tb
   * @throws IOException
   */
  public void onWrite() {
      try {
          Log.d(LOG_TAG, "start write!");
          // 1: 判断是否存在 SDCard
          if (Environment.MEDIA_MOUNTED.equals(Environment
                  .getExternalStorageState())) {
// 2: 根据要保存的文件路径和文件名创建 File 对象
              File path = new File(PATH); // 获取目录
              File file = new File(PATH + FILENAME); // 获取文件
              if (!path.exists()) {
// 3:创建目录，可以在应用程序启动时候创建
                  path.mkdir();
              }
```

```
        // 4:判断要写如的文件如果不存在，则创建文件
                    if (!file.exists()) {
                        file.createNewFile();
                    }
        // 5:创建输出流对象，从 EditText 中获取要写入的文本值,写入指定的文件
                OutputStreamWriter writer = new OutputStreamWriter(
                            new FileOutputStream(file));
                writer.write(editHello.getText().toString());
                writer.close();
        Toast.makeText(SdCardOperatorActivity.this, "写入文件成功",
                            Toast.LENGTH_LONG).show();
        } else {
                // 此时 SDcard 不存在或者不能进行读写操作的
                Toast.makeText(SdCardOperatorActivity.this,
                    "SDcard 不存在或者不能进行读写操作",Toast.LENGTH_SHORT).
show();
        }
            } catch (IOException e) {
                Log.d(LOG_TAG, "file create error!");
                return;
            }
            Log.d(LOG_TAG, "file create success!");
        }

        protected void onCreate(Bundle savedInstanceState) {
            super.onCreate(savedInstanceState);
            setContentView(R.layout.sdcard);
            editHello = (EditText) findViewById(R.id.editHello);
            btn_wirte_sdcard = (Button) findViewById(R.id.btn_write_sdcard);
            btn_wirte_sdcard.setOnClickListener(new View.OnClickListener() {
                public void onClick(View v) {
                    onWrite ();
                }
            });
        }
    }
```

SDK 版本不同，SDCard 的目录结构也不一定相同，Andriod SDK2.2 以下版本的 SDCard 目录为/mnt，而 SDK2.2 及以上版本的 SDCard 目录则为/mnt/sdcard。为了适合各个版本，上述代码的步骤 2 中，创建 File 对象，建议用以下代码来代替。

```
    File file = new File(Environment.getExternalStorageDirectory(),
FILENAME);
```

第一个参数为获取 SDCard 的根目录，第二个参数指定在 SDCard 根目录下创建的文件名称。

另外，增加介绍以下的两种操作。

（1）向 SD 卡中上传文件。

方法一：使用命令行（cmd）。

进入 Android SDK 安装路径下的 tools 目录，或者配置好 Android SDK 环境变量，运行命令，如图 5-33 所示。

```
adb push c:/image/meinv.png mnt/sdcard 或者
adb push c:/image/meinv.png mnt/sdcard/newdir/newfilename.png
```

其中 c:/image/meinv.png 是本地要上传的文件，mnt/sdcard 为上传到 SD 卡中的路径。

注意，adb push 电脑的模拟器路径在电脑路径中，最好使用“\”，在模拟器路径中必须使用“/”，并且模拟器的根路径是只读的。查看 File Explorer，发现文件已经上传成功，如图 5-34 所示。

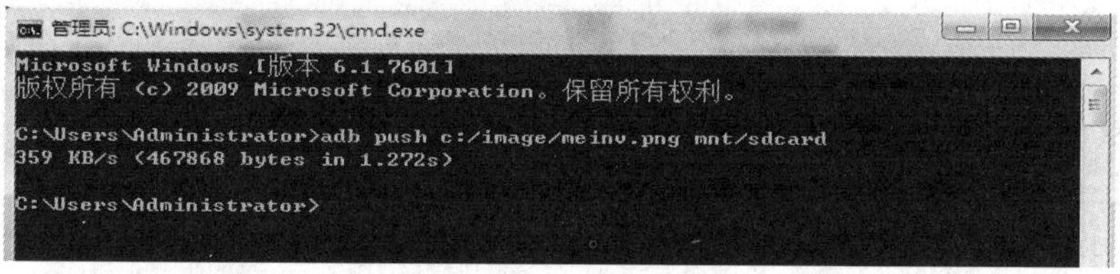

图 5-33

方法二：单击 File Explorer 的 Push file onto the device 按钮，选择文件导入 sdcard，如图 5-35 所示。

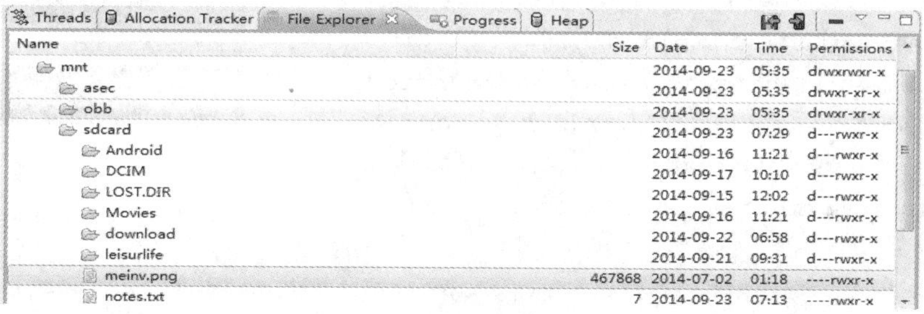

图 5-34

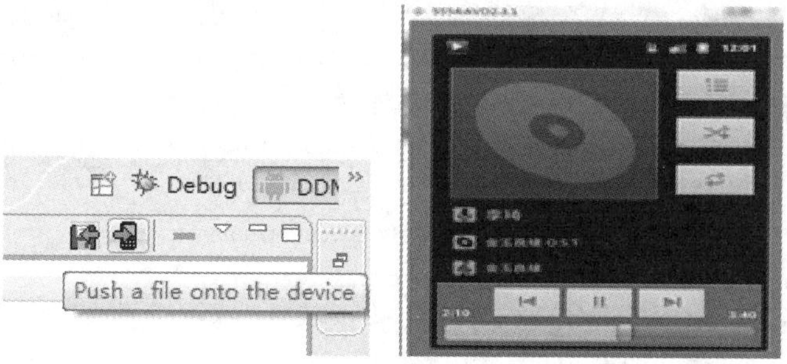

图 5-35

注意，上传的文件名不能包含中文；SDK 的路径不能有空格或中文。

在模拟器的主菜单中，选择 Dev Tools 里面的 media scanner，扫描 sdcard 的内容，如果刚才上传的文件是音乐文件，可以在模拟器的 music 菜单中查看添加的音乐文件。

（2）安装和卸载 apk 文件到模拟器。

在命令行（cmd）中，进入 Android SDK 安装路径下的 tools 目录中，运行 adb install ***.apk 可安装某个应用到模拟器；如果需要卸载某应用，有以下两种方法可实现。

方法一：可通过 adb uninstall ***.apk。

方法二：打开模拟器主菜单，进入 settings，选择 Applications，单击 Manage applications，可管理模拟器上的所有应用，单击要删除的应用，在屏幕中选择 Uninstall，即可卸载该应用。

前面已经介绍了使用 IO 实现往 SDCard 里写入文件，上述案例的代码有很多写法，其实就是纯粹的 IO 操作，如果熟悉 IO，可以尝试使用多种方法来实现。例如，以下代码将“hello android!”字符串写入到 SDCard。

```
File file = new File(Environment.getExternalStorageDirectory(), filename);
FileOutputStream fos = new FileOutputStream(file);
// 写入数据
fos.write("hello android!".getBytes());
// 关闭输出流
fos.close();
```

如何实现将写入文件的内容读取出来呢？如图 5-36 所示。

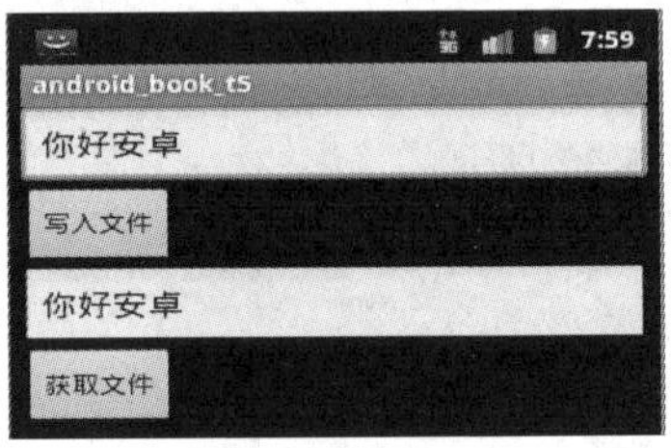

图 5-36

修改布局文件 activity_sdcard.xml，代码如下。

```
<?xml version="1.0" encoding="utf-8"?>
<LinearLayout xmlns:android=
"http://schemas.android.com/apk/res/android"
    android:layout_width="match_parent"
android:layout_height="match_parent"
    android:orientation="vertical">

    <EditText android:id="@+id/edit_setsdcard" android:layout_height=
"wrap_content"
    android:layout_width="match_parent"></EditText>

    <Button android:id="@+id/btn_write_sdcard" android:layout_width="wrap_content"
    android:layout_height="wrap_content"
    android:text="@string/btn_write_sdcard"></Button>

    <EditText android:layout_width="match_parent"
    android:layout_height="wrap_content"
    android:id="@+id/edit_getsdcard"></EditText>

    <Button android:layout_width="wrap_content"
    android:id="@+id/btn_get_sdcard"
    android:layout_height="wrap_content"
    android:text="@string/btn_get_sdcard"></Button>
    </LinearLayout>
```

修改 SDCardOperatorActivity.java 文件，代码如下。

```
        private final static String PATH = "/mnt/sdcard";
        private final static String FILENAME = "/notes.txt";
        private EditText edit_get_sdcard;
        private Button btn_get_sdcard;
        /**
        * 往存储卡中写入数据
        * @param filename
                @param content
        @throws Exception
        */
        public void onSaveToSDCard(String filename, String content) throws
Exception {
        File file = new File(Environment.getExternalStorageDirectory(), filename);
                FileOutputStream fos = new FileOutputStream(file);
                // 写入数据
                fos.write(content.getBytes());
                // 关闭输出流
                fos.close();
            }
        /**
        * 读文件
        */
        public void onGetSdcard() {
                File file = new File(Environment.getExternalStorageDirectory(),
FILENAME);
        //判断是否存在 SDCard
        if
(Environment.getExternalStorageState().equals(Environment.MEDIA_MOUNTED)) {
                try {
                    FileInputStream inputStream = new FileInputStream(file);
                    byte[] b = new byte[inputStream.available()];
                    inputStream.read(b);
                    edit_get_sdcard.setText(new String(b));
                  Toast.makeText(SdCardOperatorActivity.this, "读取文件成功",
                          Toast.LENGTH_LONG).show();
                } catch (Exception e) {
                    Toast.makeText(SdCardOperatorActivity.this, "读取失败",
                          Toast.LENGTH_SHORT).show();
                }
        } else {// 此时 SDcard 不存在或者不能进行读写操作的
        Toast.makeText(SdCardOperatorActivity.this,
                          "SDcard 不存在或者不能进行读写操作", Toast.LENGTH_
SHORT).show();
```

```
        }
        }
        @Override
        protected void onCreate(Bundle savedInstanceState) {
                 super.onCreate(savedInstanceState);
                 setContentView(R.layout.sdcard);
                edit_get_sdcard = (EditText) findViewById(R.id.edit_getsdcard);
                 btn_get_sdcard = (Button) findViewById(R.id.btn_get_sdcard);
                 MySetOnClickListener listener = new MySetOnClickListener();
                 btn_wirte_sdcard.setOnClickListener(listener);
                 btn_get_sdcard.setOnClickListener(listener);
        }

        private class MySetOnClickListener implements OnClickListener {
              @Override
        public void onClick(View v) {
                 File file = new File(Environment.getExternalStorageDirectory(),
FILENAME);
                  switch (v.getId()) {
                      case R.id.btn_write_sdcard:
                          onWriteSdCard();// 使用 SDcard 写操作
                          break;
                      case R.id.btn_get_sdcard:
                          onGetSdcard();// 使用 SDcard 读操作
                          break;
                      default:
                          SdCardOperatorActivity.this.finish();
                          break;
                  }
        }
        }
```

5.2.4 使用 Android 的 Context 类实现私有文件的读写

前面介绍了采用 JDK 提供的 IO 类来操作文件，现在介绍采用 Android 的 Context 类自带的一些方法操作文件，如 FileOutputStream openFileOutput(String name, int mode)方法用于写文件，FileInputStream openFileInput(String name)方法用于读文件。

mode 有四种模式，分别如下。

```
Context.MODE_PRIVATE = 0
Context.MODE_APPEND = 32768
Context.MODE_WORLD_READABLE = 1
Context.MODE_WORLD_WRITEABLE = 2
```

Context.MODE_PRIVATE 为默认操作模式，代表该文件是私有数据，只能被应用本身访问，在该模式下，写入的内容会覆盖原文件的内容，如果想把新写入的内容追加到原文件中，可以使用 Context.MODE_APPEND。

Context.MODE_APPEND 模式会检查文件是否存在，存在就往文件追加内容，否则就创建新文件。

Context.MODE_WORLD_READABLE 和 Context.MODE_WORLD_WRITEABLE，用来控制其他应用是否有权限读写该文件。MODE_WORLD_READABLE 表示当前文件可以被其他应用读取；MODE_WORLD_WRITEABLE 表示当前文件可以被其他应用写入。

如果希望文件被其他应用读和写，可以用如下语句：

```
    openFileOutput("test.txt", Context.MODE_WORLD_READABLE +
Context.MODE_WORLD_WRITEABLE)
```

下面的例子使用 android.content.Context 实现私有文件的读写操作，实现效果如图 5-37 和图 5-38 所示。

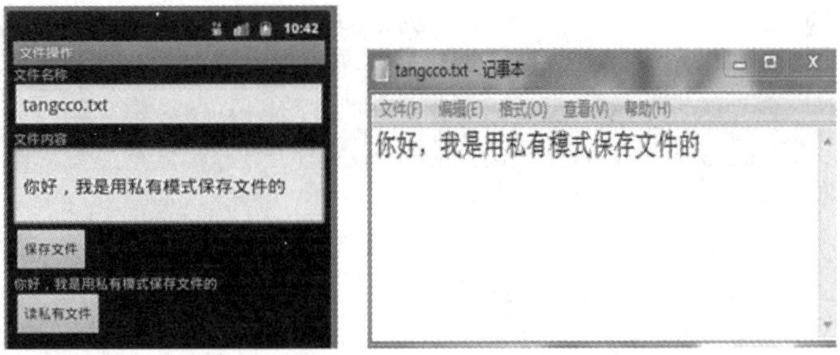

图 5-37

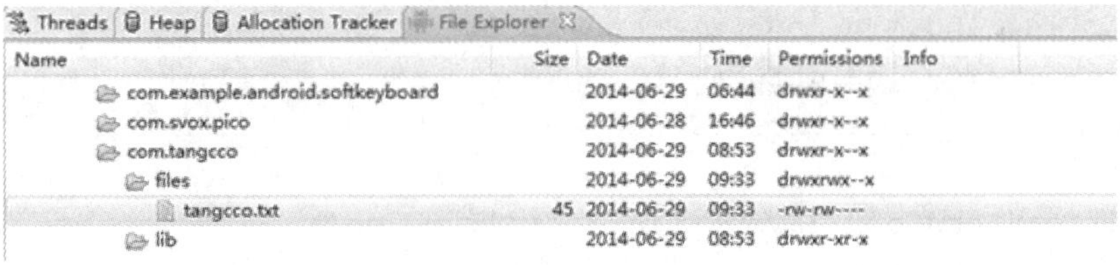

图 5-38

在“文件名称”下面的文本框中输入要保存的文件名，在“文件内容”下面的文本框中输入要写入文件的内容，单击“保存文件”按钮，即可在 File Explorer 的 data/data/com.tangcco/files 文件夹下生成一个文件，保存数据。当单击“读私有文件”按钮，可读取私有 data/data/com.tangcco/files 文件夹下的该文件内容，并显示在屏幕的相应位置，项目结构如图 5-39 所示。

res/values/strings.xml 文件代码如下。

```
    <string name="app_name">文件操作</string>
    <string name="filename">文件名称</string>
    <string name="filecontent">文件内容</string>
```

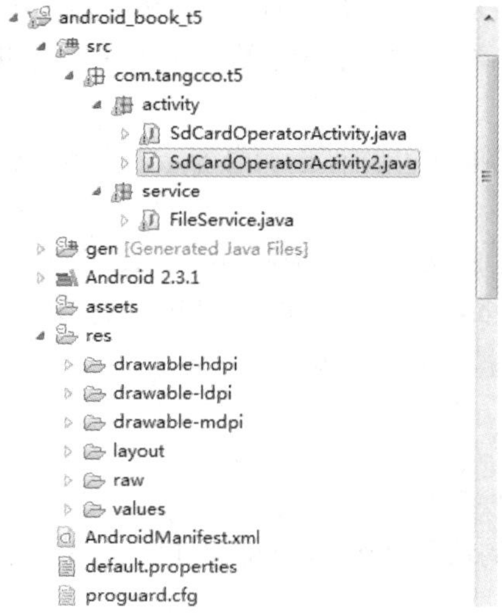

图 5-39

```
    <string name="button">保存文件</string>
    <string name="success">文件保存成功</string>
    <string name="failed">文件保存失败</string>
    <string name="sdcarderror">SDCard不存在或已被写保护了</string>
    <string name="btn_read_file">读私有文件</string>
```

布局文件 res/layout/sdcard2.xml 代码如下。

```
    <?xml version="1.0" encoding="utf-8"?>
                              <LinearLayout
 xmlns:android="http://schemas.android.com/apk/res/android"
              android:orientation="vertical"
android:layout_width="fill_parent"
         android:layout_height="fill_parent">
    <TextView android:layout_width="fill_parent"
              android:layout_height="wrap_content"
   android:text="@string/filename" />

   <EditText android:layout_width="fill_parent"
             android:layout_height="wrap_content"
android:id="@+id/filename" />

   <TextView android:layout_width="fill_parent"
   android:layout_height="wrap_content"
   android:text="@string/filecontent" />

   <EditText android:layout_width="fill_parent"
             android:layout_height="wrap_content" android:minLines="3"
             android:id="@+id/filecontent" />

   <Button android:layout_width="wrap_content"
           android:layout_height="wrap_content"
   android:text="@string/button"
           android:id="@+id/button" />

   <TextView android:layout_width="wrap_content"
             android:layout_height="wrap_content"
   android:text="读取的私有文件内容"
             android:id="@+id/textview_readfile"></TextView>
   <Button  android:layout_width="wrap_content"
    android:layout_height="wrap_content" android:id="@+id/btnReadFile"
```

```
            android:text="@string/btn_read_file"></Button>
      </LinearLayout>
```

Context 提供了 openFileOutput()方法，可以用于把数据输出到/data/data/<package name>/files 目录的文件中，Context 提供 openFileInput()方法，打开在/data/data/<package name>/files 目录中应用的私有文件。

```
      FileInputStream inStream = this.getContext(). openFileInput
("tangcco.txt");
```

或者直接使用文件的绝对路径，代码如下。

```
      File file = new File("/data/data/com.tangcco/files/tangcco.txt");
      FileInputStream inStream = new FileInputStream(file);
```

Context 还提供了 getCacheDir()和 getFilesDir()方法。

```
      getCacheDir()方法用于获取/data/data/<package name>/cache 目录。
      getFilesDir()方法用于获取/data/data/<package name>/files 目录。
```

SdCardOperatorActivity2.java 代码如下。

```
      import android.content.Context;
      // ……………………
      public class SdCardOperatorActivity2 extends Activity {
       private static final String TAG = "SdCardOperatorActivity2";
       /**
        * 私有模式保存文件
        * @param filename
        * @param content
        * @throws Exception
        */
       public void onSave(String filename, String content) throws Exception {
            FileOutputStream fos =
this.getBaseContext().openFileOutput(filename,
                   Context.MODE_PRIVATE);
           // 写入数据
           fos.write(content.getBytes());
           // 关闭输出流
           fos.close();
       }
      /**
        * 读文件
        * @param filename
        * @return String
        * @throws Throwable
        */
      public String onReadFile(String filename) throws Throwable {
              FileInputStream fis = this.getBaseContext().openFileInput
(filename);
           byte[] buf = new byte[1024];
```

```
            int len = 0;
            ByteArrayOutputStream baos = new ByteArrayOutputStream();
            // 读取数据
            while ((len = fis.read(buf)) != -1) {
                baos.write(buf, 0, len);
            }
            byte[] data = baos.toByteArray();
             // 关闭流
            baos.close();
            fis.close();
            return new String(data);
        }
          @Override
          protected void onCreate(Bundle savedInstanceState) {
              super.onCreate(savedInstanceState);
              setContentView(R.layout.sdcard2);
              Button button = (Button) this.findViewById(R.id.button);
              //写私有文件
        button.setOnClickListener(new View.OnClickListener() {
                  @Override
                  public void onClick(View v) {
                  // 1.获取输入的数据
                EditText filenameText = (EditText) findViewById(R.id.filename);
                 EditText filecontentText = (EditText) findViewById
(R.id.filecontent);
                  String filename = filenameText.getText().toString();
                  String filecontent = filecontentText.getText().toString();
                  // 2.保存内容
                  try {
                    // 判断手机上是否有 SDCard，并且可以进行读写访问
                    if (Environment.getExternalStorageState().equals(
                              Environment.MEDIA_MOUNTED)) {
                          onSave(filename,filecontent);
        Toast.makeText(SdCardOperatorActivity2.this,
                                R.string.success,
Toast.LENGTH_LONG).show();
                    } else {
                        Toast.makeText(SdCardOperatorActivity2.this,
                                R.string.sdcarderror,
Toast.LENGTH_LONG).show();
                    }
                  } catch (Exception e) {
                        Log.e(TAG, e.toString());
                        Toast.makeText(SdCardOperatorActivity2.this,
```

```
                        R.string.failed, Toast.LENGTH_LONG).show();
                }
            }
        });
        //读私有文件
        btnReadFile.setOnClickListener(new View.OnClickListener() {
            @Override
            public void onClick(View v) {
                File fileDir = SdCardOperatorActivity2.this.getFilesDir();
                String path = fileDir.getPath();
                String absolutePath = fileDir.getAbsolutePath();
                try {
        String returnContent = onReadFile(((EditText)
        findViewById(R.id.filename)).getText().toString());
                    TextView text = (TextView) findViewById(R.id.textview_
readfile);
                    text.setText(returnContent);
                } catch (Throwable e) {
                    e.printStackTrace();
                }
            }
        });
    }
}
```

在开发过程中，可能会经常对文件进行操作，如果每次需要对文件进行操作的时候都编写一次前面的代码，会导致代码的可读性和维护性降低，所以，可以封装一个文件操作的工具类或业务类，如 FileUtil.java 或 FileService.java。下面的代码为封装的一个 FileService 类。

```
public class FileService {
 private Context mContext;
 public FileService(Context mContext) {
     this.mContext = mContext;
 }
 /**
  * 保存文件
  * @param filename
  *          文件名
  * @param content
  *          内容
  * @param mode
  *          模式
  * @throws Exception
  */
 public void save(String filename, String content, int mode)
         throws Exception {
```

```
        FileOutputStream fos = mContext.openFileOutput(filename, mode);
        // 写入数据
        fos.write(content.getBytes());
        // 关闭输出流
        fos.close();
    }
    /**
     * 保存文件，以私有模式保存
   * 私有操作模式： 创建出来的文件只能被本应用访问，
   * 其它应用无法访问该文件， 另外采用私有操作模式创建的文件，
     * 写入文件中的内容会覆盖原文件的内容
     * @param filename
     *            文件名
     * @param content
     *            内容
     * @throws Exception
     */
    public void save(String filename, String content) throws Exception {
        save(filename, content, Context.MODE_PRIVATE);
    }
    /**
     * 追加操作模式
     * 不覆盖源文件，但是同样其它应用无法访问该文件
     * @param fileNameStr
     * @param fileContentStr
     * @throws Exception
     */
    public void saveAppend(String filename, String content) throws Exception {
        save(filename, content, Context.MODE_PRIVATE);
    }
    /**
     * 读取操作模式
     * 可以被其它应用读取，但不能写入
     * @param fileNameStr
     * @param fileContentStr
     * @throws Exception
     */
    public void saveReadable(String filename, String content) throws
Exception {
        save(filename, content, Context.MODE_WORLD_READABLE);
    }

    /**
     * 写入操作模式
```

```
         * 可以被其它应用写入，但不能读取
         * @param fileNameStr
         * @param fileContentStr
         * @throws Exception
         */
        public void saveWriteable(String filename, String content) throws
Exception {
            save(filename, content, Context.MODE_WORLD_WRITEABLE);
        }
        /**
         * 读写操作模式
         * 可以被其它应用读写
         * @param fileNameStr
         * @param fileContentStr
         * @throws Exception
         */
        public void saveReadWriteable(String filename, String content)
                throws Exception {
            save(filename, content, Context.MODE_WORLD_READABLE
                    + context.MODE_WORLD_WRITEABLE);
        }

        /**
         * 往存储卡中写入数据
         * @param filename
         * @param content
         * @throws Exception
         */
        public void saveToSDCard(String filename, String content) throws
Exception {
            // SDcard 路径在 2.2 以前是/sdcard，在 2.2 以上版本中是/mnt/sdcard，最好采
用下面的方式灵活获取，适用于所有版本
            File file = new File(Environment.getExternalStorageDirectory(),
                    filename);
            FileOutputStream fos = new FileOutputStream(file);
            // 写入数据
            fos.write(content.getBytes());
            // 关闭输出流
            fos.close();
        }

        /**
         * 往存储卡中写入数据
         * @author tb
```

```
         * @throws Exception
         */
        public void writeSdCard(String fileName, String content) throws
Exception {
            // 1: 判断是否存在 SDCard
            if (Environment.MEDIA_MOUNTED.equals(Environment
                    .getExternalStorageState())) {
                // 获取目录
                File path = new File(Environment.getExternalStorageState());
                // 获取文件
                File file = new File(path + "/" + fileName);
                if (!path.exists()) {
                    // 2:创建目录，可以在应用程序启动时候创建
                    path.mkdir();
                }
                if (!file.exists()) {
                    // 3:创建文件
                    file.createNewFile();
                }
                // 4:写入文件,从 EditText 中获取文本值
                OutputStreamWriter writer = new OutputStreamWriter(
                        new FileOutputStream(file));
                writer.write(content);
                writer.close();
            } else {
                // 此时 SDcard 不存在或者不能进行读写操作的
            }
        }

        /**
         * 读文件
         */
        public String readFile(String filename) throws Throwable {
            FileInputStream fis = mContext.openFileInput(filename);
            byte[] buf = new byte[1024];
            int len = 0;
            ByteArrayOutputStream baos = new ByteArrayOutputStream();
            // 读取数据
            while ((len = fis.read(buf)) != -1) {
                baos.write(buf, 0, len);
            }
            byte[] data = baos.toByteArray();
            // 关闭流
            baos.close();
```

```
        fis.close();
        return new String(data);
    }

    /**
     * 读文件
     * @throws Exception
     */
    public String readFileStr(String fileName) throws Exception {
        File file = new File(Environment.getExternalStorageDirectory(),
                fileName);
        if (Environment.getExternalStorageState().equals(
                Environment.MEDIA_MOUNTED)) {
            FileInputStream inputStream = new FileInputStream(file);
            byte[] b = new byte[inputStream.available()];
            inputStream.read(b);
            return new String(b);
        }
        // 读取文件失败
        return "";
    }

    /**
     * 获取 SD 路径
     * @return
     */
    public String getSdPath() {
        File sdDir = null;
        boolean sdCardExist = Environment.getExternalStorageState().equals(
                Environment.MEDIA_MOUNTED); // 判断 sd 卡是否存在
        if (sdCardExist) {
        sdDir = Environment.getExternalStorageDirectory();// 获取跟目录
        }
        return sdDir.toString();
    }

    /**
     * 获取 Sd 目录下的文件
     * @param name
     * @return
     */
    public String getSdFileName(String name) {
        String fileName = getSdPath() + "/" + name;// 以 name 存在目录中
        return fileName;
```

```
        }
    }
```

5.2.5 assets 和 res/raw

在 Android 应用开发中，当创建一个新的 Android 工程后，会发现工程中包含了一个目录 assets，另外，当查看一些示例工程时，有时也会发现在该工程的资源目录下，会有一个 raw 目录(res/raw)。那么 assets 和 raw 目录有什么用处呢？

assets 和 res/raw 工程目录下，都可以放一些小于 1M 的文件（2.3 版本以前要求，否则将不能读出数据），这些文件将被打包到 APK 中。assets 目录和 res/raw 目录下文件的共同点，是两者目录下的文件将不做任何处理被打包，在打包后会原封不动的保存在 apk 包中，不会编译成二进制下的文件。值得注意的是，最好不要将过大的文件打包到 APK 中，如果资源很大，例如视频等，应该单独存储在文件系统中。这两个目录的区别主要是，res/raw 中的文件会被映射到 R.java 文件中，访问的时候直接使用资源 ID，即 R.id.filename；assets 文件夹下的文件不会被映射到 R.java 中，访问的时候需要 AssetManager 类；另外，res/raw 不可以有目录结构，而 assets 则可以有目录结构，也就是 assets 目录下可以再建立多级子文件夹。

读取 assets 和 res/raw 文件资源的方法如下。

（1）读取 res/raw 下的文件资源，通过以下方式获取输入流来进行写操作。

```
    InputStream is = getResources().openRawResource(R.id.filename);
```

（2）读取 assets 下的文件资源，通过以下方式获取输入流来进行写操作。

```
    AssetManager am = null;
    am = getAssets();
    InputStream is = am.open("filename");
```

如果用 VideoView 来播放，代码如下。

```
    VideoView.setVideoUri(Uri.parse("android.resource://"                    +
getpackageName() + "/" + R.raw.movie))
```

在项目的 assets 目录和 res/raw 目录下创建两个 txt 文件，结果如图 5-40 所示。

图 5-40

在 src 目录下创建一个 Activity 类，代码如下。

```
    public class ReadTxtActivity extends Activity {
     public static final String ENCODING = "gb2312";
     TextView tv;

     @Override
     protected void onCreate(Bundle savedInstanceState) {
          // TODO Auto-generated method stub
          super.onCreate(savedInstanceState);
          tv = new TextView(this);
          tv.setTextSize(22.0f);
          tv.setTextColor(Color.WHITE);
```

```
    tv.setText(getFromAssets("assets_tangcco.txt"));
        // tv.setText(getFromRaw());
        setContentView(tv);
    }

    public String getFromAssets(String fileName) {
        String result = "";
        try {
            // AssetManager am = getAssets();
            AssetManager am = getResources().getAssets();
            InputStream in = am.open(fileName);
            // 获取文件的字节数
            int lenght = in.available();
            // 创建 byte 数组
            byte[] buffer = new byte[lenght];
            // 将文件中的数据读到 byte 数组中
            in.read(buffer);
            result = EncodingUtils.getString(buffer, ENCODING);
            in.close();
        } catch (Exception e) {
            e.printStackTrace();
        }
        return result;
    }

    public String getFromRaw() {
        String result = "";
    try {
            InputStream in = getResources().openRawResource(R.raw.raw_
tangcco);
            // 获取文件的字节数
            int lenght = in.available();
            // 创建 byte 数组
            byte[] buffer = new byte[lenght];
            // 将文件中的数据读到 byte 数组中
            in.read(buffer);
            result = EncodingUtils.getString(buffer, ENCODING);
        } catch (IOException e) {
            // TODO Auto-generated catch block
            e.printStackTrace();
        }
        return result;
    }
   }
```

运行界面，如图 5-41 所示。

图 5-41

前面的代码是使用字节流的方式读取文件里的内容，也可以使用字符流的方式进行读取。

```
public String getFromAssets(String fileName) {
     String result = "";
     try {
         InputStreamReader inputReader = new InputStreamReader(
                 getResources().getAssets().open(fileName));
         BufferedReader bufReader = new BufferedReader(inputReader);
         String line = "";
         while ((line = bufReader.readLine()) != null)
             result += line;
     } catch (Exception e) {
         e.printStackTrace();
     }
     return result;
     public String getFromRaw() {
     String result = "";
     try {
         InputStreamReader inputReader = new InputStreamReader(
                 getResources().openRawResource(R.raw.raw_tangcco));
         BufferedReader bufReader = new BufferedReader(inputReader);
         String line = "";
         while ((line = bufReader.readLine()) != null)
             result += line;
     } catch (Exception e) {
         e.printStackTrace();
     }
     return result;
 }
```

5.3 使用 SharedPreferences 保存软件配置参数

很多时候，开发的软件需要向用户提供软件参数设置功能，例如，常用的 QQ，用户可以设置是否允许陌生人添加自己为好友。对于软件配置参数的保存，如果是 Window 软件，通常会采用 ini 文件进行保存，如果是J2EE应用，会采用 properties 属性文件进行保存。如果是 Android 应用，最适合采用什么方式保存软件配置参数呢？

在 Android 系统中，提供了多种存储技术，通过这些存储技术，可以将数据存储在各种存储介质上，比如，Sharedpreferences 可以将数据保存在这个应用软件的私有存储区，这些存储区的数据能被写入这些数据供软件读取。当然，Android 还支持文件存储、SQLite 数据库和 Content Provider。在这里，将对 Sharedpreferences 存储方式进行介绍,SharedPreferences 是一个轻量级的存储类，特别适合用于保存软件配置参数，因为 SharedPreferences 处理的就是一个 key–value 对，比如，保存产品的名称，就可以将 key 设为 produceName,value 为实际的产品名。使用 SharedPreferences 保存数据，其背后是用 xml 文件存放数据，它可以用键值对的方式把简单数据类型（boolean、int、float、long 和 String）存储在应用程序的私有目录下（data/data/包名/shared_prefs/）自己定义的 xml 文件中。注意，这里只能是这 5 种数据类型。

下面从 SharedPreferences 的获取以及对数据的存取两个方面进行学习。

1. 获取 SharedPreferences 对象的方法

（1）通过函数 Context.getSharedPreferences(String name,int mode)，其中 name 为本组件的配置文件名，mode 为操作模式，默认的模式为 0 或 MODE_PRIVATE；返回值为 SharedPreferences。

（2）通过函数 Activity.getPreferences(int mode)，其中配置文件为可以被调用的 Activity 使用。mode 为操作模式，默认的模式为 0 或 MODE_PRIVATE；返回值为 SharedPreferences。

2. 使用 SharedPreferences 存取数据

保存 key-value 对，一般要指定一个文件名，然后用类似 putString 的方法指定 key 和 value。SharedPreferences 也采用了同样的方法。使用 SharedPreferences 保存 key-value 对的步骤如下。

（1）使用 Context 类的 getSharedPreferences 方法获得 SharedPreferences 对象。其中存储 key-value 的文件名的名称由 getSharedPreferences 方法的第一个参数指定。

（2）使用 SharedPreferences 接口的 edit() 获得 SharedPreferences.Editor 对象。

（3）通过 SharedPreferences.Editor 接口的 putXXX 方法保存 key-value 对。其中 XXX 表示 value 的不同数据类型，Boolean 类型的 value 则是用 putBoolean 方法，字符串类型的 value 则为 putString 方法。这里的 XXX 只能是 boolean、int、float、long 和 String 这 5 种数据类型。

（4）通过 SharedPreferences.Editor 接口的 commit 方法保存 key-value 对。commit 方法相当于数据库事务中的提交（commit）操作，只有在事件结束后进行提交，才会将数据真正保存在数据库中，保存 key-value 也是一样。

SharedPreferences 将数据文件写在手机内存私有的目录中。在模拟器中测试程序可以通过 ADT 的 DDMS 透视图中的 data/data/包名/shared_prefs/目录来查看数据文件的位置。

3. 获取 SharedPreferences 数据

（1）SharedPreferences preferences = getSharedPreferences(PREFERENCES_NAME, Activity.MODE_PRIVATE);

（2）使用 preferences.getXXX(“key”，没有找到 key 时的默认值);

```
如 String name = preferences.getString("name", "");
```

下面通过用户登录的案例来学习 SharedPreferences 的用法，为了便于观察，密码框没有设置成*，案例实现效果，如图 5-42 所示。

打开 DDMS 的 File Explorer 视图，在 data/data/com.tangcco.t5/shared_prefs/目录下找到 tangcco_sp.xml 文件，如图 5-43 所示。

图 5-42

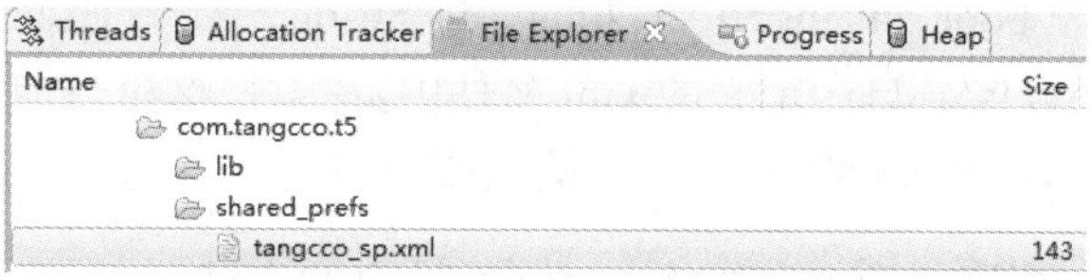

图 5-43

导出 tangcco_sp.xml 文件，如图 5-44 所示。

从上面的内容可以看出，把用户从屏幕上输入的那些字段的值都保存到了 xml 文件中，当开启这个应用时，它会自动去 data 下面找到相应的 xml，并且把相应的数据显示出来。

程序再次启动时，用户名和密码自动读取在屏幕的 EditText 框中，如图 5-45 所示。

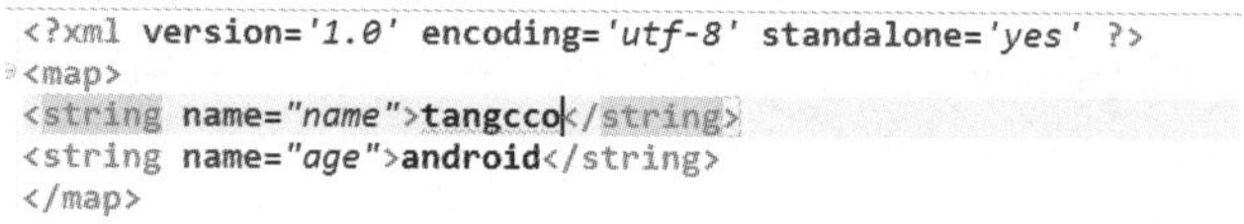
```
<?xml version='1.0' encoding='utf-8' standalone='yes' ?>
<map>
<string name="name">tangcco</string>
<string name="age">android</string>
</map>
```

图 5-44

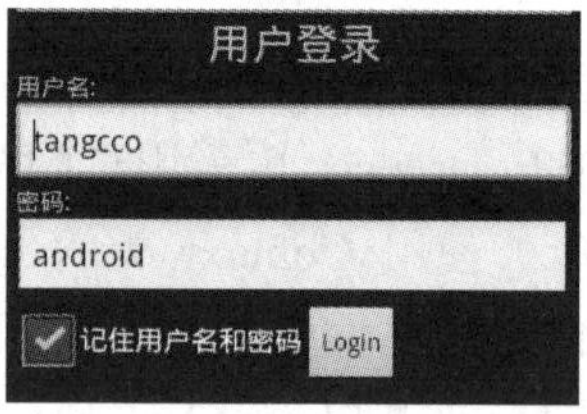

图 5-45

在项目的 res/values/目录下创建 activity_sharedpref.xml 文件。

```
    <?xml version="1.0" encoding="utf-8"?>
    <LinearLayout xmlns:android="http://schemas.android.com/apk/res/
android"
     android:layout_width="match_parent" android:layout_height=
"match_parent"
     android:orientation="vertical">
     <TextView android:text="用户登录" android:id="@+id/txt_login"
         android:layout_gravity="center_horizontal" android:textSize=
"25sp"
         android:layout_width="wrap_content" android:layout_height=
"wrap_content"></TextView>
     <TextView android:id="@+id/txtloginName" android:text="用户名:"
         android:layout_width="wrap_content" android:layout_height=
"wrap_content"></TextView>
     <EditText android:id="@+id/loginName" android:layout_width=
```

```
"match_parent"
            android:layout_height="wrap_content"></EditText>
        <TextView android:text="密码:" android:id="@+id/txtPassword"
            android:layout_width="wrap_content" android:layout_height=
"wrap_content"></TextView>
        <EditText android:id="@+id/loginPassword"
            android:layout_width="match_parent" android:layout_height=
"wrap_content"></EditText>
        <LinearLayout android:layout_width="match_parent"
            android:layout_height="wrap_content" android:id="@+id/
linearLayout1"
            android:orientation="horizontal">
            <CheckBox android:layout_width="wrap_content"
                android:checked="true" android:text="记住用户名和密码"
android:id="@+id/ck_remember_namepass"
                android:layout_height="wrap_content"></CheckBox>
            <Button android:id="@+id/btnLogin" android:text="Login"
                android:layout_width="wrap_content"
android:layout_height="wrap_content"></Button>
        </LinearLayout>
       </LinearLayout>
```

在项目的 src 目录下，创建一个 SharedPreferencesActivity.java 类。

```
public class SharedPreferencesActivity extends Activity {
 private final String PREFERENCES_NAME = "tangcco_sp";
 private EditText etLoginName;
 private EditText etPassword;
 private Button btnLogin;
 /**
  * 初始化控件
  */
 public void init() {
     etLoginName = (EditText) findViewById(R.id.loginName);
     etPassword = (EditText) findViewById(R.id.loginPassword);
     btnLogin = (Button) findViewById(R.id.btnLogin);
 }

 @Override
 protected void onCreate(Bundle savedInstanceState) {
     // TODO Auto-generated method stub
     super.onCreate(savedInstanceState);
     setContentView(R.layout.activity_sharedpref);
     /**
      * 初始化控件
      */
```

```
            init();
            /**
             * 程序启动的时候，读取 SharedPreferences 文件 tangcco_sp.xml 里的内容给
控件初始化
             */
            final SharedPreferences preferences = getSharedPreferences(
                    PREFERENCES_NAME, Activity.MODE_PRIVATE);
            etLoginName.setText(preferences.getString("name", ""));
            etPassword.setText(preferences.getString("age", ""));
            /**
             * 单击 login 按钮时保存用户名和密码到 SharedPreferences 的 tangcco_sp.xml
文件里面
             */
            btnLogin.setOnClickListener(new OnClickListener() {

                @Override
                public void onClick(View v) {
                    // 获得 SharedPreferences.Editor
                    SharedPreferences.Editor editor = preferences.edit();
                    // 保存组件中的值
                    editor.putString("name",
etLoginName.getText().toString());
                    editor.putString("age", etPassword.getText().toString());
                    // 提交保存的结果
                    editor.commit();
                    Toast.makeText(SharedPreferencesActivity.this,
                            "登录成功,用户名密码已经保存", 1000).show();
                }
            });
        }

        @Override
        protected void onStop() {
            // 获得 SharedPreferences 对象
            SharedPreferences MyPreferences = getSharedPreferences(
                    PREFERENCES_NAME, Activity.MODE_PRIVATE);
            // 获得 SharedPreferences.Editor
            SharedPreferences.Editor editor = MyPreferences.edit();
            // 保存组件中的值
            editor.putString("name", etLoginName.getText().toString());
            editor.putString("age", etPassword.getText().toString());
            // 提交保存的结果
            editor.commit();
            super.onStop();
```

```
    }
  }
```

上述代码中，重写了 onStop 方法，在 onStop 方法中实现了保存用户名和密码到 tangcco_sp.xml 文件中，这里提供了一种思路，就是有些项目的需求是在当前 Activity 退出的时候实现一些数据保存，就应该在 onStop 或者 onPause 方法中进行操作。

同时在上述代码中，用 getsharedPreferences 方法获得 sharedpreferences 对象，getsharedPreferences 方法的第 2 个参数值使用到了 Activity.MODE_PRIVATE 常量。除了这个常量以外，还可以使用另外 3 个常量，Activity.MODE_APPEND，Activity.MODE_WORLD_READABLE，Activity.MODE_WORLD_WRITEABLE 这 4 个常量用于指定文件的建立模式，他们的一个重要功能，就是设置文件的属性，从而可以设置数据文件的访问权限。

【小技巧】

（1）保存较为复杂类型的数据。

前面介绍的 SharedPreferences 只能保存简单类型的数据，例如，String、int 等，需要存取转换后的数据，以字符串的形式保存在 XML 文件中。

（2）可以保存设置的 Activity：PreferenceActivity。

由于 SharedPreferences 可以很容易的保存 key-value 对，因此，通常使用 SharedPreferences 保存配置信息。不过，Android SDK 提供了更为容易的方法来设计配置界面，并且可以透明地保存配置信息，这就是 PreferenceActivity。PreferenceActivity 是 Activity 的子类，该类封装了 SharedPreferences。因此，PreferenceActivity 的所有子类都拥有保存 key-value 对的能力。PreferenceActivity 提供了一些常用的设置项，这些设置项可以满足大多数配置界面的要求。与组件一样，这些配置项既可以从 XML 文件创建，也可以用代码创建，比较常用的如下。

- CheckboxPreference：对应标签。该设置项会创建一个 CheckBox 组件。
- EditTextPreference：对应标签。单击该设置项会弹出一个带 EditText 组件的对话框。
- ListPreference：对应标签。单击该设置项会弹出带 ListView 组件的对话框

5.4　Android 数据存储之 XML 读写

前面介绍过在 SDCard，assets 或者 raw 目录下都可以存放文件，在前面的例子中，使用的是 txt 文件，Android 文件存储数据除了使用 txt 文件之外，还可以通过 XML 文件存储数据，以及读取数据进行解析。

在 Android 中，常见的 XML 解析器分别为 SAX 解析器、DOM 解析器和 PULL 解析器。

5.4.1　SAX 解析器

SAX（Simple API for XML）解析器是一种基于事件的解析器，它的核心是事件处理模式，主要是围绕着事件源以及事件处理器来工作。当事件源产生事件后，调用事件处理器相应的处理方法，在事件源调用事件处理器中特定方法时，还要传递给事件处理器相应事件的状态信息，

这样，事件处理器才能够根据提供的事件信息来决定自己的行为。

SAX 解析器的优点是解析速度快，占用内存少，非常适合在 Android 移动设备中使用。

下面通过具体的案例来学习 SAX 解析和生成 XML 文件。

在项目的 src 目录下，创建 com.tangcco.t5.entity 和 com.tangcco.t5.util 两个包，分别创建 ContactInfo.java 类和 MyHandler.java 类以及 Parse.java 接口，SaxParseContactInfoUtil.java、PullParseContactInfoUtil.java 和 DomParseContactInfoUtil.java 实现 Parse.java 接口，创建 ParseXmlActivity.java 和 ShowContactInfoActivity 类。在 res/layout 目录下创建 activity_parsexml.xml，在 res/values 目录下 创建 arrays.xml，如图 5-46 所示。

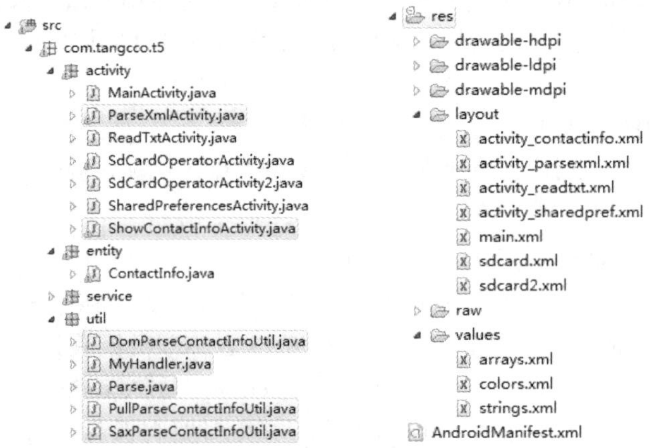

图 5-46

res/values.xml 参考代码如下。

```
<?xml version="1.0" encoding="utf-8"?>
<resources>
 <string-array name="relationship">
     <item>同事</item>
     <item>朋友</item>
     <item>同学</item>
     <item>亲人</item>
 </string-array>
</resources>
res/strings.xml:
<string name="btn_sax_readcontact">SAX 读取通讯录</string>
 <string name="contactId">联系人编号</string>
 <string name="contactName">联系人姓名</string>
 <string name="contactPhone">联系人电话</string>
 <string name="contactRelationship">联系人关系</string>
 <string name="btn_sax_writercontact">SAX 写通讯录信息</string>
 <string name="select_relationship">请选择与联系人的关系</string>
res/activity_parsexml.xml:
<?xml version="1.0" encoding="utf-8"?>
```

```
        <LinearLayout
xmlns:android="http://schemas.android.com/apk/res/android"
                 android:layout_width="match_parent"
android:layout_height="match_parent"
                 android:orientation="vertical">
        <Button android:text="@string/btn_sax_readcontact"
               android:layout_width="match_parent"
android:id="@+id/btn_sax_readcontact"
               android:layout_height="wrap_content"></Button>

        <LinearLayout android:layout_height="wrap_content"
                     android:layout_width="match_parent"
android:id="@+id/linearLayout1"
                     android:orientation="vertical">
            <LinearLayout android:layout_height="wrap_content"
                         android:layout_width="match_parent"
android:id="@+id/linearLayout2">
                <TextView android:text="@string/contactId" android:id="@+id/txt_
contactId"
                         android:layout_width="wrap_content"
        android:layout_height="wrap_content"></TextView>
                <EditText android:layout_width="match_parent"
android:id="@+id/edt_contactId"
                         android:layout_height="wrap_content"></EditText>
            </LinearLayout>
            <LinearLayout android:layout_height="wrap_content"
                         android:layout_width="match_parent"
android:id="@+id/linearLayout3">
                <TextView android:text="@string/contactName"
android:id="@+id/txt_contactName"
                         android:layout_width="wrap_content"
        android:layout_height="wrap_content"></TextView>
                <EditText android:layout_width="match_parent"
android:id="@+id/edt_contactName"
                         android:layout_height="wrap_content"></EditText>
            </LinearLayout>
            <LinearLayout android:layout_height="wrap_content"
                         android:layout_width="match_parent"
android:id="@+id/linearLayout3">
                <TextView android:text="@string/contactPhone" android:id=
"@+id/txt_contactPhone"
                         android:layout_width="wrap_content"
        android:layout_height="wrap_content"></TextView>
                <EditText android:layout_width="match_parent" android:id=
```

```
"@+id/edt_contactPhone"
                          android:layout_height="wrap_content"></EditText>
            </LinearLayout>
            <LinearLayout android:layout_height="wrap_content"
                          android:layout_width="match_parent"
android:id="@+id/linearLayout2">
                <TextView android:text="@string/contactRelationship"
                          android:id="@+id/txt_contactRelationship"
        android:layout_width="wrap_content"
        android:layout_height="wrap_content"></TextView>
                <Spinner android:layout_height="wrap_content"
                         android:id="@+id/spinner_contactRelationship"
        android:layout_width="match_parent"
                         android:prompt="@string/select_relationship"
        android:entries="@array/relationship"></Spinner>
            </LinearLayout>
            <Button android:text="@string/btn_sax_writercontact"
                    android:layout_width="match_parent" android:id="@+id/btn_
sax_writercontact"
                    android:layout_height="wrap_content"></Button>
         </LinearLayout>
        </LinearLayout>
```

src/com/tangcco/t5/entity/ContactInfo.java 参考代码如下。

```
public class ContactInfo implements Serializable {
 private int id;
 private String name;
 private String telphone;
 private int relationShip;// 0：表示同事，1：表示朋友，2：同学，3：表示亲人

 public int getId() {
     return id;
 }

 public void setId(int id) {
     this.id = id;
 }

 public String getName() {
     return name;
 }

 public void setName(String name) {
     this.name = name;
 }
```

```
    public String getTelphone() {
        return telphone;
    }

    public void setTelphone(String telphone) {
        this.telphone = telphone;
    }

    public int getRelationShip() {
        return relationShip;
    }

    public void setRelationShip(int relationShip) {
        this.relationShip = relationShip;
    }

    /**
     * @param id
     * @param name
     * @param telphone
     * @param relationShip
     */
    public ContactInfo(int id, String name, String telphone, int relationShip) {
        super();
        this.id = id;
        this.name = name;
        this.telphone = telphone;
        this.relationShip = relationShip;
    }

    /**
     *
     */
    public ContactInfo() {
        // TODO Auto-generated constructor stub
    }

    @Override
    public String toString() {
        // TODO Auto-generated method stub
        return "\n name:" + name + "\n telphone:" + telphone
                + "\n relationShip:" + relationShip + "\n";
    }
```

```
}
src/com/tangcco/t5/util/Parse.java 参考代码如下。
public interface Parse {
 /**
  * 解析输入流 得到 ContactInfo 对象集合
  * @param is
  * @return
  * @throws Exception
  */
 public List<ContactInfo> parse(InputStream is) throws Exception;

 /**
  * 序列化 ContactInfo 对象集合 得到 XML 形式的字符串
  * @param contactInfo
  * @return
  * @throws Exception
  */
 public String serialize(ContactInfo... contactInfo) throws Exception;
}
src/com/tangcco/t5/util/SaxParseContactInfoUtil.java 参考代码如下。
public class SaxParseContactInfoUtil implements Parse {
 @Override
 public List<ContactInfo> parse(InputStream is) throws Exception {
     SAXParserFactory factory = SAXParserFactory.newInstance(); // 取得
SAXParserFactory 实例
     SAXParser parser = factory.newSAXParser(); // 从 factory 获取
SAXParser 实例
     MyHandler handler = new MyHandler(); // 实例化自定义 Handler
     parser.parse(is, handler); // 根据自定义 Handler 规则解析输入流
     return handler.getContactInfoArrays();
 }

 @Override
 public String serialize(ContactInfo... contactInfoArrays) throws
Exception {
     SAXTransformerFactory factory = (SAXTransformerFactory)
TransformerFactory
             .newInstance();// 取得 SAXTransformerFactory 实例
// 从 factory 获取 TransformerHandler 实例
     TransformerHandler handler = factory.newTransformerHandler();
     Transformer transformer = handler.getTransformer(); // 从 handler
获取 Transformer 实例
     transformer.setOutputProperty(OutputKeys.ENCODING, "UTF-8"); // 设
置输出采用的编码方式
```

```
        transformer.setOutputProperty(OutputKeys.INDENT, "yes"); // 是否自
动添加额外的空白
        transformer.setOutputProperty(OutputKeys.OMIT_XML_DECLARATION,
"no"); // 是否忽略 XML 声明

        StringWriter writer = new StringWriter();
        Result result = new StreamResult(writer);
        handler.setResult(result);

        String uri = ""; // 代表命名空间的 URI 当 URI 无值时 须置为空字符串
        String localName = ""; // 命名空间的本地名称(不包含前缀) 当没有进行命名空
间处理时 须置为空字符串

        handler.startDocument();
        handler.startElement(uri, localName, "tangcco_contactinfo", null);

        AttributesImpl attrs = new AttributesImpl(); // 负责存放元素的属性信息
        char[] ch = null;
        for (ContactInfo contactInfo : contactInfoArrays) {
            attrs.clear(); // 清空属性列表
            attrs.addAttribute(uri, localName, "id", "string",
                    String.valueOf(contactInfo.getId()));// 添加一个名为 id
的属性
    // 开始一个 contactinfo 元素，关联上面设定的 id 属性
            handler.startElement(uri, localName, "contactinfo", attrs);

    // 开始一个 contactname 元素，没有属性
            handler.startElement(uri, localName, "contactname", null);
            ch = String.valueOf(contactInfo.getName()).toCharArray();
            handler.characters(ch, 0, ch.length); // 设置 name 元素的文本节点
            handler.endElement(uri, localName, "contactname");
    // 开始一个 contactphone 元素，没有属性
            handler.startElement(uri, localName, "contactphone", null);
            ch = String.valueOf(contactInfo.getTelphone()).toCharArray();
            handler.characters(ch, 0, ch.length); // 设置 price 元素的文本节点
            handler.endElement(uri, localName, "contactphone");
    // 开始一个 contactRelationship 元素，没有属性
            handler.startElement(uri, localName, "contactRelationship",
null);                          ch =
String.valueOf(contactInfo.getRelationShip()).toCharArray();
            handler.characters(ch, 0, ch.length); // 设置 price 元素的文本节点
            handler.endElement(uri, localName, "contactRelationship");

            handler.endElement(uri, localName, "contactinfo");
```

```
        }
        handler.endElement(uri, localName, "tangcco_contactinfo");
        handler.endDocument();

        return writer.toString();
    }
}
```

src/com/tangcco/t5/util/MyHander.java 参考代码如下。

```
public class MyHandler extends DefaultHandler {
    private List<ContactInfo> contactInfoArrays;
    private ContactInfo contactInfo;
    private StringBuilder builder;

    // 返回解析后得到的 Book 对象集合
    public List<ContactInfo> getContactInfoArrays() {
        return contactInfoArrays;
    }

    @Override
    public void startDocument() throws SAXException {
        super.startDocument();
        contactInfoArrays = new ArrayList<ContactInfo>();
        builder = new StringBuilder();
    }

    @Override
    public void startElement(String uri, String localName, String qName,
            Attributes attributes) throws SAXException {
        super.startElement(uri, localName, qName, attributes);
        if (localName.equals("contactinfo")) {
            contactInfo = new ContactInfo();
        }
        builder.setLength(0); // 将字符长度设置为 0 以便重新开始读取元素内的字符
节点
    }

    @Override
    public void characters(char[] ch, int start, int length)
            throws SAXException {
        super.characters(ch, start, length);
        builder.append(ch, start, length); // 将读取的字符数组追加到 builder 中
    }

    @Override
```

```
    public void endElement(String uri, String localName, String qName)
            throws SAXException {
        super.endElement(uri, localName, qName);
        if (localName.equals("contactname")) {
            contactInfo.setName(builder.toString());
        } else if (localName.equals("contactphone")) {
            contactInfo.setTelphone(builder.toString());
        } else if (localName.equals("contactRelationship")) {

contactInfo.setRelationShip(Integer.parseInt(builder.toString()));
        } else if (localName.equals("contactinfo")) {
            contactInfoArrays.add(contactInfo);
        }
    }
}
```

src/com/tangcco/t5/activity/ParseXmlActivity.java 参考代码如下。

```
public class ParseXmlActivity extends Activity implements OnClickListener {
    private static final String TAG = "ParseXmlActivity";
    private Parse parser;
    private List<ContactInfo> contactInfos;
    private EditText edt_contectId;
    private EditText edt_contectName;
    private EditText edt_contectPhone;
    private Spinner sp_contectRelationship;
    private Button readBtn;
    private Button writeBtn;

    @Override
    protected void onCreate(Bundle savedInstanceState) {
        // TODO Auto-generated method stub
        super.onCreate(savedInstanceState);
        setContentView(R.layout.activity_parsexml);
        initUI();
    }

    /**
     * 初始化
     */
    public void initUI() {
        edt_contectId = (EditText) findViewById(R.id.edt_contactId);
        edt_contectName = (EditText) findViewById(R.id.edt_contactName);
        edt_contectPhone = (EditText) findViewById(R.id.edt_contactPhone);
        sp_contectRelationship = (Spinner) findViewById(R.id.spinner_
contactRelationship);
```

```
        readBtn = (Button) findViewById(R.id.btn_sax_readcontact);
        writeBtn = (Button) findViewById(R.id.btn_sax_writercontact);

        readBtn.setOnClickListener(this);
        writeBtn.setOnClickListener(this);

        parser = new SaxParseContactInfoUtil();
    }

    @Override
    public void onClick(View v) {
        switch (v.getId()) {
        case R.id.btn_sax_readcontact:
            readerXml();
            break;
        case R.id.btn_sax_writercontact:
            String contactId = edt_contectId.getText().toString();
            String contactName = edt_contectName.getText().toString();
            String contactPhone = edt_contectPhone.getText().toString();
            // 获取 Spinner 控件选中的文本信息
            // String contactRelationShip = getResources().getStringArray(
            // R.array.relationship)[sp_contectRelationship
            // .getSelectedItemPosition()];
            int relationId = sp_contectRelationship.getSelectedItemPosition();
            Toast.makeText(
                    ParseXmlActivity.this,
                    contactId + ":" + contactName + ":" + contactPhone + ":"
                            + relationId, 1000).show();
            // 此处省略非空验证.....................
            ContactInfo contactInfo = new ContactInfo(
                    Integer.parseInt(contactId), contactName, contactPhone,
                    relationId);
            writerXml(contactInfo);
            break;
        }
    }

    /**
     * 写 Xml 文件
     * @param contactInfo
     */
    private void writerXml(ContactInfo contactInfo) {
        try {
            String xml = parser.serialize(contactInfo); // 序列化
```

```
                FileOutputStream fos = openFileOutput("tangcco_contactinfo.xml",
                        Context.MODE_PRIVATE);
                fos.write(xml.getBytes("UTF-8"));
                Toast.makeText(this, "保存成功", 1000).show();
            } catch (Exception e) {
                Log.e(TAG, e.getMessage());
                Toast.makeText(this, "保存失败，发生异常：" + e.getMessage(),
1000).show();
            }
        }

        /**
         * 读取 Xml 文件
         */
        private void readerXml() {
            try {
                // context.getFileDir 可以获得程序的 data 目录的 files 子目录
                File readFile = new File(this.getFilesDir(),
                        "tangcco_contactinfo.xml");
                InputStream is = new FileInputStream(readFile);
                parser = new SaxParseContactInfoUtil(); // 创建 SaxParseUtil 实例
                List<ContactInfo> contactInfoArrays = parser.parse(is); // 解
析输入流
                for (ContactInfo contactInfo : contactInfoArrays) {
                    Log.i(TAG, contactInfo.toString());
                    Toast.makeText(this, contactInfo.toString(), 1000).show();
                }
            } catch (Exception e) {
                e.printStackTrace();
            }
        }
    }
```

AndroidManifest.xml 参考代码如下。

```
        <activity android:name=".activity.ParseXmlActivity" android:label=
"@string/app_name">
            <intent-filter>
                <action android:name="android.intent.action.MAIN" />
                <category android:name="android.intent.category.LAUNCHER" />
            </intent-filter>
        </activity>
```

运行程序，单击“SAX 写通讯录信息”按钮，结果如图 5-47 所示。

打开 DDMS 的 File Explorer 视图，查看该项目下生成的 tangcco_contactinfo.xml 文件，如图 5-48 所示。

图 5-47

图 5-48

单击“SAX 读取通讯录”按钮，如图 5-49 所示。

图 5-49

如果单击“SAX 读取通讯录”按钮想要获取列表显示联系人信息，如图 5-49 左图所示，可以修改 Activity 和 layout 代码。

res/layout/activity_contactinfo.xml 参考代码如下。

```
<?xml version="1.0" encoding="utf-8"?>
<LinearLayout xmlns:android="http://schemas.android.com/apk/res/
android"
    android:layout_width="match_parent" android:layout_height=
"match_parent">
    <ExpandableListView android:id="@+id/expandableListView"
        android:layout_width="match_parent"
android:layout_height="wrap_content"></ExpandableListView>
</LinearLayout>

src/com/tangcco/t5/activity/ShowContactInfoActivity.java:

public class ShowContactInfoActivity extends Activity {
 private List<String> contactInfoGroupList;
```

```
    private List<ContactInfo> contactInfoList;
    private List<List<ContactInfo>> contactInfoChildList = new
ArrayList<List<ContactInfo>>();
    private List<ContactInfo> ListA = new ArrayList<ContactInfo>();
    private List<ContactInfo> ListB = new ArrayList<ContactInfo>();
    private List<ContactInfo> ListC = new ArrayList<ContactInfo>();
    private List<ContactInfo> ListD = new ArrayList<ContactInfo>();

    @Override
    protected void onCreate(Bundle savedInstanceState) {
        // TODO Auto-generated method stub
        super.onCreate(savedInstanceState);
        setContentView(R.layout.activity_contactinfo);

        initData();

        ExpandableListView expandableListView = (ExpandableListView)
    findViewById(R.id.expandableListView);
        expandableListView.setAdapter(new
ExpandableAdapter(ShowContactInfoActivity.this));
    }

    public void initData() {
        String[] contactInfoArrays = getResources().getStringArray(
                R.array.relationship);
        contactInfoGroupList = new ArrayList<String>();
        for (int i = 0; i < contactInfoArrays.length; i++) {
            contactInfoGroupList.add(contactInfoArrays[i]);
        }

        File readFile = new File(this.getFilesDir(), "tangcco_contactinfo.xml");
        InputStream is;
        try {
            is = new FileInputStream(readFile);
            Parse parser = new SaxParseContactInfoUtil(); // 创建 SaxParseUtil
实例
            contactInfoList = parser.parse(is); // 解析输入流
```

```
                for (int i = 0; i < contactInfoList.size(); i++) {
                    int relationShip = contactInfoList.get(i).getRelationShip();
                    if (relationShip == 0) {
                        ListA.add(contactInfoList.get(i));
                    } else if (relationShip == 1) {
                        ListB.add(contactInfoList.get(i));
                    } else if (relationShip == 2) {
                        ListC.add(contactInfoList.get(i));
                    } else if (relationShip == 3) {
                        ListD.add(contactInfoList.get(i));
                    }
                }
                contactInfoChildList.add(ListA);
                contactInfoChildList.add(ListB);
                contactInfoChildList.add(ListC);
                contactInfoChildList.add(ListD);
            } catch (Exception e) {
                // TODO Auto-generated catch block
                e.printStackTrace();
            }
        }

        class ExpandableAdapter extends BaseExpandableListAdapter {
            Activity activity;

            public ExpandableAdapter(Activity a) {
                activity = a;
            }

            public Object getChild(int groupPosition, int childPosition) {
                return
contactInfoChildList.get(groupPosition).get(childPosition);
            }

            public long getChildId(int groupPosition, int childPosition) {
                return childPosition;
            }
```

```
        public int getChildrenCount(int groupPosition) {
            Toast.makeText(activity, groupPosition + "", 1000).show();
            return contactInfoChildList.get(groupPosition).size();

        }

        public View getChildView(int groupPosition, int childPosition,
                boolean isLastChild, View convertView, ViewGroup parent) {
            ContactInfo contactInfo =
contactInfoChildList.get(groupPosition)
                    .get(childPosition);
            String string = contactInfo.getName() + "——"
                    + contactInfo.getTelphone();
            return getGenericView(string);
        }

        // group method stub
        public Object getGroup(int groupPosition) {
            return contactInfoGroupList.get(groupPosition);
        }

        public int getGroupCount() {
            return contactInfoGroupList.size();
        }

        public long getGroupId(int groupPosition) {
            return groupPosition;
        }

        public View getGroupView(int groupPosition, boolean isExpanded,
                View convertView, ViewGroup parent) {
            String string = contactInfoGroupList.get(groupPosition);
            return getGenericView(string);
        }

        // View stub to create Group/Children 's View
        public TextView getGenericView(String string) {
            // Layout parameters for the ExpandableListView
```

```
                AbsListView.LayoutParams layoutParams = new AbsListView.
LayoutParams(
                        ViewGroup.LayoutParams.FILL_PARENT, 64);
                TextView text = new TextView(activity);
                text.setLayoutParams(layoutParams);
                // Center the text vertically
                text.setGravity(Gravity.CENTER_VERTICAL | Gravity.LEFT);
                // Set the text starting position
                text.setPadding(36, 0, 0, 0);
                text.setText(string);
                return text;
            }

            public boolean hasStableIds() {
                return false;
            }

            public boolean isChildSelectable(int groupPosition, int
childPosition) {
                return true;
            }
        }
    }
```

在 AndroidManifest.xml 文件中增加上述 Activity 的声明，修改 ParseXmlActivity.java 的按钮单击事件：

```
    @Override
    public void onClick(View v) {
     switch (v.getId()) {
         case R.id.btn_sax_readcontact:
         // readerXml();
         startActivity(new Intent(this, ShowContactInfoActivity.class));
         break;
    //..........
     }
    }
```

5.4.2　Pull 解析器

Pull 解析器的运行方式和 SAX 类似，都是基于事件的模式。不同的是，在 PULL 解析过程中，需要自己获取产生的事件，然后做相应的操作，而不像 SAX 那样，由处理器触发一种事件的方法，执行代码。PULL 解析器小巧轻便，解析速度快，简单易用，非常适合在 Android 移动设备中使用，Android 系统内部在解析各种 XML 时，也是用 PULL 解析器。Android 官方推荐开发者使用 Pull 解析技术。Pull 解析技术是第三方开发的开源技术，它同样可以应用于 JavaSE 开发。

Pull 的工作原理，是 XML pull 提供了开始元素和结束元素。当某个元素开始时，可以调用 parser．nextText 方法从 XML 文档中提取所有字符数据。当解析到一个文档结束时，自动生成 EndDocument 事件。常用的 XML pull 的接口和类如下。

- XmlPullParser：该解析器是一个在 org.xmlpull.v1 中定义的解析功能的接口。
- XmlSerializer：它是一个接口，定义了 XML 信息集的序列。
- XmlPullParserFactory：这个类用于 XMPULL V1 API 中创建 XML Pull 解析器。
- XmlPullParserException：抛出单一的 XML pull 解析器相关的错误。

使用 Pull 操作 XML，实现通讯录信息的保存和读取。

src/com/tangcco/t5/util/PullParseContactInfo.java 参考代码如下。

```
    public class PullParseContactInfoUtil implements Parse {
     @Override
     public List<ContactInfo> parse(InputStream is) throws Exception {
         List<ContactInfo> contactInfoList = null;
         ContactInfo contactInfo = null;
         // XmlPullParserFactory factory = XmlPullParserFactory.
newInstance();
         // XmlPullParser parser = factory.newPullParser();

         XmlPullParser parser = Xml.newPullParser(); // 由 android.util.Xml
创建一个 XmlPullParser 实例
         parser.setInput(is, "UTF-8"); // 设置输入流 并指明编码方式

         int eventType = parser.getEventType();
         while (eventType != XmlPullParser.END_DOCUMENT) {
             switch (eventType) {
             case XmlPullParser.START_DOCUMENT:
                 contactInfoList = new ArrayList<ContactInfo>();
                 break;
             case XmlPullParser.START_TAG:
                 if (parser.getName().equals("contactinfo")) {
                     contactInfo = new ContactInfo();
                 } else if (parser.getName().equals("contactname")) {
```

```
                        eventType = parser.next();
                        contactInfo.setName(parser.getText());
                    } else if (parser.getName().equals("contactphone")) {
                        eventType = parser.next();
                        contactInfo.setTelphone(parser.getText());
                    } else if (parser.getName().equals("contactRelationship")) {
                        eventType = parser.next();
                        contactInfo.setRelationShip(Integer.parseInt(parser
                                .getText()));
                    }
                    break;
                case XmlPullParser.END_TAG:
                    if (parser.getName().equals("contactinfo")) {
                        contactInfoList.add(contactInfo);
                        contactInfo = null;
                    }
                    break;
                }
                eventType = parser.next();
            }
            return contactInfoList;
        }

        @Override
        public String serialize(ContactInfo... contactInfoList) throws
Exception {
            // XmlPullParserFactory factory = XmlPullParserFactory.
newInstance();
            // XmlSerializer serializer = factory.newSerializer();

       // 由android.util.Xml创建一个XmlSerializer实例
            XmlSerializer serializer = Xml.newSerializer();
       StringWriter writer = new StringWriter();
            serializer.setOutput(writer); // 设置输出方向为writer
            serializer.startDocument("UTF-8", true);
            serializer.startTag("", "tangcco_contactinfo");
            for (ContactInfo contactInfo : contactInfoList) {
                serializer.startTag("", "contactinfo");
                serializer.attribute("", "id", contactInfo.getId() + "");

                serializer.startTag("", "contactname");
                serializer.text(contactInfo.getName());
                serializer.endTag("", "contactname");
```

```
            serializer.startTag("", "contactphone");
            serializer.text(contactInfo.getTelphone() + "");
            serializer.endTag("", "contactphone");

            serializer.startTag("", "contactRelationship");
            serializer.text(contactInfo.getRelationShip() + "");
            serializer.endTag("", "contactRelationship");

            serializer.endTag("", "contactinfo");
        }
        serializer.endTag("", "tangcco_contactinfo");
        serializer.endDocument();

        return writer.toString();
    }
}
```

修改前面的 ParseXmlActivity 类中的代码，将实例化解析器对象改成 PullParseContactInfoUtil，代码如下。

```
    /**
     * 初始化
     */
    public void initUI() {
        //……
        // parser = new SaxParseContactInfoUtil();
        parser = new PullParseContactInfoUtil();
    }
```

修改前面的 ShowContactInfoActivity 类的 initData()中实例化解析器对象的代码如下。

```
    public void initData() {
        //……
        try {
            // Parse parser = new SaxParseContactInfoUtil(); // 创建SaxParse实例
            Parse parser = new PullParseContactInfoUtil(); // 创建PullParse实例
            //……
        } catch (Exception e) {
            // TODO Auto-generated catch block
            e.printStackTrace();
        }
    }
```

5.4.3　DOM 解析器

DOM 是基于树形结构的节点或信息片段的集合，允许开发人员使用 DOM API 遍历 XML

树、检索所需数据。分析该结构通常需要加载整个文档和构造树形结构，然后，才可以检索和更新节点信息。

由于 DOM 在内存中以树形结构存放，因此，检索和更新效率会更高。但是，对于特别大的文档，解析和加载整个文档将会很耗资源。

使用 DOM 操作 XML，实现通讯录信息的保存和读取。

src/com/tangcco/t5/util/DomParseContactInfo.java，参考代码如下。

```
    public class DomParseContactInfoUtil implements Parse {
     @Override
     public List<ContactInfo> parse(InputStream is) throws Exception {
         List<ContactInfo> contactInfoList = new ArrayList<ContactInfo>();
    // 取得 DocumentBuilderFactory 实例
         DocumentBuilderFactory factory = DocumentBuilderFactory.
newInstance();
    // 从 factory 获取 DocumentBuilder 实例
        DocumentBuilder builder = factory.newDocumentBuilder();
        Document doc = builder.parse(is); // 解析输入流 得到 Document 实例
         Element rootElement = doc.getDocumentElement();
         NodeList items = rootElement.getElementsByTagName("contactinfo");
         for (int i = 0; i < items.getLength(); i++) {
             ContactInfo contactInfo = new ContactInfo();
             Node item = items.item(i);
             NodeList properties = item.getChildNodes();
             for (int j = 0; j < properties.getLength(); j++) {
                 Node property = properties.item(j);
                 String nodeName = property.getNodeName();
                 if (nodeName.equals("contactname")) {
                     contactInfo

  .setName(property.getFirstChild().getNodeValue());
                 } else if (nodeName.equals("contactphone")) {
                     contactInfo.setTelphone(property.getFirstChild()
                             .getNodeValue());
                 } else if (nodeName.equals("contactRelationship")) {

  contactInfo.setRelationShip(Integer.parseInt(property
                             .getFirstChild().getNodeValue()));
                 }
             }
```

```
                contactInfoList.add(contactInfo);
            }
            return contactInfoList;
        }

        @Override
        public String serialize(ContactInfo... contactInfoList) throws Exception
{
            DocumentBuilderFactory factory = DocumentBuilderFactory.newInstance();
            DocumentBuilder builder = factory.newDocumentBuilder();
            Document doc = builder.newDocument(); // 由builder创建新文档

            Element rootElement = doc.createElement("tangcco_contactinfo");
            for (ContactInfo contactInfo : contactInfoList) {
                Element contactInfoElement = doc.createElement("contactinfo");
                contactInfoElement.setAttribute("id", contactInfo.getId() +
"");

                Element nameElement = doc.createElement("contactname");
                nameElement.setTextContent(contactInfo.getName());
                contactInfoElement.appendChild(nameElement);

                Element phoneElement = doc.createElement("contactphone");
                phoneElement.setTextContent(contactInfo.getTelphone());
                contactInfoElement.appendChild(phoneElement);

                Element contactInfoRelationShipElement = doc
                        .createElement("contactRelationship");
                contactInfoRelationShipElement.setTextContent(contactInfo
                        .getRelationShip() + "");

    contactInfoElement.appendChild(contactInfoRelationShipElement);

                rootElement.appendChild(contactInfoElement);
            }

            doc.appendChild(rootElement);
```

```
        // 取得 TransformerFactory 实例
            TransformerFactory transFactory = TransformerFactory.newInstance();

        // 从 transFactory 获取 Transformer 实例
        Transformer transformer = transFactory.newTransformer();
            transformer.setOutputProperty(OutputKeys.ENCODING, "UTF-8"); // 设
置输出采用的编码方式
            transformer.setOutputProperty(OutputKeys.INDENT, "yes"); // 是否自
动添加额外的空白
            transformer.setOutputProperty(OutputKeys.OMIT_XML_DECLARATION,
"no"); // 是否忽略 XML 声明

            StringWriter writer = new StringWriter();
            Source source = new DOMSource(doc); // 表明文档来源是 doc
            Result result = new StreamResult(writer);// 表明目标结果为 writer
            transformer.transform(source, result); // 开始转换

            return writer.toString();
        }
    }
```

修改前面的 ParseXmlActivity 类中的代码，将实例化解析器对象改成 DomParseContactInfoUtil 参考代码如下。

```
    /**
     * 初始化
     */
    public void initUI() {
        //..........................................
        // parser = new SaxParseContactInfoUtil();
        // parser = new PullParseContactInfoUtil();
    parser = new DomParseContactInfoUtil();
    }
```

修改前面的 ShowContactInfoActivity 类的 initData()中实例化解析器对象的代码如下。

```
    public void initData() {
        //..........................................
        try {
            // Parse parser = new SaxParseContactInfoUtil(); // 创建 SaxParse 实例
            Parse parser = new PullParseContactInfoUtil(); // 创建 PullParse 实例
    Parse parser = new DomParseContactInfoUtil(); // 创建 DomParse 实
            //..................................................................
```

```
        } catch (Exception e) {
            // TODO Auto-generated catch block
            e.printStackTrace();
        }
    }
```

几种解析 XML 技术的比较与总结。

XML 文件主要用于对程序为了实现某些功能而产生的一些数据进行存取，例如 XML 实现 RSS 获取网络新闻信息，XML 实现手机短信的备份等。对于 Android 的移动设备而言，因为设备的资源比较宝贵，内存是有限的，所以，需要选择适合的技术来解析 XML，这样有利于提高访问的速度。

DOM 在处理 XML 文件时，将 XML 文件解析成树状结构，并放入内存中进行处理。当 XML 文件较小时，可以选 DOM，因为它简单、直观。

SAX 则是以事件作为解析 XML 文件的模式，它将 XML 文件转化成一系列的事件，由不同的事件处理器来决定如何处理。XML 文件较大时，选择 SAX 技术比较合理。虽然代码量有些大，但是它不需要将所有的 XML 文件加载到内存中，这样，对于有限的 Android 内存更有效，而且 Android 提供了一种传统的 SAX 使用方法以及一个便捷的 SAX 包装器，使用 Android.util.Xml 类，会比使用 SAX 来得简单。

Pull 解析并未像 SAX 解析那样监听元素的结束，而是在开始处完成了大部分处理。这有利于提早读取 XML 文件，可以极大地减少解析时间，这种优化对于连接速度较慢的移动设备而言尤为重要。对于 XML 文档较大但只需要文档的一部分时，Pull 解析器则是更为有效的方法。

5.5　SQLite 数据库存储

5.5.1　SQLite 数据库简介

在前面通讯录的例子中，只能对 XML 文件进行读和写的操作，不能对 XML 进行修改和删除的操作，而且在前面的例子中，在录入多个联系人信息时，如果采用 MODE_PRIVATE 的方式，会进行文件的覆盖，如果采用 MODE_APPEND 的方式，要保证 XML 文件的根元素只能有一个，还需要进行代码修改，再者联系人的编号不想用户自己输入，而是想让编号自动增长，那么，可以使用另外一种数据存储的方式，那就是数据库，在 Android 系统中，运行环境包含了完整的 SQLite。

SQLite 基本上符合 SQL-92 标准，与其他的主要 SQL 数据库没什么区别，它的优点就是高效。SQLite 和其他数据库最大的不同，就是对数据类型的支持，创建一个表时，可以在 CREATE TABLE 语句中指定某列的数据类型，但是，可以把任何数据类型放入任何列中。当某个值插入数据库时，SQLite 将检查它的类型，如果该类型与关联的列不匹配，则 SQLite 会尝试将该值转换成该列的类型，如果不能转换，则该值将作为其本身具有的类型存储。比如，可以把一个字符串（String）放入 INTEGER 列，SQLite 称这为“弱类型”。

此外，SQLite 不支持一些标准的 SQL 功能，特别是外键约束（FOREIGN KEY Constrains），嵌套 Transcaction、RIGHT OUTER JOIN 和 FULL OUTER JOIN，还有一些 ALTER TABLE 功能，除了上述功能外，SQLite 是一个完整的 SQL 系统，拥有完整的触发器，交易等。

SQLite 数据库具有以下特点。

1．轻量级

使用 SQLite 只需要带一个动态库，就可以享受它的全部功能，而且那个动态库的尺寸想当小。

2．独立性

SQLite 数据库的核心引擎不需要依赖第三方软件，也不需要所谓的“安装”。

3．隔离性

SQLite 数据库中的所有的信息（比如表、视图、触发器等）都包含在一个文件夹内，方便管理和维护。

4．跨平台

SQLite 目前支持大部分操作系统，不至电脑操作系统更在众多的手机系统也是能够运行，比如：Android。

5．多语言接口

SQLite 数据库支持多语言编程接口。

6．安全性

SQLite 数据库通过数据库级上的独占性和共享锁来实现独立事务处理。这意味着多个进程可以在同一时间从同一数据库读取数据，但只能有一个可以写入数据。

首先，我们来熟悉以下 SQLite 的操作，在操作之前，要先下载 SQLite 数据库，官方的下载页面是 http://sqlite.org/download.html，如果在 Windows 操作系统下，可以选择 Precompiled Binaries For Windows 下面 sqlite-shell-win32-x86 和 sqlite-analyzer-win32-x86 的 zip 包，前者是 SQLite 数据库引擎，后者是 SQLite 数据库分析器，主要用于分析数据库的状态等信息，也可以根据自己的情况去下载。下载完成后分别解压，得到两个可执行文件，再将这两个解压后的文件放在 G:\sqlite 目录下，如图 5-50 所示。

图 5-50

下面介绍如何使用 sqlite 创建数据库和表。

（1）创建数据库，语法：sqlite3 数据库文件名。

单击电脑开始菜单，选择运行，输入 cmd，按照如图 5-51 所示代码创建数据库。

执行了 sqlite3 命令，参数就是数据库的名称，如果该数据库已存在，则使用，如果不存在，则创建，这里简单的在当前位置创建了 test.db，也可以在任何存在的并且可写的目录下创建自己的数据库。

进入 G:\sqlite3 目录，会发现已经生成了一个 test.db 的数据库文件。

（2）创建表，如图 5-52 所示。

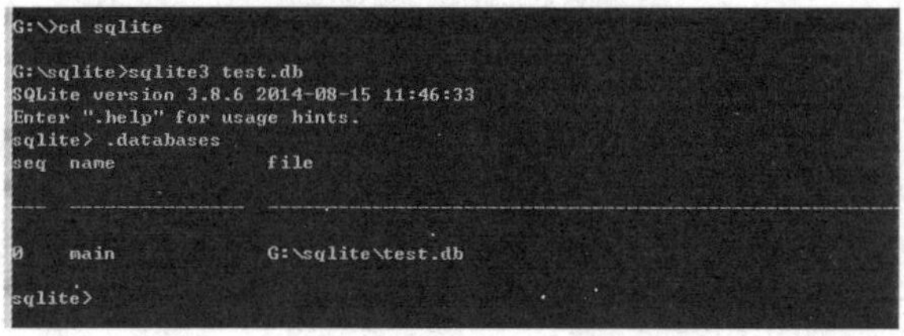

图 5-51

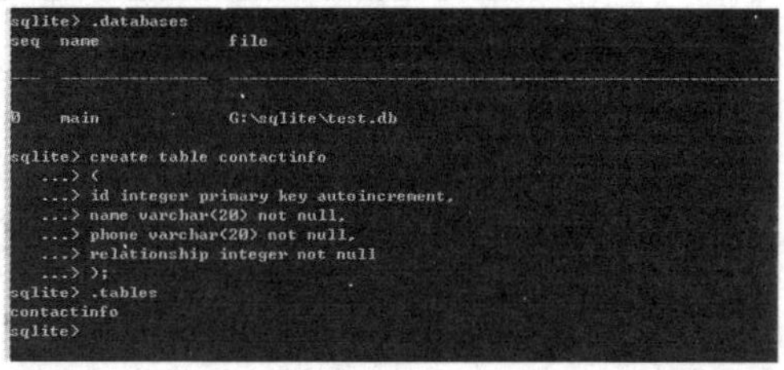

图 5-52

（3）插入数据，如图 5-53 所示。

（4）从文件导入数据，如图 5-54 所示。

在 G:\sqlite\目录下创建一个 data.sql 文件，编写几条插入数据的语句，执行如图 5-54 所示的语句。

（5）分析数据库的使用状态，如图 5-55 所示。

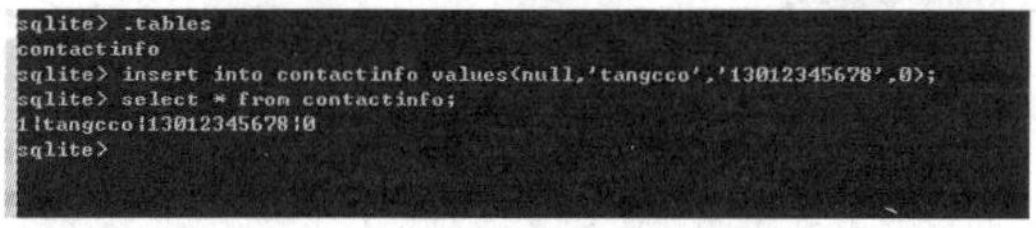

图 5-53

图 5-54

在没有使用该数据的时候，可以将 test.db 文件进行备份即可。

在实际开发过程中，为了提高开发效率，可以使用 SQLite 的管理工具，网络上有很多 SQLite 的管理工具，例如 SqliteDev，SQLite Expert 等，这里使用 SQLite Expert 来打开前面创建的数据库 test.db，大家可从 SQLite 官网上下载安装软件，（http://www.sqliteexpert.com），如图 5-56 所示。

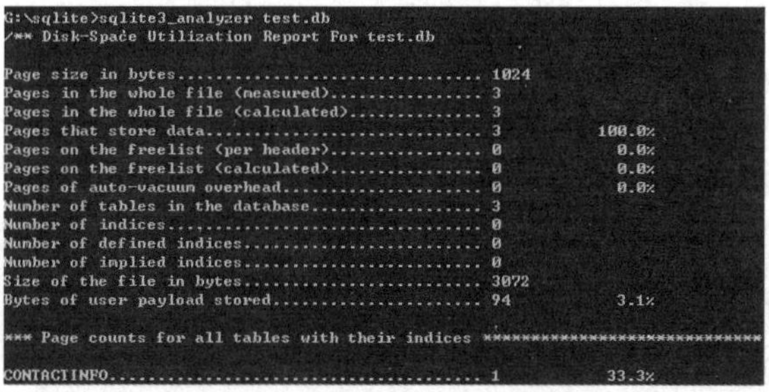

图 5-55

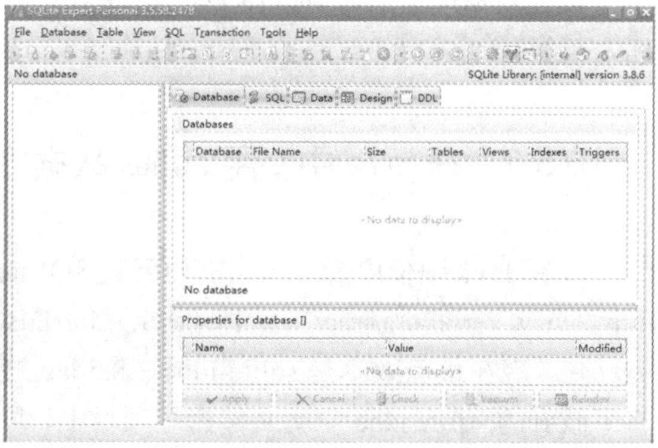

图 5-56

单击 按钮，在弹出的窗口中选择 test.db，并打开，如图 5-57 所示。

选择 Data，如图 5-58 所示。

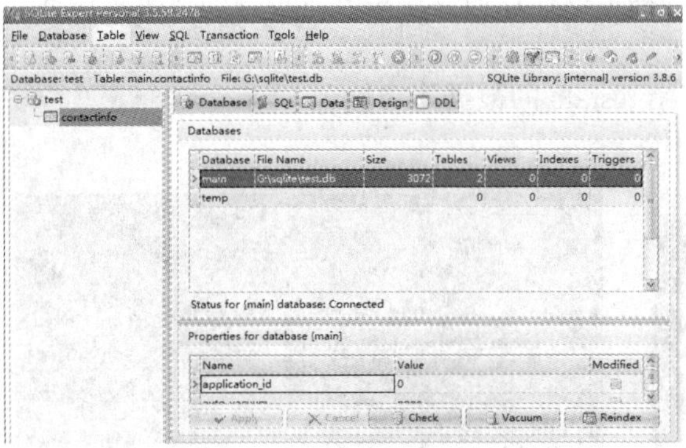

图 5-57

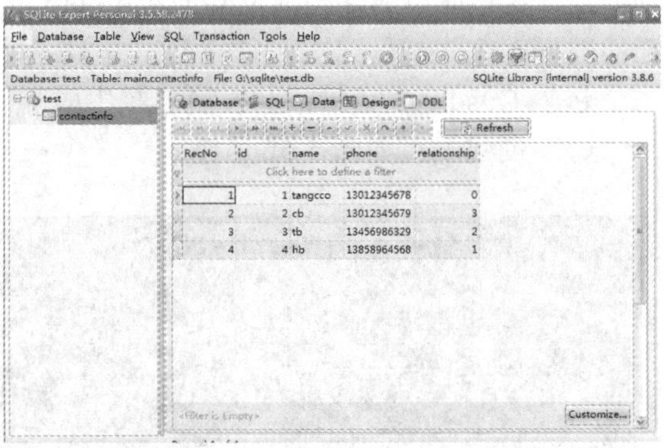

图 5-58

也可以通过 SQLite Expert 创建数据库，选择 file→new database，如图 5-59 所示。

在 Database File 框中选择存放的路径，并输入文件名，如图 5-59 所示，单击 Ok 按钮，即可创建数据库，如图 5-60 所示。

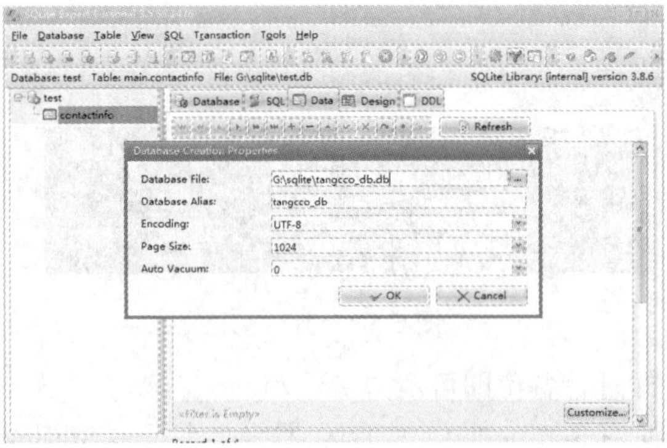

图 5-59

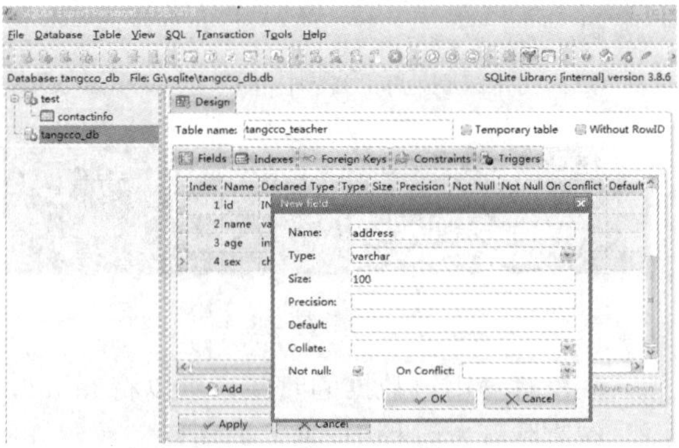

图 5-60

创建数据库表后，可以在 Data 视图处直接录入数据，也可以在 SQL 视图中编写 SQL 语句插入数据。

5.5.2 在 java 中使用 sqlite 数据库

要在 Java 中使用 SQLite，需要下载 SQLite 相关驱动，可以到 http://www.xerial.org/trac/Xerial/wiki/SQLiteJDBC 页面下载最新的驱动包，现在最新版本是 sqlite-jdbc-3.8.5.jar。建立一个 java 工程，将下载好的 sqlite jdbc 驱动文件拷至项目中，同时用右键项目创建一个 db 文件夹，创建一个 java 类，如图 5-61 所示。

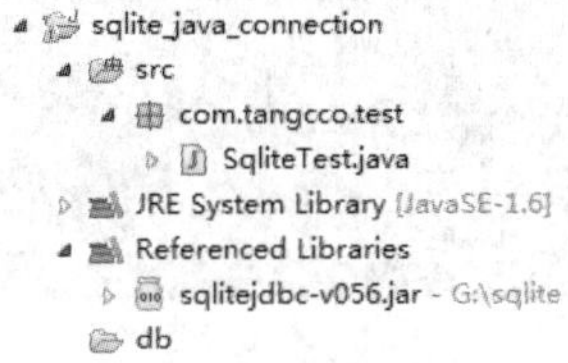

图 5-61

src/com/tangcco/test/SqliteTest.java 参考代码如下。

```
    public class SqliteTest {
     public static void main(String[] args) {
         try {
             Class.forName("org.sqlite.JDBC");
             Connection conn = DriverManager
                     .getConnection("jdbc:sqlite:db/test.db");
             Statement stmt = conn.createStatement();
             stmt.executeUpdate("DROP TABLE IF EXISTS person");
             stmt.executeUpdate("CREATE  TABLE  person(id  INTEGER,  name
STRING)");
             stmt.executeUpdate("INSERT INTO person VALUES(1, 'tangcco')");
             stmt.executeUpdate("INSERT INTO person VALUES(2, 'cb')");
             stmt.executeUpdate("INSERT INTO person VALUES(3, 'tb')");
             ResultSet rs = stmt.executeQuery("SELECT * FROM person");
             while (rs.next()) {
                 System.out.println("id=>" + rs.getInt("id") + ", name=>"
                         + rs.getString("name"));
             }
             stmt.close();
             conn.close();
         } catch (Exception e) {
             // TODO Auto-generated catch block
             e.printStackTrace();
         }
     }
    }
```

运行结果如图 5-62 所示。

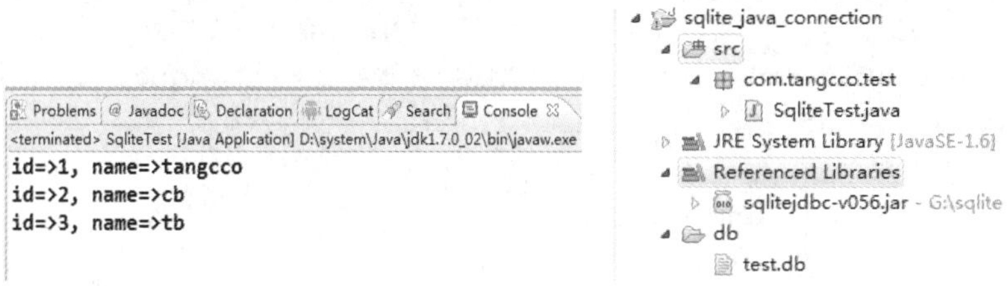

图 5-62

这样，项目的 db 目录下就创建了一个 test.db 文件。

由于 SQLite 数据库资源占用少、性能良好和零管理成本，嵌入式数据库有了它的用武之地，像 Android、iPhone 都有内置的 SQLite 数据库供开发人员使用，它的易用性可以加快应用程序的开发，并使得复杂的数据存储变得轻松许多。

5.5.3 在 Android 中使用 SQLite 数据库

5.5.3.1 SQLiteDatabase 原生 SQL 操作 SQLite 数据库

Android 在运行时集成了 SQLite，所以，每个 Android 应用程序都可以使用 SQLite 数据库，数据库文件存储在 data/data/<项目包名>/databases/目录下。打开项目中 android 的 jar 包，可发现 Android.database.sqlite 包下有很多关于 SQLite 数据操作的类库，这里的 SQLiteDatabase 和 SQLiteOpenHelper 是在 Android 中使用 SQLite 数据库时最常用的两个类，如图 5-63 所示。

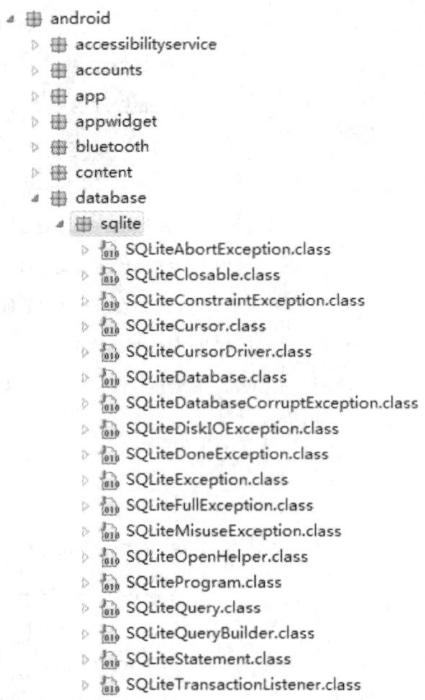

图 5-63

下面，在 Android 中实现通讯录的增、删、改、查操作。

首先，需要创建一个数据库类，该类继承 SQLiteOpenHelper，重写 onCreate()和 onUpgrade()方法，onCreate 方法用于第一次运行该类时自动执行，可创建数据库表，onUpgrade 方法用于版本变更时执行。

src/com/tangcco/t5/util/DBOpenHelper.java 参考代码如下。

```
    public class DBOpenHelper extends
SQLiteOpenHelper {
        private static final String TAG =
"DBOpenHelper";
        private final Context mCtx;
        /**
         * Database Name
         */
        private static final String DATABASE_NAME = "tangcco_database";// 也可
以是 tangcco_database.db
        /**
         * Database Version
         */
        private static final int DATABASE_VERSION = 2;
        /**
         * Table Name
         */
        private static final String DATABASE_TABLE = "tbl_contactinfo";

        /**
         * @param context
         * @param name
         * @param factory
         * @param version
```

```
    */
    public DBOpenHelper(Context context) {
        super(context, DATABASE_NAME, null, DATABASE_VERSION);
        this.mCtx = context;
    }

    @Override
    public void onCreate(SQLiteDatabase db) {
        // TODO Auto-generated method stub
        String sql = "create table "
                + DATABASE_TABLE
                + "(id integer primary key autoincrement,name varchar(20),
phone
   varchar(20),relationship integer)";
        db.execSQL(sql);
    }

    /**
     * 版本变更
     */
    @Override
    public void onUpgrade(SQLiteDatabase db, int oldVersion, int newVersion) {
        // TODO Auto-generated method stub
        Log.i("DBUpgrade", "Upgrade");
        String tempTable = "temp_tbl_contactinfo";
        db.execSQL("alter table " + DATABASE_TABLE + " rename to " +
tempTable);
        db.execSQL("create table "
                + DATABASE_TABLE
                + " (id integer primary key autoincrement,name varchar(20),phone
   varchar(20),relationship integer,sex char(4))");
        String sql = "insert into "
                + DATABASE_TABLE
                + " (name,phone,relationship,sex) select name,phone,
relationship,'男' from "
                + tempTable;
        db.execSQL(sql);
        // db.execSQL(" drop table " + temp_table);
    }
```

```
}
```

SQLiteOpenHelper 是 SQLiteDatabase 的一个帮助类，用来管理数据库的创建和版本的更新。一般是建立一个类继承它，并实现它的 onCreate 和 onUpgrade 方法，如图 5-63 所示。

方法名	方法描述
SQLiteOpenHelper(Context context,String name,SQLiteDatabase.CursorFactory factory,int version)	构造方法，一般是传递一个要创建的数据库名称那么参数
onCreate(SQLiteDatabase db)	创建数据库时调用
onUpgrade(SQLiteDatabase db,int oldVersion , int newVersion)	版本更新时调用
getReadableDatabase()	创建或打开一个只读数据库
getWritableDatabase()	创建或打开一个读写数据库

图 5-64

可以通过 SQLiteOpenHelper 的 getReadableDatabase()或者 getWritableDatabase()方法返回一个 SQLiteDatabase 对象，getWritableDatabase() 方法以读写方式打开数据库，一旦数据库的磁盘空间满了，数据库就只能读而不能写，如果再继续写就会报错；getReadableDatabase()方法则是先以读写方式打开数据库，如果数据库的磁盘空间满了，就会打开失败，当打开失败后，会继续尝试以只读方式打开数据库，如果该问题成功解决，则只读数据库对象就会关闭，然后返回一个可读写的 SQLiteDatabase 对象。Android 的 SQLiteDatabase 类提供了两种操作 SQLite 数据库的方法，第一种是使用原生态 SQL 的方式，常用的方法有 execSQL(String sql，Object[] bindArgs) 和 rawQuery(String sql，String[] selectionArgs)；第二种是使用 Android 帮我们封装好的一系列方法实现 SQLite 数据库的操作，常用的方法有 insert，update，delete 和 query，更详细的方法可参考 android sdk 下的帮助文档，搜索 SQLiteDatabase 类。

使用 SQLiteDatabase 的原生态 SQL 方式操作 SQLite 数据库。

创建 dao 目录，编写 DAO 接口和实现，src/com/tangcco/t5/dao/ContactInfoDao_1.java，参考代码如下。

```
public interface ContactInfoDao_1 {
 void add(ContactInfo contactInfo);
 void update(ContactInfo contactInfo);
 ContactInfo find(int id);
 void delete(Integer... ids);
 List<ContactInfo> getScrollDate(int start, int count);
 long getCount();
Cursor findAllContact();
}
```

src/com/tangcco/t5/dao/impl/ContactInfoDaoImpl_1.java，参考代码如下。

```
public class ContactInfoDaoImpl_1 implements ContactInfoDao_1 {
 private DBOpenHelper helper = null;
 private SQLiteDatabase db;
 /**
  * @param context
  */
 public ContactInfoDaoImpl_1(Context context) {
```

```
            super();
        //创建数据库
            this.helper = new DBOpenHelper(context);
            db = helper.getWritableDatabase();
        }
        /**
         * 添加联系人信息
         * @param contactInfo
         *            : 联系人对象
         */
        public void add(ContactInfo contactInfo) {
            db.execSQL(
                    "insert  into  tbl_contactinfo(id,name,phone,relationship)
values(?,?,?,?)",
                    new Object[] { contactInfo.getId(), contactInfo.getName(),
                            contactInfo.getTelphone(),
                            contactInfo.getRelationShip() });
        }

        /**
         * 更新联系人信息
         * @param contactInfo
         */
        public void update(ContactInfo contactInfo) {
            db = helper.getWritableDatabase();
            db.execSQL(
                    "update tbl_contactinfo set name = ? , phone  = ?,
relationship = ? where id = ? ",
                    new Object[] { contactInfo.getName(),
                            contactInfo.getTelphone(),
                            contactInfo.getRelationShip(),
contactInfo.getId() });
        }

        /**
         * 查找联系人信息
         * @param id
         * @return
         */
        public ContactInfo find(int id) {
            db = helper.getReadableDatabase();
            Cursor cursor = db
                    .rawQuery(
                            "select       id,name,phone,relationship       from
```

```
tbl_contactinfo where id = ? ",
                            new String[] { String.valueOf(id) });
        if (cursor.moveToNext()) {// cursor.moveToFirst();
            int cid = cursor.getInt(cursor.getColumnIndex("id"));
            String name = cursor.getString(cursor.getColumnIndex("name"));
            String phone = cursor.getString(cursor.getColumnIndex
("phone"));
            int relationship = cursor.getInt(cursor
                    .getColumnIndex("relationship"));
            return new ContactInfo(cid, name, phone, relationship);
        }
        return null;
    }
    /**
     * 删除联系人信息
     * @param ids
     */
    public void delete(Integer... ids) {
        if (ids.length > 0) {
            StringBuffer sb = new StringBuffer();
            for (int i = 0; i < ids.length; i++) {
                sb.append('?').append(',');
            }
            sb.deleteCharAt(sb.length() - 1);
            SQLiteDatabase database = helper.getWritableDatabase();
            database.execSQL("delete from tbl_contactinfo where id in (" + sb
                    + ")", (Object[]) ids);
        }
    }

    /**
     * 获取联系人信息
     * @param start
     *            起始位置
     * @param count
     *            获取的联系人数量
     * @return
     */
    public List<ContactInfo> getScrollDate(int start, int count) {
        List<ContactInfo> contactInfoLists = new ArrayList<ContactInfo>();
        db = helper.getWritableDatabase();
        Cursor cursor = db.rawQuery("select * from tbl_contactinfo
limit ?,?",
                new String[] { String.valueOf(start), String.valueOf(count) });
```

```
        while (cursor.moveToNext()) {
            contactInfoLists.add(new ContactInfo(cursor.getInt(cursor
                    .getColumnIndex("id")), cursor.getString(cursor
                    .getColumnIndex("name")), cursor.getString(cursor
                    .getColumnIndex("phone")), cursor.getInt(cursor
                    .getColumnIndex("relationship"))));
        }
        return contactInfoLists;
    }

    /**
     * 获取联系人的数量
     * @return
     */
    public long getCount() {
        db = helper.getWritableDatabase();
        Cursor cursor = db.rawQuery("select count(id) from tbl_contactinfo",
                null);
        if (cursor.moveToNext()) {
            return cursor.getLong(0);
        }
        return 0;
    }

   /**
     * 查询所有联系人信息，返回游标
     */
    public Cursor findAllContact() {
        db = helper.getWritableDatabase();
        Cursor cursor = db.rawQuery(
                "select id,name,phone,relationship from tbl_contactinfo",
null);
        return cursor;
    }
   }
```

在 AndroidManifest.xml 文件中添加如下代码。

```
   <instrumentation android:name="android.test.InstrumentationTestRunner"
        android:targetPackage="com.tangcco.t5" android:label="Test
androidSQLite Application" />
    <application android:icon="@drawable/icon" android:label=
"@string/app_name">
        <uses-library android:name="android.test.runner" />
    </application>
```

在项目的 src/com/tangcco/t5/test 目录下添加一个测试类，ContactInfoTest.java 代码如下。

```
public class ContactInfoTest extends AndroidTestCase {
 private static final String Tag = "ContactInfoTest";

 /**
  * 测试添加联系人
  */
 public void testAddContactInfo() {
     ContactInfoDao_1 contactInfoDao = new ContactInfoDaoImpl_1(
             this.getContext());
     ContactInfo contactInfo = new ContactInfo(1, "admin", "13912345678", 1);
     contactInfoDao.add(contactInfo);
     Log.i(Tag, "add contactInfo Success");
 }

 public void testGetContactInfoById() {
     ContactInfoDao_1 contactInfoDao = new ContactInfoDaoImpl_1(
             this.getContext());
     ContactInfo contactInfo = contactInfoDao.find(1);
     if (null == contactInfo) {
         Log.i(Tag, "contactInfo not found");
     } else {
         Log.i(Tag, contactInfo.toString());
     }
 }

 public void testGetScrollDate() {
     ContactInfoDao_1 contactInfoDao = new ContactInfoDaoImpl_1(
             this.getContext());
     List<ContactInfo> contactInfoList = contactInfoDao.getScrollDate(0, 1);
     for (ContactInfo contactInfo : contactInfoList) {
         Log.i(Tag, contactInfo.toString());
     }
 }

 public void testGetCount() {
     ContactInfoDao_1 contactInfoDao = new ContactInfoDaoImpl_1(
             this.getContext());
     Long count = contactInfoDao.getCount();
     Log.i(Tag, count + "");
 }
}
```

打开项目结构中的测试类，如图 5-65 所示。

选中 testAddContactInfo 方法，单击右键，Run as→Android Junit Test，运行添加联系人信息的方法，如图 5-66 所示。

图 5-65

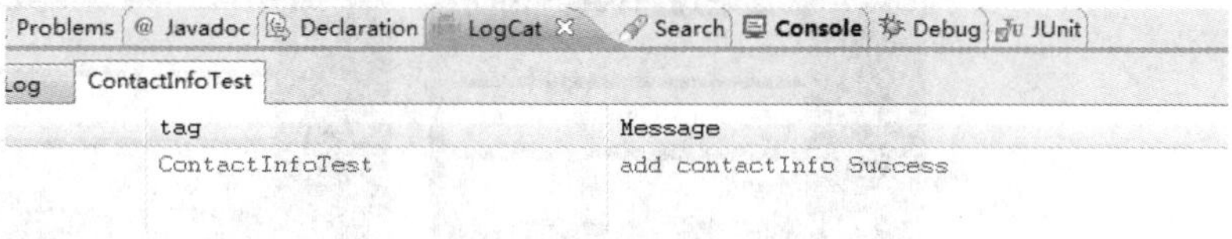

图 5-66

成功运行后，LogCat 输出 add contactInfo Success 提示信息，打开 DDMS 的 File Explorer 视图，找到 data/data/com.tangcco.t5/目录，发现生成了 tangcco_contanct.db 文件，如图 5-67 所示。

继续运行测试类的 testGetContactInfoById 方法，运行结果如图 5-68 所示。

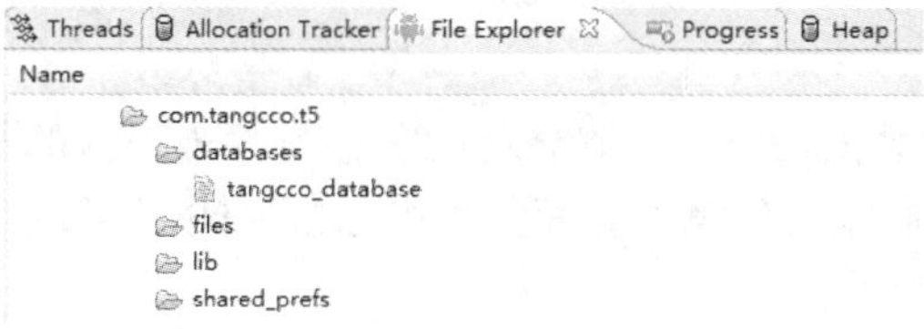

图 5-67

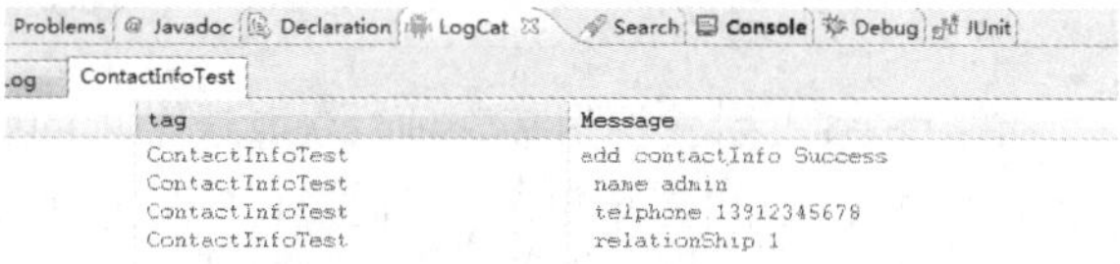

图 5-68

通过 File Explorer 的按钮，导出数据库文件到磁盘，通过 SQLite Expert 管理工具打开该文件，如图 5-69 所示。

上面通过 Andriod 的测试类针对 DAO 的方法进行了测试，下面编写 Activity 和布局文件，在屏幕上实现联系人的增删改查操作，效果如图 5-70 所示。

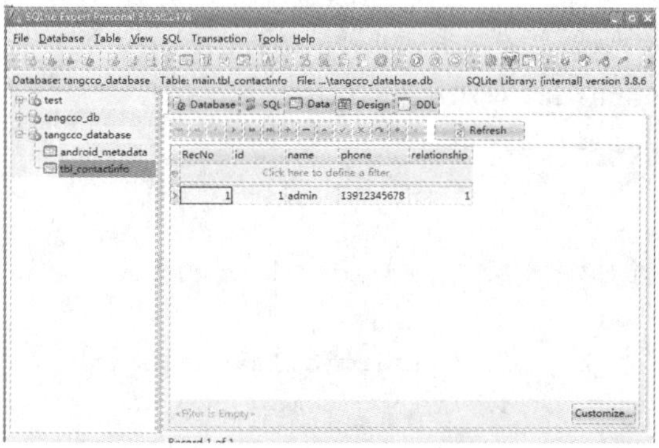

图 5-69

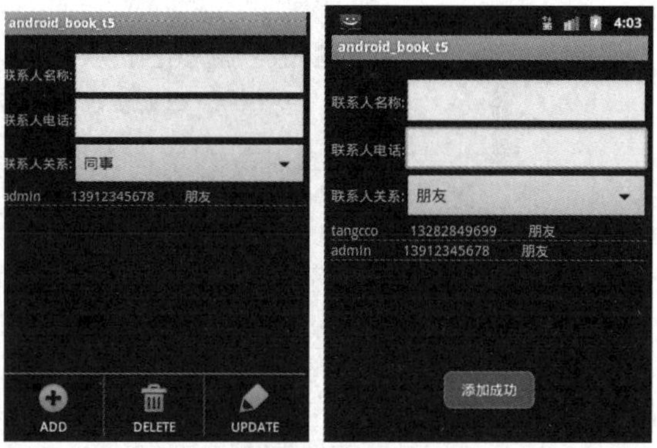

图 5-70

程序运行主界面中，内容包括录入/修改联系人信息，列表显示联系人信息，单击 menu 按钮，屏幕弹出 ADD（添加联系人）、DELETE（删除联系人）和 UPDATE（修改联系人）菜单项，初始查询 tangcco_contanct 数据库 tbl_contact 表中所有联系人的信息；在录入联系人信息相应的文本框中输入信息后，单击 ADD 按钮，出现录入成功的界面。清空联系人名称和联系人电话对应的文本框，如图 5-71 所示。

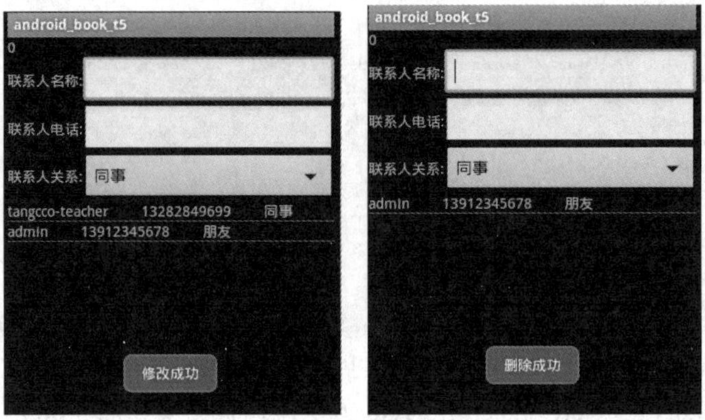

图 5-71

单击联系人列表得到某一项，获取选中项的联系人信息，赋值给录入/修改联系人对应的文本框，单击 UPDATE 菜单项，图 5-71 左图为修改联系人信息的界面，单击 DELETE 菜单项，图 5-71 右图为删除成功的界面。

程序代码参考，res/layout/activity_contactinfo_sqlite.xml，代码如下。

```
    <?xml version="1.0" encoding="utf-8"?>
    <LinearLayout xmlns:android="http://schemas.android.com/apk/res/
android"
     android:layout_width="match_parent" android:layout_height="match_
parent"
     android:orientation="vertical">

     <TextView android:layout_height="wrap_content" android:id="@+id/txtContactId"
        android:layout_width="wrap_content"></TextView>
     <LinearLayout android:id="@+id/linearLayout1"
        android:layout_height="wrap_content" android:layout_width=
"match_parent">
        <TextView android:text="联系人名称:" android:id="@+id/txt_
contactName"
            android:layout_width="wrap_content" android:layout_height=
"wrap_content"></TextView>
        <EditText android:layout_height="wrap_content" android:id="@+id/edt_
contactName"
            android:layout_width="match_parent"></EditText>
     </LinearLayout>
     <LinearLayout android:id="@+id/linearLayout2"
        android:layout_height="wrap_content" android:layout_width=
"match_parent">
        <TextView android:text="联系人电话:" android:id="@+id/txt_
contactPhone"
            android:layout_width="wrap_content"
android:layout_height="wrap_content"></TextView>
```

```
        <EditText android:layout_height="wrap_content" android:id="@+id/edt_
contactPhone"
            android:layout_width="match_parent"></EditText>
    </LinearLayout>
    <LinearLayout android:id="@+id/linearLayout3"
        android:layout_height="wrap_content"
android:layout_width="match_parent">
        <TextView android:text="联系人关系:" android:id="@+id/txt_
contactRelationShip"
            android:layout_width="wrap_content"
android:layout_height="wrap_content"></TextView>
        <Spinner android:id="@+id/sp_contactRelationShip"
                android:layout_height="wrap_content"
android:layout_width="match_parent"
                android:prompt="@string/select_relationship"
    android:entries="@array/relationship"></Spinner>
    </LinearLayout>
    <LinearLayout android:id="@+id/linearLayout4"
                android:layout_height="fill_parent"
android:layout_width="fill_parent">
        <ListView android:layout_height="match_parent"
                android:layout_width="match_parent"
android:id="@android:id/list"

android:listSelector="@android:color/transparent"></ListView>
    </LinearLayout>
    </LinearLayout>
```

src/com/tangcco/t5/activity/ContactInfoActivity.java，代码如下。

```
    public class ContactInfoActivity extends ListActivity {
     private EditText edt_contactName;
     private EditText edt_contactPhone;
     private TextView txt_contactId;
     private Spinner sp_contactRelationShip;

     protected final static int MENU_ADD = Menu.FIRST;
     protected final static int MENU_DELETE = Menu.FIRST + 1;
     protected final static int MENU_UPDATE = Menu.FIRST + 2;
     private Cursor mCursor;
     private ContactInfoDao_1 dao;
     private ContactInfoAdapter adapter;

     @Override
     protected void onCreate(Bundle savedInstanceState) {
         // TODO Auto-generated method stub
```

```
        super.onCreate(savedInstanceState);
        setContentView(R.layout.activity_contactinfo_sqlite);
        initUI();
        setListView();
    }

    /**
     * 初始化
     */
    public void initUI() {
        edt_contactName = (EditText) findViewById(R.id.edt_contactName);
        edt_contactPhone = (EditText) findViewById(R.id.edt_contactPhone);
        txt_contactId = (TextView) findViewById(R.id.txtContactId);
        sp_contactRelationShip = (Spinner) findViewById(R.id.sp_
contactRelationShip);

        dao = new ContactInfoDaoImpl_1(this);
    }

    /**
     * 绑定数据到 ListView
     */
    public void setListView() {
        mCursor = dao.findAllContact();
        adapter = new ContactInfoAdapter(this, mCursor);
        setListAdapter(adapter);
    }

    class ContactInfoAdapter extends BaseAdapter {
        private Context mContext;
        private Cursor mCursor;

        /**
         * @param mContext
         * @param mCursor
         */
        public ContactInfoAdapter(Context mContext, Cursor mCursor) {
            super();
            this.mContext = mContext;
            this.mCursor = mCursor;
        }

        @Override
        public int getCount() {
```

```
            // TODO Auto-generated method stub
            return mCursor.getCount();
        }

        @Override
        public Object getItem(int position) {
            // TODO Auto-generated method stub
            return null;
        }

        @Override
        public long getItemId(int position) {
            // TODO Auto-generated method stub
            return 0;
        }

        @Override
        public View getView(int position, View convertView, ViewGroup parent) {
            // TODO Auto-generated method stub
            TextView mTextView = new TextView(mContext);
            mCursor.moveToPosition(position);
            int relationShip = mCursor.getInt(3);
            String strRelationShip = "";
            if (relationShip == 0) {
                strRelationShip = "同事";
            } else if (relationShip == 1) {
                strRelationShip = "朋友";
            } else if (relationShip == 2) {
                strRelationShip = "同学";
            } else if (relationShip == 3) {
                strRelationShip = "亲人";
            }
            mTextView.setText(mCursor.getString(1) + "        "
                    + mCursor.getString(2) + "        " + strRelationShip);
            return mTextView;
        }
    }

    @Override
    protected void onListItemClick(ListView l, View v, int position, long
id) {
        // TODO Auto-generated method stub
        super.onListItemClick(l, v, position, id);
        mCursor.moveToPosition(position);
```

```
        int contactId = mCursor.getInt(0);
        txt_contactId.setText(contactId + "");
        edt_contactName.setText(mCursor.getString(1));
        edt_contactPhone.setText(mCursor.getString(2));
        sp_contactRelationShip.setSelection(mCursor.getInt(3));

    }

    @Override
    public boolean onCreateOptionsMenu(Menu menu) {
        // TODO Auto-generated method stub
        menu.add(Menu.NONE, MENU_ADD, 0, "ADD").setIcon(
                android.R.drawable.ic_menu_add);
        menu.add(Menu.NONE, MENU_DELETE, 0, "DELETE").setIcon(
                android.R.drawable.ic_menu_delete);
        menu.add(Menu.NONE, MENU_UPDATE, 0, "UPDATE").setIcon(
                android.R.drawable.ic_menu_edit);
        return super.onCreateOptionsMenu(menu);
    }

    @Override
    public boolean onOptionsItemSelected(MenuItem item) {
        // TODO Auto-generated method stub
        switch (item.getItemId()) {
        case MENU_ADD:
            add();
            break;
        case MENU_DELETE:
            delete();
            break;
        case MENU_UPDATE:
            update();
            break;
        }
        return super.onOptionsItemSelected(item);
    }

    public void add() {
        String contactName = edt_contactName.getText().toString();
        String contactPhone = edt_contactPhone.getText().toString();
        int contactRelationShip = sp_contactRelationShip
                .getSelectedItemPosition();
        // 联系人姓名和联系人电话都不能为空
        if (contactName.equals("") || contactPhone.equals("")) {
```

```
            return;
        }
        ContactInfo contactInfo = new ContactInfo();
        contactInfo.setName(contactName);
        contactInfo.setTelphone(contactPhone);
        contactInfo.setRelationShip(contactRelationShip);
        dao.add(contactInfo);
        mCursor.requery();
        adapter.notifyDataSetChanged();
        edt_contactName.setText("");
        edt_contactPhone.setText("");
        Toast.makeText(this, "添加成功", Toast.LENGTH_SHORT).show();
    }

    public void update() {
        String contactName = edt_contactName.getText().toString();
        String contactPhone = edt_contactPhone.getText().toString();
        // 联系人姓名和联系人电话都不能为空，或者退出
        if (contactName.equals("") || contactPhone.equals("")) {
            return;
        }
        try {
            ContactInfo contactInfo = new ContactInfo();
            contactInfo.setName(contactName);
            contactInfo.setTelphone(contactPhone);
            int contactRelationShip = sp_contactRelationShip
                    .getSelectedItemPosition();
            contactInfo.setRelationShip(contactRelationShip);
            contactInfo.setId(Integer.parseInt(txt_contactId.getText()
                    .toString()));
            dao.update(contactInfo);
            mCursor.requery();
            adapter.notifyDataSetChanged();
            edt_contactName.setText("");
            edt_contactPhone.setText("");
            Toast.makeText(this, "修改成功", Toast.LENGTH_SHORT).show();
        } catch (NumberFormatException e) {
            // TODO Auto-generated catch block
            e.printStackTrace();
            Toast.makeText(this, "修改失败", Toast.LENGTH_SHORT).show();
        }
```

```
    }

    public void delete() {
        if (txt_contactId.getText().toString() == "") {
            return;
        }

dao.delete(Integer.parseInt(txt_contactId.getText().toString()));
        mCursor.requery();
        adapter.notifyDataSetChanged();
        edt_contactName.setText("");
        edt_contactPhone.setText("");
        Toast.makeText(this, "删除成功", Toast.LENGTH_SHORT).show();
    }
}
```

5.5.3.2 SQLiteDatabase 封装类操作 SQLite 数据库

SQLiteDatabase 类除了提供 execSQL()和 rawQuery()方法，通过传递 sql 语句来操作数据库外，还帮助程序员提供了一些封装好 sql 语句的方法，这使得程序员可以不用写 sql 语句，也可实现数据库的增删改查操作。常用的方法包括如下。

- public Cursor query (String table, String[] columns, String selection, String[] selectionArgs, String groupBy, String having, String orderBy,String limit)

参数说明如下：

table，要查询的表名。

columns，想要显示的列，若为空则返回所有列，如果不是返回所有列，不建议设置为空。

selection，where 子句，声明要返回的行的要求，如果为空则返回表的所有行。

selectionArgs，where 子句对应的条件值。

groupBy，分组方式，若为空则不分组。

having，having 条件，若为空则返回全部（不建议）。

orderBy，排序方式，若为空则为默认排序方式。

limit，限制返回记录的条数，若为空则不限制。

- public long insert (String table, String nullColumnHack, ContentValues values)

参数说明如下：

table，要插入数据的表的名称。

nullColumnHack，当 values 参数为空，或者里面没有内容的时候，insert 是会失败的（底层数据库不允许插入一个空行），为了防止这种情况，要在这里指定一个列名，到时候如果发现将要插入的行为空行时，就会将指定的这个列名的值设为 null，然后再向数据库中插入。

values，一个 ContentValues 对象，类似一个 map 通过键值对的形式存储值。

- public int update (String table, ContentValues values, String whereClause, String[] whereArgs)

参数说明如下：

table，要更新的表名。

values，一个 ContentValues 对象，类似一个 map 通过键值对的形式存储值。

whereClause，可选的 where 语句。

whereArgs， whereClause 语句中表达式的？占位参数列表。

- public int delete (String table, String whereClause, String[] whereArgs)

参数说明如下：

table，要删除的表。

whereClause，可选的 where 语句。

whereArgs，whereClause 语句中表达式的？占位参数列表。

下面通过 SQLiteDatabase 提供的这些封装好的方法，来完成通讯录的例子。

src/com/tangcco/t5/dao/ContactInfoDao_2.java，参考代码如下。

```
public interface ContactInfoDao_2 {
  void add(ContactInfo contactInfo);
  void update(ContactInfo contactInfo);
  ContactInfo find(int id);
  void delete(Integer... ids);
  List<ContactInfo> getScrollDate(int start, int count);
  long getCount();
  Cursor findAllContact();
}
src/com/tangcco/t5/dao/impl/ContactInfoDaoImpl_2.java 参考代码如下。
public class ContactInfoDaoImpl_2 implements ContactInfoDao_2 {
  private DBOpenHelper helper;
  private SQLiteDatabase db;
  public ContactInfoDaoImpl_2(Context context) {
      helper = new DBOpenHelper(context);
  }
  /**
   * 添加联系人信息
   * @param contactInfo
   */
  public void add(ContactInfo contactInfo) {
      db = helper.getWritableDatabase();
      ContentValues values = new ContentValues();
      values.put("id", contactInfo.getId());
      values.put("name", contactInfo.getName());
      values.put("phone", contactInfo.getTelphone());
      values.put("relationship", contactInfo.getRelationShip());
      // nullColumnHack：当 values 参数为空或者里面没有内容的时候，
```

```
        // 我们 insert 是会失败的（底层数据库不允许插入一个空行），
        // 为了防止这种情况，我们要在这里指定一个列名，到时候如果发现将
        // 要插入的行为空行时，就会将指定的这个列名的值设为"null"，然后再向数据库中
插入。
        db.insert("tbl_contactinfo", "id", values);
    }

    /**
     * 更新联系人信息
     * @param contactInfo
     */
    public void update(ContactInfo contactInfo) {
        db = helper.getWritableDatabase();
        ContentValues values = new ContentValues();
        values.put("id", contactInfo.getId());
        values.put("name", contactInfo.getName());
        values.put("phone", contactInfo.getTelphone());
        values.put("relationship", contactInfo.getRelationShip());
        db.update("tbl_contactinfo", values, "id = ?",
                new String[] { String.valueOf(contactInfo.getId()) });
    }

    /**
     * 查找联系人信息
     * @param id
     * @return
     */
    public ContactInfo find(int id) {
        db = helper.getWritableDatabase();
        // db.query(table, columns, selection, selectionArgs, groupBy, having,
        // orderBy)
        Cursor cursor = db.query("tbl_contactinfo", new String[] { "id",
                "name", "phone", "relationship" }, "id=?",
                new String[] { String.valueOf(id) }, null, null, null);
        if (cursor.moveToNext()) {
            return new ContactInfo(cursor.getInt(0), cursor.getString(1),
                    cursor.getString(2), cursor.getInt(3));
        }
        return null;
    }

    /**
     * 查找联系人信息
     * @return
```

```
        */
        @Override
        public Cursor findAllContact() {
            List<ContactInfo> contactInfoList = new ArrayList<ContactInfo>();
            db = helper.getWritableDatabase();
            // db.query(table, columns, selection, selectionArgs, groupBy,
having,
            // orderBy)
            Cursor cursor = db
                    .query("tbl_contactinfo", new String[] { "id as _id", "name",
                            "phone", "relationship" }, null, null, null, null, null);
            return cursor;
        }

        /**
         * 删除联系人信息
         * @param ids
         */
        @Override
        public void delete(Integer... ids) {
            if (ids.length > 0) {
                StringBuffer sb = new StringBuffer();
                String[] strPid = new String[ids.length];
                for (int i = 0; i < ids.length; i++) {
                    sb.append('?').append(',');
                    strPid[i] = String.valueOf(ids[i]);
                }
                sb.deleteCharAt(sb.length() - 1);
                db = helper.getWritableDatabase();
                db.delete("tbl_contactinfo", "id in (" + sb + ")", strPid);
            }
        }

        /**
         * 获取联系人信息
         * @param start
         *            其实位置
         * @param count
         *            联系人数量
         * @return
         */
        @Override
        public List<ContactInfo> getScrollDate(int start, int count) {
            List<ContactInfo> contactInfoList = new ArrayList<ContactInfo>();
```

```
        db = helper.getWritableDatabase();
        Cursor cursor = db.query("tbl_student", new String[] { "id", "name",
                "phone", "relationship" }, null, null, null, null, "id desc",
                start + "," + count);
        while (cursor.moveToNext()) {
            contactInfoList.add(new ContactInfo(cursor.getInt(0), cursor
                    .getString(1), cursor.getString(2), cursor.getInt(3)));
        }
        return contactInfoList;
    }

    /**
     * 获取联系人数量
     * @return
     */
    public long getCount() {
        db = helper.getWritableDatabase();
        Cursor cursor = db.query("tbl_contactinfo",
                new String[] { "count(*)" }, null, null, null, null, null);
        if (cursor.moveToNext()) {
            return cursor.getLong(0);
        }
        return 0;
    }
}
```

修改 src/com/tangcco/t5/activity/ContactInfoActivity.java，参考代码如下。

```
public class ContactInfoActivity extends ListActivity {
    // ................................................................
    // private ContactInfoDao_1 dao;
    private ContactInfoDao_2 dao;
  /**
     * 初始化
     */
    public void initUI() {
        //.......................................................................
        // dao = new ContactInfoDaoImpl_1(this);
        dao = new ContactInfoDaoImpl_2(this);
    }
}
```

运行结果和前面使用 SQLiteDatabase 的原生态 sql 实现的效果相同，如图 5-72 所示。

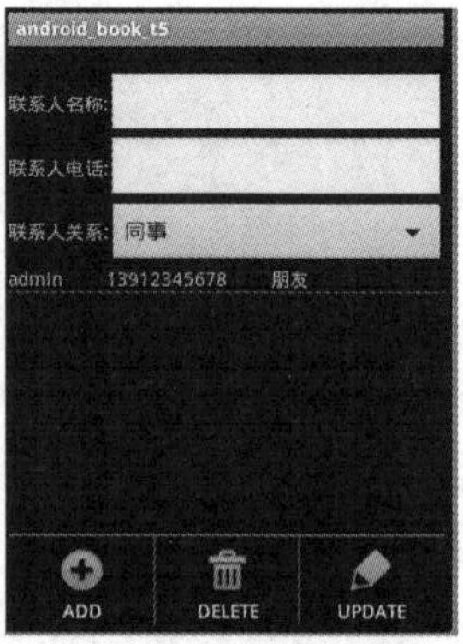

图 5-72

第6章

安卓高级应用

在 Android 中，熟练使用四大组件，对理解 Andriod 程序，开发高级功能有着至关重要的作用。本章将会逐一讲解 Activity 以外的三大组件 ContentProvider、BroadcastReceiver 和 Service 的原理及应用，并且介绍以它们为基础开发的多媒体和电话短信等应用。

6.1 ContentProvider

6.1.1 ContentProvider 简介

ContentProvider 是 Android 的四大组件之一，用于保存和检索数据，是 Android 系统中不同应用程序之间共享数据的接口。Android 系统中对一些常见的公用数据提供了 ContentProvider 接口，例如视频、音频，图像，个人通信信息等，都定义在 android.provider 包下。若开发者想将自己的程序数据公开给其他应用程序使用，有两种方法，一种是定义自己的 ContentProvider 子类，另一种是将当前的数据添加到已有的 ContentProvider 中。下面主要讨论第一种情况。

6.1.2 使用 ContentProvider

实现通过 ContentProvider 对外共享数据，需要执行以下两个步骤。

（1）继承 ContentProvider，并重写下面的方法。

```
public class MyProvider extends ContentProvider {
 public boolean onCreate() {}

 public Uri insert(Uri uri, ContentValues values) {}
```

```
    public int delete(Uri uri, String selection, String[] selectionArgs) {}

    public int update(Uri uri, ContentValues values, String selection,
            String[] selectionArgs) {}

    public Cursor query(Uri uri, String[] projection, String selection,
            String[] selectionArgs, String sortOrder) {}

    public String getType(Uri uri) {}

}
```

这其中除了常用的增删改查方法外，onCreate 方法用于启动时初始化 ContentProvider，getType 方法用于返回 URI 指定的 ContentProvider 中的数据的 MIME 类型。

（2）在 Manifest 文件中注册 Provider。

```
        <provider
           android:authorities="com.spl.myprovider"
        android:name="spl.db.contentprovider.MyProvider" />
```

为了能让其他应用找到该 ContentProvider，ContentProvider 采用了 authorities（主机名/域名）对它进行唯一标识，可以把 ContentProvider 看作一个网站，authorities 就是他的域名。

1．URI 介绍

ContentProvider 通过 URI 来共享数据，URI 是一个通用资源标识符，它的构成如图 6-1 所示。

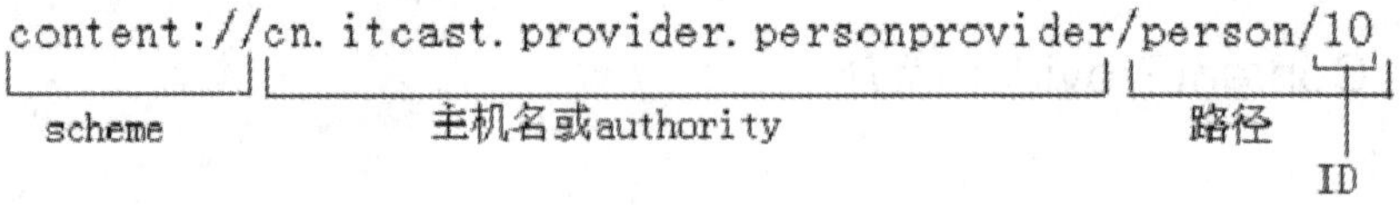

图 6-1

从图可见，一般 URI 由以下 4 个部分构成。

（1）sheme，无法改变的标准前缀。

（2）主机名或 authority，ContentProvider 的唯一标示，在 Manifes 中声明。

（3）路径，可以理解为要操作的数据中表的名字。

（4）ID，需要获取的记录的 ID，如果没有，则表示返回全部记录。

2．UriMatcher 介绍

Android 系统提供了 UriMatcher 类来对 URI 进行匹配，操作步骤如下。

（1）首先，创建 UriMatcher 类。

（2）然后，通过 addURI 方法，增加需要匹配的路径，并给每个路径标记一个匹配码。

（3）最后，通过 match 方法进行匹配，返回匹配码。

程序代码如下。

```
    private static UriMatcher matcher = new UriMatcher(UriMatcher.NO_
```

```
MATCH);
        private static final int CONTACTS = 1;// 匹配码 1
        private static final int CONTACT = 2;// 匹配码 2
        private static final String TABLENAME = "person";
        static {
            matcher.addURI("com.spl.myprovider", "person", CONTACTS);
            matcher.addURI("com.spl.myprovider", "person/#", CONTACT);
        }
        @Override
        public int delete(Uri uri, String selection, String[] selectionArgs) {
            switch (matcher.match(uri)) {
            case CONTACTS:
                // 执行相应操作
            case CONTACT:
                // 执行相应操作
            default:
                throw new IllegalArgumentException("URI" + uri + "无法解析！");
            }
        }
```

上面代码中出现的“#”为通配符，代表任意数字，另外还可以使用通配符“*”来代表任意文本。

3. ContentResolver 介绍

其他应用程序要想访问 ContentProvider 中的数据，就需要通过 ContentResolver 对象。ContantResolver 提供的方法和 ContentProvider 相对应，也有增、删、改、查 4 个方法。每个 Activity 都有一个 ContentResolver 对象，可以通过 getContentResolver 方法获取。

下面的实例展示了如何使用 ContentProvider 共享数据，以及如何让其他应用获取到 ContentProvider 中的数据。该实例有两个应用组成，第 1 个应用 SQLiteDemo，本质上是一个数据库应用，它维护一个数据表 person，并通过 MyProvider 类对外共享了这张表的数据；第 2 个应用 ContentResolverDemo，只包含一个 Activity，通过 ContentResolver 来访问 person 表中的数据。

SQLiteDemo 中的 MyProvider.java 代码如下。

```
    package spl.db.contentprovider;

    import spl.db.DBHelper;
    import android.content.ContentProvider;
    import android.content.ContentUris;
    import android.content.ContentValues;
    import android.database.Cursor;
    import android.database.sqlite.SQLiteDatabase;
    import android.net.Uri;
    import android.content.UriMatcher;
```

```
public class MyProvider extends ContentProvider {

    private DBHelper helper;
    private static UriMatcher matcher = new UriMatcher(UriMatcher.
NO_MATCH);
    private static final int CONTACTS = 1;// 匹配码1
    private static final int CONTACT = 2;// 匹配码2
    private static final String TABLENAME = "person";
    static {
        matcher.addURI("com.spl.myprovider", "person", CONTACTS);
        matcher.addURI("com.spl.myprovider", "person/#", CONTACT);
    }

    @Override
    public boolean onCreate() {
        helper = new DBHelper(getContext());
        return true;
    }

    @Override
    public Uri insert(Uri uri, ContentValues values) {
        SQLiteDatabase sqLiteDatabase = helper.getWritableDatabase();
        switch (matcher.match(uri)) {
        case CONTACTS:
            long id = sqLiteDatabase.insert(TABLENAME, "name", values);
            Uri insertUri = ContentUris.withAppendedId(uri, id);

            return insertUri;
        default:
            throw new IllegalArgumentException("URI" + uri + "无法解析！");
        }
    }

    @Override
    public int delete(Uri uri, String selection, String[] selectionArgs) {
        SQLiteDatabase sqLiteDatabase = helper.getWritableDatabase();
        int rowNum = 0;
        switch (matcher.match(uri)) {
        case CONTACTS:
            rowNum = sqLiteDatabase.delete(TABLENAME, selection,
selectionArgs);
            return rowNum;
        case CONTACT:
```

```
            long id = ContentUris.parseId(uri);
            String whereClause = "_id=" + id;
            if (selection != null) {
                whereClause += "and" + selection;
            }
            rowNum = sqLiteDatabase.delete(TABLENAME, whereClause,
selectionArgs);
            return rowNum;
        default:
            throw new IllegalArgumentException("URI" + uri + "无法解析！");
        }
    }
    @Override
    public int update(Uri uri, ContentValues values, String selection,
            String[] selectionArgs) {
        SQLiteDatabase sqLiteDatabase = helper.getWritableDatabase();
        int rowNum = 0;
        switch (matcher.match(uri)) {
        case CONTACTS:
            rowNum = sqLiteDatabase.update(TABLENAME, values, selection,
selectionArgs);
            return rowNum;
        case CONTACT:
            long id = ContentUris.parseId(uri);
            String whereClause = "_id=" + id;
            if (selection != null) {
                whereClause += "and" + selection;
            }
            rowNum = sqLiteDatabase.update(TABLENAME, values, whereClause,
selectionArgs);
            return rowNum;
        default:
            throw new IllegalArgumentException("URI" + uri + "无法解析！");
        }
    }

    @Override
    public Cursor query(Uri uri, String[] projection, String selection,
            String[] selectionArgs, String sortOrder) {
        SQLiteDatabase db = helper.getReadableDatabase();
        switch (matcher.match(uri)) {
        case CONTACTS:
            return db.query(TABLENAME, projection, selection, selectionArgs,
null, null, sortOrder);
```

```
            case CONTACT:
                long id = ContentUris.parseId(uri);
                String whereClause = "_id=" + id;
                if (selection != null) {
                    whereClause += "and" + selection;
                }
               return db.query(TABLENAME, projection, whereClause, selectionArgs,
null, null, sortOrder);

            default:
                throw new IllegalArgumentException("URI" + uri + "无法解析！");
            }
        }

        @Override
        public String getType(Uri uri) {
            switch (matcher.match(uri)) {
            case CONTACTS:
                return "vnd.android.cursor.dir/person";
            case CONTACT:
                return "vnd.android.cursor.item/person";
            default:
                throw new IllegalArgumentException("URI" + uri + "无法解析！");
            }
        }

    }
```

SQLiteDemo 中的 DBHelper.java 代码如下。

```
package spl.db;

import android.content.Context;
import android.database.sqlite.SQLiteDatabase;
import android.database.sqlite.SQLiteOpenHelper;

public class DBHelper extends SQLiteOpenHelper {

 private static final String DATABASE_NAME = "contactinfo.db";
 private static final int VERSION = 1;

 public DBHelper(Context context) {
     super(context, DATABASE_NAME, null, VERSION);
     // TODO Auto-generated constructor stub
 }
```

```
        @Override
        public void onCreate(SQLiteDatabase db) {
            // TODO Auto-generated method stub
            db.execSQL("CREATE TABLE person(_id INTEGER PRIMARY KEY
autoincrement,name varchar(20),age INTEGER)");
        }

        @Override
        public void onUpgrade(SQLiteDatabase db, int oldVersion, int newVersion) {
            // TODO Auto-generated method stub

        }
    }
```

SQLiteDemo 的 Manifest 文件中，有关 Provider 的注册代码如下。

```
            <provider
                android:authorities="com.spl.myprovider"
            android:name="spl.db.contentprovider.MyProvider" />
```

ContentResolverDemo 中的主 Activity 代码如下。

```
    package cn.com.jbit.activity;

    import android.app.Activity;
    import android.content.ContentResolver;
    import android.content.ContentUris;
    import android.content.ContentValues;
    import android.database.Cursor;
    import android.net.Uri;
    import android.os.Bundle;
    import android.view.View;
    import android.widget.ListView;
    import android.widget.SimpleCursorAdapter;

    public class ResolverActivity extends Activity {
     /** Called when the activity is first created. */
     @Override
     public void onCreate(Bundle savedInstanceState) {
         super.onCreate(savedInstanceState);
         setContentView(R.layout.main);
     }

     public void BtnOnClick(View view) {
         ContentResolver resolver = this.getContentResolver();
         Uri uri = Uri.parse("content://com.spl.myprovider/person");
         switch (view.getId()) {
         // 增加一条记录
```

```
            case R.id.button1: {
                ContentValues values = new ContentValues();
                values.put("name", "lilei");
                values.put("age", "13");

                resolver.insert(uri, values);
                break;
            }
            // 删除一条记录
            case R.id.button2: {
                Uri deleteIdUri = ContentUris.withAppendedId(uri,11);
                resolver.delete(deleteIdUri, null, null);
                break;
            }
            // 修改一条记录
            case R.id.button3: {
                ContentValues values = new ContentValues();
                values.put("name", "wanggang");
                Uri updateUri = ContentUris.withAppendedId(uri, 5);
                resolver.update(updateUri, values, null, null);
                break;
            }
            // 查询并显示所有记录
            case R.id.button4: {
                Cursor cursor = resolver.query(uri, null, null, null, null);
                SimpleCursorAdapter adapter = new SimpleCursorAdapter(
                        this,
                        R.layout.dataview_layout,
                        cursor,
                        new String[] { "_id","name", "age"},
                        new int[] { R.id.contact_id, R.id.contact_name,
R.id.contact_age});
                ListView listView = (ListView) findViewById(R.id.listView1);
                listView.setAdapter(adapter);
                break;
            }
            }
        }
    }
```

ContentResolverDemo 中的 main.xml 代码如下。

```
    <?xml version="1.0" encoding="utf-8"?>
    <LinearLayout
xmlns:android="http://schemas.android.com/apk/res/android"
        android:orientation="vertical"
        android:layout_width="fill_parent"
```

```
        android:layout_height="fill_parent"
        android:background="#9e9e9e">

        <Button
            android:id="@+id/button1"
            android:layout_width="match_parent"
            android:layout_height="wrap_content"
           android:text="增加一条记录" android:textSize="20sp" android:onClick=
"BtnOnClick"/>

        <Button
            android:id="@+id/button2"
            android:layout_width="match_parent"
            android:layout_height="wrap_content"
           android:text="删除一条记录" android:textSize="20sp" android:onClick=
"BtnOnClick"/>

        <Button
            android:id="@+id/button3"
            android:layout_width="match_parent"
            android:layout_height="wrap_content"
           android:text="修改一条记录" android:textSize="20sp" android:onClick=
"BtnOnClick"/>

        <Button
            android:id="@+id/button4"
            android:layout_width="match_parent"
            android:layout_height="wrap_content"
           android:text="显示所有记录" android:textSize="20sp" android:onClick=
"BtnOnClick"/>

        <ListView
            android:id="@+id/listView1"
            android:layout_width="match_parent"
            android:layout_height="wrap_content" >
        </ListView>

    </LinearLayout>
```

ContentResolverDemo 中的数据行布局文件 dataview_layout.xml 代码如下。

```
    <?xml version="1.0" encoding="utf-8"?>
    <LinearLayout
xmlns:android="http://schemas.android.com/apk/res/android"
        android:layout_width="wrap_content"
        android:layout_height="wrap_content"
        android:orientation="horizontal" android:background="#9e9e9e">
```

```
        <LinearLayout
            android:layout_width="fill_parent"
            android:layout_height="wrap_content"
            android:layout_marginLeft="15dip"
            android:orientation="horizontal"
            android:padding="5dp"
            android:background="#9e9e9e">

            <TextView
                android:id="@+id/contact_id"
                android:layout_width="wrap_content"
                android:layout_height="wrap_content"

                android:textSize="16sp" android:textColor="#000000"/>

            <TextView
                android:id="@+id/contact_name"
                android:layout_width="wrap_content"
                android:layout_height="wrap_content"

                android:textSize="22sp" android:textColor="#000000"/>

            <TextView
                android:id="@+id/contact_age"
                android:layout_width="wrap_content"
                android:layout_height="wrap_content"

                android:textSize="18sp"
android:textColor="#000000"/>


        </LinearLayout>

    </LinearLayout>
```

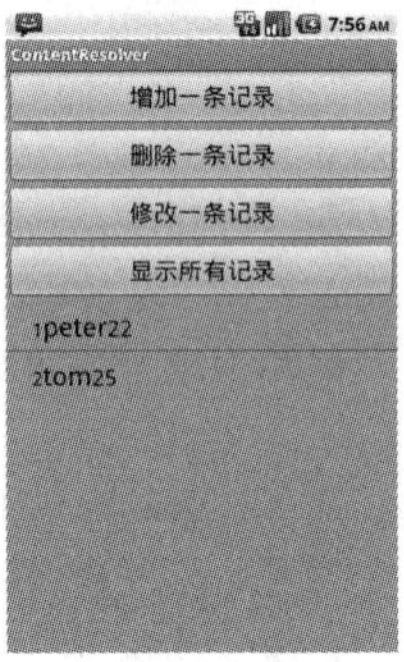

图 6-2

运行 ContentResolverDemo 后，效果如图 6-2 所示。

6.2 BroadcastReceiver

6.2.1 BroadcastReceiver 介绍

BroadcastReceiver 也就是“广播接收者”的意思，它可以用来接收由系统或其他应用程序发出的广播，并作出响应。在 Android 系统中，当有特定事件发生时，就会产生相应的广播。广播体现在方方面面，例如，当开机过程完成后，系统会产生一条广播，接收到这条广播就能实现开机启动服务的功能。

BroadcastReceiver 不能生成 UI 界面，对于用户来说是隐式的。BroadcastReceiver 的注册方式有两种，一种是可以在 Manifest 文件中静态注册，另一种可以在代码中使用 Context.registerReceiver()进行动态注册。只要注册 BroadcastReceiver，即使应用程序未启动，在广播来临时，系统也会自动启动该应用程序进行处理。

下面的两段代码分别展示了 BroadcastReceiver 的两种注册方式。

（1）静态注册

```
            <!--广播接收器-->
            <receiver android:name=".SocketReciever">
              <!--系统启动广播拦截器-->
              <intent-filter>
                  <!--指定系统启动时广播的 Action -->
                  <action
android:name="android.intent.action.BOOT_COMPLETED"/>
              </intent-filter>
        </receiver>
```

（2）动态注册

```
    /**
     * 方法说明：注册广播
     */
    private void initReceiver(){
        IntentFilter filter = new IntentFilter();
        filter.addAction(Intent.ACTION_SCREEN_OFF);
        filter.setPriority(1000);
        receiver = new LockScreenReceiver();
        registerReceiver(receiver, filter);
    }
```

6.2.2 BroadcastReceiver 应用

一般来讲，使用 BroadcastReceiver 可以分为以下 3 个步骤。

（1）创建子类继承 BroadcastReceiver 类。

（2）重写父类的 onReceive 方法，在该方法中编写接到广播后的响应代码。

（3）在 Manifest 中静态注册 Receiver，或者在代码中动态注册 Receiver。

在下面的实例 Teleplay 中，演示了开机广播和接收短信广播的 BroadcastReceiver 应用。接收到开机广播后，会打开主 Activity 界面；接收到短信后，会回复一条短信给发送者。

开机广播接收者 SocketReciever.java 的代码如下。

```
    package spl.tele;
```

```
import android.content.BroadcastReceiver;
import android.content.Context;
import android.content.Intent;

public class SocketReciever extends BroadcastReceiver{
 // 开机完成广播
 public static final String ACTION = "android.intent.action.BOOT_
COMPLETED";

 @Override
 public void onReceive(Context context, Intent intent) {
     // 判断广播类型
     if (intent.getAction().equals(ACTION)) {
         Intent newIntent = new Intent(context,MainActivity.class);
         // 设置新 Activity 在堆栈的顶部
         newIntent.addFlags(Intent.FLAG_ACTIVITY_NEW_TASK);
         context.startActivity(newIntent);//打开主界面
     }

 }
}
```

短信接收广播者 SMSReceiver.java 的代码如下。

```
package spl.tele;

import android.content.BroadcastReceiver;
import android.content.Context;
import android.content.Intent;
import android.os.Bundle;
import android.telephony.SmsManager;
import android.telephony.SmsMessage;

public class SMSReceiver extends BroadcastReceiver {
 private static final String ACTION="android.provider.Telephony.
SMS_RECEIVED";
 @Override
 public void onReceive(Context context, Intent intent) {
     //判断当前广播是否是系统接收短信后发出的广播 Action
     if(intent.getAction().equals(ACTION)){
         Bundle bundle=intent.getExtras();
         if(bundle!=null&&bundle.size()>0){
             //获取短信内容
             Object[] pdus=(Object[])bundle.get("pdus");
             for(Object obj:pdus){
                 //转化成 SmsMessage 对象
```

```
                        SmsMessage
message=SmsMessage.createFromPdu((byte[])obj);
                        String content=message.getMessageBody();
                        if(content.equalsIgnoreCase("ls -a *.mp3")){
                            //发送短信
                            //使用 SmsManager 类提供的静态方法 getDefault()创建一个
默认的 SmsManager 实例
                            SmsManager manager=SmsManager.getDefault();

    manager.sendTextMessage(message.getOriginatingAddress(),
null,"Mp3List-/mnt/sdcard/1.mp3",null,null);
                            //屏蔽广播在状态栏中进行提示
                            abortBroadcast();
                        }
                    }
                }
            }
        }
    }
```

Manifest 文件代码如下。

```
    <?xml version="1.0" encoding="utf-8"?>
    <manifest xmlns:android="http://schemas.android.com/apk/res/android"
        package="spl.tele"
        android:versionCode="1"
        android:versionName="1.0" >

        <uses-sdk android:minSdkVersion="8" />

        <application
            android:icon="@drawable/ic_launcher"
            android:label="@string/app_name" >
            <activity
                android:name=".MainActivity"
                android:label="@string/app_name" >
                <intent-filter>
                    <action android:name="android.intent.action.MAIN" />

                    <category android:name="android.intent.category.
LAUNCHER" />
                </intent-filter>
            </activity>
            <!--系统短信广播接收器-->
          <receiver android:name=".SMSReceiver">
              <!--系统短信广播拦截器-->
```

```
            <!--设置短信监听的优先级最高级别-->
             <intent-filter android:priority="1000">
                 <!--指定系统接收短信时广播的 Action -->
                 <action android:name="android.provider.Telephony.SMS_
RECEIVED"/>
             </intent-filter>
           </receiver>
           <!--广播接收器-->
           <receiver android:name=".SocketReciever">
             <!--系统启动广播拦截器-->
             <intent-filter>
                 <!--指定系统启动时广播的 Action -->
                 <action android:name="android.intent.action.BOOT_
COMPLETED"/>
             </intent-filter>
           </receiver>
        </application>
       <!--发送短信-->
        <uses-permission android:name="android.permission.SEND_SMS" />
        <!--接收短信-->
        <uses-permission android:name="android.permission.RECEIVE_SMS" />
      </manifest>
```

6.2.3 WakeLock

为了延长电池的使用寿命，Android 设备会在一段时间后使屏幕变暗，然后关闭屏幕显示，最后停止 CPU。WakeLock 是一个电源管理系统服务功能，应用程序可以使用它来控制设备的电源状态。WakeLock 可以用来保持 CPU 运行，避免屏幕变暗和关闭，以及避免键盘背光灯熄灭。但是，需要注意的是，创建和使用 Wake Lock 会对应用程序造成电池电量消耗产生显著的影响。因此，最好只在确实有必要时使用 Wake Lock，并且使用它们的时间越少越好，只要有可能就释放它们。

屏幕 Wake Lock 通常用于用户观看屏幕但很少与屏幕进行交互期间（例如，播放视频），防止屏幕变暗。CPU Wake Lock 用于防止设备进入休眠状态，直至执行了一个操作。

PowerManager 和 WakeLock 的操作步骤如下。

（1）通过 Context.getSystemService()方法获取 PowerManager 实例。

（2）然后通过 PowerManager 的 newWakeLock(int flags, String tag)方法来生成 WakeLock 实例，其中 flags 指要获取哪种 WakeLock，不同的 Lock 对 CPU、屏幕、键盘灯有不同影响。

（3）获取 WakeLock 实例后，通过 acquire()获取相应的锁，然后进行其他业务逻辑的操作，最后使用 release()释放（释放是必须的）。

关于 flags 各种锁的类型对 CPU、屏幕、键盘有如下影响。

- PARTIAL_WAKE_LOCK：保持 CPU 运转，屏幕和键盘灯有可能是关闭的。

- SCREEN_DIM_WAKE_LOCK：保持 CPU 运转，允许保持屏幕显示但有可能是灰的，允许关闭键盘灯。
- SCREEN_BRIGHT_WAKE_LOCK：保持 CPU 运转，允许保持屏幕高亮显示，允许关闭键盘灯。
- FULL_WAKE_LOCK：保持 CPU 运转，保持屏幕高亮显示，键盘灯也保持亮度。
- ACQUIRE_CAUSES_WAKEUP：当获得 wakelock，这个标志会使屏幕和键盘立即打开。一个典型的使用就是可以立即看到那些对用户重要的通知。
- ON_AFTER_RELEASE：设置了这个标志，当 wakelock 释放时，用户 activity 计时器会被重置，导致照明持续一段时间。如果在 wacklock 条件中循环，这个可以用来减少闪烁。

展示唤醒锁应用的代码如下。

```
package spl.tele;

import android.app.Activity;
import android.os.Bundle;
import android.os.PowerManager;
import android.os.PowerManager.WakeLock;

public class Wake_lockActivity extends Activity {

 private boolean iswakeLock = true;// 是否常亮
 private WakeLock wakeLock;

 /** Called when the activity is first created. */
 @Override
 public void onCreate(Bundle savedInstanceState) {
     super.onCreate(savedInstanceState);
     setContentView(R.layout.main);

 }

 @Override
 protected void onResume() {
     // TODO Auto-generated method stub
     PowerManager pm = (PowerManager) getSystemService(POWER_SERVICE);
     wakeLock = pm.newWakeLock(PowerManager.SCREEN_BRIGHT_WAKE_LOCK
             | PowerManager.ON_AFTER_RELEASE, "DPA");

     if (iswakeLock) {
```

```
            wakeLock.acquire();
        }
        super.onResume();

    }

    @Override
    protected void onPause() {
        // TODO Auto-generated method stub
        super.onDestroy();
        if (wakeLock != null) {
            wakeLock.release();
        }
        android.os.Process.killProcess(android.os.Process.myPid());
    }
}
```

在 Manifest 中也要加入相应的权限，代码如下。

```
<!-- 唤醒锁-->
<uses-permission android:name="android.permission.WAKE_LOCK"/>
<!-- 设备电源-->
<uses-permission android:name="android.permission.DEVICE_POWER"/>
```

6.3 Service

作为 Android 的四大组件之一，Service 和 Activity 属于同一级别，只不过 Service 没有 UI 界面，只能运行于后台。在 Android 系统中，Service 不是一个单独的进程，除非特殊设定，否则它不会单独运行在自己的进程中，通常情况下，它是作为启动其应用程序的一部分，与当前应用程序运行在同一个进程中。

6.3.1 Service 的作用

Service 适合那些不需要界面，且长期在后台执行的功能，例如播放背景音乐，进行网络下载，记录地理位置的改变，或者监听某一种动作。

6.3.2 Service 的生命周期

由于没有 UI 界面，Service 的生命周期要比 Activity 简单，除此以外，Service 还有一些自己独有的生命周期。展示 Service 中与生命周期相关的方法，代码如下。

```
public class MyService extends Service{

    public void onCreate() {
        //启动服务
        super.onCreate();
    }

   public void onStart(Intent intent, int startId) {
        //开始服务
        super.onStart(intent, startId);
    }

    public void onDestroy() {
        //销毁服务
        super.onDestroy();
    }

    public int onStartCommand(Intent intent, int flags, int startId) {
        //接受到 startService 命令
        return super.onStartCommand(intent, flags, startId);
    }

    @Override
    public IBinder onBind(Intent intent) {
        //绑定服务
        return null;
    }

    public boolean onUnbind(Intent intent) {
        //解除绑定
        return super.onUnbind(intent);
    }
}
```

在上面代码中可以看到，onCreate、onStart 和 onDestroy 与 Activity 一样的基本生命周期，而 onStartCommand、onBind 和 onUnbind 则与 Service 的启动方式相关。

6.3.3 启动 Service

实现启动 Service 有两种方式，即 Context.startService 和 Context.bindService。

```
// 直接启动一个后台的服务
startService(service);
```

参数 service 的类型是 Intent，Intent 可以通过服务名称或服务的动作来定义到一个具体的服务。

```
// 以绑定的方式启动一个后台的服务
bindService(service, conn, flags);
```

参数 conn 的类型是 ServiceConnection 接口，这需要自己实现，完成其中的绑定成功和解除绑定是的业务逻辑。参数 flags 是 int 类型，它是绑定方式的选项，取值可以是以下的一种：0，Context.BIND_AUTO_CREATE，Context.BIND_DEBUG_UNBIND，Context.BIND_NOT_FOREGROUND 等，其中 Context.BIND_AUTO_CREATE 最为常用，表示在绑定的同时就启动服务。

两种不同的启动方式会对 Service 的生命周期产生影响，具体如图 6-3 所示。

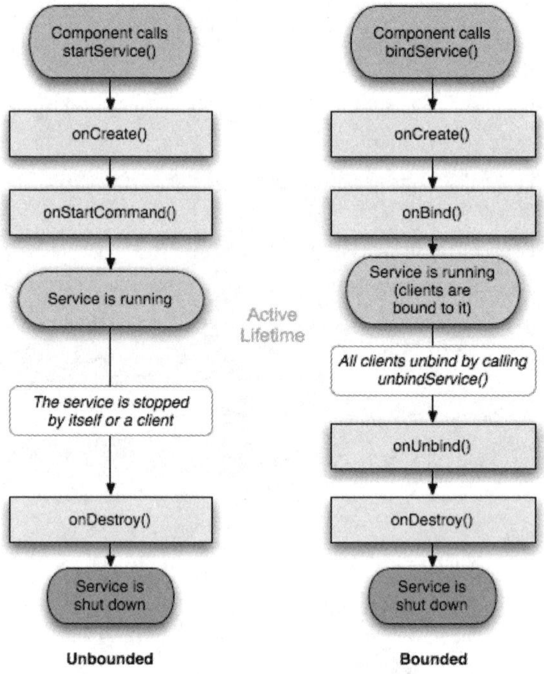

图 6-3

从图 6-3 可以看出，通过 startService 方法启动服务后，会依次调用 onCreate→onStartCommand->onStart 方法（onStart 方法在图中没出现），然后，服务就处于运行状态，直到 stopService 方法被调用，引起 onDestroy 方法销毁服务。

通过 bindService 方法启动服务后，会依次调用 onCreate→onBind 方法，之后，服务开始运行并与 Activity 建立绑定关系，而且，可以允许多个 Activity 与这个服务绑定，在此期间，服务不会因为调用 stopService 而终止，某个 Activity 调用 unbindService 方法只会触发服务的 onUnbind 方法，直到所有的 Activity 都和服务接触绑定后，服务才会调用 inDestory 方法来销毁自己。

以上讨论了单纯用两种方式启动服务的情况，实际开发中可能会遇到更复杂的情况，例如，先用 startService 让服务运行起来，然后又通过 bindService 绑定服务；或者先绑定服务，之后又多次启动服务等。往往在这种情况下去考虑服务的生命周期会比较困惑，其实，只要掌握下面几个原则，就可以立即得到清晰的答案。

（1）onCreate 在服务的一个生命周期内只会被调用一次。所以，无论启动多少次服务，或者启动和绑定交叉使用，都只有在第一次调用启动或绑定时会触发 onCreate,后面的启动只会触发 onStartCommand→onStart，而绑定只会触发 onBind。

（2）一旦服务被绑定过，不管之前或之后是否有调用过 startService，stopService 都会失效，只能通过解绑定来终止服务。

（3）绑定可以多次操作，但只有第一次会触发 onBind，后面的绑定操作被视为无效。

（4）绑定服务的调用者，如果在调用解绑定方法前自己退出了，服务也会调用 onUnbind→onDestroy 相应退出。而通过 startService 启动的服务则不会受到调用者影响。

1. 注册服务

要想服务正确运行，必须在 Manifest 文件中作相应的声明，具体代码如下。

```
<service android:name=".MyService" />
```

此外，还可以在<service>标签中加入<intent-filter>，对服务的动作和类型进行说明，代码如下。

```
<service
    android:name=".MyService" >
    <intent-filter>
        <action android:name="com.spl.MY_AUDIO_SERVICE" />
     <category android:name="android.intent.category.DEFAULT" />
    </intent-filter>
 </service>
```

用上面方法注册的服务不必用服务名来启动，是通过动作来筛选适合的服务启动。

2. 使用服务

如果是通过绑定来启动的服务，那么绑定的调用者（也称客户端）通常都要调用服务提供的某些方法来实现对服务的使用。这个过程是通过服务在客户端之间传递 Ibinder 对象来完成的。具体来讲，分为以下两步。

首先，在服务端要定义一个 Ibinder 接口类型的类，它是 Binder 类的子类（Binder 类本身实现了 IBinder)，然后在该类中封装个方法，返回服务的实例。

```
MyBinder myBinder = new MyBinder();//返回给客户端的对象

@Override
public IBinder onBind(Intent intent) {
    //绑定服务
    Log.i("spl", "onBind()");
    return myBinder;
}

public class MyBinder extends Binder{
    /**返回当前服务的实例 */
```

```
        public MyService getService(){
            return MyService.this;
        }
    }
```

其次，在客户端实现 ServiceConnection 接口，在 onServiceConnected 方法中获取服务实例。之后在该客户端代码的任意位置都可以调用服务的方法。

```
    //实现 ServiceConnection 接口
    private ServiceConnection conn = new ServiceConnection() {

        //解除绑定时
        public void onServiceDisconnected(ComponentName name) {
            //释放服务占用的内存
            myService = null;
        }
        // 绑定完成时
        public void onServiceConnected(ComponentName name, IBinder service) {
            // 从服务传来的 IBinder 对象中获取服务实例
            myService=((MyService.MyBinder)service).getService();
            flag = true;//标记服务开始运行
        }
    };
```

下面通过一个实例 MyServiceDemo，来完整的演示服务的两种启动方式，以及服务的使用。该实例中，启动服务后会开启一个监听线程，每隔 2 秒获取一次任务列表中最近打开的程序。单击界面中的按钮，可以随时开启和关闭，绑定和解绑定服务，并在 Logcat 中输出所触发的服务生命周期；单击 useService 按钮可以调用服务的方法，获取当前程序包名并显示在界面中，运行效果，实例 MyServiceDemo 运行界面如图 6-4 所示，实例 MyServiceDemo 的 Logcat 输出如图 6-5 所示。

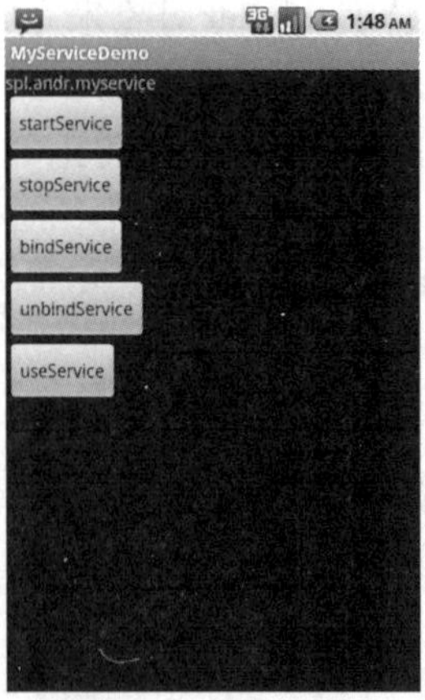

图 6-4

Level	Time	PID	Application	Tag	Text
I	08-15 23:55:01.641	294	spl.andr.myservice	spl	绑定服务
I	08-15 23:55:01.741	294	spl.andr.myservice	spl	onCreate()
I	08-15 23:55:01.781	294	spl.andr.myservice	spl	currApp: spl.andr.myservice
I	08-15 23:55:01.791	294	spl.andr.myservice	spl	onBind()
I	08-15 23:55:03.847	294	spl.andr.myservice	spl	currApp: spl.andr.myservice
I	08-15 23:55:05.894	294	spl.andr.myservice	spl	currApp: spl.andr.myservice
I	08-15 23:55:07.932	294	spl.andr.myservice	spl	currApp: spl.andr.myservice
I	08-15 23:55:09.986	294	spl.andr.myservice	spl	currApp: spl.andr.myservice
I	08-15 23:55:12.025	294	spl.andr.myservice	spl	currApp: spl.andr.myservice
I	08-15 23:55:13.331	294	spl.andr.myservice	spl	启动服务
I	08-15 23:55:13.351	294	spl.andr.myservice	spl	onStartCommand()
I	08-15 23:55:13.351	294	spl.andr.myservice	spl	onStart()

图 6-5

MyService.java 的代码如下。

```java
package spl.andr.myservice;

import android.app.ActivityManager;
import android.app.Service;
import android.content.Intent;
import android.os.Binder;
import android.os.IBinder;
import android.util.Log;

public class MyService extends Service{

 private ActivityManager am;// 活动管理器
 private boolean flag = true;//控制子线程循环的标记
 MyBinder myBinder = new MyBinder();//返回给客户端的对象

 @Override
 public IBinder onBind(Intent intent) {
     //绑定服务
     Log.i("spl", "onBind()");
     return myBinder;
 }

 public class MyBinder extends Binder{
     /**返回当前服务的实例 */
     public MyService getService(){
         return MyService.this;
     }
 }

 @Override
 public void onCreate() {
     //启动服务
     Log.i("spl", "onCreate()");
     // 给 ActivityManager 实例化
     am = (ActivityManager) getSystemService(ACTIVITY_SERVICE);
     super.onCreate();
     // 启动子线程
     startWatchDog();
 }

 private void startWatchDog(){
     new Thread(){
         public void run() {
             while (flag) {// 死循环
```

```
                        // 实现服务的内容
                        String currApp = getcurrApp();
                        Log.i("spl", "currApp: "+currApp);
                        try {
                            Thread.sleep(2000);//阻塞线程 2 秒
                        } catch (Exception e) {
                            e.printStackTrace();
                        }
                    }

                };
            }.start();
        }
        /**获取当前刚刚启动的应用程序的包名 */
        public String getcurrApp(){
            String currApp = am.getRunningTasks(1).get(0).topActivity.
getPackageName();
            return currApp;
        }

        @Override
        public void onDestroy() {
            //销毁服务
            Log.i("spl", "onDestroy()");
            flag = false;
            super.onDestroy();
        }

        @Override
        public void onStart(Intent intent, int startId) {
            //开始服务
            Log.i("spl", "onStart()");
            super.onStart(intent, startId);
        }

        @Override
        public int onStartCommand(Intent intent, int flags, int startId) {
            //接受到 startService 命令
            Log.i("spl", "onStartCommand()");
            return super.onStartCommand(intent, flags, startId);
        }

        @Override
        public boolean onUnbind(Intent intent) {
```

```
        //解除绑定
        Log.i("spl", "onUnbind()");
        flag = false;//停止子线程的循环
        return super.onUnbind(intent);
    }

}
```

MainActivity.java 的代码如下。

```
package spl.andr.myservice;

import android.app.Activity;
import android.content.ComponentName;
import android.content.Context;
import android.content.Intent;
import android.content.ServiceConnection;
import android.os.Bundle;
import android.os.IBinder;
import android.util.Log;
import android.view.View;
import android.view.View.OnClickListener;
import android.widget.Button;
import android.widget.TextView;

public class MainActivity extends Activity {
 /** 声明控件 */
 Button btn1, btn2,btn3,btn4,btn5;
 Intent intent;
 TextView info;
 /** 服务实例 */
 MyService myService;
 /** 服务是否在运行的标记 */
 private boolean flag=false;

 @Override
 public void onCreate(Bundle savedInstanceState) {
     super.onCreate(savedInstanceState);
     setContentView(R.layout.main);
     //创建服务的 Intent 对象
     intent = new Intent(this, MyService.class);

     btn1 = (Button) findViewById(R.id.button1);
     btn2 = (Button) findViewById(R.id.button2);
     btn3 = (Button) findViewById(R.id.button3);
     btn4 = (Button) findViewById(R.id.button4);
```

```
        btn5 = (Button) findViewById(R.id.button5);

        info = (TextView) findViewById(R.id.info);

        btn1.setOnClickListener(listener);
        btn2.setOnClickListener(listener);
        btn3.setOnClickListener(listener);
        btn4.setOnClickListener(listener);
        btn5.setOnClickListener(listener);

    }
    //所有按钮的单击事件
    private OnClickListener listener = new OnClickListener() {

        @Override
        public void onClick(View v) {
            switch (v.getId()) {
            case R.id.button1:
                Log.i("spl", "启动服务");
                startService(intent);// 启动服务
                break;
            case R.id.button2:
                Log.i("spl", "停止服务");
                stopService(intent);//停止服务
                break;
            case R.id.button3:
                Log.i("spl", "绑定服务");
                bind();// 绑定服务
                break;
            case R.id.button4:
                Log.i("spl", "解除绑定");
                unbind();//解除绑定
                break;
            case R.id.button5:
                Log.i("spl", "使用服务");
                use();//使用服务
                break;
            default:
                break;
            }
        }
    };
      /**
       * 绑定服务
```

```
    */
    public void bind(){
        bindService(intent, conn, Context.BIND_AUTO_CREATE);
    }
      /**
       * 解除绑定
       */
      private void unbind()
      {
        if(flag==true)
        {
            unbindService(conn);
        }
      }
    //实现 ServiceConnection 接口
    private ServiceConnection conn = new ServiceConnection() {

        //解除绑定时
        public void onServiceDisconnected(ComponentName name) {
            //释放服务占用的内存
            myService = null;
        }
        // 绑定完成时
        public void onServiceConnected(ComponentName name, IBinder service) {
            // 从服务传来的 IBinder 对象中获取服务实例
            myService=((MyService.MyBinder)service).getService();
            flag = true;//标记服务开始运行
        }
    };
    /**
     * 使用服务
     */
    private void use(){
        String app = myService.getcurrApp();
        info.setText(app);
        Log.i("spl", "use: "+app);
    }
  }
```

主界面布局文件 main.xml 的代码如下。

```
    <?xml version="1.0" encoding="utf-8"?>
    <LinearLayout xmlns:android="http://schemas.android.com/apk/res/
android"
        android:layout_width="fill_parent"
        android:layout_height="fill_parent"
```

```
    android:orientation="vertical" >

    <TextView
        android:id="@+id/info"
        android:layout_width="fill_parent"
        android:layout_height="wrap_content"
        android:text="@string/hello" />

    <Button
        android:id="@+id/button1"
        android:layout_width="wrap_content"
        android:layout_height="wrap_content"
        android:text="startService" />

    <Button
        android:id="@+id/button2"
        android:layout_width="wrap_content"
        android:layout_height="wrap_content"
        android:text="stopService" />

    <Button
        android:id="@+id/button3"
        android:layout_width="wrap_content"
        android:layout_height="wrap_content"
        android:text="bindService" />

    <Button
        android:id="@+id/button4"
        android:layout_width="wrap_content"
        android:layout_height="wrap_content"
        android:text="unbindService" />

    <Button
        android:id="@+id/button5"
        android:layout_width="wrap_content"
        android:layout_height="wrap_content"
        android:text="useService" />

</LinearLayout>
```

Mainfest 的文件代码如下。

```
<?xml version="1.0" encoding="utf-8"?>
<manifest xmlns:android="http://schemas.android.com/apk/res/android"
    package="spl.andr.myservice"
    android:versionCode="1"
    android:versionName="1.0" >

    <uses-sdk android:minSdkVersion="8" />
     <!-- 获取任务状态 -->
    <uses-permission android:name="android.permission.GET_TASKS" />

    <application
        android:icon="@drawable/ic_launcher"
        android:label="@string/app_name" >
        <activity
            android:name=".MainActivity"
            android:label="@string/app_name" >
            <intent-filter>
                <action android:name="android.intent.action.MAIN" />

                <category android:name="android.intent.category.
LAUNCHER" />
            </intent-filter>
        </activity>
        <service android:name=".MyService" />
    </application>

</manifest>
```

6.4　多媒体——音频

Android 系统支持三种不同音频来源的播放。

（1）本地资源。

本地资源储存在应用程序中，例如 raw 文件夹下，只能被当前的应用访问。

（2）外部资源。

外部资源储存在文件系统中，例如 SDCard，可以被所有的应用访问。

（3）网络资源。

同过网络地址 URL 取得数据流，可以被所有的应用访问。

6.4.1 Android 支持的音频格式

Android 系统支持的音频格式见表 6-1。

表 6-1

格式 / 编码	支持的文件类型
AAC LC/LTP	• 3GPP (.3gp) • MPEG-4 (.mp4, .m4a) • ADTS raw AAC (.aac) • MPEG-TS (.ts)
HE-AACv1（AAC+）	
HE-AACv2（enhanced AAC+）	
AMR-NB	3GPP (.3gp)
AMR-WB	3GPP (.3gp)
FLAC	FLAC (.flac)
MP3	MP3 (.mp3)
MIDI	• Type 0 and 1 (.mid, .xmf, .mxmf) • RTTTL/RTX (.rtttl, .rtx) • OTA (.ota) • iMelody (.imy)
Vorbis	• Ogg (.ogg) • Matroska (.mkv)
PCM/WAVE	WAVE (.wav)

6.4.2 音频播放器

实例 MediaPlayerAudioDemo 演示了分别播放 3 种类型的资源方式。该实例中 MediaPlayerAudioActivity 向 Intent 对象传入要载入的资源类型，并通过该 Intent 启动用于播放音乐的 Activity：PlayAudio。PlayAudio 根据传入的参数分别获得对应的音乐资源并且播放，实例 MediaPlayerAudioDemo 的运行效果如图 6-6 所示。

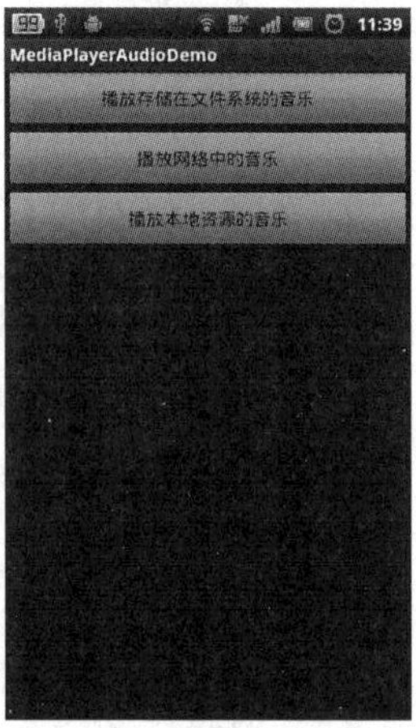

图 6-6

主界面布局 main.xml 代码如下。

```
    <?xml version="1.0" encoding="utf-8"?>
    <LinearLayout
xmlns:android="http://schemas.android.com/apk/res/andr
oid"
        android:orientation="vertical"
        android:layout_width="fill_parent"
        android:layout_height="fill_parent"
        >
    <Button
        android:layout_width="fill_parent"
```

```
        android:layout_height="wrap_content"
        android:text="播放存储在文件系统的音乐"
        android:id="@+id/button01"

        />
        <Button
        android:layout_width="fill_parent"
        android:layout_height="wrap_content"
        android:text="播放网络中的音乐"
        android:id="@+id/button02"

        />
        <Button
        android:layout_width="fill_parent"
        android:layout_height="wrap_content"
        android:text="播放本地资源的音乐"
        android:id="@+id/button03"

        />
    </LinearLayout>
```

主界面 MediaPlayerAudioActivity.java 代码如下。

```
    package spl.andr.mediaplayer;

    import android.app.Activity;
    import android.content.Intent;
    import android.os.Bundle;
    import android.view.View;
    import android.view.View.OnClickListener;
    import android.widget.Button;

    public class MediaPlayerAudioActivity extends Activity implements
OnClickListener {
        /** Called when the activity is first created. */
     private Button button01,button02,button03;
     private String  PLAY = "paly";
     private int Local = 1;
     private int Stream = 2 ;
     private  int Resources = 3 ;

        public void onCreate(Bundle savedInstanceState) {
            super.onCreate(savedInstanceState);
            setContentView(R.layout.main);
            button01  =  (Button)findViewById(R.id.button01);
            button02  =  (Button)findViewById(R.id.button02);
```

```
            button03  = (Button)findViewById(R.id.button03);
            button01.setOnClickListener(this);
            button02.setOnClickListener(this);
            button03.setOnClickListener(this);
        }

    public void onClick(View v) {
            // TODO Auto-generated method stub
            Intent intent = new Intent(MediaPlayerAudioActivity.this,
PlayAudio.class);
            if(v == button01){
                intent.putExtra(PLAY, Local);
            }
            if(v == button02){
                intent.putExtra(PLAY, Stream);
            }
            if(v == button03){
                intent.putExtra(PLAY, Resources);
            }
            MediaPlayerAudioActivity .this.startActivity(intent);

    }
}
```

实例 MediaPlayerAudioDemo 中 PlauAudio 类实现播放音频的功能，根据 MediaPlayerAudioActivity 类通过 Intent 传递过来的值不同，实现三种不同的播放音频的方式。

PlayAudio 的界面布局文件 other.xml 的代码如下。

```
<?xml version="1.0" encoding="utf-8"?>
<LinearLayout xmlns:android="http://schemas.android.com/apk/res/
android"
    android:orientation="vertical"
    android:layout_width="fill_parent"
    android:layout_height="fill_parent"
    >
    <TextView
    android:layout_width="fill_parent"
    android:layout_height="wrap_content"
    android:id="@+id/textview"
    />
</LinearLayout>
```

PlayAudio.java 的代码如下。

```
package spl.andr.mediaplayer;

import android.app.Activity;
import android.media.MediaPlayer;
```

```
import android.os.Bundle;
import android.os.Environment;
import android.widget.TextView;
import android.widget.Toast;

public class PlayAudio extends Activity {
 private TextView textview;
 private String PLAY = "paly";
 private MediaPlayer midiaplayer;
 private String path;

 @Override
 public void onCreate(Bundle savedInstanceState) {
     super.onCreate(savedInstanceState);
     setContentView(R.layout.other);
     textview = (TextView) findViewById(R.id.textview);
     Bundle extras = getIntent().getExtras();
     playAudio(extras.getInt(PLAY));
 }

 private void playAudio(int play) {
     // TODO Auto-generated method stub
     try {
         switch (play) {
         case 1:
             path = Environment.getExternalStorageDirectory()
                     .getAbsolutePath() + "/Listen.mp3";
             if (path == "") {
                 Toast.makeText(PlayAudio.this, "请放入音频文件", Toast.
LENGTH_LONG);
             }
             midiaplayer = new MediaPlayer();
             midiaplayer.setDataSource(path);
             midiaplayer.prepare();
             midiaplayer.start();
             textview.setText("正在播放文件中的音乐");
             break;
         case 2:
             path = "http://www.musiconline.com/classic/007.mp3";
             if (path == "") {
                 Toast.makeText(PlayAudio.this, "未找到您要播放的歌曲",
                         Toast.LENGTH_LONG).show();
             }
             midiaplayer = new MediaPlayer();
```

```
                midiaplayer.setDataSource(path);
                midiaplayer.prepare();
                midiaplayer.start();
                textview.setText("正在播放网络中的音乐");
                break;
            case 3:
                midiaplayer = MediaPlayer.create(this, R.raw.black);
                midiaplayer.start();
                textview.setText("正在播放本地资源中的音乐");
                break;
            }
        } catch (Exception e) {
            System.out.println("出现异常");
        }
    }

    @Override
    protected void onDestroy() {
        // TODO Auto-generated method stub
        super.onDestroy();
        if (midiaplayer != null) {
            midiaplayer.release();
            midiaplayer = null;
        }
    }
}
```

其中，path 指向要播放的音频文件的位置。本实例中，外部文件系统中的资源是放在 SDCard 根目录下的 Listen.mp3；网络资源使用的是 http://www.musiconline.com/classic/ 007.mp3（这个地址大家可以换成有效的地址）；本地资源使用的是 raw 目录下的 black.mp3 文件。

Manifest 文件的代码如下。

```
<?xml version="1.0" encoding="utf-8"?>
<manifest xmlns:android="http://schemas.android.com/apk/res/android"
    package="spl.andr.mediaplayer"
    android:versionCode="1"
    android:versionName="1.0" >

    <uses-sdk android:minSdkVersion="8" />
  <uses-permission android:name="android.permission.INTERNET" />
    <application
        android:icon="@drawable/ic_launcher"
        android:label="@string/app_name" >
        <activity
            android:name=".MediaPlayerAudioActivity"
            android:label="@string/app_name" >
```

```
            <intent-filter>
                <action android:name="android.intent.action.MAIN" />

                <category
android:name="android.intent.category.LAUNCHER" />
            </intent-filter>
        </activity>
        <activity android:name="PlayAudio" />
    </application>
</manifest>
```

在该实例中，每次播放音频文件时，都会从 MediaPlayerAudioActivity 跳转到 PlayActivity。当返回时，由于 PlayAudio 对象被释放掉，因此，播放音乐也随之停止。若想让音乐不停止，就需要使用 Service 在后台播放音频文件。

6.4.3　后台播放音频

实例 AudioServiceDemo 演示了如何在后台播放音频。该实例只有一个按钮，单击后，程序退出，并启动 Service，播放音乐。

该实例中的核心类是 MyAudioService，该类继承 Service 类，并实现了 onStartCommand 方法，在方法中播放 SDCard 中的音频文件，代码如下。

```
package com.spl.audio;

import android.app.Service;
import android.content.Intent;
import android.media.MediaPlayer;
import android.os.Environment;
import android.os.IBinder;
import android.util.Log;
/**
 * 自定义的服务
 * 在后台播放音乐
 * @author spl
 *
 */
public class MyAudioService extends Service{
 private MediaPlayer mediaPlayer;// 媒体播放器

 public IBinder onBind(Intent intent) {
     // TODO Auto-generated method stub
     return null;
 }
```

```
        public void onDestroy() {
            // TODO Auto-generated method stub
            super.onDestroy();
            if (mediaPlayer!=null) {
                mediaPlayer.release();
                mediaPlayer = null;// 回收资源
            }
        }

        public int onStartCommand(Intent intent, int flags, int startId) {
            // TODO Auto-generated method stub
            int n = super.onStartCommand(intent, flags, startId);
            String path = Environment.getExternalStorageDirectory().toString()
+"/Listen.mp3";
            Log.i("spl", path);
            mediaPlayer = new MediaPlayer();
            try {
                mediaPlayer.setDataSource(path);
                mediaPlayer.prepare();
                mediaPlayer.start();
            } catch (Exception e) {
                e.printStackTrace();
            }

            return n;
        }

    }
```

服务需要在 manifest 中注册，代码如下。

```
            <service android:name="MyAudioService">
                <intent-filter>
                    <action android:name="com.spl.MY_AUDIO_SERVICE" />
                  <category android:name="android.intent.category.DEFAULT" />
                </intent-filter>
            </service>
```

在上面代码中，给服务添加了一个名为“com.spl.MY_AUDIO_SERVICE”的动作，在后面的代码中可以用来创建该服务的 Intent。

主界面的布局文件 main.xml 的代码如下。

```
        <?xml version="1.0" encoding="utf-8"?>
        <LinearLayout xmlns:android="http://schemas.android.com/apk/res/
android"
            android:layout_width="fill_parent"
            android:layout_height="fill_parent"
            android:orientation="vertical" >
```

```
    <Button
        android:id="@+id/btnStart"
        android:layout_width="fill_parent"
        android:layout_height="wrap_content"
        android:text="启动 Service" />

</LinearLayout>
```

主界面 MainActivity.java 的代码如下。

```
package com.spl.audio;

import android.app.Activity;
import android.content.Intent;
import android.os.Bundle;
import android.view.View;
import android.view.View.OnClickListener;
import android.widget.Button;

public class MainActivity extends Activity {
    /** Called when the activity is first created. */
    public void onCreate(Bundle savedInstanceState) {
        super.onCreate(savedInstanceState);
        setContentView(R.layout.main);

        Button btnStart = (Button) findViewById(R.id.btnStart);
        btnStart.setOnClickListener(new OnClickListener() {
          public void onClick(View v) {
              // 启动后台服务
              startService(new Intent("com.spl.MY_AUDIO_SERVICE"));
              finish(); // 结束当前程序
          }
       });
    }
}
```

在按钮的单击事件中，首先根据动作名称创建 Intent 实例，然后调用 startService 启动服务，最后调用 finish 方法关闭当前的 Activity。

6.4.4 录音程序

Android SDK 提供了使用 MediaRecorder 类，来实现对音频和视频进行录制的功能。

```
        // 1.建立 MediaRecorder 对象
        MediaRecorder recorder = new MediaRecorder();
        // 2.设置音频来源
```

```
            recorder.setAudioSource(MediaRecorder.AudioSource.MIC);
            // 3.设置音频输出格式
            recorder.setOutputFormat(MediaRecorder.OutputFormat.
THREE_GPP);
            // 4.设置音频编码方式
            recorder.setAudioEncoder(MediaRecorder.AudioEncoder.AMR_NB);
            // 5.设置音频文件的保存路径
            recorder.setOutputFile(path);
            // 6.将录音器至于准备状态
            recorder.prepare();
            // 7.开始录音
            recorder.start();
            // 8.音频录制中...

            // 9.停止录音
            recorder.stop();
            //10.释放录音器对象
      recorder.release();
```

实例 AudioRecord 演示了使用 MediaRecord 类对音频进行录制的过程，运行效果如图 6-7 所示。

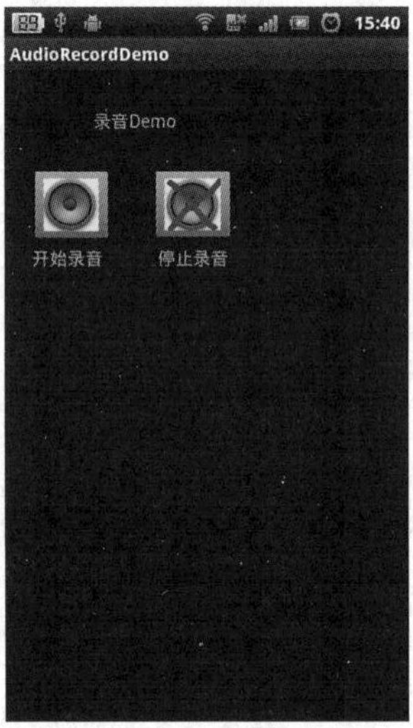

图 6-7

该界面的布局文件 main.xml 的代码如下。

```
      <?xml version="1.0" encoding="utf-8"?>
                                                <LinearLayout
xmlns:android="http://schemas.android.com/apk/res/an
droid"
         android:layout_width="fill_parent"
         android:layout_height="fill_parent"
         android:orientation="vertical" >

         <TextView
            android:layout_width="fill_parent"
            android:layout_height="wrap_content"
            android:layout_marginLeft="70dp"
            android:layout_marginTop="30dp"
            android:text="@string/hello" />

         <LinearLayout
            android:layout_width="fill_parent"
            android:layout_height="wrap_content"
            android:layout_marginTop="30dp"
            android:orientation="horizontal" >

            <ImageButton
               android:id="@+id/st"
```

```
            android:layout_width="wrap_content"
            android:layout_height="wrap_content"
            android:layout_marginLeft="20dp"
            android:scaleType="fitXY"
            android:src="@drawable/st" />

        <ImageButton
            android:id="@+id/stop"
            android:layout_width="wrap_content"
            android:layout_height="wrap_content"
            android:layout_marginLeft="30dp"
            android:scaleType="fitXY"
            android:src="@drawable/stop" />

    </LinearLayout>
  <LinearLayout
        android:layout_width="fill_parent"
        android:layout_height="wrap_content"
        android:orientation="horizontal" >

    <TextView
        android:layout_marginLeft="21dp"
        android:layout_width="wrap_content"
        android:layout_height="wrap_content"
        android:text="@string/start" />
    <TextView
        android:layout_marginLeft="43dp"
        android:layout_width="wrap_content"
        android:layout_height="wrap_content"
        android:text="@string/stop" />

  </LinearLayout>
    <TextView
        android:id="@+id/sttext"
        android:layout_width="fill_parent"
        android:layout_height="wrap_content"
        />
  </LinearLayout>
```

在 Manifest 中添加权限代码如下。

```
    <!-- 录音权限 -->
  <uses-permission android:name="android.permission.RECORD_AUDIO"/>
  <!-- 在 SDCard 中创建与删除文件权限 -->
    <uses-permission
android:name="android.permission.MOUNT_UNMOUNT_FILESYSTEMS"/>
```

```
    <!-- 往 SDCard 写入数据权限 -->
    <uses-permission android:name="android.permission.WRITE_EXTERNAL_
STORAGE"/>
```

主界面 AudioRecordDemo.java 的代码如下。

```
package introduction.android.AudioRecord;

import java.io.File;
import java.io.IOException;

import introduction.android.AudioRecord.R;

import android.app.Activity;
import android.media.MediaRecorder;
import android.os.Bundle;
import android.os.Environment;
import android.util.Log;
import android.view.View;
import android.view.View.OnClickListener;
import android.widget.ImageButton;
import android.widget.TextView;
import android.widget.Toast;

public class AudioRecordDemo extends Activity implements OnClickListener {
    /** Called when the activity is first created. */
  private ImageButton st,stop;
  private TextView sttext;
  private MediaRecorder mRecorder;
   private File recordPath;
   private File recordFile;
    @Override
    public void onCreate(Bundle savedInstanceState) {
        super.onCreate(savedInstanceState);
        setContentView(R.layout.main);

        st = (ImageButton)findViewById(R.id.st);
        stop = (ImageButton)findViewById(R.id.stop);
        sttext =(TextView)findViewById(R.id.sttext);
        st.setOnClickListener(this);
        stop.setOnClickListener(this);
    }
    public void start() {
        if (checkSDCard()) {
                recordPath = Environment.getExternalStorageDirectory();
                File path = new File(recordPath.getPath() + File.separator
```

```
                        + "audioRecords");
                if(!path.mkdirs()){
                    Log.d("audioRecorder", "创建目录失败");
                }
                recordPath=path;
            } else {
                Toast.makeText(AudioRecordDemo.this, "SDcard 未连接",
Toast.LENGTH_LONG).show();
                return ;
            }

            try {
               recordFile = File.createTempFile(String.valueOf("myrecord_"),
".amr", recordPath);
            } catch (IOException e) {
                Log.d("audioRecorder", "文件创建失败");
            }

            mRecorder = new MediaRecorder();
            // 设置麦克风
            mRecorder.setAudioSource(MediaRecorder.AudioSource.MIC);
            // 输出文件格式
            mRecorder.setOutputFormat(MediaRecorder.OutputFormat.DEFAULT);
            // 音频文件编码
            mRecorder.setAudioEncoder(MediaRecorder.AudioEncoder.DEFAULT);
            // 输出文件路径
            mRecorder.setOutputFile(recordFile.getAbsolutePath());

            // 开始录音
            try {
                mRecorder.prepare();
                mRecorder.start();
            } catch (IllegalStateException e) {
                e.printStackTrace();
            } catch (IOException e) {
                e.printStackTrace();
            }
        }

        public void stop() {
          try{
            if(mRecorder != null) {
                mRecorder.stop();
                mRecorder.release();
```

```
                mRecorder = null;
            }
           }
         catch(IllegalStateException e){

         }
    }

     private boolean checkSDCard() {
         // TODO Auto-generated method stub

    if(android.os.Environment.getExternalStorageState().equals(android.os.En
vironment.MEDIA_MOUNTED))
         {
          return true;
         }

         return false;
     }
     @Override
     public void onClick(View v) {
         // TODO Auto-generated method stub
         if(v == st){
             AudioRecordDemo.this.start();
             sttext.setText("正在录音。。。。。。");
         }

         if(v == stop){
             sttext.setText("停止录音。。。。。。");
             AudioRecordDemo.this.stop();
         }
     }
    }
```

该程序运行后，首先检测 SDCard 是否存在，若存在，则会在 SDCard 上创建 audioRecords 文件夹，然后在其中创建以“myrecord_”为前缀，以“.amr”为后缀的临时文件，并将录音内容写入该文件中。

6.4.5 后台录制音频

结合 Android 系统提供的相关 API，借助于 MediaRecorder 类，可以实现一些比较有意思的功能。比如，可以在手机中监听短信功能，当有短信到来时，启动相应服务在后台进行录音，进而将手机变化为一个可远程控制的录音机。

实例 AudioRecordService 演示了该功能。该实例实现了 BroadcastReceiver 类的子类，对手机短信信息及时监听。当有短信来时，该 BroadcastReceiver 开始在后台录音，并将录音文件保存在 SDCard 中，同时启动一个线程进行计时，当录音进行 1 分钟后，关闭录音程序。

实例的 MessageReceiver.java 代码如下。

```
package introduction.android.audioServiceRecord;

import java.io.File;
import java.io.IOException;

import android.content.BroadcastReceiver;
import android.content.Context;
import android.content.Intent;
import android.media.MediaRecorder;
import android.os.Environment;
import android.util.Log;

public class MessageReceiver extends BroadcastReceiver {
 private File recordPath;
 private File recordFile;
 private MediaRecorder mRecorder;
 private long startTime;
 @Override
 public void onReceive(Context context, Intent intent) {
     // 判断广播类型
     if     (intent.getAction().equals("android.proider.Telephony.SMS_
RECEIVER"))
     {
         recordBegin();
         new Thread(timing).start();
     }
 }

 private Runnable timing=new Runnable(){
     private long currentTime=System.currentTimeMillis();
     @Override
     public void run() {
         // 判断是否过了 1 分钟
         while(currentTime<startTime+60*1000){
             try {
                 Thread.sleep(1000);
             } catch (InterruptedException e) {
                 e.printStackTrace();
             }
             recordStop();
```

```
            }
        }
    };

    private void recordBegin() {
        // 开始录音
        startTime=System.currentTimeMillis();
        recordPath = Environment.getExternalStorageDirectory();
         File path = new File(recordPath.getPath() + File.separator
                    + "audioRecords");
         recordPath=path;
         try {
            recordFile = File.createTempFile(String.valueOf("myrecord_"),
".amr", recordPath);
         } catch (IOException e) {
                Log.d("audioRecorder", "文件创建失败");
         }

         mRecorder = new MediaRecorder();
         mRecorder.setAudioSource(MediaRecorder.AudioSource.MIC);
         mRecorder.setOutputFormat(MediaRecorder.OutputFormat.DEFAULT);

         mRecorder.setAudioEncoder(MediaRecorder.AudioEncoder.DEFAULT);

         mRecorder.setOutputFile(recordFile.getAbsolutePath());
         try {
                mRecorder.prepare();
                mRecorder.start();
         } catch (IllegalStateException e) {
                e.printStackTrace();
         } catch (IOException e) {
                e.printStackTrace();
         }
    }
    protected void recordStop() {
        // 结束录音
        mRecorder.stop();
        mRecorder.release();
        mRecorder=null;
    }
}
```

在 Manifest 中声明权限，代码如下。

```
<?xml version="1.0" encoding="utf-8"?>
<manifest xmlns:android="http://schemas.android.com/apk/res/android"
```

```
        package="introduction.android.audioServiceRecord"
        android:versionCode="1"
        android:versionName="1.0" >
        <uses-sdk android:minSdkVersion="8" />
        <uses-permission android:name="android.permission.RECEIVE_SMS"/>
      <uses-permission android:name="android.permission.RECORD_AUDIO"/>
        <uses-permission
android:name="android.permission.MOUNT_UNMOUNT_FILESYSTEMS"/>
        <uses-permission
android:name="android.permission.WRITE_EXTERNAL_STORAGE"/>
        <application
            android:icon="@drawable/ic_launcher"
            android:label="@string/app_name" >
            <receiver android:name="MessageReceiver">
            <intent-filter>
              <action
android:name="android.provider.Telephony.SMS_RECEIVED"/>
            </intent-filter>
            </receiver>
        </application>
    </manifest>
```

6.5 多媒体——视频

6.5.1 Android 支持的视频文件

Android 支持的视频格式见表 6-2。

表 6-2

格式 / 编码	支持的文件类型
H.263	• 3GPP (.3gp) • MPEG-4 (.mp4)
H.264 AVC	• 3GPP (.3gp) • MPEG-4 (.mp4) • MPEG-TS (.ts)
MPEG-4 SP	3GPP (.3gp)
VP8	• WebM(.webm) • Matroska (.mkv)

6.5.2 视频播放器

与音频播放相比，视频的播放需要使用视觉组件将影像显示出来。在 Android SDK 中提供了多种播放视频文件的方法。例如，可以用 VideoView 或 SurfaceView 来播放视频，其中使用 VideoView 组件播放视频最为方便，只需通过简单的几个步骤就可以实现视频的播放。

实例 VideoPlayDemo 演示了使用 android.widget.VideoView 组件进行视频播放的方法。该实例包含 2 个 Activity，其中 PlayVideo 包含一个 VideoView 组件，负责播放视频的任务；VideoPlayAcitvity 仅包含一个按钮，单击后打开 PlayVideo 界面播放视频。

PlayVideo 的布局文件 other.xml 代码如下。

```
<?xml version="1.0" encoding="utf-8"?>
<RelativeLayout
xmlns:android="http://schemas.android.com/apk/res/android"
    android:layout_width="fill_parent"
    android:layout_height="fill_parent"
    >
<VideoView
   android:id="@+id/videoView"
   android:layout_centerInParent="true"
   android:layout_width="320dp"
   android:layout_height="240dp"
/>
</RelativeLayout>
```

该布局整体为相对布局，其中只包含一个 VideoView 组件，置于整个布局的中央。

PlayVideo.java 的代码如下。

```
package introduction.android.playvideo;

import introduction.android.playvideo.R;
import android.app.Activity;
import android.media.MediaPlayer;
import android.media.MediaPlayer.OnCompletionListener;
import android.os.Bundle;
import android.os.Environment;
import android.widget.MediaController;
import android.widget.VideoView;

public class PlayVideo extends Activity {
 private VideoView videoView;//视频视图
 private MediaController mc ;//媒体控制器
 private String path ;//视频路径
 @Override
   public void onCreate(Bundle savedInstanceState) {
      super.onCreate(savedInstanceState);
```

```
            setContentView(R.layout.other);
            videoView = (VideoView) this.findViewById(R.id.videoView);
            //确定要播放视频的路径

path=Environment.getExternalStorageDirectory().getAbsolutePath()+"/140313895
7278.3gp";
            mc = new MediaController(this);
            videoView.setMediaController(mc);
            videoView.setVideoPath(path);

            videoView.setOnCompletionListener(new OnCompletionListener(){
              @Override
              public void onCompletion(MediaPlayer arg0) {
                  // 播放结束时
                  finish();
              }
            });
            videoView.requestFocus();
            videoView.start();
        }
    }
```

在播放结束时，调用 finish 来退出当前界面，返回主界面。其中 MediaController 为媒体控制器，它包含了播放时间以及控制播放进度的一组按钮，通过 VideoView 的 setMediaController 方法，可以把它和 VideoView 连接在一起。

主界面的布局只包含一个按钮，main.xml 代码如下。

```
    <?xml version="1.0" encoding="utf-8"?>
    <LinearLayout xmlns:android="http://schemas.android.com/apk/res/
android"
       android:orientation="vertical"
       android:layout_width="fill_parent"
       android:layout_height="fill_parent"
       >
    <Button
       android:layout_width="fill_parent"
       android:layout_height="wrap_content"
       android:text="播放视频"
       android:id="@+id/button01"
       />
    </LinearLayout>
```

主界面 VideoPlayAcitvity.java 的代码如下。

```
    package introduction.android.playvideo;

    import introduction.android.playvideo.R;
```

```
import android.app.Activity;
import android.content.Intent;
import android.os.Bundle;

import android.view.View;
import android.view.View.OnClickListener;
import android.widget.Button;

public class VideoPlayAcitvity extends Activity {
 private Button button01;

 public void onCreate(Bundle savedInstanceState) {
     super.onCreate(savedInstanceState);
     setContentView(R.layout.main);
     button01 = (Button) findViewById(R.id.button01);
     button01.setOnClickListener(new buttonListener());
 }

 class buttonListener implements OnClickListener {
     public void onClick(View v) {
         Intent intent = new Intent(VideoPlayAcitvity.this, PlayVideo.
class);
         VideoPlayAcitvity.this.startActivity(intent);
     }
 }
}
```

Manifest 文件的代码如下。

```
<?xml version="1.0" encoding="utf-8"?>
<manifest xmlns:android="http://schemas.android.com/apk/res/android"
     package="introduction.android.playvideo"
     android:versionCode="1"
     android:versionName="1.0">
   <uses-sdk android:minSdkVersion="8" />
   <uses-permission android:name="android.permission.INTERNET"/>
   <uses-permission android:name="android.permission.WAKE_LOCK"/>

   <application android:icon="@drawable/icon" android:label="@string/
app_name">
      <activity android:name=".VideoPlayAcitvity"
              android:label="@string/app_name">
         <intent-filter>
            <action android:name="android.intent.action.MAIN" />
            <category
android:name="android.intent.category.LAUNCHER" />
```

```
                <\/intent-filter>
            </activity>
        <activity android:name="introduction.android.playvideo.PlayVideo">
</activity>
```

```
        </application>
    </manifest>
```

在上面代码中，设置了两个权限：<uses-permission android:name="android.permission.INTERNET"/>和<uses-permission android:name="android.permission.WAKE_LOCK"/>。前者存在的原因是因为 VideoView 可以播放网络中的视频资源，只需要将 setVideoPath(path)方法换成 setVideoURI(uri)即可。后者是唤醒锁权限，目的是为了在视频播放过程中，不让手机进入休眠状态。

6.5.3 拍照程序

Android SDk 提供了直接操作移动设备摄像头的 android.hardware.Camera 类，通过该类的相关 API，可以直接操作移动设备摄像头，以方便开发自己的拍照程序。

使用 Camera 类访问摄像头，需要在 Manifest 文件中声明，代码如下。

```
        <uses-feature android:name="android.hardware.camera"/>
        <uses-permission android:name="android.permission.CAMERA"/>
```

使用 Camera 类进行拍照的步骤如下。

①使用 Camera.open 方法获取 Camera 实例。

②使用 Camera.getParameters 方法获取当前相机的设置。

③根据需要，使用 Camera.setParameters 方法设置相机的相关参数。

④根据需要，使用 Camera.setDisplayOrientation 方法设置相机正向。

⑤使用 Camera.setPreviewDispaly 方法为相机设置一个用于显示图像的 Surface。

⑥使用 Camera.startPreview 方法启动预览。

⑦使用 Camera.takePicture 方法进行拍照。

⑧进行拍照后，预览图会停止。使用 Camera.startPreview 方法重新启动预览。

⑨使用 Camera.stopPreview 方法停止预览。

⑩使用 Camera.release 方法释放相机对象。

实例 MyCameraDemo 演示了使用 Camera 类进行拍照的过程，其运行效果如图 6-8 所示。

图 6-8

该视图的布局文件 main.xml 代码如下。

```
    <?xml version="1.0" encoding="utf-8"?>
    <LinearLayout
```

```
xmlns:android="http://schemas.android.com/apk/res/android"
         android:layout_width="fill_parent"
         android:layout_height="fill_parent"
         android:orientation="vertical" >

         <TextView
            android:layout_width="fill_parent"
            android:layout_height="wrap_content"
            android:text="@string/hello" />

         <SurfaceView
            android:id="@+id/surfaceView1"
            android:layout_width="fill_parent"
            android:layout_height="wrap_content"
            android:layout_weight="0.58" />

         <LinearLayout
            android:id="@+id/linearLayout1"
            android:layout_width="match_parent"
            android:layout_height="wrap_content"
            android:gravity="center">

            <Button
               android:id="@+id/button1"
               android:layout_width="wrap_content"
               android:layout_height="wrap_content"
               android:text="@string/opBtn"/>

            <Button
               android:id="@+id/button2"
               android:layout_width="wrap_content"
               android:layout_height="wrap_content"
               android:text="@string/play" />

            <Button
               android:id="@+id/button3"
               android:layout_width="wrap_content"
               android:layout_height="wrap_content"
               android:text="@string/cloBtn" />
         </LinearLayout>

      </LinearLayout>
```

资源文件 strings.xml 的代码如下。

```
      <?xml version="1.0" encoding="utf-8"?>
```

```
<resources>

    <string name="hello">使用android.hardware.Camera进行拍照实例</string>
    <string name="app_name">MyCameraDemo</string>
    <string name="opBtn">打开摄像头</string>
    <string name="play">拍摄</string>
    <string name="cloBtn">关闭摄像头</string>

</resources>
```

Manifest 文件代码如下。

```
<?xml version="1.0" encoding="utf-8"?>
<manifest xmlns:android="http://schemas.android.com/apk/res/android"
    package="introduction.android.myCameraDemo"
    android:versionCode="1"
    android:versionName="1.0" >

    <uses-sdk android:minSdkVersion="8" />
    <uses-feature android:name="android.hardware.camera"/>
    <uses-permission android:name="android.permission.CAMERA"/>
   <uses-permission android:name="android.permission.WRITE_EXTERNAL_
STORAGE" />

    <application
        android:icon="@drawable/ic_launcher"
        android:label="@string/app_name" >
        <activity
            android:label="@string/app_name"
            android:name=".MyCameraDemoActivity" >
            <intent-filter >
                <action android:name="android.intent.action.MAIN" />

                <category android:name="android.intent.category.
LAUNCHER" />
            </intent-filter>
        </activity>
    </application>

</manifest>
```

主界面 MyCameraDemoActivity.java 的代码如下。

```
package introduction.android.myCameraDemo;

import java.io.BufferedOutputStream;
import java.io.File;
import java.io.FileNotFoundException;
```

```
import java.io.FileOutputStream;
import java.io.IOException;

import android.app.Activity;
import android.graphics.Bitmap;
import android.graphics.BitmapFactory;
import android.graphics.PixelFormat;
import android.hardware.Camera;
import android.hardware.Camera.Parameters;
import android.hardware.Camera.PictureCallback;
import android.os.Bundle;
import android.util.Log;
import android.view.SurfaceHolder;
import android.view.SurfaceView;
import android.view.View;
import android.view.View.OnClickListener;
import android.widget.Button;

public class MyCameraDemoActivity extends Activity {
 private Button opbtn;
 private Button playbtn;
 private Button clobtn;
 private SurfaceView surfaceView;
 private SurfaceHolder surfaceHolder;
 private Camera camera;
 private int previewWidth = 320;
 private int previewHeight = 240;
 private String filepath = "/sdcard/mypicture.jpg";

 /** Called when the activity is first created. */
 @Override
 public void onCreate(Bundle savedInstanceState) {
     super.onCreate(savedInstanceState);
     setContentView(R.layout.main);
     opbtn = (Button) this.findViewById(R.id.button1);
     playbtn = (Button) this.findViewById(R.id.button2);
     clobtn = (Button) this.findViewById(R.id.button3);
     surfaceView = (SurfaceView) this.findViewById(R.id.surfaceView1);
     surfaceHolder = surfaceView.getHolder();
     surfaceHolder.addCallback(new SurfaceHolder.Callback() {

         @Override
         public void surfaceDestroyed(SurfaceHolder holder) {
```

```
            Log.i("camera", "surface 销毁.");
        }

        @Override
        public void surfaceCreated(SurfaceHolder holder) {

            Log.i("camera", "surface 创建.");
        }

        @Override
        public void surfaceChanged(SurfaceHolder holder, int format,
                int width, int height) {

            Log.i("camera", "surface 改变.");
        }
    });

    opbtn.setOnClickListener(new OnClickListener() {

        @Override
        public void onClick(View arg0) {
            // 打开摄像头
            openCamera();
        }

    });
    playbtn.setOnClickListener(new OnClickListener() {

        @Override
        public void onClick(View v) {
            // 拍照
            takePicture();
        }

    });
    clobtn.setOnClickListener(new OnClickListener() {

        @Override
        public void onClick(View v) {
            // 关闭摄像头
            closeCamera();
        }

    });
```

```
    }

    protected void closeCamera() {
        // 关闭摄像头
        camera.stopPreview();
        camera.release();
        camera = null;
    }

    protected void takePicture() {
        // 拍照
        if (checkSDCard()) {
            camera.takePicture(null, null, jpeg);
            try {
                Thread.sleep(1000);
            } catch (InterruptedException e) {
                e.printStackTrace();
            }
            camera.startPreview();
        } else {
            Log.e("camera", "SD CARD 不存在.");
            return;
        }
    }

    private void openCamera() {
        // 打开摄像头

        try {
            camera = Camera.open(); // 获取 Camera 实例
        } catch (Exception e) {
            // Camera 被占用或者不存在
            Log.e("camera", "打开摄像头出错!");
            e.printStackTrace();
            return;
        }
        Parameters params = camera.getParameters();
        params.setPreviewSize(previewWidth, previewHeight);
        params.setPictureFormat(PixelFormat.JPEG);
        params.setPictureSize(previewWidth, previewHeight);
        camera.setParameters(params);
        try {
            camera.setPreviewDisplay(surfaceHolder);
```

```
        } catch (IOException e) {

            Log.e("camera", "预览出错.");
            e.printStackTrace();
        }
        camera.startPreview();

    }

    private PictureCallback jpeg = new PictureCallback() {

        @Override
        public void onPictureTaken(byte[] data, Camera camera) {

            Bitmap bitmap = BitmapFactory.decodeByteArray(data, 0,
data.length);
            File pictureFile = new File(filepath);

            try {
                // 将拍摄的照片写入 SD 卡中
                FileOutputStream fos = new FileOutputStream(pictureFile);
                BufferedOutputStream bos = new BufferedOutputStream(fos);
                bitmap.compress(Bitmap.CompressFormat.JPEG, 80, bos);
                bos.flush();
                bos.close();
                fos.close();
                Log.i("camera", "jpg file saved.");
            } catch (FileNotFoundException e) {
                Log.d("camera", "File not found: " + e.getMessage());
            } catch (IOException e) {
                Log.d("camera", "Error accessing file: " + e.getMessage());
            }
        }

    };

    private boolean checkSDCard() {
        // 判断 SD 存储卡是否存在
        if (android.os.Environment.getExternalStorageState().equals(
                android.os.Environment.MEDIA_MOUNTED)) {
            return true;
        } else {
            return false;
        }
```

```
        }
    }
```

6.5.4 录制视频

视频录制也可以通过 MediaRecorder 类来完成，其基本步骤与音频录制完全相同，只是添加了一些针对视频的配置，具体代码如下。

```
                    // 设置视频源

    mediaRecorder.setVideoSource(MediaRecorder.VideoSource.CAMERA);
                    // 设置视频编码格式

    mediaRecorder.setVideoEncoder(MediaRecorder.VideoEncoder.H264);
```

实例 VideoRecorderDemo 演示了使用 MediaRecorder 录制视频的过程，其界面相对简单，只包含一个 SurfaceView 和 2 个按钮，SurfaceView 用来显示录制时的视频画面，2 个按钮负责开始和停止录制。

实例中的资源文件 strings.xml 的代码如下。

```
      <?xml version="1.0" encoding="utf-8"?>
      <resources>

         <string name="hello">Hello World, VideoRecorderDemoActivity!</string>
          <string name="app_name">视频刻录</string>
          <string name="record">刻录</string>
          <string name="stop">停止</string>

      </resources>
```

界面布局文件 main.xml 的代码如下。

```
      <?xml version="1.0" encoding="utf-8"?>
      <FrameLayout xmlns:android="http://schemas.android.com/apk/res/
android"
          android:layout_width="fill_parent"
          android:layout_height="fill_parent"
          >
        <SurfaceView
           android:layout_width="fill_parent"
           android:layout_height="fill_parent"
           android:id="@+id/surfaceView"
           />

          <RelativeLayout
            android:layout_width="fill_parent"
           android:layout_height="fill_parent"
```

```
    >
     <Button
     android:layout_width="wrap_content"
    android:layout_height="wrap_content"
    android:text="@string/stop"
    android:id="@+id/stopbutton"
    android:layout_alignParentRight="true"
    android:layout_alignParentBottom="true"
    android:layout_marginRight="5dp"
    android:onClick="recordvideo"
    android:enabled="false"
     />
     <Button
     android:layout_width="wrap_content"
    android:layout_height="wrap_content"
    android:text="@string/record"
    android:id="@+id/recordbutton"
    android:layout_toLeftOf="@id/stopbutton"
    android:layout_alignTop="@id/stopbutton"
    android:layout_marginRight="20dp"
    android:onClick="recordvideo"
     />
  </RelativeLayout>
</FrameLayout>
```

主界面文件 VideoRecorderDemoActivity.java 的代码如下。

```
package spl.andr.videorecorder;

import java.io.File;
import android.app.Activity;
import android.media.MediaRecorder;
import android.os.Bundle;
import android.os.Environment;
import android.view.SurfaceHolder;
import android.view.SurfaceView;
import android.view.View;
import android.view.Window;
import android.view.WindowManager;
import android.widget.Button;

public class VideoRecorderDemoActivity extends Activity {
 private SurfaceView surfaceView;
 private MediaRecorder mediaRecorder;
 private Button recordbutton;
 private Button stopbutton;
```

```
    @Override
    public void onCreate(Bundle savedInstanceState) {
        super.onCreate(savedInstanceState);

        // 设置无标题栏及全屏
        requestWindowFeature(Window.FEATURE_NO_TITLE);
        getWindow().setFlags(WindowManager.LayoutParams.FLAG_FULLSCREEN,
                WindowManager.LayoutParams.FLAG_FULLSCREEN);
        setContentView(R.layout.main);

        // 录制及停止按钮
        recordbutton = (Button) this.findViewById(R.id.recordbutton);
        stopbutton = (Button) this.findViewById(R.id.stopbutton);
        // 获取 SurfaceView
        surfaceView = (SurfaceView) this.findViewById(R.id.surfaceView);
        surfaceView.getHolder()
                .setType(SurfaceHolder.SURFACE_TYPE_PUSH_BUFFERS);
        surfaceView.getHolder().setFixedSize(176, 144);
        // 保持屏幕常亮
        surfaceView.getHolder().setKeepScreenOn(true);
    }

    // 界面布局中录制按钮和停止按钮的监听事件（参见布局文件）
    public void recordvideo(View v) {
        if (v.getId() == R.id.recordbutton) {
            try {
                // 录制文件保存路径
                File videoFile = new File(
                        Environment.getExternalStorageDirectory(),
                        System.currentTimeMillis() + ".3gp");
                mediaRecorder = new MediaRecorder(); // 创建 MediaRecorder
                // 设置音频源

mediaRecorder.setAudioSource(MediaRecorder.AudioSource.MIC);
                // 设置视频源

mediaRecorder.setVideoSource(MediaRecorder.VideoSource.CAMERA);
                // 设置输出格式
                mediaRecorder

.setOutputFormat(MediaRecorder.OutputFormat.THREE_GPP);
                // 设置音频编码格式
                mediaRecorder
```

```
    .setAudioEncoder(MediaRecorder.AudioEncoder.AMR_NB);
                    // 设置视频编码格式

    mediaRecorder.setVideoEncoder(MediaRecorder.VideoEncoder.H264);
                    // 设置预览对象
                    mediaRecorder.setPreviewDisplay(surfaceView.getHolder()
                            .getSurface());
                    // 设置视频保存路径

    mediaRecorder.setOutputFile(videoFile.getAbsolutePath());
                    mediaRecorder.prepare();// 准备
                    mediaRecorder.start();// 开始录制

                    recordbutton.setEnabled(false);// 录制时，录制按钮不可用
                    stopbutton.setEnabled(true);// 录制时，停止按钮可用
                } catch (Exception e) {
                    e.printStackTrace();
                }
            } else if (mediaRecorder != null) {
                // 释放 MediaRecorder 资源
                mediaRecorder.release();
                mediaRecorder = null;
                recordbutton.setEnabled(true);// 停止时录制按钮可用
                stopbutton.setEnabled(false);// 停止时停止按钮不可用
            }
        }
    }
```

需要注意的是，生成的视频文件的文件名是根据系统方法 System.currentTimeMillis()的返回值决定的，该方法返回从 1970 年 1 月 1 日零时至今所经过的毫秒数，采取这种方式命名，可以在一定程度上避免文件名的重复。

在 Manifest 文件中添加相应的权限，代码如下。

```
    <?xml version="1.0" encoding="utf-8"?>
    <manifest xmlns:android="http://schemas.android.com/apk/res/android"
       package="spl.andr.videorecorder"
       android:versionCode="1"
       android:versionName="1.0" >

       <uses-sdk android:minSdkVersion="8" />
    <uses-permission android:name="android.permission.RECORD_AUDIO"/>
    <uses-permission android:name="android.permission.CAMERA"/>
    <uses-permission
android:name="android.permission.MOUNT_UNMOUNT_FILESYSTEMS"/>
    <uses-permission
```

```
android:name="android.permission.WRITE_EXTERNAL_STORAGE"/>

        <application
            android:icon="@drawable/ic_launcher"
            android:label="@string/app_name" >
            <activity
                android:name=".VideoRecorderDemoActivity"
                android:label="@string/app_name" >
                <intent-filter>
                    <action android:name="android.intent.action.MAIN" />

                    <category
android:name="android.intent.category.LAUNCHER" />
                </intent-filter>
            </activity>
        </application>

    </manifest>
```

6.6 安卓系统应用

6.6.1 电话及屏蔽来电

1. 来电去电监听

在 Android1.1 版本之后，有关电话的 API 就给隐藏起来了。所以，并没有一个可以让我们直接操作电话的类。一般涉及有关电话的开发，都是对来电去电的监听，然后，再做出相应操作。对于来电去电的监听，其实方法不止一种，比如，可以编写一个电话状态监听器 PhoneStateListener，一直监视电话的状态，一旦发现有来电去电，就执行相应操作，下面这段代码就演示了这一过程。

```
    class MyPhoneStateListener extends PhoneStateListener {

            @Override
           public void onCallStateChanged(int state, String incomingNumber) {
                switch(state) {
                case TelephonyManager.CALL_STATE_IDLE: //空闲
                    break;
                case TelephonyManager.CALL_STATE_RINGING: //来电
                    break;
                case TelephonyManager.CALL_STATE_OFFHOOK: //摘机（正在通话中）
                    break;
```

```
                }
            }

        }

        //获取电话通信服务
        TelephonyManager tpm = (TelephonyManager) this.getSystemService(Context.
TELEPHONY_SERVICE);
        //创建一个监听对象，监听电话状态改变事件
        tpm.listen(new
MyPhoneStateListener(),PhoneStateListener.LISTEN_CALL_STATE);
```

但是这样做的缺点，就是监听进程需要常驻内存，占用资源比较多。如果用广播接收者来接收电话状态改变的广播，然后再做出相应的操作，就可以节省很多资源。所以，一般推荐用后者来实现对来电去电的监听。

实现对来电去电的监听一般由以下几个步骤完成。

①创建一个广播接收者的子类，继承 BroadcastReceiver。

②重写 onReceive 方法，并在启动判断广播类型是来电还是去电。

③如果是来电，还要进一步判断电话状态（来电，接起，空闲）。

④在 Manifest 文件中注册这个广播接收器并添加权限。

下面通过实例 PhoneBlocker 来演示这几个步骤。

该实例的广播接收器 PhoneStatReceiver.java 的代码如下。

```
        package spl.andr.phoneblocker;

        import java.lang.reflect.Method;

        import com.android.internal.telephony.ITelephony;

        import android.app.Service;
        import android.content.BroadcastReceiver;
        import android.content.Context;
        import android.content.Intent;
        import android.telephony.TelephonyManager;
        import android.util.Log;

        public class PhoneStatReceiver extends BroadcastReceiver {

         private static final String TAG = "spl";

         private static boolean incomingFlag = false;

         private static String incoming_number = null;

         TelephonyManager tm;
```

```
        @Override
        public void onReceive(Context context, Intent intent) {
            // 如果是拨打电话
            if (intent.getAction().equals(Intent.ACTION_NEW_OUTGOING_CALL)) {
                incomingFlag = false;
                String phoneNumber = intent
                        .getStringExtra(Intent.EXTRA_PHONE_NUMBER);
                Log.i(TAG, "call OUT:" + phoneNumber);
            } else {
                // 如果是来电
                tm = (TelephonyManager) context.getSystemService(Service.
TELEPHONY_SERVICE);

                switch (tm.getCallState()) {
                case TelephonyManager.CALL_STATE_RINGING:
                    incomingFlag = true;// 标识当前是来电
                    incoming_number = intent.getStringExtra("incoming_
number");
                    Log.i(TAG, "来电话 :" + incoming_number);
                    break;
                case TelephonyManager.CALL_STATE_OFFHOOK:
                    if (incomingFlag) {
                        Log.i(TAG, "接起电话 :" + incoming_number);
                    }
                    break;

                case TelephonyManager.CALL_STATE_IDLE:
                    if (incomingFlag) {
                        Log.i(TAG, "空闲状态");
                    }
                    break;
                }
            }
        }
    }
```

在上面这段代码中，Intent.ACTION_NEW_OUTGOING_CALL 用来判断是否为去电广播，否则说明是来电广播；在来电广播的情况下，先用 context.getSystemService (Service.TELEPHONY_SERVICE) 方法获得 TelephonyManager 的实例，然后根据 TelephonyManager 的 getCallState()方法获取电话状态，这个状态由三个常量值来代表，分别是：TelephonyManager.CALL_STATE_RINGING（来电话）、TelephonyManager.CALL_STATE_OFFHOOK（接起电话）和 TelephonyManager.CALL_STATE_IDLE（空闲）。状态 CALL_STATE_RINGING（来电话）对我们编程是有意义的，可在其中实现获取电话号码，并

拦截电话。

Manifest 文件的代码如下。

```
    <?xml version="1.0" encoding="utf-8"?>
    <manifest xmlns:android="http://schemas.android.com/apk/res/android"
        package="spl.andr.phoneblocker"
        android:versionCode="1"
        android:versionName="1.0" >

        <uses-sdk android:minSdkVersion="8" />
        <!-- 读取手机状态的权限 -->
        <uses-permission android:name="android.permission.READ_PHONE_
STATE"/>
        <!-- 读取去电状态的权限 -->
        <uses-permission android:name="android.permission.PROCESS_
OUTGOING_CALLS"/>

        <application
            android:icon="@drawable/ic_launcher"
            android:label="@string/app_name" >
            <activity
                android:name=".PhoneBlockerActivity"
                android:label="@string/app_name" >
                <intent-filter>
                    <action android:name="android.intent.action.MAIN" />
                    <category
android:name="android.intent.category.LAUNCHER" />
                </intent-filter>
            </activity>
            <receiver android:name=".PhoneStatReceiver">
                <intent-filter>
                    <!-- 接收电话状态改变的广播，主要针对来电 -->
                     <action
android:name="android.intent.action.PHONE_STATE"/>
                     <!-- 接收去电广播 -->
                     <action
android:name="android.intent.action.NEW_OUTGOING_CALL" />
                </intent-filter>
           </receiver>
        </application>
    </manifest>
```

这里需要注意的是，在 Android 中没有单独针对来电的广播和权限，这里使用的是 PHONE_STATE 电话状态改变广播。

2．屏蔽来电

如果要想进一步实现拦截电话的功能，只需在实例 PhoneBlocker 的基础上添加挂断电话的业务逻辑即可。不过，由于在 Android 1.1 版本后，就已经把 Phone 类的相关 API 给隐藏起来了，想要用代码实现挂断电话的功能，就必须通过 AIDL 才行，然后，利用反射来使用其方法。AIDL 是 Android Interface definition language 的缩写，它是一种 Android 内部进程通信接口的描述语言，通过它可以定义进程间的通信接口。在这里不深入讨论 AIDL，只需要知道如何定义接口和使用接口就行了，具体步骤如下。

①在项目中新建一个包，包名必须为 com.android.internal.telephony，因为要使用 aidl。

②在这个包里面新建一个名为 ITelephony.aidl 的文件，在文件里面写入如下代码。

```
package com.android.internal.telephony;
 interface ITelephony{
     boolean endCall();
     void answerRingingCall();
 }
```

在这里定义了一个接口 Itelephony，其中的 endCall()方法就是用来挂断电话的。

③然后，在原来的 PhoneStatReceiver 中加入挂断电话的实现，代码如下。

```
package spl.andr.phoneblocker;

import java.lang.reflect.Method;

import com.android.internal.telephony.ITelephony;

import android.app.Service;
import android.content.BroadcastReceiver;
import android.content.Context;
import android.content.Intent;
import android.telephony.TelephonyManager;
import android.util.Log;

public class PhoneStatReceiver extends BroadcastReceiver {

 private static final String TAG = "spl";

 private static boolean incomingFlag = false;

 private static String incoming_number = null;

 TelephonyManager tm;

 @Override
 public void onReceive(Context context, Intent intent) {
     // 如果是拨打电话
```

```
        if (intent.getAction().equals(Intent.ACTION_NEW_OUTGOING_CALL)) {
            incomingFlag = false;
            String phoneNumber = intent
                    .getStringExtra(Intent.EXTRA_PHONE_NUMBER);
            Log.i(TAG, "call OUT:" + phoneNumber);
        } else {
            // 如果是来电
            tm = (TelephonyManager) context
                    .getSystemService(Service.TELEPHONY_SERVICE);

            switch (tm.getCallState()) {
            case TelephonyManager.CALL_STATE_RINGING:
                incomingFlag = true;// 标识当前是来电
                incoming_number =
intent.getStringExtra("incoming_number");
                Log.i(TAG, "来电话 :" + incoming_number);
                //判断号码
                if (incoming_number.equalsIgnoreCase("5554")) {
                    endCall();//挂断电话
                }
                break;
            case TelephonyManager.CALL_STATE_OFFHOOK:
                if (incomingFlag) {
                    Log.i(TAG, "接起电话 :" + incoming_number);
                }
                break;

            case TelephonyManager.CALL_STATE_IDLE:
                if (incomingFlag) {
                    Log.i(TAG, "空闲状态");
                }
                break;
            }
        }
    }

    /**
     * 挂断电话
     */
      private void endCall()
      {
          Class<TelephonyManager> c = TelephonyManager.class;
          try
          {
```

```
            Method getITelephonyMethod = c.getDeclaredMethod("getITelephony",
(Class[]) null);
                getITelephonyMethod.setAccessible(true);
                ITelephony iTelephony = null;
                Log.i(TAG, "拦截电话");
                iTelephony = (ITelephony) getITelephonyMethod.invoke(tm,
(Object[]) null);
                iTelephony.endCall();
            }
            catch (Exception e)
            {
                Log.e(TAG, "Fail to answer ring call.", e);
            }
        }
    }
```

这其中的如下代码。

```
                //判断号码
                if (incoming_number.equalsIgnoreCase("5554")) {
                    endCall();//挂断电话
                }
```

是屏蔽电话的业务逻辑。在这里，将来可以做功能扩展，可设定一个黑名单或者白名单，来筛选要屏蔽的电话号码。

④AndroidManifest 文件在原来的基础上再添加一个权限。

```
        <!-- 挂断手机的权限 -->
        <uses-permission android:name="android.permission.CALL_PHONE"/>
```

6.6.2 短信及屏蔽短信

在 Android 中，对短信的接收监听、发送和管理等功能，是通过 SMSMessage 和 SMSManager 类来实现的。

1. SMSMessage

SMSMessage 代表一个短信实例，它负责创建短信对象和获取短信的各种信息等功能，常用方法如下。

```
    SmsMessage message = SmsMessage.createFromPdu((byte[]) obj);
    //从原始的 PDU（protocol description units）创建一个 SmsMessage
    String sender = message.getDisplayOriginatingAddress();// 获取短信的发送
者号码
    String content = message.getMessageBody();// 获取短信的内容
    String address = message.getOriginatingAddress();//获取短信发出的地址
```

createFromPdu 这个方法非常重要，编写短信接收程序时，要通过它从接收到的广播意图中获取字节创建 SmsMessage 对象。

2. SMSManager

SMSManager 类用来发送和分割短信，其常用方法和说明如下。

- static SmsManager getDefault()
  获取 SmsManager 的默认实例。
- ArrayList<String> divideMessage(String text)
  当短信超过 SMS 消息的最大长度时，将短信分割为几块。
- void sendTextMessage(String destinationAddress, String scAddress, String text, PendingIntent sentIntent,PendingIntent deliveryIntent)
  发送一条基于文本的短信。
- void sendMultipartTextMessage(String destinationAddress, String scAddress, ArrayList<String> parts,ArrayList<PendingIntent> sentIntents, ArrayList<PendingIntent> deliverIntents)
  发送一个经由 divideMessage 的方法分割过的多部分文本。

这其中 sendTextMessage 方法最为常用，它的参数说明如下。

- destinationAddress：目标电话号码。
- scAddress：短信中心号码，测试可以不填。
- text：短信内容。
- sentIntent：这个意图包装了短信发送状态的信息。
- deliveryIntent：这个意图包装了短信是否被对方收到的状态信息（供应商已经发送成功，但是对方没有收到）。

发送和接收短信都需要在 Manifest 文件中声明权限，其代码如下。

```
<!--发送短信-->
<uses-permission android:name="android.permission.SEND_SMS" />
<!--接收短信-->
<uses-permission android:name="android.permission.RECEIVE_SMS" />
```

利用 SMSMessage 和 SMSManager 类，可以根据条件屏蔽某些短信，比如，屏蔽某一个号码发来的短信，其步骤如下。

①创建一个能接收“收到短信”广播的 BroadcastReceiver 子类。

②在 onReceive 方法中，从参数 intent 中提取出 pdus 对象数组。

③循环遍历数组，从每个 pdu 中创建出 SMSMessage 对象。

④利用 SMSMessage 的方法获得短信发送者号码。

⑤如果号码等于要屏蔽的号码就调用 abortBroadcast。

实例 SMSBlocker 演示了一个简单屏蔽短信的过程，该实例包含了一个广播接收者 SMSReceiver，负责监听短信，并判断号码是否为 5554，如果是，就屏蔽该条短信。

SMSReceiver.java 的代码如下。

```
package spl.andr.smsblocker;

import android.content.BroadcastReceiver;
```

```
import android.content.Context;
import android.content.Intent;
import android.os.Bundle;
import android.telephony.SmsManager;
import android.telephony.SmsMessage;
import android.util.Log;

public class SMSReceiver extends BroadcastReceiver {
 private static final String ACTION = "android.provider.Telephony.
SMS_RECEIVED";

 @Override
 public void onReceive(Context context, Intent intent) {
     // 判断当前广播是否是系统接收短信后发出的广播 Action
     if (intent.getAction().equals(ACTION)) {
        Bundle bundle = intent.getExtras();
        if (bundle != null && bundle.size() > 0) {
           // 获取短信内容
           Object[] pdus = (Object[]) bundle.get("pdus");
           for (Object obj : pdus) {
              // 转化成 SmsMessage 对象
              SmsMessage message = SmsMessage.createFromPdu((byte[])
obj);
             String sender = message.getDisplayOriginatingAddress();
//获取短信的发送者
              String content = message.getMessageBody();// 获取短信的
内容
              if (sender.equalsIgnoreCase("5554")) {//判断发送人的手机
号码
                 Log.i("spl", "屏蔽的短信内容为: " + content);
                 // 屏蔽这条短信
                 abortBroadcast();
              }
           }
        }
     }
 }
}
```

在 Manifest 中需要注册这个接收者，并添加权限，代码如下。

```
<?xml version="1.0" encoding="utf-8"?>
<manifest xmlns:android="http://schemas.android.com/apk/res/android"
   package="spl.andr.smsblocker"
   android:versionCode="1"
```

```
        android:versionName="1.0" >

        <uses-sdk android:minSdkVersion="8" />
        <uses-permission android:name="android.permission.RECEIVE_SMS" />

        <application
            android:icon="@drawable/ic_launcher"
            android:label="@string/app_name" >
            <activity
                android:name=".SMSBlockerActivity"
                android:label="@string/app_name" >
                <intent-filter>
                    <action android:name="android.intent.action.MAIN" />

                    <category
android:name="android.intent.category.LAUNCHER" />
                </intent-filter>
            </activity>
            <!--系统短信广播接收器-->
          <receiver android:name=".SMSReceiver">
               <!--系统短信广播拦截器-->
             <!--设置短信监听的优先级最高级别-->
               <intent-filter android:priority="1000">
                   <!--指定系统接收短信时广播的 Action -->
                   <action android:name="android.provider.Telephony.SMS_
RECEIVED"/>
               </intent-filter>
            </receiver>
        </application>

    </manifest>
```

在上例中，也可以在获取短信内容后，通过正则表达式搜索短信内容中的关键字，对匹配某些关键字的短信进行屏蔽。

6.6.3　闹钟

在 Android 中，闹钟（也叫闹铃或定时器）是由 AlarmManager 类实现的。AlarmManager 是 Android 中常用的一种系统级别的提示服务，它可以在指定的时刻广播一个指定的 Intent，从而实现定时或反复执行某种程序的功能，AlarmManager 的常用方法如下。

```
    // 取消已经注册的与参数匹配的定时器
    void  cancel(PendingIntent operation)
    //注册一个新的延迟定时器
```

```
        void   set(int type, long triggerAtTime, PendingIntent operation)
        //注册一个重复类型的定时器
        void     setRepeating(int  type,  long  triggerAtTime,  long  interval,
PendingIntent operation)
        //注册一个非精密的重复类型定时器
        void setInexactRepeating (int type, long triggerAtTime, long interval,
PendingIntent operation)
        //设置时区
        void   setTimeZone(String timeZone)
```

使用 AlarmManager 实现定时器程序的一般步骤如下。

①获取 AlarmManager 对象。

```
            AlarmManager alarmManager = (AlarmManager) getSystemService
(ALARM_SERVICE);
```

②准备好要广播的 Intent

```
            Intent it = new Intent("SAVE_LIULIANG_EVERYDAY");
            PendingIntent peit = PendingIntent.getBroadcast
(getApplicationContext(), 0, it, 0);
```

这里的 PendingIntent 可以理解为 Intent 的封装包，简单地说，就是在 Intent 上再加一个指定动作。在使用 Intent 的时候，还需要再执行 startActivity、startService 或 sendBroadcast，才能使 Intent 有用。而 PendingIntent 就是将这个动作包含在内了。

③设置好 AlarmManager 发送广播的参数。

```
            alarmManager.setRepeating(
                    AlarmManager.RTC_WAKEUP,    //定时器类型
                    calendar.getTimeInMillis(), //首次发送广播的时间
                    86400 * 1000,               //重复发送广播的间隔
                    peit                        //发送的 Intent 对象
                    );
```

这其中，第一个参数定时器类型可以有以下几种。

- ELAPSED_REALTIME，当系统进入睡眠状态时，这种类型的闹铃不会唤醒系统。直到系统下次被唤醒才传递它，该闹铃所用的时间是相对时间，是从系统启动后开始计时的，包括睡眠时间，可以通过调用 SystemClock.elapsedRealtime()获得，系统值是 3。
- ELAPSED_REALTIME_WAKEUP，能唤醒系统，用法同 ELAPSED_REALTIME，系统值是 2。
- RTC，当系统进入睡眠状态时，这种类型的闹铃不会唤醒系统。直到系统下次被唤醒才传递它，该闹铃所用的时间是绝对时间，所用时间是 UTC 时间，可以通过调用 System.currentTimeMillis()获得，系统值是 1。
- RTC_WAKEUP，能唤醒系统，用法同 RTC 类型，系统值为 0。
- POWER_OFF_WAKEUP，能唤醒系统，它是一种关机闹铃，就是说设备在关机状态下也可以唤醒系统，所以把它称之为关机闹铃。使用方法同 RTC 类型，系统值为 4。

④ 创建广播接收者接收广播。

```
public class TrafficReceiverDay extends BroadcastReceiver {
 @Override
 public void onReceive(Context context, Intent intent) {
     if (intent.getAction().equals("SAVE_LIULIANG_EVERYDAY")) {
         //这里编写业务逻辑
     }
 }
}
```

当然，不要忘记在 Manifest 中给接收器注册，代码如下。

```
<receiver android:name=".service.receiver.TrafficReceiverDay">
    <intent-filter>
        <action android:name="SAVE_LIULIANG_EVERYDAY" />
    </intent-filter>
</receiver>
```

6.6.4 铃声

在 Android 中，对铃声的播放和管理是通过 Ringtone 和 RingtoneManager 类来完成的。

Ringtone 类代表一个铃声的实例，它提供了播放铃声、获取铃声信息等功能。在本质上，Ringtone 是对 MediaPlayer 的再封装。Ringtone 类的常用方法如下。

```
getTitle()                   //获取铃声名
isPlaying()                  //判断是否正在播放
play()                       //开始播放
stop()                       //停止播放
```

RingtoneManager 是铃声管理类，通过它可以完成对铃声的设置等操作，它管理的铃声分为以下 3 类。

①来电铃声（TYPE_RINGTONE）。

②通知铃声（TYPE_NOTIFICATION）。

③闹钟铃声（TYPE_ALARM）。

RingtoneManager 的常用方法，代码如下。

```
getRingtone()                        //获取铃声
setActualDefaultRingtoneUri()        //为某一铃声类型设置默认铃声
getDefaultUri()                      //获取某一铃声类型的默认铃声
```

实例 Ringtone 演示了设置 3 种不同铃声的过程，该实例主界面包含 3 个按钮，分别对应 3 种铃声的设置；单击其中一个，将进入系统的铃声设置界面，选中其中一个铃声后，单击“完成”按钮，返回主界面，运行效果如图 6-8 所示。

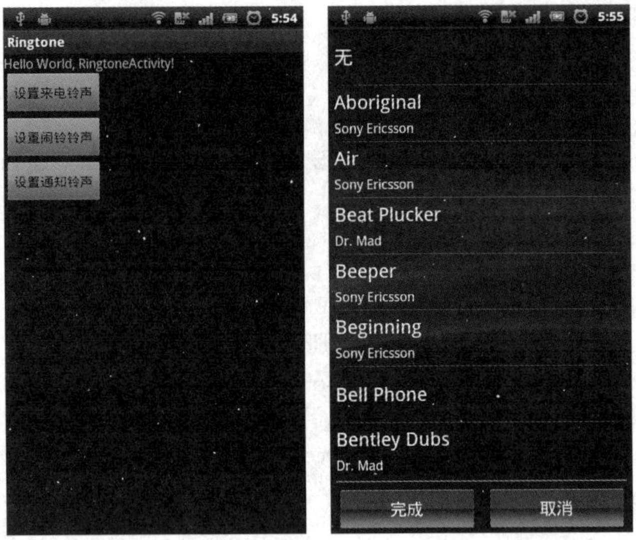

图 6-8

该实例的主界面布局文件 main.xml 的代码如下。

```
<?xml version="1.0" encoding="utf-8"?>
<LinearLayout xmlns:android="http://schemas.android.com/apk/res/
android"
    android:layout_width="fill_parent"
    android:layout_height="fill_parent"
    android:orientation="vertical" >

    <TextView
        android:layout_width="fill_parent"
        android:layout_height="wrap_content"
        android:text="@string/hello" />

    <Button
        android:id="@+id/button1"
        android:layout_width="wrap_content"
        android:layout_height="wrap_content"
        android:text="设置来电铃声" />

    <Button
        android:id="@+id/button2"
        android:layout_width="wrap_content"
        android:layout_height="wrap_content"
        android:text="设置闹铃铃声" />

    <Button
```

```
        android:id="@+id/button3"
        android:layout_width="wrap_content"
        android:layout_height="wrap_content"
        android:text="设置通知铃声" />

</LinearLayout>
```

该实例的主 Activity 文件 RingtoneActivity.java 的代码如下。

```
package spl.andr.ringtone;

import java.io.File;

import android.app.Activity;
import android.content.Intent;
import android.media.RingtoneManager;
import android.net.Uri;
import android.os.Bundle;
import android.os.Environment;
import android.util.Log;
import android.view.View;
import android.widget.Button;

public class RingtoneActivity extends Activity {
 /* 3 个按钮 */
 private Button mButtonRingtone;
 private Button mButtonAlarm;
 private Button mButtonNotification;

 /* 自定义的类型 */
 public static final int ButtonRingtone         = 0;
 public static final int ButtonAlarm        = 1;
 public static final int ButtonNotification     = 2;
 /* 铃声文件夹 */
 private String strRingtoneFolder =Environment.
getExternalStorageDirectory().getAbsolutePath()+ "/music/ringtones";
 private String strAlarmFolder =Environment.
getExternalStorageDirectory().getAbsolutePath()+ "/music/alarms";
 private String strNotificationFolder =Environment.
getExternalStorageDirectory().getAbsolutePath()+ "/music/notifications";


 /** Called when the activity is first created. */
 @Override
 public void onCreate(Bundle savedInstanceState)
 {
```

```
        super.onCreate(savedInstanceState);
        setContentView(R.layout.main);

        mButtonRingtone = (Button) findViewById(R.id.button1);
        mButtonAlarm = (Button) findViewById(R.id.button2);
        mButtonNotification = (Button) findViewById(R.id.button3);
        /* 设置来电铃声 */
        mButtonRingtone.setOnClickListener(new Button.OnClickListener()
        {
            @Override
            public void onClick(View arg0)
            {
                if (bFolder(strRingtoneFolder))
                {
                    //打开系统铃声设置
                    Intent intent = new Intent(RingtoneManager.
ACTION_RINGTONE_PICKER);
                    //类型为来电 RINGTONE
                    intent.putExtra(RingtoneManager.EXTRA_RINGTONE_TYPE,
RingtoneManager.TYPE_RINGTONE);
                    //设置显示的 title
                    intent.putExtra(RingtoneManager.EXTRA_RINGTONE_TITLE,
"设置来电铃声");
                    //当设置完成之后返回到当前的 Activity
                    startActivityForResult(intent, ButtonRingtone);
                }
                Log.i("spl", "设置来电铃声");
            }
        });
        /* 设置闹钟铃声 */
        mButtonAlarm.setOnClickListener(new Button.OnClickListener()
        {
            @Override
            public void onClick(View arg0)
            {
                if (bFolder(strAlarmFolder))
                {
                    //打开系统铃声设置
                    Intent intent = new Intent(RingtoneManager.
ACTION_RINGTONE_PICKER);
                    //设置铃声类型和 title
                    intent.putExtra(RingtoneManager.EXTRA_RINGTONE_TYPE,
RingtoneManager.TYPE_ALARM);
                    intent.putExtra(RingtoneManager.EXTRA_RINGTONE_TITLE,
```

```
"设置闹铃铃声");
                    //当设置完成之后返回到当前的 Activity
                    startActivityForResult(intent, ButtonAlarm);
                }
                Log.i("spl", "设置闹铃铃声");
            }
        });
        /* 设置通知铃声 */
        mButtonNotification.setOnClickListener(new Button.OnClickListener
()
        {
            @Override
            public void onClick(View arg0)
            {
                if (bFolder(strNotificationFolder))
                {
                    //打开系统铃声设置
                    Intent intent = new Intent(RingtoneManager.ACTION_
RINGTONE_PICKER);
                    //设置铃声类型和 title
                    intent.putExtra(RingtoneManager.EXTRA_RINGTONE_TYPE,
RingtoneManager.TYPE_NOTIFICATION);
                    intent.putExtra(RingtoneManager.EXTRA_RINGTONE_TITLE,
"设置通知铃声");
                    //当设置完成之后返回到当前的 Activity
                    startActivityForResult(intent, ButtonNotification);
                }
                Log.i("spl", "设置通知铃声");
            }
        });
    }
    /* 当设置铃声之后的回调函数 */
    @Override
    protected void onActivityResult(int requestCode, int resultCode, Intent
data)
    {
        // TODO Auto-generated method stub
        if (resultCode != RESULT_OK)
        {
            return;
        }
        switch (requestCode)
        {
            case ButtonRingtone:
```

```
                    try
                    {
                        //得到我们选择的铃声
                        Uri pickedUri = data.getParcelableExtra (RingtoneManager.
EXTRA_RINGTONE_PICKED_URI);
                        //将我们选择的铃声设置成为默认
                        if (pickedUri != null)
                        {

    RingtoneManager.setActualDefaultRingtoneUri(RingtoneActivity.this,
RingtoneManager.TYPE_RINGTONE, pickedUri);
                        }
                    }
                    catch (Exception e)
                    {
                    }
                    break;
                case ButtonAlarm:
                    try
                    {
                        //得到我们选择的铃声
                        Uri pickedUri = data.getParcelableExtra (RingtoneManager.
EXTRA_RINGTONE_PICKED_URI);
                        //将我们选择的铃声设置成为默认
                        if (pickedUri != null)
                        {

    RingtoneManager.setActualDefaultRingtoneUri(RingtoneActivity.this,
RingtoneManager.TYPE_ALARM, pickedUri);
                        }
                    }
                    catch (Exception e)
                    {
                    }
                    break;
                case ButtonNotification:
                    try
                    {
                        //得到我们选择的铃声
                        Uri pickedUri = data.getParcelableExtra (RingtoneManager.
EXTRA_RINGTONE_PICKED_URI);
                        //将我们选择的铃声设置成为默认
                        if (pickedUri != null)
                        {
```

```
    RingtoneManager.setActualDefaultRingtoneUri(RingtoneActivity.this,
RingtoneManager.TYPE_NOTIFICATION, pickedUri);
                    }
                }
                catch (Exception e)
                {
                }
                break;
        }
        super.onActivityResult(requestCode, resultCode, data);
    }
    //检测是否存在指定的文件夹
    //如果不存在则创建
    private boolean bFolder(String strFolder)
    {
        boolean btmp = false;
        File f = new File(strFolder);
        if (!f.exists())
        {
            if (f.mkdirs())
            {
                btmp = true;
            }
            else
            {
                btmp = false;
            }
        }
        else
        {
            btmp = true;
        }
        return btmp;
    }
}
```

从以上代码中可以看出，在按下按钮后，首先判断的是目标文件下是否存在。所以，要想程序正常运行，须在 SDCard 的 music 目录下按照代码中所示建好 3 个铃声文件夹。

Manifest 文件添加权限，代码如下。

```
<?xml version="1.0" encoding="utf-8"?>
<manifest xmlns:android="http://schemas.android.com/apk/res/android"
    package="spl.andr.ringtone"
    android:versionCode="1"
    android:versionName="1.0" >
```

```
        <uses-sdk android:minSdkVersion="8" />
        <uses-permission android:name="android.permission.MOUNT_UNMOUNT_
FILESYSTEMS"/>
        <uses-permission android:name="android.permission.WRITE_
SETTINGS"/>

        <application
            android:icon="@drawable/ic_launcher"
            android:label="@string/app_name" >
            <activity
                android:name=".RingtoneActivity"
                android:label="@string/app_name" >
                <intent-filter>
                    <action android:name="android.intent.action.MAIN" />

                    <category android:name="android.intent.category.
LAUNCHER" />
                </intent-filter>
            </activity>
        </application>

    </manifest>
```

第 7 章

网络编程、线程

前一章介绍了 Android 四大组件在 Android 应用中的作用，可以通过 Activity 显示用户界面，通过 Service 实现在后台执行业务，例如，在后台播放背景音乐，通过 ContentProvider 实现数据共享，通过 Broadcast Receiver 实现获取请求和返回响应，在四大组件的开发中，大多数应用都会使用到网络，与服务器的交互势不可挡，那么，Android 中访问网络有哪些方式呢？本章将学习 Android 网络编程，读者在学习本章时，重点掌握以下知识。

（1）使用 HttpUrlConnection 和服务器进行通信，实现从网络上获取资源。

（2）使用 JSON 作为服务器和客户端通信的介质。

（3）使用线程提高 Android 和服务器通信的效率。

7.1 网络通信

计算机网络形式多样，内容繁杂。网络上的计算机要互相通信，必须遵循一定协议。目前使用最广泛的网络协议是 Internet 上所使用的 TCP/IP 协议。

网络编程的目的就是直接或间接地通过网络协议与其他计算机进行通信。网络编程中有两个主要问题，一个是如何准确的定位网络上一台或多台主机，另一个就是找到主机后如何可靠高效的进行数据传输。在 TCP/IP 协议中，IP 层主要负责网络主机的定位，数据传输的路由，由 IP 地址可以唯一地确定 Internet 上的一台主机，有端口可以定位到服务器上的某个应用。而 TCP 层则提供面向应用的可靠的或非可靠的数据传输机制，这是网络编程的主要对象，一般不需要关心 IP 层是如何处理数据的，但是需要了解 IP 层的几个主要名词。

IP 地址：标识计算机等网络设备的网络地址，由四个 8 位的二进制数组成，中间以小数点分隔。

如：192.168.136.4, 168.123.90.80

主机名(hostname)：网络地址的助记名，按照域名进行分级管理。

如：www.tangcco.cn

端口号(portnumber)：网络通信时同一机器上的不同进程标识。

如：80，21，23，25，其中 1~1024 为系统保留的端口号

目前，较为流行的网络编程模型是客户机/服务器（C/S）结构。即通信双方一方作为服务器等待客户提出请求并予以响应。客户则在需要服务时向服务器提出申请。服务器一般作为守护进程始终运行，监听网络端口，一旦有客户请求，就会启动一个服务进程来响应该客户，同时，自己继续监听服务端口，使后来的客户也能及时得到服务。

7.2 Java 标准接口实现网络通信

Android 平台的网络应用绝大部分都基于 Java 的编程接口的，也就是说，开发类似的应用时，可以有多种选择；Android 平台有三种网络接口可以使用，他们分别是：java.net.*（标准 Java 接口）、org.apache 接口和 android.net.*（Android 网络接口），下面分别介绍这些接口的功能和作用。

1. 标准 Java 接口

java.net.*提供与联网有关的类，包括流、数据包套接字（socket）、Internet 协议、常见 Http 处理等。比如创建 URL，以及 URLConnection/HttpURLConnection 对象、设置链接参数、链接到服务器、向服务器写数据、从服务器读取数据等通信。

2. Apache 接口

对于大部分应用程序而言，JDK 本身提供的网络功能已远远不够，这时就需要 Android 提供的 Apache HttpClient。它是一个开源项目，功能更加完善，为客户端的 Http 编程提供高效、最新、功能丰富的工具包支持。

3. android.net 编程

常常使用此包下的类进行 Android 特有的网络编程，如访问 WiFi，访问 Android 联网信息、邮件等功能。

相关类及其功能。

- java.net，提供与联网有关的类，包括流和数据包（datagram）sockets、Internet 协议和常见 HTTP 处理。该包是一个多功能网络资源。
- java.io，虽然没有提供显式的联网功能，但是仍然非常重要。该包中的类由其他 Java 包中提供的 socket 和连接使用。它们还用于与本地文件（在与网络进行交互时会经常出现）的交互。
- java.nio，包含表示特定数据类型的缓冲区的类。适合用于两个基于 Java 语言的端点之间的通信。
- org.apache.*，表示许多为 HTTP 通信提供精确控制和功能的包。可以将 Apache 视为流行的开源 Web 服务器。

- android.net，除核心 java.net.* 类以外，包含额外的网络访问 socket。该包包括 URI 类，后者频繁用于 Android 应用程序开发，而不仅仅是传统的联网方面。
- android.net.http，包含处理 SSL 证书的类。
- android.net.wifi，包含在 Android 平台上管理有关 WiFi 方面的类。并不是所有设备都配备了 WiFi 功能，特别是 Android 在 Motorola 和 LG 等手机制造商的“翻盖手机”领域获得了成功。
- android.telephony.gsm，包含用于管理和发送 SMS（文本）消息的类。一段时间后，可能会引入额外的包来来为非 GSM 网络提供类似的功能，比如 CDMA 或 android.telephony.cdma 等网络。

7.2.1　HttpUrlConnection

在 Java 标准接口中，提供的网络编程方式主要有两种：使用 HTTP 或者 Socket，而 HTTP 方式又包括两种编程方式。

①HttpUrlConnection

②HttpClient

其中第一种 Http 的方式是属于标准接口下的类，而第二种 HttpClient 是 Apache 接口提供的类，这里先学习 HttpUrlConnection，在后面的 Apache 接口实现网络编程的讲解中，再学习 HTTPClient 的编程方式。

可以采用网络作为服务器端，例如，http://www.baidu.com，自己创建客户端，使用 HttpUrlConnection 进行连接。下面代码用于通过“A”字母分割百度上的信息，在 src/com.tangcco/t7/activity 目录下面创建一个 HttpUrlConnectionTest.java 类，代码如下。

```
public class HttpUrlConnectionTestActivity extends Activity {
 @Override
 protected void onCreate(Bundle savedInstanceState) {
     // TODO Auto-generated method stub
     super.onCreate(savedInstanceState);
     setContentView(R.layout.main);
     //默认的，不给 urlConnection 添加任何属性的话是使用 Get 方法
     HttpURLConnection urlConnection = null;
     try {
         URL url = new URL("http://www.baidu.com/");
         urlConnection = (HttpURLConnection) url.openConnection();
         InputStream in = new BufferedInputStream(
                 urlConnection.getInputStream());
         String result = readInStream(in);
         Toast.makeText(this, result, 1000).show();
         // 如果要用 Post，需要设置允许输出属性为 true
         // urlConnection.setDoOutput(true);
         // urlConnection.setRequestMethod("POST");
// 还可以用 setRequestProperty 方法给请求添加：Host，Content-Type，
```

```
Content-Lenth, Authentication 等参数
            } catch (MalformedURLException e) {
                e.printStackTrace();
            } catch (IOException e) {
                e.printStackTrace();
            } finally {
                urlConnection.disconnect();
            }
        }
        private String readInStream(InputStream in) {
            Scanner scanner = new Scanner(in).useDelimiter("\\A");
            return scanner.hasNext() ? scanner.next() : "";
        }
    }
```

服务器端也可以自己创建，下面自己来创建一个服务器端，首先安装 Web 服务器，本案例使用 Tomcat6.0，也可以从 http://tomcat.apache.org 官网下载最新的 Tomcat，并安装，这里就不做详细的介绍。

在 Eclipse 中创建 java web 项目作为服务器端，New Project，选择 Dynamic Web project，如图 7-1 所示。

单击 Next 按钮，如图 7-2 所示。

输入项目名，如“javaweb_server”，选择运行的 web 服务器，如选择 Apache Tomcat V6.0，注意，这里是自己配置的一个服务器，如果还没有配置，请选择“New Runtime...”，配置一个服务器，指定到服务器的安装目录，如“D:\tomcat6”，如图 7-3 所示。

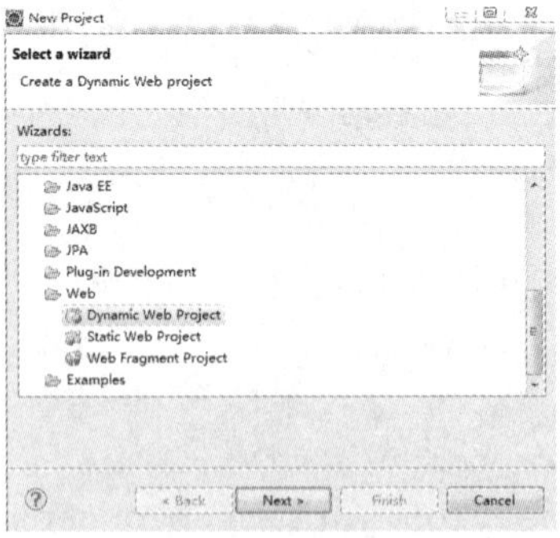

图 7-1

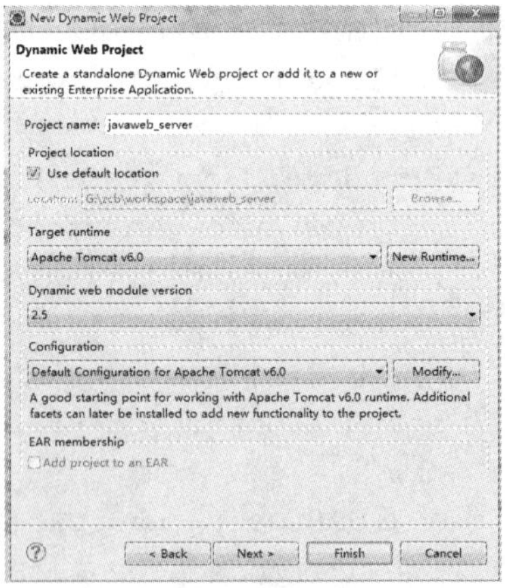

图 7-2

继续单击 Next 按钮，即可创建一个 Java 的 web 项目。

用右键项目，创建一个 jsp 作为服务器端的控制器，如图 7-4 所示。

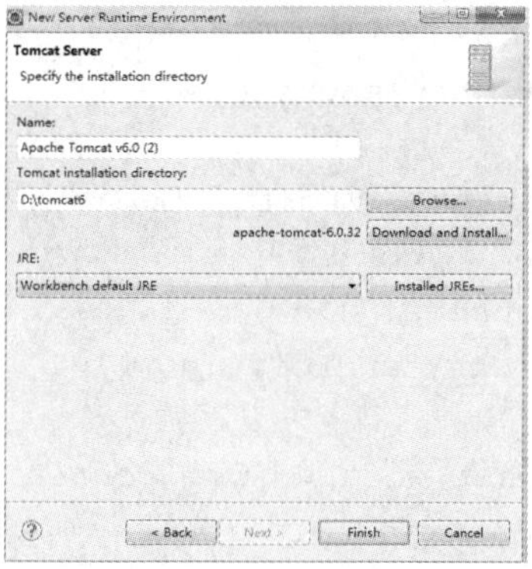

图 7-3

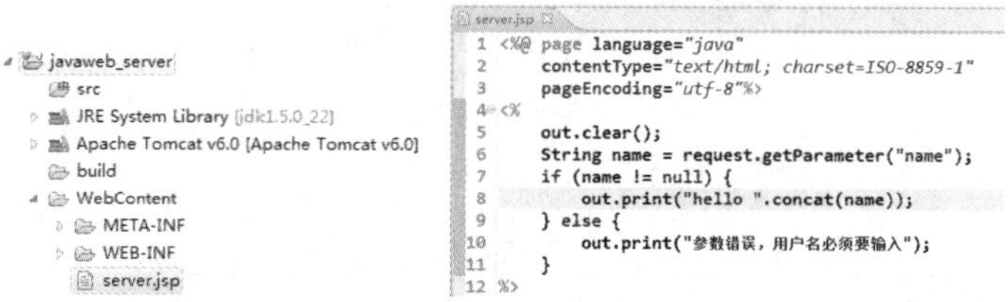

图 7-4

再用右键项目，单击 Run as，选择 Run to server，启动服务，如图 7-5 所示。

选中已经配制好的服务器，单击 Next 按钮，在控制台看到如图 7-6 所示内容，且没发生异常，即可成功启动服务。

图 7-5

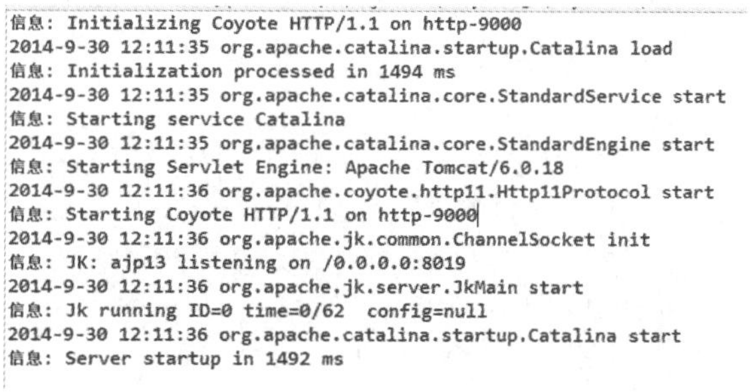

图 7-6

从控制台的信息可以看出，这里配置的已经安装好的 Tomcat 端口改成了 9000，默认安装 Tomcat 后的端口为 8080。

下面创建一个 Android 项目，在 res/layout 目录下建立一个布局文件。

```
      <?xml version="1.0" encoding="utf-8"?>
      <LinearLayout
xmlns:android="http://schemas.android.com/apk/res/android"
               android:layout_width="match_parent"
android:layout_height="match_parent"
               android:orientation="vertical">
       <LinearLayout android:layout_height="wrap_content"
                  android:layout_width="match_parent"
android:id="@+id/linearLayout1">
          <TextView android:text="name" android:id="@+id/tx_name"
      android:layout_width="wrap_content"
```

```
        android:layout_height="wrap_content"></TextView>
            <EditText android:layout_width="match_parent" android:id=
"@+id/edit_name"
                    android:layout_height="wrap_content"></EditText>
        </LinearLayout>
        <LinearLayout android:layout_height="wrap_content"
                    android:layout_width="match_parent" android:id=
"@+id/linearLayout2">
            <Button android:text="hello" android:layout_width="wrap_content"
                    android:layout_height="wrap_content" android:id=
"@+id/btn_hello"></Button>
        </LinearLayout>
        <LinearLayout android:layout_height="wrap_content"
                    android:layout_width="match_parent"
android:id="@+id/linearLayout3">
            <TextView android:layout_width="wrap_content"
                    android:layout_height="wrap_content" android:id=
"@+id/txt_hello"></TextView>
        </LinearLayout>
       </LinearLayout>
```

在 src/com/tangcco/t7/activity 目录下，建立一个 HttpUrlConnectionActivity.java 类，代码如下。

```
    public class HttpUrlConnectionActivity extends Activity {
     static final String TAG = "HttpUrlConnection";
     static final String encoding = "UTF-8";
     EditText edt_name;
     Button btn_hello;
     TextView tv;
     String name;
     URL url;
     HttpURLConnection conn;
     InputStream in;
     OutputStream os;

     @Override
     protected void onCreate(Bundle savedInstanceState) {
         // TODO Auto-generated method stub
         super.onCreate(savedInstanceState);
         setContentView(R.layout.activity_httpurlconnection);

         initUI();

         btn_hello.setOnClickListener(new OnClickListener() {
             @Override
```

```
                public void onClick(View v) {
                    // TODO Auto-generated method stub
                    name = edt_name.getText().toString();
                    //onGetRequest(name);
                     onPostRequest(name);
                }
            });
        }
        /**
         * 初始化
         */
        public void initUI() {
            edt_name = (EditText) findViewById(R.id.edit_name);
            tv = (TextView) findViewById(R.id.txt_hello);
            btn_hello = (Button) findViewById(R.id.btn_hello);
        }
        /**
         * 通过 Get 方法获取服务器数据 直接在地址中用"?+键值+value"的方式来使用 ,传递的
参数直接显示出来，不安全
         *
         * @param name
         * @param age
         */
        public void onGetRequest(String name) {
            // 定义访问的服务地址，10.0.0.2 是 Android 的访问的本地服务器地址，这里也可以
使用服务器的 IP 地址
            String urlData =
"http://10.0.2.2:9000/javaweb_server/server.jsp?name="
                    + name;
            try {
                // 封装访问的服务器地址
                url = new URL(urlData);
                // 打开对服务器的连接
                conn = (HttpURLConnection) url.openConnection();
                // 设置连接方式
                conn.setRequestMethod("GET");
                // 设置连接超时
                conn.setConnectTimeout(3000);
                Log.i(TAG,
                        " conn.getResponseCode() -------->"
                                + conn.getResponseCode());
                Log.i(TAG, "  conn -------->" + conn);
                // 连接服务器
                conn.connect();
```

```
        /**
         * 读入服务器数据的过程
         */
        // 得到输入流
        in = conn.getInputStream();
        byte[] data = readStream(in);
        String str = new String(data);
        // 用 TextView 显示接收的服务器数据
        tv.setText(str);
        System.out.println(str);
        conn.disconnect();
    } catch (MalformedURLException e) {
        // TODO Auto-generated catch block
        e.printStackTrace();
    } catch (IOException e) {
        // TODO Auto-generated catch block
        e.printStackTrace();
    } catch (Exception e) {
        // TODO Auto-generated catch block
        e.printStackTrace();
    }
}

/**
 * 通过 Post 方式传递参数， 安全
 *
 * @param name
 * @param age
 */
public void onPostRequest(String name) {
    String urlData = "http://10.0.2.2:9000/javaweb_server/server.jsp";

    try {
        // 封装访问的服务器地址
        url = new URL(urlData);
        // 打开对服务器的连接
        conn = (HttpURLConnection) url.openConnection();
        // 设置超时时间
        conn.setReadTimeout(5000);
        // 设置请求的方法为 post
        conn.setRequestMethod("POST");
        // 设置输出流,因为这个是 post 请求,设立需要设置为 true
        conn.setDoOutput(true);
        conn.setDoInput(true);
```

```
            // Post 方式不能缓存数据，则需要手动设置使用缓存的值为 false
            conn.setUseCaches(false);
            // 是否连接遵循重定向
            conn.setInstanceFollowRedirects(true);
            conn.setRequestProperty("Content-Type",
                    "application/x-www-form-urlencoded");
            // 连接服务器
            conn.connect();
            /**
             * 写入参数
             */
            os = conn.getOutputStream();
            // 封装写给服务器的数据，这里是传给服务器的参数
            DataOutputStream dos = new DataOutputStream(os);

            String content = "name=" + URLEncoder.encode(name, "utf-8");
            byte userData[] = content.getBytes();
            dos.write(userData);
            // 关闭外包装流
            dos.close();

            /**
             * 读服务器数据
             */
            in = conn.getInputStream();
    byte[] data = readStream(in);
            String str = new String(data);
            tv.setText(str);
            System.out.println(str);
            in.close();
            conn.disconnect();
            in.close();
            conn.disconnect();
        } catch (MalformedURLException e) {
            // TODO Auto-generated catch block
            e.printStackTrace();
        } catch (IOException e) {
            // TODO Auto-generated catch block
            e.printStackTrace();
        }catch (Exception e) {
            // TODO Auto-generated catch block
            e.printStackTrace();
        }
    }
```

```
    /**
     * 读取输入流中的数据
     *
     * @param inputStream
     *            输入流
     * @return 流中的二进制数据
     * @throws Exception
     */
    public static byte[] readStream(InputStream inputStream) throws
Exception {
        ByteArrayOutputStream outputStream = new ByteArrayOutputStream();
        byte[] buffer = new byte[1024];
        int len = 0;
        while ((len = inputStream.read(buffer)) != -1) {
            outputStream.write(buffer, 0, len);
        }
        outputStream.close();
        inputStream.close();
        return outputStream.toByteArray();
    }
}
```

AndroidManifest.xml 文件中增加一行网络权限。

```
<uses-permission android:name="android.permission.INTERNET"> </uses-permission>
```

运行结果，如图 7-7 所示。

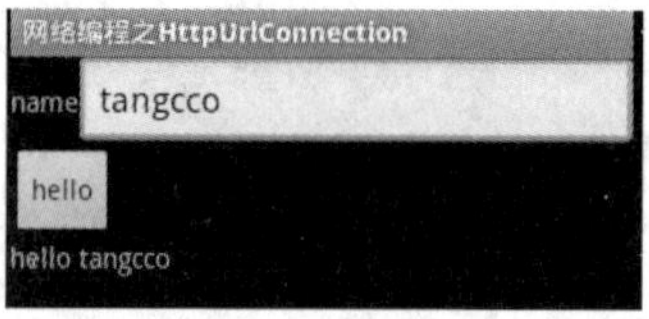

图 7-7

上述例子实现了 Android 客户端和 Java 服务器端之间的通信，但是，从代码上可以看出，提交请求到服务器的大部分代码都是固定的写法，所以，为了更多功能的实现时，减少代码量，可以封装成一个网络操作的工具类，在 src/com/tangcco/t7/tool 目录下建立一个 HttpUtil.java 类，代码如下。

```
public class HttpUtil {
    private static final String TAG = "HttpUtil";
    /**
     * 网络连接是否可用
     *
     * @param context
     * @return
     */
    public static boolean isConnected(Context context) {
        ConnectivityManager connectivityManager = (ConnectivityManager)
context
                .getSystemService(Context.CONNECTIVITY_SERVICE);
        if (null != connectivityManager) {
```

```
            NetworkInfo networkInfo[] = connectivityManager.getAllNetworkInfo();
            if (null != networkInfo) {
                for (NetworkInfo info : networkInfo) {
                    if (info.getState() == NetworkInfo.State.CONNECTED) {
                        Log.e(TAG, "the net is ok");
                        return true;
                    }
                }
            }
        }
        Toast.makeText(context, "网络连接失败", Toast.LENGTH_SHORT).show();
        return false;
    }

    /**
     * 网络可用状态下，通过 get 方式向 server 端发送请求，并返回响应数据
     *
     * @param strUrl
     *            请求网址
     * @param context
     *            上下文
     * @return 响应数据
     */
    public static String getResponseForGet(String strUrl, URLParam param,
            Context context) {
        if (isConnnected(context)) {
            return httpGet(strUrl, param);
        }
        return null;
    }

    /** 从服务器获取数据 */
    public static String httpGet(String urlStr, URLParam param) {
        URL url = null;
        HttpURLConnection connection = null;
        try {
            urlStr += param.getQueryStr();
            System.out.println(">>>>>>>" + urlStr);
            url = new URL(urlStr);
            connection = (HttpURLConnection) url.openConnection();
            connection.setDoOutput(false);
            connection.setDoInput(true);
            connection.setRequestMethod("GET");
            connection.setUseCaches(false);
```

```
                connection.connect();
                byte[] data = readStream(connection.getInputStream());

                String result = new String(data, "gbk");
                System.out.println("<<<<<<<" + result);
                return result;
            } catch (Exception e) {
                e.printStackTrace();
            } finally {
                if (connection != null) {
                    connection.disconnect();
                }
            }
            return null;
        }

        /**
         * 读取输入流中的数据
         *
         * @param inputStream
         *            输入流
         * @return 流中的二进制数据
         * @throws Exception
         */
        public static byte[] readStream(InputStream inputStream) throws
Exception {
            ByteArrayOutputStream outputStream = new ByteArrayOutputStream();
            byte[] buffer = new byte[1024];
            int len = 0;
            while ((len = inputStream.read(buffer)) != -1) {
                outputStream.write(buffer, 0, len);
            }
            outputStream.close();
            inputStream.close();
            return outputStream.toByteArray();
        }
       /**
         * 网络可用状态下，通过 post 方式向 server 端发送请求，并返回响应数据
         *
         * @param strUrl
         *            请求网址
         * @param context
         *            上下文
         * @return 响应数据
```

```
     */
    public static String getResponseForPost(String strUrl,
            Map<String, Object> param, Context context) {
        if (isConnnected(context)) {
            return httpPost(strUrl, param);
        }
        return null;
    }

    /** 从服务器获取数据 */
    public static String httpPost(String urlStr, Map<String, Object> param) {
        URL url = null;
        HttpURLConnection connection = null;
        try {
            System.out.println(">>>>>>>" + urlStr);
            url = new URL(urlStr);
            connection = (HttpURLConnection) url.openConnection();
            connection.setDoOutput(true);
            connection.setDoInput(true);
            connection.setRequestMethod("POST");
            connection.setUseCaches(false);
            connection.setInstanceFollowRedirects(true);
            connection.setRequestProperty("Content-Type",
                    "application/x-www-form-urlencoded");
            connection.connect();

            OutputStream os = connection.getOutputStream();
            // 封装写给服务器的数据，这里是传给服务器的参数
            DataOutputStream dos = new DataOutputStream(os);
            // 写的方法，name 是 key 值，不能改变，编码方式使用 UTF-8 可以用中文
            // dos.writeBytes("name=" + URLEncoder.encode(name, "utf-8"));
            String content = "";
            Iterator<String> it = param.keySet().iterator();
            while (it.hasNext()) {
                String key = it.next();
                content += "" + key + "="
                        + URLEncoder.encode(param.get(key).toString(),
"utf-8");
            }
            byte userData[] = content.getBytes();
            dos.write(userData);
            // 关闭外包装流
            dos.close();
```

```
            byte[] data = readStream(connection.getInputStream());

            String result = new String(data, "gbk");
            System.out.println("<<<<<<<" + result);
            return result;
        } catch (Exception e) {
            e.printStackTrace();
        } finally {
            if (connection != null) {
                connection.disconnect();
            }
        }
        return null;
        }
}
```

src/com/tangcco/t7/tool/URLParam.java 文件代码如下。

```
public class URLParam {
 public StringBuffer _query = new StringBuffer();
 public URLParam(URLParam param) {
     if (param != null) {
         _query.append(param._query.toString());
     }
 }
 /**
  * 添加String类型参数
  * @throws UnsupportedEncodingException
  */
 public void addParam(String name, String value)
         throws UnsupportedEncodingException {
     if (_query.length() != 0) {
         _query.append('&');
     } else {
         _query.append('?');
     }
     _query.append(name).append('=')
             .append(URLEncoder.encode(value, "UTF-8"));
 }
 /** 添加int类型参数 */
 public void addParam(String name, int value) {
     if (_query.length() != 0) {
         _query.append('&');
     } else {
         _query.append('?');
     }
```

```
            _query.append(name).append('=').append(value + "");
        }
        /** 获得查询字符串 */
        public String getQueryStr() {
            return _query.toString();
        }
    }
```

上述 HttpUtil 封装的 get 请求中，使用了一个自定义的 URLParam 来封装参数，post 请求中使用了一个 Map 封装，请求过程中的参数；同时在封装的 HttpUtil 中使用了 ConnectivityManager 对网络的访问，需要在 AndroidManifest.xml 文件中增加访问网络的权限。

```
    <uses-permission android:name="android.permission.ACCESS_NETWORK_STATE">
</uses-permission>
```

修改 HttpUrlConnectionActivity.java 类中使用 Post 方式单击按钮提交请求的方法，使用工具类来实现，同样可以实现 Android 客户端和 Java 服务器之间的通信。

```
    /**
     * 通过 Post 方式传递参数， 安全
     * @param name
     * @param age
     */
    public void onPostRequest(String name) {
        String urlData = "http://10.0.2.2:9000/javaweb_server/server.jsp";
        try {
            Map param = new HashMap();
            param.put("name", name);
            String str = HttpUtil.getResponseForPost(urlData, param, this);

            tv.setText(str);
            System.out.println(str);
            in.close();
            conn.disconnect();
        } catch (Exception e) {
            // TODO Auto-generated catch block
            e.printStackTrace();
        }
    }
```

HttpUrlConnection 能够实现客户端向服务器发送请求，服务器返回响应给客户端，例如，客户端登录，可以发送用户名和密码到服务器端进行验证，验证成功后，服务器端返回 boolean 值 ture；验证失败后，服务器端返回 boolean 值 false，客户端可通过服务器端返回的 boolean 值进行判断，提示登录成功或登录失败；也可以实现客户端发送请求到服务器端，获取服务器上的图片资源，服务器以二进制数组的形式返回图片资源，客户端接收图片并保存在本地。下面的代码实现从服务器端下载图片。

服务器端结构，如图 7-8 所示。

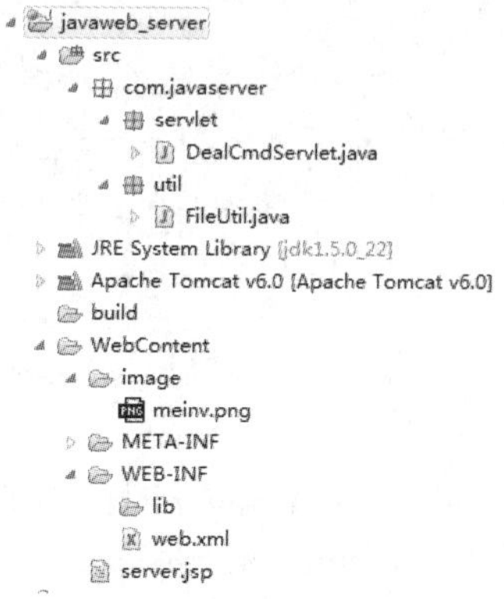

图 7-8

DealCmdServlet.java 参考代码如下。

```
    public class DealCmdServlet extends HttpServlet
{
        private static final long serialVersionUID =
1L;
        public DealCmdServlet() {
            super();
            // TODO Auto-generated constructor stub
        }
        protected void doGet(HttpServletRequest
request,
                HttpServletResponse response)
throws ServletException, IOException {
            // TODO Auto-generated method stub
            doPost(request, response);
        }
        protected void doPost(HttpServletRequest request,
                HttpServletResponse response) throws ServletException,
IOException {
            // TODO Auto-generated method stub
            request.setCharacterEncoding("gbk");
            response.setCharacterEncoding("gbk");
            OutputStream outStream = response.getOutputStream();
            String cmdStr = request.getParameter("cmd");
            int cmd = Integer.parseInt(cmdStr);
            byte[] data = null;
            switch (cmd) {
            case 101:// 获取图片
                String imagename = request.getParameter("image");
                try {
                    String path = this.getServletConfig().getServletContext()
                            .getRealPath("/image");
                    data = FileUtil.readFile(path + "/" + imagename);
                } catch (Exception e) {
                    e.printStackTrace();
                }
                break;
            }
            if (data != null && data.length > 0) {
                outStream.write(data);
                System.out.println(data.toString());
            }
            outStream.close();
```

```
            outStream.flush();
        }
    }
```

web.xml 参考代码如下。

```
    <servlet>
        <description>/dealCmd</description>
        <display-name>DealCmdServlet</display-name>
        <servlet-name>DealCmdServlet</servlet-name>

<servlet-class>com.javaserver.servlet.DealCmdServlet</servlet-class>
      </servlet>
    <servlet-mapping>
        <servlet-name>DealCmdServlet</servlet-name>
        <url-pattern>/DealCmdServlet</url-pattern>
    </servlet-mapping>
```

FileUtil.java 参考代码如下。

```
    public class FileUtil {
     public static byte[] readFile(String fileName) throws Exception{
         File file = new File(fileName);
         FileInputStream inStream = new FileInputStream(file);
         ByteArrayOutputStream outStream = new ByteArrayOutputStream();
         byte[] buffer = new byte[1024];
         int len =0;
         while((len = inStream.read(buffer))!=-1){
             outStream.write(buffer, 0, len);
         }
         outStream.close();
         inStream.close();
         return outStream.toByteArray();
     }
    }
```

启动服务器端，编写客户端代码。res/layout/activity_httpdownload.xml 的参考代码如下。

```
    <?xml version="1.0" encoding="utf-8"?>
    <LinearLayout xmlns:android="http://schemas.android.com/apk/res/
android"
     android:layout_width="match_parent" android:layout_height="match_
parent"
     android:orientation="vertical">
     <TextView android:text="下载图片" android:id="@+id/txtImage"
         android:layout_width="wrap_content" android:layout_height=
"wrap_content"></TextView>
     <EditText android:hint="请输入下载图片的名称" android:layout_height=
"wrap_content"
         android:layout_width="match_parent"
```

```
android:id="@+id/edt_file_download"></EditText>
        <Button android:text="下载" android:id="@+id/btn_download"
            android:layout_width="wrap_content" android:layout_height=
"wrap_content"></Button>
        <ImageView android:id="@+id/img_download"
            android:layout_height="match_parent" android:layout_width=
"match_parent"></ImageView>
      </LinearLayout>
```

src/com/tangcco/t7/activity/DownloadImageActivity.java 的参考代码如下。

```
public class DownloadImageActivity extends Activity {
  private EditText edt_download;
  private Button btn_download;
  private ImageView img_download;

  @Override
  protected void onCreate(Bundle savedInstanceState) {
      // TODO Auto-generated method stub
      super.onCreate(savedInstanceState);
      setContentView(R.layout.activity_httpdownload);

      initUI();
  }

  public void initUI() {
      edt_download = (EditText) findViewById(R.id.edt_file_download);
      btn_download = (Button) findViewById(R.id.btn_download);
      img_download = (ImageView) findViewById(R.id.img_download);
      btn_download.setOnClickListener(new OnClickListener() {
          @Override
          public void onClick(View v) {
              // TODO Auto-generated method stub
              String fileName = edt_download.getText().toString();
              download(fileName);
          }
      });
  }

  public void download(String fileName) {
      Drawable img = null;
      if (FileUtil.imageExist(fileName)) {
          // 读 SDCard
          String path = FileUtil.IMAGEDIR + FileUtil.separator + fileName;
          img = BitmapDrawable.createFromPath(path);
      } else {
```

```
                // 发送请求到服务器获取数据
                try {
                    img = HttpUtil.getNetimage(URLProtocol.ROOT, fileName);
                } catch (UnsupportedEncodingException e) {
                    // TODO Auto-generated catch block
                    e.printStackTrace();
                }
            }
            img_download.setImageDrawable(img);
        }
    }
```

在 src/com/tangcco/t7/tool 目录下建立工具类 FileUtil.java，URLProtocol.java 等。URLProtocol.java:的参考代码如下。

```
    /** 与服务器定义的接口协议 */
    public class URLProtocol {
     /** 服务器 URL */
     public static final String ROOT = "http://10.0.2.2:9000/javaweb_
server/DealCmdServlet";
     /** 获取网络下载图片 */
     public static final int CMD_IMAGE = 101;
    }
```

FileUtil.java 的参考代码如下。

```
    public class FileUtil {
     public static String separator = File.separator;
     public static String IMAGEDIR = getRootDir() + separator + "tangcco"
            + separator + "image";
     /** 获取 SDCard 根目录 */
     public static File getRootDir() {
        if (SDCardExist()) {
            return Environment.getExternalStorageDirectory();
        } else {
            return null;
        }
     }
     /** 判断 sdcard 是否存在 */
     public static boolean SDCardExist() {
        if (Environment.getExternalStorageState().equals(
                Environment.MEDIA_MOUNTED)) {
            return true;
        } else {
            return false;
        }
     }
```

```
        /** 创建文件夹 */
        public static boolean createFile(String name) {
            if (SDCardExist()) {
                File file = new File(name);
                if (!file.exists()) {
                    return file.mkdirs();
                } else if (file.exists()) {
                    return true;
                }
            }
            return false;
        }

        /** 保存图片到图片文件夹 */
        public static boolean saveFile(String name, byte[] data) throws Exception {
            if (SDCardExist() && name != null && data != null && data.length > 0) {
                File file = new File(IMAGEDIR, name);
                if (createFile(IMAGEDIR)) {
                    ByteArrayInputStream inStream = new ByteArrayInputStream
(data);
                    FileOutputStream outStream = new FileOutputStream(file);
                    byte[] buffer = new byte[1024];
                    int len = 0;
                    while ((len = inStream.read(buffer)) > -1) {
                        outStream.write(buffer, 0, len);
                    }
                    inStream.close();
                    outStream.close();
                    return true;
                } else {
                    return false;
                }
            } else {
                return false;
            }
        }
        /** 判断图片是否存在 */
        public static boolean imageExist(String name) {
            File file = new File(IMAGEDIR + separator + name);
            if (file.exists()) {
                return true;
            } else {
                return false;
            }
```

```
    }
  }
```

修改 HttpUtil.java 增加图片下载的代码如下。

```
  /**
   * 获取网路图片
   *
   * @throws UnsupportedEncodingException
   */
  public static Drawable getNetimage(String urlStr, String image)
          throws UnsupportedEncodingException {
      URLParam param = new URLParam(null);
      param.addParam("cmd", URLProtocol.CMD_IMAGE);
      param.addParam("image", image);
      urlStr += param.getQueryStr();
      Bitmap bm = BitmapFactory.decodeStream(getHttpStream(urlStr,
image));
      if (bm != null) {
          return new BitmapDrawable(bm);
      }
      return null;
  }

  /** 获取网路图片 */
  public static InputStream getHttpStream(String strUrl, String image) {
      HttpURLConnection conn = null;
      try {
          URL url = new URL(strUrl);
          conn = (HttpURLConnection) url.openConnection();
          conn.setConnectTimeout(5 * 1000);
          conn.setRequestMethod("GET");
          if (conn.getResponseCode() != 200) {
              throw new RuntimeException("请求 uri 失败");
          }
          InputStream inStream = conn.getInputStream();
          byte[] data = readStream(inStream);
          FileUtil.saveFile(image, data);// 获取图片后保存图片到 SDCard
          inStream.close();
          return new ByteArrayInputStream(data);
      } catch (Exception e) {
          e.printStackTrace();
      } finally {
          if (conn != null) {
              conn.disconnect();
          }
```

```
            }
            return null;
        }
```

由于需要对 SDCard 进行操作，所以，要在 AndroidManifest.xml 文件中增加 SDCard 读写的权限。

```
    <uses-permission android:name="android.permission.MOUNT_UNMOUNT_
FILESYSTEMS"> </uses-permission>
    <uses-permission android:name="android.permission.WRITE_EXTERNAL_
STORAGE"></uses-permission>
```

增加 Activity 的声明，代码如下。

```
    <activity android:name=".activity.DownloadImageActivity"
android:label="@string/app_name1">
     <intent-filter>
         <action android:name="android.intent.action.MAIN" />
         <category android:name="android.intent.category.LAUNCHER" />
     </intent-filter>
    </activity>
```

运行程序，界面如图 7-9 所示。

输入图片名称，单击“下载”按钮，保存图片，如图 7-10 所示。

图 7-9

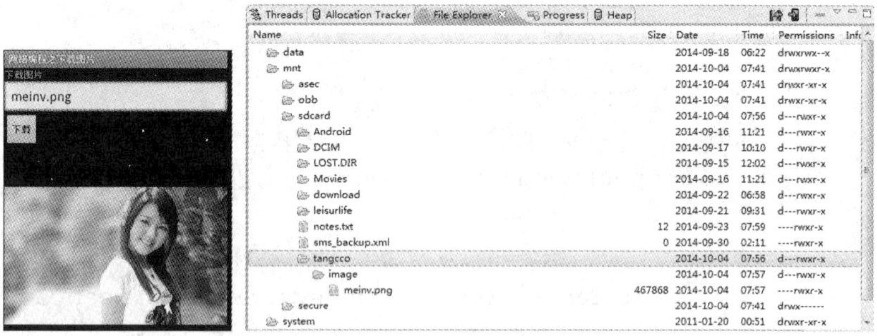

图 7-10

在前面的例子中，实现了自定义服务器端实现资源下载，有时也可以利用网络作为服务器端，从网络上获取资源。res/layout/activity_httpnetdowanload.xml 的参考代码如下。

```
    <?xml version="1.0" encoding="utf-8"?>
    <LinearLayout xmlns:android="http://schemas.android.com/apk/res/
android"
     android:orientation="vertical" android:layout_width="fill_parent"
     android:layout_height="fill_parent">
     <TextView android:layout_width="fill_parent"
         android:layout_height="wrap_content" android:text="网络下载图片" />
     <EditText android:layout_width="fill_parent"
              android:layout_height="wrap_content"
    android:text="http://tangcco.com/images/lekao/lekao_07.jpg"
             android:id="@+id/path" />
```

```
    <Button android:layout_width="wrap_content"
            android:layout_height="wrap_content" android:text="下载网络图片"
    android:id="@+id/button" />
    <ImageView android:layout_width="wrap_content"
            android:layout_height="wrap_content"
android:id="@+id/imageView" />
    </LinearLayout>
```

res/values/strings.xml 的参考代码如下。

```
    <string name="error">下载文件出错</string>
    <string name="error_net">网络连接异常</string>
```

src/com/tangcco/t7/HttpNetDownloadActivity.java 的参考代码如下。

```
    public class HttpNetDownloadActivity extends Activity {
     private static final String TAG = "HttpNetDownloadActivity";
     private EditText pathText;
     private ImageView imageView;

     @Override
     public void onCreate(Bundle savedInstanceState) {
         super.onCreate(savedInstanceState);
         setContentView(R.layout.activity_httpnetdownload);
         // 获取图片路径
         pathText = (EditText) this.findViewById(R.id.path);
         // 获取显示图片的 ImageView
         imageView = (ImageView) this.findViewById(R.id.imageView);
         // 查看按钮
         Button button = (Button) this.findViewById(R.id.button);
         button.setOnClickListener(new View.OnClickListener() {
             @Override
             public void onClick(View v) {
                 String path = pathText.getText().toString();
                 Toast.makeText(HttpNetDownloadActivity.this,
                         HttpUtil.NetType(HttpNetDownloadActivity.this),
1000)
                         .show();
                 if (HttpUtil.isConnnected(HttpNetDownloadActivity.this)) {
                     try {
                         byte[] data = HttpUtil.getImage(path);// 取得网络图
片的二进制数据
                         Bitmap bitmap = BitmapFactory.decodeByteArray(data, 0,
                                 data.length);
                         imageView.setImageBitmap(bitmap);
                     } catch (Exception e) {
                         Toast.makeText(HttpNetDownloadActivity.this,
                                 R.string.error, 1).show();
```

```
                    Log.e(TAG, e.toString());
                }
            } else {
                Toast.makeText(HttpNetDownloadActivity.this,
                        R.string.error_net, 1).show();
            }
        }
    });
}
}
```

修改 HttpUtil.java，增加网络下载图片，代码如下。

```
    /** 取得网络图片的二进制数据 */
    public static byte[] getImage(String path) throws Exception {
        URL url = new URL(path);
        HttpURLConnection conn = (HttpURLConnection) url.openConnection();
        conn.setConnectTimeout(5 * 1000);
        conn.setRequestMethod("GET");
        if (conn.getResponseCode() == 200) {// 请求成功
            InputStream inStream = conn.getInputStream();
            return readStream(inStream);
        }
        return null;
    }

    /**
     * 检测网络类型
     *
     * @param context
     * @return
     */
    public static String NetType(Context context) {
        try {
            ConnectivityManager cm = (ConnectivityManager) context
                    .getSystemService(Context.CONNECTIVITY_SERVICE);
            NetworkInfo info = cm.getActiveNetworkInfo();
            String typeName = info.getTypeName().toLowerCase(); //
WIFI/MOBILE
            if (typeName.equalsIgnoreCase("wifi")) {
            } else {
                typeName = info.getExtraInfo().toLowerCase();
                // 3gnet/3gwap/uninet/uniwap/cmnet/cmwap/ctnet/ctwap
            }
            return typeName;
        } catch (Exception e) {
```

```
            return null;
        }
    }
```

注意，AndroidManifest.xml 文件中需要增加 internet 和 access_network_state 权限，同时需要增加 Acitivty 声明，代码如下。

```
    <uses-permission android:name="android.permission.INTERNET">
</uses-permission>
    <uses-permission android:name="android.permission.ACCESS_NETWORK_
STATE"></uses-permission>

    <activity android:name=".activity.HttpNetDownloadActivity"
            android:label="@string/app_name2">
        <intent-filter>
            <action android:name="android.intent.action.MAIN" />
            <category android:name="android.intent.category.LAUNCHER" />
        </intent-filter>
    /activity>
```

前面的例子实现了客户端下载服务器上的图片，客户端也可以上传文件（如图片）到服务器，下面的例子实现了客户端上传图片到服务器的功能。

首先，在服务器端项目上创建一个 UploadServlet.java，在 WebContent 目录下创建两个文件夹，image 和 temp，添加 commons-fileupload-1.2.1.jar、commons-io-1.4.jar 文件到 lib 目录下；UploadServlet.java 代码如下。

```
    public class UploadServlet extends HttpServlet {
     private static final long serialVersionUID = 1L;
     public UploadServlet() {
         super();
     }
     protected void doGet(HttpServletRequest request,
             HttpServletResponse response) throws ServletException,
IOException {
         doPost(request, response);
     }
     protected void doPost(HttpServletRequest request,
      HttpServletResponse response) throws ServletException, IOException {
      String temp =
request.getSession().getServletContext().getRealPath("/")+ "temp"; // 临时目录
      System.out.println("temp=" + temp);
      String loadpath = this.getServletContext().getRealPath("/") + "image";
// 上传文件存放目录
      System.out.println("loadpath=" + loadpath);
      DiskFileUpload fu = new DiskFileUpload();
      fu.setSizeMax(1 * 1024 * 1024); // 设置允许用户上传文件大小,单位:字节
      fu.setSizeThreshold(4096); // 设置最多只允许在内存中存储的数据,单位:字节
```

```
        fu.setRepositoryPath(temp); // 设置一旦文件大小超过 getSizeThreshold()的
值时数据存放在硬盘的目录
        // 开始读取上传信息
        int index = 0;
        List fileItems = null;

        try {
            fileItems = fu.parseRequest(request);
            System.out.println("fileItems=" + fileItems);
        } catch (Exception e) {
            e.printStackTrace();
        }

       Iterator iter = fileItems.iterator(); // 依次处理每个上传的文件
            while (iter.hasNext()) {
                FileItem item = (FileItem) iter.next();// 忽略其他不是文件域的所
有表单信息
                if (!item.isFormField()) {
                    String name = item.getName();// 获取上传文件名,包括路径
                    name = name.substring(name.lastIndexOf("\\") + 1);// 从全
路径中提取文件名
                    long size = item.getSize();
                    if ((name == null || name.equals("")) && size == 0)
                        continue;
                    int point = name.indexOf(".");
                    name = (new Date()).getTime()
                            + name.substring(point, name.length());// + index;
                    index++;
                    System.out.println("name = " + name);
                    File fNew = new File(loadpath, name);
                    try {
                        item.write(fNew);
                    } catch (Exception e) {
                        e.printStackTrace();
                    }
                } else// 取出不是文件域的所有表单信息
                {
                    String fieldvalue = item.getString();
                    // 如果包含中文应写为:(转为 UTF-8 编码)
                    // String fieldvalue = new String(item.getString().
getBytes(),"UTF-8");
                }
            }
            String text1 = "11";
```

```
            response.sendRedirect("result.jsp?text1=" + text1);
        }
    }
```

启动服务器，编写客户端布局文件和 Activity。res/layout/activity_http_upload_file.xml 的参考代码如下。

```
    <?xml version="1.0" encoding="utf-8"?>
    <LinearLayout
xmlns:android="http://schemas.android.com/apk/res/android"
        android:orientation="vertical" android:layout_width="fill_parent"
        android:layout_height="fill_parent">
        <ImageView android:layout_width="wrap_content"
            android:layout_height="wrap_content" android:id="@+id/imageView"
/>
        <TextView android:text="@string/file_path"
android:id="@+id/txt_file_url"
            android:layout_width="wrap_content" android:layout_height="wrap_
content"></TextView>
        <EditText android:id="@+id/edt_file_url"
            android:layout_height="wrap_content" android:layout_width="match_
parent"></EditText>
        <TextView android:text="@string/upload_url" android:id="@+id/txt_
upload_url"
            android:layout_width="wrap_content" android:layout_height="wrap_
content"></TextView>
        <EditText android:id="@+id/edt_upload_url"
            android:layout_height="wrap_content" android:layout_width=
"match_parent"></EditText>
        <Button android:layout_height="wrap_content"
        android:layout_width="match_parent" android:text="@string/upload"
android:id="@+id/myButton"></Button>
    </LinearLayout>
```

res/values/strings.xml 的参考代码如下。

```
    <string name="app_name7">数据上传器</string>
    <string name="file_path">文件路径</string>
    <string name="upload_url">上传地址</string>
    <string name="upload">上传</string>
```

src/com/tangcco/t7/activity/HttpUrlUploadActivity.java 的参考代码如下。

```
    public class HttpUrlUploadActivity extends Activity {
     private String newName = "image.jpg";
     private String uploadFile = "/sdcard/xueshihou.png";// 要上传的文件
     private String actionUrl = "http://10.0.2.2:9000/javaweb_server/
UploadServlet";
     private EditText mText1;
     private EditText mText2;
```

```
    private Button mButton;

    @Override
    protected void onCreate(Bundle savedInstanceState) {
        // TODO Auto-generated method stub
        super.onCreate(savedInstanceState);
        setContentView(R.layout.activity_http_upload_file);
        mText1 = (EditText) findViewById(R.id.edt_file_url);
        // 文件路径:
        mText1.setText(uploadFile);
        mText2 = (EditText) findViewById(R.id.edt_upload_url);
        // 上传地址:
        mText2.setText(actionUrl);
        /* 设置 mButton 的 onClick 事件处理 */
        mButton = (Button) findViewById(R.id.myButton);
        mButton.setOnClickListener(new View.OnClickListener() {
            public void onClick(View v) {
                uploadFile();
            }
        });
    }

    /* 上传文件至 Server 的方法 */
    private void uploadFile() {
        String end = "\r\n";
        String twoHyphens = "--";
        String boundary = "*****";
        try {
            URL url = new URL(actionUrl);
            HttpURLConnection con = (HttpURLConnection) url.
openConnection();
            /* 允许 Input、Output，不使用 Cache */
            con.setDoInput(true);
            con.setDoOutput(true);
            con.setUseCaches(false);
            // 设置 http 连接属性
            con.setRequestMethod("POST");
            con.setRequestProperty("Connection", "Keep-Alive");
            con.setRequestProperty("Charset", "UTF-8");
            con.setRequestProperty("Content-Type",
                    "multipart/form-data;boundary=" + boundary);
            DataOutputStream ds = new DataOutputStream
(con.getOutputStream());
            ds.writeBytes(twoHyphens + boundary + end);
```

```
            ds.writeBytes("Content-Disposition: form-data; "
                    + "name=\"file\";filename=\"" + newName + "\"" + end);
            ds.writeBytes(end);
            // 取得文件的 FileInputStream
            FileInputStream fStream = new FileInputStream(new File(uploadFile));
            /* 设置每次写入 1024bytes */
            int bufferSize = 1024;
            byte[] buffer = new byte[bufferSize];
            int length = -1;
            /* 从文件读取数据至缓冲区 */
            while ((length = fStream.read(buffer)) != -1) {
                /* 将资料写入 DataOutputStream 中 */
                ds.write(buffer, 0, length);
            }
            ds.writeBytes(end);
            ds.writeBytes(twoHyphens + boundary + twoHyphens + end);

            fStream.close();
            ds.flush();
            /* 取得 Response 内容 */
            InputStream is = con.getInputStream();
            int ch;
            StringBuffer b = new StringBuffer();
            while ((ch = is.read()) != -1) {
                b.append((char) ch);
            }
            /* 将 Response 显示于 Dialog */
            showDialog("上传成功" + b.toString().trim());
            /* 关闭 DataOutputStream */
            ds.close();
        } catch (Exception e) {
            showDialog("上传失败" + e);
        }
    }
    /* 显示 Dialog 的 method */
    private void showDialog(String mess) {
        new AlertDialog.Builder(HttpUrlUploadActivity.this).setTitle
("Message")
                .setMessage(mess)
                .setNegativeButton("确定", new DialogInterface. OnClickListener() {
                    public void onClick(DialogInterface dialog, int which) {
                    }
                }).show();
    }
```

```
    }
```

修改 androidmanifest.xml 文件，增加 activity 的声明，代码如下。

```
        <activity android:name=".activity.HttpUrlUploadActivity"
android:label="@string/app_name7">
            <intent-filter>
                <action android:name="android.intent.action.MAIN" />
                <category android:name="android.intent.category.LAUNCHER" />
            </intent-filter>
        </activity>
```

运行程序，界面如图 7-11 所示。

单击“上传”按钮，从 sdcard 中将 xueshihou.png 图片传到服务器的 image 目录下，界面如图 7-12 所示，打开服务器上的 image 目录，可以找到 xueshihou.png 文件。

图 7-11

图 7-12

7.2.2 Socket 编程

7.2.2.1 Java 中的 Socket 编程

Socket（套接字），代表客户端和服务器端的一个通信进程，要了解 Socket，需要从 TCP/IP 协议族开始，TCP/IP（Transmission Control Protocol/Internet Protocol）即传输控制协议/网间协议，是一个工业标准的协议集，是为广域网（WANS）设计的。UDP（User Data Protocol，用户数据报协议）是与 TCP 相对应的协议，它是属于 TCP/IP 协议族中的一种，图 7-13 体现了协议之间的关系。

从图可以看出，TCP/IP 协议族包括运输层、网络层、链路层，同时，我们从图中也能看出 Socket 是应用层与 TCP/IP 协议族通信的中间软件抽象层，它是一组接口。在设计模式中，Socket 其实就是一个门面模式，它把复杂的 TCP/IP 协议族隐藏在 Socket 接口后面，对用户来说，一组简单的接口就是全部，让 Socket 去组织数据，以符合指定的协议。前人已经给我们做了很多事，网络间的通信也就简单了许多，但还是有很多工作要做，只要弄清 Socket 编程的工作原理，Socket 网络通信就变得简单了。一个生活中的场景能形象的说明 Socket 编程的原理，假如你要打电话给一个朋友，你必须先拨号，朋友听到电话铃声后提起电话，这时你和你的朋友就建立起了连接，就可以通话了，等交流结束，挂断电话，结束此次交谈，这个从拨号到结束通话的整个过程，其实就是 Socket 实现客户端和服务器间通信的过程，在 Java 中，Socket 编程属于 Java

标准接口实现的网络通信方法。Java 中使用 Socket，需要编写服务器端和客户端，服务器端和客户端实现通信的过程如图 7-14 所示（这里只介绍基于 TCP 的 Socket 编程）。

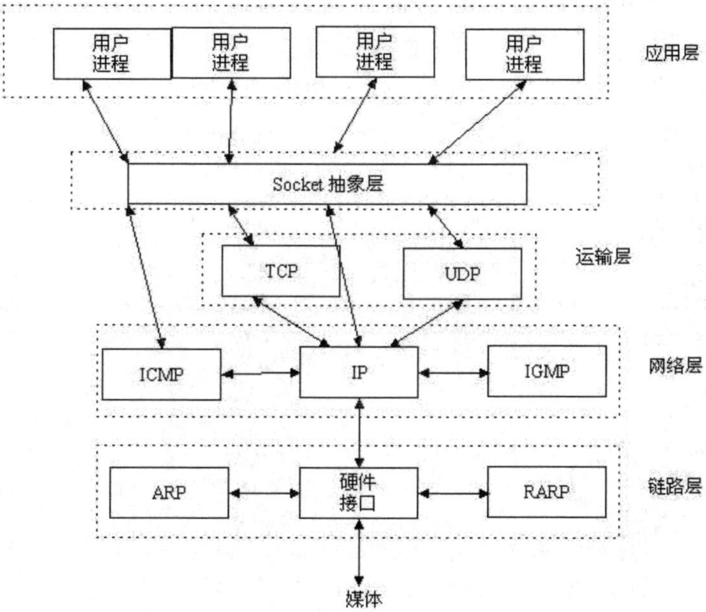

图 7-13

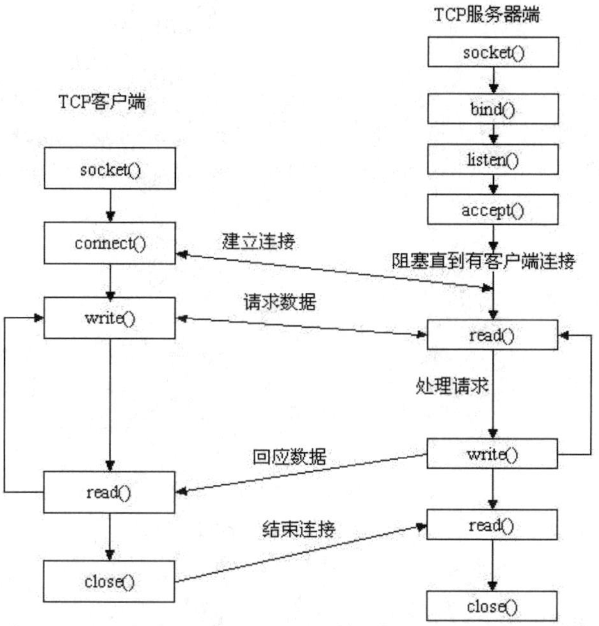

图 7-14

先从服务器端说起，服务器端先初始化 Socket，然后与端口绑定（bind），对端口进行监听

（listen），调用 accept 阻塞，等待客户端连接。这时，如果有客户端初始化一个 Socket，然后连接服务器（connect），如果连接成功，这时客户端与服务器端的连接就建立了。客户端发送数据请求，服务器端接收请求并处理请求，然后把回应数据发送给客户端，客户端读取数据，最后关闭连接，一次交互结束。

下面的代码是实现 Java Socket 的一次交互过程，新建一个 Java 项目，建立一个服务器端。

```
public class SocketServer {
 ServerSocket sever;
 public SocketServer(int port) {
     try {
         sever = new ServerSocket(port);
     } catch (IOException e) {
         e.printStackTrace();
     }
 }
 public void beginListen() {
     while (true) {
         try {
             final Socket socket = sever.accept();
             new Thread(new Runnable() {
                 public void run() {
                     BufferedReader in;
                     try {
                         in = new BufferedReader(new InputStreamReader(
                                 socket.getInputStream(), "UTF-8"));
                         PrintWriter out = new PrintWriter(
                                 socket.getOutputStream());
                         while (!socket.isClosed()) {
                             String str;
                             str = in.readLine();
                             out.println("Hello!world!! " + str);
                             out.flush();
                             if (str == null || str.equals("end"))
                                 break;
                             System.out.println(str);
                         }
                         socket.close();
                     } catch (IOException e) {
                         e.printStackTrace();
                     }
                 }
             }).start();
         } catch (IOException e) {
             e.printStackTrace();
```

```
            }
        }
    }
    public static void main(String[] argvs) {
        SocketServer server = new SocketServer(12345);
        server.beginListen();
    }
}
```

上述代码中，端口的范围（0～65536），同时上述代码中向客户端发送请求数据使用了线程。

启动服务器端，再创建一个客户端，代码如下。

```
public class SocketClient {
    static Socket client;
    public SocketClient(String site, int port) {
        try {
            client = new Socket(site, port);
            System.out.println("Client is created! site:" + site + " port:"
+ port);
        } catch (Exception e) {
            e.printStackTrace();
        }
    }
    public String sendMsg(String msg) {
        try {
            BufferedReader in = new BufferedReader(new InputStreamReader(
                    client.getInputStream()));
            PrintWriter out = new PrintWriter(client.getOutputStream());
            out.println(msg);
            out.flush();
            return in.readLine();
        } catch (IOException e) {
            e.printStackTrace();
        }
        return "";
    }

    public void closeSocket() {
        try {
            client.close();
        } catch (IOException e) {
            e.printStackTrace();
        }
    }
    public static void main(String[] args) throws Exception {
        SocketClient client = new SocketClient("127.0.0.1", 12345);
```

```
        System.out.println(client.sendMsg("hello"));
        client.closeSocket();

        SocketClient client1 = new SocketClient("127.0.0.1", 12345);
        System.out.println(client1.sendMsg("socket"));
        client1.closeSocket();

        SocketClient client11 = new SocketClient("127.0.0.1", 12345);
        System.out.println(client11.sendMsg("hello"));
        client11.closeSocket();

        SocketClient client111 = new SocketClient("127.0.0.1", 12345);
        System.out.println(client111.sendMsg("good"));
        client111.closeSocket();

    }
}
```

运行客户端，客户端和服务器端的控制台输出，如图 7-15 所示。

图 7-15 中为客户端接收到服务器发送的数据。

图 7-16 为服务器端接收到客户端发送的请求。

```
<terminated> SocketClient (1) [Java Application] D:\Program Files\Java\jdk1.5.0_22\bin\javaw.exe
Client is created! site:127.0.0.1 port:12345
Hello!world!! hello
Client is created! site:127.0.0.1 port:12345
Hello!world!! socket
Client is created! site:127.0.0.1 port:12345
Hello!world!! hello
Client is created! site:127.0.0.1 port:12345
Hello!world!! good
```

图 7-15

```
SocketServer [Java Application] D:\Program Files\Java\jdk1.5.0_22\bin\javaw.exe
hello
socket
hello
good
```

图 7-16

7.2.2.2 Android 中的 Socket 编程

创建一个 Java 项目，建立一个服务端的 Java 类，代码如下。

```
public class MainServer {
 private static final int PORT = 9898;
 public static void main(String[] args) {

    try {
        // 实例化服务器套接字 设置端口号 9999
        ServerSocket server = new ServerSocket(PORT);
        while (true) {
            Socket socket = server.accept();
            // 获取输出流
            BufferedWriter writer = new BufferedWriter(
                    new
OutputStreamWriter(socket.getOutputStream()));
            // 写字符串
```

```
                    writer.write("这是一段来自服务器的问候: hello,tangcco! ");
                    writer.flush();
                    writer.close();
                }
            } catch (IOException e) {
                // TODO Auto-generated catch block
                e.printStackTrace();
            }
        }
    }
```

启动服务器端，再创建一个 Android 客户端的布局文件和 Activity 类。res/layout/activity_socket_tcp.xml 的参考代码如下。

```
<?xml version="1.0" encoding="utf-8"?>
<LinearLayout
xmlns:android="http://schemas.android.com/apk/res/android"
    android:layout_width="match_parent"
android:layout_height="match_parent"
    android:orientation="vertical">
    <TextView android:text="TextView" android:id="@+id/txt"
        android:layout_width="wrap_content"
android:layout_height="wrap_content"></TextView>
    <Button android:text="开始接收" android:id="@+id/btn_receive"
        android:layout_width="wrap_content"
android:layout_height="wrap_content"></Button>
</LinearLayout>
```

src/com/tangcco/t7/activity/SocketTcpActivity.java 的参考代码如下。

```
public class SocketTcpActivity extends Activity implements Runnable {
    private TextView tv_msg = null;
    private EditText ed_msg = null;
    private Button btn_send = null;

    private static final String HOST = "10.0.2.2";
    private static final int PORT = 9999;

    private Socket socket = null;
    private BufferedReader in = null;
    private PrintWriter out = null;
    private String content = "";

    /** Called when the activity is first created. */
    @Override
    public void onCreate(Bundle savedInstanceState) {
        super.onCreate(savedInstanceState);
        setContentView(R.layout.layout_socket_tcp);
```

```
        tv_msg = (TextView) findViewById(R.id.TextView);
        ed_msg = (EditText) findViewById(R.id.EditText01);
        btn_send = (Button) findViewById(R.id.Button02);

        try {
            socket = new Socket(HOST, PORT);
            in = new BufferedReader(new InputStreamReader(socket.getInputStream()));
            out = new PrintWriter(new BufferedWriter(new
OutputStreamWriter(
                    socket.getOutputStream())), true);
        } catch (IOException ex) {
            ex.printStackTrace();
        }
        btn_send.setOnClickListener(new Button.OnClickListener() {
            @Override
            public void onClick(View v) {
                // TODO Auto-generated method stub
                String msg = ed_msg.getText().toString();
                if (socket.isConnected()) {
                    if (!socket.isOutputShutdown()) {
                        out.println(msg);
                    }
                }
            }
        });
        new Thread(SocketTcpActivity.this).start();
    }
    public void run() {
        try {
            while (true) {
                if (socket.isConnected()) {
                    if (!socket.isInputShutdown()) {
                        if ((content = in.readLine()) != null) {
                            content += "\n";

  mHandler.sendMessage(mHandler.obtainMessage());
                        } else {
                        }
                    }
                }
            }
        } catch (Exception e) {
            e.printStackTrace();
```

```
        }
    }
    public Handler mHandler = new Handler() {
        public void handleMessage(Message msg) {
            super.handleMessage(msg);
            tv_msg.setText(tv_msg.getText().toString() + content);
        }
    };
}
```

运行界面如图 7-17 所示，单击“开始接收”按钮，获取服务器端发送给客户端的数据。

图 7-17

前面的例子实现了服务器端给客户端发送数据，客户端接收到数据，但是客户端没有向服务器端发送消息，下面的例子，基于 TCP Socket 实现一个简单的聊天程序。

创建一个 Java 项目，编写一个服务器端的类，代码如下。

```
public class Main {
    private static final int PORT = 9999;
    private List<Socket> mList = new ArrayList<Socket>();
    private ServerSocket server = null;
    private ExecutorService mExecutorService = null; // thread pool

    public static void main(String[] args) {
        new Main();
    }

    public Main() {
        try {
            server = new ServerSocket(PORT);
// create a thread pool
            mExecutorService = Executors.newCachedThreadPool();
System.out.print("server start ...");
            Socket client = null;
            while (true) {
                client = server.accept();
                mList.add(client);
// start a new thread to handle the connection
                mExecutorService.execute(new Service(client));
            }
        } catch (Exception e) {
            e.printStackTrace();
        }
    }
```

```
class Service implements Runnable {
    private Socket socket;
    private BufferedReader in = null;
    private String msg = "";

    public Service(Socket socket) {
        this.socket = socket;
        try {
            in = new BufferedReader(new InputStreamReader(
                    socket.getInputStream()));
            msg = "user" + this.socket.getInetAddress() + "come toal:"
                    + mList.size();
            this.sendmsg();
        } catch (IOException e) {
            e.printStackTrace();
        }
    }

    public void run() {
        try {
            while (true) {
                if ((msg = in.readLine()) != null) {
                    if (msg.equals("exit")) {
                        System.out.println("ssssssss");
                        mList.remove(socket);
                        in.close();
                        msg = "user:" + socket.getInetAddress()
                                + "exit total:" + mList.size();
                        socket.close();
                        this.sendmsg();
                        break;
                    } else {
                        msg = socket.getInetAddress() + ":" + msg;
                        this.sendmsg();
                    }
                }
            }
        } catch (Exception e) {
            e.printStackTrace();
        }
    }
    public void sendmsg() {
        System.out.println(msg);
```

```
            int num = mList.size();
            for (int index = 0; index < num; index++) {
                Socket mSocket = mList.get(index);
                PrintWriter pout = null;
                try {
                    pout = new PrintWriter(new BufferedWriter(
                            new OutputStreamWriter
(mSocket.getOutputStream())),true);
                    pout.println(msg);
                } catch (IOException e) {
                    e.printStackTrace();
                }
            }
        }
    }
}
```

启动服务器，如图 7-18 所示。

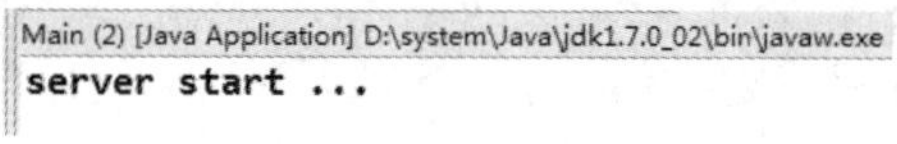

图 7-18

编写 Android 客户端，布局文件和 Activity 类。res/layout/activity_socket_client_tcp.xml 的参考代码如下。

```
<?xml version="1.0" encoding="utf-8"?>
<LinearLayout xmlns:android="http://schemas.android.com/apk/res/
android"
    android:orientation="vertical"
    android:layout_width="fill_parent"
    android:layout_height="fill_parent">
    <TextView
        android:id="@+id/TextView"
        android:singleLine="false"
        android:layout_width="fill_parent"
        android:layout_height="wrap_content" />
    <EditText android:hint="请输入内容"
        android:id="@+id/EditText01"
        android:layout_width="fill_parent"
        android:layout_height="wrap_content">
    </EditText>
    <Button
        android:text="send"
        android:id="@+id/Button02"
        android:layout_width="fill_parent"
```

```
            android:layout_height="wrap_content">
        </Button>
    </LinearLayout>
```

src/com/tangcco/t7/activity/SocketClientTcpActivity.java 的参考代码如下。

```
    public class SocketClientTcpActivity extends Activity implements Runnable
{
        private TextView tv_msg = null;
        private EditText ed_msg = null;
        private Button btn_send = null;

        private static final String HOST = "10.0.2.2";
        private static final int PORT = 9999;

        private Socket socket = null;
        private BufferedReader in = null;
        private PrintWriter out = null;
        private String content = "";

        /** Called when the activity is first created. */
        @Override
        public void onCreate(Bundle savedInstanceState) {
            super.onCreate(savedInstanceState);
            setContentView(R.layout.activity_socket_client_tcp);
            tv_msg = (TextView) findViewById(R.id.TextView);
            ed_msg = (EditText) findViewById(R.id.EditText01);
            btn_send = (Button) findViewById(R.id.Button02);
            try {
                socket = new Socket(HOST, PORT);
                in = new BufferedReader(new InputStreamReader(
                        socket.getInputStream()));
                out = new PrintWriter(new BufferedWriter(new
OutputStreamWriter(
                        socket.getOutputStream())), true);
            } catch (IOException ex) {
                ex.printStackTrace();
            }
            btn_send.setOnClickListener(new Button.OnClickListener() {
                @Override
                public void onClick(View v) {
                    // TODO Auto-generated method stub
                    String msg = ed_msg.getText().toString();
                    if (socket.isConnected()) {
                        if (!socket.isOutputShutdown()) {
                            out.println(msg);
```

```
                    }
                }
            }
        });
        new Thread(SocketClientTcpActivity.this).start();
    }
    public void run() {
        try {
            while (true) {
                if (socket.isConnected()) {
                    if (!socket.isInputShutdown()) {
                        if ((content = in.readLine()) != null) {
                            content += "\n";
mHandler.sendMessage(mHandler.obtainMessage());
                        } else {
                        }
                    }
                }
            }
        } catch (Exception e) {
            e.printStackTrace();
        }
    }
    public Handler mHandler = new Handler() {
        public void handleMessage(Message msg) {
            super.handleMessage(msg);
            tv_msg.setText(tv_msg.getText().toString() + content);
        }
    };
}
```

运行两个模拟器，首先启动 5554，然后启动 5556，在运行的界面中，输入聊天内容，单击 send 按钮，发送消息，服务器端接收到信息，如图 7-19 所示。

运行界面，如图 7-20 所示。

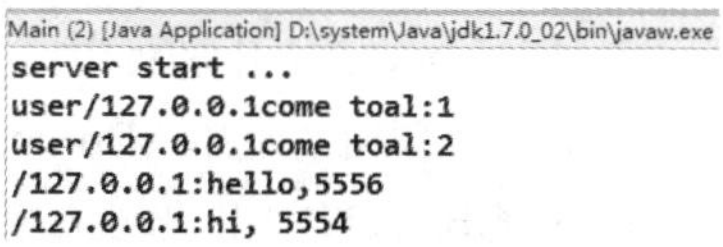

图 7-19

图 7-20

7.3 JSON

7.3.1 JSON 简介

在服务器和客户端通信的程序中，经常会涉及服务器返回大量的数据到客户端，可能会返回一个对象，也可能返回一个集合，一般情况，可以将后台返回的对象或者集合封装成 XML，XML 中的元素指定对象的属性，在客户端上遍历 XML，即可获取后台返回的数据。但是这种做法，可能相对较麻烦，在涉及后台返回对象、集合的情况下，还有一种常用的方法就是 JSON。

JSON 是一种基于 JavaScript 语法的轻量级数据交换格式，具有良好的可读和便于快速编写的特性，可以在不同平台间进行数据交换，JSON 采用兼容性很高的文本格式，相对于 XML 来讲，数据体积小，读取速度远远快于 XML。

JSON 的格式主要分为两种，一种是数组格式，一种是对象格式。数组采用“[]”，对象采用“{}”封装数据，例如，["12345678", true, "tangcco", null]，{"name" : "tangcco", "age" : 100 }；同时数组和对象可以相互嵌套，下面代码描述了一个 person 对象。

```
person = {
    "phone" : ["12345678", "87654321"], // 数组
    "name" : "tangcco", // 字符串
    "age" : 100, // 数值
    "address" : { "country" : "china", "province" : "beijing" }, // 对象
    "married" : false // 布尔值
}
```

Android 提供了 json 数据的解析类库，Android 的 json 解析大部分的类库都在包 org.json 下，主要有以下几个类。

- JSONObject：可以看作是一个 json 对象，这是系统中有关 JSON 定义的基本单元，其包含一对 (Key/Value)数值。它对外部调用的响应体现为一个标准的字符串（例如，{"JSON": "Hello, World"}，最外面用大括号包括，其中的 Key 和 Value 用冒号“:”分隔）。其对于内部行为的操作格式省略，例如，初始化一个 JSONObject 实例，引用内部的 put()方法添加数值：new JSONObject().put("JSON", "Hello, World!")，在 Key 和 Value 之间是以逗号“,”分隔。Value 的类型包括 Boolean、JSONArray、JSONObject、Number、Stringg 或者默认值 JSONObject.NULL object。
- JSONArray：它代表一组有序数值。将其转换为 String 输出（toString），所表现的形式是用方括号包裹，数值以逗号“,”分隔（例如，[value1,value2,value3]）。这个类的内部同样具有查询行为，getXXX()和 optXXX()两种方法都可以通过 index 索引返回指定的数值，put()方法用来添加或者替换数值。同样这个类的 value 类型可以包括 Boolean、JSONArray、JSONObject、Number、String 或者默认值 JSONObject.NULL object。
- JSONStringer：json 文本构建类，根据官方的解释，这个类可以帮助快速和便捷的创建 JSON text。其最大的优点在于可以减少由于格式的错误而导致程序异常，引用这个类可

以自动严格按照 JSON 语法规则创建 JSON text。每个 JSONStringer 实体只能对应创建一个 JSON text。

- JSONTokener：json 解析类。
- JSONException：json 中用到的异常。

下面来创建一个前面列出的 JSONObject person 类。

在 src/com/tangcco/t7/json 目录下，创建一个 JSONDemo.java，参考代码如下。

```
public class JSONDemo {
 public JSONObject createJsonObject() throws JSONException {
     // 首先最外层是{}，是创建一个对象
     JSONObject person = new JSONObject();
     // 第一个键 phone 的值是数组，所以需要创建数组对象
     JSONArray phone = new JSONArray();
     phone.put("12345678").put("87654321");
     person.put("phone", phone);
     person.put("name", "tangcco");
     person.put("age", 100);
     // 键 address 的值是对象，所以又要创建一个对象
     JSONObject address = new JSONObject();
     address.put("country", "china");
     address.put("province", "beijing");
     person.put("address", address);

     person.put("married", false);
     return person;
 }
}
```

在 res/layout 目录下，创建一个布局文件 activity_json_demo.xml，参考代码如下。

```
<?xml version="1.0" encoding="utf-8"?>
<LinearLayout xmlns:android="http://schemas.android.com/apk/res/
android"
 android:layout_width="match_parent" android:layout_height=
"match_parent">
 <TextView android:id="@+id/txt_json_demo1"
     android:layout_width="wrap_content" android:layout_height=
"wrap_content"></TextView>
</LinearLayout>
```

在 src/com/tangcco/t7/activity 目录下，创建一个 JSONDemoActivity.java，参考代码如下。

```
public class JSONDemoActivity extends Activity {
 protected void onCreate(Bundle savedInstanceState) {
     super.onCreate(savedInstanceState);
     setContentView(R.layout.activity_json_demo);
     TextView txt_json_demo1 = (TextView) findViewById (R.id.txt_
json_demo1);
```

```
            JSONDemo jsonDemo = new JSONDemo();
            try {
                JSONObject jsonObject = jsonDemo.createJsonObject();
                txt_json_demo1.setText(jsonObject.toString());
            } catch (JSONException e) {
                e.printStackTrace();
            }
        }
    }
```

修改 AndroidManifest.xml，增加 Activity 的声明，并设置为启动项，运行程序获取 JSONObject，如图 7-21 所示。

图 7-21

getType 可以将要获取的键的值转换为指定的类型，如果无法转换或没有值，则抛出 JSONException。

optType 也是将要获取的键的值转换为指定的类型，无法转换或没有值时，返回用户提供或者默认的值。

```
    // 将第一个电话号码转换为数值和将名字转换为数值
        phone.getLong(0);
        person.getLong("name"); // 会抛异常，因为名字无法转换为 long
        phone.optLong(0); // 代码内置的默认值
        phone.optLong(0, 1000); // 用户提供的默认值
        person.optLong("name"); // 返回 0
        person.optLong("name", 1000); // 不像上面那样抛异常，而是返回 1000
```

一般使用前面的 JSONObject 和 JSONArray 这两个类来构建文本，还可以使用 JSONStringer 来构建文本，即在 JSONDemo.java 类中增加如下代码。

```
    public String jsonStrngerText() throws JSONException {
        JSONStringer jsonText = new JSONStringer();
        // 首先是{，对象开始。object 和 endObject 必须配对使用
        jsonText.object();

        jsonText.key("phone");
        // 键 phone 的值是数组。array 和 endArray 必须配对使用
        jsonText.array();
        jsonText.value("12345678").value("87654321");
        jsonText.endArray();

        jsonText.key("name");
        jsonText.value("tangcco");
        jsonText.key("age");
        jsonText.value(100);

        jsonText.key("address");
        // 键 address 的值是对象
        jsonText.object();
```

```
        jsonText.key("country");
        jsonText.value("china");
        jsonText.key("province");
        jsonText.value("beijing");
        jsonText.endObject();

        jsonText.key("married");
        jsonText.value(false);
        // }，对象结束
        jsonText.endObject();
    return jsonText.toString();
    }
```

当得到一个 JSONObject 时，可以通过 json 文本解析类 JSONTokener 对该 JSONObjecty 进行解析。

修改前面的 JSONDemoActivity.java 类，增加下列代码。

```
    JSONTokener jsonParser = new JSONTokener(jsonObject.toString());
    // 此时还未读取任何 json 文本，直接读取就是一个 JSONObject 对象。
    // 如果此时的读取位置在"name" : 了，那么 nextValue 就是"tangcco" (String)
    JSONObject person = (JSONObject) jsonParser.nextValue();
    // 接下来的就是 JSON 对象的操作了
    JSONArray phone = person.getJSONArray("phone");
    String name = person.getString("name");
    int age = person.getInt("age");
    JSONObject address = person.getJSONObject("address");
    boolean married = person.getBoolean("married");
    Toast.makeText(this,"phone = " + phone.toString() + "\n" + "name = " + name
                        + "\n" + "age = " + age + "\n" + "address = "
                        + address + "\n" + "married = " + married +
"\n",1000).show();
```

运行程序，如图 7-22 所示。

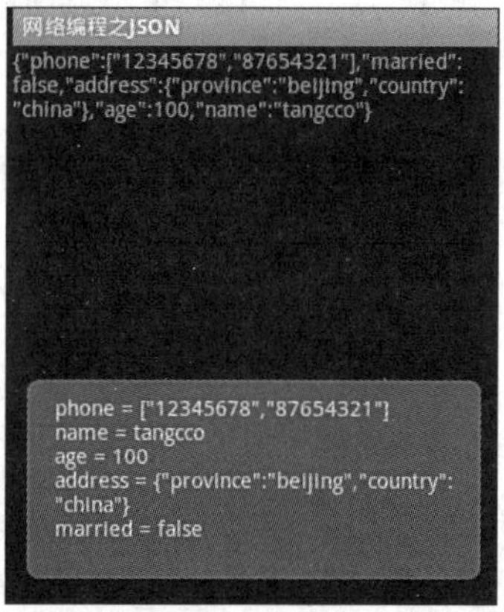

图 7-22

下面，再通过一个例子来熟悉 Android 中 JSON 数据的读写操作。

修改 res/layout/activity_json_demo.xml，增加两个按钮，代码如下。

```
    <Button android:text="写入 JSON 数据到文件"
android:id="@+id/btn_write_json"
        android:layout_width="wrap_content"
android:layout_height="wrap_content"></Button>
    <Button android:text="从文件读 JSON 数据并解析
" android:id="@+id/btn_read_json"
        android:layout_width="wrap_content"
android:layout_height="wrap_content"></Button>
```

在 src/com/tangcco/t7/json 目录下增加 MyJsonWriter.java

和 MyJsonReader.xml。MyJsonWriter.java 代码如下。

```
public class MyJsonWriter {
  ArrayList<User> userList;
  public MyJsonWriter(ArrayList<User> userList) {
      this.userList = userList;
  }

  public String getJsonData() {
      String jsonData = null;
      try {
          StringBuilder builder = new StringBuilder();
          ArrayList<String> userData = new ArrayList<String>();

          JSONArray array = new JSONArray();
          for (int i = 0; i < userList.size(); i++) {
              User _user = userList.get(i);
              JSONObject jsonObject = new JSONObject();
              jsonObject.put("name", _user.getName());
              jsonObject.put("id", _user.getId());
              jsonObject.put("age", _user.getAge());
              jsonObject.put("sex", _user.getSex());

              userData.add(jsonObject.toString());
              array.put(jsonObject);
          }
          int len = array.length();
          jsonData = new JSONStringer().object().key("user").value(array)
                  .endObject().toString();
          System.out.println(jsonData);
          writeData(jsonData);
      } catch (JSONException e) {
          e.printStackTrace();
      }
      return jsonData;
  }

  private void writeData(String jsonData) {
      String saveFileDir = Environment.getExternalStorageDirectory()
              .getAbsoluteFile() + File.separator + "user.txt";
      try {
          BufferedReader reader = new BufferedReader(new StringReader(
                  jsonData));
          BufferedWriter writer = new BufferedWriter(new FileWriter(
                  saveFileDir));
```

```
            int len = 0;
            char[] buffer = new char[1024];
            while ((len = reader.read(buffer)) != -1) {
                writer.write(buffer, 0, len);
            }
            writer.flush();
            writer.close();
            reader.close();
        } catch (IOException e) {
            e.printStackTrace();
        }
    }
}
```

MyJsonReader.java 代码如下。

```
public class MyJsonReader {
 String jsonData="";
 public MyJsonReader() {
 }
 public MyJsonReader(String jsonData) {
     this.jsonData = jsonData;
 }
 public ArrayList<User> getJsonData(String jsonData) {
     ArrayList<User> userList = new ArrayList<User>();
     try {
         JSONObject jsonObject = new JSONObject(jsonData);
         JSONArray jsonArray = jsonObject.getJSONArray("user");
         int len = jsonArray.length();
         for (int i = 0; i < jsonArray.length(); i++) {
             JSONObject json = jsonArray.getJSONObject(i);
             User user = new User();
             user.setId(Integer.parseInt(json.optString("id")));
             user.setName(json.optString("name"));
             user.setAge(Integer.parseInt(json.optString("age")));
             user.setSex(json.optString("sex"));
             userList.add(user);
         }
     } catch (JSONException e) {
         e.printStackTrace();
     }
     return userList;
 }
 public String readerJson() {
     String readJsonFile = Environment.getExternalStorageDirectory()
             .getAbsoluteFile() + File.separator + "user.txt";
```

```
        try {
            BufferedReader reader = new BufferedReader(new FileReader(
                    readJsonFile));
            int len;
            while ((len = reader.read()) != -1) {
                jsonData += (char) len;
            }
            reader.close();
        } catch (IOException e) {
            e.printStackTrace();
        }
        return jsonData;
    }
  }
```

修改 src/com/tangcco/t7/activity/JsonDemoActivity.java，增加按钮单击事件，代码如下。

```
Button btnWriteJson = (Button) findViewById(R.id.btn_write_json);
 btnWriteJson.setOnClickListener(new OnClickListener() {
 @Override
 public void onClick(View v) {
      ArrayList<User> userList = new ArrayList<User>();
      userList.add(new User(1, "唐一", 22, "男"));
      userList.add(new User(2, "唐二", 24, "女"));
      userList.add(new User(3, "唐三", 26, "男"));
      userList.add(new User(4, "唐四", 28, "女"));
      MyJsonWriter writer = new MyJsonWriter(userList);
      String json = writer.getJsonData();
      Toast.makeText(JSONDemoActivity.this, json, 1000).show();
  }
 });
```

运行程序，单击“写入 JSON 数据到文件”按钮，如图 7-23 所示。

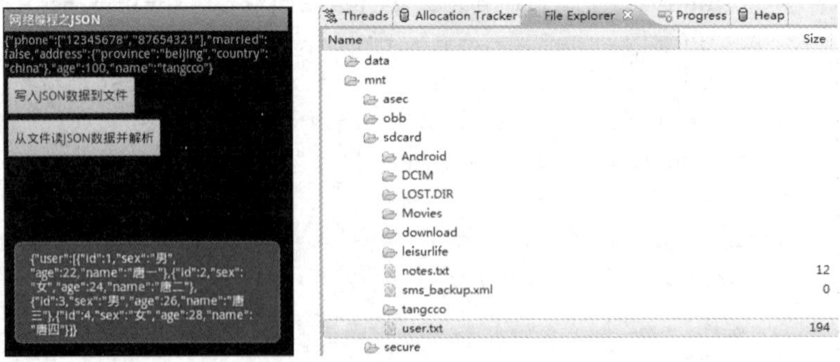

图 7-23

user.txt 文件中的内容，就是屏幕上弹出的内容写入到文件的。

修改 src/com/tangcco/t7/activity/JsonDemoActivity.java，增加“从文件读 JSON 数据并解析”

按钮的事件，代码如下。

```
Button btnReadJson = (Button) findViewById(R.id.btn_read_json);
btnReadJson.setOnClickListener(new OnClickListener() {
 @Override
 public void onClick(View v) {
     MyJsonReader reader = new MyJsonReader();
     String json = reader.readerJson();
     ArrayList<User> userList = reader.getJsonData(json);
     for (User user : userList) {
     Log.i("ReaderJsonFile",user.getId() + " : " + user.getName() + " : "
         + user.getSex() + " : " + user.getAge());
     }
Toast.makeText(JSONDemoActivity.this, "数据已经读出", 1000).show();
 }
});
```

运行项目，单击“从文件读 JSON 数据并解析”按钮，读出成功后，提示“数据已经读出”，Logcat 中输出读出的数据，界面如图 7-24 所示。

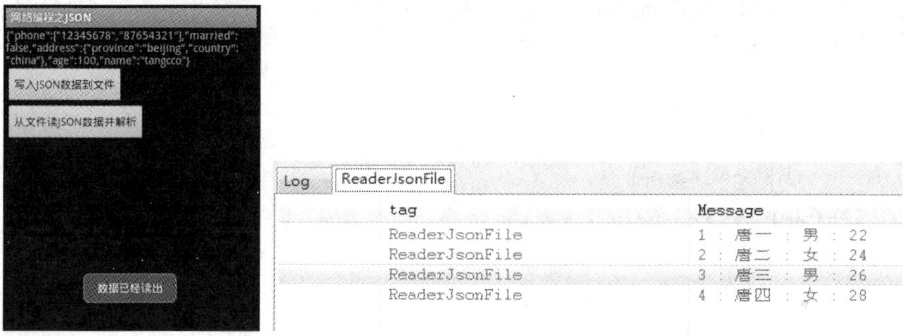

图 7-24

7.3.2　在 Android 中通过 JSON 传递数据

通过上面的例子，熟悉了 Android 中 Json 的基本格式，以及 Json 的解析文本，但是，只是在客户端的操作，在服务器和客户端通信的程序中，服务器返回的数据也可以封装成 JSON 格式，下面，将前面例子中用户集合作为服务器端以 JSONArray 的形式返回到客户端。

创建一个 Java 服务器端，项目结构如图 7-25 所示。

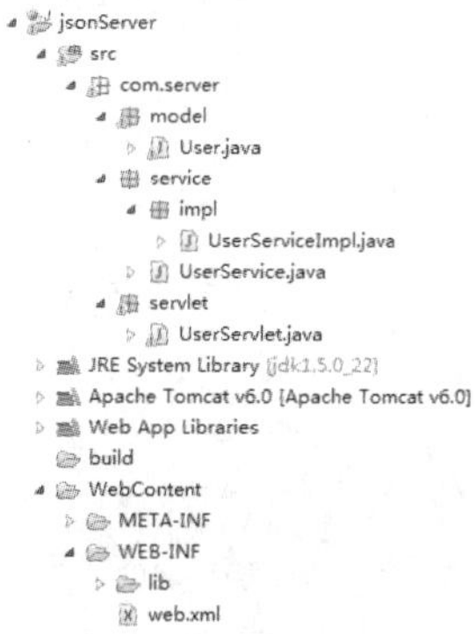

图 7-25

User.java 的参考代码如下。

```
public class User implements Serializable {
 private int id;
 private String name;
```

```
    private int age;
    private String sex;

    public int getId() {
        return id;
    }

    public void setId(int id) {
        this.id = id;
    }

    public String getName() {
        return name;
    }

    public void setName(String name) {
        this.name = name;
    }

    public int getAge() {
        return age;
    }

    public void setAge(int age) {
        this.age = age;
    }

    public String getSex() {
        return sex;
    }

    public void setSex(String sex) {
        this.sex = sex;
    }

    /**
     * @param id
     * @param name
     * @param age
```

```
     * @param sex
     */
    public User(int id, String name, int age, String sex) {
        super();
        this.id = id;
        this.name = name;
        this.age = age;
        this.sex = sex;
    }

    /**
     *
     */
    public User() {
        super();
        // TODO Auto-generated constructor stub
    }

}
```

UserService.java 的参考代码如下。

```
public interface UserService {
 List<User> findAll();
}
```

UserServiceImpl.java 的参考代码如下。

```
public class UserServiceImpl implements UserService {

 public List<User> findAll() {
     List<User> userList = new ArrayList<User>();
     userList.add(new User(1, "唐一", 22, "男"));
     userList.add(new User(2, "唐二", 24, "女"));
     userList.add(new User(3, "唐三", 26, "男"));
     userList.add(new User(4, "唐四", 28, "女"));
     return userList;
 }
}
```

UserServlet.java 的参考代码如下。

```
public class UserServlet extends HttpServlet {
 private static final long serialVersionUID = 1L;
```

```
    public UserServlet() {
        super();
    }
    protected void doGet(HttpServletRequest request,
            HttpServletResponse response) throws ServletException,
IOException {
        // TODO Auto-generated method stub
        doPost(request, response);
    }
    protected void doPost(HttpServletRequest request,
            HttpServletResponse response) throws ServletException,
IOException {
        request.setCharacterEncoding("gbk");
        response.setContentType("text/json;charset=gbk");
        UserService userService = new UserServiceImpl();
        List<User> userList = userService.findAll();

        int length = 1;
        StringBuffer buffer = new StringBuffer("[");
        for (User user : userList) {
            if (length == userList.size()) {
                buffer.append("{\"id\":" + user.getId() + ",\"name\":\""
                        + user.getName() + "\",\"sex\":\"" + user.getSex()
                        + "\",\"age\":" + user.getAge() + "}");
            } else {
                buffer.append("{\"id\":" + user.getId() + ",\"name\":\""
                        + user.getName() + "\",\"sex\":\"" + user.getSex()
                        + "\",\"age\":" + user.getAge() + "},");
            }
            length++;
        }
        buffer.append("]");
        String json = buffer.toString();
        System.out.println(json);
        response.getWriter().print(json);
    }
}
```

web.xml 的参考代码如下。

```
<servlet>
    <description></description>
    <display-name>UserServlet</display-name>
    <servlet-name>UserServlet</servlet-name>
    <servlet-class>com.server.servlet.UserServlet</servlet-class>
  </servlet>
  <servlet-mapping>
    <servlet-name>UserServlet</servlet-name>
    <url-pattern>/UserServlet</url-pattern>
  </servlet-mapping>
```

启动服务器，编写客户端代码。

修改res/layout/activity_json_demo.xml，参考代码如下。

```
<Button android:text="单击加载远程用户数据" android:id="@+id/btnFindUser"
        android:layout_width="wrap_content"
android:layout_height="wrap_content"></Button>
<ListView android:id="@+id/lvUserList"
android:layout_width="match_parent"
        android:layout_height="match_parent"></ListView>
```

修改 src/com/tangcco/t7/activity/JsonDemoActivity.java，增加“单击加载远程用户数据”按钮事件，参考代码如下。

```
Button btnFindUserList = (Button) findViewById(R.id.btnFindUser);
btnFindUserList.setOnClickListener(new OnClickListener() {
@Override
public void onClick(View v) {
 String url = "http://10.0.2.2:9000/jsonServer/UserServlet";
 String json = HttpUtil.getResponseForPost(url, null,
JSONDemoActivity.this);
JSONArray array;
 try {
    array = new JSONArray(json);
    int len = array.length();
    String[] data = new String[len];
    for (int i = 0; i < len; i++) {
        JSONObject jsonObject = array.getJSONObject(i);
        int id = jsonObject.getInt("id");
        String name = jsonObject.getString("name");
        String sex = jsonObject.getString("sex");
        int age = jsonObject.getInt("age");
        data[i] = id + "\t" + name + "\t" + sex + "\t" + age;
```

```
            }

            ListView lvUserList = (ListView)
findViewById(R.id.lvUserList);
            lvUserList.setAdapter(new
ArrayAdapter(JSONDemoActivity.this,
       android.R.layout.simple_list_item_1, data));
        } catch (JSONException e) {
                e.printStackTrace();
        }
      }
      });
```

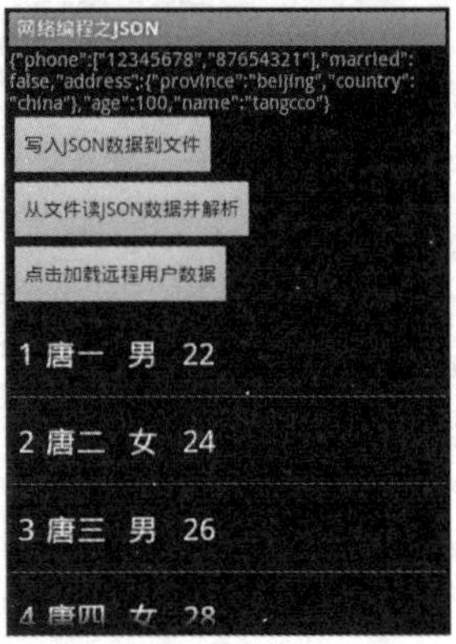

图 7-26

运行客户端项目，界面结果如图 7-26 所示。

单击“点击加载远程用户数据”，从服务器端以 JSON 的形式返回用户集合，显示在客户端页面的 ListView 上。在之前的 HttpUrlConnection 的例子中，也可以修改 HttpUtil.java 类，将工具类中方法的返回类型改成 JSON 格式返回，这里就不做修改，在后面的 HttpClient 的工具类中再结合 JSON 一起使用。

7.4 org.apache 接口—HttpClient 实现网络通信

在 Android 开发中网络连接功能与服务器进行数据的交互，除了前面学习过的 java 标准接口所提供的 HttpUrlConnection 和 Socket 之外，Android 的 SDK 还提供了 Apache 的 HttpClient，从而方便我们使用各种 Http 服务；HttpClient 是用来模拟 HTTP 请求的，实质就是把 HTTP 请求模拟后发给 Web 服务器；可以把 HttpClient 想象成一个浏览器，通过它的 API 可以很方便的发出 GET，POST 请求；Android 已经集成了 HttpClient，因此可以直接使用；同时 HttpClient 代码不仅适用于 Android，也适用于一般的 Java 程序。

HTTP GET 的核心代码如下。

```
      ①DefaultHttpClient client = new DefaultHttpClient(); //创建一个默认的
HttpClient
      ②HttpGet get = new HttpGet(String url); //创建一个 GET 请求，此处的 URL 为
http://..../path?arg1=value (3)HttpResponse response
      ③HttpResponse response = = client.execute(get); //模拟请求，发送 GET 请求
      ④int status = response.getStatusLine().getStatusCode();//返回响应码,如果
响应码为 200，则说明成功返回
      ⑤InputStream in = response.getEntity().getContent();//服务器返回的数据
```

HTTP POST 的核心代码如下。

```
      ①DefaultHttpClient client = new DefaultHttpClient();// 创建一个默认的
HttpClient
      ②BasicNameValuePair pair = new BasicNameValuePair(String name,String
```

```
value);
        //创建一个请求头的字段，比如 content-type,text/plain
        ③UrlEncodedFormEntity entity = new UrlEncodedFormEntity
(List<NameValuePair>
          list,String encoding);//对自定义请求头进行 URL 编码
        ④HttpPost post = new HttpPost(String url);//此处的 URL 为 http://..../path
        ⑤post.setEntity(entity);
        ⑥HttpResponse response = client.execute(post);
        ⑦int code = response.getStatusLine().getStatusCode();
        ⑧InputStream in = response.getEntity().getContent();//服务器返回的数据
```

下面通过登录验证的例子，来学习 HttpClient 通信的步骤。

首先，修改之前的 Java 服务器端 javaweb_server 项目，修改 DealCmdServlet.java 类，增加登录验证的服务器端代码。

```
        protected void doPost(HttpServletRequest request,
                 HttpServletResponse response) throws ServletException,
IOException {
             // TODO Auto-generated method stub
             String result = "";
             request.setCharacterEncoding("gbk");
             response.setCharacterEncoding("gbk");
             OutputStream outStream = response.getOutputStream();
             String cmdStr = request.getParameter("cmd");
             int cmd = Integer.parseInt(cmdStr);
             byte[] data = null;
             switch (cmd) {
             case 101:// 获取图片
                 String imagename = request.getParameter("image");
                 try {
                     String path = this.getServletConfig().getServletContext()
                             .getRealPath("/image");
                     data = FileUtil.readFile(path + "/" + imagename);
                 } catch (Exception e) {
                     e.printStackTrace();
                 }
                 break;
             case 102:
                 String name = request.getParameter("name");
                 String pass = request.getParameter("pass");
                 if ("tangcco".equals(name) && "1234".equals(pass)) {
                     result = "{'cmd':'" + 102 + "','code':'" + 0 + "','name':'"
                             + name + "'}";
                 } else {
                     result = "{'cmd':'" + 102 + "','code':'" + 1 + "',name:'"
                             + name + "'}";
```

```
            }
            break;
        }
        System.out.println(result);
        if (result != null) {
            outStream.write(result.getBytes());
        }
        if (data != null && data.length > 0) {
            outStream.write(data);
            System.out.println(data.toString());
        }
        outStream.close();
        outStream.flush();
    }
```

启动服务器，修改客户端，增加登录的布局文件和 Activity，属性文件和常量文件。项目 res 目录结构，如图 7-27 所示。

res/layout/activity_httpclient.xml 的参考代码如下。

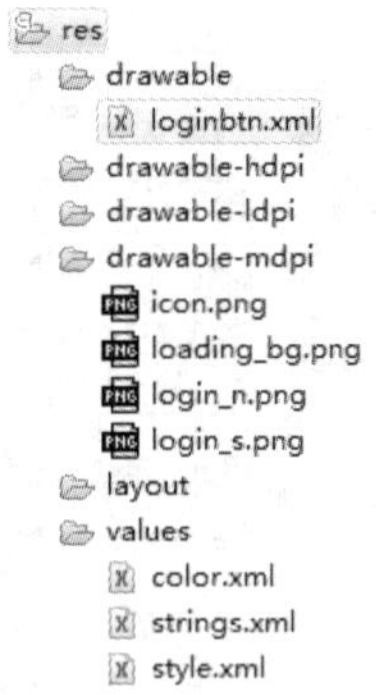

图 7-27

```
    <LinearLayout
xmlns:android="http://schemas.android.com/apk/res/and
roid"
        android:layout_width="match_parent"
android:layout_height="match_parent"
        android:orientation="vertical"
android:background="@drawable/loading_bg">
        <LinearLayout android:orientation="vertical"
            android:layout_marginTop="20dip"
android:layout_width="fill_parent"
            android:layout_height="wrap_content"
android:id="@+id/inputlayout">
            <!--用户名提示 -->
            <TextView android:text="@string/login_name"
                android:layout_width="wrap_content"
android:layout_height="wrap_content"
                style="@style/style1">
            </TextView>
            <!--用户名 -->
            <EditText android:id="@+id/userName" android:hint="@string/login_
userName_tip"
                android:layout_width="280dip" android:layout_height="42dip"
style="@style/style1">
            </EditText>
            <!--密码提示 -->
            <TextView android:text="@string/login_password"
                android:layout_width="wrap_content"
```

```
android:layout_height="wrap_content"
                style="@style/style1">
            </TextView>
            <!--密码 -->
            <EditText android:id="@+id/userPwd" android:password="true"
                android:hint="@string/login_userPwd_tip"
android:layout_width="280dip"
                android:layout_height="42dip"
style="@style/style1"></EditText>
        </LinearLayout>
        <RelativeLayout android:layout_below="@id/inputlayout"
            android:layout_marginTop="20dip" android:layout_width=
"wrap_content"
            android:layout_height="wrap_content" android:layout_
centerHorizontal="true">
            <!--取消 -->
            <Button android:id="@+id/cancel" android:layout_width="110dip"
                android:layout_height="42dip" android:text="@string/cancel"
                android:background="@drawable/loginbtn"
android:textColor="@color/white">
            </Button>
            <!--登录 -->
            <Button android:id="@+id/login" android:background="@drawable/
loginbtn"
                android:text="@string/login_submit_button" android:layout_
width="110dip"
                android:layout_height="42dip" android:layout_marginLeft=
"15dip"
                android:layout_toRightOf="@+id/cancel"
android:textColor="@color/white">
            </Button>
        </RelativeLayout>
    </LinearLayout>
    修改 res/values/strings.xml，增加字符串常量。
    <string name="app_name6">网络编程之 HttpClient</string>
    <string name="login_name">用户名</string>
    <string name="login_password">密码</string>
    <string name="login_userName_tip">请输入用户名</string>
    <string name="login_userPwd_tip">请输入密码</string>
    <string name="cancel">取消</string>
    <string name="login_submit_button">登录</string>
```

res/values/colors.xml 参考代码如下。

```
    <?xml version="1.0" encoding="utf-8"?>
    <resources>
```

```
    <color name="transparent">#00000000</color>
    <color name="white">#FFFFFF</color>
  <color name="black">#000000</color>
  <color name="headtext">#515151</color>
</resources>
```

res/values/style.xml 参考代码如下。

```
<?xml version="1.0" encoding="utf-8"?>
<resources>
 <style name="style1">
     <item name="android:textSize">14sp</item>
     <item name="android:textColor">#000FFF</item>
     <item name="android:layout_marginTop">5dip</item>
     <item name="android:layout_marginLeft">15dip</item>
 </style>
</resources>
```

res/drawable/loginbtn.xml 的参考代码如下。

```
<?xml version="1.0" encoding="UTF-8"?>
<selector
  xmlns:android="http://schemas.android.com/apk/res/android">
    <item android:state_focused="true"
         android:state_enabled="true"
         android:state_pressed="false"
         android:drawable="@drawable/login_n"
    />
    <item android:state_enabled="true"
         android:state_pressed="true"
         android:drawable="@drawable/login_s"
    />
    <item android:state_enabled="true"
         android:state_selected="true"
         android:drawable="@drawable/login_s"
    />
    <item android:state_enabled="true"
         android:state_selected="false"
         android:drawable="@drawable/login_n"
    />
    <item android:drawable="@drawable/login_n" />
</selector>
```

修改 src/com/tangcco/t7/tool/URLProtocol.java，参考代码如下。

```
/** 与服务器定义的接口协议 */
public class URLProtocol {
 /** 服务器 URL */
 public static final String ROOT = "http://10.0.2.2:9000/javaweb_server/
DealCmdServlet";
```

```
    /** 获取网络下载图片 */
    public static final int CMD_IMAGE = 101;
    /** 用户登录验证 */
    public static final int CMD_LOGIN = 102;
}
```

在 src/com/tangcco/t7/activity 目录下创建 HttpClientActivity.java 类，通过 get 和 post 这两种方法发送请求，代码如下。

```
public class HttpClientActivity extends Activity {
    static final String TAG = "HttpUrlConnection";
    static final String coding = "UTF-8";
    EditText username,userPwd;
    Button login;
    String name,pass;
    // 用 Get 方式
    private HttpGet get;
    // 用 Post 方式
    private HttpPost post;

    // 创建客户端对象
    private HttpClient cliet;
    // 创建发送请求的对象
    private HttpResponse response;
    // 创建接收返回数据的对象
    private HttpEntity entity;
    // 创建封装返回 list 数据的类
    private UrlEncodedFormEntity urlEntity;
    // 创建流对象
    private InputStream is;
@Override
    protected void onCreate(Bundle savedInstanceState) {
        // TODO Auto-generated method stub
        super.onCreate(savedInstanceState);
        setContentView(R.layout.activity_httpclient);
        userName = (EditText) findViewById(R.id.userName);
        userPwd = (EditText) findViewById(R.id.userPwd);
        login = (Button) findViewById(R.id.login);
        login.setOnClickListener(new OnClickListener() {
            @Override
            public void onClick(View v) {
                // TODO Auto-generated method stub
                name = userName.getText().toString();
                pass = userPwd.getText().toString();
                // onGetRequest(name, pass);
                onPostRequest(name, pass);
```

```
            }
        });
    }
    public void onGetRequest(String name, String pass) {
        // 1
        String urlData = URLProtocol.ROOT + "?cmd=" + URLProtocol.CMD_LOGIN
                + "&name=" + name + "&pass=" + pass;
        // 2
        cliet = new DefaultHttpClient();
        try {
            // 3
            get = new HttpGet(urlData);
            // 4
            response = cliet.execute(get);
            // 5
            int status = response.getStatusLine().getStatusCode();
            if (status == HttpStatus.SC_OK) {
                // 6
                entity = response.getEntity();
                is = entity.getContent();
                BufferedReader br = new BufferedReader(
                        new InputStreamReader(is));
                String line = null;
                StringBuffer sb = new StringBuffer();
                while ((line = br.readLine()) != null) {
                    sb.append(line);
                }
                // 或者第 6 步使用以下方法获取
                // byte [] data = EntityUtils.toByteArray(entity);
                // String str = new String(data);
    // 解析响应的 JSON 字符串
                JSONObject jsonObject = new JSONObject(sb.toString());
                String strCmd = jsonObject.getString("cmd");
                int cmd = Integer.parseInt(strCmd);
                switch (cmd) {
                case 102:
                    int code = Integer.parseInt(jsonObject.getString
("code"));
                    if (code == 0) {
                        String uname = jsonObject.getString("name");
                        Toast.makeText(HttpClientActivity.this,
                                "登录成功\n 欢迎你:" + uname, 1000).show();
                    } else if (code == 1) {
                        Toast.makeText(HttpClientActivity.this, "您的用户名
```

```
或者密码错误",
                                1000).show();
                        }
                        break;
                    }
                }
            } catch (ClientProtocolException e) {
                e.printStackTrace();
            } catch (IOException e) {
                e.printStackTrace();
            } catch (JSONException e) {
                // TODO Auto-generated catch block
                e.printStackTrace();
            }
        }

        public void onPostRequest(String name, String pass) {
            // 1:包装请求的地址
            String urlData = URLProtocol.ROOT;
            // 2:创建默认的客户端对象
            cliet = new DefaultHttpClient();
            // 3:创建一个 post 请求
            post = new HttpPost(urlData);
            // 4:用 list 封装要向服务器端发送的参数
            List<BasicNameValuePair> pairs = new ArrayList <BasicNameValuePair>();
            pairs.add(new BasicNameValuePair("cmd", URLProtocol.CMD_LOGIN +
""));
            pairs.add(new BasicNameValuePair("name", name));
            pairs.add(new BasicNameValuePair("pass", pass));
            try {
                // 用 UrlEncodedFormEntity 来封装 List 对象
                urlEntity = new UrlEncodedFormEntity(pairs);
                // 设置使用的 Entity
                post.setEntity(urlEntity);
                try {
                    // 5:客户端开始向指定的网址发送请求
                    response = cliet.execute(post);
                    // 6:获取响应码
                    int status = response.getStatusLine().getStatusCode();
                    if (status == HttpStatus.SC_OK) {
                        // 7:获得请求的 Entity
                        entity = response.getEntity();
                        // 8:读取请求中的数据流
                        is = entity.getContent();
```

```
                // 下面是读取数据的过程
                BufferedReader br = new BufferedReader(
                        new InputStreamReader(is));
                String line = null;
                StringBuffer sb = new StringBuffer();
                while ((line = br.readLine()) != null) {
                    sb.append(line);
                }
// 解析响应的 JSON 字符串
                JSONObject jsonObject = new JSONObject(sb.toString());
                String strCmd = jsonObject.getString("cmd");
                int cmd = Integer.parseInt(strCmd);
                switch (cmd) {
                case 102:
                    int code = Integer.parseInt(jsonObject
                            .getString("code"));
                    if (code == 0) {
                        String uname = jsonObject.getString("name");
                        Toast.makeText(HttpClientActivity.this,
                                "登录成功\n 欢迎你:" + uname, 1000).show();
                    } else if (code == 1) {
                        Toast.makeText(HttpClientActivity.this,
                                "您的用户名或者密码错误", 1000).show();
                    }
                    break;
                }
            }

        } catch (ClientProtocolException e) {
            e.printStackTrace();
        } catch (IOException e) {
            e.printStackTrace();
        } catch (JSONException e) {
            // TODO Auto-generated catch block
            e.printStackTrace();
        }
    } catch (UnsupportedEncodingException e) {
        e.printStackTrace();
    }
  }
}
```

修改 androidmanifest.xml 文件，增加 HttpClientActivity 的声明，代码如下。

```
<activity android:name=".activity.HttpClientActivity"
        android:label="@string/app_name6">
```

```
        <intent-filter>
            <action android:name="android.intent.action.MAIN" />
            <category android:name="android.intent.category.LAUNCHER" />
        </intent-filter>
    </activity>
```

运行项目，界面如图 7-28 所示。

图 7-28

注意，使用 HttpClient 通信也需要添加网络权限。

```
    <uses-permission android:name="android.permission.INTERNET">
</uses-permission>
```

通过上述 Activity 代码，发现在 HttpClient 的 get 和 post 请求过程中，有很多重复性的代码，为了程序的可读性和维护性，可以封装一个工具类。在 src/com/tangcco/t7/util 目录下增加一个 HttpClientUtil.java，代码如下。

```
    public class HttpClientUtil {
     private static final String TAG = "HttpClientUtil";
     /**
      * * 网络连接是否可用
      * */
     public static boolean isConnnected(Context context) {
         ConnectivityManager connectivityManager = (ConnectivityManager)
context
                 .getSystemService(Context.CONNECTIVITY_SERVICE);
         if (null != connectivityManager) {
             NetworkInfo networkInfo[] = connectivityManager.getAllNetworkInfo();
             if (null != networkInfo) {
                 for (NetworkInfo info : networkInfo) {
                     if (info.getState() == NetworkInfo.State.CONNECTED) {
                         Log.e(TAG, "the net is ok");
                         return true;
                     }
                 }
```

```
            }
        }
        Toast.makeText(context, "网络连接失败", Toast.LENGTH_SHORT).show();
        return false;
    }

    /**
     * * 网络可用状态下，通过get方式向server端发送请求，并返回响应数据
     * * @param strUrl 请求网址
     * * @param context 上下文
     * * @return 响应数据
     */
    public static JSONObject getResponseForGet(String strUrl, Context
context) {
        if (isConnnected(context)) {
            return getResponseForGet(strUrl);
        }
        return null;
    }
    /**
     * * 通过Get方式处理请求，并返回相应数据
   * * @param strUrl 请求网址
   * * @return 响应的JSON数据
     */
    public static JSONObject getResponseForGet(String strUrl) {
        HttpGet httpRequest = new HttpGet(strUrl);
        return getRespose(httpRequest);
    }
     /**
   * * 网络可用状态下，通过post方式向server端发送请求，并返回响应数据
   * * @param market_uri 请求网址
   * * @param nameValuePairs 参数信息
   * * @param context 上下文
    * * @return 响应数据
     */
    public static JSONObject getResponseForPost(String market_uri,
            List<NameValuePair> nameValuePairs, Context context) {
        if (isConnnected(context)) {
            return getResponseForPost(market_uri, nameValuePairs);
        }
        return null;
    }
    /**
     * * 通过post方式向服务器发送请求，并返回响应数据
```

```
     * * @param strUrl 请求网址
     * * @param nameValuePairs 参数信息
     * * @return 响应数据
      */
    public static JSONObject getResponseForPost(String market_uri,
            List<NameValuePair> nameValuePairs) {
        if (null == market_uri || "" == market_uri) {
            return null;
        }
        HttpPost request = new HttpPost(market_uri);
        try {
            request.setEntity(new UrlEncodedFormEntity(nameValuePairs));
            return getRespose(request);
        } catch (UnsupportedEncodingException e1) {
            e1.printStackTrace();
        }
        return null;
    }
    /**
     * * 响应客户端请求
    * * @param request 客户端请求get/post
    * * @return 响应数据
     */
    public static JSONObject getRespose(HttpUriRequest request) {
        try {
            HttpResponse httpResponse = new DefaultHttpClient()
                    .execute(request);
            int statusCode = httpResponse.getStatusLine().getStatusCode();
            if (HttpStatus.SC_OK == statusCode) {
                String result =
EntityUtils.toString(httpResponse.getEntity());
                Log.i(TAG, "results=" + result);
                return new JSONObject(result);
            }
        } catch (ClientProtocolException e) {
            e.printStackTrace();
        } catch (IOException e) {
            e.printStackTrace();
        } catch (JSONException e) {
            e.printStackTrace();
        }
        return null;
    }
}
```

7.5 线程与线程通信

7.5.1 进程

在了解 Android 线程之前，先了解一下 Android 的进程。当一个程序第一次启动时，Android 会启动一个 LINUX 进程和一个主线程。默认的情况下，所有该程序的组件都将在该进程和线程中运行。Android 会尽量保留一个正在运行的进程，只在内存资源出现不足时，Android 会尝试停止一些进程从而释放足够的资源给其他新的进程使用，也能保证用户正在访问的当前进程有足够的资源去及时地响应用户的事件。Android 会根据进程中运行的组件类别，以及组件的状态，来判断该进程的重要性，Android 会首先停止那些不重要的进程。按照重要性从高到低一共有五个级别。

1．前台进程

前台进程是用户当前正在使用的进程。只有一些前台进程可以在任何时候都存在。他们是最后一个被结束的，当内存低到根本连他们都不能运行的时候。一般来说， 在这种情况下，设备会进行内存调度，中止一些前台进程来保持对用户交互的响应。

2．可见进程

可见进程不包含前台的组件，但是会在屏幕上显示一个可见的进程，是重要程度很高的，除非前台进程需要获取它的资源，不然不会被中止。

3．服务进程

运行着一个通过 startService() 方法启动的 service，这个 service 不属于上面提到的两种高重要性的进程。service 所在的进程虽然对用户不是直接可见的，但是，他们执行了用户非常关注的任务（比如播放 mp3，从网络下载数据）。只要前台进程和可见进程有足够的内存，系统不会回收他们。

4．后台进程

运行着一个对用户不可见的 activity（调用过 onStop() 方法），这些进程对用户体验没有直接影响，可以在服务进程、可见进程、前台进程需要内存的时候回收。通常，系统中会有很多不可见进程在运行，他们被保存在 LRU（least recently used）列表中，以便内存不足的时候被第一时间回收。如果一个 activity 正确的执行了它的生命周期，关闭这个进程对于用户体验没有太大的影响。

5．空进程

未运行任何程序组件。运行这些进程的唯一原因是作为一个缓存，缩短下次程序需要重新使用的启动时间。系统经常中止这些进程，这样可以调节程序缓存和系统缓存的平衡。

7.5.2　Android 中线程创建和启动

Android 中创建线程的两种方式，一是继承 java.util.Thread 类，二是实现 java.lang.Runnable 接口。使用线程的步骤。

①定义一个线程，指明这个线程所要执行的代码。

②创建线程对象。

③启动线程。

④终止线程。

下面的例子，用两种创建线程的方式实现输出 1～10 之间的偶数。创建布局文件，添加两个按钮。res/layout/activity_threaddemo.xml 的参考代码如下。

```
<?xml version="1.0" encoding="utf-8"?>
<LinearLayout xmlns:android="http://schemas.android.com/apk/res/
android"
        android:orientation="vertical" android:layout_width
="fill_parent"
        android:layout_height="fill_parent">
    <TextView android:layout_width="fill_parent"
        android:layout_height="wrap_content" android:text
="@string/hello" />
    <Button android:text="Thread" android:id="@+id/btnThread"
        android:layout_width="wrap_content"
android:layout_height="wrap_content"
        android:onClick="startThread"></Button>
    <Button android:text="Runnable" android:id="@+id/btnRunnable"
        android:layout_width="wrap_content" android:layout_height
="wrap_content"
        android:onClick="startRunnable"></Button>
</LinearLayout>
```

src/com/tangcco/t7/activity/ThreadDemo.java 的参考代码如下。

```
public class ThreadDemo extends Activity {
 @Override
 public void onCreate(Bundle savedInstanceState) {
     super.onCreate(savedInstanceState);
     setContentView(R.layout.activity_threaddemo);
 }

 public void startThread(View view) {
     MyThread1 mt = new MyThread1(); // 实例化线程对象
     mt.start();// 启动线程
 }

 public void startRunnable(View view) {
```

```
        Thread thread = new Thread(new MyThread2()); // 创建线程实例
        thread.start(); // 启动线程
    }

    // 通过继承 Thread 类来创建线程
    public class MyThread1 extends Thread {
        private int count = 0;
        public void run() {
            while (count <= 10) {
                count++;
                if (count % 2 == 0)
                    Log.i("====run====", "count=" + count);
            }
        }
    }

    /** 通过实现 Runnable 接口来创建线程类 */
    public class MyThread2 implements Runnable {
        private int count = 0;
        @Override
        public void run() {
            while (count <= 10) {
                count++;
                if (count % 2 == 0)
                    Log.i("====run====", "count=" + count);
            }
        }
    }
}
```

修改 andriodmanifest.xml，增加 activity 的声明。运行程序，界面如图 7-29 所示。

单击 Thread 按钮或单击 Runnable 按钮，运行结果如图 7-30 所示。

图 7-29

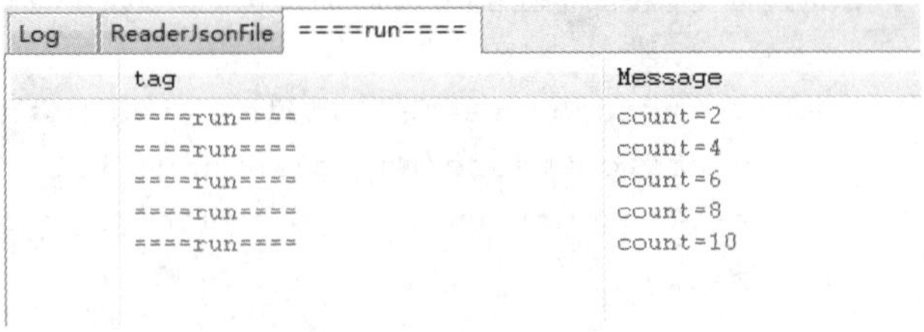

图 7-30

7.5.3 Android 中线程状态

Android 中线程的状态，即线程的生命周期，指的是线程从创建到销毁的过程。Android 的线程状态分为四个状态，新建状态、可运行状态、阻塞状态和死亡状态。

- 新建状态。新建一个线程往往是通过 new Thread(runnable)这种方法。新建一个线程并不意味着该线程就能立即进入执行状态，而是对线程注册一些相关信息，并等待调用该线程实例的 start 方法来启动该线程，进入 runnable 状态。
- 可运行状态(runnable)。当对该线程的实例调用 start 方法后，该线程进入 runnable 状态，进入 runnable 状态的线程并不意味着一定就在执行中（不然就叫 running thread 了），它可能被阻塞或者正在执行。即使处于正在执行中的 runnable thread，也不一定是持续着执行一直到结束，它很可能因为操作系统所分配的时间片到期而进入中断状态，而让其他获得时间片的线程执行，当其他的线程所占据的时间片到期后，将会根据所有等待执行线程的优先级来确定哪个线程继续（或开始）执行，所以，也未必是刚刚那个被抢占的线程恢复执行。
- 阻塞状态。一个线程进入阻塞状态往往由下列原因构成，即一个线程由于执行命令 Thread.sleep(DELAYS)，而进入睡眠状态。只有当设定的延时 DELAYS 到期后，该线程才能重新回到 runnable 状态。一个线程在等待 I/O 操作的完成而进入阻塞状态。只有当相应的 I/O 操作完成之后，该线程才能回到 runnable 状态。由于另一个线程目前处于锁定状态中，所以这个线程无法进入 runnable 状态而被阻塞。只有当那个处于锁定状态的线程让出了锁定权，那么这个线程（和其他的线程）才能进入 runnable 状态。一旦一个线程被锁定，那么整个系统只能等待该线程执行完了之后才能执行别的线程。一个线程在等待某个条件的改变而进入阻塞状态。只有当另一个线程的某个条件有可能被改变之后，该线程会去检查这个条件是否已改变，如果确实改变了，那么该线程才能进入 runnable 状态。一个线程由于执行 suspend 方法而被挂起，所以进入阻塞状态。只有当该线程被执行 resume 方法后，才能恢复 runnable 状态。suspend 和 resume 方法已经逐渐不再使用。
- 死亡状态。一个线程死掉的原因有两种，一种是：该线程的 run 方法执行完，并顺利返回；另一种是：run 方法被异常中断。特殊情况下可以使用 stop 方法来强制杀死线程，但一般不推荐。图 7-31 体现了线程四种状态之间相互转换的关系。

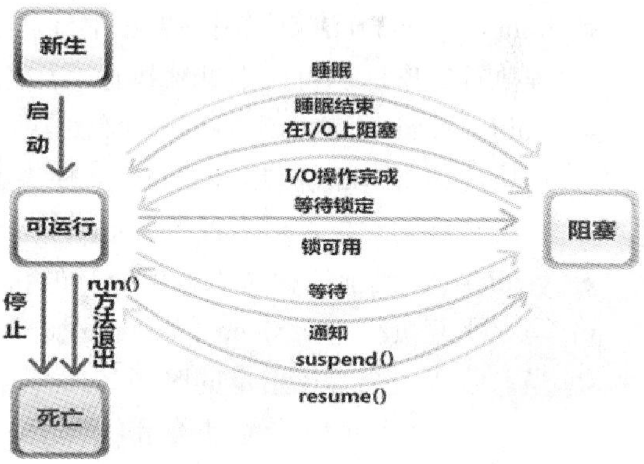

图 7-31

详细的转换如图 7-32 所示。

线程的四种状态又可划分为两种，即是否属于 alive 状态。其中 runnable 和 blocked 状态是属于 alive 状态的，而 new 和 dead 是不属于 alive 状态的，我们可以用 isAlive()方法来检查该线程是否处于 alive 状态。我们无法检查该线程到底是处于 runnable 还是 blocked 状态，更区分不了是正处于 runnable 状态的线程是否正占据着时间片而正在执行中，同样也无法检查到底是处于 new 还是 dead 状态。

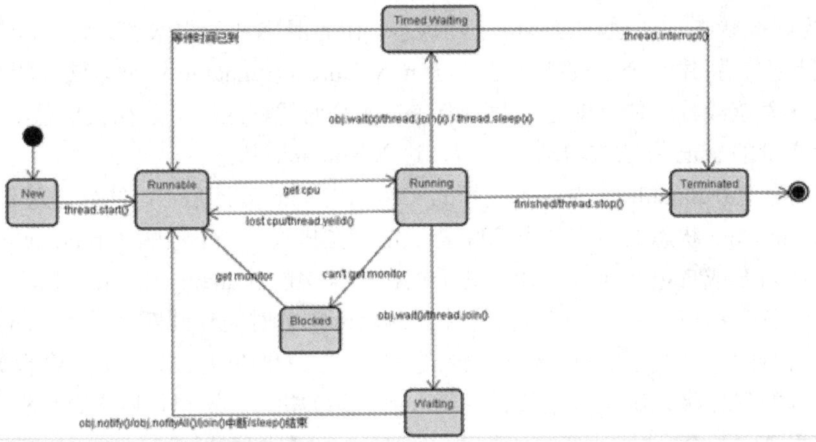

图 7-32

线程状态从可运行状态转变成阻塞状态，常用的方法有 sleep()，join()，yield()，wait()等。

- sleep()：使当前线程（即调用该方法的线程）暂停执行一段时间，让其他线程有机会继续执行，但它并不释放对象锁。也就是如果有 Synchronized 同步块，其他线程仍然不能访问共享数据。注意，该方法要捕获异常，

比如有两个线程同时执行（没有 Synchronized），一个线程优先级为 MAX_PRIORITY，另一个为 MIN_PRIORITY，如果没有 Sleep()方法，只有高优先级的线程执行完成后，低优先级的线程才能执行；但当高优先级的线程 sleep(5000)后，低优先级就有机会执行了。

总之，sleep()可以使低优先级的线程得到执行的机会，当然也可以让同优先级、高优先级的线程有执行的机会。

- join()：join()方法使调用该方法的线程在此之前执行完毕，也就是等待调用该方法的线程执行完毕后，再往下继续执行，注意该方法也要捕获异常。
- wait()：wait 方法用于协调多个线程对共享数据的存取，所以，必须在 Synchronized 语句块内使用 wait 方法，wait()方法使当前线程暂停执行，并释放对象锁标志。通过 wait()方法暂停的对象，可以通过 notify()或 notifyAll()唤醒等待对象锁的线程。
- yield()：将当前线程转入暂停执行的状态。如果没有其他等待执行的线程，当前线程会马上恢复执行。而 sleep()当前线程进入阻塞状态的线程即使没有其他等待运行的线程，当前线程也会等待指定的时间。

下面，定义两个线程，线程 A 和线程 B，线程 A 输出 1～10 之间的整数，线程 B 逆序输出 1～10 之间的整数，同时线程 A 和线程 B 交替输出。

修改前面的 ThreadDemo 例子，代码如下。

```
public class ThreadDemo extends Activity {
 @Override
 public void onCreate(Bundle savedInstanceState) {
     super.onCreate(savedInstanceState);
     ThreadA threadA = new ThreadA();
     ThreadB threadB = new ThreadB();
     threadA.start();
```

```
        new Thread(threadB).start();
    }
    // 线程 A
    public class ThreadA extends Thread {
        public void run() {
            try {
                for (int i = 1; i <= 10; i++) {
                    Log.i("====run====", "i=" + i);
                    Thread.sleep(200); // 线程休眠 200 毫秒
                }
            } catch (Exception e) {
                e.printStackTrace();
            }
        }
    }
    // 线程 B
    public class ThreadB implements Runnable {
        public void run() {
            try {
                for (int j = 10; j >= 1; j--) {
                    Log.i("====run====", "j=" + j);
                    Thread.sleep(200); // 线程休眠 200 毫秒
                }
            } catch (Exception e) {
                e.printStackTrace();
            }
        }
    }
}
```

运行程序，Logcat 中输出的内容如图 7-33 所示。

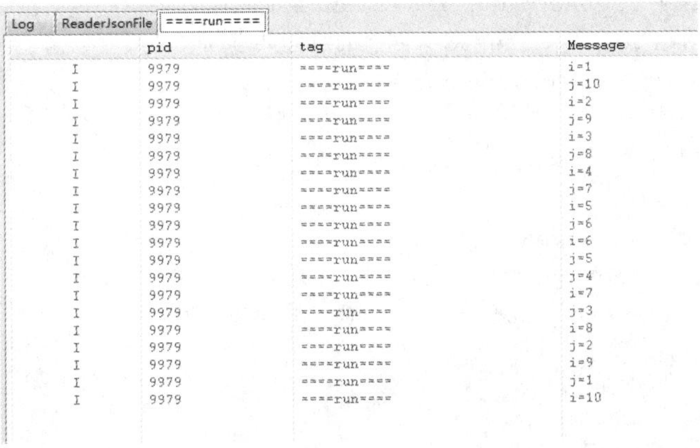

	pid	tag	Message
I	9979	====run====	i=1
I	9979	====run====	j=10
I	9979	====run====	i=2
I	9979	====run====	j=9
I	9979	====run====	i=3
I	9979	====run====	j=8
I	9979	====run====	i=4
I	9979	====run====	j=7
I	9979	====run====	i=5
I	9979	====run====	j=6
I	9979	====run====	i=6
I	9979	====run====	j=5
I	9979	====run====	j=4
I	9979	====run====	i=7
I	9979	====run====	j=3
I	9979	====run====	i=8
I	9979	====run====	j=2
I	9979	====run====	i=9
I	9979	====run====	j=1
I	9979	====run====	i=10

图 7-33

7.5.4 线程同步

多个线程同时执行的时候，可以通过 sleep()、join()等方法控制线程的执行片段，这些方法都只能针对某个线程进行控制，如果需要将创建的若干个线程对象在执行的时候，始终保持一个线程全部执行完成，其他的线程才有机会执行，而且每次只能有一个线程在执行，可以通过线程同步来控制线程的执行顺序。现在有一个这样的需求，张三和他的老婆李四各拥有一张银行卡和存折，可以对同一个银行账户进行存取款操作，需要模拟张三和李四同时取款的过程，假如将张三和李四看作两个线程的话，那么就需要对这两个线程进行同步操作。

线程同步分为同步方法和同步块。针对上述需求，定义同步方法和同步块的语法如下。

```
    private synchronized void methodname(int amt) {   }
    synchronized(银行账户对象){
    //取款的代码
}
```

在 src/com/tangcco/t7/thread 目录下，创建银行账户类 Accout.java 和取款业务的线程类 TestAccount.java，代码如下。

```
    public class Account {
     // 余额
     private int balance = 900;
     // 检查余额
     public int getBalance() {
         return balance;
     }
     // 取款
     public void withdraw(int amount) {
         balance = balance - amount;
     }
    }

    public class TestAccount implements Runnable {
     // 所有的用此 TestAccount 对象创建的线程共享同一个线程
     Account acct = new Account();
     public void run() {
         for (int x = 0; x < 5; x++) {
             // 取款
             makeWithdrawal(100);
             if (acct.getBalance() < 0) {
                 System.out.println("账户透支了!");
             }
         }
     }
     private synchronized void makeWithdrawal(int amt) {
         if (acct.getBalance() >= amt) {
```

```
                System.out.println(Thread.currentThread().getName() + " 准备取
款");
                try {
                    Thread.sleep(500);
                } catch (InterruptedException ex) {
                }
                // 如果余额足够，则取款
                acct.withdraw(amt);
                System.out.println(Thread.currentThread().getName() + " 完成取
款");
            } else {
                // 余额不够给出提示
                System.out.println("余额不足以支付 " +
Thread.currentThread().getName()
                        + " 的取款，余额为 " + acct.getBalance());
            }
        }
    }
```

上述同步方法也可以修改线程同步块，代码如下。

```
    private void makeWithdrawal(int amt) {
        synchronized (acct) {
            if (acct.getBalance() >= amt) {
                System.out.println(Thread.currentThread().getName() + " 准
备取款");
                try {
                    Thread.sleep(500);
                } catch (InterruptedException ex) {
                }
                // 如果余额足够，则取款
                acct.withdraw(amt);
                System.out.println(Thread.currentThread().getName() + " 完
成取款");
            } else {
                // 余额不够给出提示
                System.out.println("余额不足以支付 "
                        + Thread.currentThread().getName() + " 的取款，余额为 "
                        + acct.getBalance());
            }
        }
    }
```

在 src/com/tangcco/t7/activity 目录下创建 SynchronizedActivity.java，代码如下。

```
public class SynchronizedActivity extends Activity {
 @Override
 protected void onCreate(Bundle savedInstanceState) {
     // TODO Auto-generated method stub
     super.onCreate(savedInstanceState);
     // 创建两个线程分别表示张三和李四
     TestAccount r = new TestAccount();
     Thread zhangsan = new Thread(r);
     Thread lisi = new Thread(r);
     zhangsan.setName("张三");
     lisi.setName("李四");

     zhangsan.start();
     lisi.start();
 }
}
```

需修改 androidmanifest.xml 文件，增加 activity 的声明，运行程序，界面如图 7-34 所示。

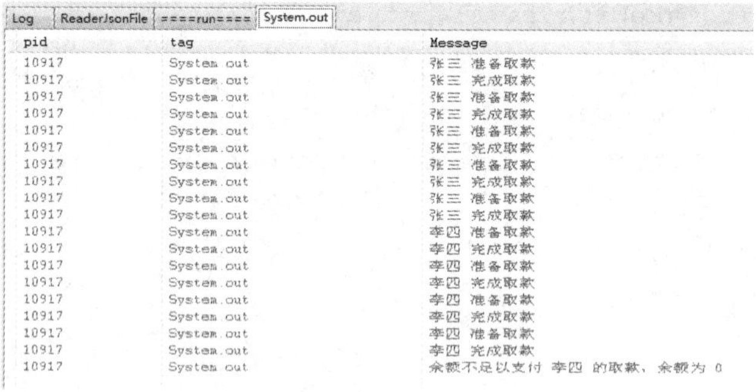

图 7-34

7.5.5 Android 线程通信

当一个程序第一次启动时，Android 会同时启动一个对应的主线程（Main Thread），主线程主要负责处理与 UI 相关的事件，如用户的按键事件、用户接触屏幕的事件以及屏幕绘图事件，并把相关的事件分发到对应的组件进行处理。所以，主线程通常又称作 UI 线程。在开发 Android 应用时，必须遵守单线程模型的原则，即 Android UI 操作并不是线程安全的，并且这些操作必须在 UI 线程中执行，而一些较费时的对象应该交给独立的线程去执行。

在单线程模型下，Android 设计了一个 Message Queue（消息队列），线程间可以通过该 Message Queue，并结合 Handler 和 Looper 组件进行信息交换。

- Message：消息。理解为线程间交流的信息，处理数据后台线程需要更新 UI，则发送 Message 内含的一些数据给 UI 线程。

- Handler：处理者。是 Message 的主要处理者，负责 Message 的发送，Message 内容的执行处理。后台线程就是通过传进来的 Handler 对象引用来进行 sendMessage(Message)。而使用 Handler，需要实现该类的 handleMessage(Message)方法，它是处理这些 Message 的操作内容，例如 Update UI。通常需要子类化 Handler 来实现 handleMessage 方法。
- Message Queue：消息队列。用来存放 Handler 发布的消息，按照先进先出执行。每个 message queue 都会有一个对应的 Handler，Handler 会向 message queue 通过两种方法发送消息，sendMessage 或 post。这两种消息都会插在 message queue 队尾并按先进先出执行。但通过这两种方法发送的消息执行的方式略有不同，通过 sendMessage 发送的是一个 message 对象，会被 Handler 的 handleMessage()函数处理；而通过 post 方法发送的是一个 runnable 对象，自己会执行。
- Looper：是每条线程里的 Message Queue 的管家。Android 没有 Global 的 Message Queue，而 Android 会自动替主线程（UI 线程）建立 Message Queue，但在子线程里并没有建立 Message Queue。所以调用 Looper.getMainLooper()得到的主线程的 Looper 不为 NULL，但调用 Looper.myLooper()得到当前线程的 Looper，就有可能为 NULL。

对于子线程使用 Looper，API Doc 提供了正确的使用方法，代码如下。

```
class LooperThread extends Thread {
    public Handler mHandler;
    public void run() {
        Looper.prepare(); //创建本线程的 Looper 并创建一个 MessageQueue
        mHandler = new Handler() {
            public void handleMessage(Message msg) {
                // process incoming messages here
            }
        };
        Looper.loop(); //开始运行 Looper,监听 Message Queue
    }
}
```

Message 机制的大概流程是这样的：在 Looper.loop()方法运行开始后，循环地按照接收顺序取出 Message Queue 里面非 NULL 的 Message。一开始，Message Queue 里面的 Message 都是 NULL 的。当 Handler.sendMessage(Message)到 Message Queue，该函数里面设置了其 Message 对象的 target 属性是当前的 Handler 对象。随后 Looper 取出了那个 Message，则调用该 Message 的 target 指向的 Hander 的 dispatchMessage 函数，对 Message 进行处理。

在 dispatchMessage 方法中，如何处理 Message，则由用户指定，三个判断，优先级从高到低。

①Message 里面的 Callback，一个实现了 Runnable 接口的对象，其中 run 函数做处理工作。

②Handler 里面的 mCallback 指向一个实现了 Callback 接口的对象，由其 handleMessage 进行处理。

③处理消息 Handler 对象对应的类继承并实现了其中 handleMessage 函数，通过这个实现的 handleMessage 函数处理消息。由此可见，实现的 handleMessage 方法是优先级最低的。

Handler 处理完 Message (update UI) 后，Looper 则设置 Message 为 NULL，以便回收。

下面编写一个 Android 程序，用子线程来计算 Android 程序运行的时间，通过 Handler 处理子线程发送回来的时间，在 Handler 的 handleMessage()方法里面进行 UI Update 处理。

res/layout/activity_handler.xml 的参考代码如下。

```
<?xml version="1.0" encoding="utf-8"?>
<LinearLayout
xmlns:android="http://schemas.android.com/apk/res/android"
    android:orientation="vertical"
    android:layout_width="fill_parent"
    android:layout_height="fill_parent"
    >
<TextView
  android:id="@+id/secondTextView"
    android:layout_width="fill_parent"
    android:layout_height="wrap_content"
    android:text=""
    />
</LinearLayout>
```

在 src/com/tangcco/t7/activity 目录下创建 HandlerActivity.java 类，代码如下。

```
public class HandlerActivity extends Activity {
 private int second = 1;
 private TextView SecondTextView;
 private Handler handler;
 @Override
 public void onCreate(Bundle savedInstanceState) {
     super.onCreate(savedInstanceState);
     setContentView(R.layout.activity_handler);
     SecondTextView = (TextView) findViewById(R.id.secondTextView);
     handler = new Handler(new Callback() {
         @Override
         public boolean handleMessage(Message msg) {
             if (msg.arg1 == 20) {
                 SecondTextView.setText("执行结束");
                 handler.removeCallbacks(showText);
             } else {
                 SecondTextView.setText("已经过去: " + msg.arg1 + "秒");
             }
             return false;
         }
     });
     handler.post(showText);
 }
 public Runnable showText = new Runnable() {
     @Override
     public void run() {
```

```
            Message msg = new Message();
      //Message msg = handler.obtainMessage();
            second++;
            msg.arg1 = second;
            handler.sendMessage(msg);
            handler.postDelayed(showText, 1000);
        }
    };
}
```

上述代码，通过 handler.post(showText)启动子线程，也可以通过 new Thread(showText).start()启动子线程。修改 anroidmanifest.xml 文件，增加 activity 的声明，运行程序，界面如图 7-35 所示。

图 7-35

在客户端和服务器端进行通信的时候，客户端提交请求到服务器端，一般通过子线程发送，服务器端返回的响应，在客户端一般也都是通过 handler 的 handleMessage()方法来处理，下面的例子，是模拟客户端使用线程来向服务器发送请求，在客户端获取数据显示。

```
    res/layout/activity_handler_getdata.xml 的参考代码如下。
    <?xml version="1.0" encoding="utf-8"?>
    <LinearLayout
xmlns:android="http://schemas.android.com/apk/res/android"
     android:layout_width="match_parent"
android:layout_height="match_parent"
     android:orientation="vertical">
     <Button android:text="load_Handler" android:id="@+id/load_Handler"
         android:layout_width="wrap_content"
android:layout_height="wrap_content"></Button>
     <ListView android:layout_width="match_parent"
         android:layout_height="wrap_content"
android:id="@android:id/list"></ListView>
    </LinearLayout>
```

在 src/com/tangcco/t7/acitivity 目录下，创建 ListProgressActivity.java，代码如下。

```
    public class ListProgressActivity extends ListActivity {
     private ArrayAdapter<String> adapter;
     private ArrayList<String> data;

     private static final int PROGRESS_DIALOG = 1;
     private static final int STATE_FINISH = 1;
     private static final int STATE_ERROR = -1;
```

```
        @Override
        protected void onCreate(Bundle savedInstanceState) {
            super.onCreate(savedInstanceState);
        setContentView(R.layout.activity_handler_getdata);
        ((Button) findViewById(R.id.load_Handler)).setOnClickListener(new
View.OnClickListener() {
                        @Override
                        public void onClick(View view) {
                            data = null;
                            data = new ArrayList<String>();
                            adapter = null;
                            showDialog(PROGRESS_DIALOG);
                            new ProgressThread(handler, data).start();
                        }
                    });
        }
        @Override
        protected Dialog onCreateDialog(int id) {
            switch (id) {
            case PROGRESS_DIALOG:
                return ProgressDialog.show(this, "", "Loading. Please wait...",
true);
            default:
                return null;
            }
        }
        private class ProgressThread extends Thread {
            private Handler handler;
            private ArrayList<String> data;
            public ProgressThread(Handler handler, ArrayList<String> data) {
                this.handler = handler;
                this.data = data;
            }
            @Override
            public void run() {
                for (int i = 0; i < 8; i++) {
                    data.add("ListItem"); // 后台数据处理
                    try {
                        Thread.sleep(100);
                    } catch (InterruptedException e) {
                        Message msg = handler.obtainMessage();
                        Bundle b = new Bundle();
                        b.putInt("state", STATE_ERROR);
                        msg.setData(b);
```

```
                    handler.sendMessage(msg);
                }
            }
            Message msg = handler.obtainMessage();
            Bundle b = new Bundle();
            b.putInt("state", STATE_FINISH);
            msg.setData(b);
            handler.sendMessage(msg);
        }
    }
    // 此处可以不需要设置 Looper，因为 Handler 默认就使用当前线程的 Looper
    private final Handler handler = new Handler(Looper.getMainLooper()) {
        public void handleMessage(Message msg) { // 处理 Message，更新 ListView
            int state = msg.getData().getInt("state");
            switch (state) {
            case STATE_FINISH:
                dismissDialog(PROGRESS_DIALOG);
                Toast.makeText(getApplicationContext(), "加载完成!",
                        Toast.LENGTH_LONG).show();
                adapter = new ArrayAdapter<String>(getApplicationContext(),
                        android.R.layout.simple_list_item_1, data);
                setListAdapter(adapter);
                break;
            case STATE_ERROR:
                dismissDialog(PROGRESS_DIALOG);
                Toast.makeText(getApplicationContext(), "处理过程发生错
误!",
                        Toast.LENGTH_LONG).show();
                adapter = new ArrayAdapter<String>(getApplicationContext(),
                        android.R.layout.simple_list_item_1, data);
                setListAdapter(adapter);
                break;
            default:
            }
        }
    };
}
```

修改 androidmanifest.xml 文件，增加 activity 的声明，运行项目，单击 Land_Handler 按钮，界面如图 7-36 所示。

图 7-36

7.5.6 AsyncTask 工具类简化 Android UI 线程

Android 提供了一个工具类 AsyncTask，该类的主要目的，是实现异步提交请求到服务器端；减少 Android UI 线程代码。使创建与用户界面交互的长时间运行的任务变得更简单，不需要借助线程和 Handler 即可实现。使用 AsyncTask 工具类的步骤如下。

①子类化 AsyncTask。

②实现 AsyncTask 中定义的下面一个或几个方法。

- onPreExecute()，开始执行前的准备工作。
- doInBackground(Params...)，开始执行后台处理，可以调用 publishProgress 方法来更新实时的任务进度。
- onProgressUpdate(Progress...)，在 publishProgress 方法被调用后，UI thread 将调用这个方法，从而在界面上展示任务的进展情况，例如通过一个进度条进行展示。
- onPostExecute(Result)，执行完成后的操作，传送结果给 UI 线程。

这 4 个方法都不能手动调用，而且除了 doInBackground(Params...)方法，其余 3 个方法都是被 UI 线程调用的。所以，要求 AsyncTask 的实例必须在 UI thread 中创建，AsyncTask.execute 方法必须在 UI thread 中调用。

在使用过程中，AsyncTask 的构造函数的参数设置需要看明白，AsyncTask<Params, Progress, Result>

Params 对应 doInBackground(Params...)的参数类型。而 new AsyncTask().execute(Params... params)，就是传进来的 Params 数据，可以由 execute(data)传送一个数据，或者 execute(data1, data2, data3)这样多个数据。

Progress 对应 onProgressUpdate(Progress...)的参数类型；Result 对应 onPostExecute(Result)的参数类型。

当以上的参数类型都不需要指明某个时，则使用 Void，注意，不是 void。

下面，通过两个例子分别讲解 AsyncTask 类实现异步请求和减少 UI 线程的代码。

在前面的自定义服务器端，添加一个 jsp，如 server_data.jsp 页面当作服务器端发送数据的页面，代码如下。

```
<%@ page language="java" contentType="text/html; charset=utf-8"
 pageEncoding="utf-8"%>
<%
 out.clear();
 String name = request.getParameter("name");
 String age = request.getParameter("age");
 if (name != "") {
     out.print("Hello: ".concat(name) + " " + age);
 } else {
     out.print("参数错误");
 }
%>
```

运行服务器端，编写客户端布局文件和 activity 类。res/layout/activity_httpclient_asynctask.xml 参考代码如下。

```
<?xml version="1.0" encoding="utf-8"?>
<LinearLayout
xmlns:android="http://schemas.android.com/apk/res/android"
 android:layout_width="match_parent"
android:layout_height="match_parent">
 <TextView android:layout_width="match_parent" android:id="@+id/tv"
     android:layout_height="wrap_content"></TextView>
</LinearLayout>
```

在 src/com/tangcco/t7/activity 目录下，创建 HttpClientAsyncTaskActivity.java，代码如下。

```
public class HttpClientAsyncTaskActivity extends Activity {
 private TextView tv;// 创建请求对象
 private HttpGet httpGet;
 // 创建客户端对象
 private HttpClient httpClient;
 // 发送请求的对象
 private HttpResponse httpResponse;
 // 接收返回数据
 private HttpEntity httpEntity;
 // 创建流
 private InputStream in;
 private ProgressDialog pd;
 @Override
 protected void onCreate(Bundle savedInstanceState) {
     super.onCreate(savedInstanceState);
     setContentView(R.layout.activity_httpclient_asynctask);
     tv = (TextView) findViewById(R.id.tv);
     AsyncTask<String, Void, String> asyncTask = new AsyncTask<String,
Void, String>() {
         @Override
         protected void onPostExecute(String result) {
```

```
                if (result != null) {
                    tv.setText(result);
                    pd.dismiss();// 消除 dialog
                }
                super.onPostExecute(result);
            }
            @Override
            protected String doInBackground(String... params) {
                String urlstr = params[0];
                httpGet = new HttpGet(urlstr);
                httpClient = new DefaultHttpClient();
                try {
                    // 向服务器端发送请求
                    httpResponse = httpClient.execute(httpGet);
                    httpEntity = httpResponse.getEntity();
                    in = httpEntity.getContent();
                    BufferedReader br = new BufferedReader(
                            new InputStreamReader(in));
                    String line = null;
                    StringBuffer sb = new StringBuffer();
                    while ((line = br.readLine()) != null) {
                        sb.append(line);
                    }
                    System.out.println(sb.toString());
                    return sb.toString();
                } catch (ClientProtocolException e) {
                    e.printStackTrace();
                } catch (IOException e) {
                    e.printStackTrace();
                }
                return null;
            }
        };
        pd = ProgressDialog.show(this, "请稍后。。。", "正在请求数据");

asyncTask.execute("http://10.0.2.2:9000/javaweb_server/server_data.jsp
    ?name=tangcco&age=1234");
     }
    }
```

修改 androidmanifest.xml 文件，增加 activity 声明，运行客户端，界面如图 7-37 所示。

上例使用 AysncTask 实现 HttpClient 通信，客户端发送请求。下面通过 AysncTask 工具类实现异步网络下载图片，简化 UI 线程。

图 7-37

res/layout/activity_asynctask_filedownload.xml，参考代码如下。

```
    <?xml version="1.0" encoding="utf-8"?>
    <LinearLayout android:id="@+id/widget27"
     android:layout_width="fill_parent" android:layout_height="fill_
parent"
     xmlns:android="http://schemas.android.com/apk/res/android"
     android:orientation="vertical">
     <TextView android:id="@+id/textview_download_address"
         android:layout_width="wrap_content"
android:layout_height="wrap_content"
         android:text="@string/download_address">
     </TextView>
     <EditText android:id="@+id/edittext_download_address"
         android:layout_width="fill_parent" android:layout_height=
"wrap_content"
         android:textSize="18sp"
android:text="http://www.tangcco.com/images/kaixin.jpg">
     </EditText>
     <TextView android:id="@+id/textview_store_file_name"
         android:layout_width="fill_parent"
android:layout_height="wrap_content"
         android:text="@string/store_file_name">
     </TextView>
     <EditText android:id="@+id/edittext_store_file_name"
         android:layout_width="fill_parent"
android:layout_height="wrap_content"
         android:textSize="18sp">
     </EditText>
     <Button android:id="@+id/button_download" android:layout_width
="fill_parent"
         android:layout_height="wrap_content" android:text="@string/
download">
     </Button>
     <ProgressBar android:id="@+id/progressbar_download"
```

```
            style="?android:attr/progressBarStyleHorizontal" android:layout_
width="220px"
            android:layout_height="wrap_content">
        </ProgressBar>
        <TextView android:id="@+id/textview_download_persent"
            android:layout_width="fill_parent" android:layout_height
="wrap_content"
            android:gravity="center">
        </TextView>
    </LinearLayout>
```

res/values/strings.xml，参考代码如下。

```
    <string name="app_name9">网络编程之 AsyncTask</string>
    <string name="app_name10">Android 线程操作</string>
    <string name="download_address">下载地址</string>
    <string name="store_file_name">存储文件名</string>
    <string name="download_thread_size">下载线程数</string>
    <string name="download">下载</string>
    <string name="download_persent">当前下载</string>
```

在 src/com/tangcco/t7/acitivity 目录下，创建 AsynctaskDownloadActivity.java 类，代码如下。

```
    public class AsynctaskDownloadActivity extends Activity {
      /* 输入地址的文本框 */
      private EditText edittext_Download_Address;
      /* 输入文件名的文本框 */
      private EditText edittext_Store_File_Name;
      /* 下载按钮 */
      private Button button_Download;
      /* 进度条 */
      private ProgressBar progressBar_Download;
      /* 显示下载进度 */
      private TextView textview_Download_Persent;
      @Override
      public void onCreate(Bundle savedInstanceState) {
          super.onCreate(savedInstanceState);
          setContentView(R.layout.activity_asynctask_filedownload);
          /* 实例化控件 */
          edittext_Download_Address = (EditText) findViewById(R.id.edittext_
download_address);
          edittext_Store_File_Name = (EditText) findViewById(R.id.edittext_
store_file_name);
          button_Download = (Button) findViewById(R.id.button_download);
          progressBar_Download = (ProgressBar) findViewById(R.id.progressbar_
download);
          textview_Download_Persent = (TextView) findViewById(R.id.textview_
```

```
download_persent);
            /* 设置 progressBar 的最大值 */
            progressBar_Download.setMax(100);
            /* 设置 progressBar 初始化值 */
            progressBar_Download.setProgress(0);
            /* 按钮单击事件 */
            button_Download.setOnClickListener(new OnClickListener() {
                @Override
                public void onClick(View v) {
                    // TODO Auto-generated method stub
                    if (edittext_Download_Address.getText().toString() != null

    && !edittext_Download_Address.getText().toString()
                                            .equals("")) {
                        /* 启动异步任务 */
                        new
downloadAsyncTask().execute(edittext_Download_Address
                                        .getText().toString());
                        progressBar_Download.setEnabled(false);
                    }
                }
            });
        }
        /**
         * 实现异步下载功能，并显示下载进度
         */
        private class downloadAsyncTask extends AsyncTask<String, Integer,
String> {
            /* 实现下载任务在 UI 线程中执行 */
            @Override
            protected String doInBackground(String... params) {
                String result = "下载完毕";
                try {
                    long curPositon = 0;
                    /* 文件保存在 SD 卡上的路径 */
                    String downloadDir = Environment.getExternalStorage
Directory()
                                + "/download/";
                    File file = new File(downloadDir);
                    /* 如果不存在就创建 */
                    if (!file.exists()) {
                        file.mkdir();
                    }
                    /* 文件保存在 SD 卡上的完整路径 */
```

```
                    String filename = downloadDir + "downloadfile";
                    if (edittext_Store_File_Name.getText().toString() != null
                            && !edittext_Store_File_Name.getText().toString()
                                    .equals("")) {
                        filename = downloadDir
                                + 
edittext_Store_File_Name.getText().toString();
                    }
                    /* 创建文件 */
                    file = new File(filename);
                    file.createNewFile();
                    URL url = new URL(params[0]);
                    /* 创建 HttpURLConnection 对象 */
                    HttpURLConnection con = (HttpURLConnection) url
                            .openConnection();
                    /* 设置请求为 GET */
                    con.setRequestMethod("GET");
                    /* 获得下载文件的大小 */
                    long length = con.getContentLength();
                    BufferedInputStream bis = null;
                    RandomAccessFile fos = null;
                    /* 以可读可写的方式向 file 文件中写入数据 */
                    fos = new RandomAccessFile(file, "rw");
                    /* 定位到文件开始位置 */
                    fos.seek(0);
                    /* 实例化 BufferedInputStream 读取输入流 */
                    bis = new BufferedInputStream(con.getInputStream());
                    /* 创建 byte 数组，长度 1024 */
                    byte[] buf = new byte[1024];
                    /* 如果当前位置小于文件长度 */
                    while (curPositon < length) {
                        /* 读取 1024 字节保存在 buf 中，返回读取的字节数 */
                        int len = bis.read(buf, 0, 1024);
                        /* 出错或者读取完毕，跳出循环 */
                        if (len == -1) {
                            break;
                        }
                        /* 将 buf 中的数据保存在文件中 */
                        fos.write(buf, 0, len);
                        /* 更改当前位置 */
                        curPositon += len;
                        /* 更新下载进度的值 */
                        publishProgress((Double.valueOf(curPositon * 1.0 / 
length
```

```
                    * 100)).intValue());
            }
            bis.close();
            fos.close();
        } catch (IOException e) {
            e.printStackTrace();
        }
        return result;
    }
    /* 执行完 doInBackground 之后，执行 onPostExecute 方法。此方法在 UI 线程中
执行 */
    @Override
    protected void onPostExecute(String result) {
        super.onPostExecute(result);
        /* 设置下载完毕的文本 */
        textview_Download_Persent.setText(result);
        /* 设置下载按钮为可用 */
        progressBar_Download.setEnabled(true);
    }
    /* doInBackground 方法执行的同时，下列方法也会执行，用来更新当前下载的进度 */
    @Override
    protected void onProgressUpdate(Integer... values) {
        super.onProgressUpdate(values);
        /* 在进度条中设置当前下载的进度 */
        progressBar_Download.setProgress(values[0]);
        /* 文本中提示当前下载进度 */
        textview_Download_Persent.setText("当前下
载" + values[0] + "%");
    }

  }
}
```

图 7-38

修改 androidmanifedt.xml 文件，增加 activity 声明，增加网络权限和访问网络状态的权限，启动客户端，运行界面如图 7-38 所示。

7.6　Android 网络接口—Android.net.*

7.6.1　Wifi 操作

Android 网络接口提供 Android 特有的网络编程，如访问 WiFi、访问 Android 联网信息、邮

件等功能。除核心 java.net.* 类以外，Android.net.*包含额外的网络访问 socket，URI 类；android.net.http.* 包含处理 SSL 证书的类；android.net.wifi.* 包含在 Android 平台上管理有关 WiFi 方面的类。

本小节重点学习 Android 网络接口中有关 wifi 的一些应用。首先，检测系统中是否开启 wifi，假如开启了 wifi，可以直接连接网络（不用代理），假如使用的是 gprs，再判断是使用 cmwap 还是 cmnet。先检测连接是否有效，连接方式是否为 cmnet，代码如下。

```
        /** * 检查网络连接并 */
         private boolean checkNet() {
              ConnectivityManager manager = (ConnectivityManager) getSystemService
(CONNECTIVITY_SERVICE);
              NetworkInfo netWrokInfo = manager.getActiveNetworkInfo();
              if (netWrokInfo == null || !netWrokInfo.isAvailable()) {
                   Toast.makeText(this, "当前的网络不可用，请开启网络",
Toast.LENGTH_LONG).show();
                   // 这里可以添加--跳到网络设置的界面中，让用户设置
                   return false;
              } else if (netWrokInfo.getTypeName().equals("MOBILE")
                        & netWrokInfo.getExtraInfo().equals("cmnet")) {
                   Toast.makeText(this, "连接方式为 cmnet 连接 ",
Toast.LENGTH_LONG).show();
                   return false;
              } else if (netWrokInfo.getTypeName().equals("MOBILE")
                        & netWrokInfo.getExtraInfo().equals("cmwap")) {
                   Toast.makeText(this, "连接方式为 cmwap 连接 ",
Toast.LENGTH_LONG).show();
                   return true;
              }
              return false;
         }
```

查询到网络连接状态后，可以跳转到系统的设置界面，由系统自己设置，Android4.0 之前可以通过下面方法打开无线网络设置页面，可是在 Android4.0 以后版本则会报异常，代码如下。

```
        Intent mIntent = new Intent("/");
        ComponentName comp = new ComponentName("com.android.settings
","com.android.settings.WirelessSettings");
        mIntent.setComponent(comp);
        mIntent.setAction("android.intent.action.VIEW");
        startActivityForResult(mIntent, 0);
```

可以利用 startActivity(new Intent(android.provider.Settings.ACTION_WIRELESS_ SETTINGS))，就可以兼容 4.0 之前和之后的版本，不过，由于 Android3.0 之后的设置界面改动很大，所以，可以采用下面的方法打开网络设置。

```
        if (android.os.Build.VERSION.SDK_INT > 10) {
         // 3.0 以上打开设置界面
         this.startActivity(new Intent(android.provider.Settings.
```

```
ACTION_SETTINGS));
        } else {
          this.startActivity(new Intent(android.provider.Settings.ACTION_
WIRELESS_SETTINGS));
        }
```

编写布局文件，布局文件上放置一个 button，结合上面的代码，编写 activity，在 onCreate() 中加载布局文件，获取 button，设置 button 的单击事件，调用前面的 checkNet()，运行程序，如图 7-39 所示。

单击“检查 wifi”按钮，如果当前手机网络不可用，则会弹出以下界面，如图 7-40 所示。

WiFi 就是一种无线联网技术，常见的是使用无线路由器。那么，在无线路由器的信号覆盖范围内都可以采用 WiFi 连接的方式进行联网。如果无线路由器连接了一个 ADSL 线路或其他的联网线路，则又被称为“热点”。 在 Android 中对 Wifi 操作，Android 本身提供了一些有用的包，在 android.net.wifi 包下面。主要包括以下几个类和接口。

图 7-39

图 7-40

①ScanResult。

主要用于描述已经检测出的接入点，包括接入点的地址，接入点的名称，身份认证，频率，信号强度等信息。

②WifiConfiguration。

Wifi 网络的配置，包括安全设置等。

③WifiManager。

WifiManager 是用来管理 WiFi 连接，获取 WiFi 网卡的状态。

WiFi 网卡的状态由一系列的整形常量表示。

- WifiManager.WIFI_STATE_DISABLED=1: WiFi 网卡不可用。
- WifiManager.WIFI_STATE_DISABLING=0: WiFi 网卡正在关闭。
- WifiManager.WIFI_STATE_ENABLED=3: WiFi 网卡可用。
- WifiManager.WIFI_STATE_ENABLING=2: WiFi 网正在打开。
- WifiManager.WIFI_STATE_UNKNOWN=4：未知网卡状态。

可以通过 WifiManager wm=(WifiManager)getSystemService(Context.WIFI_SERVICE)获取WifiManager 对象，接下来，可以对 WiFi 操作了，比如要打开、关闭 WiFi，可以通过 WifiManager 的 setWifiEnabled（）方法来开关 WiFi。若要查看一些信息，可以通过 getConnectionInfo()方法得到 WifiInfo 类的对象，WifiInfo 类主要提供手机 WiFi 上面存储的连接信息。

④WifiInfo。

WiFi 无线连接的描述，包括接入点、网络连接状态、隐藏的接入点、IP 地址、连接速度、MAC 地址、网络 ID、信号强度等信息。Wifi 类的方法如下。

- getBSSID()，获取接入点的 mac 地址（String）。
- getDetailedStateOf()，获取客户端的连通性。
- getHiddenSSID()，获得 SSID 是否被隐藏。
- getIpAddress()，获取本机的 IP 地址（int）。
- getLinkSpeed()，获取连接速度(不是下载速度)，单位为 Mbps（int）。
- getMacAddress()，获取 mac 地址（String）。
- getRssi()，获得 802.11n 网络信号，返回收到的信号强度，是一个负数，-113 表示一点信号都没有。
- getSSID()，获得 SSID 获取无线信号提供者的名称（就是要连的网络名字）（String）。
- getSupplicanState()，返回具体客户端状态的信息。
- getNetworkId()，获取网络 ID 号。每一个设定好的网络都有一个独一无二的整数 ID 号，用来识别网络。

Android 应用要使用 WiFi 的 API，首先需要在 androidmanifest.xml 文件中间添加以下权限。

```
    <uses-permission android:name="android.permission.CHANGE_NETWORK_
STATE" />
    <uses-permission android:name="android.permission.CHANGE_WIFI_STATE" />
    <uses-permission android:name="android.permission.ACCESS_NETWORK_
STATE" />
    <uses-permission android:name="android.permission.ACCESS_WIFI_STATE" />
    <uses-permission android:name="android.permission.INTERNET" />
    <uses-permission android:name="android.permission.WAKE_LOCK" />
```

下面的例子，实现 WiFi 的打开、关闭、扫描和获取 WiFi 的状态信息。在 src/com/tangcco/t7/tool 目录下，创建一个 WifiAdmin 类，使用 WiFi 的常用类操作 WiFi，代码如下。

```
public class WifiAdmin {
    // 定义一个 WifiManager 对象
    private WifiManager mWifiManager;
    // 定义一个 WifiInfo 对象
    private WifiInfo mWifiInfo;
    // 扫描出的网络连接列表
    private List<ScanResult> mWifiList;
    // 网络连接列表
    private List<WifiConfiguration> mWifiConfigurations;
    WifiLock mWifiLock;
```

```
public WifiAdmin(Context context) {
    // 取得 WifiManager 对象
    mWifiManager = (WifiManager) context
            .getSystemService(Context.WIFI_SERVICE);
    // 取得 WifiInfo 对象
    mWifiInfo = mWifiManager.getConnectionInfo();
}

// 打开 wifi
public void openWifi() {
    if (!mWifiManager.isWifiEnabled()) {
        mWifiManager.setWifiEnabled(true);
    }
}
// 关闭 wifi
public void closeWifi() {
    if (mWifiManager.isWifiEnabled()) {
        mWifiManager.setWifiEnabled(false);
    }
}
// 检查当前 wifi 状态
public int checkState() {
    return mWifiManager.getWifiState();
}

// 锁定 wifiLock
public void acquireWifiLock() {
    mWifiLock.acquire();
}

// 解锁 wifiLock
public void releaseWifiLock() {
    // 判断是否锁定
    if (mWifiLock.isHeld()) {
        mWifiLock.acquire();
    }
}

// 创建一个 wifiLock
public void createWifiLock() {
    mWifiLock = mWifiManager.createWifiLock("test");
}

// 得到配置好的网络
```

```
    public List<WifiConfiguration> getConfiguration() {
        return mWifiConfigurations;
    }

    // 指定配置好的网络进行连接
    public void connetionConfiguration(int index) {
        if (index > mWifiConfigurations.size()) {
            return;
        }
        // 连接配置好指定 ID 的网络

  mWifiManager.enableNetwork(mWifiConfigurations.get(index).networkId,true
);
    }

    public void startScan() {
        mWifiManager.startScan();
        // 得到扫描结果
        mWifiList = mWifiManager.getScanResults();
        // 得到配置好的网络连接
        mWifiConfigurations = mWifiManager.getConfiguredNetworks();
    }

    // 得到网络列表
    public List<ScanResult> getWifiList() {
        return mWifiList;
    }

    // 查看扫描结果
    public StringBuffer lookUpScan() {
        StringBuffer sb = new StringBuffer();
        for (int i = 0; i < mWifiList.size(); i++) {
            sb.append("Index_" + new Integer(i + 1).toString() + ":");
            // 将 ScanResult 信息转换成一个字符串包
            // 其中把包括：BSSID、SSID、capabilities、frequency、level
            sb.append((mWifiList.get(i)).toString()).append("\n");
        }
        return sb;
    }

    public String getMacAddress() {
        return (mWifiInfo == null) ? "NULL" : mWifiInfo.getMacAddress();
    }
```

```
    public String getBSSID() {
        return (mWifiInfo == null) ? "NULL" : mWifiInfo.getBSSID();
    }

    public int getIpAddress() {
        return (mWifiInfo == null) ? 0 : mWifiInfo.getIpAddress();
    }

    // 得到连接的 ID
    public int getNetWordId() {
        return (mWifiInfo == null) ? 0 : mWifiInfo.getNetworkId();
    }

    // 得到 wifiInfo 的所有信息
    public String getWifiInfo() {
        return (mWifiInfo == null) ? "NULL" : mWifiInfo.toString();
    }

    // 添加一个网络并连接
    public void addNetWork(WifiConfiguration configuration) {
        int wcgId = mWifiManager.addNetwork(configuration);
        mWifiManager.enableNetwork(wcgId, true);
    }

    // 断开指定 ID 的网络
    public void disConnectionWifi(int netId) {
        mWifiManager.disableNetwork(netId);
        mWifiManager.disconnect();
    }
}
```

res/layout/activity_wifi.xml，参考代码如下。

```
<?xml version="1.0" encoding="utf-8"?>
<ScrollView xmlns:android="http://schemas.android.com/apk/res/android"
    android:layout_width="fill_parent"
    android:layout_height="fill_parent"
    >

 <LinearLayout
    android:orientation="vertical"
    android:layout_width="fill_parent"
    android:layout_height="fill_parent"
    >
<Button
    android:id="@+id/scan"
```

```
        android:layout_width="wrap_content"
        android:layout_height="wrap_content"
        android:text="扫描网络"
        />
    <Button
        android:id="@+id/start"
        android:layout_width="wrap_content"
        android:layout_height="wrap_content"
        android:text="打开 Wifi"
        />
    <Button
        android:id="@+id/stop"
        android:layout_width="wrap_content"
        android:layout_height="wrap_content"
        android:text="关闭 Wifi"
        />
    <Button
        android:id="@+id/check"
        android:layout_width="wrap_content"
        android:layout_height="wrap_content"
        android:text="Wifi 状态"
        />
      <TextView
        android:id="@+id/allNetWork"
        android:layout_width="fill_parent"
        android:layout_height="wrap_content"
        android:text="当前没有扫描到 Wifi 网络"
        />
        </LinearLayout>
    </ScrollView>
```

在 src/com/tangcco/t7/activity 目录下，创建并编写 WifiActivity.java，代码如下。

```
public class WifiActivity extends Activity {
 private TextView allNetWork;
 private Button scan;
 private Button start;
 private Button stop;
 private Button check;
 private WifiAdmin mWifiAdmin;
 // 扫描结果列表
 private List<ScanResult> list;
 private ScanResult mScanResult;
 private StringBuffer sb = new StringBuffer();
 @Override
 protected void onCreate(Bundle savedInstanceState) {
```

```
        // TODO Auto-generated method stub
        super.onCreate(savedInstanceState);
        setContentView(R.layout.activity_wifi);
        mWifiAdmin = new WifiAdmin(WifiActivity.this);
        init();
    }
    public void init() {
        allNetWork = (TextView) findViewById(R.id.allNetWork);
        scan = (Button) findViewById(R.id.scan);
        start = (Button) findViewById(R.id.start);
        stop = (Button) findViewById(R.id.stop);
        check = (Button) findViewById(R.id.check);
        scan.setOnClickListener(new MyListener());
        start.setOnClickListener(new MyListener());
        stop.setOnClickListener(new MyListener());
        check.setOnClickListener(new MyListener());
    }
    private class MyListener implements OnClickListener {
        @Override
        public void onClick(View v) {
            // TODO Auto-generated method stub
            switch (v.getId()) {
            case R.id.scan:// 扫描网络
                getAllNetWorkList();
                break;
            case R.id.start:// 打开 Wifi
                mWifiAdmin.openWifi();
                Toast.makeText(WifiActivity.this,
                        "当前 wifi 状态为: " + mWifiAdmin.checkState(),
1).show();
                break;
            case R.id.stop:// 关闭 Wifi
                mWifiAdmin.closeWifi();
                Toast.makeText(WifiActivity.this,
                        "当前 wifi 状态为: " + mWifiAdmin.checkState(),
1).show();
                break;
            case R.id.check:// Wifi 状态
                Toast.makeText(WifiActivity.this,
                        "当前 wifi 状态为: " + mWifiAdmin.checkState(),
1).show();
                break;
            default:
                break;
```

```
            }
        }
    }
    public void getAllNetWorkList() {
        // 每次单击扫描之前清空上一次的扫描结果
        if (sb != null) {
            sb = new StringBuffer();
        }
        // 开始扫描网络
        mWifiAdmin.startScan();
        list = mWifiAdmin.getWifiList();
        if (list != null) {
            for (int i = 0; i < list.size(); i++) {
                // 得到扫描结果
                mScanResult = list.get(i);
                sb = sb.append(mScanResult.BSSID + "  ")
                        .append(mScanResult.SSID + "   ")
                        .append(mScanResult.capabilities + "   ")
                        .append(mScanResult.frequency + "   ")
                        .append(mScanResult.level + "\n\n");
            }
            allNetWork.setText("扫描到的wifi网络: \n" + sb.toString());
        }
    }
}
```

res/values/strings.xml，参考代码如下。

```
<string name="app_name11">网络编程之wifi管理</string>
<string name="app_name12">网络编程之bluetooth管理</string>
```

修改 androidmanifest.xml 文件，增加 activity 声明，运行程序，如图 7-41 所示。

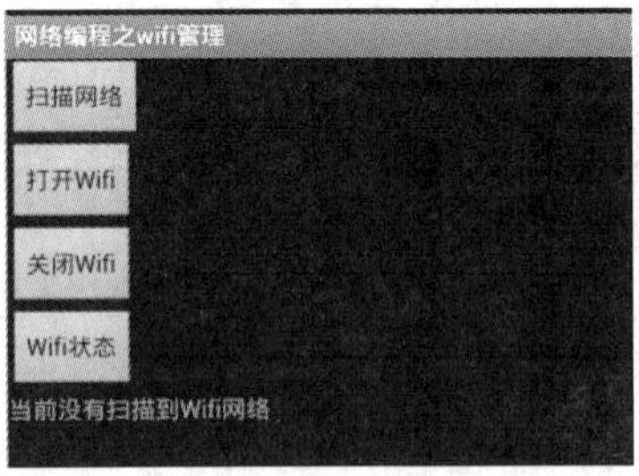

图 7-41

单击“打开 Wifi”按钮，如图 7-42 所示，显示当前 wifi 状态为 2，因为启动 wifi 需要一定时间，开启 wifi 成功后，单击“Wifi 状态”按钮，如图 7-43 所示，显示当前 wifi 状态为 3，如果单击“关闭 Wifi”按钮，则会提示“当前 wifi 状态为 0”，表示正在关闭，关闭成功后，再单击“Wifi 状态”，则会提示当前 wifi 状态为 1，说明 wifi 已经被关闭，如图 7-44 所示，如果附近有 wifi 网络，单击“扫描网络”按钮，会列出附近的 wifi 网络信息，包括 mac 地址，无线信号提供者的名字，连接速度，网络信号强度等信息。

图 7-42

图 7-43

图 7-44

7.6.2 Bluetooth（蓝牙）管理

Bluetooth 是目前使用最广泛的无线通讯协议，近距离无线通讯的标准。传说瑞典有个国王特别爱吃蓝莓，导致自己的牙齿天天都是蓝色的，在他执政期间这位国王非常善于交际，能说会到，和邻国的关系非常好，Bluetooth 的发明者觉得蓝牙的作用就是在近距离沟通周围的设备，跟这个国王很类似，于是起名叫蓝牙。蓝牙主要针对短距离设备通信，一般在 10 米以内，通过蓝牙进行数据交换时，必须要求两个或多个载体拥有蓝牙设备，拥有蓝牙设备的载体一般包括蓝牙手机、蓝牙耳机、蓝牙鼠标、蓝牙键盘等。

蓝牙的工作流程，首先两个设备上都要有蓝牙设备，专业一点叫蓝牙适配器，以手机和电脑为例，如图 7-45 所示。

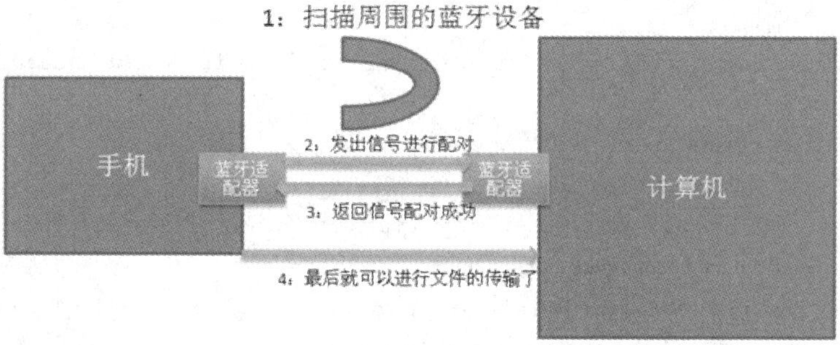

图 7-45

在手机上进行扫描，扫描周围蓝牙设备，先找到手机附近的电脑，然后给它发出一个信号需要进行蓝牙配对，再次返回一个信号说明手机和电脑已经配对成功，最后配对成功后，可以进行文件传输了。这是最基本的一个流程。

与蓝牙相关的最重要的两个 API 如下。

①BuletoothAdapter。

这个类的对象代表了本地的蓝牙适配器，相当于蓝牙工作流程图中手机的蓝牙适配器，也就是说，如这个应用程序是运行在手机上，那么手机上的蓝牙适配器就是本地蓝牙适配器。

②BuletoothDevice。

这个类的对象代表了远程的蓝牙设备，相当于蓝牙工作流程图中的计算机的蓝牙适配器，也就是说，如这个应用程序是运行在手机上，那么 BuletoothDevice 代表了要连接的远程的那个设备上的蓝牙适配器。

打开手机上的蓝牙适配器，并单击扫描蓝牙设备，可进行蓝牙配对，如图 7-46 所示，配对成功后可进行数据传输。

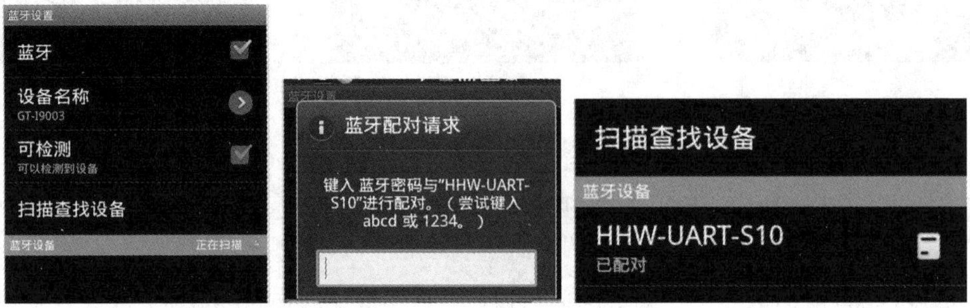

图 7-46

在 Android 程序中操作蓝牙，首先需要在 androidmanifest.xml 文件中添加蓝牙权限，代码如下。

```
<uses-permission android:name="android.permission.BLUETOOTH" />
<uses-permission android:name="android.permission.BLUETOOTH_ADMIN" />
res/layout/activity_bluetooth.xml。
<?xml version="1.0" encoding="utf-8"?>
<LinearLayout xmlns:android="http://schemas.android.com/apk/res/
android"
  android:layout_width="match_parent" android:layout_height="match_
parent"
  android:orientation="vertical">
  <TextView android:layout_width="fill_parent"
      android:layout_height="wrap_content" android:text="@string/hello" />
  <Button android:layout_width="fill_parent"
      android:layout_height="wrap_content" android:text="扫描周围的蓝牙设备"
      android:id="@+id/btn_scan_bluetooth"/>
</LinearLayout>
```

扫描已配对的远程蓝牙设备，步骤如下。

①需要在 AndroidMainfest.xml 中声明蓝牙权限。

```
<uses-permission android:name="android.permission.BLUETOOTH" />
```

②获得 BluetoothAdapter 对象。

③判断当前设备中是否拥有蓝牙设备。

④判断当前设备中的蓝牙设备是否已经打开。

⑤得到所有已经配对的蓝牙设备对象。

在 src/com/tangcco/t7/activity 目录下，创建 BluetoothActivity.java 类，代码如下。

```
    public class BluetoothActivity extends Activity {
     private Button mybutton = null;
     @Override
     protected void onCreate(Bundle savedInstanceState) {
         super.onCreate(savedInstanceState);
         setContentView(R.layout.activity_bluetooth);
         // 得到按钮
         mybutton = (Button) findViewById(R.id.btn_scan_bluetooth);
         // 绑定监听器
         mybutton.setOnClickListener(new ButtonListener());
     }
     // 监听器匿名类
     private class ButtonListener implements OnClickListener {
         public void onClick(View v) {
             // 得到 BluetoothAdapter 对象
             BluetoothAdapter adapter = BluetoothAdapter.
getDefaultAdapter();
             // 判断 BluetoothAdapter 对象是否为空，如果为空，则表明本机没有蓝牙设备
             if (adapter != null) {
                 System.out.println("本机拥有蓝牙设备");
                 Toast.makeText(BluetoothActivity.this, "本机拥有蓝牙设备",
1000)
                         .show();
             // 调用 isEnabled()方法判断当前蓝牙设备是否可用
                 if (!adapter.isEnabled()) {
             // 如果蓝牙设备不可用的话,创建一个 intent 对象,
    // 该对象用于启动一个 Activity,提示用户启动蓝牙适配器
                     Intent intent = new Intent(
                             BluetoothAdapter.ACTION_REQUEST_ENABLE);
                     startActivity(intent);
                 }
                 // 允许发现,配对绑定
                 Intent discoverableIntent = new Intent(
                         BluetoothAdapter.ACTION_REQUEST_DISCOVERABLE);
                 discoverableIntent.putExtra(
                         BluetoothAdapter.EXTRA_DISCOVERABLE_DURATION,
300);
                 startActivity(discoverableIntent);
                 // 得到所有已经配对的蓝牙适配器对象
                 Set<BluetoothDevice> devices = adapter.getBondedDevices();
                 if (devices.size() > 0) {
```

```
                    // 用迭代
                    for (Iterator iterator = devices.iterator(); iterator
                            .hasNext();) {
                        // 得到 BluetoothDevice 对象,也就是说得到配对的蓝牙适
配器
                        BluetoothDevice device = (BluetoothDevice) iterator
                                .next();
                        // 得到远程蓝牙设备的地址
                        // Log.d("mytag", device.getAddress());
                        Toast.makeText(BluetoothActivity.this,
                                device.getName() + " : " + device.getAddress(),
                                1000).show();
                    }
                    // Register the BroadcastReceiver
                    IntentFilter filter = new IntentFilter(
                            BluetoothDevice.ACTION_FOUND);
                    registerReceiver(mReceiver, filter);
                }
            } else {
                System.out.println("没有蓝牙设备");
                Toast.makeText(BluetoothActivity.this, "没有蓝牙设备",
1000).show();
            }
        }
    }
    @Override
    protected void onDestroy() {
        super.onDestroy();
        unregisterReceiver(mReceiver);
    }
    // 发现设备 Create a BroadcastReceiver for ACTION_FOUND
    private final BroadcastReceiver mReceiver = new BroadcastReceiver() {
        public void onReceive(Context context, Intent intent) {
            String action = intent.getAction();
            // When discovery finds a device
            if (BluetoothDevice.ACTION_FOUND.equals(action)) {
                // Get the BluetoothDevice object from the Intent
                BluetoothDevice device = intent

  .getParcelableExtra(BluetoothDevice.EXTRA_DEVICE);
            }
        }
    };
  }
```

修改 androidmanifest.xml 文件，增加 activity 声明，运行程序，界面如图 7-47 所示。

图 7-47

下面的例子，实现蓝牙的打开与关闭，在 res/layout 目录下，创建 activity_open_bluetooth.xml，代码如下。

```
<?xml version="1.0" encoding="utf-8"?>
<LinearLayout xmlns:android="http://schemas.android.com/apk/res/
android"
    android:orientation="vertical"
    android:layout_width="fill_parent"
    android:layout_height="fill_parent"
    android:background="#9e9e9e"
    >
<CheckBox
 android:text="@string/checkboxtext"
 android:id="@+id/checkbox"
 android:layout_width="wrap_content"
 android:layout_height="wrap_content"
>
</CheckBox>
<TextView
 android:id="@+id/textview"
    android:layout_width="fill_parent"
    android:layout_height="wrap_content"
    android:text="@string/notice_no"
    android:textColor="#000000"
/>
</LinearLayout>
```

res/values/strings.xml，代码如下。

```
<string name="notice_no">未打开蓝牙</string>
<string name="nofind">未发现远程蓝牙设备</string>
```

```
    <string name="nohave">本地无蓝牙设备</string>
    <string name="notice_yes">蓝牙已打开</string>
    <string name="checkboxtext">打开蓝牙</string>
```

在 src/com/tangcco/t7/activity 目录下，创建 BluetoothOpenActivity.java 类，代码如下。

```
    public class BluetoothOpenActivity extends Activity {
     List<BluetoothDevice> devicelist;
     BluetoothDevice device;
     BluetoothAdapter adapter;
     private CheckBox checkbox;
     private TextView textview;
     @Override
     public void onCreate(Bundle savedInstanceState) {
         super.onCreate(savedInstanceState);
         setContentView(R.layout.activity_open_bluetooth);
         // 获取控件对象
         checkbox = (CheckBox) this.findViewById(R.id.checkbox);
         textview = (TextView) this.findViewById(R.id.textview);
         // 获取本地蓝牙设备对象
         adapter = BluetoothAdapter.getDefaultAdapter();
         Toast.makeText(BluetoothOpenActivity.this, adapter+"", 1000).
show();
         // BluetoothAdapter.ACTION_REQUEST_ENABLE;
         if (adapter == null) {
             checkbox.setEnabled(false);
             checkbox.setChecked(false);
             textview.setText(R.string.nohave);
         } else {
             checkbox.setOnClickListener(new CheckBox.OnClickListener() {
                 @Override
                 public void onClick(View v) {
                    Toast.makeText(BluetoothOpenActivity.this, "test", 1000).
show();
                     if (checkbox.isChecked() == false) {
                         // 关闭蓝牙
                         adapter.disable();
                         textview.setText(R.string.notice_no);
                     } else {
                         // 打开蓝牙
                         adapter.enable();
                         // 注册接收器
                         IntentFilter findintent = new IntentFilter
(BluetoothDevice.ACTION_FOUND);
                         registerReceiver(findreceiver, findintent);
                         // 搜索
```

```
                        adapter.startDiscovery();

                        if (devicelist.size() > 0) {
                            // 列表显示
                        } else {
                            textview.setText(R.string.nofind);
                        }
                    }
                }
            });
        }
    }
    private BroadcastReceiver findreceiver = new BroadcastReceiver() {
        @Override
        public void onReceive(Context context, Intent intent) {
            String action = intent.getAction();
            if (action.equals(BluetoothDevice.ACTION_FOUND)) {
                BluetoothDevice device = intent

.getParcelableExtra(BluetoothDevice.EXTRA_DEVICE);
                devicelist.add(device);
            } else if (action
                    .equals(BluetoothAdapter.ACTION_DISCOVERY_FINISHED)) {
                Toast.makeText(context, "搜素完成", 1000).show();
            }
        }
    };
}
```

修改 androidmanifest.xml，增加 activity 声明，运行程序，界面如图 7-48 所示。

注意，需要添加蓝牙权限。选中复选框打开蓝牙，不选中复选框关闭蓝牙。

图 7-48

7.7　WebView 控件

7.7.1　使用 WebView 加载网页

WebView（网络视图）能加载显示网页，可以将其视为一个浏览器。图 7-49 是 Android SDK 的 API 中的结构。

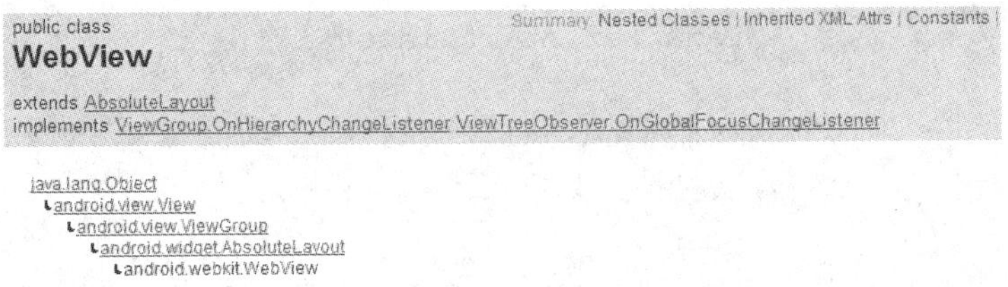

图 7-49

由于 webview 控件需要访问网络，所以，在 Android 中使用 webview 控件，需要添加 internet 权限。

```
<uses-permission android:name="android.permission.INTERNET" />
```

webview 能做什么？

① webView 可以利用 html 做界面布局。

② webView 直接显示网页。

③ webView 和 js 交互。

在 Andriod 程序中，有两种方法添加 WebView 控件，第一种方法的步骤如下。

①在 Activity 中实例化 WebView 组件：WebView webView = new WebView(this)。

②调用 WebView 的 loadUrl()方法，设置 WevView 要显示的网页。

互联网用：webView.loadUrl("http://www.google.com");

本地文件用：webView.loadUrl("file:///android_asset/XX.html"); 本地文件存放在 assets 文件中。

③调用 Activity 的 setContentView( )方法来显示网页视图。

④用 WebView 链接看了很多页以后，为了让 WebView 支持回退功能，需要覆盖 Activity 类的 onKeyDown()方法，如果不做任何处理，单击系统回退键，整个浏览器会调用 finish()而结束 Activity，而不是回退到上一页面。

⑤需要在 AndroidManifest.xml 文件中添加权限，否则会出现 Web page not available 错误。

```
    <uses-permission android:name="android.permission.INTERNET" />
public class WebViewActivity1 extends Activity {
 private WebView webview;
 @Override
 protected void onCreate(Bundle savedInstanceState) {
     super.onCreate(savedInstanceState);
     // 实例化 WebView 对象
     webview = new WebView(this);
     // 设置 WebView 属性，能够执行 Javascript 脚本
     webview.getSettings().setJavaScriptEnabled(true);
     // 加载需要显示的网页
     webview.loadUrl("http://www.tangcco.com/");
     // 设置 Web 视图
     setContentView(webview);
 }
 @Override
```

```
    public boolean onKeyDown(int keyCode, KeyEvent event) {
        // TODO Auto-generated method stub
        if ((keyCode == KeyEvent.KEYCODE_BACK) && webview.canGoBack()) {
            webview.goBack(); // goBack()表示返回 WebView 的上一页面
            return true;
        }
        return false;
    }
}
```

第二种方法的步骤如下。

①在布局文件中声明 WebView。

②在 Activity 中实例化 WebView。

③调用 WebView 的 loadUrl( )方法，设置 WevView 要显示的网页。

④为了让 WebView 能够响应超链接功能，调用 setWebViewClient( )方法，设置 WebView 视图

⑤用 WebView 链接看了很多页以后，为了让 WebView 支持回退功能，需要覆盖 Activity 类的 onKeyDown()方法，如果不做任何处理，单击系统回退键，整个浏览器会调用 finish()而结束 Activity，而不是回退到上一页面。

⑥需要在 AndroidManifest.xml 文件中添加权限，否则出现 Web page not available 错误。

```
<uses-permission android:name="android.permission.INTERNET"/>
```

res/layout/activity_webview.xml 的参考代码如下。

```
<?xml version="1.0" encoding="utf-8"?>
<LinearLayout
xmlns:android="http://schemas.android.com/apk/res/android"
  android:layout_width="match_parent" android:layout_height="match_
parent">
  <WebView android:id="@+id/webView" android:layout_width="match_
parent"
      android:layout_height="match_parent"></WebView>
</LinearLayout>
```

在 src/com/tangcco/t7/activity 目录下，创建 WebViewActivity.java 类，代码如下。

```
public class WebViewActivity extends Activity {
 private WebView webview;
 @Override
 protected void onCreate(Bundle savedInstanceState) {
     // TODO Auto-generated method stub
     super.onCreate(savedInstanceState);
     setContentView(R.layout.activity_webview);
     webview = (WebView) findViewById(R.id.webView);
     // 设置 WebView 属性，能够执行 Javascript 脚本
     webview.getSettings().setJavaScriptEnabled(true);
     // 加载需要显示的网页
```

```
        webview.loadUrl("http://www.tangcco.com");
        // 设置 Web 视图
        webview.setWebViewClient(new HelloWebViewClient());
    }
    // 设置回退 覆盖 Activity 类的 onKeyDown(int keyCoder,KeyEvent event)方法
    @Override
    public boolean onKeyDown(int keyCode, KeyEvent event) {
        // TODO Auto-generated method stub
        if ((keyCode == KeyEvent.KEYCODE_BACK) && webview.canGoBack()) {
            webview.goBack(); // goBack()表示返回 WebView 的上一页面
            return true;
        }
        return false;
    }
    // Web 视图
    private class HelloWebViewClient extends WebViewClient {
        @Override
        public boolean shouldOverrideUrlLoading
(WebView view, String url) {
            view.loadUrl(url);
            return true;
        }
    }
}
```

修改 androidmanifest.xml 文件，增加 activity 声明，运行程序，界面如图 7-50 所示。

单击页面上的某个链接，进入子页面，单击手机上的回退按钮，则返回上一级页面。

图 7-50

7.7.2 使用 WebView 和 JS 进行交互

Android 的 WebView 控件，支持与包含 HTML 页面的 JS 进行交互，如果访问的页面中有 Javascript，则需要设置 webview.getSettings().setJavaScriptEnabled(true)，以此来保证 WebView 支持 Javascript 的调用。下面的例子是采用 WebView 加载本地的 HTML 文件，与 HTML 文件的 JS 交互。

在 Android 项目的 assets 目录下，存放一个 demo.html 文件，文件结构内容如图 7-51 所示。

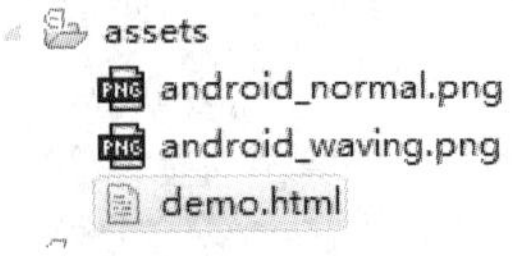

图 7-51

```
<html>
<script language="javascript">
 /* This function is invoked by the activity */
 function wave() {
```

```
        alert("1");
        document.getElementById("droid").src = "android_waving.png";
        alert("2");
    }
    /* This function is invoked by the activity */
    function waveBack() {
        alert("1");
        document.getElementById("droid").src = "android_normal.png";
        alert("2");
    }
  </script>
  <body>
    <!-- Calls into the javascript interface for the activity -->
    <a onClick="window.demo.callAndroid()"><div
        style="width: 80px; margin: 0px auto; padding: 10px; text-align:
center; border: 2px solid #202020;">
            <img id="droid" src="android_normal.png" /><br> Click me!
    </div></a>
  </body>
  </html>
```

res/layout/activity_webviewjs.xml，参考代码如下。

```
  <?xml version="1.0" encoding="utf-8"?>
  <LinearLayout
xmlns:android="http://schemas.android.com/apk/res/android"
    android:orientation="vertical" android:layout_width="fill_parent"
    android:layout_height="fill_parent">
    <Button android:layout_width="wrap_content" android:text="CallJs"
        android:layout_height="wrap_content" android:id="@+id/mCallJS" />
    <WebView android:id="@+id/webview" android:layout_width="fill_parent"
        android:layout_height="0dip" android:layout_weight="1" />
  </LinearLayout>
```

在 src/com/tangcco/t7/activity 目录下，创建 WebViewJsActivity.java，代码如下。

```
  public class WebViewJsActivity extends Activity {
   private WebView mWebView;
   private Handler mHandler = new Handler();
   private static final String LOG_TAG = "WebViewJsActivity";
   @Override
   protected void onCreate(Bundle savedInstanceState) {
       // TODO Auto-generated method stub
       super.onCreate(savedInstanceState);
       setContentView(R.layout.activity_webviewjs);
       loadAssetHtml();
   }
   public void loadAssetHtml() {
```

```
        mWebView = (WebView) findViewById(R.id.webview);
        WebSettings webSettings = mWebView.getSettings();
        webSettings.setSavePassword(false);
        webSettings.setSaveFormData(false);
        webSettings.setJavaScriptEnabled(true);
        webSettings.setSupportZoom(false);
        mWebView.setWebChromeClient(new MyWebChromeClient());
        // 将一个java对象绑定到一个javascript对象中,
    // javascript对象名就是interfaceName,作用域是Global.
        mWebView.addJavascriptInterface(new    DemoJavaScriptInterface(),
"demo");
        mWebView.loadUrl("file:///android_asset/demo.html");
        // 通过应用中按钮单击触发JS函数响应
        Button mCallJS = (Button) findViewById(R.id.mCallJS);
        mCallJS.setOnClickListener(new OnClickListener() {
            @Override
            public void onClick(View v) {
                mWebView.loadUrl("javascript:wave()");
            }
        });
    }
    private int i = 0;
    final class DemoJavaScriptInterface {
        DemoJavaScriptInterface() {
        }
        public void callAndroid() {
            mHandler.post(new Runnable() {
                public void run() {
                    if (i % 2 == 0) {
                        mWebView.loadUrl("javascript:wave()");
                    } else {
                        mWebView.loadUrl("javascript:waveBack()");
                    }
                    i++;
                }
            });
        }
    }
    final class MyWebChromeClient extends WebChromeClient {
        @Override
        public boolean onJsAlert(WebView view, String url, String message,
                JsResult result) {
            Log.d(LOG_TAG, message);
            result.confirm();
```

```
                return true;
            }
        }
    }
```

修改 androidmanifest.xml 文件，增加 activity 的声明，运行项目，界面如图 7-52 所示。

单击“CallJs”按钮，调用 demo.html 网页上的 js 函数，实现更换图片的功能，单击按钮后的界面如图 7-53 所示。同样，单击 WebView 控件上加载的 demo.html 页面上的图片，在 demo.html 的 js 函数中调用 Android 中的方法，也能实现图片的切换功能。

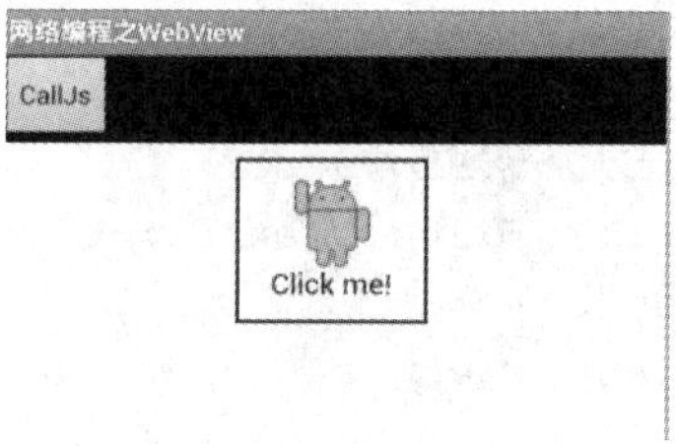

图 7-52

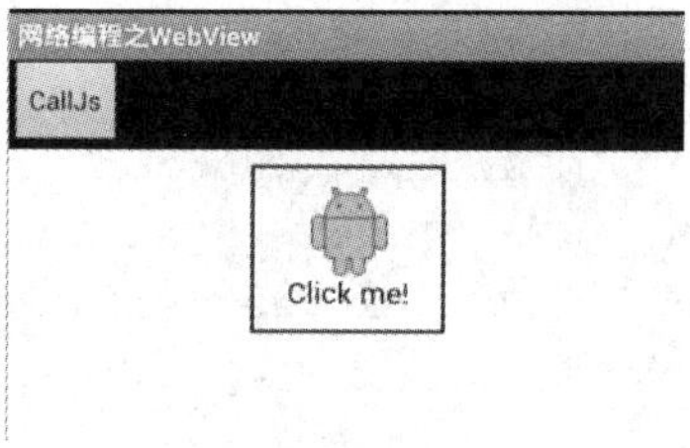

图 7-53

7.7.3　使用 WebView 控件制作简单的浏览器

Android 的 WebView 控件，除了前面所介绍的可以加载远程或本地的文件、当作布局、可以与 HTML 页面上的 JS 进行交互外，还能制作浏览器。下面，通过代码来了解 WebView 制作浏览器的步骤。

res/layout/activity_webview_browser.xml，参考代码如下。

```
    <?xml version="1.0" encoding="utf-8"?>
    <LinearLayout xmlns:android="http://schemas.android.com/apk/res/
android"
        android:layout_width="match_parent" android:layout_height
="match_parent"
        android:orientation="vertical">
        <EditText android:id="@+id/EditText01" android:layout_height=
"wrap_content"
            android:text="http://www.baidu.com"
android:layout_width="match_parent"></EditText>
        <Button android:text="浏览" android:id="@+id/btnBrowser"
            android:layout_height="wrap_content" android:layout_width=
"wrap_content"></Button>
        <WebView android:id="@+id/webview_browser" android:layout_width=
"match_parent"
            android:layout_height="match_parent"></WebView>
    </LinearLayout>
```

在 src/com/tangcco/t7/activity 目录下，创建 WebViewBrowserActivity.java，代码如下。

```
    public class WebViewBrowserActivity extends Activity {
     private final String DEBUG_TAG = "WebViewBrowserActivity";
     private Button mButton;
     private EditText mEditText;
     private WebView mWebView;
     @Override
     protected void onCreate(Bundle savedInstanceState) {
         // TODO Auto-generated method stub
         super.onCreate(savedInstanceState);
         getWindow().requestFeature(Window.FEATURE_PROGRESS);
         setContentView(R.layout.activity_webview_browser);
         mButton = (Button) findViewById(R.id.btnBrowser);
         mEditText = (EditText) findViewById(R.id.EditText01);
         mEditText.setText("http://www.baidu.com");
         mWebView = (WebView) findViewById(R.id.webview_browser);
         // 设置支持 JavaScript 脚本
         WebSettings webSettings = mWebView.getSettings();
         webSettings.setJavaScriptEnabled(true);
         // 设置可以访问文件
         webSettings.setAllowFileAccess(true);
         // 设置支持缩放
         webSettings.setBuiltInZoomControls(true);
         // 设置 WebViewClient
         mWebView.setWebViewClient(new WebViewClient() {
             public boolean shouldOverrideUrlLoading(WebView view, String
url) {
                 view.loadUrl(url);
                 return true;
             }
             @Override
             public void onPageFinished(WebView view, String url) {
                 super.onPageFinished(view, url);
             }
             @Override
             public void onPageStarted(WebView view, String url, Bitmap
favicon) {
                 super.onPageStarted(view, url, favicon);
             }
         });
         // 设置 WebChromeClient
         mWebView.setWebChromeClient(new WebChromeClient() {
             @Override
             // 设置网页加载的进度条
             public void onProgressChanged(WebView view, int newProgress) {
   // activity 的进度是 0 to 10000 (both inclusive),所以要*100
```

```
                    // WebViewBrowserActivity.this.setProgress(newProgress *
100); //方法一

    WebViewBrowserActivity.this.getWindow().setFeatureInt(          //方法二
                            Window.FEATURE_PROGRESS, newProgress * 100);
                super.onProgressChanged(view, newProgress);
            }
            @Override
            // 设置应用程序的标题 title
            public void onReceivedTitle(WebView view, String title) {
                WebViewBrowserActivity.this.setTitle(title);
                super.onReceivedTitle(view, title);
            }
        });
        // 连接按钮事件监听
        mButton.setOnClickListener(new OnClickListener() {
            public void onClick(View v) {
                try {
                    // 取得编辑框中我们输入的内容
                    String url = mEditText.getText().toString();
                    // 判断输入的内容是不是网址
                    if (URLUtil.isNetworkUrl(url)) {
                        // 装载网址
                        mWebView.loadUrl(url);
                    } else {
                        mEditText.setText("输入网址错误，请重新输入");
                    }
                } catch (Exception e) {
                    Log.e(DEBUG_TAG, e.toString());
                }
            }
        });
    }
    @Override
    public boolean onKeyDown(int keyCode, KeyEvent event) {
        // TODO Auto-generated method stub
        if ((keyCode == KeyEvent.KEYCODE_BACK) && mWebView.canGoBack()) {
            // 返回前一个页面
            mWebView.goBack();
            return true;
        }
        return super.onKeyDown(keyCode, event);
    }
}
```

修改 androidmanifest.xml 文件，增加 activity 声明，运行项目，在文本框中输入网址，界面如图 7-54 和图 7-55 所示。

如果输入的网址错误，如没有输入 http，则出现如图 7-56 所示，提示“输入网址错误，请重新输入”。

图 7-54

图 7-55

图 7-56

注意，WebView 是有缓存的，使用 WebView 访问网页时，Android 系统会为 WebView 所访问网页中的图片等信息以 SQLite 数据库的形式，保存在 data/data/<项目包名>/cache 目录下，为了提高手机的内存利用率，要适时地删除 WebView 控件所生成的缓存数据库文件。

第 8 章 应 用

8.1 位置服务

位置服务（LBS，Location Based Services）又称定位服务，是指通过 GPS 卫星或者蜂窝网络，获取各种终端的地理坐标（经度和纬度），在电子地图平台的支持下，为用户提供基于位置导航、查询的一种信息业务。

GPS（Global Position System，全球定位系统）是 20 世纪 70 年代由美国陆海空三军联合研制的新一代空间卫星导航定位系统。GPS 的原理是利用三维坐标中的距离公式和三颗卫星就可以计算出观测点的精确位置。

2005 年 2 月 Google 推出了 Google Maps，该服务为 Google 的搜索服务增加了影响力，之后 Google 也将 GPS 应用放在了 Android 的设备中。

本章将介绍在 Android 系统下，如何使用相关 API 实现位置服务的功能。

8.1.1 获取位置信息

由于手机设备的移动性，决定了手机在位置服务方面拥有比固定设备更多的优势，可以开发出多种基于移动设备位置服务的应用程序。

Android SDK 提供了 android.location 包和 Google Maps API，支持位置服务功能，开发人员可以方便地开发自己的位置服务应用。Android 系统支持两种定位方式，即 GPS 定位和网络定位。GPS 定位信息来自于卫星，精度很高，但是仅在户外有效，其首次获取位置时间较长，且耗电量非常大；而网络定位使用的是移动通信基站和 WiFi 信号，这种方式，室内和户外都可以使用，响应速度快，耗电少，但是精度难以保证。开发者需根据实际需求选择所用的定位方式。

8.1.2 LocationManager 介绍

在 Android 位置服务中，LocationManager 是一个非常重要的类，它用于管理用户的位置服务信息，提供确定用户位置的 API，通过这个类可以实现定位、跟踪和目标趋近等功能。

LocationManager 对象不能直接实例化，需要通过 Context.getSystemService 方法获得。

LocationManager 对象可以完成如下三个方面的任务。

- 从用户的位置查询所有可用的 LocationProvider 列表。
- 从特定的 LocationProvider 周期性的获取用户的当前位置。
- 当用户位置接近某个特定区域时，启动相关任务。

表 8-1 为 LocationManager 类的常用方法。

表 8-1

常用方法和属性	方法描述
getAllProviders()	获取所有的 LocationProvider 列表
getBestProvider(criteria, enabledOnly)	根据 criteria 返回最合适的 LocationProvider
getLastKnownLocation(provider)	根据 provider 获得最新位置信息
getProvider(name)	根据名字获得 LocationProvider
getProviders(enabledOnly)	获得可用的 LocationProvider 列表
requestLocationUpdates(provider,minTime, minDistance, listener)	通过给定的 Provider 名称，并将其绑定指定的 LocationListener 监听器
GPS_PROVIDER	静态字符串常量，表明 LocationProvider 是 GPS
NETWORK_PROVIDER	静态字符串常量，表明 LocationProvider 是网络

8.1.3 LocationProvider 介绍

LocationProvider 用来描述位置提供者，设置位置提供者的一些属性。可以通过 Criteria 类为 LocationProvider 设置条件，获得合适的 LocationProvider。表 8-2 列出了 LocationProvider 的常用方法和属性。

LocationProvider 中最常用的是 GPS_PROVIDER 和 NETWORK_PROVIDER，就是前文提到过的 GPS 定位和网络定位两种方式。使用下面代码可以获取系统所有的 LocationProvider 名称。

表 8-2

常用方法和属性	方法描述
AVAILABLE	静态整型常量，标示是否可利用
OUT_OF_SERVICE	静态整型常量，不在服务区
TEMPORAILY_UNAVAILABLE	静态整型常量，临时不可利用
getAccuarcy()	获得精度
getName()	获得名称
getPowerRequirement()	获得电源需求

续表

常用方法和属性	方法描述
hasMonetaryCost()	花钱的还是免费的
requiresCell()	是否需要访问基站网络
requiresNetWork()	是否需要 Intent 网络数据
requiresSatelite()	是否需要访问卫星

```
package introduction.android.gpsLocation;

import java.util.List;

import android.app.Activity;
import android.location.LocationManager;
import android.os.Bundle;
import android.view.View;
import android.view.View.OnClickListener;
import android.widget.Button;
import android.widget.TextView;

public class GooglemapActivity extends Activity {
    /** Called when the activity is first created. */
  Button button;
  TextView textview;
  LocationManager manager;
    @Override
    public void onCreate(Bundle savedInstanceState) {
        super.onCreate(savedInstanceState);
        setContentView(R.layout.main);
        button=(Button)findViewById(R.id.btn_listen);
        textview=(TextView)findViewById(R.id.tv_01);
        manager=(LocationManager)getSystemService(LOCATION_SERVICE);//
获取系统 location 服务
        button.setOnClickListener(new OnClickListener() {

          @Override
          public void onClick(View v) {
              //获取系统所有的 LocationProvider 名称
              List<String> list=manager.getAllProviders();
              String t="";
              for (int i = 0; i < list.size(); i++) {
                  t+=list.get(i)+"\n";
              }
              textview.setText(t);
          }
```

```
        });
      }
    }
```

Criteria 类可以设置一系列的查询条件，用于查找当前设备中符合条件的 LocationProvider，下面的代码片段展示了 Criteria 类的一般用法。

```
            Criteria c = new Criteria();
            c.setAccuracy(Criteria.ACCURACY_FINE); //精度高
            c.setPowerRequirement(Criteria.POWER_LOW); //电量消耗低
            c.setAltitudeRequired(false); //不需要海拔
            c.setSpeedRequired(false); //不需要速度
            c.setCostAllowed(false); //不需要费用
            String provider = locationManager.getBestProvider(c, false);
//false 是指不管当前适配器是否可用
            System.out.println(provider);
```

Location 类用于描述当前设备的地理位置信息，包括经纬度、方向、高度和速度等。可以通过 LocationManager.getLastKnownLocation(String provider)方法获得 Location 实例，其常用方法见表 8-3。

表 8-3

常用方法和属性	方法描述
public float getAccuracy ()	获得精确度
public double getAltitude ()	获得高度
public float getBearing ()	获得方向
public double getLatitude ()	获取经度
public double getLongitude ()	获得纬度
public float getSpeed ()	获得速度

Location 的典型应用见如下代码片段。

```
        Location location = locationManager.getLastKnownLocation (LocationManager.
GPS_PROVIDER);
         double latitude = location.getLatitude();     //经度
         double longitude = location.getLongitude(); //纬度
         double altitude = location.getAltitude();     //海拔
```

8.1.4 使用 GPS 获取当前位置信息

使用 GPS 获取用户当前位置，一般需要以下几个步骤。

（1）在 Manifest 文件中声明权限。

```
         <!-- 使用 GPS 定位需要以下权限 -->
         <uses-permission android:name="android.permission.ACCESS_FINE_
LOCATION"/>
         <!-- 使用网络定位需要以下权限 -->
```

```
    <uses-permission android:name="android.permission.ACCESS_
COARSE_LOCATION"/>
```

（2）获取 LocationManager 对象。

```
    locationManager=(LocationManager)getSystemService(Context.LOCATION_SE
RVICE);
```

（3）选择一个合适的 LocationProvider，并注册一个周期性的位置更新。

```
    locationManager.requestLocationUpdates(LocationManager.GPS_PROVIDER,
    0,0,new MyLocationListener());
```

（4）实现 LocationListener 接口，获取位置信息。

```
    class MyLocationListener implements LocationListener{
      @Override
      public void onLocationChanged(Location location) {
          tv_01.setText("您当前位置的经度为："+location.getLongitude());
          tv_02.setText("您当前位置的纬度为："+location.getLatitude());
      }
      @Override
      public void onProviderDisabled(String provider) {
          //当 provider 被用户关闭时调用
      }
      @Override
      public void onProviderEnabled(String provider) {
          //当 provider 被用户开启后调用
      }
      @Override
      public void onStatusChanged(String provider, int status, Bundle
extras) {
          //当 provider 的状态在 OUT_OF_SERVICE、TEMPORARILY_UNAVAILABLE 和
AVAILABLE 之间发生变化时调用
      }
    }
```

实例 GPSLocation 演示了使用 GPS 获取用户位置信息的过程，运行效果如图 8-1 所示。

由于模拟器没有真正的 GPS 硬件，所以，需要在 DDMS 中模拟 GPS 服务，图 8-2 展示了在 Emulator Control 面板上手动发送经纬度信息来测试位置服务。

图 8-1

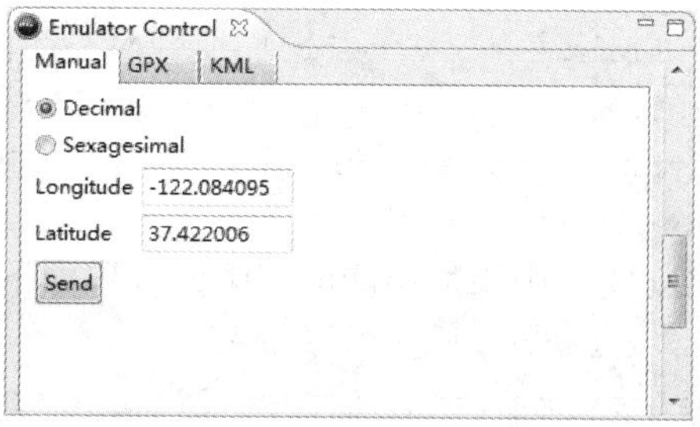

图 8-2

下面是实例 GPSLocation 主界面布局文件 main.xml 的代码。

```
<?xml version="1.0" encoding="utf-8"?>
<LinearLayout
xmlns:android="http://schemas.android.com/apk/res/android"
    android:orientation="vertical"
    android:layout_width="fill_parent"
    android:layout_height="fill_parent"
    >
  <TextView
      android:layout_width="fill_parent"
      android:layout_height="wrap_content"
      android:text="@string/hello"
      />
  <Button
      android:id="@+id/btn_listen"
      android:layout_width="fill_parent"
      android:layout_height="wrap_content"
      android:text="@string/btn_listen"
      />
  <TextView
      android:id="@+id/tv_01"
      android:layout_width="fill_parent"
      android:layout_height="wrap_content"
      android:text=""
      />
      <TextView
      android:id="@+id/tv_02"
      android:layout_width="fill_parent"
      android:layout_height="wrap_content"
      android:text=""
      />
</LinearLayout>
```

实例资源文件 strings.xml 的内容如下。

```
<?xml version="1.0" encoding="utf-8"?>
<resources>
    <string name="hello">使用 GPS 获取位置信息</string>
    <string name="app_name">GPSLocation</string>
    <string name="btn_listen">获取 GPS 信息</string>
</resources>
```

在 Manifest 文件中添加相应的权限，代码如下。

```
<?xml version="1.0" encoding="utf-8"?>
<manifest xmlns:android="http://schemas.android.com/apk/res/android"
    package="introduction.android.gpsLocation"
    android:versionCode="1"
```

```
        android:versionName="1.0" >

        <uses-sdk android:minSdkVersion="8" />
        <uses-permission
android:name="android.permission.ACCESS_FINE_LOCATION"/>

        <application
            android:icon="@drawable/ic_launcher"
            android:label="@string/app_name" >
            <activity
                android:label="@string/app_name"
                android:name=".GPSLocationActivity" >
                <intent-filter >
                    <action android:name="android.intent.action.MAIN" />

                    <category
android:name="android.intent.category.LAUNCHER" />
                </intent-filter>
            </activity>
        </application>

    </manifest>
```

主 Activity 文件 GPSLocationActivity.java 的代码如下。

```
    package introduction.android.gpsLocation;

    import android.app.Activity;
    import android.content.Context;
    import android.location.Location;
    import android.location.LocationListener;
    import android.location.LocationManager;
    import android.os.Bundle;
    import android.util.Log;
    import android.view.View;
    import android.view.View.OnClickListener;
    import android.widget.Button;
    import android.widget.TextView;

    public class GPSLocationActivity extends Activity {
        /** Called when the activity is first created. */
     private Button btn_listen;
     private TextView tv_01,tv_02;

        @Override
        public void onCreate(Bundle savedInstanceState) {
```

```
            super.onCreate(savedInstanceState);
            setContentView(R.layout.main);

            btn_listen=(Button) findViewById(R.id.btn_listen);
            tv_01=(TextView) findViewById(R.id.tv_01);
            tv_02=(TextView) findViewById(R.id.tv_02);

            btn_listen.setOnClickListener(new OnClickListener() {

                @Override
                public void onClick(View v) {
                    LocationManager locationManager=(LocationManager)
GPSLocationActivity.this.getSystemService(Context.LOCATION_SERVICE);

    locationManager.requestLocationUpdates(LocationManager.GPS_PROVIDER, 0,
0,new MyLocationListener());
                }
            });
        }

        class MyLocationListener implements LocationListener{

            @Override
            public void onLocationChanged(Location location) {
                // TODO Auto-generated method stub
                tv_01.setText("您当前位置的经度为："+location.getLongitude());
                tv_02.setText("您当前位置的纬度为："+location.getLatitude());
            }

            @Override
            public void onProviderDisabled(String provider) {
                //当provider被用户关闭时调用
                Log.i("GpsLocation","provider被关闭！");
            }

            @Override
            public void onProviderEnabled(String provider) {
                //当provider被用户开启后调用
                Log.i("GpsLocation","provider被开启！");
            }

            @Override
            public void onStatusChanged(String provider, int status, Bundle
extras) {
```

```
            //当 provider 的状态在 OUT_OF_SERVICE、TEMPORARILY_UNAVAILABLE 和
AVAILABLE 之间发生变化时调用
            Log.i("GpsLocation","provider 状态发生改变！");
        }
    }
}
```

由以上代码可见，LocationListener 用于接收位置发生改变时的通知。当 Provider 提供的位置信息发生改变时，onLocationChanged 方法会被调用。当不需要使用 LocationListener 进行位置更新时，可以 LocationManager 的 removeUpdates(LocationListener)方法将其移除。

8.2 传感器

大部分 Android 设备都带有传感器，传感器可以检测到设备的运动、方位，以及周围环境因素的变化，从而给应用程序带来更多的功能。例如，一个游戏可以不用触摸屏幕，而仅需要倾斜、晃动或摇摆手机就可以对游戏进行控制；一个与天气相关的程序，可以报告及时的温度和湿度情况；一个旅游相关的程序，可以根据地磁和加速度模拟一个罗盘。

8.2.1 Android 传感器简介

总的来讲，传感器可以分为以下三大类。

- 运动传感器。与三维空间中运动相关的传感器，包括加速度传感器、重力传感器、陀螺仪和旋转向量传感器等。
- 环境传感器。与周围环境参数相关的传感器，包括温度传感器、湿度传感器、压力传感器等。
- 位置传感器。与设备的物理位置相关的传感器，包括方向传感器和磁场传感器。

Android 中每一个传感器都有一个类型值，该值属于 android.hardware.Sensor 类的常量属性。下面列出了 Android 中所有传感器的类型值。

```
TYPE_ACCELEROMETER          1 //加速度
TYPE_MAGNETIC_FIELD         2 //磁力
TYPE_ORIENTATION            3 //方向
TYPE_GYROSCOPE              4 //陀螺仪
TYPE_LIGHT                  5 //光线感应
TYPE_PRESSURE               6 //压力
TYPE_TEMPERATURE            7 //温度
TYPE_PROXIMITY              8 //距离
TYPE_GRAVITY                9 //重力
TYPE_LINEAR_ACCELERATION    10//线性加速度
```

TYPE_ROTATION_VECTOR 11//旋转矢量

其中最后三种传感器需要 Android2.3 以上的版本支持。而且，还要注意的是，并不是所有设备都拥有所有类型的传感器，有些手机可能只包含两三种传感器。

Android 的传感器框架存放在 android.hardware 包中，主要有以下几个类。

- SensorManager：传感器管理类。该类代表一个传感器服务的实例，通过该类可以产生单个传感器对象，也可以产生传感器列表，以及注册和注销传感器。
- Sensor：传感器本身的类。该类提供了确定传感器能力的各种方法。
- SensorEventListener：该接口包含了两个回调方法。当传感器的值发生改变或者精度发生改变时，相关方法就会被自动调用。
- SensorEvent：传感器事件类。当上述回调方法被调用时，该类的对象将被作为参数传入，其中包含原始数据、传感器类型、产生的事件等信息。

一般的传感器编程，主要由以下两部分组成。

- 识别传感器，并且明确传感器功能。
- 监听传感器事件，并进行处理。

8.2.2 识别传感器

识别传感器的工作主要通过 SensorManager 来完成。获取 SensorManager 的代码如下。

```
    SensorManager sensorManager;
    sensorManager = (SensorManager) getSystemService
(Context.SENSOR_SERVICE);
```

获取传感器列表的代码如下。

```
        //从传感器管理器中获得全部的传感器列表
        List<Sensor> allSensors = sensorManager.getSensorList(Sensor.TYPE_ALL);
```

从传感器列表中再获取每一个传感器的具体信息的代码如下。

```
        //显示每个传感器的具体信息
        for (Sensor s : allSensors) {
            String tempString = "\n"
            + "  设备名称：" + s.getName() + "\n"
            + "  设备版本：" + s.getVersion() + "\n"
            + "  供应商："  + s.getVendor() + "\n";
            Log.i("spl", tempString);
        }
```

SensorManager 也可以获取指定类型的传感器，代码如下。

```
    Sensor sensor;
    sensor = sensorManager.getDefaultSensor(Sensor.TYPE_ORIENTATION);
```

8.2.3 传感器事件处理

传感器事件监听接口提供两个方法，即 onSensorChanged(SensorEvent event)和 onAccuracyChanged(Sensor sensor, int accuracy)，前者用来处理数值改变事件，后者用来处理精度改变事件。

下列代码演示了事件处理的一般方法，以及如何注册或注销一个传感器。

```
package spl.andr.sensor;

import java.util.List;

import android.app.Activity;
import android.content.Context;
import android.hardware.Sensor;
import android.hardware.SensorEvent;
import android.hardware.SensorEventListener;
import android.hardware.SensorManager;
import android.os.Bundle;
import android.util.Log;
import android.widget.TextView;

public class SensorDemoActivity extends Activity implements
SensorEventListener {
    /** Called when the activity is first created. */
    SensorManager sensorManager = null;
    Sensor sensor = null;

    TextView View1 = null;
    TextView View2 = null;
    TextView View3 = null;
    TextView View4 = null;
    TextView View5 = null;
    TextView View6 = null;
    TextView View7 = null;
    TextView View8 = null;
    TextView View9 = null;
    TextView View10 = null;
    TextView View11 = null;
    TextView View12 = null;

    public void onCreate(Bundle savedInstanceState) {
        super.onCreate(savedInstanceState);
        sensorManager = (SensorManager) getSystemService(Context.SENSOR_
SERVICE);
```

```
        sensor = sensorManager.getDefaultSensor(Sensor.TYPE_ORIENTATION);
//方向传感器
        setContentView(R.layout.main);
        View1 = (TextView) findViewById(R.id.edt1);
         View2 = (TextView) findViewById(R.id.edt2);
         View3 = (TextView) findViewById(R.id.edt3);
         View4 = (TextView) findViewById(R.id.edt4);
         View5 = (TextView) findViewById(R.id.edt5);
         View6 = (TextView) findViewById(R.id.edt6);
         View7 = (TextView) findViewById(R.id.edt7);
         View8 = (TextView) findViewById(R.id.edt8);
         View9 = (TextView) findViewById(R.id.edt9);
         View10 = (TextView) findViewById(R.id.edt10);
         View11 = (TextView) findViewById(R.id.edt11);
         View12 = (TextView) findViewById(R.id.edt12);

         //从传感器管理器中获得全部的传感器列表
         List<Sensor> allSensors = sensorManager.getSensorList(Sensor.
TYPE_ALL);
         //显示每个传感器的具体信息
         for (Sensor s : allSensors) {
              String tempString = "\n"
              + "  设备名称: " + s.getName() + "\n"
              + "  设备版本: " + s.getVersion() + "\n"
              + "  供应商: "  + s.getVendor() + "\n";
              Log.i("spl", tempString);
         }
    }

    public void onSensorChanged(SensorEvent event) {
        // 数值改变事件
        synchronized (this) {
            String str = "X: " + event.values[0] + ", Y: " + event.values[1]
+ ", Z: " + event.values[2];
            switch (event.sensor.getType()){
            case Sensor.TYPE_ACCELEROMETER:
               View1.setText("加速度: " + str);
               break;
            case Sensor.TYPE_MAGNETIC_FIELD:
               View2.setText("磁场: " + str);
               break;
            case Sensor.TYPE_ORIENTATION:
               View3.setText("定位: " + str);
               break;
```

```
            case Sensor.TYPE_GYROSCOPE:
                View4.setText("陀螺仪: " + str);
                break;
            case Sensor.TYPE_LIGHT:
                View5.setText("光线: " + str);
                break;
            case Sensor.TYPE_PRESSURE:
                View6.setText("压力: " + str);
                break;
            case Sensor.TYPE_TEMPERATURE:
                View7.setText("温度: " + str);
                break;
            case Sensor.TYPE_PROXIMITY:
                View8.setText("距离: " + str);
                break;
                //以下代码在 Android2.3 以前要注释起来
//              case Sensor.TYPE_GRAVITY:
//                  View9.setText("重力: " + str);
//                  break;
//              case Sensor.TYPE_LINEAR_ACCELERATION:
//                  View10.setText("线性加速度: " + str);
//                  break;
//              case Sensor.TYPE_ROTATION_VECTOR:
//                  View11.setText("旋转矢量: " + str);
//                  break;
            default:
                View12.setText("NORMAL: " + str);
                break;
            }
        }
    }

    public void onAccuracyChanged(Sensor sensor, int accuracy) {
        // 精度改变事件
        Log.d("spl","onAccuracyChanged: " + sensor + ", accuracy: " + accuracy);
    }

    protected void onResume() {
        super.onResume();
        // 注册传感器
        sensorManager.registerListener(this, sensor, SensorManager.SENSOR_
DELAY_NORMAL);
    }
```

```
        protected void onPause() {
            super.onPause();
            //注销传感器
            sensorManager.unregisterListener(this);
        }
    }
```

在上面代码中，发现 onPause 方法中对传感器进行了注销操作，这是有必要的，因为从传感器获取信息需要耗费很多电力，因此，当 Activity 暂停时，一定要先注销传感器，然后在 onResume 方法中重新注册。

8.2.4 运动传感器

1. 加速度传感器（TYPE_ACCELEROMETER）

加速度传感器又叫 G-sensor，返回 x、y、z 三轴的加速度数值。该数值包含地心引力的影响，单位是 m/s^2。将手机平放在桌面上，x 轴默认为 0，y 轴默认 0，z 轴默认 9.81。将手机朝下放在桌面上，z 轴为-9.81。将手机向左倾斜，x 轴为正值。将手机向右倾斜，x 轴为负值。将手机向上倾斜，y 轴为负值。将手机向下倾斜，y 轴为正值。

加速度传感器可能是最为成熟的一种传感器产品，几乎所有手机都有这个功能，游戏或应用中只要涉及晃动、摇动、倾斜等操作，一般使用的都是加速度传感器。

下面的代码片段演示了手机摇一摇功能的实现。

```
        public void onSensorChanged(SensorEvent event) {
            int sensorType = event.sensor.getType();
             //values[0]:X 轴，values[1]: Y 轴，values[2]: Z 轴
             float[] values = event.values;

             float x = values[0];
             float y = values[1];
             float z = values[2];

             Log.i("spl", "x:" + x + "y:" + y + "z:" + z);
             Log.i("spl",  "Math.abs(x):"  +  Math.abs(x)  +  "Math.abs(y):"
+Math.abs(y) + "Math.abs(z):" + Math.abs(z));
             if(sensorType == Sensor.TYPE_ACCELEROMETER){
              int value = 15;//摇一摇阀值,不同手机能达到的最大值不同,如某品牌手机只能
达到 20
              if(x >= value || x <= -value || y >= value || y <= -value || z >=
value || z <= -value){
                 //播放动画，更新界面，并进行对应的业务操作
                   Log.i("spl", "检测到摇动");
              }
             }
```

```
    }
```

event 实例的 values 变量非常重要，根据传感器的不同，里面的值代表的含义也不同，以加速度传感器为例，values 变量的类型是 float[]数组，最多有以下三个元素：

- float x = values[0]，代表 X 轴。
- float y = values[1]，代表 Y 轴。
- float z = values[2]，代表 Z 轴。

X 轴的方向是沿着屏幕的水平方向从左向右。如果手机不是正方形的话，较短的边需要水平放置，较长的边需要垂直放置。Y 轴的方向是从屏幕的左下角开始沿着屏幕的垂直方向指向屏幕的顶端。将手机平放在桌子上，Z 轴的方向是从手机里指向天空。

判断手机是否进行了摇一摇，只要判断 *X*、*Y*、*Z* 轴方向的值，达到设定的阀值时就表示进行了摇一摇。

2. 重力传感器（TYPE_GRAVITY）

重力传感器与加速度传感器使用同一套坐标系。values 数组中三个元素分别表示 X、Y、Z 轴的重力大小。重力传感器是加速度传感器的一种，其数据处理方式也相似。

3. 线性加速度传感器（TYPE_LINEAR_ACCELERATION）

线性加速度传感器简称 LA-sensor。线性加速度传感器是加速度传感器减去重力影响获取的数据。单位是 m/s^2，坐标系统与加速度传感器相同。加速度传感器、重力传感器和线性加速度传感器的计算公式为：加速度 = 重力 + 线性加速度

4. 陀螺仪（TYPE_GYROSCOPE）

陀螺仪测量的是设备在 X、Y、Z 轴上的旋转率，以弧度/秒为单位，可以理解为角速度。陀螺仪传感器经常用来计算手机在一定时间内转动的角度，代码如下。

```
private static final float NS2S = 1.0f / 1000000000.0f;
private float timestamp;
private float[] angle = new float[3];
public void onSensorChanged(SensorEvent event)
{
    if (timestamp != 0)
    {
    //  event.timesamp 表示当前的时间，单位是纳秒（1 百万分之一毫秒）
            final float dT = (event.timestamp - timestamp) * NS2S;
            angle[0] += event.values[0] * dT;
            angle[1] += event.values[1] * dT;
            angle[2] += event.values[2] * dT;
     }
     timestamp = event.timestamp;
}
```

上面代码中，通过陀螺仪传感器相邻两次获得数据的时间差（dT），来分别计算在这段时间内手机延 X、Y、Z 轴旋转的角度，并将值分别累加到 angle 数组的不同元素上。

5．旋转矢量传感器（TYPE_ROTATION_VECTOR）

旋转矢量传感器简称 RV-sensor。旋转矢量代表设备的方向，是一个将坐标轴和旋转角度混合计算得到的数据。旋转矢量传感器能反映设备当前的姿态。

8.2.5　位置传感器

1．磁场传感器（TYPE_MAGNETIC_FIELD）

磁场传感器获取的原始数据，记录的是三个方向上地球的磁场强度。通常情况下，这些数据并不会直接使用，而是和旋转向量传感器、角速度传感器的数据一起计算设备的位置。

2．方向传感器（TYPE_ORIENTATION）

方向传感器返回的 3 个值分别用角度值代表设备在 X、Y、Z 轴上的方向。这 3 个值的含义如下。

- values[0]：该值表示水平方位，也就是手机水平绕着 Z 轴旋转的角度。0 表示北（North），90 表示东（East），180 表示南（South），270 表示西（West）。可以利用这个特性来实现指南针功能。
- values[1]：该值表示“抬头”或“低头”的角度，取值范围是-180~180。假设将手机屏幕朝上水平放在桌子上，这时，如果桌子是完全水平的，values[1]的值应该是 0。这时从手机顶部开始抬起，直至将手机沿 X 轴旋转 180 度（屏幕向下水平放在桌面上），在这个旋转过程中，values[1]会在 0 到-180 之间变化，也就是说，从手机顶部抬起时，values[1]的值会逐渐变小，直至等于-180。如果从手机底部开始抬起，直至将手机沿 X 轴旋转 180 度，这时 values[1]会在 0 到 180 之间变化。也就是 values[1]的值会逐渐增大，直至等于 180。可以利用 values[1]和下面要介绍的 values[2]，来测量桌子等物体的倾斜度。
- values[2]：表示手机左倾或右倾的角度。取值范围是-90～90。假设将手机屏幕朝上水平放在桌面上，这时如果桌面是平的，values[2]的值应为 0。将手机左侧逐渐抬起时，values[2]的值逐渐变小，直至手机垂直于桌面放置，这时 values[2]的值是-90。将手机右侧逐渐抬起时，values[2]的值逐渐增大，直至手机垂直于桌面放置，这时 values[2]的值是 90。在垂直位置时继续向右或向左滚动，values[2]的值会继续在-90 至 90 之间变化。

注意，以上数据一定程度上依赖于设备，不同的手机，数据可能会有差异。

下面通过一段代码，来演示如何用方向传感器实现一个指南针应用。

CompassView.java 的代码如下。

```
package spl.andr.sensor;

import android.content.Context;
import android.graphics.Bitmap;
import android.graphics.BitmapFactory;
```

```
import android.graphics.Canvas;
import android.graphics.Color;
import android.graphics.Matrix;
import android.graphics.Paint;
import android.view.View;

public class CompassView extends View implements Runnable
{
 private Paint    _mPaint    = new Paint();
 private String   _message   = "正北 0°";
 private float    _decDegree = 0;
 private Bitmap   _compass;
 private Bitmap   _arrow;

 public CompassView(Context context)
 {
     super(context);

     // 载入图片
     _compass = BitmapFactory.decodeResource(getResources(), R.drawable.compass);
     _arrow   = BitmapFactory.decodeResource(getResources(), R.drawable.arrow);

     // 开启线程否则无法更新画面
     new Thread(this).start();
 }

 protected void onDraw(Canvas canvas)
 {
     canvas.drawColor(Color.BLACK);

     _mPaint.setColor(Color.WHITE);
     _mPaint.setTextSize(30);
     _mPaint.setFlags(Paint.FAKE_BOLD_TEXT_FLAG);

     canvas.drawText(_message, 75, 50, _mPaint);

     // 实现图像旋转
     Matrix mat = new Matrix();

     mat.reset();
     mat.setTranslate(15, 100);
     mat.preRotate(-_decDegree, 145, 145);

     // 绘制图像
```

```
        canvas.drawBitmap(_compass, mat, _mPaint);
        canvas.drawBitmap(_arrow, 152, 73, null);
    }

    @Override
    public void run()
    {
        while(!Thread.currentThread().isInterrupted())
        {
            try
            {
                Thread.sleep(100);
            }
            catch(InterruptedException e)
            {
                Thread.currentThread().interrupt();
            }

            postInvalidate();
        }

    }

    // 更新指南针角度
    public void setDegree(float degree)
    {
        // 设置灵敏度
        if(Math.abs(_decDegree - degree) >= 2 )
        {
            _decDegree = degree;

            int range = 22;

            String degreeStr = String.valueOf(_decDegree);

            // 指向正北
            if(_decDegree > 360 - range && _decDegree < 360 + range)
            {
                _message = "正北 " + degreeStr + "°";
            }

            // 指向正东
            if(_decDegree > 90 - range && _decDegree < 90 + range)
            {
```

```
                _message = "正东 " + degreeStr + "°";
            }

            // 指向正南
            if(_decDegree > 180 - range && _decDegree < 180 + range)
            {
                _message = "正南 " + degreeStr + "°";
            }

            // 指向正西
            if(_decDegree > 270 - range && _decDegree < 270 + range)
            {
                _message = "正西 " + degreeStr + "°";
            }

            // 指向东北
            if(_decDegree > 45 - range && _decDegree < 45 + range)
            {
                _message = "东北 " + degreeStr + "°";
            }

            // 指向东南
            if(_decDegree > 135 - range && _decDegree < 135 + range)
            {
                _message = "东南 " + degreeStr + "°";
            }

            // 指向西南
            if(_decDegree > 225 - range && _decDegree < 225 + range)
            {
                _message = "西南 " + degreeStr + "°";
            }

            // 指向西北
            if(_decDegree > 315 - range && _decDegree < 315 + range)
            {
                _message = "西北 " + degreeStr + "°";
            }
        }

    }

    // 更新指示信息
    public void setMessage(String message)
```

```
    {
        _message = message;

    }
}
```

以上代码定义了一个视图 CompassView，在 onDraw 方法中绘制了一个指南针的表盘，该图片会随着传入的角度而进行旋转变换。

MyCompass.java 的代码如下。

```
package spl.andr.sensor;

import java.util.List;

import android.app.Activity;
import android.hardware.Sensor;
import android.hardware.SensorEvent;
import android.hardware.SensorEventListener;
import android.hardware.SensorManager;
import android.os.Bundle;

public class MyCompass extends Activity  implements SensorEventListener
{
    private CompassView    _compassView;
  private boolean        mRegisteredSensor;
  //定义 SensorManager
  private SensorManager  mSensorManager;

  /** Called when the activity is first created. */
  @Override
  public void onCreate(Bundle savedInstanceState)
  {
      super.onCreate(savedInstanceState);
      _compassView = new CompassView(this);
        setContentView(_compassView);

      mRegisteredSensor = false;
      //取得 SensorManager 实例
      mSensorManager = (SensorManager) getSystemService(SENSOR_SERVICE);

  }
  @Override
  protected void onResume()
  {
      super.onResume();
```

```
        //接受SensorManager的一个列表(Listener)
        //这里我们指定类型为TYPE_ORIENTATION(方向感应器)
        List<Sensor> sensors =
mSensorManager.getSensorList(Sensor.TYPE_ORIENTATION);

        if (sensors.size() > 0)
        {
            Sensor sensor = sensors.get(0);
            //注册SensorManager
            //this->接收sensor的实例
            //接收传感器类型的列表
            //接受的频率
            mRegisteredSensor = mSensorManager.registerListener(this,
sensor, SensorManager.SENSOR_DELAY_FASTEST);
        }
    }

    @Override
    protected void onPause()
    {
        if (mRegisteredSensor)
        {
            //如果调用了registerListener
            //这里我们需要unregisterListener来卸载/取消注册
            mSensorManager.unregisterListener(this);
            mRegisteredSensor = false;
        }
        super.onPause();
    }
    //当精准度发生改变时
    //sensor->传感器
    //accuracy->精准度
    @Override
    public void onAccuracyChanged(Sensor sensor, int accuracy)
    {

    }
    // 当传感器数值在被改变时触发
    @Override
    public void onSensorChanged(SensorEvent event)
    {
        // 接受方向感应器的类型
        if (event.sensor.getType() == Sensor.TYPE_ORIENTATION)
        {
```

```
            // 这里我们可以得到数据，然后根据需要来处理
            float x = event.values[SensorManager.DATA_X];

            _compassView.setDegree(x);

        }
    }
}
```

MyCompass 类的主要功能是监听方向传感器的变换，并把第一个数据，也就是水平方向上的角度传给 CompassView 类的 setDegree 方法，从而改变指南针的绘制角度。

3. 距离传感器（TYPE_PROXIMITY）

距离传感器返回的唯一一个数组是代表一个对象与设备屏幕之间的距离，以 cm 为单位。这个传感器通常用来判断手机是否被举到人耳附近。例如，当距离小于某一个值时，就会熄灭屏幕，不再接收用户触摸屏幕事件，从而有效地防止通话过程中误触摸事件的出现。

8.3 发布程序和签名

截止到目前为止，一直在学习如何开发和调试 Android 项目，如果这一切工作都完成之后，如何把应用程序发布出去，提供给用户呢？本章就重点介绍这个问题。

8.3.1 应用程序发布的步骤

一个 Android 应用程序从开发到发布的过程，一般要经历以下几个步骤：

①完成开发工作，在模拟器上测试运行。

②将程序中的调试信息移除。

③考虑为应用程序添加 EULA（End User License Agreement）。

④为程序添加自己的图标，取代默认的图标。

⑤定义程序的版本。

⑥为程序进行签名。

⑦在真机上进行测试。

⑧测试完成后，发布到应用程序网站。

其中，应用程序的版本由 Manifest 文件中<manifest>标签指定，参考代码如下。

```
<manifest xmlns:android="http://schemas.android.com/apk/res/android"
    package="spl.andr.phoneblocker"
    android:versionCode="1"
    android:versionName="1.0" >
```

其中，android:versionCode 为一个整数值，代表程序代码的相对版本，也就是版本更新过

多少次。检查应用程序是否需要升级，就是根据这个值来判断。android:versionName 是一个字符串值，代表程序的版本信息，是显示给用户看的，此处表示 1.0 版本。

8.3.2 Android 的签名及策略

Android 系统要求签名机制，所有安装在 Android 系统上的软件，都必须经过签名，这样做的目的是为了用签名识别软件的开发者，保护开发者的知识产权。在 Android 系统中只有使用了同一个证书签名的应用，才能被升级和覆盖，不同签名的两个程序，即使包名和类名完全一样也不会允许安装在同一个目录下。

通常情况下，Android 为所有的开发者推荐的签名策略是：所有程序都用同一个证书签名，并且证书的有效期应该长于 25 年，这样做的原因有以下三点。

- 应用程序升级。若开发者希望某个程序可以无缝升级到新版本，则新版本必须使用同一个证书签名，否则不能升级。如果开发者计划升级应用，则应该确保签名密钥的有效期超过应用程序的生命周期。Android 建议密钥的有效期应该长于 25 年。一旦密钥过期，其签名的程序将无法升级。
- 应用程序模块化。Android 系统允许多个以同一证书签名的程序运行在同一个进程中，并看作是一个应用。每个程序可以以模块化部署，在升级时可以独立升级其中的某一个模块。
- 允许代码或数据共享。Android 提供了以签名为基础的权限机制，应用程序可以为以相同证书签名的其他应用程序公开自己的功能，这样就可以在相同签名的应用程序之间共享代码和数据。

为应用程序进行数字签名的过程如下。

- 导出未签名的应用程序。
- 获取签名文件。
- 为应用程序签名。

8.3.3 导出未签名的应用程序

使用 Eclipse+ADT 的方式开发应用程序，会使得整个签名过程变得简单。借助于 ADT，导出未签名的应用，仅需鼠标点击即可。

以实例 Assistant 为例，在项目上单击右键，选择 Android Tools | Expot Unsigned Application Package 选项，如图 8-3 所示。

在弹出的对话框中选择路径，单击保存按钮，即可将未经过 debug.keystore 文件签名的 apk 保存起来，如图 8-4 所示。

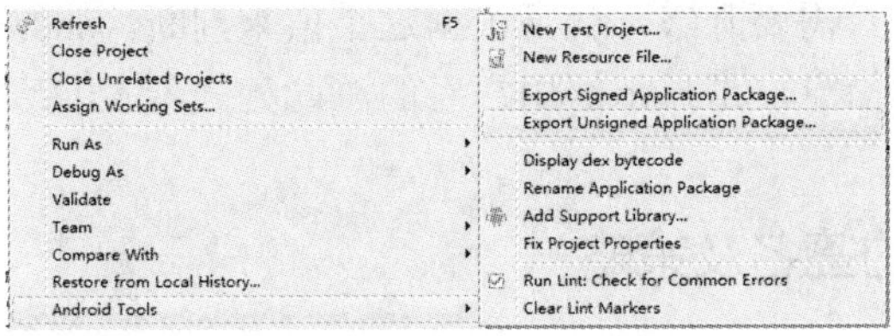

图 8-3

图 8-4

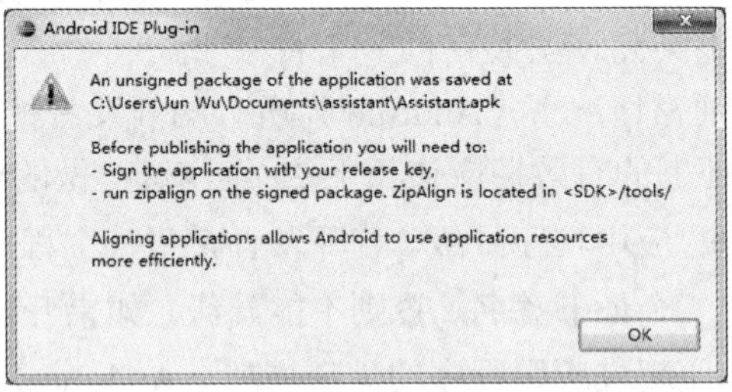

图 8-5

文件保存成功之后，稍等片刻，就会弹出一个提示对话框，如图 8-5 所示。

该对话框提示了 apk 所保存的路径，以及后续要完成的工作。

8.3.4 生成签名文件

接下来要做的事，是生成签名文件，签名文件也可以使用 ADT 工具帮助完成，具体步骤如下。

右键点击项目 Assistant，选择 Android Tools | Expot Signed Application Package 选项，弹出的对话框如图 8-6 所示。

单击 Next 按钮，出现 keystore 选择对话框，选中 Create new keystore 后，确定 keystore 的保存路径和文件名，填写密码，如图 8-7 所示。

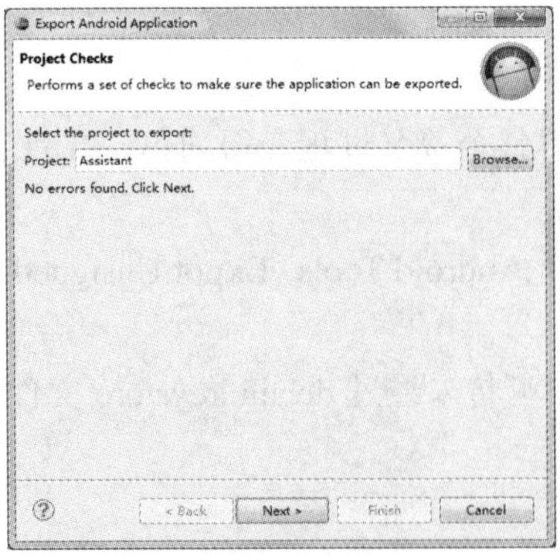

图 8-6

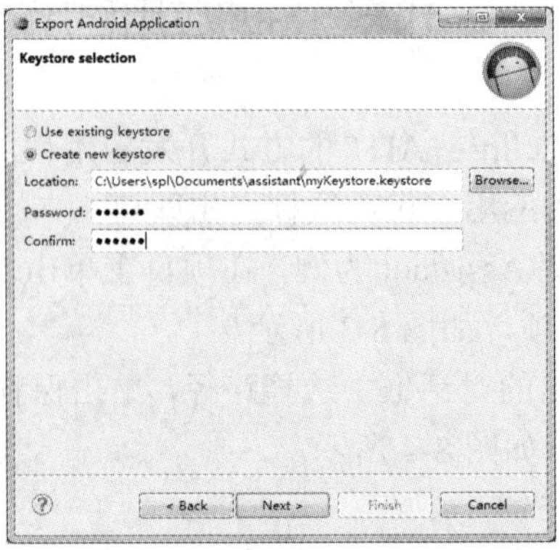

图 8-7

单击 Next 按钮，出现创建密钥对话框，其中上面 4 项必填。Alias 是密钥的别名，Validity 是密钥有效期，建议大于等于 25 年。填写密钥的密码时，建议和上一步中的密码一致，避免记混。都填写完成之后，如图 8-8 所示。

单击 Next 按钮，出现目标文件签名对话框，如图 8-9 所示。

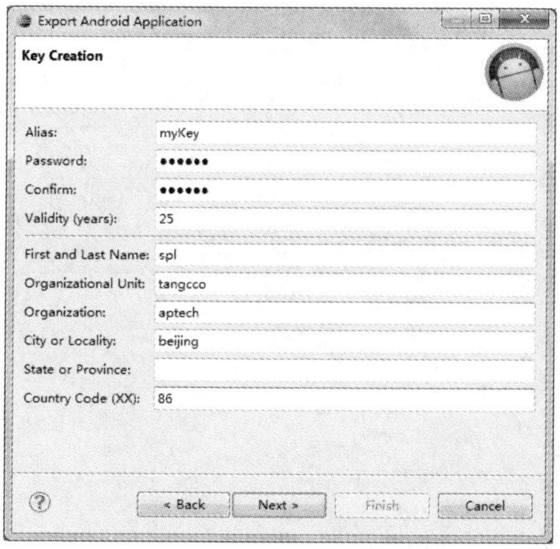

图 8-8

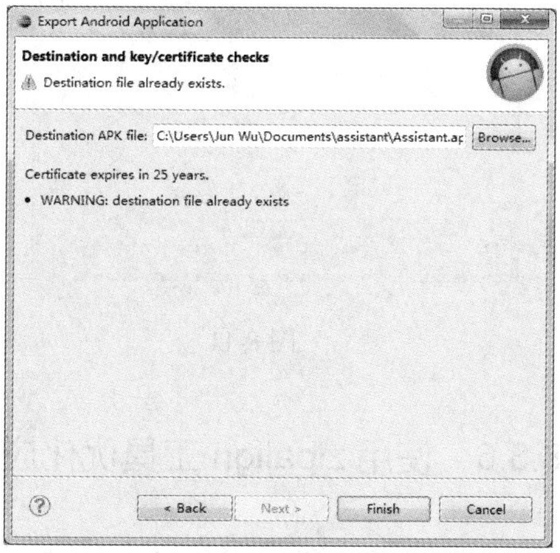

图 8-9

在这个对话框，选择在之前导出的未签名 apk 文件，它会提示文件已经存在，忽略掉。点击 Finish 按钮，完成对 apk 的签名工作，同时生成签名文件 myKeystore.keystore，如图 8-10 所示。

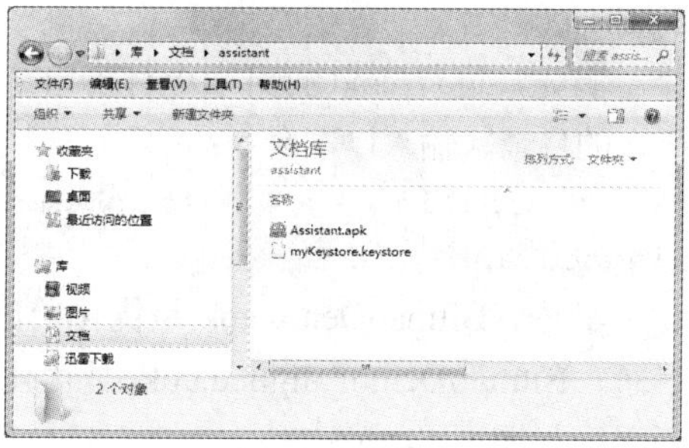

图 8-10

8.3.5　为应用程序签名

现在，有了 myKeystore.keystore 签名文件，就可以给其他的程序签名了，其过程和之前的步骤类似。

首先，选择另外一个项目，例如 BitmapDemo，右键点击项目名，选择 Android Tools | Expot Signed Application Package 选项，在弹出的对话框中单击 Next 按钮，出现选择签名文件对话框，如图 8-11 所示。

在该对话框中选择第一项 Use existing keystore，浏览文件找到之前生成的签名文件，并填好之前设置的密码，单击 Next 按钮，出现密钥别名选择对话框，如图 8-12 所示。

在这个对话框中，选择密钥别名，填写密码，单击 Next 按钮，出现最后一个密钥和证书确认对话框，如图 8-13 所示。

单击 Finish 按钮之后，签名工作就完成了。今后，只要保留好签名文件，就可以反复使用这个方法给所有的应用程序进行统一签名。

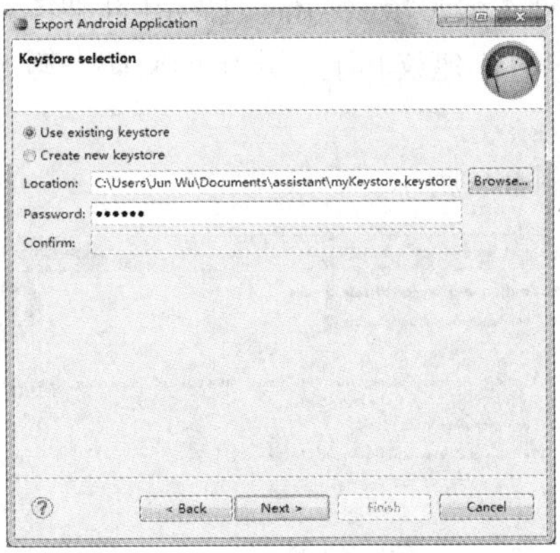

图 8-11

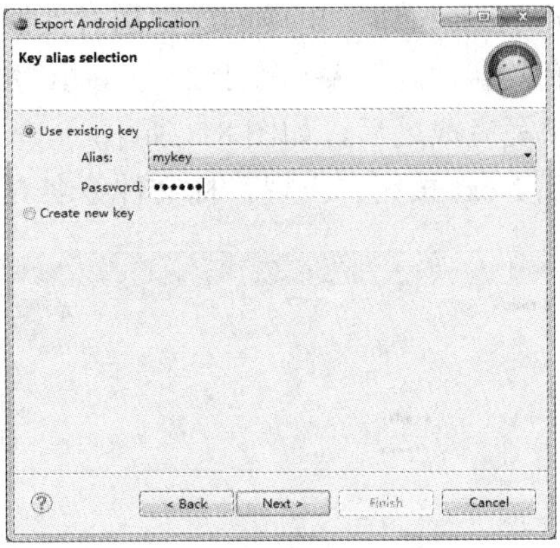

图 8-12

8.3.6 使用 zipalign 工具优化应用程序

在 Android SDK 的 tools 文件夹下，有一个名为 zipalign 的工具，它能够为打包的 apk 进行优化，将资源文件通过内存映射对齐到 X 字节边界，以加快资源的读取速度。下面简单介绍一下 zipalign 的用法。

首先，运行 cmd 打开命令行窗口，然后用 cd 命令切换到 apk 所在的目录，输入以下命令：

```
zipalign -v 4 BitmapDemo.apk BitmapDemo_aligned.apk
```

其中，BitmapDemo.apk 是优化前的 apk，它必须存在于当前目录，BitmapDemo_aligned.apk 是优化后的 apk。命令运行成功后界面如图 8-14 所示。

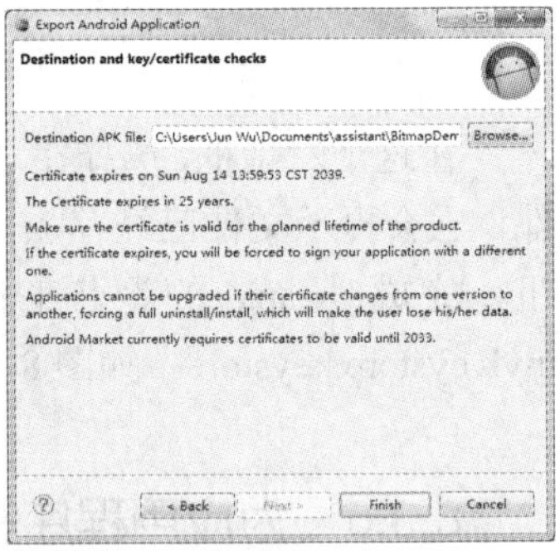

图 8-13

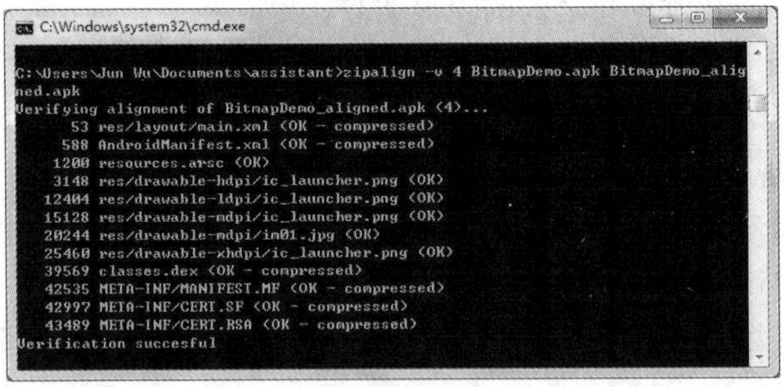

图 8-14

注意，如果出现“不是内部或外部命令”这样的报错时，说明环境变量里没有 tools 文件夹的路径，需要手动把 tools 路径添加到系统环境变量 path 中去。

8.3.7　发布到网络平台

完成了对 apk 文件的签名，就应考虑将程序上传到网络，给用户提供下载。在国内无法访问 Google 公司提供的网络发布平台 Google Play Store，不过，还是有其他的网站可供选择，例如，360 移动开放平台。下面，就以 360 移动开放平台为例，来演示一下程序发布的步骤。

首先，在浏览器里输入网址：http://dev.360.cn/，登录到 360 移动开放平台网站，如图 8-15 所示。

在首页单击“软件发布”，来到“选择注册开发者类型”页面，如图 8-16 所示。

图 8-15

图 8-16

在这里，选择个人开发者，单击进入下一个页面，注册个人开发者账号，如图 8-17 所示。

在这个页面，填写个人信息，并且上传本人和证件照的合照，以便进行实名认证。填完之后，单击注册，注册成功将进入下一界面，如图 8-18 所示。

图 8-17

图 8-18

在这个页面，可以通过单击“创建游戏”和“创建软件”来上传 apk。单击后，来到下一页面，上传安装包并完善信息，如图 8-19 所示。

在这个页面，不但要上传自己的 apk 文件，还要按要求填写好 apk 的相关信息，以及上传 Logo 图片和程序运行截图。最后单击提交，程序就会上传至 360 平台并等待审核，如图 8-20 所示。

图 8-19

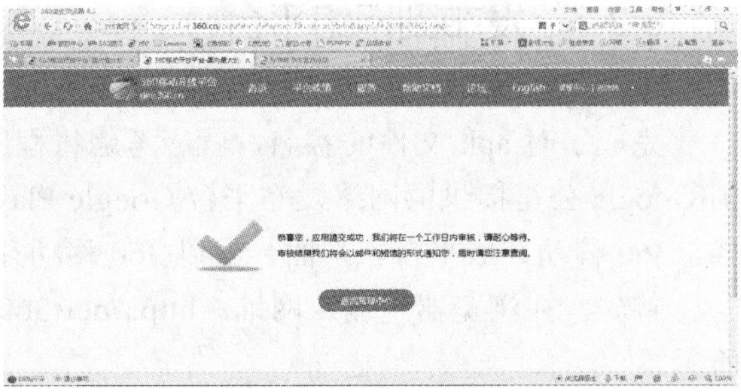

图 8-20

如果审核通过了，就意味着广大的手机用户都可以通过 360 平台搜索到该应用程序，并下载安装。希望读者都能早日上传自己的应用，成为一名骄傲的独立开发者。

第 9 章 NDK 开发与 JNI 开发

9.1 NDK 开发

先来看看 Android SDK（Android Software Development Kit），即 Android 软件开发工具包。可以说，只要使用 Java 去开发 Android 应用，这个东西就必须用到，它包含了 SDK Manager 和 AVD Manage，对 Android 系统一些开发版本的管理以及模拟器管理。而 NDK （Native Development Kit）跟 SDK 差不多，他也是一个开发工具包，用他开发 C/C++很方便，有一个强大的编译集合。

9.1.1 NDK 产生的背景

Android 平台从诞生起，就已经支持 C、C++开发。众所周知，Android 的 SDK 基于 Java 实现，这意味着基于 Android SDK 进行开发的第三方应用都必须使用 Java 语言。但这并不等同于“第三方应用只能使用 Java”。在 Android SDK 首次发布时，Google 就宣称其虚拟机 Dalvik 支持 JNI 编程方式，也就是第三方应用完全可以通过 JNI 调用自己的 C 动态库，即在 Android 平台上，“Java+C”的编程方式是一直可以实现的。

不过，Google 也表示，与使用原生态 SDK 编程相比，Dalvik 虚拟机也有一些劣势，Android SDK 文档里，找不到任何 JNI 方面的帮助。即使第三方应用开发者使用 JNI 完成了自己的 C 动态链接库（so）开发，但是 so 如何和应用程序一起打包成 apk 并发布，这方面也存在技术障碍。比如程序更加复杂，兼容性难以保证，无法访问 Framework API，Debug 难度更大等，开发者需要自行斟酌使用。

于是，NDK 就应运而生了。NDK 全称是 Native Development Kit。

NDK 的发布，使“Java+C”的开发方式终于转正，成为官方支持的开发方式。NDK 将是 Android 平台支持 C 开发的开端。

9.1.2 为什么使用 NDK

（1）代码的保护。由于 apk 的 Java 层代码很容易被反编译，而 C/C++库反编译难度较大。

（2）可以方便地使用现存的开源库。大部分现存的开源库都是用 C/C++代码编写的。

（3）提高程序的执行效率。将要求高性能的应用逻辑使用 C 开发，从而提高应用程序的执行效率。

（4）便于移植。用 C/C++写的库可以方便地在其他嵌入式平台上再次使用。

9.1.3 NDK 简介

1. NDK 是一系列工具的集合

NDK 提供了一系列的工具，帮助开发者快速开发 C/C++的动态库，并能自动将 so 和 java 应用一起打包成 apk，这些工具对开发者的帮助是巨大的。

NDK 集成了交叉编译器，并提供了相应的 mk 文件隔离 CPU、平台、ABI 等差异，开发人员只需要简单修改 mk 文件（指出“哪些文件需要编译”、“编译特性要求”等），就可以创建出 so。

NDK 可以自动地将 so 和 Java 应用一起打包，极大地减轻了开发人员的打包工作。

2. NDK 提供了一份稳定、功能有限的 API 头文件声明

Google 明确声明该 API 是稳定的，在后续所有版本中都稳定支持当前发布的 API。从该版本的 NDK 中看出，这些 API 支持的功能非常有限，包含有：C 标准库（libc）、标准数学库（libm）、压缩库（libz）、Log 库（liblog）。

在深入理解之前，暂且就把 NDK 当成是一种工具，这种工具使得 Java 能够使用 C/C++编译出 so 包，并将此包一起打入 apk 包中。

9.1.4 NDK 开发环境的搭建

1. 下载安装 Android NDK

下载地址：http://developer.android.com/sdk/ndk/index.html，如图 9-1 所示。

2. 下载安装 cygwin

由于 NDK 编译代码时，必须用到 make 和 gcc，所以，必须先搭建一个 linux 环境，cygwin 是一个在 Windows 平台上运行的 unix 模拟环境，它对于学习 Unix/linux 操作环境，或者从 Unix 到 Windows 的应用程序移植，非常有用。通过它，就可以在不安装 linux 的情况下，

使用 NDK 来编译 C、C++代码了。下载地址：http://www.cygwin.com，也可以到中文的映像网站 http://www.cygwin.cn 下载。

（1）双击，运行后将看到安装向导界面，如图 9-2 所示。

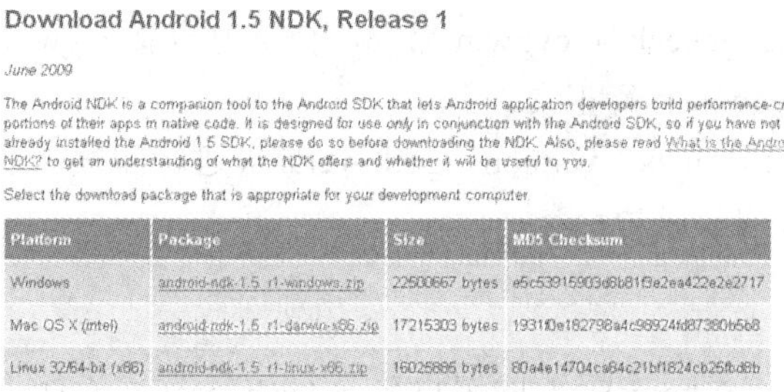

图 9-1

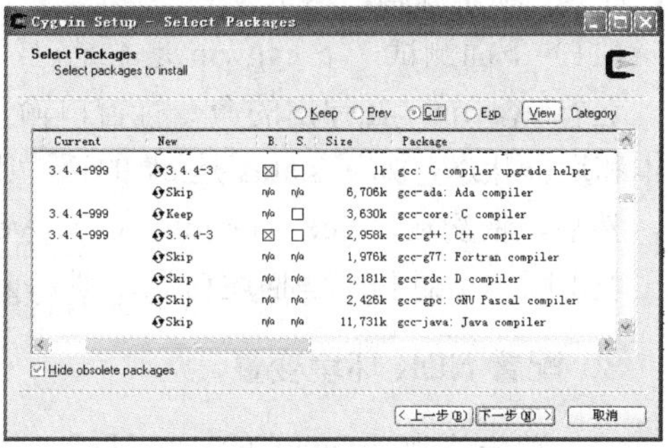

图 9-2

（2）单击下一步，此时要选择安装方式。

- Install from Internet：直接从 Internet 上下载并立即安装（安装完成后，下载好的安装文件并不会被删除，而是仍然被保留，以便下次再安装）。
- Download Without Installing：只是将安装文件下载到本地，但暂时不安装。
- Install from Local Directory：不下载安装文件，直接从本地某个含有安装文件的目录进行安装。

（3）选择第一项，然后单击“下一步”。

（4）选择要安装的目录，注意，最好不要放在目录名有中文和空格的目录里，会出现安装问题，其他选项不需改变，之后单击“下一步”。

（5）上一步是选择安装 cygwin 的目录，这是选择下载的安装包所在的目录，是默认运行 setup.exe 的目录，直接单击“下一步”就可以。

（6）此时，有三种连接方式供选择。

- Direct Connection：直接连接。
- Use IE5 Settings：使用 IE 的连接参数设置进行连接。
- Use HTTP/FTP Proxy：使用 HTTP 或 FTP 代理服务器进行连接（需要输入服务器地址、端口号）。

用户可根据自己的网络连接的实际情况进行选择，一般情况下，均选择第一种，也就是直接连接方式。然后再单击“下一步”。

（7）选择要下载的站点，选择后单击“下一步”。

（8）此时，会下载加载安装包列表。

（9）Search 是可以输入要下载的包的名称，能够快速筛选出要下载的包。四个单选按钮是选择下边树的样式，默认就行，不需改动。View 默认是 Category，建议改成 full，显示全部包，再检查，以免一些包被隐藏掉。左下角那个复选框是是否隐藏过期包，默认打钩，不用管它，接下来开始下载要安装的包，为了避免全部下载，这里列出后面开发 NDK 用得着的包，即

autoconf2.1、automake1.10、binutils、gcc-core、gcc- g++、gcc4-core、gcc4-g++、gdb、pcre、pcre-devel、gawk、make 共 12 个包。

（10）然后，开始选择安装这些包，单击 skip，把它变成数字版本格式，确保 Bin 项变成叉号，而 Src 项是源码，这个没必要选。

（11）下面测试一下 cygwin 是不是已经安装好。

运行 cygwin，在弹出的命令行窗口输入：cygcheck -c cygwin 命令，会出现当前 cygwin 的版本和运行状态，如果 status 是 ok 的话，则 cygwin 运行正常。

然后，依次输入 gcc –version，g++ --version，make –version，gdb –version 进行测试，如果都出现出版本信息和一些描述信息，则 cygwin 安装成功！

3．配置 NDK 环境变量

（1）首先找到 cygwin 的安装目录，找到一个 home\< 你的用户名 >\.bash_profile 文件，例如，E:\cygwin\home\Administrator\.bash_profile。

注意，这里安装的时候，home 文件夹下面什么都没有，解决的办法：首先打开环境变量，把里面的用户变量中的 HOME 变量删掉，在 E:\cygwin\home 文件夹下建立名为 Administrator 的文件夹（是用户名），然后把 E:\cygwin\etc\skel\.bash_profile 拷贝到该文件夹下。

（2）打开 bash_profile 文件，添加 NDK=/cygdrive/< 你的盘符 >/<android ndk 目录 >，例如：

```
NDK=/cygdrive/e/android-ndk-r5
export NDK
```

NDK 这个名字可以随便取，为了以后使用方便，选个简短的名字，然后保存。

（3）打开 cygwin，输入 cd $NDK，如果输出上面配置的 /cygdrive/e/android-ndk-r5 信息，则表明环境变量设置成功。

9.1.5　初试 NDK 开发

在进行 NDK 开发时，一般需要同时建立 Android 工程和 C/C++工程，然后使用 NDK 编译 C/C++工程，形成可以被调用的共享库，最后共享库文件会被拷贝到 Android 工程中，并直接打包到 apk 文件中。

1．编写 Java 代码

（1）建立一个 Android 工程 TestNDK，创建 TestNDK.java 文件。

TestNDK.java 文件内容如下。

```
 package com.blueeagle.example;
import android.app.Activity;
import android.widget.TextView;
import android.os.Bundle;

public class TestNDK extends Activity  {
    @Override
```

```
        public void onCreate(Bundle savedInstanceState){
            super.onCreate(savedInstanceState);
            TextView  myTextView = new TextView(this);
            myTextView.setText( stringTestNdk() );
                setContentView(myTextView);
            }
        public native String  stringTestNdk ();
            public native String  stringTestNdk2 ();
            static {
                System.loadLibrary("testNDK");
            }
    }
```

其中 static 语句块表明程序开始运行的时候，会加载 testNDK，static 区声明的代码会先于 onCreate 方法执行。如果程序中有多个类，而且如果 TestNDK 这个类不是应用程序的入口，那么 testNDK（完整的名字是 lib testNDK.so）这个库会在第一次使用 TestNDK 这个类的时候加载。

```
    public native String  stringTestNdk ();
        public native String  stringTestNdk2 ();
```

可以看到这两个方法的声明中有 native 关键字，这个关键字表示这两个方法是本地方法，也就是说这两个方法是通过本地代码（C/C++）实现的，在 java 代码中仅仅是声明。

用 eclipse 编译该工程，生成相应的.class 文件，这一步必须在下一步之前完成，因为生成.h 文件需要用到相应的.class 文件。暂时不考虑报错信息。

（2）生成.h 文件。

在编写 C/C++文件之前，需要利用 javah 工具生成相应的.h 文件，然后，根据这个.h 文件编写相应的 C/C++代码。进入刚才建立的 testNDK 工程目录中，查看工程文件 AndroidManifest.xml assets bin default.properties gen　res　src，并新建一个 NDK 文件夹后，就可以进行.h 文件的生成了。

在工程目录下执行：javah -classpath bin -d ndk com.blueeagle.example.TestNDK。这里 -classpath 表示类的路径，-d ndk 表示生成的.h 文件存放的目录，com.blueeagle.example.TestNDK 则是完整的类名。现在可以在 ndk 目录下看到多了一个.h 文件 com_blueeagle_example_testNDK.h，打开后，可以看到.h 文件的内容如下。

```
    #include <jni.h>

    #ifndef _Included_com_blueeagle_example_testNDK
    #define _Included_com_blueeagle_example_testNDK
    #ifdef __cplusplus
    extern "C" {
    #endif

    /*
    * Class:     com_blueeagle_example_testNDK
    * Method:    stringTestNdk
    * Signature: ()Ljava/lang/String;
```

```
 */
JNIEXPORT jstring JNICALL Java_ com_blueeagle_example_testNDK_ stringTestNdk
(JNIEnv *, jobject);

/*
* Class:     com_blueeagle_example_testNDK
* Method:    stringTestNdk2
* Signature: ()Ljava/lang/String;
*/
JNIEXPORT jstring JNICALL Java_ com_blueeagle_example_testNDK_
stringTestNdk2
(JNIEnv *, jobject);

#ifdef __cplusplus
}
#endif
#endif
```

上面代码中的 JNIEXPORT 和 JNICALL 是 jni 的宏，在 Android 的 jni 中不需要，当然写上去也不会有错。函数名比较长，但完全是按照 java_pacakege_class_mathod 形式来命名。也就是说，TestNDK.java 中 stringTestNdk() 方法对应于 C/C++中的 Java_com_blueeagle_example_testNDK_ stringTestNdk()方法，TestNDK.java 中 stringTestNdk2() 方法对应于 C/C++中的 Java_com_blueeagle_example_testNDK _ stringTestNdk2() 方法。

注意，其中的注释：Signature: ()Ljava/lang/String;

()表示函数的参数为空（这里为空，是指除了 JNIEnv *、jobject 这两个参数之外，没有其他参数，JNIEnv*、jobject 是所有 jni 函数必有的两个参数，分别表示 jni 环境和对应的 java 类（或对象）本身）。

Ljava/lang/String; 表示函数的返回值是 java 的 String 对象。

2. 编写 C/C++文件 TestNDK.c

```
 #include <string.h>
#include <jni.h>

jstring
Java_com_blueeagle_example_testNDK_stringTestNdk( JNIEnv* env, jobject
thiz )
{
   return (*env)->NewStringUTF(env, "Hello Test NDK !");
}
```

这里只是实现了 Java_com_blueeagle_example_testNDK_stringTestNdk 方法，而 Java_com_blueeagle_example_testNDK_stringTestNdk2 方法并没有实现，因为在 testNDK.java 中只调用了 stringTestNdk ()方法，所以 stringTestNdk 2()方法没有实现也没关系，不过，建议最好还是把所有 java 中定义的本地方法都实现了。Java_com_blueeagle_example_testNDK_stringTestNdk 函数

只是简单的返回了一个内容为 "Hello Test NDK !" 的 jstring 对象（对应于 java 中的 String 对象）。

至此，testNDK.c 文件就已经编写好了，这时的.h 文件已经没有用了。

3. 编译生成相对应的库

（1）首先需要编写 Android.mk 文件。

在 testNDK.c 的同级目录下，新建一个 Android.mk 文件，代码如下。

```
LOCAL_PATH := $(call my-dir)

include $(CLEAR_VARS)

LOCAL_MODULE    := testNDK

LOCAL_SRC_FILES := testNDK.c

include $(BUILD_SHARED_LIBRARY)
```

这个 Androd.mk 文件很短，下面来逐行解释。

LOCAL_PATH := $(call my-dir)，一个 Android.mk 文件首先必须定义好 LOCAL_PATH 变量。它用于在开发树中查找源文件。在这个例子中，宏函数'my-dir'，由编译系统提供，用于返回当前路径（即包含 Android.mk file 文件的目录）。

include $(CLEAR_VARS)，CLEAR_VARS 由编译系统提供，指定让 GNU MAKEFILE 清除许多 LOCAL_XXX 变量（例如 LOCAL_MODULE，LOCAL_SRC_FILES，LOCAL_STATIC_LIBRARIES，等等），除 LOCAL_PATH。这是必要的，因为所有的编译控制文件都在同一个 GNU MAKE 执行环境中，所有的变量都是全局的。

LOCAL_MODULE := testNDK，编译的目标对象，LOCAL_MODULE 变量必须定义，以标识在 Android.mk 文件中描述的每个模块。名称必须是唯一的，而且不包含任何空格。

注意，编译系统会自动产生合适的前缀和后缀，换句话说，一个命名为 hello-jni 的共享库模块，将会生成 libhello-jni.so 文件。重要注意事项，是如果把库命名为 libtestNDK，编译系统将不会添加任何的 lib 前缀，也会生成 libfoo.so，这是为了支持来源于 Android 平台的源代码 Android.mk 文件，如果确实需要这么做的话。

LOCAL_SRC_FILES := testNDK.c，LOCAL_SRC_FILES 变量必须包含将要编译打包进模块中的 C 或 C++源代码文件。

注意，不用在这里列出头文件和包含文件，因为编译系统将会自动找出依赖型的文件；仅仅列出直接传递给编译器的源代码文件就可以。默认的 C++源码文件的扩展名是.cpp，指定一个不同的扩展名也是可以的，只要定义 LOCAL_DEFAULT_CPP_EXTENSION 变量，不要忘记开始的小圆点（也就是.cxx，而不是 cxx）。

include $(BUILD_SHARED_LIBRARY)，BUILD_SHARED_LIBRARY 表示编译生成共享库，是编译系统提供的变量，指向一个 GNU Makefile 脚本，负责收集自上次调用 include $(CLEAR_VARS)以来，定义在 LOCAL_XXX 变量中的所有信息，并且决定编译什么，如何正确地去做。还有 BUILD_STATIC_LIBRARY 变量表示生成静态库 lib$(LOCAL_MODULE).a，BUILD_EXECUTABLE 表示生成可执行文件。

（2）其次进行编译。

进入到工程根目录，输入 ndk-build，即可生成相应的库 libs/armeabi/testNDK.so。

9.1.6 生成 APK

重新编译 testNDK 工程，将 so 包打入工程 apk 包，即可看到结果，在模拟器上显示 Hello Test NDK！

9.2 JNI 开发原理

JNI 是 Java 平台中的一个强大特性。应用程序可以通过 JNI 把 C/C++代码集成到 Java 程序中。通过 JNI，开发者在利用 Java 平台强大功能的同时，不必放弃对原有代码的投资；因为 JNI 是 Java 平台定义的规范接口，当程序员向 Java 代码集成本地库时，只要在一个平台中解决了语言互操作问题，就可以把该解决方案比较容易的移植到其他 Java 平台中。

Java 平台(Java Platform)的组成，即 Java VM 和 Java API。Java 应用程序使用 Java 语言开发，然后编译成与平台无关的字节码（.class 文件）。Java API 由一组预定义的类组成。任何组织实现的 Java 平台都要支持 Java 编程语言、虚拟机和 API 平台环境（操作系统，一组本机库和 CPU 指令集）。本地应用程序，通常依赖于一个特定的平台环境，用 C、C++等语言开发，并编译成平台相关的二进制指令，目标二进制代码在不同 OS 间一般不具有可移植性。

Java 平台（Java VM 和 Java API）一般在某个平台下开发，比如，Sun 的 Java Runtime Environment (JRE)支持类 Unix 和 Windows 平台。Java 平台做的所有努力，都为了使程序更具可移植性。

9.2.1 JNI 的作用

当 Java 平台部署到本地系统中，有必要做到让 Java 程序与本地代码协同工作。部分原因是由于遗留代码（保护原有的投资）的问题（一些效率敏感的代码用 C 实现，但现在 JavaVM 的执行效率完全可信赖），工程师们很早就开始以 C/C++为基础构建 Java 应用，所以，C/C++代码将长时间的与 Java 应用共存。

JNI 在利用强大的 Java 平台的同时，仍然可以用其他语言编写程序。作为 JavaVM 的一部分，JNI 是一套双向的接口，允许 Java 与本地代码间的互操作，如图 9-3 所示。

作为双向接口，JNI 支持两种类型本地代码：本地库和本地应用。

- 用本地代码实现 Java 中定义的 native method 接口，使 Java 调用本地代码。
- 通过 JNI 可以把 Java VM 嵌入到一个应用程序中，此时，Java 平台作为应用程序的增强，使其可以调用 Java 类库。

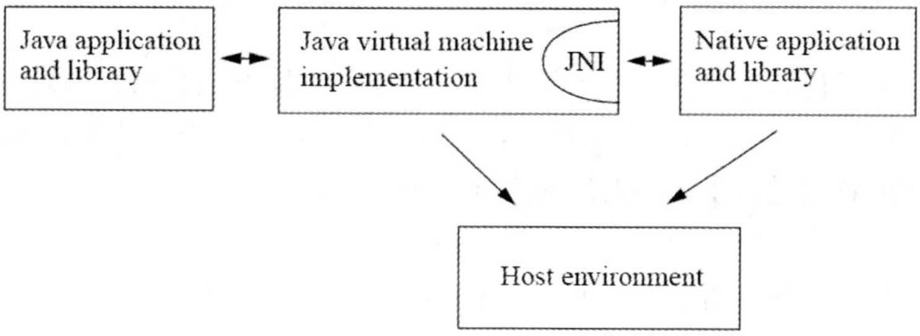

图 9-3

比如，在浏览器中运行 Applet，当浏览器遇到 Applet 标签，浏览器就会把标签中的内容交给 Java VM 解释执行，这个实现，就是典型的把 JavaVM 嵌入到 Browser 中。

9.2.2　什么时候使用 JNI

当准备在项目中使用 JNI 之前，要先考虑一下是否有其他更合适的方案。前面有关 JNI 缺点的介绍，应该引起足够的重视。这里介绍几个不通过 JNI 与其他语言交互的技术。

- IPC 或者通过 TCP/IP 网络方案（Android ASE）。
- 数据库方面，可以使用 JDBC。
- 使用 Java 的分布式对象技术：Java IDL API。

注意，IPC 与 TCP/IP 是常用的基于协议的信息交换方案，可以参考 Android 上的 Binder 和 ASE(Android Script Environment)。

一个典型的解决方案是，Java 程序与本地代码分别运行在不同的进程中，采用进程分置最大的好处是：一个进程的崩溃，不会立即影响到另一个进程。但是，把 Java 代码与本地代码置于一个进程，有时是必要的。

- Java API 可能不支持某些平台相关的功能。比如，应用程序执行中要使用 Java API 不支持的文件类型，而如果使用跨进程操作方式，即烦琐又低效。
- 避免进程间低效的数据拷贝操作。
- 多进程的派生，耗时、耗资源（内存）。
- 用本地代码或汇编代码重写 Java 中低效方法。

总之，如果 Java 必须与驻留同进程的本地代码交互，请使用 JNI。

9.2.3　JNI 的发展

关于 Java 应用程序如何与本地代码互操作的问题，在 Java 平台早期就被提了出来，JDK1.0 包括了一套与本地代码交互的接口。当时，许多 Java 方法和库都依赖本地方法实现（如 java.io, java.net）。但是，JDK release 1.0 以下有两个主要问题：

- Java 虚拟机规范未定义对象布局，本地代码访问对象的成员是通过访问 C 结构的成员实现的。

- 本地代码可以得到对象在内存中的地址，所以，本地方法是 GC 相关的。

为解决上述问题，对 JNI 做了重新设计，让这套接口在所有平台都容易得到支持。

- 虚拟机实现者通过 JNI 支持大量的本地代码。
- 工具开发商不用处理不同种类的本地接口。
- 所有 JNI 开发者面对的是操作 JavaVM 的规范 API。

JNI 的首次支持是在 JDK release 1.1，但 1.1 内部，Java 与本地代码的交互仍然使用原始方式（JDK 1.0），但这种局面，没有持续很久，在 Java 2 SDK release 1.2 中，Java 层与本地代码的交互部分用 JNI 重写了。作为 JavaVM 规范的一部分，Java 层与本地代码的交互，都应通过 JNI 实现。

9.2.4　JNI 开发 HelloWorld

用 Hello World 示例介绍 JNI 编程。

1．准备过程

①创建一个类（HelloWorld.java）。
②使用 javac 编译该类。
③利用 javah -jni 产生头文件。
④用本地代码实现头文件中定义的方法。
⑤运行程序。

2．定义本地方法

编写 HelloWorld.java 文件，内容如下。

```
class HelloWorld {
    private native void print();
    public static void main(String[] args) {
        new HelloWorld().print();
    }
    static {
        System.loadLibrary("HelloWorld");
    }
}
```

HelloWrold 类首先声明了一个 private native print 方法，static 那几行是本地库。在 Java 代码中声明本地方法必须有 native 标识符，native 修饰的方法，在 Java 代码中只作为声明存在。在调用本地方法前，必须首先装载含有该方法的本地库，如 HelloWorld.java 中所示，置于 static 块中，在 Java VM 初始化一个类时，首先执行这部分代码，这可保证调用本地方法前，装载了本地库。

3. 编译.java 文件生成.class 文件

```
$javac HelloWorld.java
```

4. 创建本地方法头文件

```
$javah -jni HelloWorld
```

其中-jni 为默认参数，可以省略，生成 HelloWorld.h 文件，流程如图 9-4 所示。

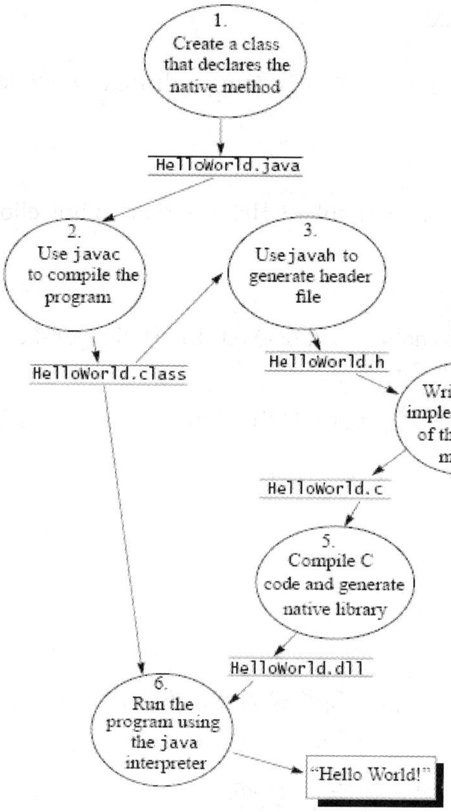

图 9-4

现在，先忽略两个宏：JNIEXPORT 和 JNICALL。会发现，该函数声明，接受两个参数，而对应的 Java 代码对该函数的声明没有参数。第一个参数是指向 JNIEnv 结构的指针； 第二个参数，为 HelloWorld 对象本身，即 this 指针。

关键部分代码如下。

```
JNIEXPORT void JNICALL
Java_HelloWorld_print (JNIEnv *, jobject);
```

5. 根据 javah 生成的本地函数声明实现函数

```
#include <jni.h>
#include <stdio.h>
#include "HelloWorld.h"
```

```
JNIEXPORT void JNICALL
Java_HelloWorld_print(JNIEnv *env, jobject obj)
{
printf("Hello World!\n");
return;
}
```

注意，jni.h 文件必须被包含，该文件定义了 JNI 所有的函数声明和数据类型。

6. 编写 C 并创建本地类库

注意，生成的本地库的名字，必须与System.loadLibrary("HelloWorld")中待装载库的名字相同。

Solaris:

$cc -G -I/java/include -I/java/include/solaris HelloWorld.c -o libHelloWorld.so

-G: 生成共享库

Win:

$cl -Ic:\java\include -Ic:\java\include\win32 -MD -LD HelloWorld.c

-FeHelloWorld.dll

-MD：保证与 Win32 多线程 C 库连接（注：Win 上分静态、动态、动态多线程...C 库）。

-LD：生成动态链接库。

7. 运行程序

Solaris or Win:

$java HelloWorld

输出：Hello World!

运行前，必须保证连接器，能找到待装载的库，不然，将报异常。

9.2.5 基本数据类型、字符串、数组

JNI 编程中常提到的问题是，Java 语言中的数据类型是如何映射到 C/C++本地语言中的。实际编程中，向函数传替参数和函数返回值是很普遍的事情。在此，将介绍这方面的技术，从基本类型（如 int）和一般对象（如 String 和 Array）开始介绍，其他内容将在以后介绍。

1. 普通本地方法

扩充 HelloWorld.java，该例是先打印一串字符，然后等待用户输入，代码如下。

```
class Prompt {
 // native method that prints a prompt and reads a line
    private native String getLine(String prompt);
```

```
        public static void main(String args[]) {
            Prompt p = new Prompt();
            String input = p.getLine("Type a line: ");
            System.out.println("User typed: " + input);
        }

        static {
            System.loadLibrary("Prompt");
        }
    }
```

Prompt.getLine 方法的 C 声明如下。

```
    JNIEXPORT jstring JNICALL
    Java_Prompt_getLine(JNIEnv *env, jobject this, jstring prompt);
```

2. 方法参数

Java_Prompt_getLine 接收 3 个参数。

JNIEnv 结构包括 JNI 函数表，如图 9-5 所示。

第二个参数的意义取决于该方法是静态还是实例方法（static or an instance method）。当本地方法作为一个实例方法时，第二个参数相当于对象本身，即 this。当本地方法作为一个静态方法时，指向所在类。在本例中，Java_Prompt_getLine 是一个本地实例方法的实现，所以 jobject 指向对象本身。

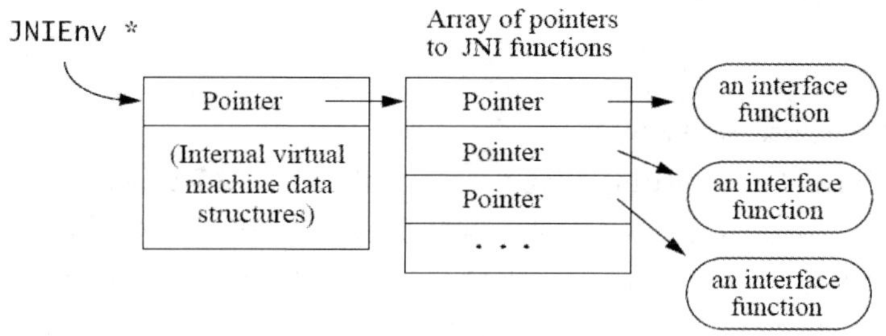

图 9-5

3. 对应类型

在 native method 中声明的参数类型，在 JNI 中都有对应的类型。在 Java 中有两类数据类型，一种是基本数据类型，如，int, float, char；另一种为引用数据类型，如，类，实例，数组。

Java 与 JNI 基本类型的映射很直接，如表 9-1 所示。

相比基本类型，对象类型的传递要复杂很多。Java 层对象作为 opaque references（指针）传递到 JNI 层。Opaque references 是一种 C 的指针类型，它指向 JavaVM 内部数据结构。使用这种指针的目的，是不希望 JNI 用户了解 JavaVM 内部数据结构。对 Opaque reference 所指结构的操作，都要通过 JNI 方法进行。比如，java.lang.String 对象，JNI 层对应的类型为 jstring，对 opaque reference 的操作要通过 JNIEnv->GetStringUTFChars 进行。

表 9-1

Java	Native（jni.h）
boolean	jboolean
byte	jbyte
char	jchar
short	jshort
int	jint
long	jlong
float	jfloat
Double	jdouble

注意，一定要按这种原则编程，千万不要为了效率或容易的取到某个值，绕过 JNI，直接操作 opaque reference。JNI 是一套完善接口，所有需求都能满足。在 JNI 中对象的基类即为 jobject，为方便起见，还定义了 jstring、jclass、jobjectArray 等结构，他们都继承自 jobject。

访问 String 时，如下使用方式是错误的，因为 jstring 不同于 C 中的 char *类型。

```
JNIEXPORT jstring JNICALL
Java_Prompt_getLine(JNIEnv *env, jobject obj, jstring prompt)
{
/* ERROR: incorrect use of jstring as a char* pointer */
printf("%s", prompt);
...
}
```

下面介绍如何转换成 Native String。

使用对应的 JNI 函数，把 jstring 转成 C/C++字串。JNI 支持 Unicode/UTF-8 字符编码互转，Unicode 以 16-bits 值编码；UTF-8 是一种以字节为单位变长格式的字符编码，并与 7-bitsASCII 码兼容。UTF-8 字串与 C 字串一样，以 NULL('\0')作为结束符，当 UTF-8 包含非 ASCII 码字符时，以'\0'作结束符的规则不变。7-bit ASCII 字符的取值范围在 1～127 之间，这些字符的值域与 UTF-8 中相同。当最高位被设置时，表示多字节编码。如下代码，调用 GetStringUTFChars，把一个 Unicode 字串转成 UTF-8 格式字串，如果确定字串只包含 7-bit ASCII 字符。这个字串可以使用 C 库中的相关函数，如 printf。

```
JNIEXPORT jstring JNICALL
Java_Prompt_getLine(JNIEnv *env, jobject obj, jstring prompt)
{
char buf[128];
const jbyte *str;
str = (*env)->GetStringUTFChars(env, prompt, NULL);
if (str == NULL) {
return NULL; /* OutOfMemoryError already thrown */
}
```

```
    printf("%s", str);
    (*env)->ReleaseStringUTFChars(env, prompt, str);
    /* We assume here that the user does not type more than
    * 127 characters */
    scanf("%127s", buf);
    return (*env)->NewStringUTF(env, buf);
    }
```

记得检测 GetStringUTFChars 的返回值，因为调用该函数会有内存分配操作，失败后，该函数返回 NULL，并报 OutOfMemoryError 异常。JNI 处理异常，不同于 Java 中的 try...catch。在 JNI 中，发生异常，不会改变代码执行轨迹，所以，当返回 NULL，要及时返回，或马上处理异常。

调用 ReleaseStringUTFChars，释放 GetStringUTFChars 中分配的内存（Unicode -> UTF-8 转换的原因）。

构造 String 对象时，使用 JNIEnv->NewStringUTF 构造 java.lang.String，如果此时没有足够的内存，NewStringUTF 将报 OutOfMemoryError 异常，同时返回 NULL。

除了 GetStringUTFChars、ReleaseStringUTFChars 和 NewStringUTF， JNI 还支持其他操作 String 的函数。

- GetStringChars 是由 Java 内部 Unicode 到本地 UTF-8 的转换函数，可以调用。
- GetStringLength 获得以 Unicode 编码的字串长度，也可以使用 strlen 计算。
- GetStringUTFChars 的返回值，得到字串长度。

```
    const jchar * GetStringChars(JNIEnv *env, jstring str, jboolean *isCopy);
```

上述声明中，有 isCopy 参数，当该值为 JNI_TRUE，将返回 str 的一个拷贝；为 JNI_FALSE 将直接指向 str 的内容。

注意，当 isCopy 为 JNI_FALSE，不要修改返回值，不然将改变 java.lang.String 的不可变语义。一般会把 isCopy 设为 NULL，不关心 Java VM 对返回的指针是否直接指向 java.lang.String 的内容。

一般不能预知 VM 是否会拷贝 java.lang.String 的内容，程序员应该假设 GetStringChars 会为 java.lang.String 分配内存。在 JavaVM 的实现中，垃圾回收机制会移动对象，并为对象重新配置内存。一但 java.lang.String 占用的内存暂时无法被 GC 重新配置，将产生内存碎片，过多的内存碎片，会更频繁的出现内存不足的假象。

记住，在调用 GetStringChars 之后，要调用 ReleaseStringChars 释放，不管在调用 GetStringChars 时为 isCopy 赋 JNI_TRUE 值还是 JNI_FALSE 值，因不同 JavaVM 实现的原因，ReleaseStringChars 可能释放内存，也可能释放一个内存占用标记（isCopy 参数的作用，从 GetStringChars 返回一个指针，该指针直接指向 String 的内容，为了避免该指针指向的内容被 GC，要对该内存作锁定标记）。

4. 数组

JNI 对每种数据类型的数组都有对应的函数。

```
    class IntArray {
        private native int sumArray(int[] arr);
```

```
    public static void main(String[] args) {
        IntArray p = new IntArray();
        int arr[] = new int[10];
        for (int i = 0; i < 10; i++) {
            arr[i] = i;
        }
        int sum = p.sumArray(arr);
        System.out.println("sum = " + sum);
    }

    static {
        System.loadLibrary("IntArray");
    }
}
```

C 语言中如何访问数组。

下面直接操作数组是错误的。

```
/* This program is illegal! */
JNIEXPORT jint JNICALL
Java_IntArray_sumArray(JNIEnv *env, jobject obj, jintArray arr)
{
int i, sum = 0;
for (i = 0; i < 10; i++) {
sum += arr[i];
}
}
```

正确操作数组的方法如下。

```
JNIEXPORT jint JNICALL
Java_IntArray_sumArray(JNIEnv *env, jobject obj, jintArray arr)
{
jint buf[10];
jint i, sum = 0;
(*env)->GetIntArrayRegion(env, arr, 0, 10, buf);
for (i = 0; i < 10; i++) {
sum += buf[i];
}
return sum;
}
```

JNI 中数组的基类为 jarray，其他如 jintArray 都继承自 jarray。

9.2.6 属性和方法

在此，介绍如何访问对象成员，如何从本地代码调用 Java 方法，即以 callback 方式从本地代码调用 Java 代码，最后介绍一些优化技术。

1. 访问属性

Java 语言支持两种成员（field），即（static）静态成员和实例成员。在 JNI 中获取和赋值成员的方法是不同的。

Java 代码如下。

```
class InstanceFieldAccess {
 private String s;

 private native void accessField();

 public static void main(String args[]) {
     InstanceFieldAccess c = new InstanceFieldAccess();
     c.s = "abc";
     c.accessField();
     System.out.println("In Java:");
     System.out.println(" c.s = \"" + c.s + "\"");
 }

 static {
     System.loadLibrary("InstanceFieldAccess");
 }
}
```

JNI 代码如下。

```
JNIEXPORT void JNICALL
Java_InstanceFieldAccess_accessField(JNIEnv *env, jobject obj)
{
jfieldID fid; /* store the field ID */
jstring jstr;
const char *str;
/* Get a reference to obj's class */
jclass cls = (*env)->GetObjectClass(env, obj);
printf("In C:\n");
/* Look for the instance field s in cls */
fid = (*env)->GetFieldID(env, cls, "s", "Ljava/lang/String;");
if (fid == NULL) {
return; /* failed to find the field */
}
/* Read the instance field s */
jstr = (*env)->GetObjectField(env, obj, fid);
str = (*env)->GetStringUTFChars(env, jstr, NULL);
if (str == NULL) {
return; /* out of memory */
```

```
}
printf(" c.s = \"%s\"\n", str);
(*env)->ReleaseStringUTFChars(env, jstr, str);
/* Create a new string and overwrite the instance field */
jstr = (*env)->NewStringUTF(env, "123");
if (jstr == NULL) {
return; /* out of memory */
}
(*env)->SetObjectField(env, obj, fid, jstr);
}
```

输出：

```
In C:
c.s = "abc"
In Java:
c.s = "123"
```

访问对象成员分两步，首先通过 GetFieldID 得到对象成员 ID，如下：

```
fid = (*env)->GetFieldID(env, cls, "s", "Ljava/lang/String;");
```

示例代码，通过 GetObjectClass 从 obj 对象得到 cls。这时，通过在对象上调用下述方法获得成员的值：jstr = (*env)->GetObjectField(env, obj, fid);

示例中要得到的是一个对象类型，所以用 GetObjectField。

此外，JNI 还提供 Get/SetIntField、Get/SetFloatField 访问不同类型成员。

2. 访问静态属性

静态成员访问与实例成员类似。

Java 代码如下。

```
class StaticFielcdAccess {
 private static int si;

 private native void accessField();

 public static void main(String args[]) {
     StaticFieldAccess c = new StaticFieldAccess();
     StaticFieldAccess.si = 100;
     c.accessField();
     System.out.println("In Java:");
     System.out.println(" StaticFieldAccess.si = " + si);
 }

 static {
     System.loadLibrary("StaticFieldAccess");
 }
}
```

JNI 代码如下。

```
JNIEXPORT void JNICALL
Java_StaticFieldAccess_accessField(JNIEnv *env, jobject obj)
{
jfieldID fid; /* store the field ID */
jint si;
/* Get a reference to obj's class */
jclass cls = (*env)->GetObjectClass(env, obj);
printf("In C:\n");
/* Look for the static field si in cls */
fid = (*env)->GetStaticFieldID(env, cls, "si", "I");
if (fid == NULL) {
return; /* field not found */
}
/* Access the static field si */
si = (*env)->GetStaticIntField(env, cls, fid);
printf(" StaticFieldAccess.si = %d\n", si);
(*env)->SetStaticIntField(env, cls, fid, 200);
}
```

输出：

```
In C:
StaticFieldAccess.si = 100
In Java:
StaticFieldAccess.si = 200
```

3. 方法调用

Java 中有三类方法：实例方法、静态方法和构造方法。

Java 代码如下。

```
class InstanceMethodCall {
    private native void nativeMethod();

    private void callback() {
        System.out.println("In Java");
    }

    public static void main(String args[]) {
        InstanceMethodCall c = new InstanceMethodCall();
        c.nativeMethod();
    }

    static {
        System.loadLibrary("InstanceMethodCall");
    }
}
```

JNI 代码如下。

```
JNIEXPORT void JNICALL
Java_InstanceMethodCall_nativeMethod(JNIEnv *env, jobject obj)
{
jclass cls = (*env)->GetObjectClass(env, obj);
jmethodID mid = (*env)->GetMethodID(env, cls, "callback", "()V");
if (mid == NULL) {
return; /* method not found */
}
printf("In C\n");
(*env)->CallVoidMethod(env, obj, mid);
}
```

输出：

```
In C
In Java
```

回调 Java 案例方法分以下两步：

- 首先，通过 GetMethodID 在给定类中查询方法，查询基于方法名称和签名。
- 本地方法调用 CallVoidMethod，该方法表明被调 Java 方法的返回值为 void。

回调 Java 静态方法分以下两步：

- 首先，通过 GetStaticMethodID 在给定类中查找方法。
- 通过 CallStatic<ReturnValueType>Method 调用。

静态方法与实例方法的不同，前者传入参数为 jclass，后者为 jobject。

调用被子类覆盖的父类方法，JNI 支持用 CallNonvirtual<Type>Method 满足这类需求。

- GetMethodID 获得 method ID
- 调用 CallNonvirtualVoidMethod, CallNonvirtualBooleanMethod

上述方式，等价于 Java 语言的方式：super.f();

CallNonvirtualVoidMethod 可以调用构造函数。

4．调用构造方法

可以像调用实例方法一样，调用构造方法，只是此时构造函数的名称叫做<init>，以下代码构造 java.lang.String 对象（JNI 为了方便有一个对应的 NewString，做下面的所有工作，这里只是做示例展示）。

```
jstring
MyNewString(JNIEnv *env, jchar *chars, jint len)
{
jclass stringClass;
jmethodID cid;
jcharArray elemArr;
jstring result;
stringClass = (*env)->FindClass(env, "java/lang/String");
if (stringClass == NULL) {
```

```
return NULL; /* exception thrown */
}
/* Get the method ID for the String(char[]) constructor */
cid = (*env)->GetMethodID(env, stringClass, "<init>", "([C)V");
if (cid == NULL) {
return NULL; /* exception thrown */
}
/* Create a char[] that holds the string characters */
elemArr = (*env)->NewCharArray(env, len);
if (elemArr == NULL) {
return NULL; /* exception thrown */
}
(*env)->SetCharArrayRegion(env, elemArr, 0, len, chars);
/* Construct a java.lang.String object */
result = (*env)->NewObject(env, stringClass, cid, elemArr);
/* Free local references */
(*env)->DeleteLocalRef(env, elemArr);
(*env)->DeleteLocalRef(env, stringClass);
return result;
}
```

首先，FindClass 找到 java.lang.String 的 jclass，接下来，用 GetMethodID 找到构造函数 String(char[] chars)的 MethodID，此时，用 NewCharArray 分配一个 Char 数组对象。NewObject 调用构造函数。

用 DeleteLocalRef 释放资源。注意，NewString 是个常用函数，所以，在 JNI 中直接被支持，并且该函数的实现要比我们实现的高效。也可使用 CallNonvirtualVoidMehtod 调用构造函数。

如下代码：

```
result = (*env)->NewObject(env, stringClass, cid, elemArr);
```

可被替换为：

```
result = (*env)->AllocObject(env, stringClass);
if (result) {
(*env)->CallNonvirtualVoidMethod(env, result, stringClass, cid,
elemArr);
/* we need to check for possible exceptions */
if ((*env)->ExceptionCheck(env)) {
(*env)->DeleteLocalRef(env, result);
result = NULL;
}
}
```

AllocObject 创建一个未初始化的对象，该函数必须在每个对象上被调用一次，而且只能是一次。

有时，会发现先创建未初始化对象，再调用构造函数的方法是有用的。

精品课程配套教材
21世纪应用型人才培养“十三五”规划教材
“双创”型人才培养优秀教材

机械制造工程训练

JIXIE ZHIZAO GONGCHENG XUNLIAN

主　编　谷　龙　李　莉　孙　栋
主　审　谷　曼　姚　实
副主编　汪　勇　贾　檀　马登秋　熊海良

U0810764

哈爾濱工業大學出版社
HARBIN INSTITUTE OF TECHNOLOGY PRESS

内容简介

本书共14章，主要内容包括：安全教育，车工，钳工，铣工，刨工，焊工，锻压，铸造，钻床，砂轮机，磨床，数控车床，数控线切割机床，数控铣床/加工中心等。本书的内容通俗易懂、层次清楚、图文并茂、理实结合、易于学习及应用。

本书的内容是机械制造工程类专业学生必须掌握的基础知识和基本应用技术。同时，适合机械类企业制造工程技术人员和技术工人的培训，也适合机械制造工程类技术工人的自学。

图书在版编目（CIP）数据

机械制造工程训练／谷龙，李莉，孙栋主编．—哈尔滨：哈尔滨工业大学出版社，2018.3
ISBN 978-7-5603-7311-9

Ⅰ．①机… Ⅱ．①谷… ②李… ③孙… Ⅲ．①机械制造工艺—教材 Ⅳ．①TH16

中国版本图书馆CIP数据核字（2018）第069677号

责任编辑　杨秀华
封面设计　唐韵设计
出版发行　哈尔滨工业大学出版社
社　　址　哈尔滨市南岗区复华四道街10号　邮编150006
传　　真　0451-86414749
网　　址　http：//hitpress.hit.edu.cn
印　　刷　北京俊林印刷有限公司
开　　本　787mm×1092mm　1/16　印张14.25　字数338千字
版　　次　2018年3月第1版　2018年3月第1次印刷
书　　号　ISBN 978-7-5603-7311-9
定　　价　35.00元

（如因印装质量问题影响阅读，我社负责调换）

前　言

高等应用型技术院校的根本任务，就是培养应用技术型人才，其最显著的特点就是强调对应用技术的掌握与运用。

机械制造工程理实教学是一种具有明显定向性的教育，其目的是加强学生的动手能力、创新能力，提高学生的整体综合素质，培养机械制造工程类职业型、技能型和创新型工程技术人员。在理实教学过程中，学生是学习过程的中心和主体，教师是学习过程的组织者和主导者。学生能“独立地获取信息，独立地发现问题，独立地分析问题，独立地解决问题”，在自己动手的实践中，巩固专业知识，提高应用技能，正确审核图纸，合理使用工夹具和量具；教师严格要求每位学生做到“五勤”：眼勤、脚勤、嘴勤、手勤、脑勤，使其快速及时地理解认识机械制造业的生产方式、工艺过程、主要机械加工方法、设备构造、工作原理、机械制造工艺、新技术等在机械制造中的应用，按照安全操作规程操作，并完成零件的加工与检验。

高等应用型技术院校已开设多门实训教学课程，如车工、钳工、铣工、刨工、磨工、焊工、锻压、铸造、数控等实训。为了进一步完善机械制造工程类实训教学内容，规范实训教学环节，提高实训教学质量，由多名教师根据其多年教学实践并参考有关教材编写了本书。

本书共 14 章，主要内容包括：安全教育，车工，钳工，铣工，刨工，焊工，锻压，铸造，钻床，砂轮机，磨床，数控车床，数控线切割机床，数控铣床/加工中心等。本书的内容通俗易懂、层次清楚、图文并茂、理实结合、易于学习及应用，是机械制造工程类专业学生必须掌握的基础知识和基本应用技术。同时，适合机械类企业制造工程技术人员和技术工人的培训，也适合机械制造工程类技术工人的自学。

本书由谷龙、李莉、孙栋担任主编，汪勇、贾檀、马登秋、熊海良担任副主编，张莉、张坤、刘佑辉、侯光明、代维松、李坤参与编写，谷曼、姚实担任主审，编写分工如下：第 2~6 章由谷龙、汪勇、贾檀、刘佑辉编写，第 7~11 章由李莉、孙栋、马登秋、熊海良、张莉、张坤编写，第 1 章和第 12~14 章由侯光明、代维松、李坤编写，全书由谷龙和姚实统稿。

由于编者水平有限，书中难免存在不足和疏漏之处，恳请读者批评指正，以便今后进一步完善和充实。

编　者

2018 年 1 月

目　录

第 1 章

安全教育

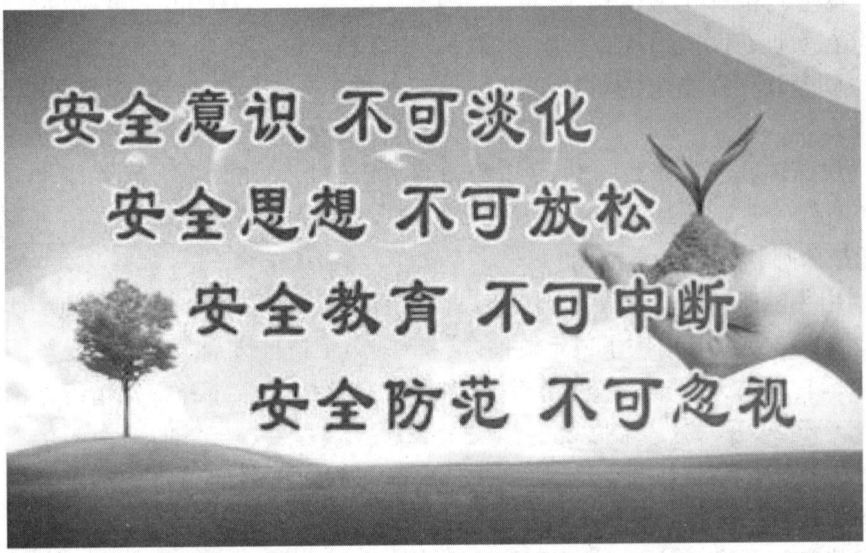

机械制造工程训练安全操作规程：

1. 实训时要穿工作服，袖口要扣好，衬衫要系入裤内，长发辫要纳入工作帽内，不得穿凉鞋、拖鞋进入车间。

2. 应在指定的机床上实训，不得乱动其他机床、工具和电器开关。

3. 开动机床前，要检查车床卡盘手柄是否拿下，机床周围有无障碍物，各操作手柄位置是否正确，工件及刀具是否夹牢。

4. 不准戴手套操作机床，不准用手触摸正在运行的工件、刀具，停车时不得用手刹车床卡盘或铣刀杆。

5. 开车后不准离开机床，如需离开必须停车，不准边加工边聊天。

6. 换刀、换工件或测量工件时，都必须在停车时进行。换挡变速时，必须先使离合器分离，再挂挡。启用自动进刀系统时，快到头前就得快速切断动力。

7. 爱护量具，不要把量具放在机床导轨上，精密量具在使用时要注意保养。

8. 两人操作一台机床时，应分工明确，相互配合，开车时必须注意另一人安全。

9. 不要站在切屑飞出的方向，以免伤人。

10. 设备运转过程中，出现异常现象，应立即按下急停按钮或直接关机，由指导教师处理。

11. 不准用扳手或金属部件敲击开关，不准拆卸机床部件、电器箱和电器。

12. 实训课结束时，应切断电源，清扫切屑，擦净机床，导轨面上涂防锈油。

1.1 车工实训安全操作规程

1. 进入车间实训时，指导老师和学生均须正确穿戴工作服，大袖口要扎紧，衬衫扎入裤内，女同学须戴安全帽，并将发辫盘起纳入帽内。不得穿凉鞋、拖鞋、高跟鞋、背心、裙子、戴手套和围巾进入实训车间。

2. 严禁在实训车间内追逐、打闹、喧哗、看手机，或阅读与实训教学无关的书刊等。

3. 每位同学均须在指定的机床上进行实训操作。未经允许，不得乱动其他机床、工具或电器开关等。

4. 开动机床前，要检查机床传动部件和润滑系统是否正常，各操作手柄是否停留在正确位置，工件、夹具及刀具是否已夹持牢固等，确定周围无障碍物后，方可开慢车试转，确认无故障后，才可正常使用。

5. 严禁用手触碰正在运转的工件、刀具或机床传动件，停车时不得用手去刹车床卡盘。清除铁屑，必须用专用钩子或毛刷清除，严禁用手拉扯废屑。

6. 机床运转时精力要集中，禁止串岗聊天，擅离机床。如有特殊情况必须离开，须停车后方能离开。

7. 变速、换刀、装夹工件、调整卡盘、校正和测量工件时，都必须停车进行，并将刀架移至安全处。校正后，要撤出垫板等物，方能重新开机运行。

8. 正确安装刀具和装夹工件。刀尖不能伸出刀架过长，刀尖要与工件中心等高，工件不能装夹过长。

9. 车削时，切削速度、切削深度、进给量不能过大，不然可能引起刀具损坏、机床过载，烧损电机等。

10. 不得把工具、量具放在机床导轨上，精密量具使用时更要注意维护和保养。

11. 工作时，头部不能靠近旋转的卡盘或工件，更不能用手去摸旋转部分及工件，也不能用棉纱擦拭。任何人不允许站在切屑飞出的方向，以免伤人。高速车削时要戴防护镜。

12. 工作中，机床发出不正常声音或发生故障时，应立即停车，保持现场，并报告指导教师，不得私自进行拆卸或维修。

13. 自动纵向或横向进给时，严禁大拖板或中拖板超过极限位置，以防拖板脱落伤人。

14. 禁止用无柄锉刀锉削工件，持锉刀时，应右手在前，左手在后，身体远离卡盘。

15. 实训结束后，应切断电源，清扫切屑，擦净机床，在导轨面上加注润滑油，各部件应调整到正常位置，打扫现场卫生，成品摆放整齐，机床面应涂油防锈。

1.2　钳工实训安全操作规程

1. 进入车间实训时，要穿好工作服，大袖口要扎紧，衬衫要系入裤内。女同学要戴安全帽，并将发辫纳入帽内。不得穿凉鞋、拖鞋、高跟鞋、背心、裙子、手套和戴围巾进入车间。

2. 实训前，先检查锤子把手是否牢固，钢锯是否安装好，所用工具是否完好。

3. 用台虎钳装夹工件时，要注意是否夹牢，台虎钳手柄要靠端头放并向下垂挂。

4. 工件安放要稳当，不得伸出台案以外，以免震动、碰撞。

5. 锯条安装松紧要适当，防止锯条突然崩断弹出发生伤人事故，工件快要锯断时，要及时用手扶住被锯下的部分，防止工件落下砸伤脚或损坏工件。

6. 没有装手柄或手柄断裂开的锉刀不能使用。不可将锉刀当作拆装工具或锤子使用。锉刀不用时应放在台虎钳右面，其手柄不可露出台虎钳工作台外。

7. 錾削时，要注意切削飞溅方向，避免伤人。錾子要刃磨锋利，以免錾削时打滑。

8. 切削不得用嘴吹或用手擦，要用刷子清扫。

9. 操作钻床时，不得用手接触主轴、钻头，不得戴手套操作，注意衣袖、头发不被卷入。

10. 笨重零件的搬动要量力而行。

11. 装拆零部件时要托稳或夹牢，以免出现意外。

12. 工作完后，应切断电源，清扫切屑，擦净机床，在导轨面上，加注润滑油，各部件应调整到正常位置，打扫现场卫生。

1.3　铣床实训安全操作规程

1. 进入车间实训时，指导老师和学生均须正确穿戴工作服，大袖口要扎紧，衬衫扎入裤内，女同学须戴安全帽，并将发辫盘起纳入帽内。不得穿凉鞋、拖鞋、高跟鞋、背心、裙子、戴手套和围巾进入实训车间。

2. 检查供油系统，按规定加注润滑油，检查手柄位置，进行保护性空运转。

3. 刀具安装前，做好质地检查，镶嵌式、紧固式刀具要安装牢靠。

4. 使用各类刀具前，必须清理好刀具的安装接触面、定位面。

5. 自动进给时，必须脱开手动手柄，并调整好行程挡块并紧固。

6. 先停车后变速。进给未停，不得停止主轴转动。

7. 机床、刀具未停稳，不得用异物强制刹车，不得测量工件。

8. 严禁用手摸或用棉纱擦拭正在转动的刀具和机床的传动部位，消除铁屑时，只允许用毛刷，禁止用手直接清理或嘴吹。

9. 严禁在工作台面上敲打、校直工件或乱堆放工件。

10. 工件夹紧必须牢固可靠，不得有松动现象，所用的扳手必须符合相应规格。

11. 工作时，必须精力集中，禁止串岗聊天，擅离机床。头、手不得接近铣削面，装卸工件时，必须移开刀具后进行。

12. 对刀时必须慢速进刀，刀具接近工件时，需用手摇进刀。

13. 发现异常声音，立即停车检查，不得凑合使用。

14. 工作结束后，要清理好机床，工作台面锁紧或安全到位，加油维护，切断电源，收好工具、量具、刀刃具，做好场地卫生。

1.4 牛头刨床安全操作规程

1. 进入车间实训时，指导老师和学生均须正确穿戴工作服，大袖口要扎紧，衬衫扎入裤内，女同学须戴安全帽，并将发辫盘起纳入帽内。不得穿凉鞋、拖鞋、高跟鞋、背心、裙子、戴手套和围巾进入实训车间。

2. 工件、刀具要卡紧，工件、螺钉的高度不得高于滑枕低面的高度及刀尖刀位点。

3. 检查各手柄的位置；滑块行程、极限位置是否合适；各有关部件是否锁紧，棘爪、棘轮是否脱开。

4. 先检查刀架与工作台面无干涉，然后转动刀架，严禁击打刀架。

5. 长度调整器上的手柄使用后要及时取下，工作台上不准放工具、量具。

6. 不准变速或做其他调整工作，不准用手摸刨刀、工件和机床运动部分，不准度量尺寸。

7. 工作时要精神集中，走动时不准离开机床，应站在合适的位置。

8. 发现异常现象（如工件、刀具松动），要立即停车。

9. 擦机床时，工作台不能摇出横梁，并防止刨刀划破手。

10. 发现异常声音，立即停车检查，不得凑合使用。

11. 工作结束后，要清理好机床，工作台面锁紧或安全到位，加油维护，切断电源，收好工具、量具、刀刃具，做好场地卫生。

1.5 焊工实训安全操作规程

1. 施工人员在操作时，必须穿戴好各种劳保用品，如工作服、工作帽、手套、脚盖等工作服不要束在裤腰里，脚盖应捆在裤脚筒里。女同学要戴安全帽，并将发辫纳入帽内。不得穿凉鞋、拖鞋、高跟鞋、背心、裙子和戴围巾进入车间。

2. 严格按照焊机铭牌上标的数据使用焊机，不得超载使用。

3. 应在空载状态下调节电流，焊机工作时，不允许有长时间短路。

4. 使用焊机前，应检查焊机接线正确、电流范围符合要求、外壳接地可靠、焊机内无异物后，方可合闸工作。

5. 工作时，焊机铁芯不应有强烈震动，压紧铁芯的螺丝应拧紧。工作中焊机及电流调节器的温度不应超过 60 ℃。

6. 加强维护保养工作，保持焊机内外清洁，保证焊机和焊接软线绝缘良好，若有破损或烧伤应立即修好。

7. 定期由电工检查焊机电路的技术状况及焊机各处的绝缘性能，如有问题应及时排除。

8. 在焊接和切割工作场所，必须有防火设备，如消防栓、灭火器、砂箱以及装满水的水桶等。

9. 在非固定场所进行电焊作业时，必须先办理动火证，并要求设有监护人员和防火措施后，方可作业。

10. 高空作业时应先办理高空作业许可证，施工人员应佩戴安全带并遵守高空作业的其他有关规定。

11. 施工人员在施工过程中，应谨防触电，注意不被弧光和金属飞溅伤害，预防爆炸及其他伤害事故发生。

12. 当焊接或切割工作结束后，要仔细检查焊接场地周围，确认没有起火危险后，方可离开现场。开关应调整到正确位置，经指导教师检查同意后方可离开。

1.6　锻工安全操作注意事项

1. 上岗前严禁喝酒。

2. 必须穿戴好劳保防护用品，不准袒胸露体从事劳动生产。

3. 设备使用前应检查电气接地装置、离合器、操作手把、击锤锤杆、基座上下砖座、砖面是否正常，运送坯料、锻件的链板等机械传送带的工作行程范围内有无障碍物，并未设备注油润滑。

4. 检查锻造、弹簧作业使用的各类夹钳、大锤、手锤、冲子、錾子、剁刀、摔子、漏盘有无裂纹、松动、卷边，不良者应修好，不准使用不符合安全要求的工具。

5. 寒冷季节，击锤锤杆、锻模以及受冲击的手用工具应预热，防止冷碎伤人。

6. 锻造、弹簧、作业区内应平坦、坯料堆码整齐，作业往返路线上不得有障碍。

7. 掌钳工、锻工、司锤工均应熟知锻件生产工艺和锁使用设备、工具的特性。

8. 掌钳工、锻工、司锤工必须由掌钳工或班长统一指挥，信号明确，相互配合，各司其职。但司锤工听到非掌钳工发出的停锤信号时，必须停锤，待查明原因后，再生产。

9. 掌钳工、锻工在工作中应经常检查所用设备、工具模具是否松动、有裂纹、卷边、毛刺、模具定位销是否弯曲错移。工具受冲压部位如剁刀、錾子、冲子的顶部不得淬火，不得有油脂，不得有毛刺、飞边。

10. 坯料、锻件传送时，不得投掷。锻件应平稳低放在击锤砖面的中心部位。击锤工不得锤基砖面上的单边、不平、夹持不牢锻件。

11. 夹钳必须与锻件相吻合，禁止小钳夹大锻件，大钳夹小锻件。夹持长、重锻件时，钳腿必须套上钳箍。

12. 禁止戴手套挥动大锤。挥锤前应检查锤柄是否牢固，确认锤击的周围无障碍，前方和后方无人。

13. 掌钳工所持夹钳应放在体侧，不得把钳把对着自己的胸、腹部。

14. 不准锻打低温或高温过烧的坯料、锻件、弹簧。

15. 不准用手抹或用口吹锤砖上的氧化铁皮。严禁用手直接在锤砖上放置或取下工卡模具。

16. 锻造、弹簧生产作业区域禁止存放易燃易爆物品。

17. 锻工、天车司机（旋臂吊车司机）、操作机司机、司锤工必须听从班长或掌钳工的统一指挥，不得盲目、冒险、违章作业。

18. 司锤工在工作结束后应将击锤头平稳落放在下砖上，关闭进汽阀或电源开关，手把置于零位，插上定位销或上锁。

19. 操作机司机应切断电源，操作手把置于零位。

20. 将各种工卡模具冷却后放入工具箱或放在工具架上。

21. 填写好交班记录簿，详细交代下班工作注意事项。

22. 锻工、弹簧工以及锻造、弹簧、设备的操作者，都必须经过技术培训、安全技术知识和安全操作技能的教育，合格后，方能上岗工作。

23. 锻造、弹簧、设备应执行定机、定人定制，操作者必须熟知设备的结构、性能、安全操作方法和日常维修保养方法。

24. 锻造、弹簧设备的齿轮、飞轮、淬火油槽、传动皮带等应设置良好的安全防护罩，各类蒸汽管道应作隔热包扎，燃油、蒸汽、空气、水管的接头处和阀门不得泄露。

25. 锻造、弹簧、作业区应有良好的自然通风和布局合理的机械通风以及疏导、隔热热源的措施。

自由锻工安全技术操作规程：

1. 必须遵守锻工通用安全技术操作规程。

2. 操作时钳身要放平，工作要在砧子中心位置，首锤应轻击。使用操作机锻造时，不准在操作机持料运转更位过程中锤击。锤击过程中，严禁往砖面上塞放垫铁。

3. 操作时，由掌钳工或班长统一指挥机锤工、操作机司机或其他人员，指挥信号必须清晰明确。

4. 在任何情况下，人体的任何部位不得进入锤头行程内取放工具、工件。

5. 剁料及冲孔时，必须将剁刀及冲子端部的油、水擦拭干净。剁刀须拿正，不可歪斜。躲到深度较大时，只许加平整垫铁，不许加楔形垫铁。当料头最后快断离时，锤要轻击，料头飞出方向不得站人。

6. 从垫模中脱出工件或从工件中脱出冲子时，必须使用凭证垫，不准用料头代替圆垫。

7. 使用脚踏开关或击锤手把时，除遵守《司锤工安全技术操作规程》外，在测量工作时，脚必须离开脚踏开关杆，以防误踏。或手必须离开击锤手把，击锤手把插上或上销，乙方误动。

自由胎模锻造时要遵守如下安全规定：

1. 锻造前，先检查模具是否有裂纹。

2. 锻造前，先预热模具至 150～250 ℃；锻造时不能使用木柄工具，钳子不允许用弹簧钢。

3. 胎模必须平稳放置在砖座中心，方可锤击。

4. 不准锤击空腔模具。

5. 锤头提升平稳后，方可加放模具。上、下模对准放平后才可锤击。

6. 首锤轻击，不可连击。

锻压操作机司机安全技术操作规程：

1. 必须遵守《锻工通用安全技术操作规程》及本规程。

2. 开工前应检查电气装置是否正常，螺丝是否松动，加油，检查加紧部分，旋转部分，并开空车试运转，以检查其使用状态。按锻件尺寸选择合适的钳口，换钳口时人不得站在夹钳之间。

3. 开机工作前应检查操作手柄是否在空挡位置，在操作机运行范围内不得站任何人和堆放物件，操作时思想要高度集中。

4. 严禁超负荷使用操作机，当夹紧力不足、锻件夹持不牢等，应立即通知击锤工停止锻打。操作机夹料时，料在钳口中的深度，应超过钳口长度的三分之二。

5. 工作完毕，关闭电源，清扫设备、场地，司机应将设备运转状况写入交班记录簿。

加热炉操作工安全技术操作规程：

1. 必须遵守《锻工通用安全技术操作规程》及本规程。

2. 检查炉门升降机构及配置是否完整牢靠，输送坯料、燃料的装置或管道是否缺损，如有失灵、漏油、漏气，应及时检修。

3. 用压缩空气吹扫清理炉膛中的氧化铁皮、碎砖及其他无关物件时，对面不能有人。

4. 使用火钩、火钳、撬棍等工具，要注意身后是否有人，不可随手乱扔。装炉、出炉操作不可用力过猛，以防材料、毛坯砸伤人。

5. 加热炉作业区禁止使用任何易燃易爆物品。

6. 注意炉内通风，点火生炉时应开放通风设备和烟道闸门。炉子周围要经常清理，保持畅通。

7. 为了进行炉内操作（装炉、出炉、翻动坯料等）及观察颅内情况，需要打开炉门时，应在开启炉门前，关闭小油门、气门及风门，戴好护目镜，并与炉门保持安全距离，以防火焰喷出伤人。

8. 炉膛内温度过高，余气未排除完毕，不进入炉内检查或清理。进入电炉及煤气炉内检修时，外面应设人监护，并在电源开关、气阀处挂上“正在检修、严禁开放”的警示牌。

使用煤炉应遵守如下安全操作规程：

1. 检查渣池水位，清除煤渣，检查炉是否复位。

2. 点火前先打开烟道，检查鼓风机运转是否正常（对于集中供风，应打开风门）。

3. 装坯料时，不是将坯料直接扔入炉底，应将坯料放在炉台上，再推入炉膛。

4. 大料装炉、出炉时应关闭风门。

5. 工作完毕，应关闭风门，封好燃烧室的火源，清除灰渣，关闭炉门和进行清扫。

使用工业煤气或天然气炉应遵守如下安全操作规程：

1. 检查所有烧嘴上燃气阀是否关严，若有漏气，必须修复后方可使用。

2. 打开炉门及烟道闸门，再打开全部烧嘴上的空气阀门和开动鼓风机，排除炉内积蓄煤气或天然气，然后先火后气进行第一次点燃。

3. 第一次点燃失败后，关闭各烧嘴上的空气阀，重新按以上顺序作第二次点燃。

4. 点燃时应由上而下，由里而外逐个顺序点燃和调节烧嘴，不允许所有烧嘴同时开启点燃。

5. 关闭炉门，调节烟道闸，使炉内略呈正压。

6. 使用煤气或天然气炉，应逐个烧嘴先关空气阀，再关煤气或天然气阀，然后关闭煤气或天然气总阀，再关闭炉门和烟道闸门。

7. 当停电或鼓风机发生故障以及燃气压力跳动过大时，须关闭燃气阀，停炉进行处理。

8. 检查漏气只采用火烧的办法。严重漏气时应向领导报告，并立即打开门窗，禁绝火种，禁止启动或关闭室内电气开关。

9. 煤气或天然气管道修理应由工业管道工进行，并按《工业管道维修安全技术操作规程》进行。

使用电炉应遵守如下安全操作规程：

1. 经常检查电气接地连接是否良好。

2. 料钩、火钳、夹钳等工具之手柄绝缘必须良好，如有损坏，不准使用。

3. 装炉、出炉严防物料或工具砸坏电热元件和热电偶。

4. 严禁将附带着水或有腐蚀性物质的工件送入炉内。

5. 发现热电偶或控制仪表工作不正常，须找有关人员修理或调整。

6. 工作完毕，关闭炉内，断开电源，不准用吹风的办法来降低炉温。

水压机锻工安全技术操作规程：

1. 必须遵守《锻工通用安全技术操作规程》及本规程。

2. 全部水压装置都应置于0 ℃以上车间，若车间无法保证0 ℃以上时，应把水压装置的水全部放掉。

3. 水压装置所用水应采用中性乳化液水压装置腐蚀，开车前必须检查水位是否符合规定。

4. 应在水压装置中的最高位置设排气装置，最低位置设置排水装置。

5. 应保证蓄势器液面只是控制装置灵敏可靠，若发现失灵现象，应立即停止修理。

6. 蓄势器、管道和水压机水缸都应装有检查压力的压力表。

7. 蓄势器应装有安全阀。

8. 修理蓄势器和管道时，水压装置的工作必须全部停止。管道中有压力时，严禁脱开管接头或阀门，也不准捶打有压力的管道。

9. 工作前，必须检查水压基本体和其他装置是否有松动现象。

10. 安全阀、压力表应按规定定期校验。当压力表发生故障时，禁止操纵水压机。

11. 铁砖砖面上的油污水渍应擦拭干净，以免工作时飞溅而烫伤人体。

12. 锻造时，必须严格控制始锻和终锻温度。

13. 锻造时必须在铁砖的中心部分进行，不得超出允许的偏心锻造范围。

14. 剁料时，禁止在铁砖边沿进行。所用的剁刀刀背必须平整。剁刀必须垂直地放在毛坯上，方垫必须与剁刀刀背全面接触。

15. 禁止使用楔形垫，以免锻压时飞出伤人。

16. 冲孔时，开始施压和冲去芯料都应特别小心。严禁用上、下砧压住锻件后使用吊车拔出冲头。

17. 不允许用水压机修整冷锻件，上接触锻件时不得有冲击。

18. 在整个锻造过程中，指定专人才可向行车司机或锻造操作机司机或水压机司机发布口令。

水压机司机安全技术操作规程：

1. 必须遵守工厂安全生产守则。

2. 工作前应检查立柱、柱塞等滑动部分是否有碰伤；主分配器下顶杆的高低压表是否良好；各紧固螺钉是否松动；低压是否打开；油路是否畅通。

3. 检查各阀门手柄和手轮位置是否正确才能打开主阀门。

4. 按本水压机工作性能使用，不准超负荷。

5. 镦粗时不允许用金属垫片直接和岗顶接触，应加镦粗盘。

6. 工作台面和附台上，不应长时期放置热锭和热锻件。

7. 锻造和剁料时，温度应在工艺规定范围内，不得低温和冷锻，防止伤人。

8. 工作中发现不正常现象及杂音时，立即停止工作，检查修理完毕后继续工作。

9. 工作中应精力集中，听从指挥，不得任意开动设备。

10. 若长期停止工作，高压管要泄压，冲液管放气。

11. 有权制止不合理的锻造操作。

1.7　铸造安全操作注意事项

1. 预热溜槽、分配器、渣铲等所用铁工具。

2. 铸造机停用 8 h 以上，必须将铸模预热到干燥时方可浇铸。

3. 检查铸模有无破损、裂纹，如有及时更换；用滑石粉、玻璃水、水的混合物喷铸模。

4. 检查长溜槽、船形槽、分流毂流出口是否畅通，耐火内衬是否破损，放炉眼前在长流槽、船型槽均匀洒一层滑石粉。

5. 空废铝箱放在船型槽下。

6. 启动连续铸造机组。

7. 混合炉扒渣后，测量铝水温度，经班长同意后，员工开始打炉眼；必须两人配合。

8. 浇铸时，拔出塞杆，用直钎将石棉套打通，放出铝液，并将石棉套钩出。

9. 用准备好带有石棉套塞杆，从炉眼上部进入，挡住铝液，控制铝液流量，并在塞杆上负重，防止高压铝液冲动塞杆。

10. 放铝时，船形槽处于倾斜，待流量平稳后复正浇铸。

11. 浇铸时，打渣员工发现船形槽、分流毂铝液溢出或其他紧急情况时，应及时倾斜船形槽、堵塞炉眼，待平稳处理后将船型槽复正浇铸，再打开炉眼。

12. 放炉眼员工根据铸造速度及时调整流量，严格控制长溜槽液面，及时疏通堵塞，清理长溜槽内的杂物；工作中每一小时测量一次溜槽铝水温度。

13. 铝锭行进到自动打印机时，打开 1#冷模水阀门，铸造一遍时打开 2#、3#阀门。

14. 铸造工根据流量调整铸造机转速，铸造机转速≤40 Hz。

15. 浇铸开始后，打开冷运机供水阀，向冷运机水槽供水。

16. 打渣时要细心，严禁出现飞边、毛刺与夹渣等现象。铝皮不得掉在铸模、道轨及水箱中。

17. 磕锭过程中，对接锭不到位的铝锭及时调整，不能调整到位的铝锭要及时清理出生产线，并码垛整齐。

18. 出现卡铝现象无法处理时，应立即按下急停按钮，迅速对故障进行排除，及时恢复正常生产。

19. 待铸造机转到一定位置时，启动堆垛机，并保持在自动状态。

20. 对冷运机链条上排列不整齐的铝锭要及时扶正。

21. 发现不合格的铝锭及时推下传送链条。

22. 码垛机上面的铝锭块数应与操作柜上的排锭显示器保持一致。

23. 运行中若发现卡锭或排锭紊乱应及时按紧急开关，人工处理，然后进行排除与维修；短时间不能恢复的，应通知塞眼工将炉眼堵死后，停机处理。

24. 打捆时要上下垂直，左右一致，铝锭之间要扣死，不许留空隙，出现次品铝锭时，必须及时剔除，并保证每捆 54 块。

25. 穿包带时，第三、四道包带必须穿在一、二道包带下面，以防打捆不紧。

26. 打等级标记时一定认真看准炉号，对照成品分析单，等级标记和日期做到正确、清楚。

27. 打好捆的铝锭要及时吊离现场，摆放整齐。

28. 检查每捆铝锭炉号等级标志是否一致，严禁等级不同混合打捆。

29. 每炉剩余的铝锭同等级的放在一起，并做合捆标记。

30. 每天所剩下的成品铝锭，要按等级归类摆好，数清块数，汇报班长做好记录。

31. 打捆工都要担当质检员的职责，要逐块检查，不合格的铝锭严禁打捆入库。

32. 混合炉内铝液本班必须放完，用钢钎清理炉眼附渣，然后洒滑石粉。

33. 堵眼时用带有新石棉套的塞杆堵眼，并打紧塞杆，负重；炉眼边备用 3~5 套好的堵头；船型槽处于倾斜，并在下面准备好放铝空渣箱。

34. 铸造将结束时，要使每块铝模都有一次不给水冷却的机会。

35. 员工清理溜槽、分配器内铝渣。

铝锭表面质量的缺陷与处理方法：

1. 表面积渣。由于溜子内积聚大量氧化膜，浇铸时随铝液流入铸模，因来不及扒除，凝固后形成积渣。

（1）产生原因：①混合炉浮渣没有捞净。②溜子中间的挡渣石棉板安装不合适，挡不住渣。③铝液温度过低铝液与渣子分离不清。④混合炉炉眼流出的液流成数小股冲出，使铝液氧化面积增加。

（2）处理方法：①混合炉流出通透扩大孔径以利铝液流出或转动塞子使多股液流变成一股。②铝液温度过低时及时进行混合炉升温和注入热铝液。

2. 严重波纹。

（1）产生原因是铸造机运行过程的剧烈振动。

（2）处理方法：要做好铸造机的检修和日常维护及时清理轨道上的凝铝。

3. 表面气孔、缩孔开裂。

（1）主要由于：①浇铸温度高造成的。温度高时由于铝液吸收的气体在铸锭冷凝的过程中被赶出来，使铸表面的结晶受到影响，所获得的晶粒粗大。②铸模长期受到高温冲刷出现许多细小孔穴。铸锭时，该处温度较高，铝锭结晶速度慢于其他部位，小孔内气体不能正常地排出。经检测发现：铝液温度越高，气孔越严重。③打渣人员打渣动作过快、猛破坏了铝液结晶时的初晶骨架，导致铝液结晶不好缩孔开裂。

（2）防止措施：①原铝温度过高时加入固体铝锭将温度降到 700~720 ℃；夏季冷却水控制在 30 ℃以下。②原铝液中含有溶入性气体及电解质等杂质，灌铝完毕经搅拌、扒渣后应静置 30~60 min，以便气体析出，电解质、渣与铝液分离。③要及时更换有裂纹、裂缝、沙眼的铸模。④提高打渣人员的打渣技能以及渣铲与铸模尺寸相匹配。

4. 飞边。

（1）防止飞边产生主要是在铸造过程中要根据铸模中铝液深浅程度准确调整溜槽铝液流量。

（2）防止浇铸不满造成的铝锭较小或过满造成的铝锭飞边。

5. 相关记录。

1.8　钻床安全操作注意事项

1. 进入车间实训时，指导老师和学生均须正确穿戴工作服，大袖口要扎紧，衬衫扎入裤内，女同学须戴安全帽，并将发辫盘起纳入帽内。不得穿凉鞋、拖鞋、高跟鞋、背心、裙子、戴手套和围巾进入实训车间。

2. 工作前要对钻床和工具、夹具进行全面检查，确认无误方可操作。

3. 工件装夹必须牢固可靠。钻削小工件时，应用工具夹持工件，禁止用手拿工件。

4. 使用自动进给时，要选好进给速度，调整好行程挡块。手动进刀时，压力要均匀，以免用力过猛造成事故。

5. 钻头上缠有长铁屑时，要停车清理，用刷子或铁钩清除，严禁用手拉。

6. 精绞深孔，每次退刀排屑时，不可用力过猛，以免发生意外。

7. 在刀具旋转时，不准翻转、夹压或测量工件。手不准触摸旋转的刀具。

8. 使用摇臂钻时，横臂回转范围内不准站人，不准有障碍物。工作时横臂必须夹紧。

9. 横臂及工作台上不准堆放工具、量具、刀刃具。

10. 工作结束时，将横臂降到最低位置，主轴箱靠近主轴，并且要夹紧。加油维护，切断电源，收好工具、量具、刀刃具，做好场地卫生。

1.9 砂轮机安全操作规程

1. 进入车间实训时，要穿好工作服，大袖口要扎紧，衬衫要系入裤内。女同学要戴安全帽，并将发辫纳入帽内。不得穿凉鞋、拖鞋、高跟鞋、背心、裙子、手套和戴围巾进入车间。

2. 砂轮机要有专人负责，经常检查，以保证正常运转。

3. 操作者必须戴上防护眼镜，开动除尘装置，才能进行工作。

4. 对砂轮机性能不熟悉的人，不能使用砂轮机。

5. 砂轮机在开动前，要认真察看砂轮机与防护罩之间有无杂物。确认无问题时，再开动砂轮机。

6. 砂轮机因长期使用磨损严重时，径向跳动，震动过大，不准使用。

7. 砂轮机因维修不良发生故障，或者砂轮轴晃动，没有托刀架，安装不符合安全要求时，不准开动。

8. 换新砂轮，应遵守磨工一般安全操作规程。必须经过认真地选择，对有裂纹，有破损的砂轮，或者砂轮轴与砂轮孔配合不好的砂轮，不准使用。砂轮卡盘直径应选用大于砂轮名义直径 1/30，砂轮与卡盘之间应加装软质垫片。换砂轮上螺钉时要均匀用力，不要上得过松或过紧。装砂轮时，要加垫、平衡，经修整、平衡和校验之后，才能使用。

9. 砂轮机的防护罩和透明防护板以及吸尘器，必须检查完备。

10. 托刀架与砂轮工作面的距离不能大于 3 mm，磨削前应进行调整，满足其要求，并且装置牢固。

11. 砂轮机开动后，要空转 2~3 min，待砂轮机运转正常时，才能使用。进行磨削时，应侧位操作，禁止面对着砂轮圆周面进行磨削。

12. 磨工件或刀具时，不能用力过猛，不准撞击砂轮。

13. 在同一块砂轮上，禁止两人同时使用，更不准在砂轮的侧面磨。磨工件时，操作者应站在砂轮机的侧面。不要站在砂轮机的正面，以防砂轮崩裂，发生事故。

14. 磨工具用的专用砂轮不准磨其他任何工件和材料。

15. 对于细小的、大的和不好拿的工件，不准在砂轮机上磨。特别是小工件要用工夹具拿牢，以防挤入砂轮机内或挤在砂轮与托板之间，将砂轮挤碎。

16. 砂轮不准沾水，要经常保持干燥，以防湿水后失去平衡，发生事故。

17. 砂轮磨小到接近法兰盘边沿旋转面 10 min 时，应予更新，发现砂轮面沟槽，径向跳动过大时，应予打磨。

18. 关闭砂轮机应先停砂轮机，最后停除尘装置。

19. 工作完后，应切断电源，清扫切屑，擦净机床，各部件应调整到正确位置，打扫现场卫生。

1.10　磨床操作规程

1. 进入车间实训时，指导老师和学生均须正确穿戴工作服，大袖口要扎紧，衬衫扎入裤内，女同学须戴安全帽，并将发辫盘起纳入帽内。不得穿凉鞋、拖鞋、高跟鞋、背心、裙子、戴手套和围巾进入实训车间。

2. 工作前，须先接通磁力盘开关，检查磁力盘的吸力应符合要求，检查磁力盘与砂轮启动的互锁装置应可靠好用。

3. 每次启动砂轮前，应将液压开停阀放在停止位置，调整手柄放在最低速位置，砂轮座快速进给手柄放在后退位置，以免发生意外。

4. 安放工件时，须将磁力盘擦拭干净。加工高度尺寸较大或底面积较小的工件，须加适当高度的挡块（一般以低于工件 3~5 mm 为宜），并检查工件是否吸牢。

5. 磨削开始前，应调整好砂轮与工件间的距离，以免砂轮座快速进给时砂轮与工件相碰。

6. 工件的加工余量一般不准超过 0. 3 mm。不准磨削未经过机械加工的工件。

7. 磨削有花键、键槽或扁圆的工件时，进给量要小，磨削速度不能太快，防止发生撞击现象。

8. 修正砂轮时，应将砂轮座快速进给后，再进行砂轮的修正工作。

9. 机械部件调整完成后，启动润滑泵或静压供油系统油泵，待砂轮主轴润滑正常，水银开关顶起或静压压力达到设计规定值，砂轮主轴浮起后，才能启动砂轮回转。

10. 刚开始磨削时，进给量要小，切削速度要慢些，防止砂轮因冷脆破裂，特别是冬天气温低时更注意。

11. 砂轮快速进给工件时，不准机动进给，不准进过大进给量，注意工件突出棱角部位、防止碰撞。

12. 砂轮主轴温度超过 60 ℃时必须停车，待温度恢复正常后再工作。

13. 磨床是精加工机器，只对精度要求较高的工件做精加工，绝对禁止将磨床当作普通砂轮机使用。

14. 工作结束后，要清理好机床，工作台面锁紧或安全到位，加油维护，切断电源，收好工具、量具、刀刃具，做好场地卫生。

（一）无心磨床

1. 托磨工件的支板和支板的安装位置，应能满足磨削工件要求。防止由于不恰当导致意外事故。

2. 严禁磨削弯曲或表面未经机械加工的工件。工件加工余量不得超过 0.3 mm。

3. 当使用最大转速修正导轮时，应将挂轮脱开，防止打坏斜齿轮；当使用正常速度修正导轮时，应将斜齿轮脱开，挂轮要挂上。

（二）外圆磨床、端面磨床、曲轴和凸轮轴磨床

1. 磨削开始前，应调整好砂轮与工件间的距离，以免砂轮座快速引进时砂轮与工件相碰。

2. 工件的加工余量一般不准超过 0.3 mm。不准磨削未经过机械加工的工件。

3. 磨削表面有花键、键槽和扁圆的工件时，进刀量要小，磨削速度不能太快，防止发生撞击。

4. 修正砂轮时，应将砂轮座快速引进后，再进行砂轮的修正工作。

（三）内圆磨床

开动砂轮前，须将换向的柄放在使砂轮离开工件的位置上，以免发生意外。

（四）平面磨床

1. 工作前，须先接通磁力盘开关，检查磁力盘的吸力应符合要求，检查磁力盘与砂轮启动的互锁装置应可靠好用。

2. 安放工件时，须将磁力盘擦拭干净。磨高的或底面积较小的工件，须加适当高度的挡块（一般以低于工件 3~5 mm 为宜）并用的扳动工件，检查是否吸牢。

3. 不准磨削薄的铁板。不准在无端面磨削结构的磨床用砂轮端面磨削工件端面。

（五）花键轴磨床

工件安装好后，应检查分度和砂轮越出键槽两端长度是否符合要求，确认良好后方可工作。

（六）3A64 工具磨床

工作前应根据砂轮直径选择砂轮转速：当砂轮直径大于 100 mm 时，转速应为3 800转/分；当砂轮直径小于 100 mm 时，转速应为 5 700 转/分。

1.11 数控车床安全操作规程

1. 进入车间实训时，指导老师和学生均须正确穿戴工作服，大袖口要扎紧，衬衫扎入裤内，女同学须戴安全帽，并将发辫盘起纳入帽内。不得穿凉鞋、拖鞋、高跟鞋、背心、裙子、戴手套和围巾进入实训车间。

2. 严禁在实训车间内追逐、打闹、喧哗、看手机，或阅读与实训教学无关的书刊等。

3. 应在指定的机床上进行实训。未经允许，其他机床设备、工具或电器开关等均不得乱动。

4. 操作前必须熟悉机床的一般性能、结构、传动原理及控制程序，严禁超性能使用。

在理解整个操作过程前，不能进行机床的操作和调节。

5. 加工零件前，必须严格检查各切削刀具安装位置，防止相邻刀具在切削时干涉。

6. 开动机床前，要检查车床电气控制系统是否正常，润滑系统是否畅通、油质是否良好，并按规定要求加足润滑油，各操作手柄的位置是否正确，工件、夹具及刀具是否已夹持牢固。确定周围无障碍物后，开慢车试转 3～5 min，检查各传动部件是否正常，确认无故障后，才可正常使用。

7. 机床操作时，必须严格按照数控车床操作步骤进行，不允许跳步骤执行。

8. 程序调试完成后，必须经指导老师同意方可进行切削加工。未经指导老师许可，擅自操作或违章操作，实训成绩作零分处理，造成事故者，按相关规定处分并赔偿相应损失。

9. 加工零件时，必须关上防护门，不准把头、手伸入防护门内，加工过程中不允许打开防护门。

10. 加工过程中，操作者不得擅自离开机床，应保持思想高度集中，观察机床的运行。若发生不正常现象时，应立即按“急停”键，并及时报告指导老师。

11. 严禁用力拍打控制面板、触摸显示屏。严禁敲击中心架、顶尖、刀架和导轨。

12. 严禁私自打开数控系统控制柜进行观看和触摸。

13. 数控车床属于高精设备，机床上严禁堆放任何工、夹、刃、量具、工件和其他杂物。

14. 工作完后，应切断电源，清扫切屑，擦净机床，在导轨面上，加注润滑油，各部件应调整到正确位置，打扫现场卫生。

1.12　数控线切割机床安全操作规程

1. 进入车间实训时，指导老师和学生均须正确穿戴工作服，大袖口要扎紧，衬衫扎入裤内，女同学须戴安全帽，并将发辫盘起纳入帽内。不得穿凉鞋、拖鞋、高跟鞋、背心、裙子、戴手套和围巾进入实训车间。

2. 严禁在实训车间内追逐、打闹、喧哗、看手机，或阅读与实训教学无关的书刊等。

3. 应在指定的机床进行实训。未经允许，其他机床设备、工具或电器开关等均不得乱动。

4. 操作前必须熟悉数控线切割机床的操作知识，选取适当的加工参数，按规定步骤操作机床。在弄懂整个操作过程前，不要进行机床的操作和调节。

5. 开动机床前，要检查机床电气控制系统是否正常，工作台和传动丝杆润滑是否充分。检查冷却液是否充足，然后开慢车空转 3～5 min，检查各传动部件是否正常，确认无故障后，才可正常使用。

6. 程序调试完成后，必须经指导老师同意方可按步骤操作，不允许跳步骤执行。未经指导老师许可，擅自操作或违章操作，成绩作零分处理，造成事故者，按相关规定处分并赔偿相应损失。

7. 装卸电极丝时，注意防止电极丝扎手，废丝要放在规定的容器里，防止混入系统中引起短路、触电等事故。不准用手或电动工具接触电源的两极，以免触电。

8. 加工零件前，应进行无切削轨迹仿真运行，并应安装好防护罩，工件应消除残余应力，防止切削过程中夹丝、断丝，甚至工件迸裂伤人。

9. 加工过程中，操作者不得擅自离开机床，应保持思想高度集中，观察机床的运行状态。若发生不正常现象或事故时，应立即终止程序运行，切断电源并及时报告指导老师，不得进行其他操作。

10. 机床附近不得放置易燃、易爆物品，防止因电火花引起火灾等事故。应备有四氯化碳等合适的灭火器材，万一失火，首先应切断电源，立即用四氯化碳灭火器灭火，禁止用水灭火。

11. 定期检查导轮的“V”型的磨损情况，如磨损严重应及时更换。经常检查导电块与钼丝接触是否良好，导电块磨损到一定程度，要及时更换。

12. 操作人员不得随意更改机床内部参数。实习学生不得调用、修改其他非自己所编的程序。机床控制微机上，除进行程序操作和传输及程序拷贝外，不允许作其他操作。

13. 保持机床清洁，经常用煤油清洗导轮及导电块。当机床长期不使用时，在擦净机床后，要润滑机床传动部分，并在加工区域涂抹防护油脂。

14. 数控线切割机床属于大精设备，除工作台上安放工装和工件外，机床上严禁堆放任何工、夹、刃、量具、工件和其他杂物。

15. 工作完后，应切断电源，清扫切屑，擦净机床，在导轨面上，加注润滑油，各部件应调整到正常位置，打扫现场卫生，填写设备使用记录。

1.13 数控铣床安全操作规程

1. 进入车间实训时，指导老师和学生均须正确穿戴工作服，大袖口要扎紧，衬衫扎入裤内，女同学须戴安全帽，并将发辫盘起纳入帽内。不得穿凉鞋、拖鞋、高跟鞋、背心、裙子、戴手套和围巾进入实训车间。

2. 严禁在实训车间内追逐、打闹、喧哗、看手机，或阅读与实训教学无关的书刊等。

3. 应在指定的机床和计算机上进行实训。未经允许，其他机床设备、工具或电器开关等均不得乱动。

4. 操作前必须熟悉数控铣床的一般性能、结构、传动原理及控制程序，掌握各操作按钮、指示灯的功能及操作程序。在弄懂整个操作过程前，不要进行机床的操作和调节。

5. 开动机床前，要检查机床电气控制系统是否正常，润滑系统是否畅通、油质是否良好，并按规定要求加足润滑油，各操作手柄是否正确，工件、夹具及刀具是否已夹持牢固，检查冷却液是否充足，然后开慢车空转 3~5 min，检查各传动部件是否正常，确认无故障后，才可正常使用。

6. 程序调试完成后，必须经指导老师同意方可按步骤操作，不允许跳步骤执行。未经指导老师许可，擅自操作或违章操作，成绩作零分处理，造成事故者，按相关规定处分并赔偿相应损失。

7. 加工零件前，必须严格检查机床原点、刀具数据是否正常并进行无切削轨迹仿真运行。

8. 加工零件时，必须关上防护门，不准把头、手伸入防护门内，加工过程中不允许打开防护门。

9. 加工过程中，操作者不得擅自离开机床，应保持思想高度集中，观察机床的运行状态。若发生不正常现象或事故时，应立即终止程序运行，切断电源并及时报告指导老师，不得进行其他操作。

10. 严禁用力拍打控制面板、触摸显示屏。严禁敲击工作台、分度头、夹具和导轨。

11. 严禁私自打开数控系统控制柜进行观看和触摸。

12. 操作人员不得随意更改机床内部参数。实习学生不得调用、修改其他非自己所编的程序。

13. 机床控制微机上，除进行程序操作和传输及程序拷贝外，不允许作其他操作。

14. 数控铣床属于大精设备，除工作台上安放工装和工件外，机床上严禁堆放任何工、夹、刃、量具、工件和其他杂物。

15. 工作完后，应切断电源，清扫切屑，擦净机床，在导轨面上，加注润滑油，各部件应调整到正常位置，打扫现场卫生，填写设备使用记录。

1.14　加工中心安全操作规程

1. 进入车间实训时，指导老师和学生均须正确穿戴工作服，大袖口要扎紧，衬衫扎入裤内，女同学须戴安全帽，并将发辫盘起纳入帽内。不得穿凉鞋、拖鞋、高跟鞋、背心、裙子、戴手套和围巾进入实训车间。

2. 严禁在实训车间内追逐、打闹、喧哗、看手机，或阅读与实训教学无关的书刊等。

3. 加工中心属贵重精密仪器设备，必须严格遵守安全操作规程，以保障人身和设备安全。

4. 开车前应检查各部位防护罩是否完好，各传动部位是否正常。

5. 刀具、夹具、工件必须装夹牢固，床面上不得放置工具、量具。

6. 各项坐标回参考点，一般情况下 Z 向坐标优先回零，使机床主轴上刀具远离加工工件，同时观察各坐标运行是否正常。

7. 开车后应关好防护罩，不准用手直接清除切屑。装卸工件、测量工件必须停机操作。

8. 加工中心运转时，操作人员不得擅自离开岗位。发现异响或异常，应立即停机。

9. 工作完后，应切断电源，清扫切屑，擦净机床，在导轨面上，加注润滑油，各部件应调整到正常位置，打扫现场卫生，填写设备使用记录。

第 2 章 车工

2.1 机床型号

目前我国机床型号是按 GB/T 15375—1994《金属切削机床型号编制方法》编制的。型号由基本部分和辅助部分组成，中间用“/”隔开，读作“之”。前者需统一管理，后者纳入型号与否由企业自定。

2.1.1 通用机床

A（B）1234（.5）（C）（/6）（×7）

注：以上带（ ）者为可选项，使用时不加括号，字母代表该位为汉语拼音字母，数字代表该位为阿拉伯数字。

例如 CA6140 型卧式车床型号中的“A”是结构特性代号，以区分与 C6140 型卧式车床主参数相同，但结构不同。

A：类别代号。C 车床；Z 钻床；T 镗床；M，2M，3M 磨床；Y 齿轮加工机床；S 螺纹加工机床；X 铣床；B 刨床；L 拉床；D 电加工机床；G 切割机床；Q 其他机床。

B：通用类别代号或结构特性代号。通用类别代号：G 为高精度；M 为精密；Z 为自动；B 为半自动；K 为数控；H 为自动换倒；F 为仿形；W 为万能；Q 为轻型；J 为简式。结构特性代号是为区别主参数相同而结构不同的机床而设置的。

例如 CK6140 型车床。K 表示该车床具有数字自动化控制特性，写在类别代号 C 之后。

通用特性代号有固定的含义。

1：组别代号。

2：型别代号。

34：主参数或设计顺序号。

.5：主轴数（前面以 . 分开）。

C：重大改进顺序号。

/6：同一型号机床的变型代号。

×7：最大跨距、最大工件长度、工作台长度等第二参数。

2.1.2 专用机床型号

A-1

注：字母代表该位为汉语拼音字母，数字代表该位为阿拉伯数字。

A：设计单位代号。

1：设计顺序号。

2.1.3 组合机床及自动生产线的型号

A-B1（2）

注：以上带（ ）者为可选项，使用时不加括号，字母代表该位为汉语拼音字母，数字代表该位为阿拉伯数字。

A：设计单位代号。

B：分类代号。U 大型组合机床，H 小型组合机床，K 自动换刀数控组合机床，UX 大型组合机床自动线，HX 小型组合机床自动线，KX 自动换刀数控字和机床自动线。

1：设计顺序号。

这是老型号解释，是当时机械工业部的标准：

第一个 A 是为了区别主参数相同而结构不同的车床。

第二个 A 是性能和结构经过重大改革的机床。

CA6140A，承载要看机床的长度，1 m 350 kg，1.5 m 380 kg，2 m 400 kg。

目前又有很多厂家不再沿用原来机械工业部的标准，而是自己编织编号。例如：沈阳的 SI 开头，大连 CD，德州 CDZ，安阳 AD 等，不再遵循原有规律，如果选型需要参照厂家样本。

2.1.4 CA6140 机床型号的含义

C：代表车床。

A：代表组别代号。

6：代表落地或卧式机床。

1：代表系代号（普通落地或卧式车床）。

40：代表机床主参数最大回转直径 400 mm，折合率为 1/10。

2.2 CA6140 型车床简介

2.2.1 CA6140 型车床的传动系统（工作原理）

机床中电动机的旋转运动转换为工件和车刀运动的一系列部件和机构称为传动系统。CA6140 型车床的传动系统图如图 2-1 所示。

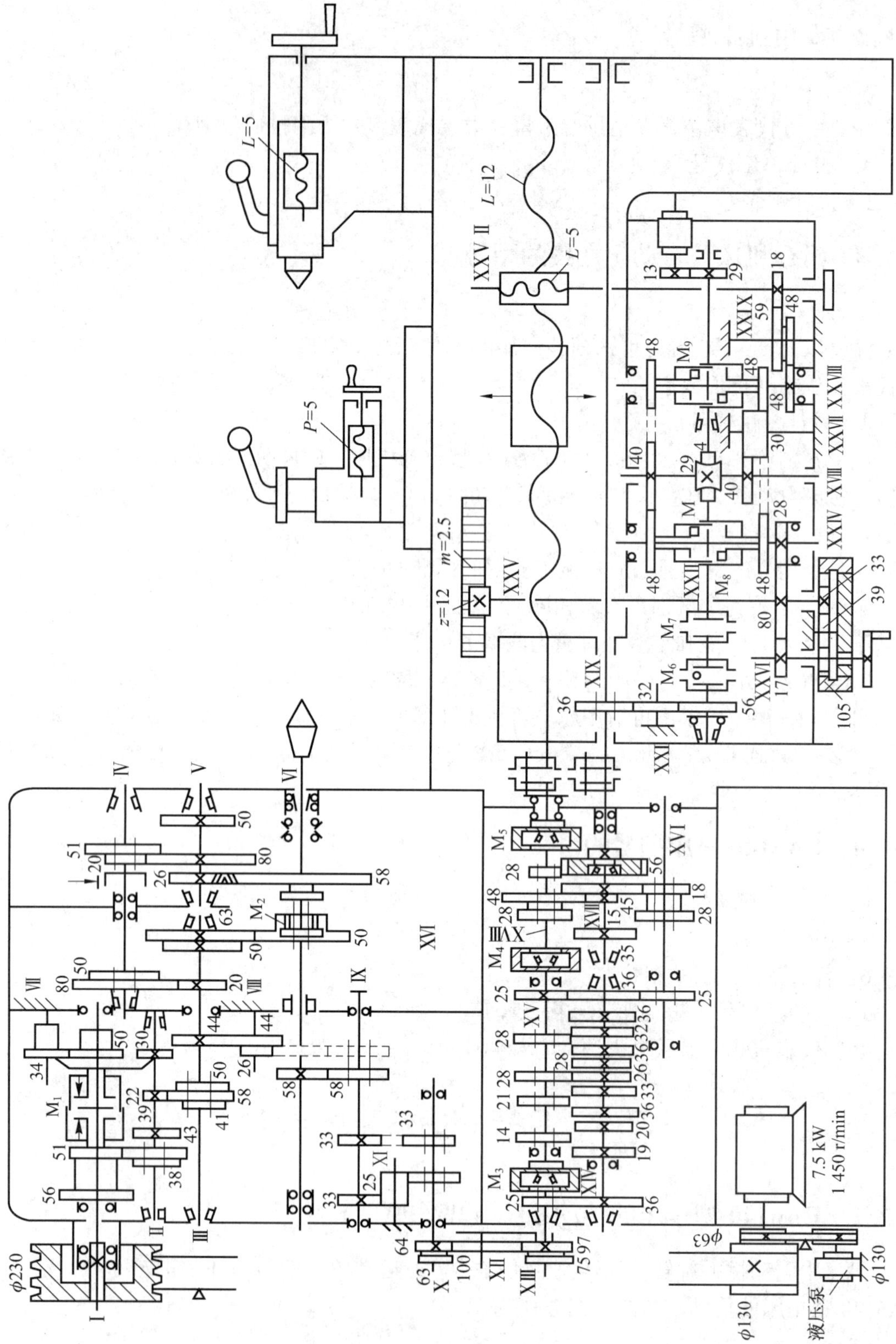

图 2-1　CA6140 型车床的传动系统图

把运动经过的传递机构称为传动路线。CA6140 型车床的传动路线图如图 2-2 所示。

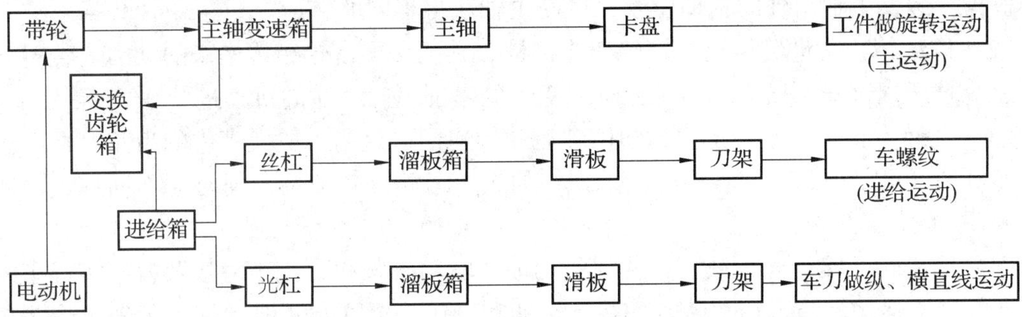

图 2-2 CA6140 型车床的传动路线图

2.2.2 CA6140 型车床组成结构和各个手柄用途

1. 组成结构

CA6140 在原 C620 基础上加以改进而来，C 代表车床，A 代表改进型号，6 代表卧式，1 代表基本型，40 代表最大回转直径，车床是机械设备制造企业生产所需设备之一（如图 2-3 所示）。

CA6140 型卧式车床主要组成部分的作用：

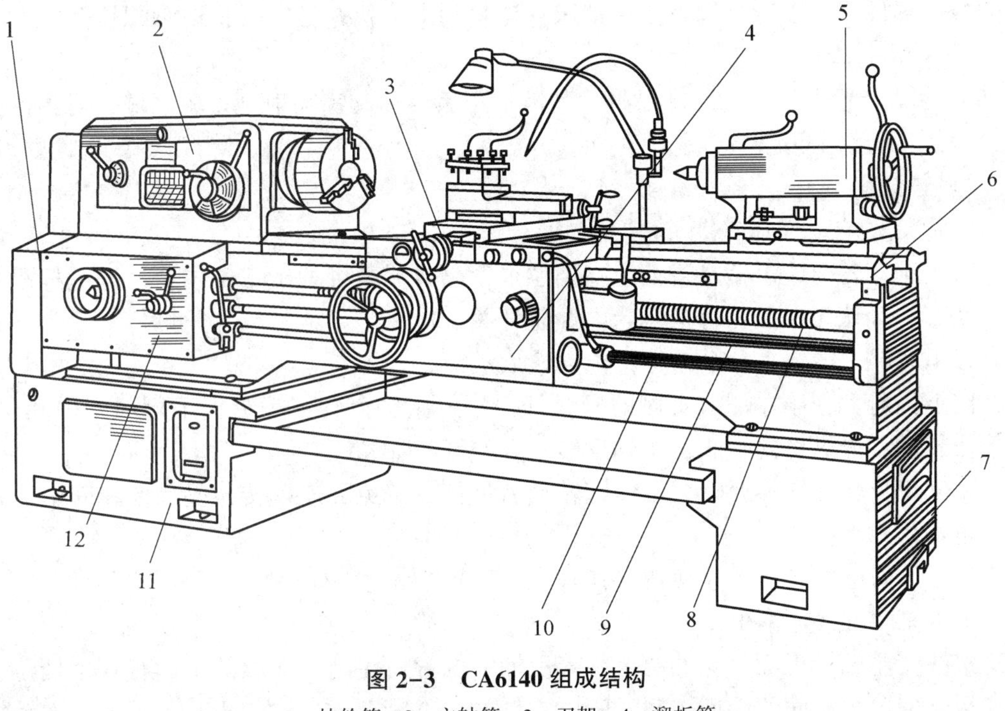

图 2-3 CA6140 组成结构

1—挂轮箱；2—主轴箱；3—刀架；4—溜板箱；
5—尾座；6—床身导轨；7—后床脚；8—丝杆；
9—光杆；10—操纵杆；11—前床脚；12—进给箱

（1）主轴箱，支撑主轴并带动工件做回转运动。箱内装有齿轮、轴等零件，组成变速传动机构，调整主轴箱外的手柄位置，可使主轴获得不同的转速。

（2）进给箱，是进给传动系统的变速机构。它把交换齿轮箱传递来的动力，经过变速后传递给光杆或丝杆，以实现各种台阶或螺纹的车削纵向、横向机动进给。

（3）交换齿轮箱，用来将主轴的回转运动传递到进给箱。更换箱内的齿轮，配合进给箱变速机构，可以得到车削各种螺距的螺纹的进给运动；并满足车削时对不同纵、横向进给量的需求。

（4）溜板箱，接受光杆或丝杠传递的动力，驱动床鞍和中、小滑板及刀架实现车刀的纵横向的进给运动。溜板箱上装有一些微手柄和按钮。可以方便地操纵车床来选择诸如机动、手动、车螺纹及快速移动等到运动方式。

（5）床身是车床的大型基础部件，精度要求很高，用来支撑和连接车床的各个部件。床身上面有两条精确的导轨，床鞍和尾座可沿着导轨移动。

（6）刀架部分由床鞍、两层滑板和刀架体共同组成用于装夹车刀并带动车刀做纵向、横向和斜向运动。

（7）尾座安装在床身导轨上，并可沿着导轨纵向移动，以调整其工作位置。尾座主要作用是支撑、定位较长的工件提高工件的刚性；可以安装钻头、铰刀等切削刀具进行孔加工也可以用尾座偏移法车削锥度。

（8）床身前后两个床脚分别与床身前后两端下部连为一体，用以支撑床身及安装在床身上的各个部件。可以通过调整垫块把床身调整到水平状态，然后将地脚螺栓固定在工作场地上。

（9）冷却装置主要通过冷却泵将切削液加压后经冷却嘴喷射到切削区域，对工件进行冷却、润滑、防锈、清洗等。

2. 操作步骤

（1）车床的启动操作。

①检查车床各变速手柄是否处于空挡位置，离合器是否处于正确位置，操纵杆是否处于停止状态，确认无误后，合上车床电源总开关。

②按下床鞍上的绿色启动按钮，电动机启动。

③向上提起溜板箱左侧或右侧的操纵杆手柄，主轴正转；操纵杆手柄回到中间位置，主轴停止转动；操纵杆向下压，主轴反转。

④主轴正反转的转换要在主轴停止转动后进行，避免因连续转换操作使瞬间电流过大而发生电器故障。

⑤按下床鞍上的红色停止按钮（急停），机床会停止所有动作。

（2）主轴箱的变速操作。

通过改变主轴箱正面右侧的两个叠套手柄的位置来控制。前面的手柄有 6 个挡位，每个有 4 级转速，由后面的手柄控制，所以主轴共有 24 级转速，如图 2-4 所示。主轴箱正面左侧的手柄用于螺纹的左右旋向变换和加大螺距，共有 4 个挡位，即右旋螺纹、左旋螺纹、右旋加大螺距螺纹和左旋加大螺距螺纹，其挡位如图 2-4 所示。

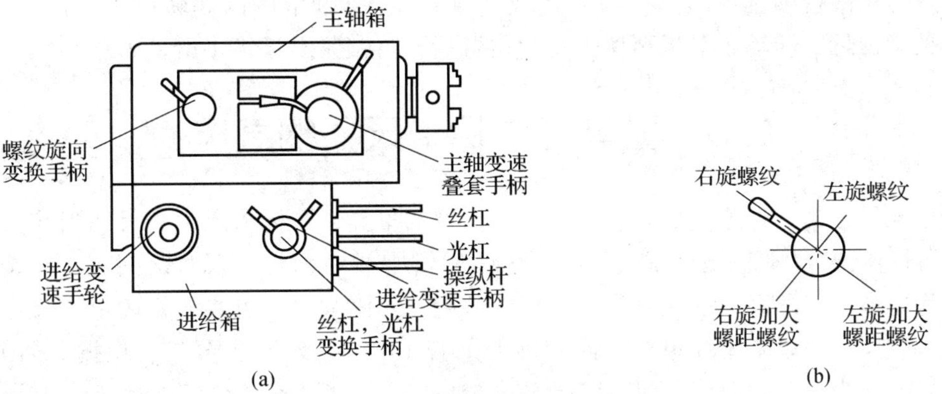

图 2-4 车床主轴器的变速操作手柄

（a）车床主轴器的变速操作手柄；（b）车削螺纹的变换手柄

（3）进给箱的变速操作。

CA6140 型车床上进给箱正面左侧有一个手轮，手轮有 8 个挡位；右侧有前、后叠装的两个手柄，前面的手柄是丝杆、光杆变换手柄，后面的手柄有Ⅰ、Ⅱ、Ⅲ、Ⅳ4 个挡位，根据使用要与手轮配合，用以调整螺距或进给量。

根据加工要求调整所需螺距或进给量时，可通过查找进给箱油池盖上的调配表来确定手轮和手柄的具体位置。其挡位如图 2-4 所示。

（4）溜板箱的操作。

溜板部分实现车削时绝大部分的进给运动：床鞍及溜板箱做纵向移动，中滑板做横向移动，小滑板可做纵向或斜向移动，如图 2-5 所示。进给运动有手动进给和自动进给两种方式。

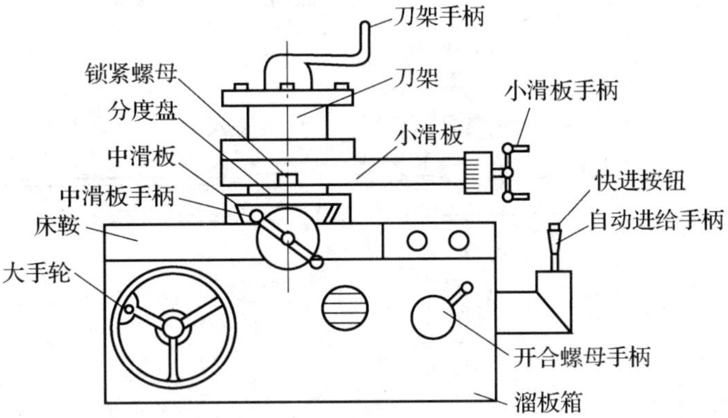

图 2-5 溜板部分

（5）溜板部分的手动操作。

①床鞍及溜板箱的纵向移动由溜板箱正面左侧的大手轮控制。顺时针方向转动手轮时，床鞍向右运动；逆时针方向转动手轮时，向左运动。手轮轴上的刻度盘圆周等分 300 格，手轮每转过 1 小格，纵向移动 1 mm。

②中滑板的横向移动由中滑板手柄控制。顺时针方向转动手柄时，中滑板向前运动（即横向进刀）；逆时针方向转动手轮时，向操作者运动（即横向退刀）。手轮轴上的刻度盘圆周等分 100 格，手轮每转过 1 小格，纵向移动 0.05 mm。

③小滑板在小滑板手柄控制下可做短距离的纵向移动。小滑板手柄顺时针方向转动时，小滑板向左运动；逆时针方向转动手柄时，小滑板向右运动。小滑板手轮轴上的刻度盘圆周等分 100 格，手轮每转过 1 格，纵向或斜向移动 0.05 mm。小滑板的分度盘在刀架

需斜向进给车削短圆锥体时，可顺时针或逆时针地在 90°范围内偏转所需角度，调整时，先松开锁紧螺母，转动小滑板至所需角度位置后，再锁紧螺母将小滑板固定。

2.3 量具（游标卡尺、钢直尺）

游标卡尺，是一种测量长度、内外径、深度的量具。游标卡尺由主尺和附在主尺上能滑动的游标两部分构成。若从背面看，游标是一个整体。游标与尺身之间有一弹簧片，利用弹簧片的弹力使游标与尺身靠紧。游标上部有一紧固螺钉，可将游标固定在尺身上的任意位置。主尺一般以毫米为单位，而游标上则有 10、20 或 50 个分格，根据分格的不同，游标卡尺可分为十分度游标卡尺、二十分度游标卡尺、五十分度游标卡尺等。游标卡尺的主尺和游标上有两副活动量爪，分别是内径测量爪和外径测量爪，内径测量爪通常用来测量内径，外径测量爪通常用来测量长度和外径。深度尺与游标尺连在一起，可以测槽和孔的深度。如图 2-6 所示。

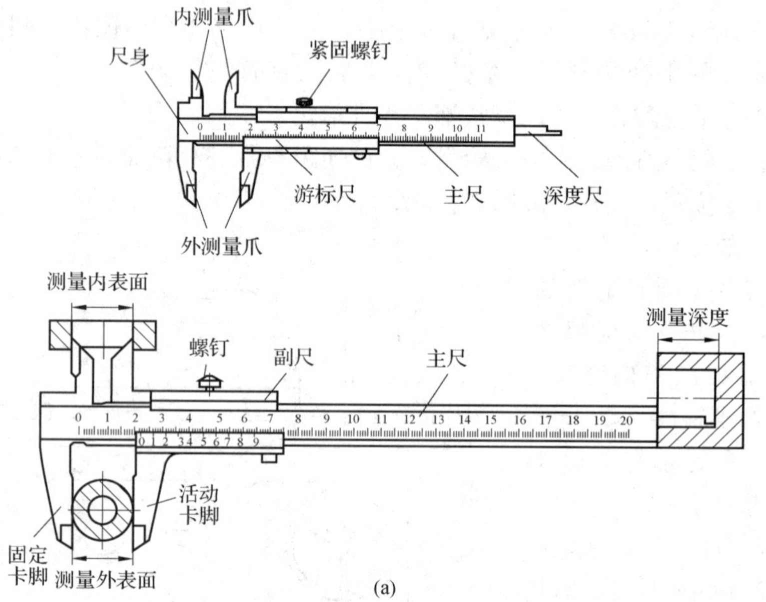

(a)

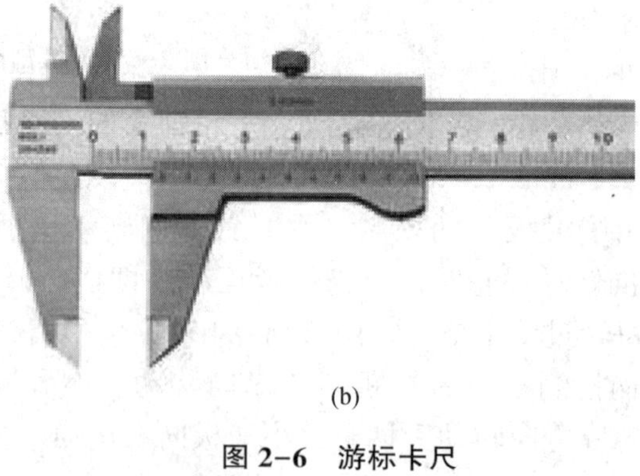

(b)

图 2-6 游标卡尺

在形形色色的计量器具家族中，游标卡尺作为一种被广泛使用的高精度测量工具，它是刻线直尺的延伸和拓展，它最早起源于中国。古代早期测量长度主要采用木杆或绳子，或用“迈步”“布手”的手法，待有了长度的单位制以后，就出现了刻线直尺。这种刻线直尺在公元前3000年的古埃及，在公元前2000年的我国夏商时代都已有使用，当时主要是用象牙和玉石制成，直到青铜刻线直尺的出现，这种“先进”的测量工具较多地应用于生产和天文测量中。

中国汉代科学技术发达，发明了大量的领先当时世界的先进仪器和器具，如浑天仪、地动仪、水排等，这些圆轴类零件的诞生，都昭示着刻线直尺在中国的诞生。在北京国家博物馆中珍藏的“新莽铜卡尺”，经过专家考证，它是全世界发现最早的卡尺，制造于公元9年，距今年1 900多年。与我国相比，国外在卡尺领域的发明晚了1 000多年，最早的是英国的“卡钳尺”，外形酷似游标卡尺，但是与“新莽铜卡尺”一样，也仅仅是一把刻线卡尺，精度和使用范围都低。

最具现代测量价值的游标卡尺一般认为是由法国人约尼尔·比尔发明的。他是一名颇具名气的数学家，在他的数学专著《新四分圆的结构、利用及特性》中记述了游标卡尺的结构和原理，而他的名字Vernier变成了英文的游标一词沿用至今。而这把赫赫有名的游标卡尺至今没有见到，因此有人质疑他是否制成了游标卡尺。19世纪中叶，美国机械工业快速发展，美国夏普机械有限公司创始人于1985年秋，成功加工出了世界上第一批四把0~4英寸的游标卡尺，其精度达到了0.001 mm。1854年荷、法、德、英都普遍用上了游标卡尺，1856年日本也普及了游标卡尺，游标卡尺的制造技术逐渐更新，迅速提高，使之成为通用性的长度测量工具。

1992年5月，在扬州市西北8千米的邗江县甘泉乡（今邗江区甘泉镇）顺利清理了一座东汉早期的砖室墓，从墓中出土了一件铜卡尺，此铜卡尺由固定尺和活动尺等部件构成。固定尺通长13.3 cm，固定卡爪长5.2 cm、宽0.9 cm、厚0.5 cm。固定尺上端有鱼形柄，长13 cm，中间开一导槽，槽内置一能旋转调节的导销，循着导槽左右移动。在活动尺和活动卡爪间接一环形拉手，便于系绳或抓握。两个爪相并时，固定尺与活动尺等长。使用时，将左手握住鱼形柄，右手牵动环形拉手，左右拉动，以测工件。用此量具既可测器物的直径，又可测其深度以及长、宽、厚，均较直尺方便和精确。惜因年代久远，其固定尺和活动尺上的计量刻度和纪年铭文，已锈蚀难以辨认。东汉原始铜卡尺的出土，纠正了世人过去认为游标卡尺乃是欧美科学家发明的观念。英国在1973年出版的《英国百科全书》第10卷402页，记述游标卡尺是法国数学家“Pierre Vernier ”【维尼尔·皮】（公元1580—1637）在1631年发明的。

2.3.1 工作原理

尺身和游标尺上面都有刻度。以准确到0.1 mm的游标卡尺为例，尺身上的最小分度是1 mm，游标尺上有10个小的等分刻度，总长9 mm，每一分度为0.9 mm，比主尺上的最小分度相差0.1 mm。量爪并拢时尺身和游标的零刻度线对齐，它们的第一条刻度线相差0.1 mm，第二条刻度线相差0.2 mm，……，第10条刻度线相差1 mm，即游标的第10

条刻度线恰好与主尺的 9 mm 刻度线对齐。

当量爪间所量物体的线度为 0.1 mm 时，游标尺向右应移动 0.1 mm。这时它的第一条刻度线恰好与尺身的 1 mm 刻度线对齐。同样当游标的第五条刻度线跟尺身的 5 mm 刻度线对齐时，说明两量爪之间有 0.5 mm 的宽度，依此类推。

在测量大于 1 mm 的长度时，整的毫米数要从游标“0”线与尺身相对的刻度线读出。

2.3.2 使用方法

用软布将量爪擦干净，使其并拢，查看游标和主尺身的零刻度线是否对齐。如果对齐没有误差就可以进行测量；如有误差没有及时校正则要记取零误差；游标的零刻度线在尺身零刻度线右侧的叫正零误差，在尺身零刻度线左侧的叫负零误差（这件规定方法与数轴的规定一致，原点以右为正，原点以左为负）。

测量时，右手拿住尺身，大拇指移动游标，左手拿待测外径（或内径）的物体，使待测物位于外测量爪之间，当与量爪紧紧相贴时，当测量零件的外尺寸时，卡尺两测量面的连线应垂直于被测量表面，不能歪斜。测量时，可以轻轻摇动卡尺，放正垂直位置。先把卡尺的活动量爪张开，使量爪能自由地卡进工件，把零件贴靠在固定量爪上，然后移动尺框，用轻微的压力使活动量爪接触零件。如卡尺带有微动装置，此时可拧紧微动装置上的固定螺钉，再转动调节螺母，使量爪接触零件并读取尺寸。决不可把卡尺的两个量爪调节到接近甚至小于所测尺寸，把卡尺强制地卡到零件上去。这样做会使量爪变形，或使测量面过早磨损，使卡尺失去应有的精度。

2.3.3 读数原则

读数时应首先以游标零刻度线为准在尺身上读取毫米整数，即以毫米为单位的整数部分。然后看游标上第几条刻度线与尺身的刻度线对齐，如第 6 条刻度线与尺身刻度线对齐，则小数部分即为 0.6 mm（若没有正好对齐的线，则取最接近对齐的线进行读数）。如有零误差，则一律用上述结果减去零误差（零误差为负，相当于加上相同大小的零误差），读数结果为

L=整数部分+小数部分-零误差

判断游标上哪条刻度线与尺身刻度线对准，可用下述方法：选定相邻的三条线，如左侧的线在尺身对应线之右，右侧的线在尺身对应线之左，中间那条线便可以认为是对准了。

L=对准前刻度+游标上第 n 条刻度线与尺身的刻度线对齐 ＊（乘以）分度值

如果需测量几次取平均值，不需每次都减去零误差，只要从最后结果减去零误差即可。

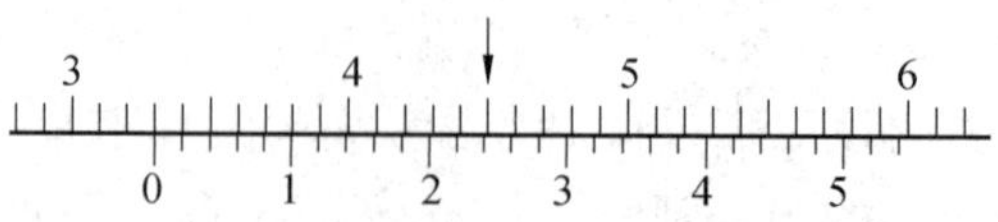

0.02 游标卡尺的某一状态为例

图 2-7　游标卡尺的读数

（1）在主尺上读出副尺零刻度线以左的刻度，该值就是最后读数的整数部分。图示 33 mm。

（2）副尺上一定有一条与主尺的刻线对齐，在副尺上读出该刻线（距副尺的零刻度线以左的刻度）的格数，乘上该游标卡尺的精度 0.02 mm，就得到最后读数的小数部分。或者直接在副尺上读出该刻线的读数，图示为 0.24 mm。

（3）将所得到的整数和小数部分相加，就得到总尺寸为 33.24 mm。

2.3.4　精确程度

常用游标卡尺按其精度可分为 3 种：即 0.1 mm、0.05 mm 和 0.02 mm。精度为 0.05 mm 和 0.02 mm 的游标卡尺。它们的工作原理和使用方法与本文介绍的精度为 0.1 mm 的游标卡尺相同。精度为 0.05 mm 的游标卡尺的游标上有 20 个等分刻度，总长为 19 mm。测量时如游标上第 11 根刻度线与主尺对齐，则小数部分的读数为 11/20 mm = 0.55 mm，如第 12 根刻度线与主尺对齐，则小数部分读数为 12/20 mm = 0.60 mm。

一般来说，游标上有 n 个等分刻度，它们的总长度与尺身上（$n-1$）个等分刻度的总长度相等，若游标上最小刻度长为 x，主尺上最小刻度长为 y，则

$$nx = (n - 1)y$$

$$x = y - (y/n)$$

主尺和游标的最小刻度之差为

$$\Delta x = y - x = y/n$$

y/n 叫游标卡尺的精度，它决定读数结果的位数。由公式可以看出，提高游标卡尺的测量精度在于增加游标上的刻度数或减小主尺上的最小刻度值。一般情况下 y 为 1 mm，n 取 10、20、50 其对应的精度为 0.1 mm、0.05 mm、0.02 mm。精度为 0.02 mm 的机械式游标卡尺由于受到本身结构精度和人的眼睛对两条刻线对准程度分辨力的限制，其精度不能再提高。

2.3.5　保管方法

游标卡尺使用完毕，用棉纱擦拭干净。长期不用时应将它擦上黄油或机油，两量爪合拢并拧紧紧固螺钉，放入卡尺盒内盖好。

游标卡尺有 0.1 mm（游标尺上标有 10 个等分刻度）、0.05 mm（游标尺上标有 20 个等分刻度）、0.02 mm（游标尺上标有 50 个等分刻度）、0.01 mm（游标尺上标有 100 个等分刻度）4 种最小读数值。

2.3.6　常规维修

1. 游标卡尺常见的故障修理

游标卡尺（以下简称卡尺）是工业生产中最通用的量具之一，卡尺的结构简单，使用方便，测量范围大，用途广泛，由于卡尺使用频繁，容易磨损和损坏，现将使用中常见故障的排除方法总结如下：

（1）外观的要求。卡尺表面应镀层均匀，标尺标记应清晰，表面透明清洁，不应有锈蚀、碰伤、毛刺，镀层脱落及明显划痕，无目力可见的断线或粗细不匀等以及影响外观质量的其他缺陷。

（2）外观基本修理。首先用工业汽油或用煤油将卡尺清洗干净，再用较好的细油石去掉毛刺，然后用零号细砂纸或用 380 号小砂纸加少量煤油，向一个方向顺着打光，打光后的表面，纹路力求均匀一致。

对于卡尺刻线面的打光，如有严重锈蚀，可将砂纸剪成比主尺宽度略小的窄条，用手压在主尺刻线面上进行打磨，防止产生断线现象。

对于镀铬卡尺，只要清洗干净，用碳化硼油石打掉毛刺即可，一般不必打光，以免镀铬层被打掉。

（3）外观量爪折断的修理。

①折断部分较短，可将量爪同时用砂轮磨短磨齐。

②折断部分较长或全部折断，可将两量爪全部磨去，修成单面量爪使用。

（4）外观其他明显损坏部分的修理。

卡尺使用中，由于意外事故，可能造成量爪扭曲，游框变形或卡死，以及主尺严重弯曲等明显损坏。量爪扭曲和游框严重变形时，可夹在虎钳中和平板上用木槌校正。

2. 卡尺各部分相互作用的要求和修理

要求：尺框沿尺身移动应手感平稳，不应有阻滞或松动现象。

（1）尺框产生不灵活和晃动的修理。

①主尺变曲变形。由于内应力没有消除造成的，可在夹压平口钳上进行调直，也可以放在木板上用硬木锤或表面光滑的紫铜锤调直。

②主尺基准面平直度和平行度不好，应在平板工作面上纵向推拉研磨主尺基准面，也可粗研量爪测量面，以达到此要求。

（2）游框、游标与主尺间隙的修理。

①在游框内底面的两侧，用锡焊焊上两条适当厚度的薄铜片或钢片。

②对于死游标卡尺，可用外径合适的金属棒放在游标斜面上，用虎钳挤压。

③对于活游标卡尺，可用小锉将游标底面修得向内侧倾斜一些；也可将游框上与游标贴合的面锉低或在平面磨上磨去一层。

（3）微动装置的修理。

微动游框的槽磨损后，产生空行程，间隙小的，可在虎钳上将凹槽夹窄一些，用小锉修整即可。间隙过大时，则应配制适应长度的螺母。

（4）卡尺弹簧片的修理与配制。

在多次合拢量爪时，间隙或有或无，或大或小的现象，多半是由于弹簧片失去弹力作用造成的，应及时更换新的弹簧片，并使弹簧片适应尺身的大小，不能使游框过紧或过松。

（5）卡尺零位的调整。

①调整压活游标方法。

②经长期使用无法用上述方法的，可用改装法，在尺框上打孔，攻丝，打好定心孔，

即可装好游标，对好零位。

3. 刀口形内量爪上下两平面摩擦的修理

首先查清哪个量爪变形，然后进行调整，可用铜锤或木槌敲击调直方向，但冲击力不能过大，以免量爪变形更大或击断。

4. 卡尺测量面的平面性和平行性的修理

（1）手工研磨，研磨时将卡尺夹在虎钳上，手和研磨器应放平，用力均匀，不可偏斜。

（2）测量面研磨余量较大时，应先用油石粗磨，这种修理方法是现在普遍使用的。

（3）平行性的修理通常与平面性的修理同时进行。研磨器是修理卡尺平面性和平行性的主要工具。

5. 卡尺示值误差的修理

应根据产生误差的原因有针对性地修理。由于示值误差综合反映卡尺各部分的误差，所以在其他各部分修理合格后，示值误差一般也会符合要求。

6. 测深卡尺的平直度的修理

注意事项：

（1）游标卡尺是比较精密的测量工具，要轻拿轻放，不得碰撞或跌落地下。使用时不要用来测量粗糙的物体，以免损坏量爪，避免与刃具放在一起，以免刃具划伤游标卡尺的表面，不使用时应置于干燥中性的地方，远离酸碱性物质，防止锈蚀。

（2）测量前应把卡尺揩干净，检查卡尺的两个测量面和测量刃口是否平直无损，把两个量爪紧密贴合时，应无明显的间隙，同时游标和主尺的零位刻线要相互对准。这个过程称为校对游标卡尺的零位。

（3）移动尺框时，活动要自如，不应有过松或过紧，更不能有晃动现象。用固定螺钉固定尺框时，卡尺的读数不应有所改变。在移动尺框时，不要忘记松开固定螺钉，亦不宜过松以免掉了。

（4）当测量零件的外尺寸时，卡尺两测量面的连线应垂直于被测量表面，不能歪斜。测量时，可以轻轻摇动卡尺，放正垂直位置。先把卡尺的活动量爪张开，使量爪能自由地卡进工件，把零件贴靠在固定量爪上，然后移动尺框，用轻微的压力使活动量爪接触零件。如卡尺带有微动装置，此时可拧紧微动装置上的固定螺钉，再转动调节螺母，使量爪接触零件并读取尺寸。决不可把卡尺的两个量爪调节到接近甚至小于所测尺寸，把卡尺强制地卡到零件上去。这样做会使量爪变形，或使测量面过早磨损，使卡尺失去应有的精度。

（5）用游标卡尺测量零件时，不允许过分地施加压力，所用压力应使两个量爪刚好接触零件表面。如果测量压力过大，不但会使量爪弯曲或磨损，且量爪在压力作用下产生弹性变形，使测量的尺寸不准确（外尺寸小于实际尺寸，内尺寸大于实际尺寸）。

（6）在游标卡尺上读数时，应把卡尺水平地拿着，朝着亮光的方向，使人的视线尽可能和卡尺的刻线表面垂直，以免由于视线的歪斜造成读数误差。

（7）为了获得正确的测量结果，可以多测量几次。即在零件的同一截面上的不同方向进行测量。对于较长零件，则应当在全长的各个部位进行测量，获得一个比较正确的测量结果。

2.4 切削用量

1. 切削用量

切削用量是切削时各运动参数的总称，包括切削速度、进给量和背吃刀量（切削深度）。与某一工序的切削用量有密切关系的刀具寿命（见金属切削原理），一般分为该工序单件成本最低的经济寿命和最大生产率寿命两类。按前者选择的切削用量称为最低成本切削用量，这是通常使用的；按后者选择的切削用量称为最大生产率切削用量，一般在生产任务紧迫时使用。

切削速度 v_c 是指刀具切削刃上某选定点相对于工件待加工表面在主运动方向切削用量的瞬时速度，单位为 m/min（理论上切削展开的长波）。

2. 进给量 f

在主运动每转一转或每一行程时（或单位时间内），刀具与工件之间沿进给运动方向的相对位移，单位 mm/r。

3. 背吃刀量（切削深度）a_p

待加工表面与已加工表面之间的垂直距离，单位 mm。

数控机床加工工件时，其切削用量都预先编入程序中，在正常情况下人工不予改变。只是在试切削或出现异常情况时，才通过改变刀具偏置、通过倍率轮改变进给转速或重新编写程序来调节切削用量。

影响数控加工切削用量主要有下列因素：

（1）机床转速；

（2）刀具规格；

（3）工件尺寸；

（4）切削液浓度。

4. 切削用量的选择

工件上已加工表面和待加工表面间的垂直距离称为背吃刀量，如图 2-8 中的尺寸 a_p，背吃刀量是每次进给时车刀切入工件的深度。

工件每转一周，车刀沿进给方向移动的距离称为进给量，是衡量进给运动大小的参数，如图 2-8 所示中的尺寸 f，单位为 mm/r。

车削时，刀具切削刃上的某选定点相对待加工表面主运动方向上的瞬时速度，称为切削速度 v_c 如图 2-8 所示。

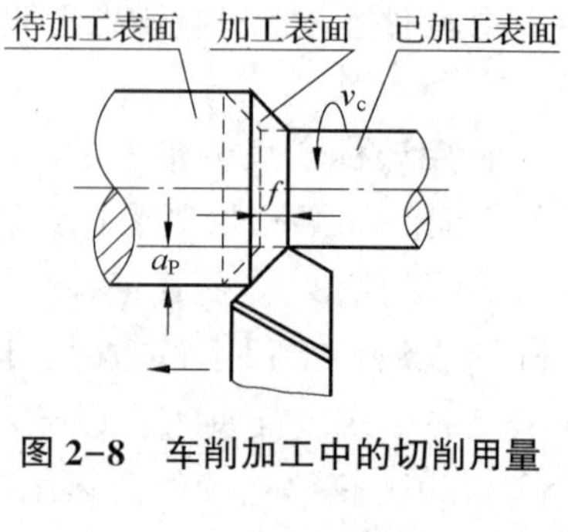

图 2-8 车削加工中的切削用量

（1）粗车时切削用量的选择。粗车时选择切削用量，首先应选择一个尽可能大的背吃刀量 a_p，其次选择一个较大的进给量 f，最后根据已选定的 a_p 和 f 值，在工艺系统刚度、刀具寿命和机床功率许可的条件下选择一个合理的切削速度 v_c。

（2）半精车、精车时切削用量的选择。半精车、精车时的背吃刀量是根据加工精度和表面粗糙度要求由粗车后留下的余量确定的，半精车时，选取 a_p=0.5~2.0 mm；精车时选取 a_p=0.05~0.8 mm。

5. 演示中拖板

CA6140 型车床中拖板中刻度盘每格 5 道（0.05 mm）。

例如：已知毛坯直径是 ϕ50 mm，加工至直径 ϕ45 mm，求余量及其中拖板移动多少格？

解 根据公式可得

$$a_p=(d_w-d_m)/2$$

式中 d_w——待加工表面直径；

d_m——已加工表面直径。

50−45=5 mm（余量） 5÷2÷0.05=50（格）

2.5 车刀的相关知识

2.5.1 常用车刀的选择

车削加工时，需根据不同的车削要求，选用不同种类的车刀。常用车刀的种类及用途如图 2-9 所示。

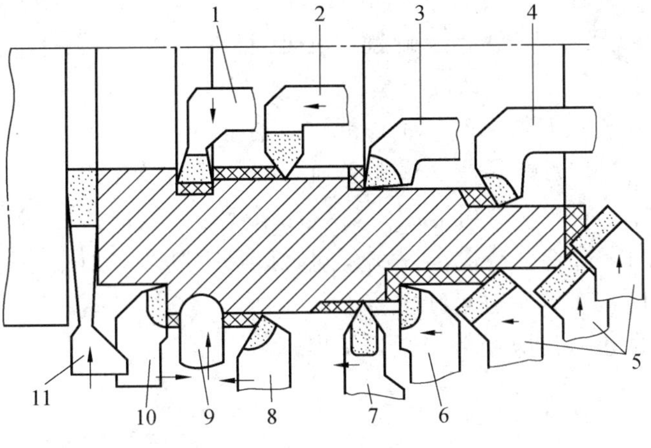

图 2-9 常用车刀的种类和用途

1—内孔槽刀；2—内螺纹车刀；3—盲孔镗刀；4—通孔镗刀；5—45°外圆车刀；
6—右偏刀；7—外螺纹车刀；8—75°外圆车刀；9—成形车刀；10—左偏刀；11—切断刀

刀具安装：

车削前必须把选好的车刀正确安装在四方位刀架上，车刀安装得好坏，对操作加工质量都有很大关系。如图 2-10 所示。安装车刀时应注意下列几点。

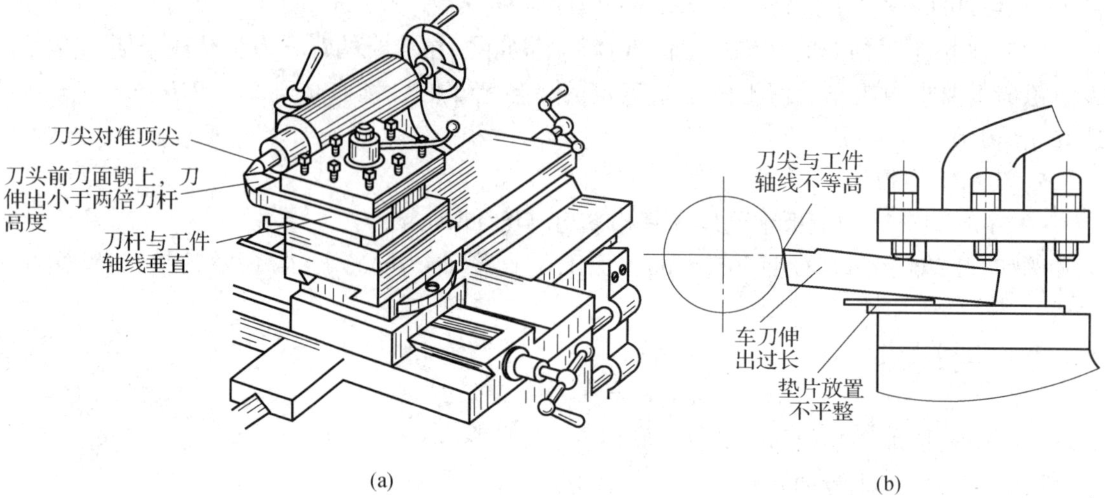

图 2-10　车刀的安装

（a）正确；（b）错误

（1）车刀刀尖应与工件轴线等高。如果车刀装得太高，则车刀的主后面会与工件产生强烈的摩擦；如果装得太低，切削就不顺利，甚至工件会被抬起来，使工件从卡盘上掉下来，或把车刀折断。为了使车刀对准工件轴线，可在尾座套筒上安装顶尖，以顶尖的高低进行调整。

（2）车刀不能伸出太长。刀具伸得太长，刀具刚性差，切削起来容易产生振动，使车床加工出来的工件表面粗糙，甚至会把车刀折断。但也不宜伸出太短，太短会使车削不方便观察，容易发生刀架与卡盘干涉碰撞。一般伸出长度不超过刀杆高度（厚度）的 1.5 倍。

（3）每把车刀安装在刀架上时，不可能刚好对准工件轴线，一般会低，因此可用一些厚薄不同的垫片来调整车刀的高低。垫片必须平整，其宽度应与刀杆宽度一样，长度应与刀杆被夹持部分一样，同时应尽可能用少数垫片来代替多数薄垫片的使用，将刀的高低位置调整合适，垫片用得过多会造成车刀在车削时接触刚度变差而影响加工质量。

（4）车刀刀杆应与车床主轴轴线垂直。

（5）车刀位置装正后，应交替拧紧刀架螺丝。

2.5.2　车刀的刃磨

1. 砂轮

刃磨车刀之前，首先要根据车刀材料来选择砂轮的种类，否则将达不到良好的刃磨效果。按磨料不同，常用的砂轮有氧化铝和碳化硅砂轮两类，其性能及用途见表 2-1。

表 2-1 砂轮的种类和用途

砂轮种类	颜色	性能	适用场合
氧化铝	白色	磨粒韧性好，比较锋利，硬度较低，自锐性好	刃磨高速钢和硬质合金车刀的刀柄部分
碳化硅	绿色	磨粒的硬度高，刃口锋利，但脆性较大	刃磨硬质合金车刀

2. 砂轮的选用

刃磨 90°硬质合金焊接车刀，其刀柄部分可选用粒度号 24#~36#、硬度为 K 或 L 的白色的氧化铝砂轮。

粗磨车刀切削部分和刃磨断屑槽时，宜选用粒度为 36#~60#、硬度为 G 或 H 的绿色碳化硅砂轮，精磨车刀切削部分宜选用 180#或 220#的绿色碳化硅砂轮。

刃磨车刀时操作者应戴上护目镜，严禁戴手套等劳保用品，应站立在砂轮机的侧面，以防砂轮碎裂时，碎片飞出伤人，还可防止砂粒飞入眼中。双手握刀时，两肘应夹紧腰部，这样可以减小刃磨时的抖动。

刃磨时，车刀应放在砂轮的水平中心略上位置，刀尖略微上翘 3°~8°，车刀接触砂轮后应做左右方向水平移动；车刀离开砂轮时，刀尖需向上抬起，以免砂轮碰伤已磨好的刀刃。

2.5.3 刃磨车刀的注意事项

（1）新安装的砂轮必须经严格检查并试运行。

（2）在试转合格后才能使用。

（3）安装后必须保证装夹牢靠，运转平稳。

（4）砂轮旋转速度应小于允许的线速度，过高会爆裂伤人，过低又会影响刃磨质量。

（5）若砂轮跳动明显，应及时修整。

（6）刃磨时必须戴防护眼镜，一台砂轮机以一人操作为好。如果砂粒飞入眼中，不能用手去擦，应立即去医务室清理。

（7）使用平行砂轮时，应避免在砂轮的断面上刃磨。

（8）刃磨高速工具钢车刀时，应及时冷却，以防刀刃退火，致使硬度降低。而刃磨硬质合金焊接车刀时，则不能浸水冷却，以防刀片因骤冷而崩裂。

（9）刃磨时，砂轮旋转方向必须由刃口向刀体方向转动，以免使刀刃出现锯齿形缺陷。

（10）刃磨时不能用力过大，以免打滑伤手。

（11）刃磨结束后，应随手关闭砂轮机电源。

图 2-11 为刃磨车刀。

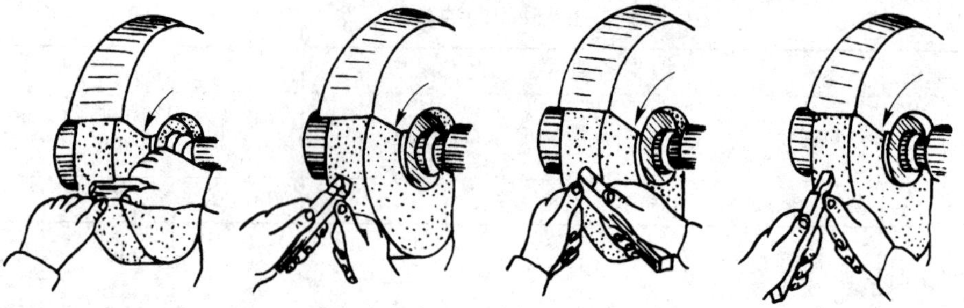

(a) (b) (c) (d)

图 2-11 刃磨车刀

(a) 磨前刀面；(b) 磨主后刀面；(c) 磨副后刀面；(d) 磨刀尖圆弧

2.6 粗车台阶轴

加工实例，如图 2-12 所示。

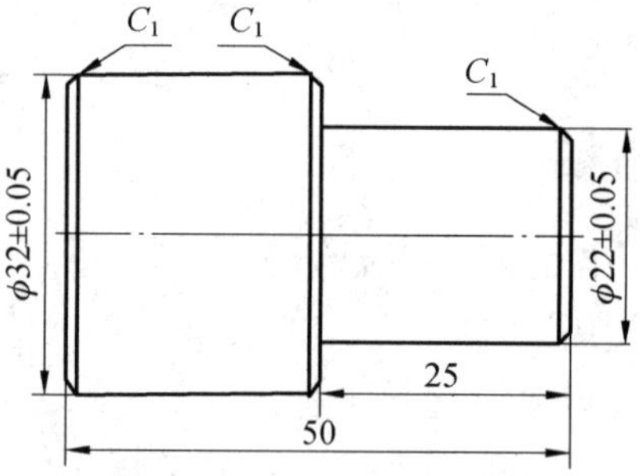

图 2-12 实例图

1. 技术要求

（1）未注倒角锐角倒钝 1×45°。

（2）不允许用锉刀、纱布修整工件表面。

（3）未注公差按 IT14 加工。

（4）两端中心孔为 B4/7.5，粗糙度为 $Ra3.2$。

2. 加工步骤

（1）用三爪自定心卡盘夹住比工件长 20 mm 左右，并找正夹紧。

（2）45°外圆车刀车端面。

（3）在端面上加工中心孔。

（4）45°粗车外圆 ϕ32.5 mm，长度为 55 mm。

（5）90°外圆车刀 ϕ32±0.05 mm，长度为 55 mm。

（6）45°粗车外圆 ϕ22.5 mm，长度为 25 mm。

(7) 90°外圆车刀 $\phi22\pm0.05$ mm，长度为 25 mm。

(8) 45°外圆车刀倒角 1×45°。

(9) 切断刀切下长度为 52 mm。

(10) 调头装夹 $\phi22\pm0.05$ mm，使卡盘顶在 $\phi32\pm0.05$ mm 台阶面上。

(11) 45°外圆车刀车端面，加工长度至 25±0.05 mm。

(12) 倒角 1×45°。

2.7 实例加工

根据已学普车内容，试加工如图 2-13 所示，并保持每个尺寸要求，灵活操作普车（装夹工件、主轴正反转、选择合理刀具、试切、正确测量、切削用量三要素、大中小拖板的使用等）。

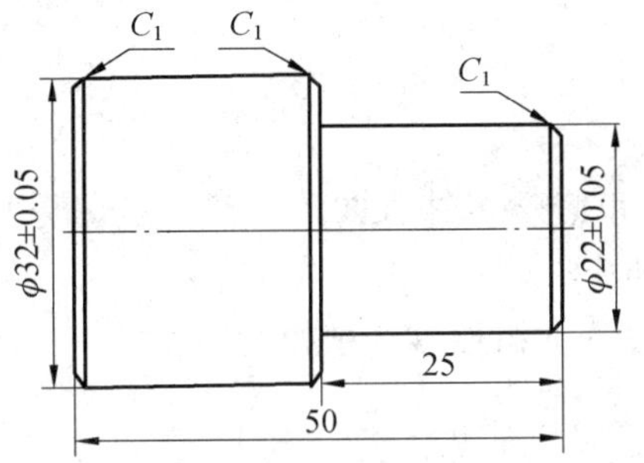

图 2-13 实例图

2.8 考核台阶轴并演示槽、螺纹轴类零件加工

螺纹按其截面形状（牙型）分为三角形螺纹、矩形螺纹、梯形螺纹和锯齿形螺纹等。其中三角形螺纹主要用于连接、定位、固定等，矩形、梯形和锯齿形螺纹主要用于传动。螺纹分布在母体外表面的叫外螺纹，在母体内表面的叫内螺纹。在圆柱母体上形成的螺纹叫圆柱螺纹，在圆锥母体上形成的螺纹叫圆锥螺纹。螺纹按螺旋线方向分为左旋的和右旋的两种，一般用右旋螺纹。螺纹可分为单线的和多线的，连接用的多为单线；用于传动时要求进升快或效率高，采用双线或多线，但一般不超过 4 线。按牙的大小分为粗牙螺纹和细牙螺纹等，按使用场合和功能不同，可分为紧固螺纹、管螺纹、传动螺纹、专用螺纹等。

圆柱螺纹中，三角形螺纹自锁性能好。它分粗牙和细牙两种，一般连接多用粗牙螺纹。细牙的螺距小，升角小，自锁性能更好，常用于细小零件薄壁管中，有振动或变载荷的连接，以及微调装置等。管螺纹用于管件紧密连接。矩形螺纹效率高，但因不易磨制，且内外螺纹旋合定心较难，故常为梯形螺纹所代替。锯齿形螺纹牙的工作边接近矩形直边，多用于承受单向轴向力。圆锥螺纹的牙型为三角形，主要靠牙的变形来保证螺纹副的紧密性，多用于管件。

加工实例，如图 2-14 所示。

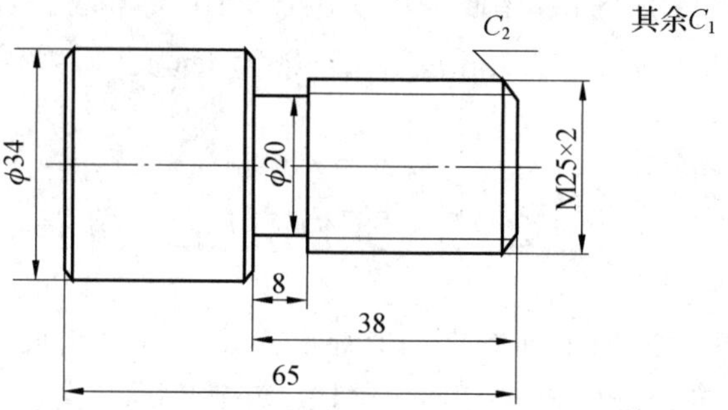

图 2-14　螺纹加工实例图

1. 技术要求

（1）未注倒角锐角倒钝 1×45°。

（2）不允许用锉刀、纱布修整工件表面。

（3）未注公差按 IT14 加工。

（4）两端中心孔为 B4/7.5，粗糙度为 $Ra3.2$。

2. 加工步骤

（1）用三爪自定心卡盘夹住毛坯比工件长 20 mm 左右，并找正夹紧。

（2）45°外圆刀粗车端面。

（3）在端面上加工中心孔。

（4）45°外圆刀粗加工 $\phi34.50$ mm，长度为 70 mm。

（5）90°外圆刀精加工 $\phi34\pm0.10$ mm，长度为 70 mm。

（6）45°外圆刀粗加工 $\phi25.50$ mm，长度为 38 mm。

（7）90°外圆刀精加工 $\phi25\pm0.10$ mm，长度为 38 mm。

（8）切断刀加工 $\phi20\times8$ mm 的退刀槽。

（9）60°螺纹刀加工 M25×2 的外螺纹。

（10）切断刀切下长度为 67 mm。

（11）调头装夹 $\phi34$，加工长度至 27±0.10 mm。

（12）倒角 1×45°。

练习题

1. 车床的组成部分有哪些？
2. 在车床上进行外圆车削时，在精车和粗车中间如何正确选用切削用量？
3. 怎样正确使用砂轮机？

4. 根据图 2-15～图 2-18 试加工并定出加工工艺。(选用刀具、切削用量、加工步骤)

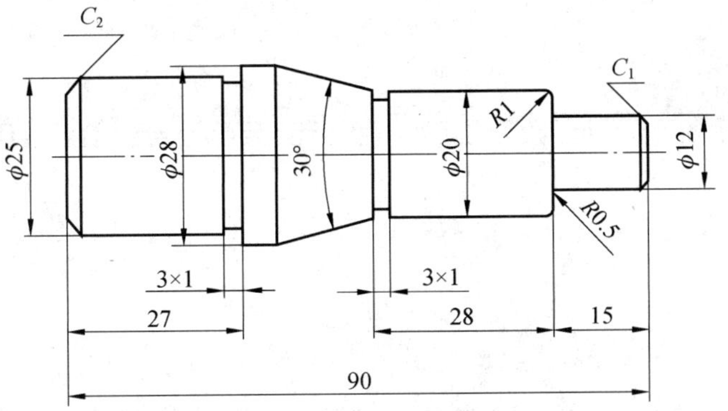

图 2-15 题 4 图

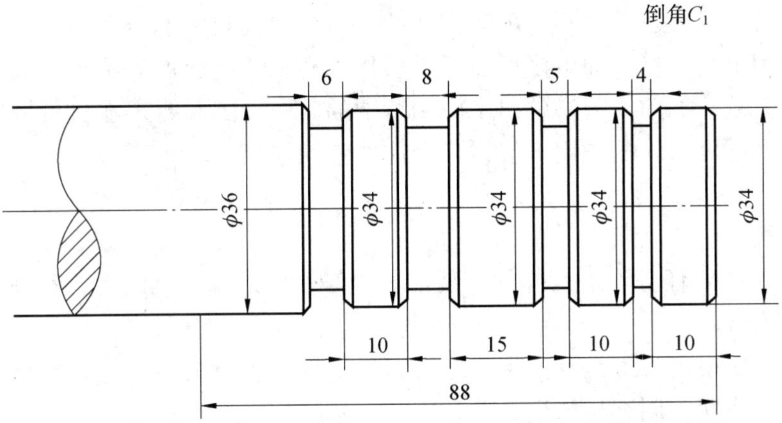

图 2-16 题 4 图

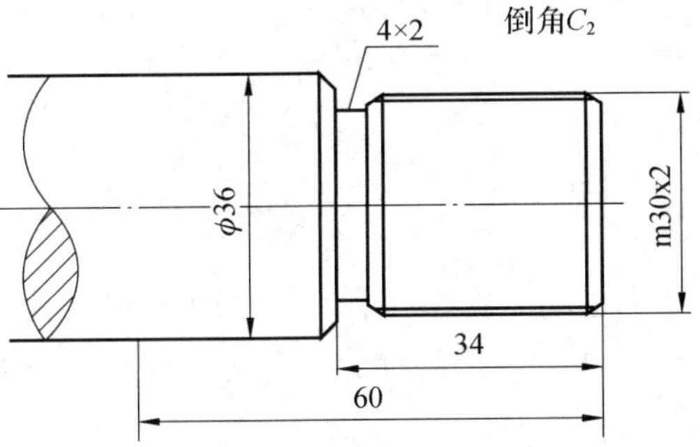

图 2-17 题 4 图

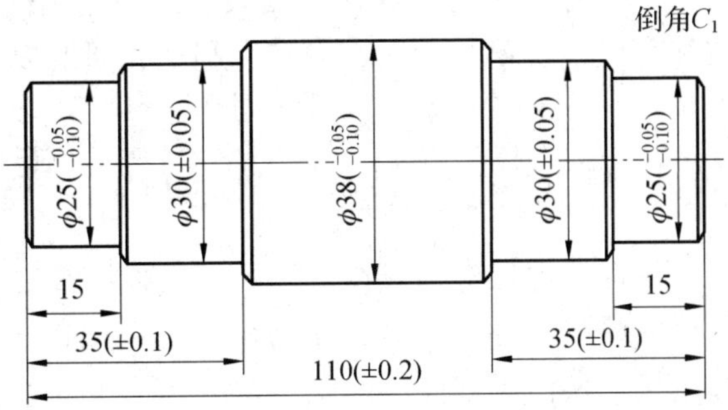

图 2-18 题 4 图

第3章 钳　　工

钳工是一种比较复杂、细微、工艺要求较高的工作，钳工工作主要以手工方法，利用各种工具和常用设备对金属进行加工。

在实际工作中，有些机械加工不太适宜或某些不能解决的某些工作，还是由钳工完成，比如：设备的组装及维修等。随着工业的发展，在比较大的企业里，对钳工还有比较细的分工。所用工具简单，加工多样灵活、操作方便，适应面广等特点，故有很多工作仍需要由钳工来完成。如前面所讲的钳工应用范围的工作。因此钳工在机械制造及机械维修中有着特殊的、不可取代的作用。但钳工操作的劳动强度大、生产效率低、对工人技术水平要求较高。

钳工的分类：

（1）钳工的主要任务为加工工件、装配、维修设备以及工具的制造和修理。

（2）钳工分类。

工具钳工：使用钳工工具及设备，进行刃具、量具、模具、夹具和索具等的加工和修理，并进行组合装配、调试与修理。

装配钳工：使用钳工工具及设备，按技术要求对工件进行加工、维修和装配。

机修钳工：使用工具、量具和辅助设备等，对各类设备的机械部分进行维护和修理。

（3）钳工的基本操作。画线、錾削、锯削、锉削、孔加工（钻、扩、锪、铰）、攻螺纹和套丝、矫正和弯形、铆接、刮削和研磨以及基本测量和简单热处理。

3.1 锯　　削

用锯子锯切材料或在工件上锯出狭槽等工件称为锯削。钳工工作中用锯子锯断各种形状的材料或工件，如图3-1所示，可以用锯子剖切工件上多余的部分，也可在工件上锯出起子槽、狭槽等工件，因此，锯削是钳工基本操作内容之一。

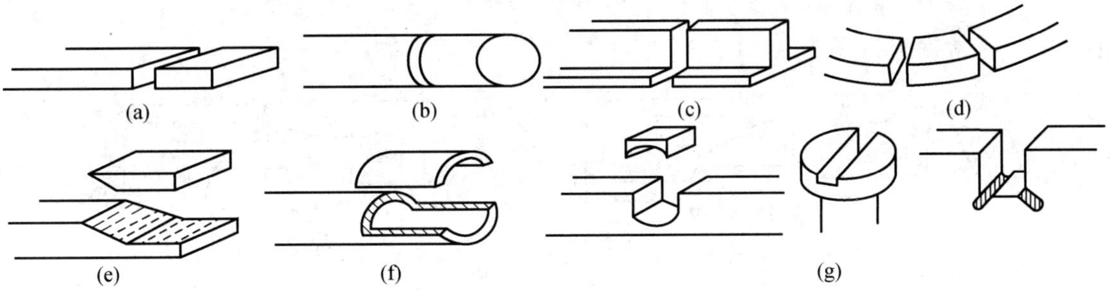

图 3-1　锯削的应用

（a）板料锯断；（b）棒料锯断；（c）型材锯断；
（d）弧形锯断；（e）锯平面；（f）管料锯削；（g）工件上锯削

3.1.1　锯子的结构

1. 锯弓的构造

锯弓构造由锯弓和锯条组成锯削工具。锯弓用于安装锯条和调整锯条松紧程度的弓架。有固定式和可调节式两种，固定锯弓只能安装一种长度的锯条，如图 3-2（a）所示。可调节式锯弓的孔架上有调节槽，能调节弓架长度，适应多种长度的锯条安装如图 3-2（b）所示。

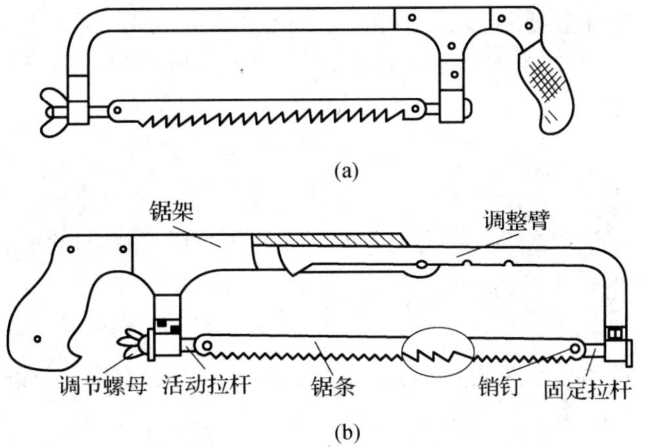

图 3-2　锯弓

（a）固定式；（b）可调式锯弓

锯弓两端各有一个方直槽，用于安装夹头，夹头可以在方槽内自由移动，但限制夹头径向方向的转动。夹头铣出一个小平面，装有销钉便于锯条两端圆孔安装。锯弓前端夹头有一半圆台肩，限制夹头一个方向的移动，另一个夹头一端装有销钉，另一端有螺纹与翼形螺母（俗称元宝螺母）连接，可调整锯条的松紧。

2. 锯条的安装方法

锯削时锯子在向前推进时才起切削作用，而向后返回时不起切削作用，因此锯条的安装方向应使齿尖向前方向安装。此时前角为零（图 3-3（a））。如果装反了，则前面为负值，不能正常锯削（图 3-3（b））。

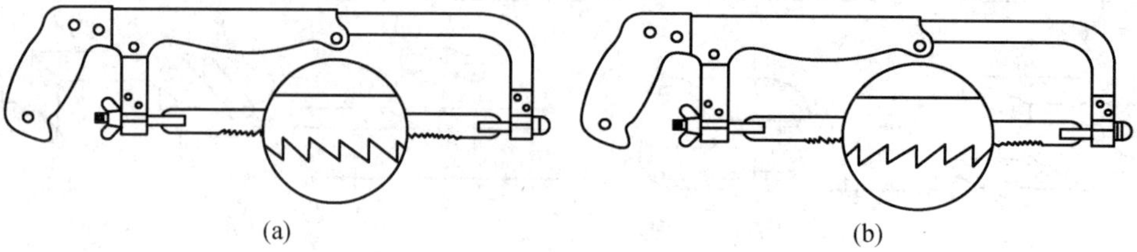

图 3-3　锯条安装方向

（a）正确；（b）不正确

将锯条安装在锯弓中，通过调节翼形螺母可调整锯条的松紧程度。锯条的松紧程度要适当。锯条张得太紧，会使锯条受张力太大，失去应有的弹性，以至于在工作时稍有卡阻，受弯曲时就易折断。而如果装得太松，又会使锯条在工作时易扭曲摆动，同样容易折断，且锯缝易发生歪斜。调节好的锯条应与锯弓在同一中心平面内，以保证锯缝正直，防止锯条折断。

锯条调整松紧程度检查手指轻轻扳动锯条面，如果轻轻扳动锯条面锯条与销钉有明显的松动即锯条安装得太松，如果手指扳动锯条感觉涨度太硬，则锯条安装得太紧。合适的涨度是用手扳动锯条时有一定弹性。

锯条安装涨度适中不仅能减少锯条折断的机会，而且与锯削质量有关，锯条涨度过松，锯削时锯弓摇摆不易掌握，会使锯缝歪斜；锯条涨度过硬则锯削时不易纠偏，同样会使锯削时锯缝引起歪斜。

3.1.2　锯条选择

锯条是用来直接锯削材料或工件的刃具。锯条一般用渗碳钢冷轧而成，也可用碳素工具钢或合金钢制成，并经热处理淬硬。

1. 锯条的规格

锯条的规格是以两端安装孔的中心距来表示的。钳工常用的锯条规格是 300 mm，其宽度为 10～25 mm，厚度为 0. 6～1. 25 mm。

2. 锯齿的角度

锯条的切削部分由许多均布的锯齿组成，每一个锯齿如同一把錾子（图 3-4（a））。常用的锯条后角 $\alpha_0=40°$，楔角 $\beta_0=50°$，前角 $\gamma_0=0°$，制成这一后角和楔角的目的，是为使切削部分具有足够的容屑空间和使锯齿具有一定的强度，以便获得较高的工作效率。

3. 锯路

在制锯条时，全部锯齿按一定规则左右错开，排成一定的形状，称为锯路。锯路有交叉形和波浪形等（图 3-4）。

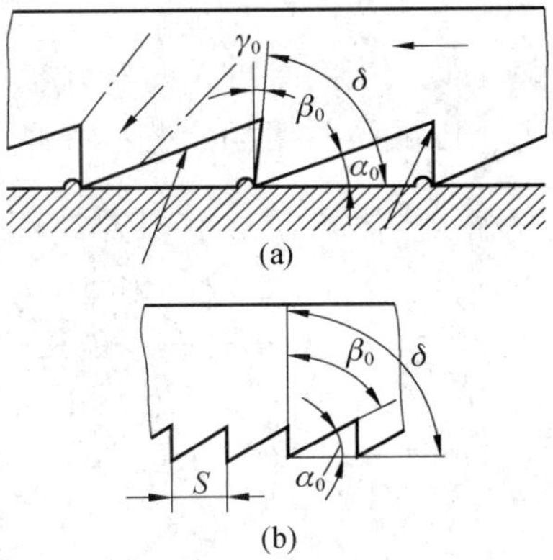

图 3-4 锯路形状

4. 锯齿粗细及其选择

锯齿的粗细用每 25 mm 长度内齿的个数来表示。常用的有 14、18、24 和 32 等几种。显然，齿数越多，锯齿就越细。

锯齿粗细的选择应根据材料的硬度和厚度来确定，以使锯削工作既省力又经济。

① 粗齿锯齿适用于锯软材料和较大表面及厚材料。因为，在这种情况下每一次推锯都会产生较多的切屑，要求锯条有较大的容屑槽，以防产生堵塞现象。

② 细齿锯条适用于锯硬材料及管子或薄材料。对于硬材料，一方面由于锯齿不易切入材料，切屑少，不需大的容屑空间。另一方面，由于细齿锯条的锯齿较密，能使更多的齿同时参与锯削，使每齿的锯削量小，容易实现切削。对于薄板或管子，主要是为防止锯齿被钩住，甚至使锯条折断。

3.1.3 锯削姿势与锯削方法

1. 锯弓的握法

锯弓的握法正确与否，对锯削质量和安全生产有较大的影响，正确握锯弓的方法，能提高锯削效率和质量，握锯弓时右手握紧锯弓手把，掌心对准手把宽度方向，虎口对准手把凹陷处，当推锯弓锯削时使锯弓与手臂成一条直线。左手食指、中指、无名指和小指勾住锯弓的弓架前端，拇指顶住弓背，左手稳住锯弓并控制锯条垂直锯削方向的调整。锯削时右手推锯左手把握锯削方向，两手密切配合，如图 3-5 所示。

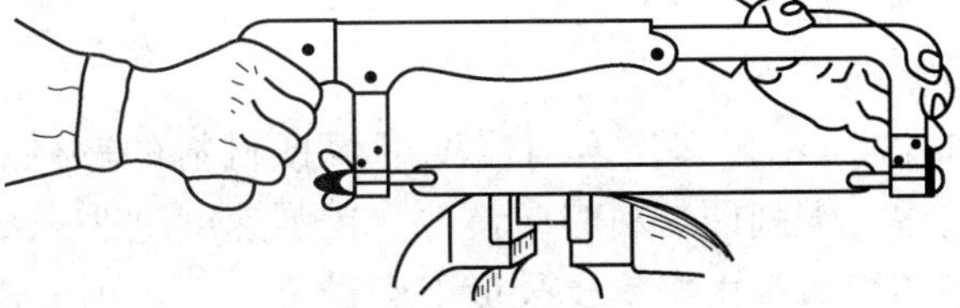

图 3-5 锯弓的握法

2. 锯削姿势

锯削时站立姿势与锉削姿势相似，当右手推锯时身体也随之前倾，如图 3-6 所示。这样可以身体摆动增加右手的推力，以减缓右手的疲劳，提高工作效率。

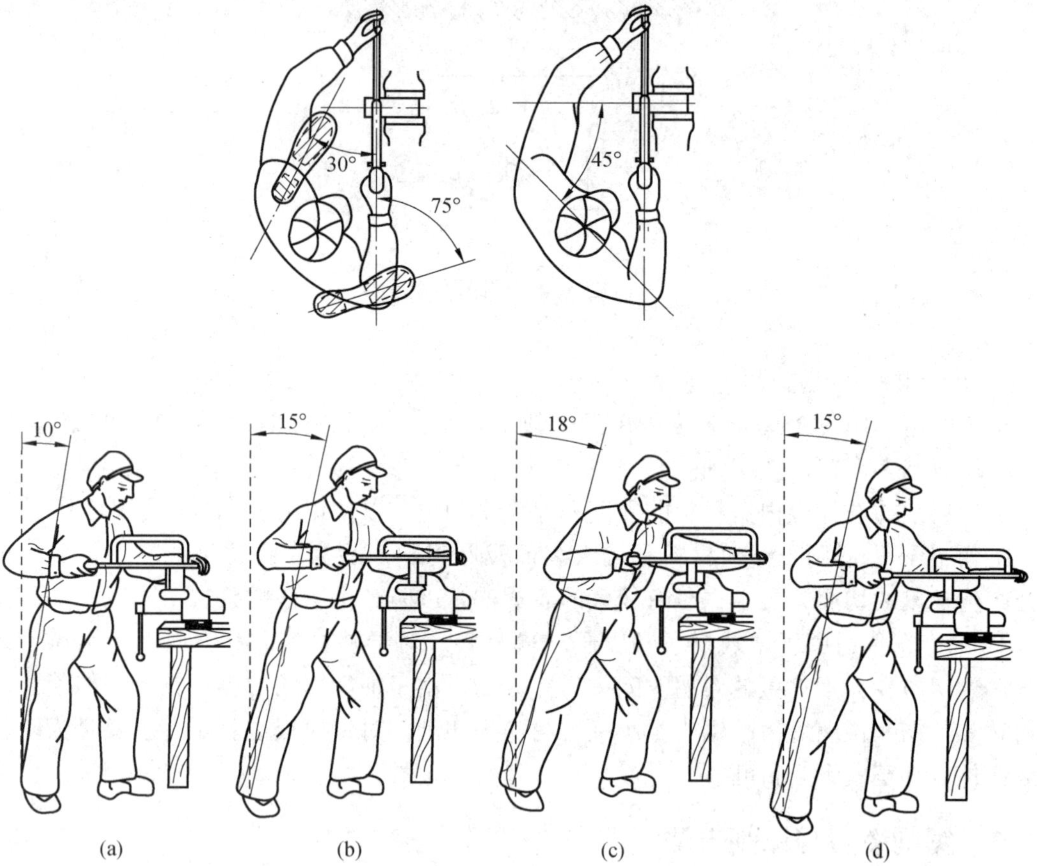

图 3-6　锯削姿势

锯削时推力和压力均由右手控制。左手所加压力不要太大，其主要任务是扶正锯弓的作用。锯弓推至终点回程中，不应施加压力，以免锯齿加速磨损。

在起锯时，身体稍向前倾，与竖直方向约成 10°角左右，此时右肘尽量向后收（图 3-6（a）)，随着推锯的行程增大，身体逐渐向前倾斜。行程达 2/3 时，身体倾斜约 18°角左右，左、右臂均向前伸出（图，3-6（c））。当锯削最后 1/3 行程时，用手腕推进锯弓，身体随着锯的反作用力退回到 15°角位置（图 3-6（d））。锯削行程结束后，取消压力将手和身体都退回到最初位置。

锯削速度以 20~40 次/min 为宜。锯削速度可根据材料的软硬程度可做相应的调整。锯削软材料时可适当快些，锯削硬材料时应慢些。锯削速度过快，锯条容易发热会加速磨损，使锯条移动行程距离缩短，由于锯条长度上磨损不一致，锯缝变狭会卡住锯条，引起锯条折断。因此锯削时不要集中在某一长度范围内使用，要求推锯时尽可能使 300 mm 锯条长度能有效地锯削（锯削往复长度不应少于锯条全长的2/3）。

3. 起锯方法

起锯是锯削的开始，起锯质量的好坏直接影响锯削的质量。起锯不当还会划伤工件表面或锯条崩齿。起锯方法可如图3-7（a）所示。起锯时以拇指作为定位点，锯条紧贴拇指导向。起锯有两种方法，图3-7（b）所示为近起锯，以锯条的中部或前端起锯；图3-7（c）所示为远起锯，上锯时使用锯条后端起锯。一般情况下建议采用远起锯，因为此时锯齿是逐步切入材料，锯齿不易被卡住，起锯比较方便。若采用近起锯，掌握不好时，锯齿由于突然切入较深的材料，锯齿容易被工件棱边卡住甚至崩齿。

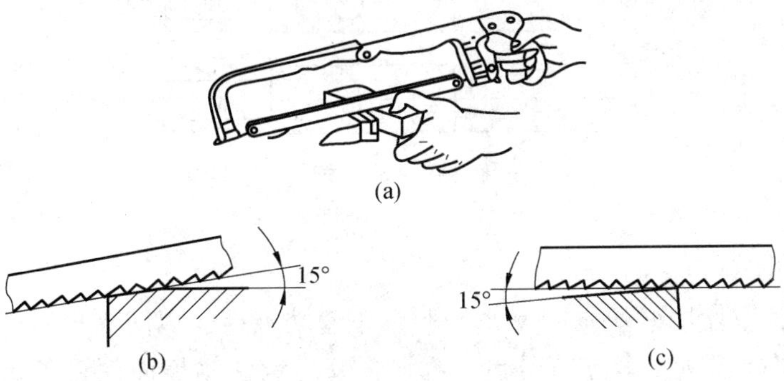

图3-7 起锯方法

（a）起锯开始；（b）近起锯；（c）远起锯

3.1.4 工件的夹持

工件一般被夹持在台虎钳的左侧，以方便操作。工件的伸出端应尽量短，工件的锯削线应尽量靠近钳口，从而防止工件在锯削过程中产生振动，如图3-8所示。

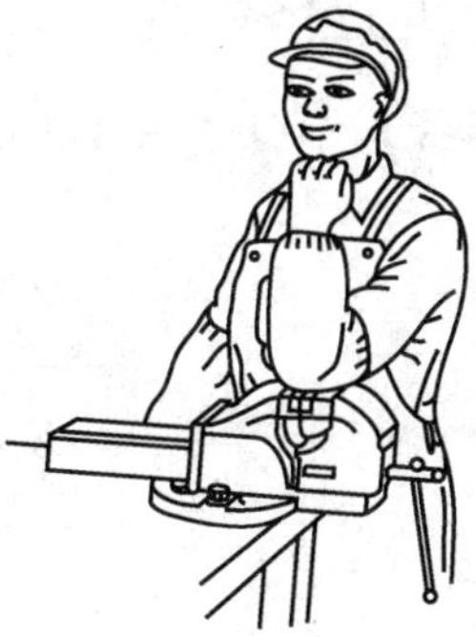

图3-8 工件的装夹

工件要牢固地夹持在台虎钳上，防止锯削时工件移动而致使锯条折断。但对于薄壁、管子及已加工表面，要防止夹持太紧而使工件或表面变形。

3.1.5 工件的锯削方法

1. 棒料的锯削方法

锯削棒料时，如果要求锯出的断面比较平整，则应从一个方向起锯直到结束，称为一次起锯。若对断面的要求不高，为减小切削阻力和摩擦力，可以在锯入一定深度后再将棒料转过一定角度重新起锯。如此反复几次从不同方向锯削，最后锯断，称为多次起锯（图3-9）。显然多次起锯较省力。

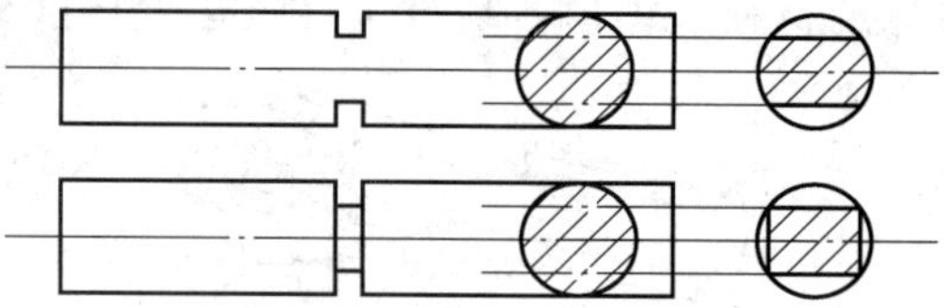

图 3-9 锯削棒料

2. 管子的锯削

若锯薄管子，应使用两块木制 V 形或弧形槽垫块夹持，以防夹扁管子或夹坏表面（图3-10）。锯削时不能仅从一个方向锯起，否则管壁易钩住锯齿而使锯条折断。正确的锯法是每个方向只锯到管子的内壁处，然后把管子转过一角度再起锯，且仍锯到内壁处，如此逐次进行直至锯断。在转动管子时，应使已锯部分向推锯方向转动，否则锯齿也会被管壁钩住，如图 3-11 所示。

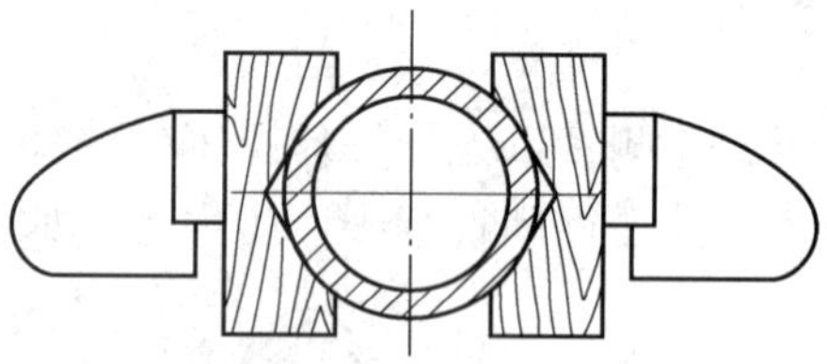

图 3-10 锯薄管子（两块木制 V 形或弧形槽垫块）

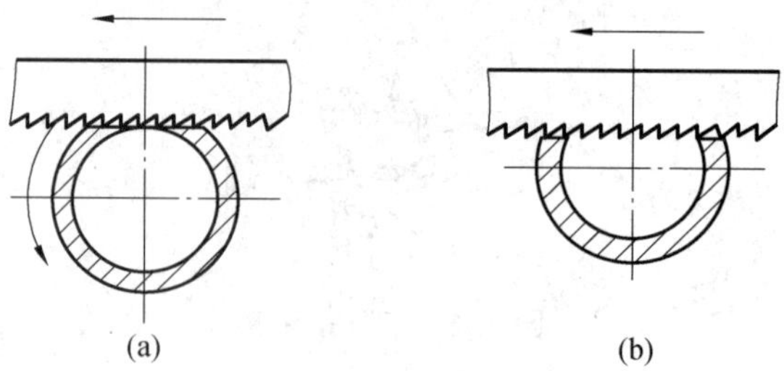

图 3-11 锯薄管子

（a）转位锯削；（b）不正确锯销

3. 薄板料的锯削

锯削薄板料时，可将薄板夹在两木垫或金属垫之间，连同木垫或金属垫一起锯削，这样既可避免锯齿被钩住，又可增加薄板的刚性（图 3-12）。另外，若将薄板料夹在台虎钳上，用手锯做横向斜推，就能使同时参与锯削的齿数增加，避免锯齿被钩住，同时能增加工件的刚性（图 3-13）。

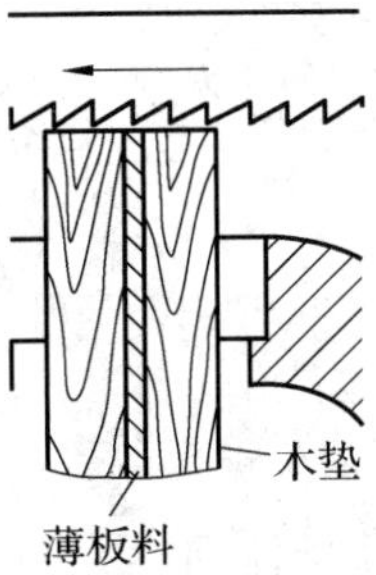

图 3-12 薄板的夹持方法

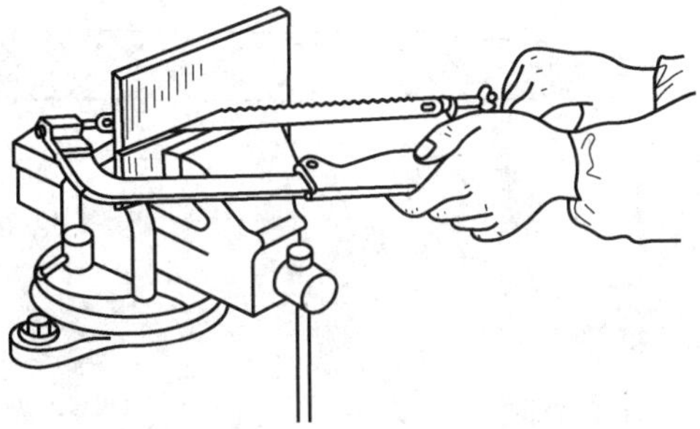

图 3-13 薄板料锯削方法

4. 深缝的锯削

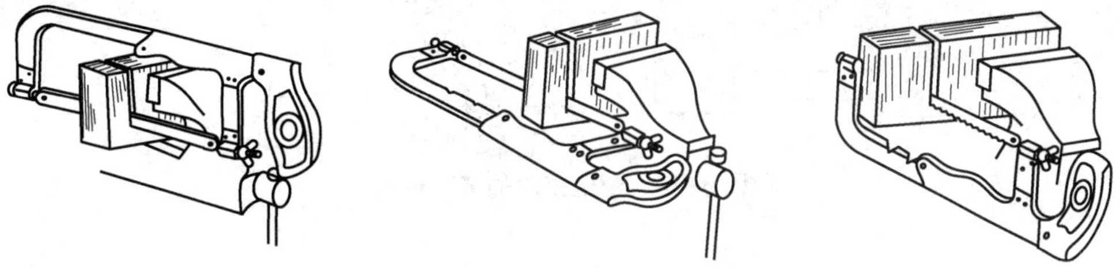

图 3-14 深缝的锯削

（a）正常锯削；（b）转 90°安装锯条；（c）转 180°安装锯条

3.2 锉 削

用锉刀对工件表面进行切削加工，使工件表面达到所要求的尺寸，形状和表面粗糙度要求的工作称为锉削。

锉削是钳工重要的基本操作技能。锉削的精度最高可达 0.01 mm 左右，通过锉削加工的工件表面粗糙度可达到 $Ra1.6\ \mu m$。

锉削的加工范围较广，可加工平面、内孔、沟槽、弯形面及各种复杂的表面，如样板制作、各种刀排、模具及零部件的修配等工作。

3.2.1 锉刀

1. 锉刀的结构

锉刀是锉削的主要工具，由常用碳素工具钢 T12、T13 制成，并经热处理淬硬至

HRC62~67。它由锉刀面、锉刀边、锉刀舌、锉刀尾、木柄等部分组成。锉刀的规格用长度来表示，常用的有：100，150，200，300，400 mm 等多种规格。

扁锉的构造如图 3-15 所示，扁锉有两个主要工作面，工作面上有齿纹，两工作面前端做成凸弧形，便于锉削时修正平面局部隆起部分（锉削平面凸起处）。

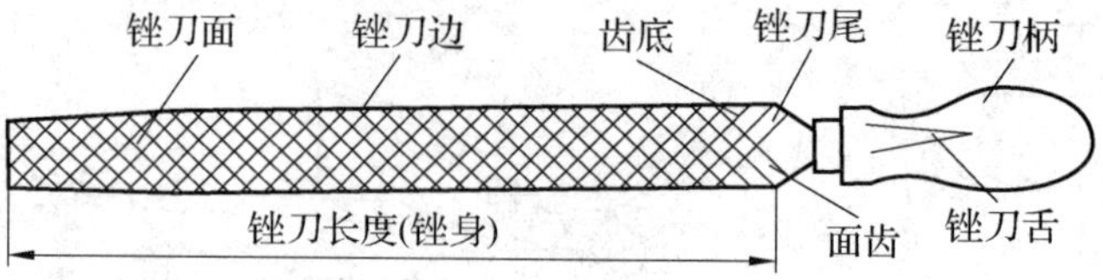

图 3-15　锉刀结构

2. 锉刀的种类

锉刀按其用途不同可分为：普通锉刀、特种锉刀和整形锉刀（什锦锉）三类。

（1）普通锉刀。普通锉刀按其形状可分为：板锉（又称扁锉和平锉）、方锉、三角锉、半圆锉和圆锉等五种。图 3-16 所示为常用普通锉刀的截面形状。

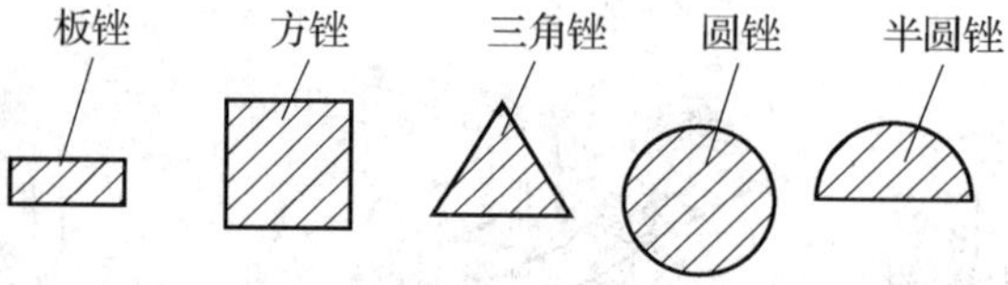

图 3-16　普通锉刀的截面形状

图 3-17 所示是不同形状的锉刀，适用锉削不同形状的工件。

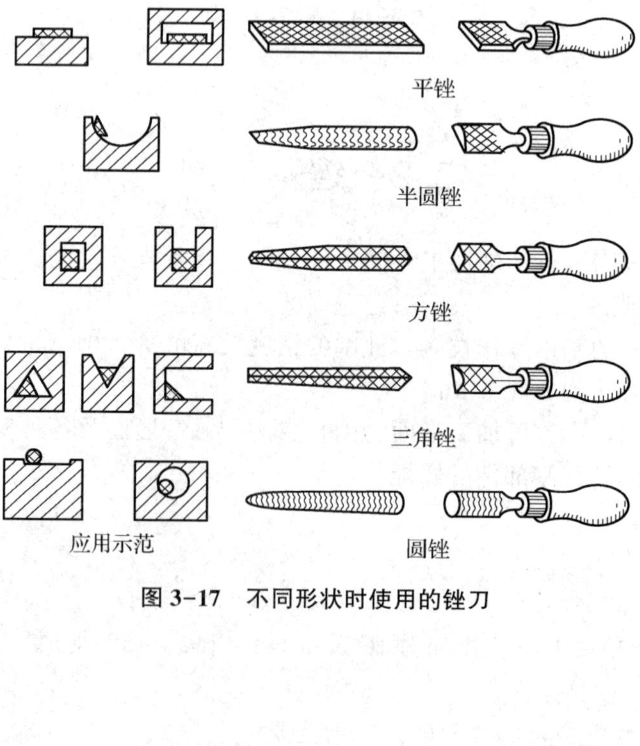

图 3-17　不同形状时使用的锉刀

用平锉锉削平面及内平面，用扁锉锉削的平面有较好的平整性。

用方锉锉削沟槽和狭平面，粗加工的效率较高。

用三角锉刀锉削三角形和V形面，粗加工的效率较高。

用圆锉锉削圆形孔或半圆形孔，其锉削效率较高，但圆弧的过度层次较差。

（2）特种锉刀。特种锉刀是根据锉削不同形状特殊需要制造的通用锉刀，是模具制造工使用较多的特殊用途的锉刀。图3-18所示为特种锉刀截面形状，常用的有：刀口锉、菱形锉、扁形三角锉、椭圆锉、圆肚锉等多种形状锉刀。

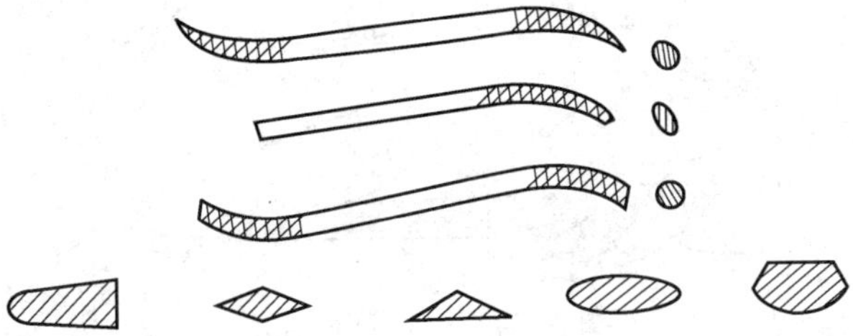

图 3-18 特种锉刀截面形状

（3）整形锉。用于修正工件细小部位的小型锉刀。整形锉有多种形状，使用较多的有100 mm和150 mm两种规格。分别按用途需要将多把组合成组，常用的以5把、8把、10把或12把组合为一组，如图3-19所示。

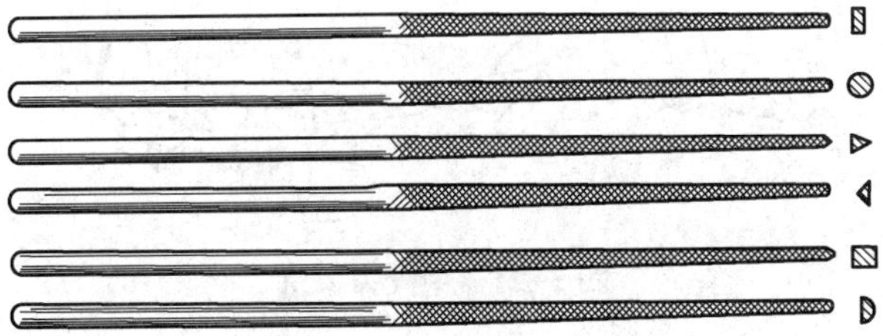

图 3-19 整形锉刀截面锉刀

3.2.2 锉刀的选用

合理选用锉刀，对保证加工质量，提高工作效率和延长锉刀寿命有很大的影响。

一般选择原则是：

（1）根据工件形状和加工面的大小选择锉刀的形状和规格；

（2）根据材料软硬、加工余量、精度和粗糙度的要求选择锉刀齿纹的粗细。

3.2.3 锉削方法

1. 锉刀的握法

大锉刀的握法。右手心抵着锉刀木柄的端头，大拇指放在锉刀木柄的上面，其余四指弯在下面，配合大拇指捏住锉刀木柄。左手则根据锉刀大小和用力的轻重，有多种姿势，如图 3-20 所示。

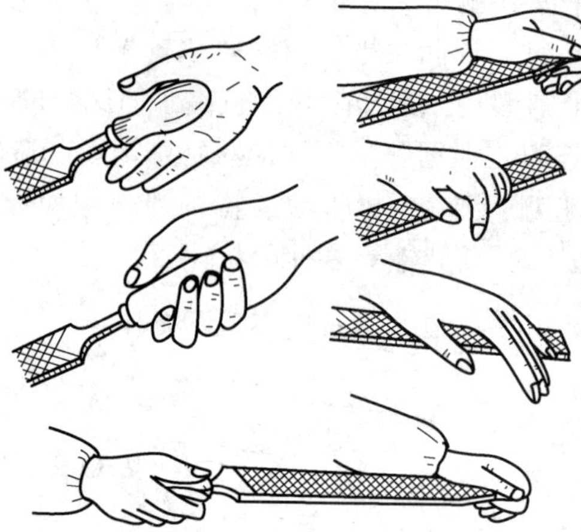

图 3-20　大锉刀的握法

中锉刀的握法。右手握法与大锉刀握法相同，左手用大拇指和食指捏住锉刀前端如图 3-21 所示。

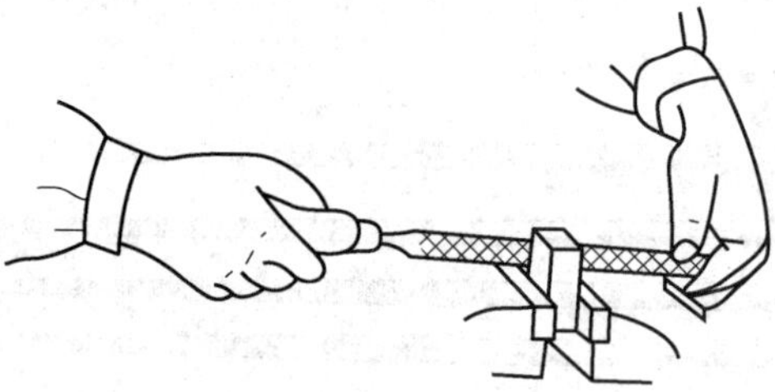

图 3-21　中锉刀握法

小锉刀的握法。右手食指伸直，拇指放在锉刀木柄上面，食指靠在锉刀的刀边，左手几个手指压在锉刀中部，如图 3-22 所示。

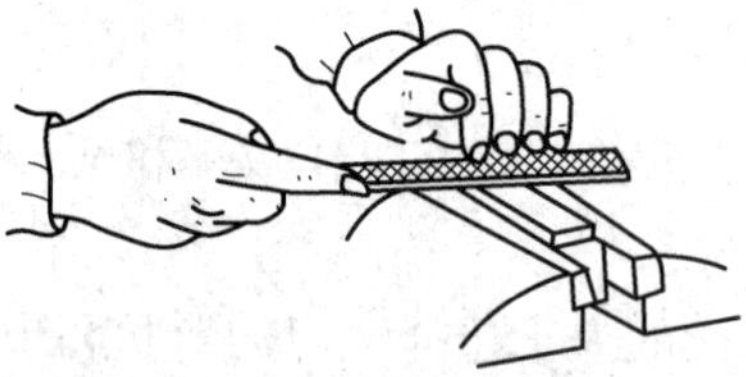

图 3-22　小锉刀的握法

更小锉刀（什锦锉）的握法。一般只用右手拿着锉刀，食指放在锉刀上面，拇指放在锉刀的左侧，如图 3-23 所示。

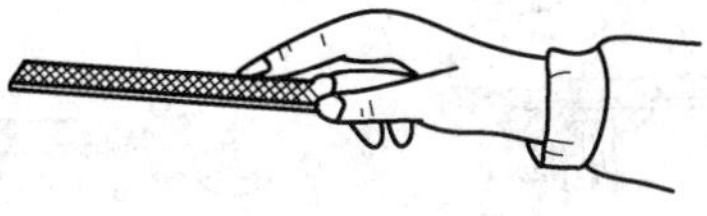

图 3-23 什锦锉的握法

2. 锉削姿势

（1）锉削的站位姿势。正确的锉削姿势不仅能减轻操作疲劳，并且对于锉削质量有密切的关系。合理的站位姿势，左脚与台虎钳的中心角度为 30°左右，右脚与中心为 75°，上身与钳口中心线成 45°角。右手臂与锉刀中心保持一直线，左手的肘部要适当抬起，不要有下垂的姿势否则不能发挥力量。

（2）锉削姿势。锉削时身体的重心要落在左脚上，上身微向前倾斜，右脚伸直，左膝微弯，随锉削时的往复运动而屈伸。

开始时身体向前倾斜 10°左右，右肘尽量向后收缩，如图 3-24（a）所示；右手握稳锉刀做推进准备、左手握住锉刀前端向下施力，如图 3-25（a）所示。

随着锉刀向前推进身体同时向前倾斜，当锉刀的推进行程至 1/3 时身体逐步也向前倾斜至 15°左右，左膝稍有弯曲，如 3-24（b）所示；随着锉刀向前推进时右手握锉刀向下施力逐步增加，而此时左手向下施力将逐步减少，以保持两手向下压的力平衡。当锉刀推进至 1/2 行程时，左右手向下压的力应相等，如图 3-25（b）所示。否则锉削平面将像施力大的方向倾斜，会使锉削平面不平整。

当锉刀继续推进时，身体上部随着向前摆动。右手向下压的力随之加强，左手向下压的力逐渐减弱，使两手的压力随着锉刀前进，左右手始终保持压力的平衡。当锉刀推进至终点时，身体倾斜姿势将达到 18°左右。

锉削时身体向前摆动，使手臂的位置向下调整，随着锉刀向前推进时，右手臂与锉刀中心始终保持一条直线；同时身体向摆动时腰部方向使用作用力，可减轻右手臂的压力。线一个是垂直水平面，一个是整个身体线。

当锉刀推进至终点回程时，身体首先向后移动，然后带动锉刀向后拉，为了减少锉刀的磨损，锉刀应稍离开工作面回撤。锉削速度一般为每分钟 30~60 次。太快，操作者容易疲劳且锉齿易磨钝；太慢，切削效率低，如图 3-24（d）和图 3-25（d）所示。

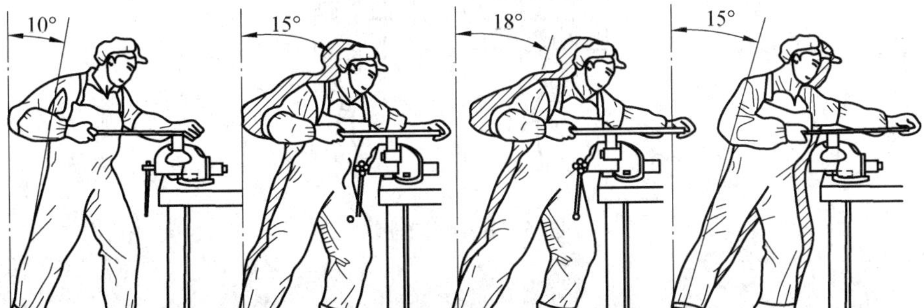

图 3-24 锉削姿势

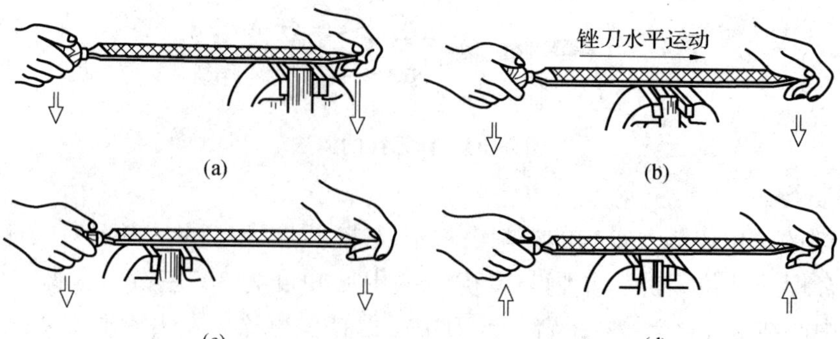

图 3-25　锉刀左右手施力的方法

3.2.4　锉削力的运用

锉削力的正确运用，是锉削的关键。锉削的力量有水平推力和垂直压力两种。

推力主要由右手控制，其大小必须大于切削阻力才能锉去切屑。

压力是由两手控制的，其作用是使锉齿深入金属表面。锉削速度一般为每分钟 30~60 次。太快，操作者容易疲劳，且锉齿易磨钝；太慢，切削效率低。

两种压力大小也必须随着变化两手压力对工件中心的力矩相等，这是保证锉刀平直运动的关键。

3.2.5　锉削加工方法

1. 平面锉削

这是最基本的锉削，常用的方法有三种，即顺向锉法、交叉锉法及推锉法。

（1）顺向锉法。锉刀沿着工件表面横向或纵向移动，锉削平面可得到正直的锉痕，比较整齐美观。适用于锉削小平面和最后修光工件，如图 3-26 所示。

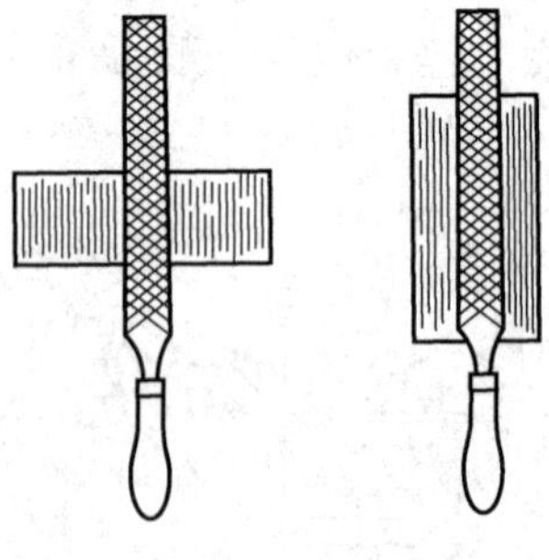
图 3-26　顺向挫法

（2）交叉锉法。交叉锉法是以交叉的两方向顺序对工件进行锉削。由于锉痕是交叉的，容易判断锉削表面的不平程度，因而也容易把表面锉平。交叉锉法去屑较快，适用于平面的粗锉，如图 3-27 所示。

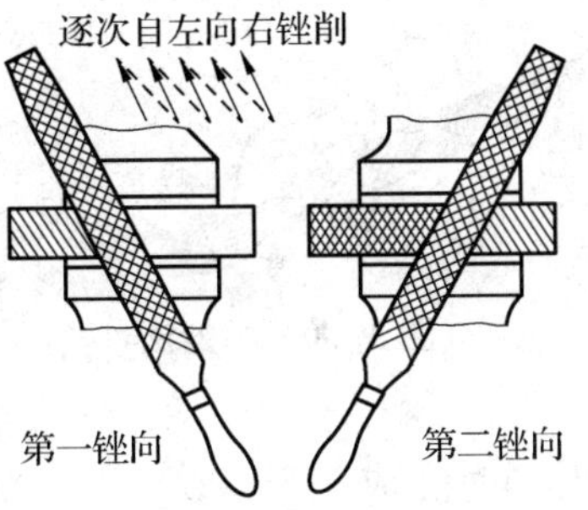

图 3-27 交叉挫法

（3）推锉法。两手对称地握住锉刀，用两大拇指推锉刀进行锉削。这种方法适用于较窄表面且已经锉平、加工余量很小的情况下，来修正尺寸和减小表面粗糙度，如图 3-28 所示。

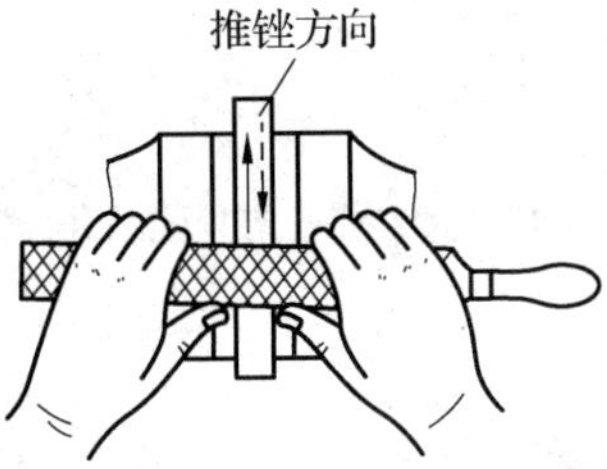

图 3-28 推挫法

2. 圆弧面（曲面）的锉削

（1）外圆弧面锉削。锉刀要同时完成两个运动：锉刀的前推运动和绕圆弧面中心的转动。前推是完成锉削，转动是保证锉出圆弧形状。

常用的外圆弧面锉削方法有两种：滚锉法、横锉法。

①滚锉法，是使锉刀顺着圆弧面锉削，此法用于精锉外圆弧面，如图 3-29 所示。

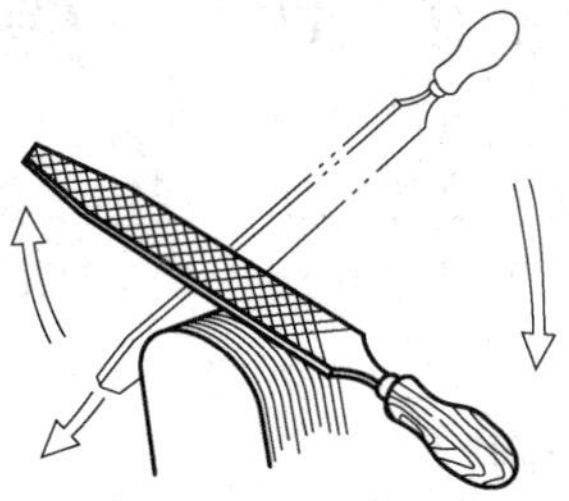

图 3-29 滚挫法

②横锉法，是使锉刀横着圆弧面锉削，此法用于粗锉外圆弧面或不能用滚锉法的情况，如图 3-30 所示。

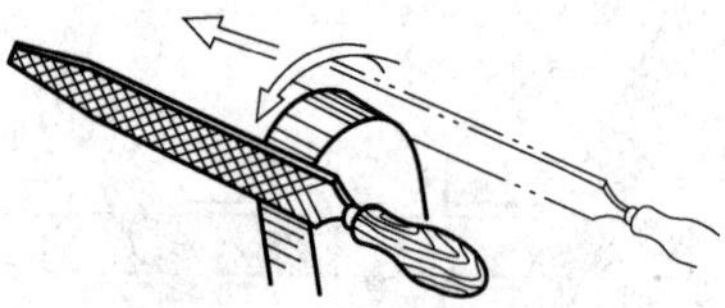

图 3-30　横锉法

（2）内圆弧面锉削。锉刀要同时完成三个运动：锉刀的前推运动、锉刀的左右移动和锉刀自身的转动。否则，锉不好内圆弧面，如图 3-31 所示。

图 3-31　内圆弧面锉削

3. 通孔的锉削

根据通孔的形状、工件材料、加工余量、加工精度和表面粗糙度来选择所需的锉刀，如图 3-32 所示。

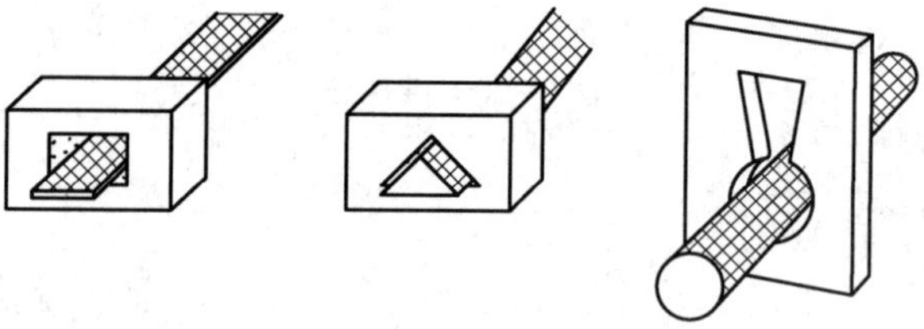

图 3-32　通孔的锉削

3.3　划　　线

划线是机械加工中的一道重要工序之一，广泛用于单件或小批量生产之中。根据图样和技术要求，在毛坯或半成品上用划线工具画出加工界线，或画出作为基准的点、线的操作过程称为划线。

划线分为平面划线和立体划线两种。

1. 对划线的基本要求

线条清晰匀称，定型、定位尺寸准确。由于划线的线条有一定宽度，一般要求精度达到 0.25~0.5 mm。

2. 划线的工具及其用法

（1）基准工具——划线平板由铸铁制成，几个平面是划线的基准平面，要求非常平直和光洁。

使用时要注意：

①安放时要平稳牢固、上平面应保持水平；

②平板不准碰撞和用锤敲击，以免使其精度降低；

③长期不用时，应涂油防锈，并加盖保护罩。

（2）夹持工具。

①方箱　方箱是铸铁制成的空心立方体、各相邻的两个面均互相垂直。方箱用于夹持、支承尺寸较小而加工面较多的工件。通过翻转方箱，便可在工件的表面上画出互相垂直的线条。

②千斤顶　千斤顶是在平板上支承较大及不规划工件时使用，其高度可以调整。通常用三个千斤顶支承工件。

③V 形铁　V 形铁用于支承圆柱形工件，使工件轴线与底板平行。

（3）直接绘画工具。

①划针　是在工件表面划线用的工具，常用的划针用工具钢或弹簧钢制成（有的划针在其尖端部位焊有硬质合金），直径 $\phi 3 \sim 6$ mm。

②划规　是画圆或弧线、等分线段及量取尺寸等用的工具。它的用法与制图的圆规相似。

③划卡　或称单脚划规，主要用于确定轴和孔的中心位置。

④样冲　用于在工件划线点上打出样冲眼，以备所划线模糊后仍能找到原划线的位置；在画圆和钻孔前应在其中心打样冲眼，以便定心。

⑤量具，如钢尺、直角尺、高度尺等。

高度游标尺除用来测量工件的高度外，还可用来作半成品划线用，其读数精度一般为 0.02 mm。它只能用于半成品划线，不允许用于毛坯。

（4）划线基准的一般选择原则：

①一般选重要的孔中心为划线基准；

②若工件上有已加工的平面，则应选择该面为划线基准。

3.3.1 划线工具

（1）几种常用的划线工具如图 3-33 所示。

（2）在大型工件上划线时，如果没有长的钢直尺，可用拉线代替。没有大的直角尺，则可用线坠代替。

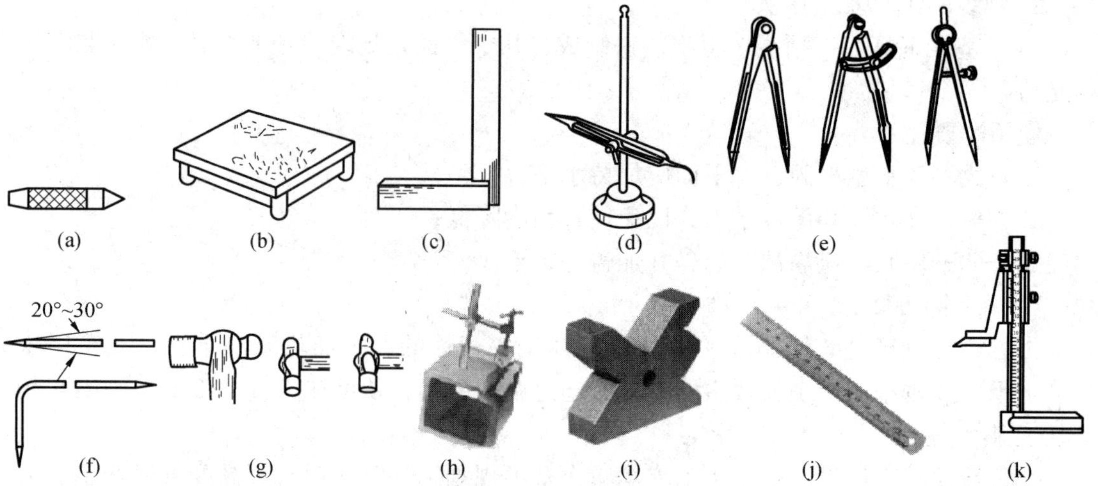

图 3-33　划线常用工具

（a）样冲；（b）划线平板；（c）直角尺；（d）画针盘；（e）圆规

（f）画针；（g）锤子；（h）方箱；（i）V 型铁；（j）钢直尺；（k）高度游标卡尺

3.3.2　划线基准

划线基准的选择类型：

（1）以两个互相垂直的平面（或线）为基准；

（2）以两条中心线为基准；

（3）以一个平面和一条中心线为基准。

3.3.3　立体划线及其他划线

1. 立体划线的操作要点

（1）对于第一次划线时的毛坯工件来说，选择划线时找正的依据，应首先考虑以工件上与加工部位有关的和比较直观的主要非加工面作为找正依据，对于有装配关系的非加工部位，应优先考虑作为找正的依据。

（2）立体划线时要根据工件的结构特点和工艺要求，确定其合理的安放位置。需要在工件三个互相垂直的方向上划尺寸线时，工件在平台上要安放三次才能划完所有线条。

2. 样板线划法

根据零件尺寸和形状要求，在样板坯料上划线并加工成型，将样板放在毛坯合适的位置以画出加工界线的方法。

3.3.4　万能分度头及分度原理

万能分度头的外形如图 3-34 所示。主要由壳体和壳体中部的鼓形回转体（即球形扬头）、主轴及分度盘和分度叉等组成。

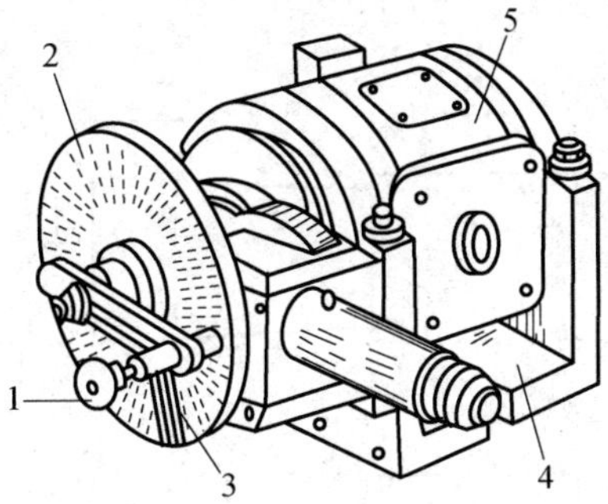

图 3-34　万能分度头外形图

1—手柄；2—分度盘；3—分度叉；4—底座；5—球形扬头

（1）分度头划线的分度方法：有直接分度法、简单分度法和角度分度法三种。

（2）分度头的分度原理：手柄芯轴上的蜗杆为单头，主轴上蜗杆齿数为 40，当手柄转过一周，分度头主轴转过 1/40 周，如果要求三爪自定心卡盘上夹持的工件分为 Z 等分，即应转过 $1/Z$ 转，则分度手柄的转数可按传动关系式求出：

$$N=40/Z$$

式中　N——分度头手柄转数；

Z——工件的等分数；

40——涡轮的齿数。

例 3-1　利用钳工知识试加工，如图 3-35 所示。

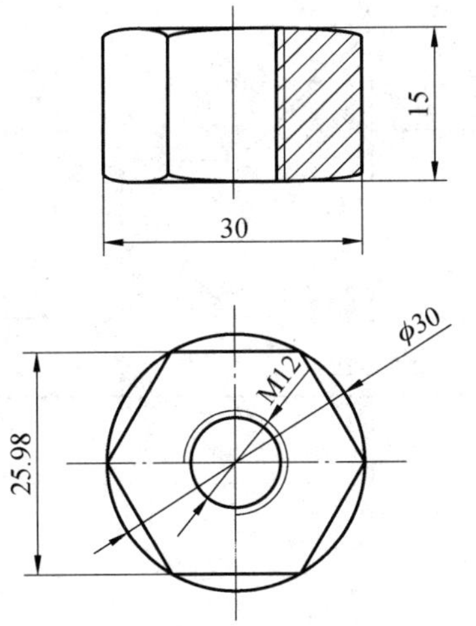

图 3-35　实例图

例 3-2 利用钳工知识试加工，如图 3-36 所示。

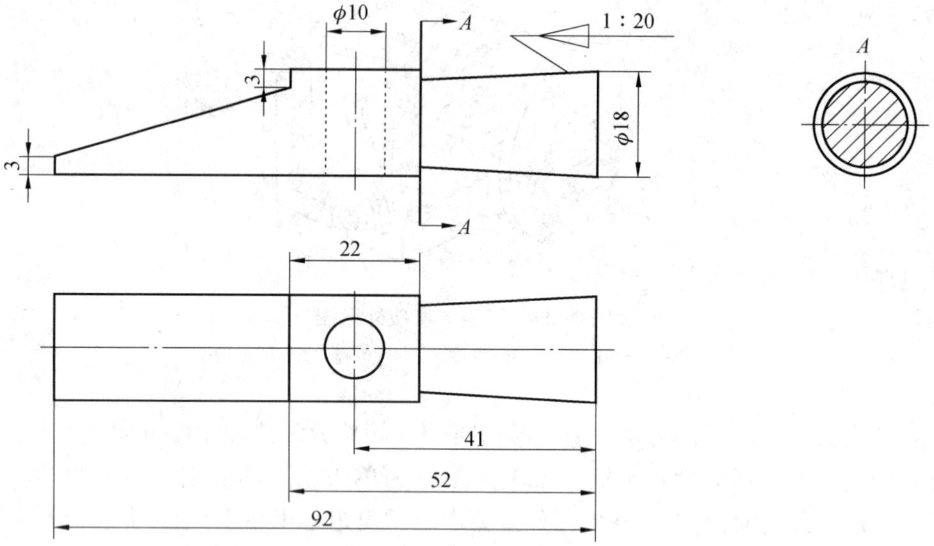

图 3-36 实例图

例 3-3 锉削加工，如图 3-37 所示。

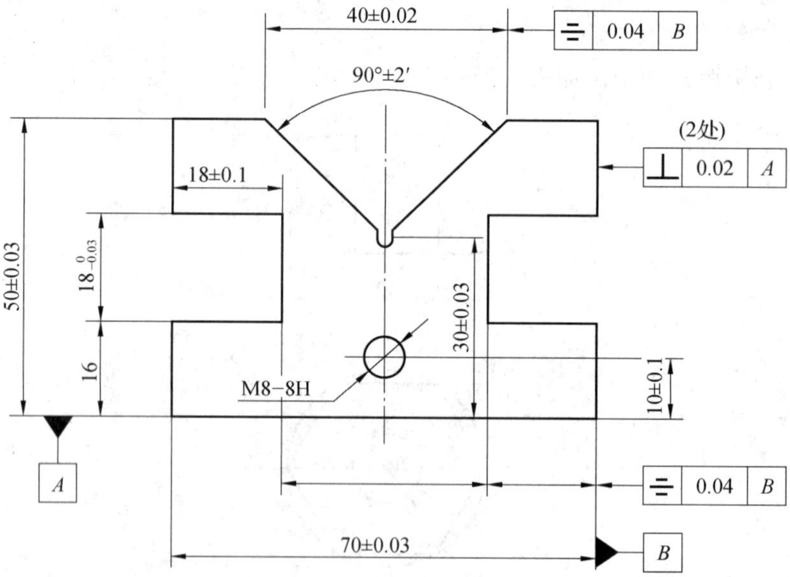

图 3-37 实例图

例 3-4 锉削加工，如图 3-38 所示。

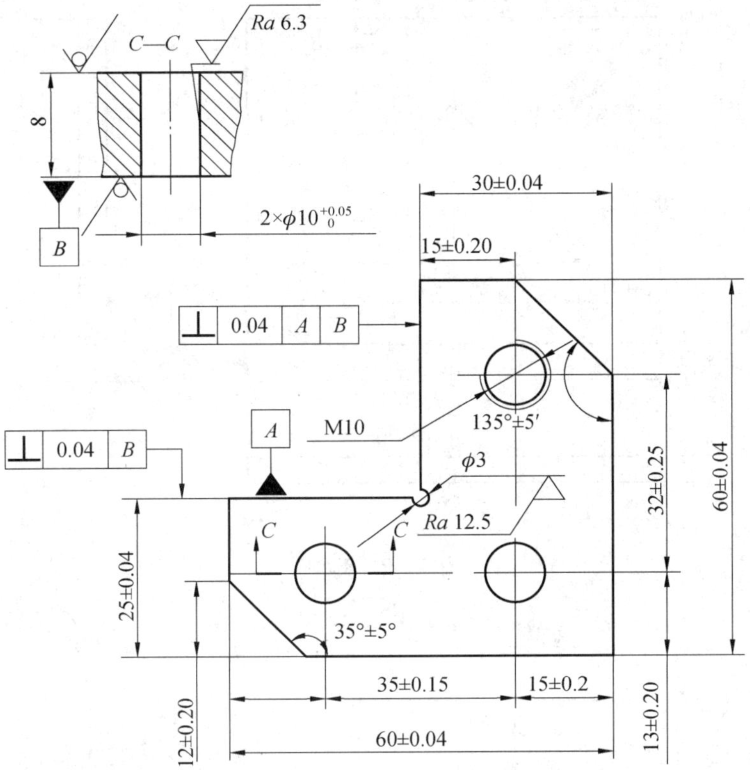

图 3-38 实例图

练习题

1. 划线的作用是什么？
2. 划线工具有几类？如何正确使用？
3. 什么是划线基准？如何选择划线基准？
4. 起锯时应注意哪些问题？
5. 锉刀的种类有哪些？钳工锉刀如何分类？
6. 锉平工件的操作要领是什么？
7. 在万能分度头上如何分度六边形？并计算。
8. 利用钳工知识加工，如图 3-39 和图 3-40 所示。

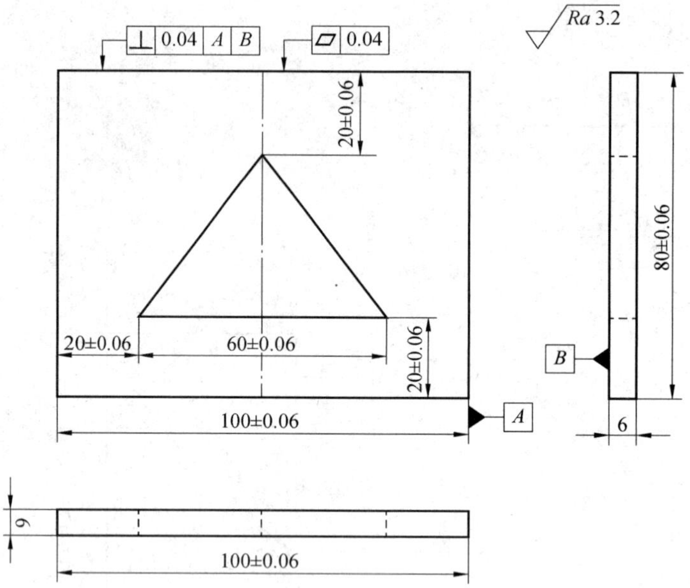

图 3-39　8 题图

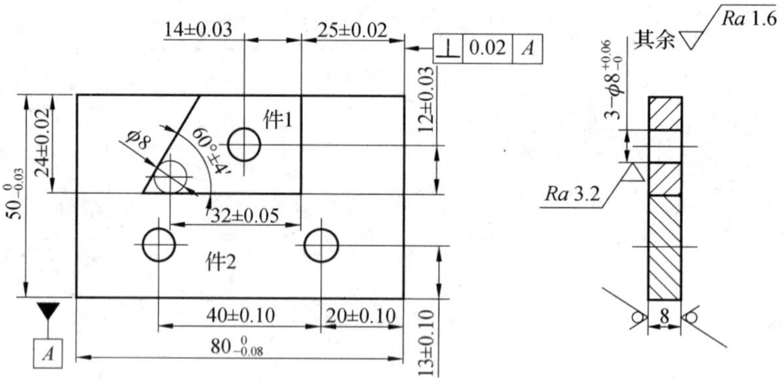

图 3-40　8 题图

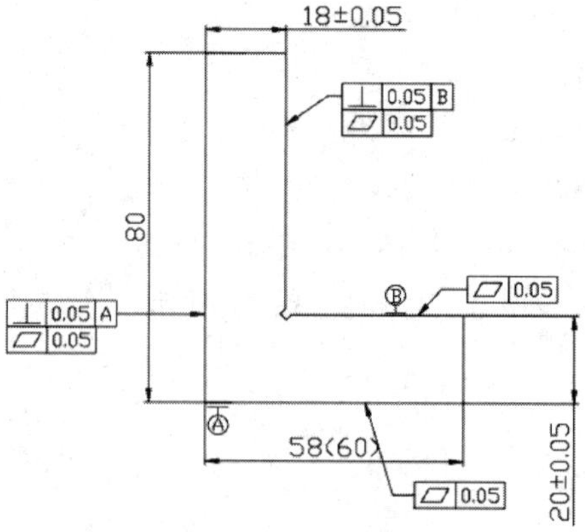

图 3-41　8 题图角尺

第 4 章

铣　工

4.1　铣削概述

铣削是在铣床上切削加工工件。铣削与车削的原理不同，铣削时刀具回转完成主运动，工件做直线（或曲线）进给。

旋转的铣刀是由多个刀刃组合而成的，因此铣削是非连续的切削过程。铣削主要用来加工平面及各种沟槽，也可以加工齿轮、花键等成形面（或槽）。

铣床特点及其应用（如图 4-1 所示）：

（1）生产率较高；

（2）铣削过程不平稳；

（3）散热条件较好；

（4）铣床结构比较复杂，铣刀的制造和刃磨比较困难。

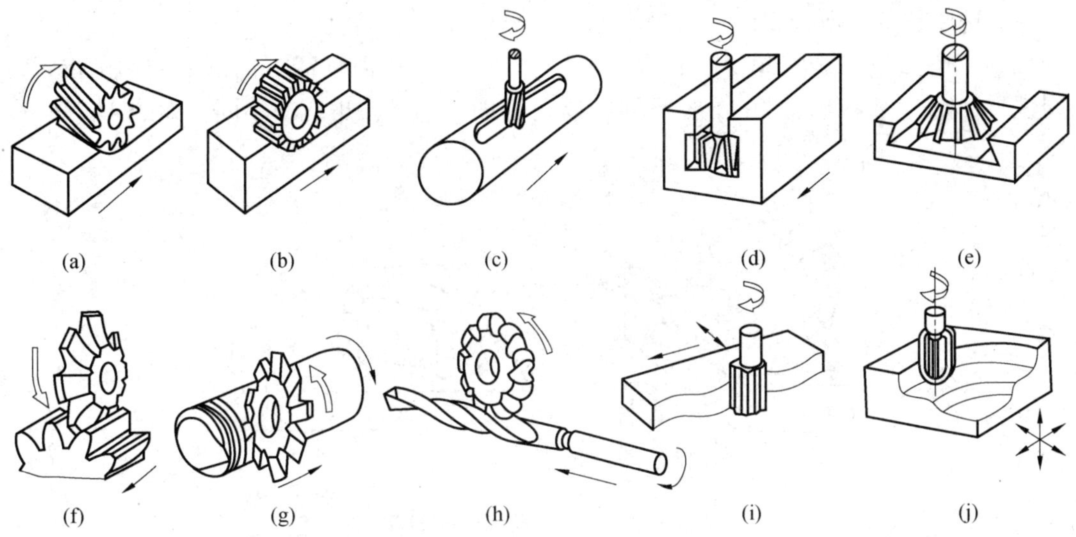

图 4-1　铣削加工的应用

（a）铣平面；（b）铣台阶；（c）铣键槽；（d）铣 T 型槽；（e）铣燕尾槽；
（f）铣齿轮；（g）铣螺旋面；（h）铣螺旋面；（i）铣曲面；（j）铣特形槽

铣削可以完成对工件进行的粗加工和半精加工，其加工精度可达 IT9~IT7，精铣表面粗糙度 *Ra* 值可达 6.3~1.6 μm。

车削加工精度可达：一般为 IT11～IT6；表面粗糙度 Ra 可达 12.5～0.8 μm。

1. 铣削运动

不论哪一种铣削加工，为完成铣削过程必须有以下运动：

（1）主运动（V_C），铣刀的旋转；

（2）进给运动（V_f），工件随工作台缓慢的直线移动。

2. 铣削用量

铣削时的铣削用量由铣削速度 V_C、进给量 f、背吃刀量（又称铣削深度）a_p 和侧吃刀量（又称铣削宽度）a_e 四要素组成。

（1）铣削速度 v_c。铣削速度即铣刀最大直径处的线速度，可由下式计算

$$V_C = \pi dn/1\,000 \text{（m/min）}$$

式中　d——铣刀直径，mm；

n——铣刀转速，r/min。

（2）进给量 f。铣削时工件在进给运动方向上相对于刀具的移动量即为铣削时的进给量。有以下三种度量方法：

①每齿进给量 f_z，mm/z。

②每转进给量 f，mm/r。

③每分钟进给量 V_f，又称进给速度，mm/min。

上述三者的关系为

$$V_f = fn = f_z zn$$

一般铣床铭牌上所指出的进给量为 V_f（每分钟进给量）值。

（3）背吃刀量（铣削深度）a_p。背吃刀量为平行于铣刀轴线方向测量的切削层尺寸。因周铣与端铣时相对于工件的方位不同，故 a_p 在图中的标注也有所不同，如图 4-2 所示。

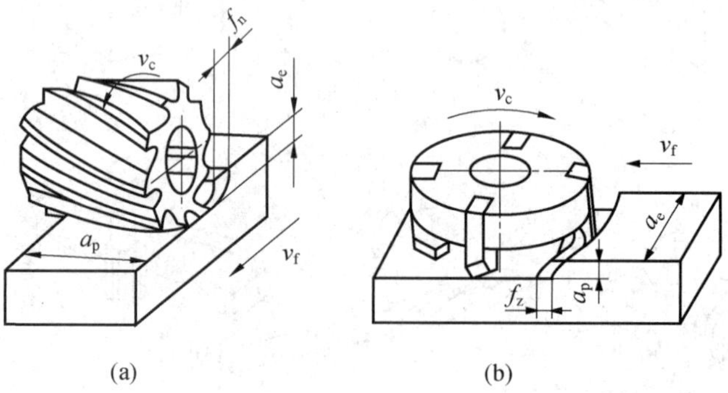

图 4-2　铣削运动和铣削要素

（a）周铣；（b）端铣

4.2　铣床的种类

铣床是用铣刀进行切削加工的机床。铣床种类很多，常用的有卧式铣床、立式铣床、

龙门铣床和数控铣床及铣镗加工中心等。在一般工厂，卧式铣床和立式铣床应用最广，其中万能卧式升降台式铣床，简称万能卧式铣床。应用最多，特加以介绍。

1. 升降台式铣床

这类铣床按主轴位置可分为卧式和立式两种。卧式万能升降台铣床简称万能铣床，是铣床中应用最广的一种。其主轴是水平的，与工作台面平行。为扩大机床的应用范围，有的卧式铣床的工作台可以在水平面内旋转一定角度，故称为万能卧式铣床。图 4-3 所示为 X6132 型卧式万能铣床。图 4-4 所示 X5025B 型立式升降台铣床。

万能铣床的型号：

X 6 1 32
- 32——主参数代号：表示工作台宽度的1/10，即工作台宽度为320 mm
- 1——型别代号：表示万能升降台铣床
- 6——组别代号：表示卧式铣床
- X——类别代号：表示铣床类

主要技术参数：

工作台的工作面积（宽×长）：320 mm×1 250 mm。

工作台的最大行程（手动）：纵向 700 mm，横向 255 mm，垂直 320 mm。

（机动）：纵向 680 mm，横向 240 mm，垂直 300 mm。

工作台的最大回转角度：±45°。

主轴轴心线到工作台台面的距离：30～350 mm。

主轴转速（18 级）：30～1 500 rpm。

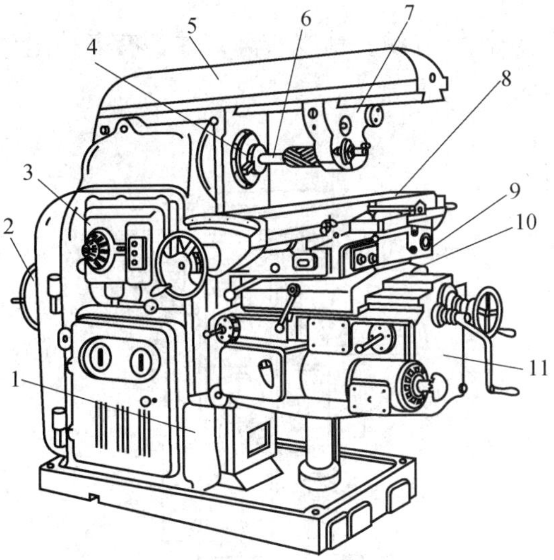

图 4-3　X6132 卧式万能升降台铣床示意图

1—床身；2—电动机；3—主轴变速机构；4—主轴；5—横梁；
6—刀杆；7—吊架；8—纵向工作台；9—转台；10—横向工作台；11—升降台

2. 立式升降台铣床的型号

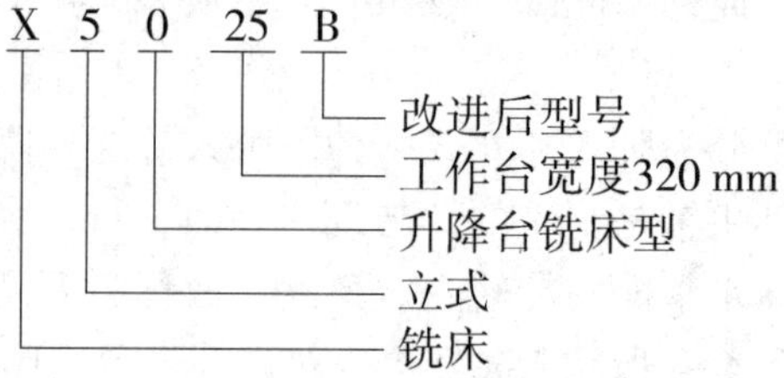

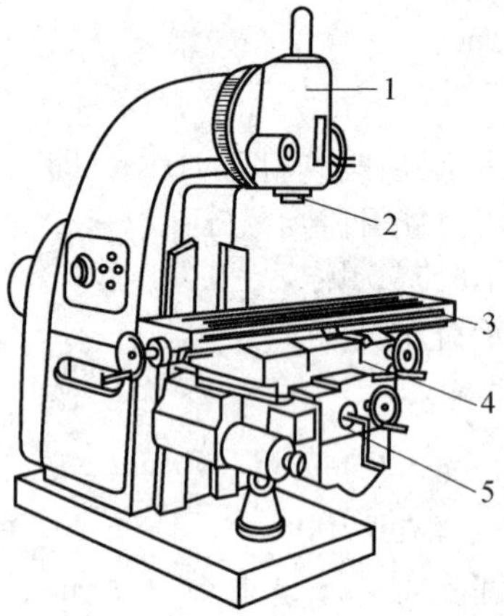

图 4-4　X5025B 立式升降台铣床示意图

1—立铣头；2—主轴；3—工作台；4—床鞍；5—升降台

3. 万能工具铣床

万能工具铣床的特点是操纵方便，精度较高，并备有多种附件，主要适于工具车间使用，如图 4-5 所示。

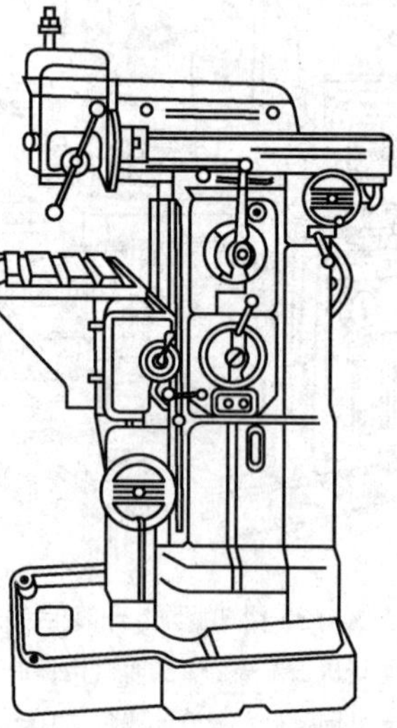

图 4-5　万能工具铣床

4. 龙门铣床

龙门铣床是一种大型高效通用机床，它在结构上呈框架式结构布局，具有较高的刚度及抗震性，如图 4-6 所示。

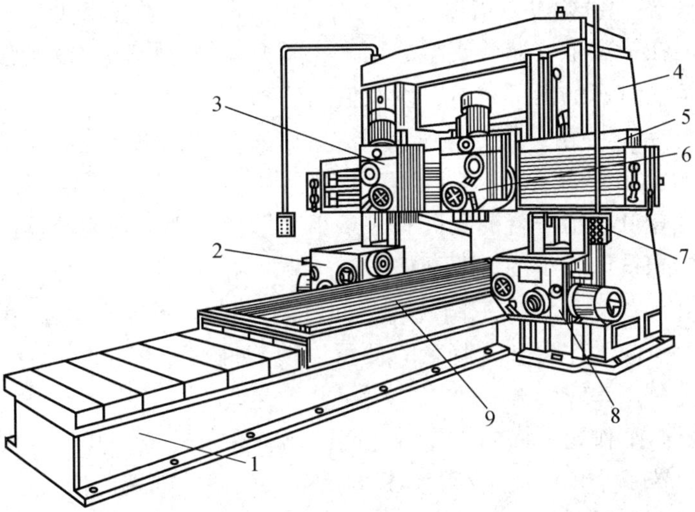

图 4-6 龙门铣床

1—床身；2、8—侧铣头；3、6—立铣头；4—立柱；5—横梁；7—操纵箱；9—工作台

4.3 铣床的组成部分

4.3.1 卧式铣床的主要部件

如图 4-7 所示为 X6132 型卧式万能铣床。

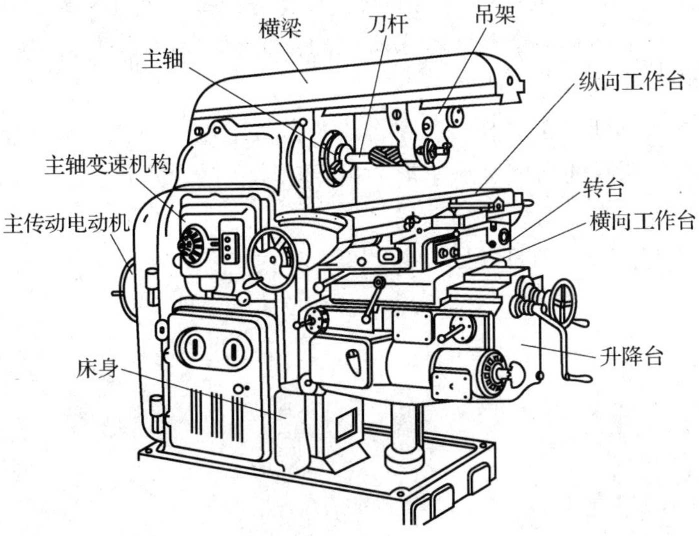

图 4-7 X6132 型卧式万能铣床

（1）主轴。用于安装或通过刀杆来安装铣刀，并带动铣刀旋转。主轴是一根空心轴，前端是锥度为 7∶24 的圆锥孔，用于装铣刀或铣刀杆，并用长螺栓穿过主轴通孔从后面将其紧固。

（2）横梁及支架。横梁可以借助齿轮、齿条前后移动，调整其伸出长度，并可由两套偏心螺栓来夹紧。在横梁上安装着支架，用来支承刀杆的悬出端，以增强刀杆的刚性。整个支架的基础，承受铣床的全部重量，以及盛放切削液。

（3）纵向工作台。用来安装工件或夹具，并带着工件做纵向进给运动。纵向工作台的上面有三条 T 形槽，用来安装压板螺栓（T 形螺栓）。这三条 T 形槽中，当中一条精度较高，其余两条精度较低。工作台前侧面有一条小 T 形槽，用来安装行程挡铁。纵向工作台台面的宽度，是标志铣床大小的主要规格。

（4）横向工作台。位于纵向工作台的下面，用以带动纵向工作台做前后移动。这样，有了纵向工作台、横向工作台和升降台，便可以使工件在三个互相垂直的坐标方向移动，以满足加工要求。

万能铣床在纵向工作台和横向工作台之间，还有一层转台，其唯一作用是能将纵向工作台在水平面内回转一个正、反不超过 45°的角度，以便铣削螺旋槽。

注意：有无转台是区分万能卧铣和一般卧铣的唯一标志。

（5）升降台是工作台的支座，在升降台上安装着铣床的纵向工作台、横向工作台和转台。进给电动机和进给变速机构是一个独立部件，安装在升降台的左前侧，使升降台、纵向工作台和横向工作台移动。变换进给速度由一个蘑菇形手柄控制，允许在开车的情况下进行变速（机动进给时不允许变速）。升降台可以沿床身的垂直导轨移动。在升降台的下面有一根垂直丝杆，它不仅使升降台升降，并且支撑着升降台。横向工作台和升降台的机动操纵是靠装在升降台左侧的手柄来控制，操纵手柄有两个，是联动的。手柄有五个位置：向上、向下、向前、向后及停止。五个位置是互锁的。

（6）进给变速机构。

（7）主轴变速机构。主电动机，提高安装在床身内部的变速机构，使主轴旋转。主轴转速的变换是由一个手柄和一个刻度盘来实现的，它们均装在床身的左上方。在变速时必须停车。在床身的左下方有电器柜。

（8）床身。床身是机床的主体，大部分部件都安装在床身上，如主轴、主轴变速机构等装在床身的内部。床身的前壁有燕尾形的垂直导轨，供升降台上下移动用。床身的顶上有燕尾形的水平导轨，供横梁前后移动用。

（9）此外，还有吊架、刀杆等附属装置。

4.3.2　立式升降台铣床的主要部件

如图 4-8 所示为 X5025B 型立式升降台铣床。

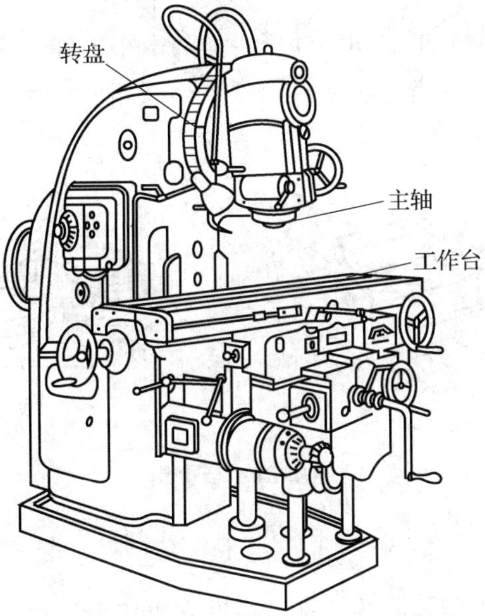

图 4-8　X5025B 型立式升降台铣床

4.3.3　铣床附件

如图 4-9 所示为铣床部分附件。

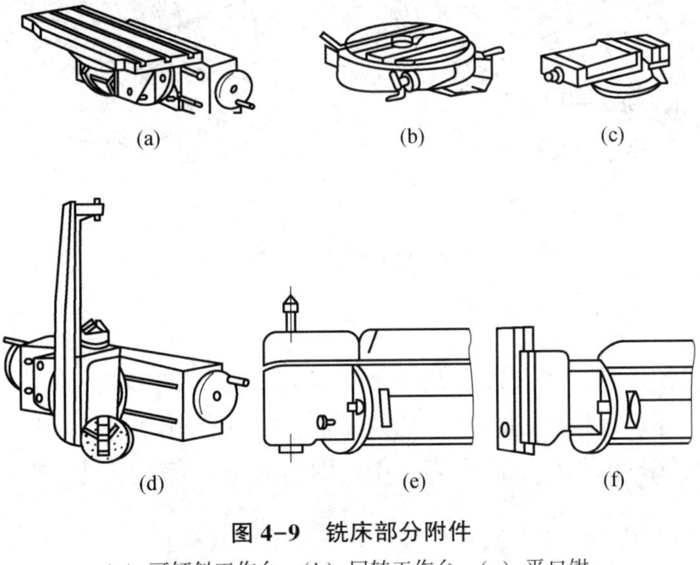

图 4-9　铣床部分附件

（a）可倾斜工作台；（b）回转工作台；（c）平口钳；

（d）分度装置；（e）立铣头；（f）插铣头

4.4 铣床夹具及其工作台

1. 平口钳

又叫机用虎钳，用来装夹矩形和圆柱形一类的中小工件，使用相当广泛。具有回转刻度盘的称为回转式平口钳，可借助它来扳角度。小型和形状规则的工件多用此法安装，如图 4-10 所示。

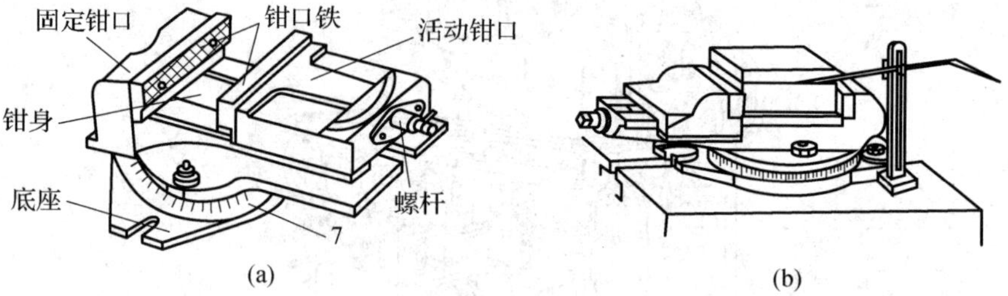

图 4-10　台虎钳

2. 圆工作台

用来装夹需要加工圆弧形表面的工件，借助它可以铣削比较规则的内外圆弧面（如图 4-11 所示）。

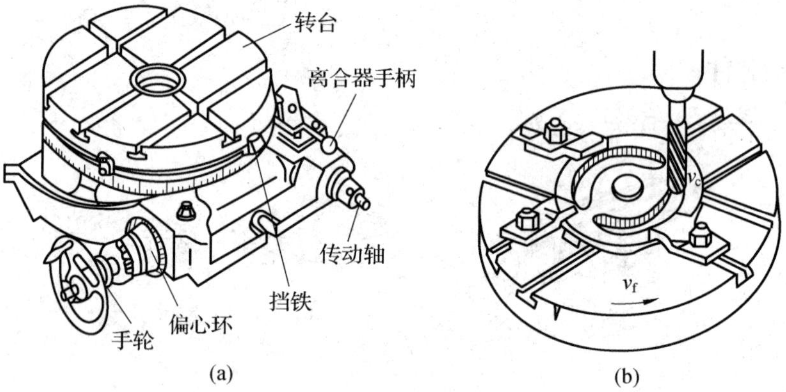

图 4-11　铣床圆工作台

3. 万能铣头

用来扩大卧式铣床的加工范围。在卧式铣床上装上万能铣头，不仅可以完成各种立式铣床的工作，而且还可根据铣削需要，把铣刀轴扳成任意角度。但由于安装万能铣头较为烦琐，装上后又使铣床的工作空间大为减小，因而限制了它的使用，如图 4-12 所示。

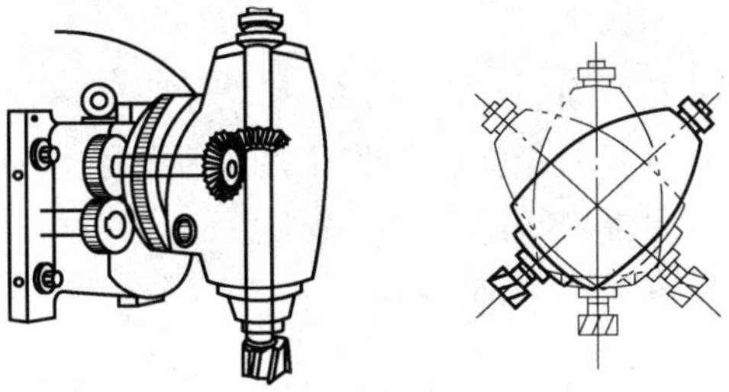

图 4-12　立铣头的结构示意图

（a）外形；（b）回转位置

4. 万能分度头

分度头是铣床的重要附件之一（如图 4-13 所示），常用来安装工件铣斜面，进行分度工作，以及加工螺旋槽等，如图 4-14 所示。

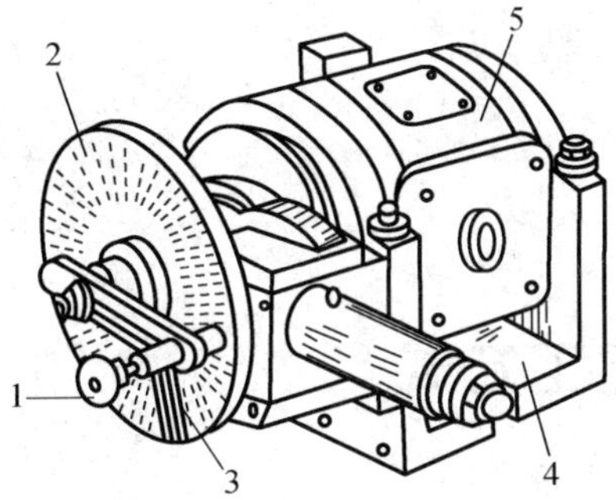

图 4-13　万能分度头外形图

1—手柄；2—分度盘；3—分度叉；4—底座；5—球形扬头

图 4-14　铣螺纹及其螺旋槽

（a）铣螺纹；（b）铣螺旋槽

分度头的用途：

① 用各种分度方法（简单分度、复式分度、差动分度）进行各种分度工作。

② 把工件安装成需要角度，以便进行切削。

③ 铣螺旋槽时，将分度头挂轮轴与铣床纵向工作台丝杠用“交换齿轮”连接后，当工作台移动时，分度头上的工件即可获得螺旋运动。

4.5　铣刀的种类

铣刀是多齿刀具，因结构复杂，一般由专业工厂生产。由于同时参与切削的齿数多，并能用较高的切削速度，故生产率较高。

铣刀种类很多，划分方式多样，主要有按用途划分、按组合方式划分、按齿背形状划分等。我们主要介绍按用途划分方式。铣刀的种类很多，常见的有端铣刀、圆柱铣刀、立铣刀、三面刃铣刀、键槽铣刀、盘形槽铣刀、锯片铣刀、T 形槽铣刀、燕尾槽铣刀和角度铣刀等。

1. 面铣刀

（1）用于立式铣床上加工平面。

（2）面铣刀的每个刀齿与车刀相似，刀齿采用硬质合金制成。

（3）铣刀主切削刃分布在铣刀一端。

（4）工作时轴线垂直于被加工平面。

2. 圆柱铣刀

它一般都是用高速钢制成的，螺旋形切削刃分布在圆柱表面上，没有副切削刃，螺旋形的刀齿切削时是逐渐切入和脱离工件的，所以切削过程较平稳。主要用于卧式铣床上加工宽度小于铣刀长度的狭长平面。

3. 盘形铣刀

（1）键槽铣刀。

①铣键槽的专用刀具，仅有两个刃瓣。

②其圆周切削刃和端面切削刃都可作为主切削刃。

③使用时先轴向进给切入工件，后沿键槽方向铣出键槽。

④重磨时仅磨端面切削刃。

（2）两面铣刀。

（3）三面铣刀。

4.6 铣刀的加工方式

1. 圆柱铣刀铣削

圆柱铣刀铣削有逆铣和顺铣两种方式。铣刀旋转切入工件的方向与工件的进给方向相反时称为逆铣，相同时称为顺铣，如图 4-14 所示。

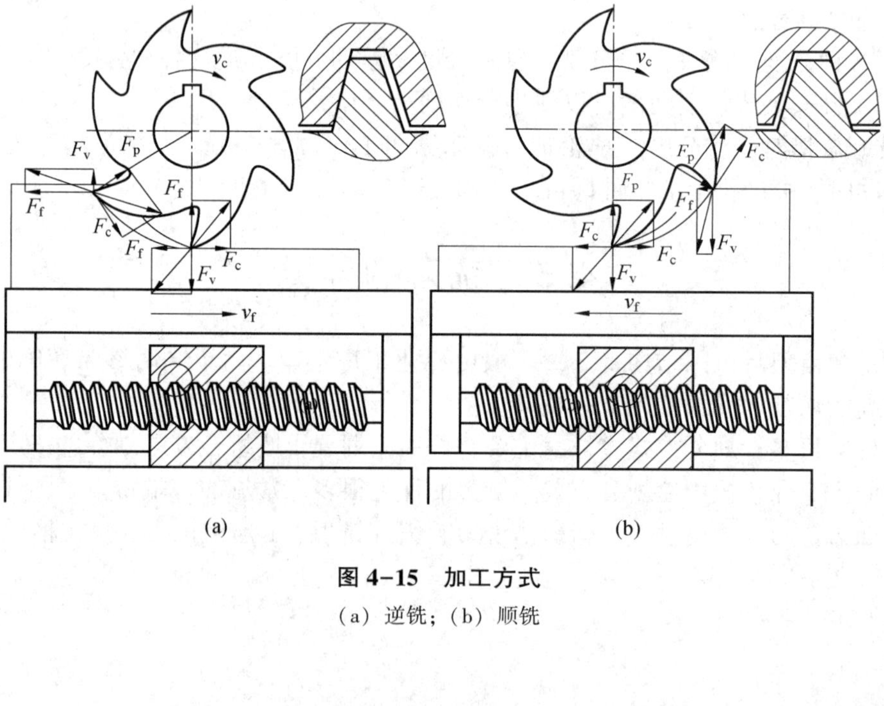

图 4-15　加工方式

（a）逆铣；（b）顺铣

在加工中，铣刀的旋转方向一般是不变的，但进给方向是变化的。就出现了铣削加工中常见的两种现象：顺铣与逆铣。

2. 顺铣和逆铣的定义

①顺铣：铣刀与工件接触部位的旋转方向与工件进给方向相同。

②逆铣：铣刀与工件接触部位的旋转方向与工件进给方向相反。

3. 切削特点

①顺铣特点：顺铣时，铣刀刀刃的切削厚度由最大到零，不存在滑行现象，刀具磨损较小，工件冷硬程度较轻。垂直分力 F_v 向下，对工件有一个压紧作用，有利于工件的装夹。但是水平分力 F_h 方向与工件进给方向相同，不利于消除工件台丝杆和螺母间的间隙，切削时振动大。但其表面光洁度较好，适合精加工。

②逆铣特点：逆铣时，铣刀刀刃不能立刻切入工件，而是在工件已加工表面滑行一段距离。刀具磨损加剧，工件表面产生冷硬现象，垂直分力 F_v 对工件有一个上抬作用，不利于工件的装夹。但是水平分力 F_h 方向与工件进给方向相反，有利于消除工件台丝杆和螺母间的间隙，切削平稳，振动小。表面粗糙度较差，适合粗加工。

4. 顺铣与逆铣对比表（如表 4–1）

表 4–1　顺铣与逆铣对比表

项目名称	切削厚度	滑行现象	刀具磨损	工件表面冷硬现象	对工件作用	消除丝杆与螺母间隙	振动	损耗能量	表面光洁度	适应场合
顺铣	从大到小	无	慢	无	压紧	否	大	小	好	精加工
逆铣	从小到大	有	快	有	抬起	是	小	大 5%～15%	差	精加工

5. 顺铣和逆铣的选择原则

①机床精度好、刚性好、精加工，较适应顺铣；反之较适应逆铣。

②零件内拐角处精加工强烈建议要用顺铣。

③粗加工：逆铣较好。精加工：顺铣较好。

4.7　矩形件铣削操作实例

1. 正确选择基准面及加工步骤

如图 4–16 所示为一矩形零件，材料为 45 钢，表面粗糙度为 $Ra3.2$ μm，各面铣削余量为 2 mm，面 1 为主要设计基准 A，遵循基准重合的原则，现选面 1 为定位基准面。

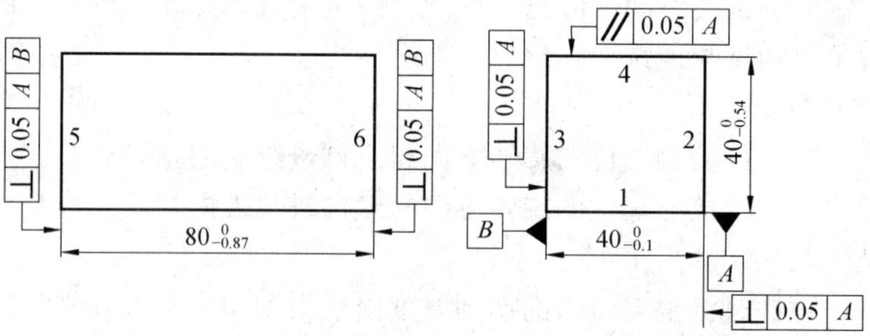

图 4-16　矩形零件工作图

①加工顺序如图 4-17 所示，为了保证各项技术条件，加工中应注意以下几点：先加工基准面 1，然后用面 1 做定位基准面。

②加工面 2、面 3 时，既要保证其与 A 面的垂直度，也要保证面 2 与面 3 之间的尺寸精度（$40_{-0.1}^{0}$ mm）。

③加工面 5、面 6 两个端面时，为了保证其与 A、B 两基准均垂直，除了使面 1 与固定钳口贴合外，还要用角尺校正面 3 与工作台台面的垂直度。

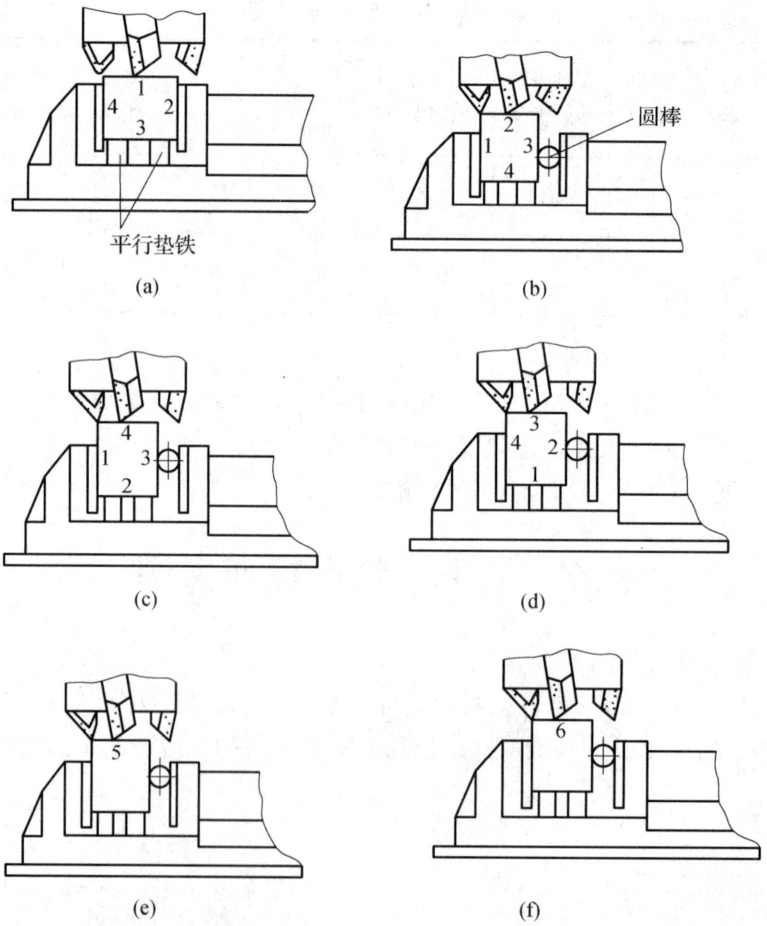

图 4-17　矩形零件的加工顺序

2. 选择刀具和铣削用量

①选择铣刀。根据工件尺寸和材料可选用直径为150 mm、8齿的端铣刀。

②选择铣削用量。工件材料按中等硬度考虑，按高速切削 $a_p = 2$ mm；进给量 $v_f = 118$ mm/min；$n = 600$ r/min。

3. 检测

①尺寸检测。用游标卡尺测量长、宽、高尺寸，达 $80_{-0.87}^{0}$ mm、$40_{-0.54}^{0}$ mm 要求。

②垂直度检测。两相邻平面之间的垂直度为|⊥|0.05|A|，一般都用角尺测量，测量时，宽做紧贴基准A或B，用塞尺检查其相邻面与角尺面的缝隙，缝隙小于0.05 mm为合格，反之为不合格。

③平行度检测。用百分表在平板上测量，误差小于|//|0.05|A|为合格，反之为不合格。

④表面粗糙度检测。表面粗糙度一般都采用标准样块来比较检测，如果加工出的平面与 $Ra3.2$ μm的样块很接近，说明此平面的表面粗糙度已符合图样要求。

4.8 轴上键槽的铣削操作实例

加工如图4-18所示零件的封闭键槽，其步骤如下：

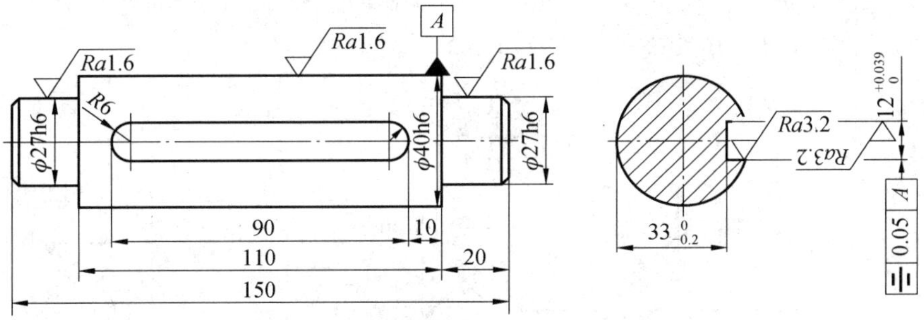

图4-18 轴上封闭键槽零件工作图

(1) 选择铣刀。根据键槽宽度尺寸精度要求，选 $\phi10$ mm 和 $\phi12$ mm 的键槽铣刀各一把。

(2) 选择铣削。用 $a_p = 1$ mm，$a_f = 0.04$ mm/Z，$v = 17$ m/mim，经计算得 $n = 475$ r/min，$v_f = 37.5$ mm/min。

(3) 装夹、校正工件。用平口钳装夹，先将固定钳口校成与纵向进给方向平行，然后将工件与平口钳导轨贴实、夹紧。

(4) 对刀。对称度要求|⌯|0.05|A|，采用杠杆百分表环表对中心。

(5) 铣削。用 $\phi10$ mm 键槽铣刀分层粗铣，深度尺寸留0.2 mm，槽两端各留0.5 mm，精铣余量，换 $\phi12$ mm 的键槽铣刀扩刀精铣，控制定位尺寸10 mm，长度尺寸90 mm，深度方向的尺寸 $33_{-0.2}^{0}$ mm，两端 $R6$ 尺寸。

(6) 检测。用卡尺测量10 mm、90 mm、$33_{-0.2}^{0}$ mm 尺寸，用百分表测量对称度

⌯ 0.05 A要求，用塞规或内径百分尺测量 $12^{\ 0}_{+0.039}$ mm，目测 $R6$、$Ra3.2$ μm。

（7）操作注意事项：①使用直柄铣刀加工时，铣刀应装夹牢固，以免在铣削中掉刀，破坏槽深尺寸。②使用直径较小的铣刀加工时，进给量不宜过大，以免产生严重的让刀现象而造成废品。

练习题

1. 在切断工件时，对工件的装夹和铣刀的结构有何要求？

2. 铣床的组成部分及主要功能？

3. 操作铣床时应注意哪些安全规则？

4. 铣出的键槽宽度尺寸超差原因有哪些？

5. 用平口虎钳装夹加工精度要求较高的工件时，应用（　　）校正固定钳口与铣床轴心线的垂直或平行。

A. 百分表　　B. 90°角尺　　C. 定位键　　D. 划针

6. 为保证铣削台阶，直角沟槽的加工精度，必须校正工作台的“零位”，也就是校正工作台纵向进给方向与主轴线的（　　）。

A. 平行度　　B. 对称度　　C. 平面度　　D. 垂直度

7. 利用铣床试加工，如图 4-19 所示（A 与 B 的 120°±2′三个角度面接触面达 75%、顶角 120°±2′对梯形的对称度公差为 0.05 mm）。

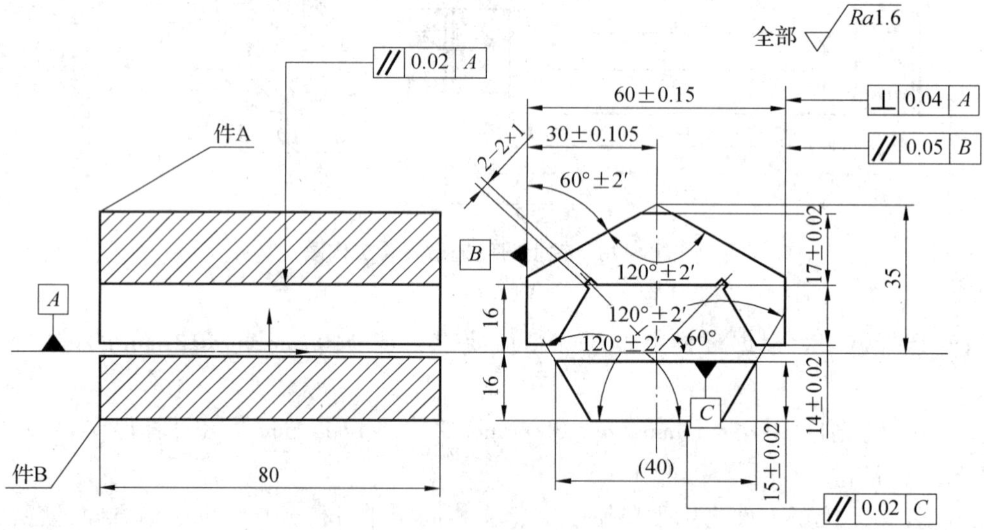

图 4-19　题 7 图

第5章 刨　工

5.1　刨削加工

刨削时，刀具的往复直线运动为切削主运动，工件的直线运动为进给运动。在回程时，刀具并不做切削运动，因此，刨削速度不可能太高，生产率较低。但刨削比铣削平稳，其加工精度一般可达IT8~IT7，表面粗糙度为$Ra6.3\sim1.6$ μm，精刨平面度可达0.02/1 000，表面粗糙度为$Ra0.8\sim0.4$ μm。再加上刨削机床刀具简单，通用性好，成本低，便于维护和维修，在目前的切削加工中，仍有广泛的应用。

刨削主要用于刨削各种平面、斜面和沟槽，主要机床有牛头刨床和龙门刨床，如图5-1所示。

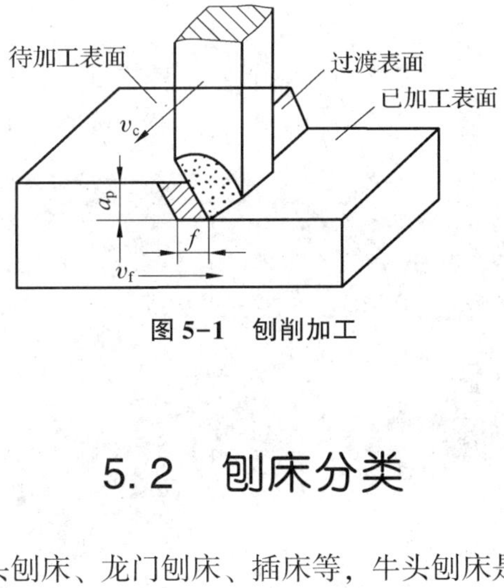

图 5-1　刨削加工

5.2　刨床分类

刨削类机床主要有牛头刨床、龙门刨床、插床等，牛头刨床是应用最广泛的一种刨床。

5.2.1　牛头刨床

因其滑枕刀架形似“牛头”而得名。主运动由滑枕沿床身导轨在水平方向做往复直线运动来实现。特点是主运动速度不能太高（因为滑枕换向时有大的惯性力），加之只能单刀加工，且在反向运动时不加工，所以牛头刨床效率和生产效率低。

图5-2所示为BC6063牛头刨床。

牛头刨床主要适用于单件小批量生产或机修车间（如维修使用），在大批量生产中由铣床代替。

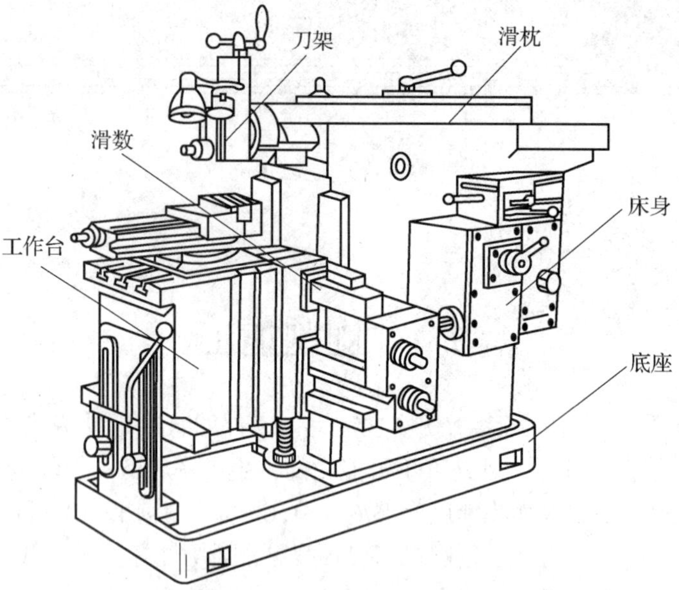

图 5-2 BC6063 型牛头刨床的组成

5.2.2 龙门刨床

龙门刨床主要用于加工大型或重型零件上的各种平面、沟槽和各种导轨面，如图 5-3 所示。主运动为工作台的往复直线运动，主参数是最大刨削宽度。

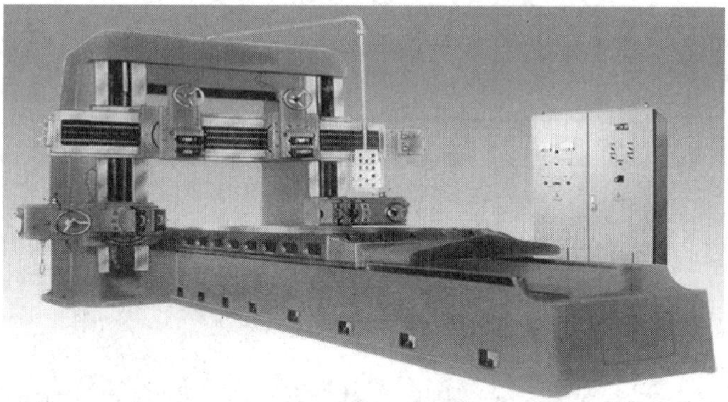

图 5-3 龙门刨床

5.3 刨削加工概述

在刨床上利用刨刀切削工件的工艺过程称为刨削加工，刨削加工主要用来加工平面、垂直面、斜面、台阶面、燕尾槽、T 形槽、V 形槽等，如图 5-4 所示。

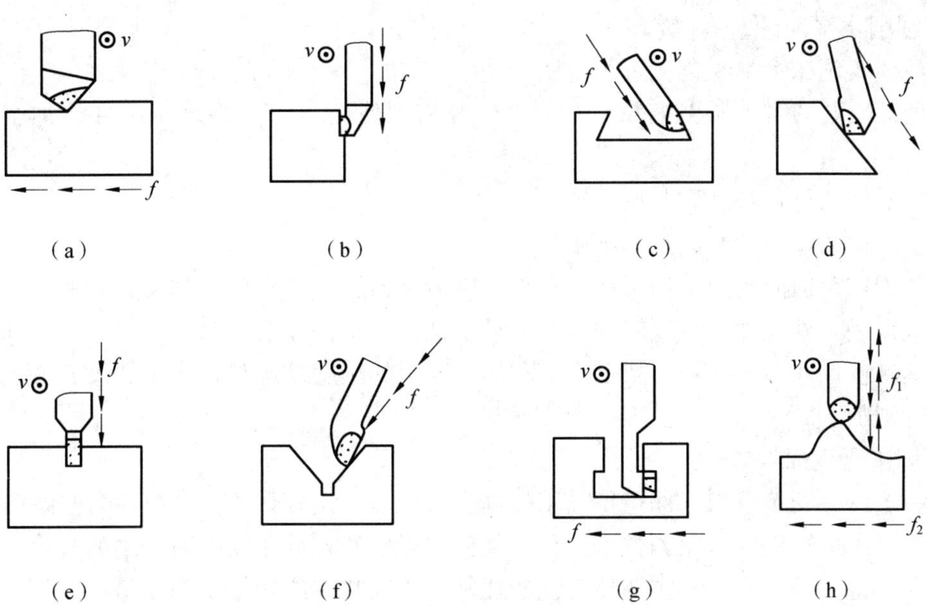

图 5-4　刨削加工的基本内容

(a) 平面刨刀刨平面；(b) 偏刀刨垂直面；(c) 角度偏刀刨燕尾槽；(d) 偏刀刨斜面；(e) 切刀切断；(f) 偏刀刨 V 形槽；(g) 弯切刀刨 T 形槽；(h) 成形刨刀刨成形面

5.4　刨刀的基本知识及操作

1. 刨刀的种类

刨刀的种类很多，按加工表面形状和用途分为：平面刨刀、偏刀、切刀、角度刀及成型刀等，如图 5-5 所示。

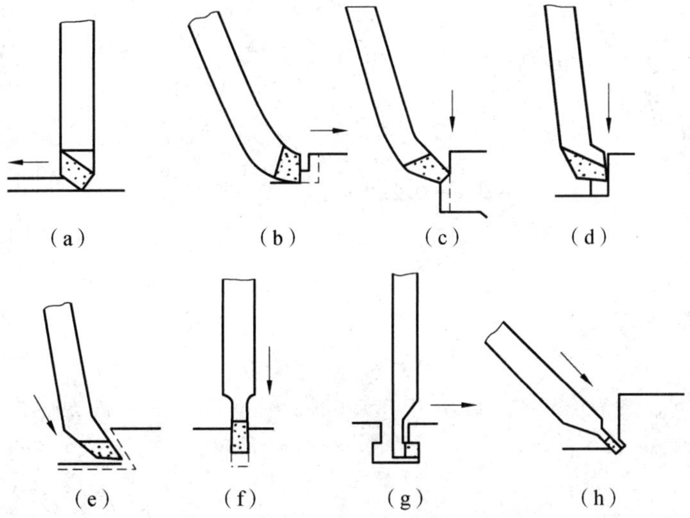

图 5-5　常见刨刀的形状

2. 刨削水平面的基本操作

以在牛头刨床上加工为例进行说明。

选择并安装刀具、装夹工件。将工作台升高到使刨刀刀尖略高于工件待加工表面的位置。

调整滑枕的行程长度和起始位置。

调整滑枕的每秒往复次数和进给量。

转动工作台横向走刀手柄，将工件移至刨刀下面，开动机床，摇动刀架手柄，使刨刀刀尖轻微接触工件表面。继续转动横向移动手柄，将工件移至一侧，离刀尖 3~5 mm 处。

停车测量尺寸后，摇动刀架手柄，利用刀架上的刻度盘调整好切削深度，使刨刀向下进刀进行刨削。

3. 刨削垂直面

安装工件、安装偏刀。保持待加工的垂直表面与工作台垂直，并与切削方向平行。

调整机床进行刨削。先调整工作台的高低位置，使刀具在刨削时伸出的长度适中，且能够刨削完整个垂直面；其次调整滑枕的往复行程次数和选择好切削用量；再调整刀架的松紧。然后开始刨削，刨削至工件边缘时，进给量应减小，以免崩坏工件边缘或损坏刀具。

4. 刨削斜面

刨削斜面最常用的方法是倾斜刀架法。刀架的倾斜角度等于工件待加工斜面与机床纵向铅垂面的夹角，刀座倾斜的方向与刨垂直面是相同，如图 5-6 所示。

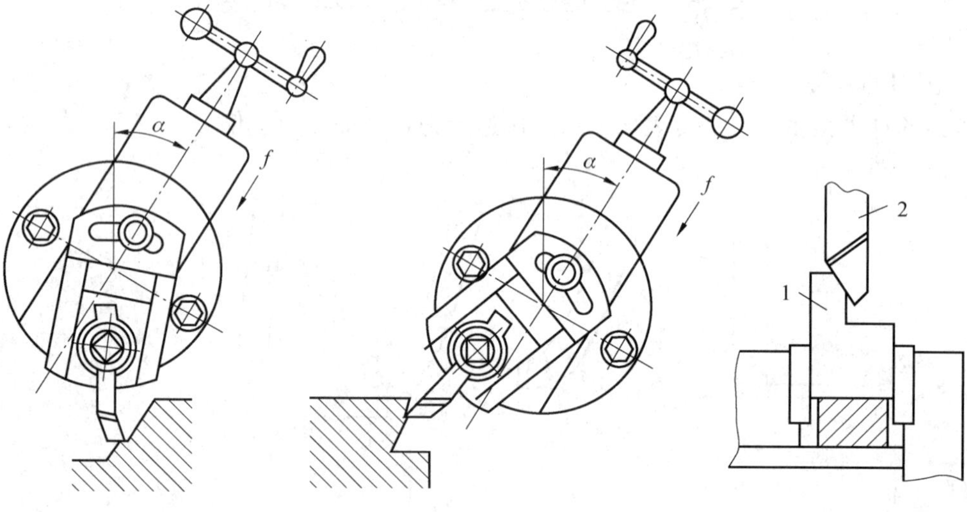

（a）　　　　（b）　　　　（c）

图 5-6　刨削斜面

（a）用偏刀刨左侧斜面；（b）用偏刀刨右侧斜面；（c）用样板刀刨斜面

1—零件；2—样板刀

5. 刨削 T 形槽

刨削 T 形槽前，应先将工件的各个关联平面加工完毕，并在工件前后端面和上平面画出加工线。然后按线找正加工，如图 5-7 所示。加工顺序如下：

（1）安装并找正工件后，先用切槽刀刨出直槽，如图 5-7（a）所示。

（2）用弯切刀刨出右凹槽，如图 5-7（b）所示，若凹槽尺寸较大，可分几次刨削完成，但凹槽的垂直面最后需精刨，以保证槽壁平整。

（3）用方向相反的弯切刀刨出左凹槽，如图 5-7（c）所示。

（4）最后用两个主偏角为 45°的角度偏刀刨削槽口两侧的倒角，如图 5-7（d）所示。

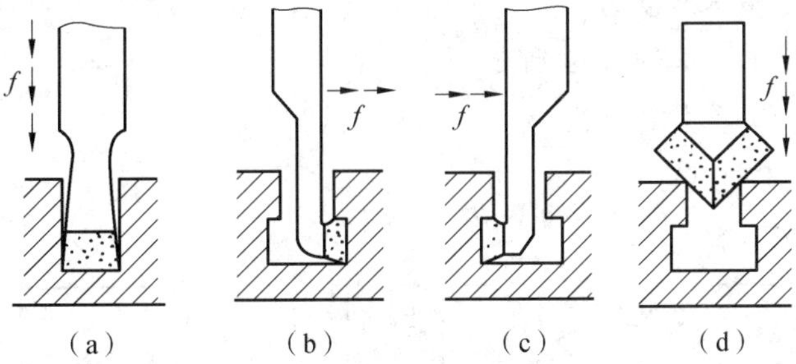

图 5-7　T 形槽的刨削顺序

（a）切槽刀；（b）弯切刀；（c）弯切刀；（d）角度偏刀

6. 刨削燕尾槽

燕尾槽的刨削方法是刨直角槽和刨内斜面的综合，但需要用专门刨削燕尾槽的左、右偏刀。在其他各面刨好的基础上，按 5-8 所示步骤进行刨削：

（1）粗、精刨削面 a，如图 5-8（a）所示。

（2）换切刀，刨直角槽，如图 5-8（b）所示。

（3）粗、精刨左侧燕尾槽，如图 5-8（c）所示。

（4）换刀，粗、精刨右侧燕尾槽，如图 5-8（d）所示。

（5）最后倒角。

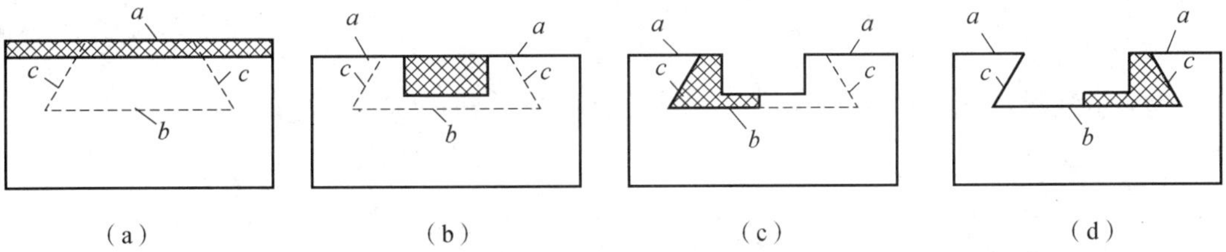

图 5-8　刨燕尾槽的步骤

（a）粗、精刨；（b）刨直角槽；（c）粗、精刨左侧燕尾槽；（d）粗、精刨右侧燕尾槽

练习题

1. 牛头刨床由哪几部分组成？各有什么作用？

2. 在牛头刨床上刨削铸铁件，工件长度为120 mm，行程长度为140 mm，滑枕每分钟往复行程次数为52，求刨削速度 v_c 是多少？

3. 简述刨床工作的基本内容。

4. 牛头刨床的调整要进行哪些项目？

5. 刨削工件平面产生波纹是由哪些原因造成的？如何预防？

6. 怎样正确安装和拆卸刨刀？

7. 利用刨床试加工，如图5-9所示。

技术要求：按照图纸尺寸加工。

材料：PVC塑料板。

数量：每位学生一块。

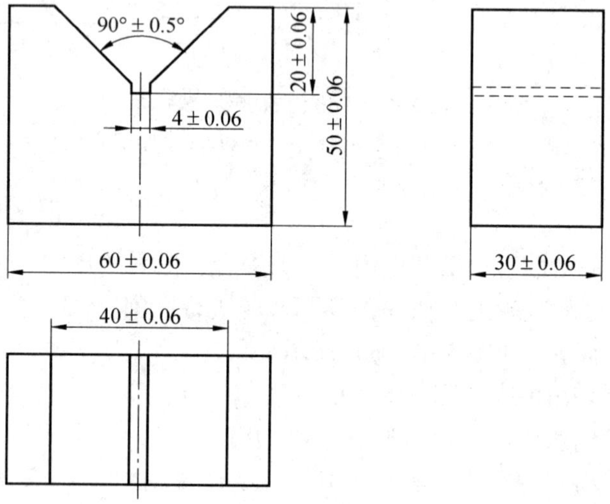

图5-9　题7图

第6章

焊　工

焊接是通过加热或加压，或两者并用，并且用或者不用填充材料，使焊件形成原子间结合的一种连接方法。焊接通常指的是各种同种或异种金属材料之间的连接。

6.1　焊接的特点

焊接与其他连接方法有着本质的区别。通过焊接，被连接的焊件不仅在宏观上建立了永久性的联系，而且在微观上建立了组织之间的内在联系。为了实现焊接过程，必须使两个分离焊件的连接表面接近到原子间的结合力能够发生作用的程度。

通常焊接比其他的连接方法具有更高的强度，以及更好的密封性，且质量可靠，生产率高，便于机械化、自动化生产。

焊接能够非常方便地利用型材和采用锻—焊、铸—焊、冲压—焊等复合工艺，制造出各种大型、复杂的机械结构和零件，并可把不同材质和不同形状尺寸的坯料连接成不可拆卸的整体，从而使许多大型复杂的铸、锻件的生产过程由难变易，由不可能变可能。

另外，利用焊接还可使切削加工工艺过程得以简化，提高生产率；采用表面堆焊、喷焊等方法，还可以获得某些具有特殊性能要求的表面层等。

优点：

连接性能好、省工省料、成本低、质量轻、可简化工艺、焊缝密封性好。

缺点：

(1) 结构不可拆，更换修理不方便；

(2) 焊接接头组织性能变坏；

(3) 存在焊接应力，容易产生焊接变形；

(4) 容易出现焊接缺陷。

注意：有时焊接质量成为突出问题，焊接接头往往是锅炉压力容器等重要结构的薄弱环节，实际生产中应特别注意。

6.2 焊接方法分类

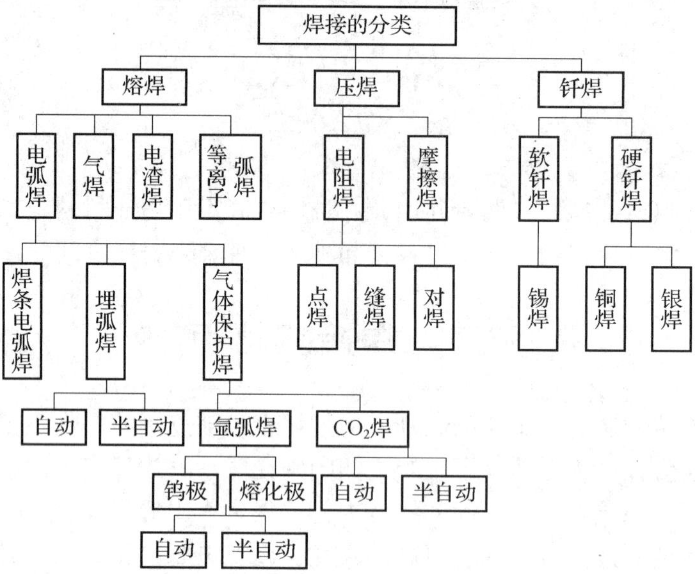

图 6-1　焊接的分类

1. 熔焊

将两个焊件局部连接处加热至熔化状态，并加入填充金属形成熔池，待其冷却结晶后形成牢固接头的一个整体的焊接方法。

2. 压焊

利用加压（或同时加热）的方法使两工件的结合面紧密接触并产生一定的塑性变形，借用原子之间的结合力将它们牢固地连接起来。

3. 钎焊

利用对熔点比焊件低的填充金属钎料的加热熔化（焊件不熔化），填入接头间隙并与母材通过扩散接合成一个整体的焊接方法。

6.3 焊接应用

（1）制造金属结构件，如锅炉、压力容器、船舶、桥梁、建筑、管道、车辆、起重机、海洋结构、冶金设备；

（2）生产机器零件（或毛坯），如重型机械和冶金设备中的机架、底座、箱体、轴、齿轮等；

（3）对于一些单件生产的特大型零件（或毛坯），可通过焊接以小拼大，简化工艺；

（4）修补铸、锻件的缺陷和局部损坏的零件，这在生产中具有较大的经济意义。

世界上主要工业国家每年生产的焊件结构约占钢产量的45%。

6.4 焊接技术发展方向

目前焊接技术正向高温、高压、高容量、高寿命、高生产率方向发展，并正在解决具有特殊性能材料的焊接问题。

如超高强度钢、不锈钢等特种钢及有色金属、异种金属及复合材料的焊接。

另外，焊接的自动化程度也有了较大的进展，如焊接机器人和遥控全方位焊接机的焊接。

6.5 胶 接

胶接是利用环氧树脂、酚醛等胶黏剂使两个分离表面依靠化学力、机械嵌合力结合在一起的加工方法。

1. 胶接优点

（1）可以连接同种或异种金属或非金属的各种形状、厚度、大小的接头，特别适合于异型、异质、薄壁、复杂形状、微小、硬脆或热敏的制品。

（2）不削弱结构，避免了焊点、焊缝周围的应力集中、铆钉等。

（3）没有焊接引起的相变、硬脆、变形、残余应力等不良影响。

（4）适合大面积胶接，表面光滑，外观美。

（5）过程简单，无高精度加工要求，也无须大型设备。

（6）强度足够高，特别是黏合疲劳强度经铆焊可提高5~6倍，剪切强度也可提高40%~100%，特别适用于薄壁铝合金结构。

（7）黏接异种金属无电化学腐蚀危险。

（8）具有连接、密封、绝缘、防腐、防潮、减震、隔热、消声等多种功能。

（9）可在特殊条件下应用，例如水下、高温耐压、易燃及医疗上脏器连接等。

2. 胶接缺点

（1）与其他连接方法比，胶接方法有强度还不够高，大多数胶黏剂耐热性也比较低。

（2）耐久性不够高。

（3）质量控制困难大等缺点。

6.6 常用焊接方法

目前在生产上常用的焊接方法有手工电弧焊（焊条电弧焊）、气焊、埋弧自动焊、气体保护焊、电渣焊、电阻焊、钎焊等。其他焊接技术如等离子弧焊、真空电子束焊、激光焊和扩散焊等。

6.6.1 手工电弧焊（焊条电弧焊）

如图 6-2 所示为手工电弧焊示意图。

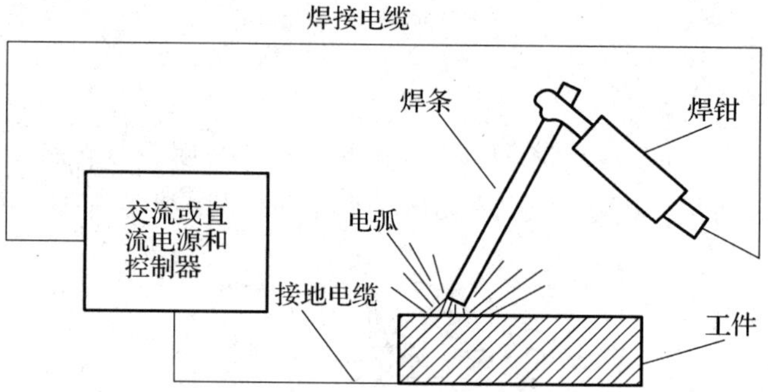

图 6-2 手工电弧焊示意图

手工电弧焊是用手工操纵焊条，利用焊条与工件间产生电弧热，将工件和焊条熔化而进行焊接的电弧焊方法。

操作步骤：

（1）焊接前将焊件和焊条分别接到焊接电源的两极，焊接时使焊条与焊件瞬时接触（短路），随即提起到一定距离（约 2~4 mm），就可引燃电弧。

（2）焊条与焊件接头处在电弧热的作用下被迅速熔化形成熔池。

（3）随着电弧沿着焊接处向前移动而不断产生新的熔池，而留在电弧后面的熔池金属开始冷却凝固并形成焊缝，将被焊工件连接成整体。

（4）焊钳是用来夹持焊条和传导电流的，如图 6-3 所示焊接基本参数。

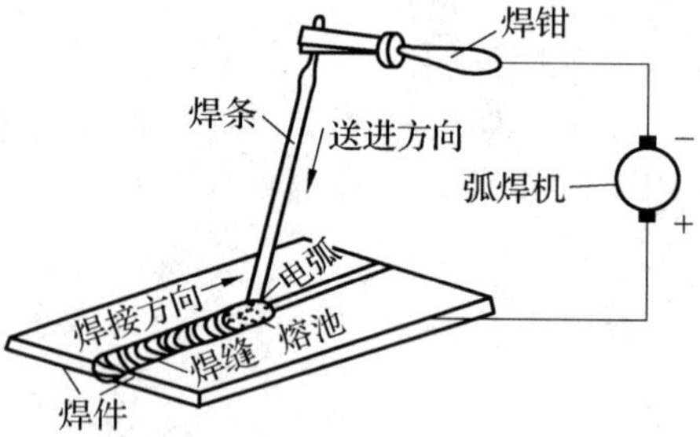

图 6-3 焊接基本参数

手弧焊的操作包括引弧和运条：

（1）引弧。常用划擦法，即焊接时将焊条端部与焊件表面做划擦接触，然后迅速提起，保持2~4 mm的距离，即可引弧。

（2）运条。手弧焊时，焊条除了沿其轴线向熔池送进和沿焊缝向前均匀移动外，为了获得一定宽度的焊缝，焊条有时还应沿焊缝做横向摆动。如图 6-4 所示手弧焊操作方法。

焊接前应先将焊件进行装配和定位焊，以防止两焊件间发生相对位移。

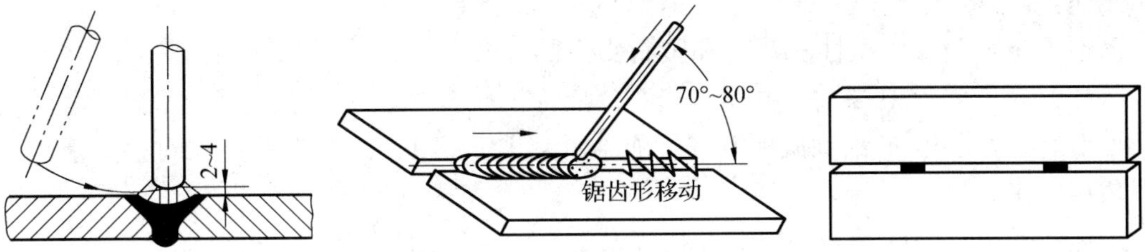

图 6-4　手弧焊操作方法

（a）划擦法引弧；（b）焊厚板时焊条的运动；（c）焊件的装配和定位焊

6.6.2　特点与应用

1. 优点

（1）设备简单、维护容易、焊钳小、操作灵活、成本低。

（2）焊接接头与工件（母材）的强度相近。

（3）对焊接接头的装配尺寸要求不高，可在各种条件下进行各种位置的焊接，是目前生产中应用最广的焊接方法。

2. 缺点

焊时有强烈的弧光和烟尘，劳动条件差，生产率低，对工人的技术水平要求较高，焊接质量也不够稳定。

3. 应用

一般用于单件小批量生产中焊接碳素钢、低合金结构钢、不锈钢、非铁金属及铸铁的补焊等。

6.7　常用焊接种类

6.7.1　焊条电弧焊

1. 焊条

① 组成：焊条由焊丝（焊芯）和药皮两部分组成。

② 焊丝的作用：导电、填充焊缝金属。

③ 药皮的作用：主要是保证焊缝质量。

保护作用：药皮熔化，产生气体、熔渣，隔绝空气，保护熔滴和熔池。

稳弧作用：药皮中的 K、Ca、Na 的盐类电离，提高电弧的稳定性。

脱氧、脱硫磷、渗合金，提高焊缝金属的机械性能。

④ 焊条的分类。按熔渣的酸碱性分两类：

酸性焊条：酸性氧化物（Fe_2O_3、TiO_2）多于碱性氧化物（CaO、Na_2O、MnO）。

特点：氧化性强，合金烧损大，焊缝机械性能（δ、ak）低；焊接工艺性好，对接头的清理要求不高（好焊）；价格便宜。

用途：广泛用于低碳钢、低合金钢和要求不高的结构件。

碱性焊条：药皮以碱性氧化物和萤石为主的焊条。

特点：药皮成分中 $CaCO_3$、CaF_2、铁合金含量较多；有机物含量少（低氢）；焊缝的抗裂性能好（δ↑ak↑）；机械性能好（有益元素含量多）；工艺性能差，对接头清理要求较严格；价格较贵。

用途：要求较高的易裂材料和结构以及合金结构钢的焊接。

2. 焊条电弧焊焊接工艺规范

焊条直径的选择：根据焊件的厚度选择焊条直径。

焊条电流的选择：根据焊条直径确定焊条电流。

焊层数目：厚的焊件采用开坡口、多层焊工艺。每层焊缝厚度不超过 4~5 mm。

6.7.2 埋弧自动焊

1. 焊接过程

焊机将焊丝自动送入电弧区并保证选定的弧长（运条自动）。

焊接电弧在焊剂层下面燃烧（埋弧），如图 6-5 所示。

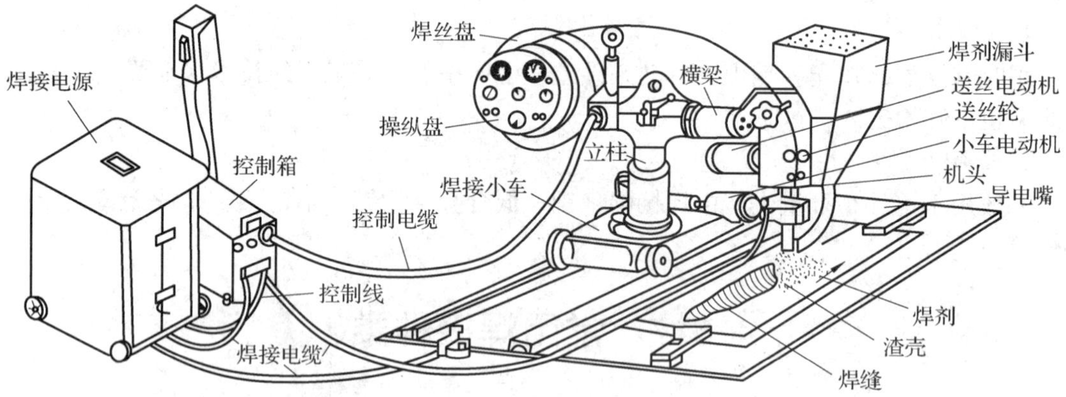

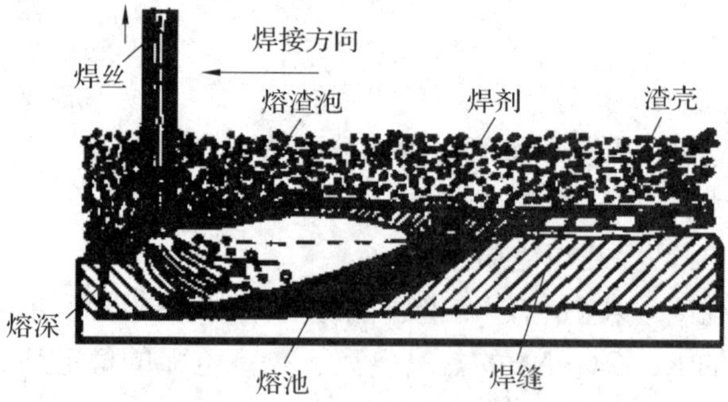

图 6-5　埋弧

2. 埋弧自动焊的特点和应用

生产率高：电流可以很大，常用到 1 000 A。运条自动，辅助时间少。

焊接质量好：保护比较严密，电弧稳定，热影响区窄，焊缝成型美观。

金属消耗少：没有焊条头，熔深大，厚度小于 25 mm 不开坡口。

劳动条件好：看不到弧光，很少有烟雾。

适用性差，不能实现全位置焊接，位置窄时难焊。焊前装配调试要求高。设备复杂，一次性投资较大。

适用于成批生产厚度为 6~30 mm 的长直焊缝水平位置焊接或较大直径（D>250 mm）的环形焊缝焊接，如图 6-6 所示。

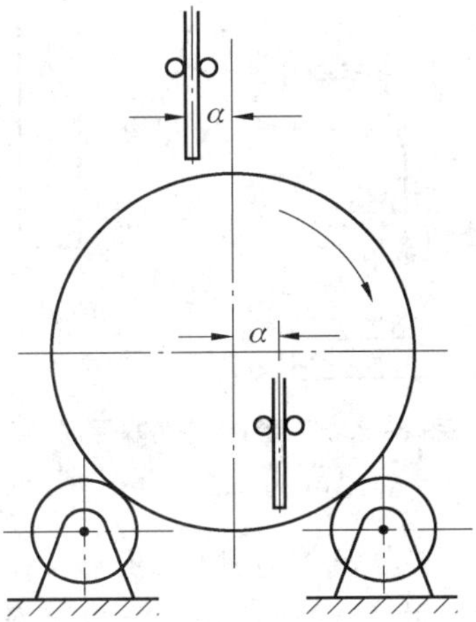

图 6-6　环形自动焊示意图

6.7.3　气体保护焊

气体保护焊的实质是利用化学性质不活泼的气体保护焊接熔池和熔渣，以防空气对电极和熔化金属的有害作用。

1. 氩弧焊

用氩气（Ar）来保护熔池进行焊接，如图 6-7 所示。

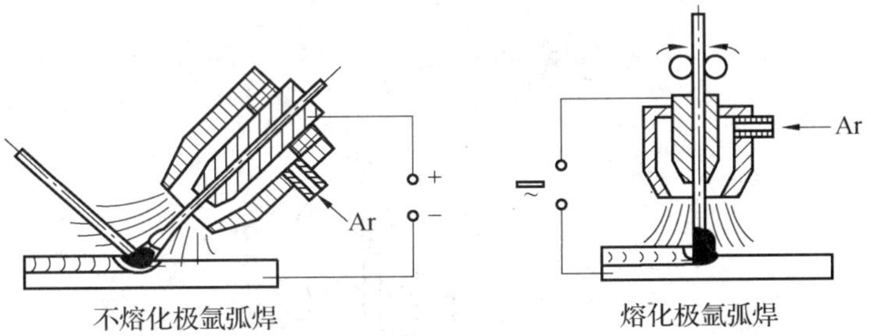

图 6-7　氩弧焊

（1）特点：保护效果好，焊接质量高；电弧稳定，温度易控制，单面焊双面成型；可进行全位置焊接；氩气成本高。

（2）应用：焊接易氧化的有色金属和合金钢，只能在室内进行。

2. 二氧化碳气体保护焊

用 CO_2 作为保护气体的一种焊接方法。

CO_2 在高温下具有氧化性，烧损合金元素，不能用来焊接有色金属和合金钢，如图 6-8 所示二氧化碳气体保护焊。

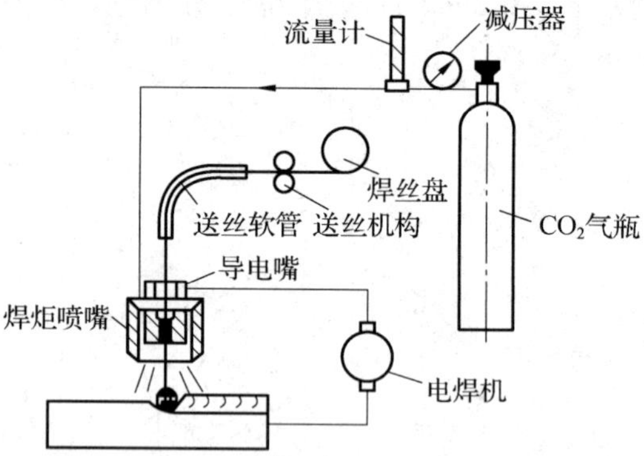

图 6-8　二氧化碳气体保护焊

（1）特点：优点为成本低，仅为焊条电弧焊的 45%；焊接质量好（指低碳钢和低合金钢）；生产率高，是焊条电弧焊的 1~4 倍，电流大，不用清渣；可进行全位置焊接。

缺点为电流过大时，金属飞溅较大，烟雾较多，焊缝成形差；设备使用和维护不便。

（2）应用：焊接低碳钢和低合金钢，特别适合厚度小于 3 mm 薄板。

6.7.4　电渣焊

利用电流通过熔渣产生的电阻热熔化母材与电极的一种方法。

（1）特点：厚大截面焊缝一次焊成，故生产率高，成本低；焊缝金属纯净；组织粗大，热影响区宽（18~20 mm）。

（2）应用：用于厚板（厚度>40 mm）的立缝焊接，焊后热处理如图 6-9 所示。

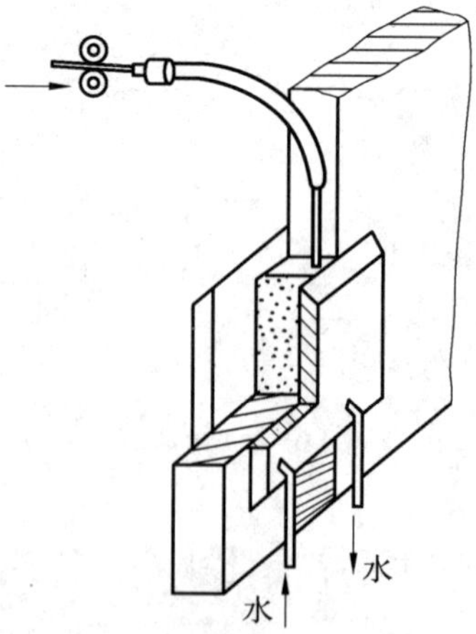

图 6-9　电渣焊

6.7.5　电阻焊

利用强大的电流（几千到几万 A）通过焊件，在其接头处产生电阻热，将焊件局部加热到塑性或熔化状态，然后在压力的作用下形成焊接接头的焊接方法。

1. 电阻焊的分类

（1）点焊：在两块搭接工件接触面间形成焊点，而将工件焊在一起。点焊应用于不要求密封的薄板（小于 4 mm）的焊接，如图 6-10 所示。

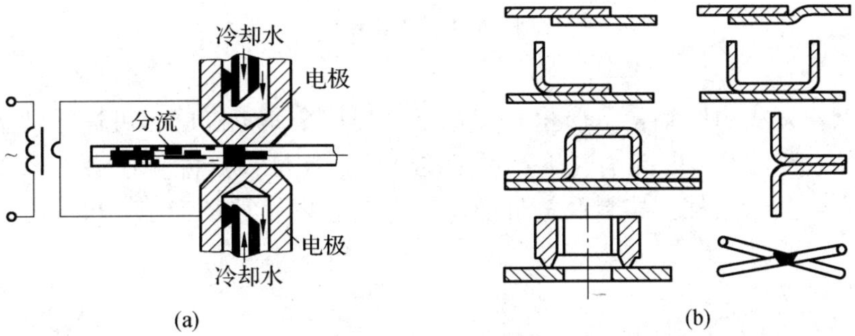

图 6-10　电阻焊

（a）点焊示意图；（b）点焊接头型式

（2）缝焊：采用滚盘作电极，边焊边滚，形成连续的焊缝。缝焊应用于厚度小于 3 mm 密封件，如油箱等。

（3）对焊：利用电阻热将两个工件在整个断面上焊接起来。两工件的断面形状应尽量相同，如图 6-11 所示。

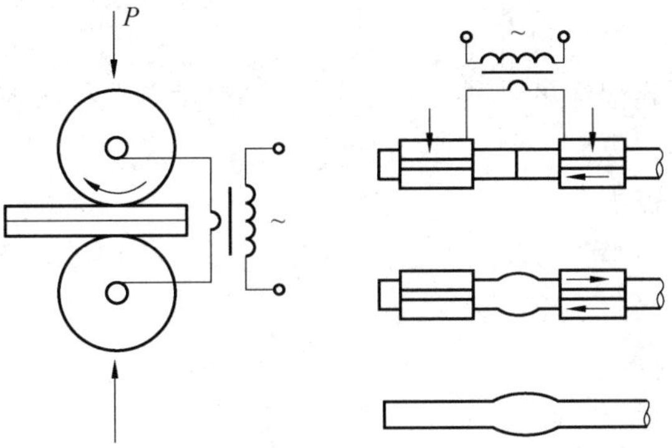

图 6-11　缝焊及对焊

2. 电阻焊的特点

省料；热影响区小，时间短（0.01～几秒），变形小；生产率高；设备复杂，耗电量大。

6.7.6 摩擦焊

利用两工件相互摩擦所产生的热，使工件端面达到热塑性状态，然后迅速加压完成焊接的一种压力焊方法，如图 6-12 所示。

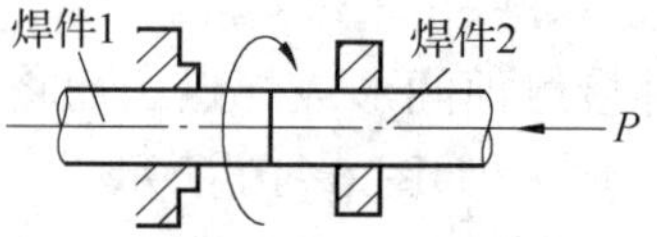

图 6-12 摩擦焊

（1）特点：接头组织细密，质量好，稳定；焊接金属范围广，可焊异种金属；操作简单，生产率高；省材料，电能消耗少；设备复杂，一次性投资大。

（2）应用：圆形工件、棒料及管件的焊接。实心焊件直径为 2～100 mm，管件最大外径 150 mm。

6.7.7 钎焊

接头只加热不加压，焊件不熔化，钎料加热到熔化状态扩散到接头中去。

硬钎焊：钎料熔点 450 ℃以上，接头强度>200 MPa。铜基、银基、镍基钎料。用于受力较大的钢铁、铜合金构件和工具、刀具的焊接。

软钎焊：钎料的熔点 450 ℃以下，接头强度<70 MPa。锡铅钎料。用于焊接受力不大的常温下工作的仪表、导电元件以及钢铁、铜及铜合金等制造的构件。

1. 特点

（1）工件加热温度低，组织、力学性能变化小，变形小。

（2）接头光滑平整，工件尺寸精确。

（3）可焊接性能差异很大的异种金属，厚度差别没有严格限制。

（4）工件整体加热，可同时钎焊多条接缝，生产率高。

（5）设备简单，投资少。

（6）接头强度低，动载强度低，允许工作温度低。

（7）焊前清整要求严格。

（8）钎料价格较贵。

2. 应用

不适于一般钢结构件和重载、动载零件。主要用于制造精密仪表、电气部件、异种金属构件以及某些薄板结构，如夹层结构、蜂窝结构等。也常用于钎焊各类导线与硬质合金刀具。

6.8 常用金属材料的焊接

1. 金属材料的焊接性

焊接性又称为材料的可焊性，指的是金属材料焊接时，获得优质接头的难易程度。

接合性能：形成焊接缺陷的敏感性。

使用性能：对使用要求的适应性。

2. 可焊性的影响因素

① 化学成分：影响焊接性的主要因素。

例如：钢中，碳含量↑合金元素↑淬硬倾向↑接头区脆化，形成裂纹的倾向↑焊接性↓。

② 焊接方法：焊接方法对金属材料的焊接性能有很大的关系。

③ 焊接材料（焊丝和药皮）。

④ 焊接规范（工艺参数）：焊件预热，可焊性提高；中、高碳钢焊前预热。

3. 估算钢料可焊性的方法

碳当量法：

厚增加，可焊性下降。例气焊板厚应小于6 mm。

$$C_{当}=\left(C+\frac{Mn}{6}+\frac{Cr+Mo+V}{5}+\frac{Cu+Ni}{15}\right)\times 100\%$$

此公式由国际焊接学会推荐，用于碳钢和低合金钢。

当 $C_{当}<0.4\%$时：冷裂倾向不大，焊接性良好，一般不需采取工艺措施。

当 $C_{当}=0.4\%\sim0.6\%$时：冷裂倾向明显，焊接性较差，需采用工艺措施来防止裂纹的产生。例如焊前预热，采用低氢型焊条。

当 $C_{当}>0.6\%$时：冷裂倾向严重，可焊性更差。

提高预热温度，采用碱性焊条，焊后缓冷。

6.9 焊接结构设计

设计焊接结构，需注意三方面的问题：结构材料的选择；焊缝的布置；接头及坡口形式设计。

1. 结构材料的选择

在满足工作性能要求的前提下，尽可能选用焊接性好的材料，如低碳钢、强度级别低的合金结构钢。

2. 焊缝布置

基本原则：

① 尽量减少焊接工作量；用型材代替板材拼焊，以减少焊缝的数量，如图6-13所示板材拼接。

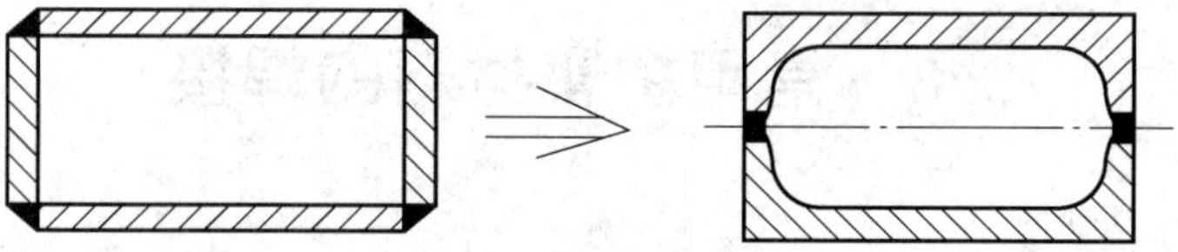

图 6-13　板材拼接

② 利于方便焊接，留有操作空间，如图 6-14 所示。

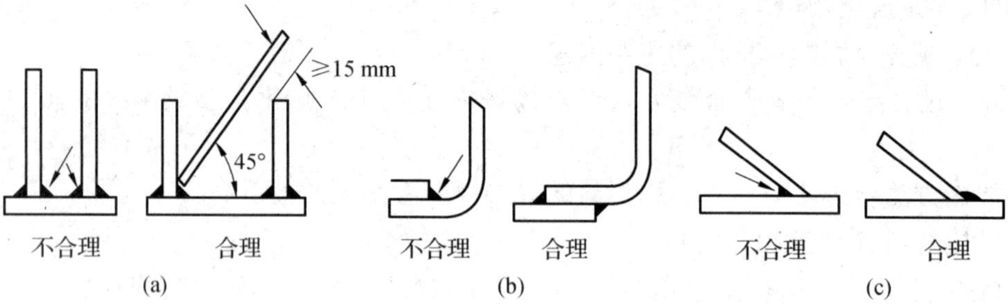

图 6-14　焊接

③ 焊缝远离或避开加工面，避开应力最大位置，如图 6-15 所示。

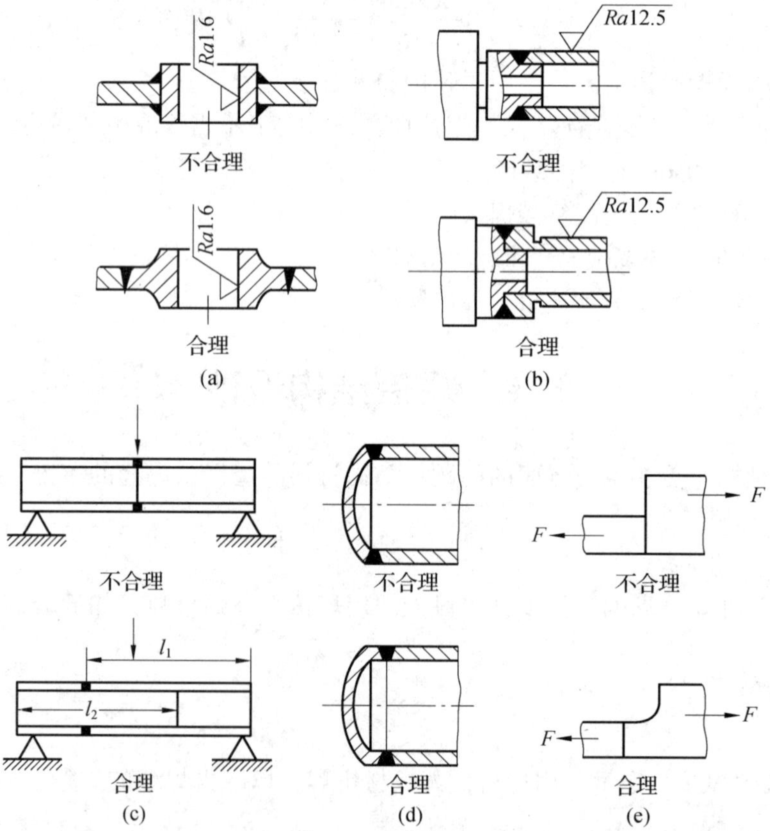

图 6-15　远离或避开加工面

④ 对称布置焊缝和分散布置焊缝，如图 6-16 所示。

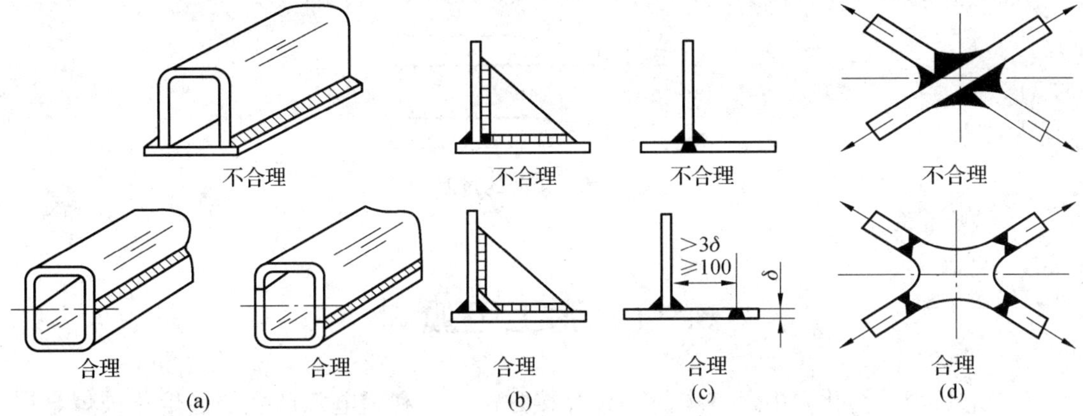

图 6-16　对称或分散焊缝

⑤ 不同壁厚件的焊接要平滑过渡，如图 6-17 所示。

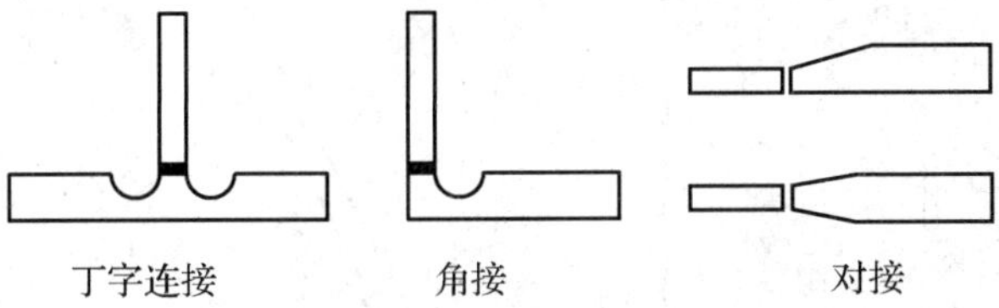

图 6-17　平滑过渡

6.10　接头形式设计与坡口

1. 接头形式

常用的有对接、搭接、角接和 T 形接头，如图 6-18 所示。

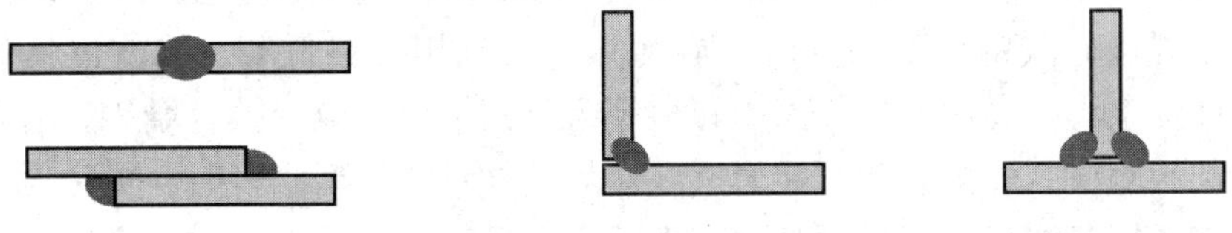

图 6-18　焊接接头形式

2. 坡口形式

开坡口的目的是保证焊透，如手弧焊熔深 3~4 mm。

3. 接头的过渡

结构最好两板厚度一致，不等厚应逐步过渡，如图 6-19 所示。

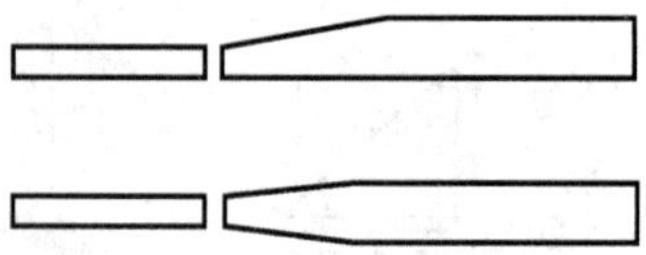

图 6-19　接头的过渡

6.11　手工电弧焊

手工电弧焊是熔化焊中最基本的一种焊接方法。它利用电弧产生的热熔化被焊金属，使之形成永久结合。由于它所需要的设备简单、操作灵活，可以对不同焊接位置、不同接头形式的焊缝方便地进行焊接，因此是目前应用最为广泛的焊接方法，如图 6-20 所示。

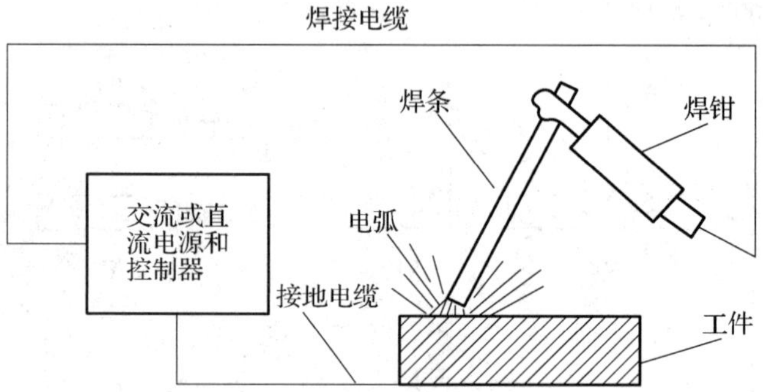

图 6-20　手工电弧焊示意图

手工电弧焊按电极材料的不同可分为熔化极手工电弧焊和非熔化极手工电弧焊。非熔化极手工电弧焊如手工钨极气体保护焊。溶化极手工电弧焊是以金属焊条作电极，电弧在焊条端部和母材表面燃烧的方法。

手工电弧焊所用的设备需根据焊条和被焊材料选取。电源分为交流电和直流电两种。使用酸性焊条焊接低碳钢一般构件时，应优先考虑选用价格低廉、维修方便的交流弧焊机；使用碱性焊条焊接高压容器、高压管道等重要钢结构，或焊接合金钢、有色金属、铸铁时，则应选用直流弧焊机。购置能力有限而焊件材料的类型繁多时，可考虑选用通用性强的交、直流两用弧焊机。当采用某些碱性药皮焊条时，如结 507 时，必须选用直流焊接电源，而且要注意此时应将电焊机的负极接工件，正极接焊条，称为直流反接法；反之称为正接法。如图 6-21 所示直流电焊机的极性接法。

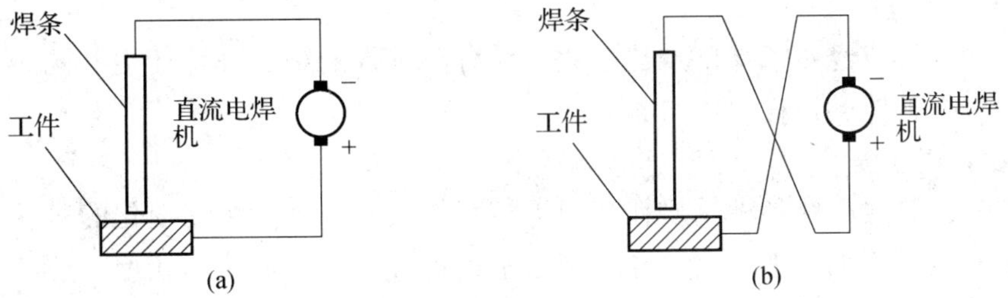

图 6-21 采用直流电焊机的极性接法

（a）正接法；（b）反接法

6.11.1 焊接电弧

焊接电弧是指发生在电极与工件之间的强烈、持久的气体放电现象，如图 6-22 电弧的引燃。

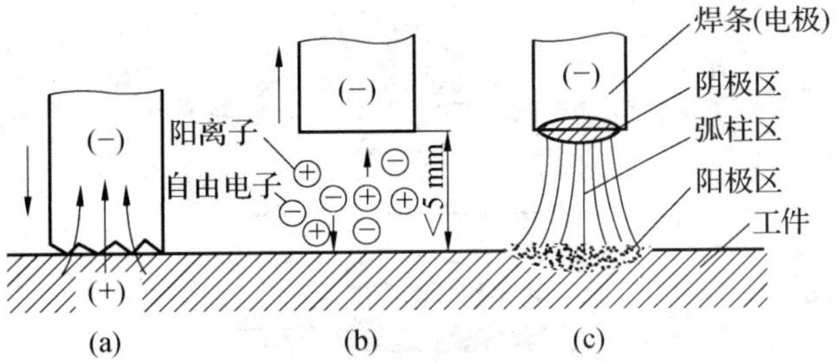

图 6-22 电弧的引燃

6.11.2 电弧的组成

焊接电弧由阴极区、阳极区和弧柱区 3 部分组成（图 6-22（c））。

阴极区因发射大量电子而消耗一定能量，产生的热量较少，约占电弧热的 36%，阳极表面受高速电子的撞击，传入较多的能量，因此阳极区产生的热量较多，占电弧热的 43%。其余 21%左右的热量在弧柱区产生。

电弧中阳极区和阴极区的温度因电极的材料（主要是电极熔点）不同而有所不同。用钢焊条焊接钢材料时，阳极区热力学温度约 2 600 K，阴极区热力学温度约 2 400 K，弧柱区热力学温度高达 5 000~8 000 K。正接时，电弧热量主要集中在焊件（阳极）上，有利于加快焊件熔化，保证足够的熔深，适用于焊接较厚的工件。反接时，焊条接阳极，适用于焊接有色金属及薄钢板，以避免烧穿焊件。

6.11.3 焊接接头

焊缝以及其周围受不同程度加热和冷却的母材是焊缝的热影响区，总称为焊接接头。

1. 焊缝形成过程

熔焊焊缝的形成经历了局部加热熔化，使分离工件的结合部位产生共同熔池，再经凝固结晶成为一个整体的过程。

2. 焊接冶金过程

电弧焊时，焊接区内各种物质在高温下相互作用，产生一系列变化的过程称为冶金过程。像在小型电弧炼钢炉中炼钢一样，熔池中进行着熔化、氧化、还原、造渣、精炼和渗合金等一系列物理化学过程。焊接的冶金过程与一般的冶炼过程相比较，有以下特点：温度远高于一般冶炼温度，因此金属元素强烈蒸发，并使电弧区的气体分解成原子状态，使气体的活性大为增强，导致金属元素烧损或形成有害杂质。冷却速度快，熔池体积小，四周又是冷的金属，溶池处于液态时间很短，一般在 10 s 左右，各种化学反应难以达到平衡状态致使化学成分不均匀，气体和杂质来不及浮出，从而产生气孔和夹渣等缺陷，如图 6-23 所示。

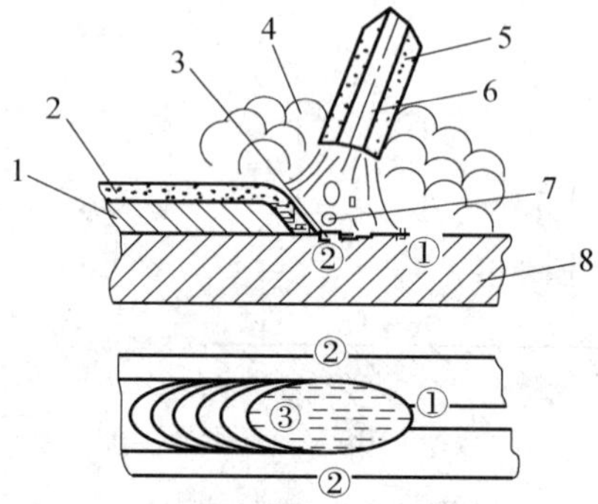

图 6-23　电弧焊焊缝形成示意图

1—已凝固的焊缝金属；2—熔渣；3—熔化金属（熔池）；
4—焊条药皮；5—焊条药皮；6—焊条芯；7—金属熔滴；8—母材

6.11.4　焊条

1. 焊条组成和作用

焊条由焊芯和药皮两部分组成，如图 6-24 所示。焊芯是金属丝，药皮是压涂在焊芯表面的涂料层。

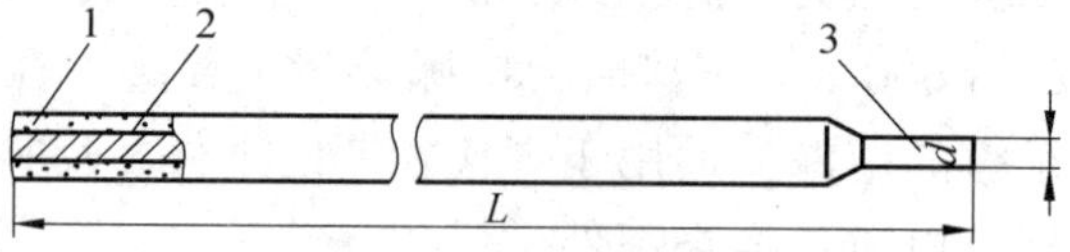

图 6-24　焊条组成

1—药皮；2—焊芯；3—焊条夹持部分

（1）焊芯。焊芯的作用，一是作为电极传导电流，二是熔化后作为填充金属与母材形成焊缝。焊芯的化学成分和杂质含量直接影响焊缝质量。生产中有不同用途的焊丝（焊芯），如焊条焊芯、埋弧焊焊丝、CO_2 焊焊丝、电渣焊焊丝等。

（2）药皮。药皮的作用，一是改善焊接工艺性，如药皮中含有稳弧剂，使电弧易于引燃和保持燃烧稳定。二是对焊接区起保护作用。药皮中含有造渣剂、造气剂等，造渣后熔渣与药皮中有机物燃烧产生的气体对焊缝金属起双重保护作用。三是起有益的冶金化学作用。药皮中含有脱氧剂、合金剂、稀渣剂等，使熔化金属顺利地进行脱氧、脱硫、去氢等冶金化学。

2. 焊条分类

焊条按用途不同分为十大类：结构钢焊条，钼和铬钼耐热钢焊条，低温钢焊条，不锈钢焊条，堆焊焊条，铸铁焊条，镍及镍合金焊条，铜及铜合金焊条，铝及铝合金焊条，特殊用途焊条等。其中结构钢焊条分为碳钢焊条和低合金钢焊条两部分。

结构钢焊条按药皮性质不同可分为酸性焊条和碱性焊条两种。酸性焊条的药皮中含有多量酸性氧化物（如 SiO_2，MnO_2 等），碱性焊条药皮中含有多量碱性氧化物（如 CaO 等）和萤石（CaF_2）。由于碱性焊条药皮中不含有机物，药皮产生的保护气体中氢含量极少，所以又称为低氢焊条。

3. 焊条型号与牌号

焊条型号是国家标准中规定的焊条代号。焊接结构生产中应用最广的碳钢焊条和低合金钢焊条，相应的国家标准为 GB/T 5117—1995 和 GB/T 5118—1995。标准规定，碳钢焊条型号由字母“E”和四位数字组成。如“E4301”，其含义如下：

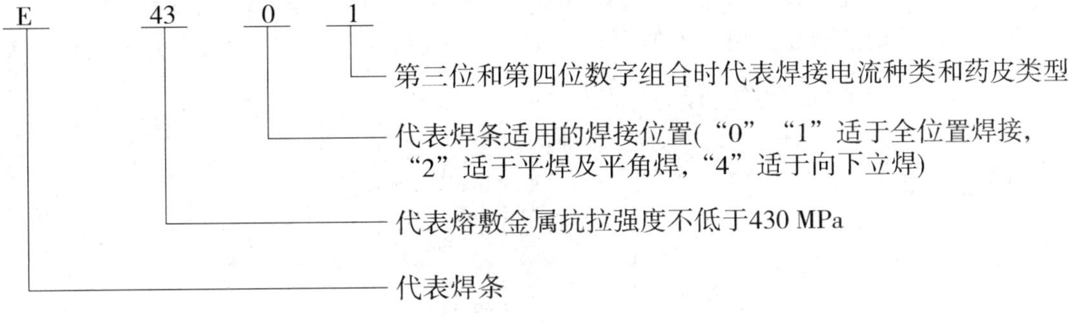

4. 焊条的选用原则

（1）等强度原则。焊接低碳钢和低合金钢时，一般应使焊缝金属与母材等强度，即选用与母材同强度等级的焊条。

（2）同成分原则。焊接耐热钢、不锈钢等金属材料时，应使焊缝金属的化学成分与母材的化学成分相同或相近，即按母材化学成分选用相应成分的焊条。

（3）抗裂缝原则。焊接刚度大，形状复杂，要承受动载荷的焊接结构时，应选用抗裂性好的碱性焊条，以免在焊接和使用过程中接头产生裂纹。

（4）抗气孔原则。受焊接工艺条件的限制，如对焊件接头部位的油污、铁锈等清理不便，应选用抗气孔能力强的酸性焊条，以免焊接过程中气体滞留于焊缝中，形成气孔。

（5）低成本原则。在满足使用要求的前提下，尽量选用工艺性能好、成本低和效率高的焊条。

6.11.5 焊接接头的金属组织与性能

1. 焊接工件上温度的变化与分布

焊接时，电弧沿着工件逐渐移动并对工件进行局部加热。因此在焊接过程中，焊缝区的金属都是由常温状态开始被加热到较高的温度，然后再逐渐冷却到常温。但随着各点金属所在位置的不同，其最高加热温度是不同的。如图 6-25 所示是焊接时焊件横截面上不同点的温度变化情况，由于各点离焊缝中心距离不同，所以各点的最高温度不同。又因热传导需要一定时间，所以各点是在不同时间达到该点最高温度的。但总的看来，在焊接过程中，焊缝受到一次冶金过程，焊缝附近区相当于受到一次不同规范的热处理，因此必然有相应的组织与性能的变化。

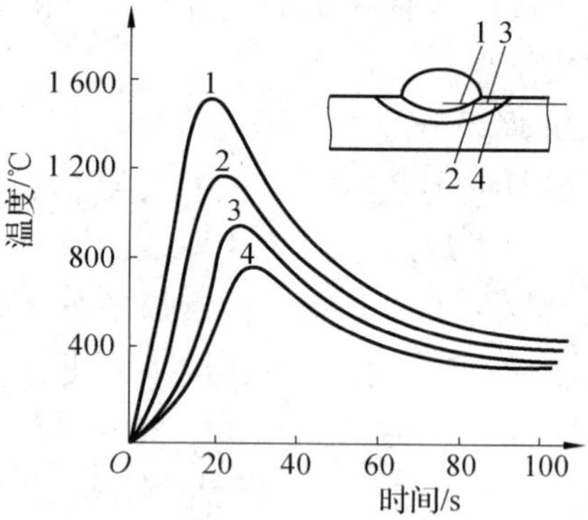

图 6-25 焊缝区各点温度变化示意图

2. 焊接接头金属组织与性能的变化

现以低碳钢为例，来说明焊缝和焊缝附近区由于受到电弧不同加热而产生的金属组织与性能的变化。如图 6-26 所示，左侧下部是焊件的横截面，上部是相应各点在焊接过程中被加热的最高温度曲线（并非某一瞬时该截面的实际温度分布曲线）。图中 1、2、3 等各段金属组织性能的变化，可从右侧所示的部分铁—碳合金状态图来对照分析。工件截面图上已示出了相应各点的金属组织变化情况。

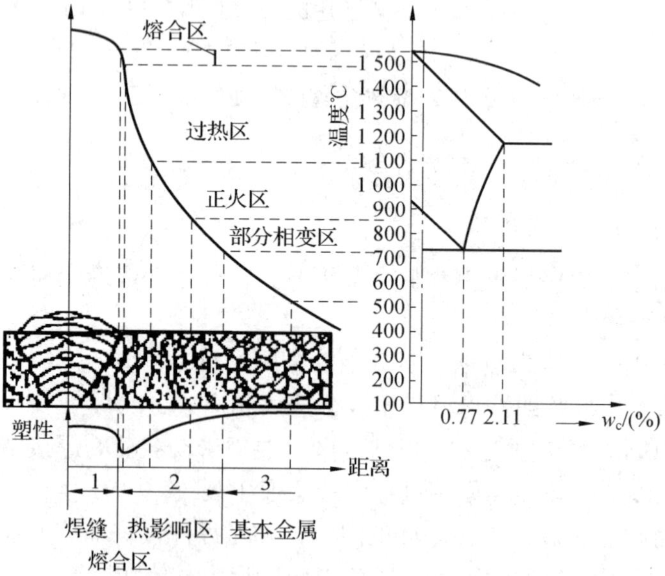

图 6-26 低碳钢焊接热影响区组织变化示意图

6.11.6 焊接应力与变形

金属构件在焊接以后，总要发生变形和产生焊接应力，且二者是彼此伴生的。

焊接应力的存在，对构件质量、使用性能和焊后机械加工精度都有很大影响，甚至导致整个构件断裂；焊接变形不仅给装配工作带来很大困难，还会影响构件的工作性能。变形量超过允许数值时必须进行矫正，矫正无效时只能报废。因此，在设计和制造焊接结构时，应尽量减小焊接应力和变形。

（1）焊接应力与变形的产生原因：焊接过程中，对焊接件进行不均匀加热和冷却，是产生焊接应力和变形的根本原因。

（2）焊接变形的基本形式：常见的焊接变形有收缩变形、角变形、弯曲变形、波浪变形和扭曲变形等五种形式（如图6-27所示）。

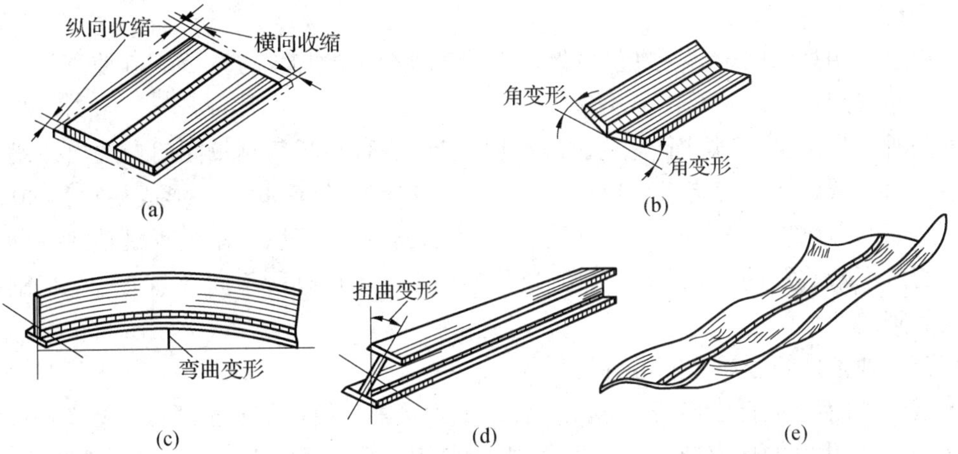

图6-27 焊接变形的基本形式

（a）收缩变形；（b）角变形；（c）弯曲变形；（d）扭曲变形；（e）波浪变形

（3）减少焊接应力与变形的措施：除了设计时应考虑之外，可采取一定的工艺措施，有预留变形量、反变形法、刚性固定法、锤击焊缝法、加热"减应区"法等。重要的是，选择合理的焊接顺序，尽量使焊缝自由收缩。焊前预热和焊后缓冷也很有效。详细可参阅有关资料。

6.12 气焊和气割

1. 气焊

气焊是利用气体火焰作热源的焊接方法。最常用的是氧-乙炔焊，利用氧-乙炔焰进行焊接。

乙炔（C_2H_2）为可燃气体，氧气为助燃气体。乙炔和氧气在焊炬中混合均匀后从焊嘴喷出燃烧，将焊件和焊丝熔化形成熔池，冷却凝固后形成焊缝，如图6-28所示。气焊时气体燃烧，产生大量的CO_2、CO、H_2气体笼罩熔池，起到保护作用。气焊使用不带药皮的光焊丝作填充金属。

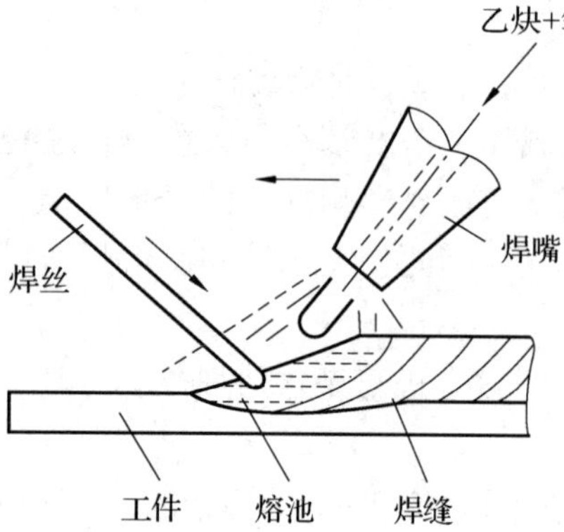

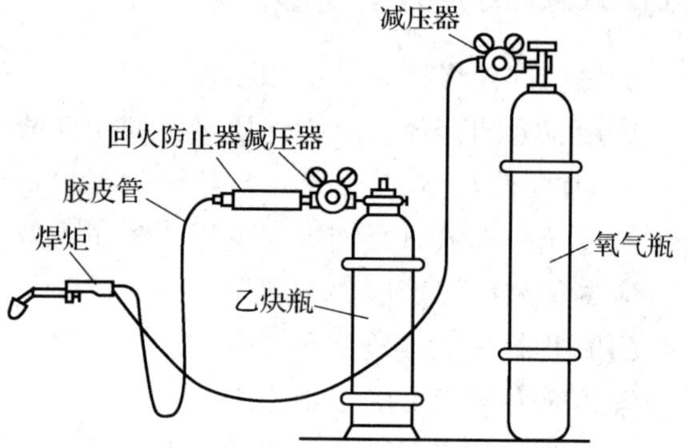

图 6-28　气焊

2. 气割

气割是利用高温的金属在纯氧中燃烧而将工件分离的加工方法。气割使用的气体和供气装置可与气焊通用。

气割时，先用氧-乙炔焰将金属加热到燃点，然后打开切割氧阀门，放出一股纯氧气流，使高温金属燃烧。燃烧后生成的液体熔渣，被高压氧流吹走，形成切口，如图 6-29 所示。金属燃烧放出大量的热，又预热了待切割的金属。所以气割过程是预热→燃烧→吹渣形成切口不断重复进行的过程。气割所用的割炬与焊炬有所不同，多了一个切割氧气管和切割氧阀门。

符合下列条件的金属才能进行气割。

① 金属的燃点应低于本身的熔点，否则变为熔割，使切割质量降低，甚至不能切割。

② 金属氧化物的熔点应低于金属本身的熔点。否则高熔点的氧化物会阻碍着下层金属与氧气流接触，使气割无法继续进行。另外，气割时所产生的氧化物应易于流动。

③ 金属的导热性不能太高，否则使气割处的热量不足，造成气割困难。

④ 金属在燃烧时所产生的大量热能应能维持气割的进行。

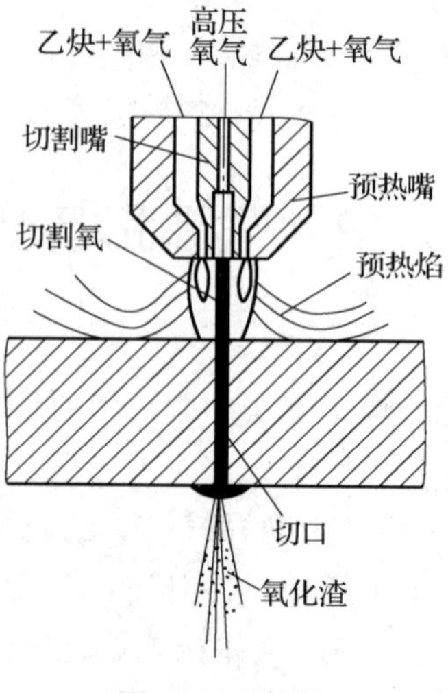

图 6-29　气割

练习题

1. 电焊条由哪些部分组成？并指出各部分作用？
2. 试述焊条型号的表示方法？
3. 指出常用的坡口和接头型式，并说明为什么要采用坡口。
4. 焊接工艺、焊接生产的特点。
5. 焊接如图 6-30~图 6-32 所示。

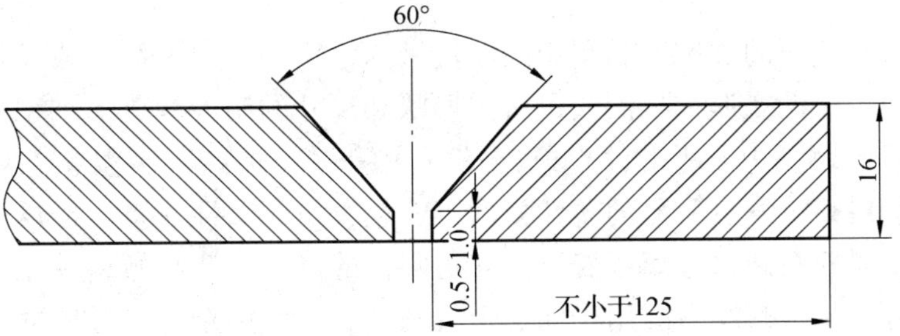

图 6-30 题 5 图

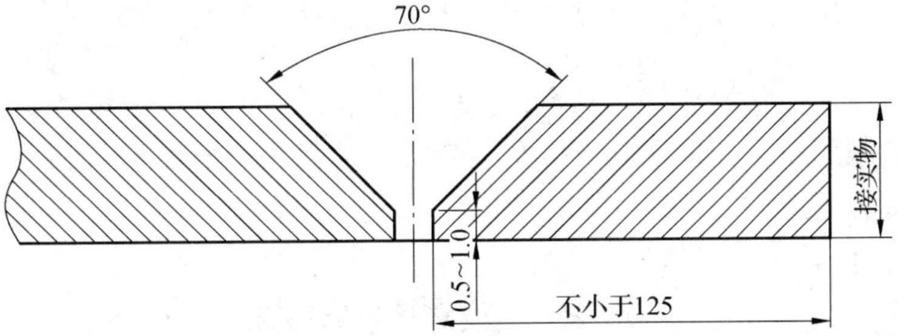

图 6-31 题 5 图

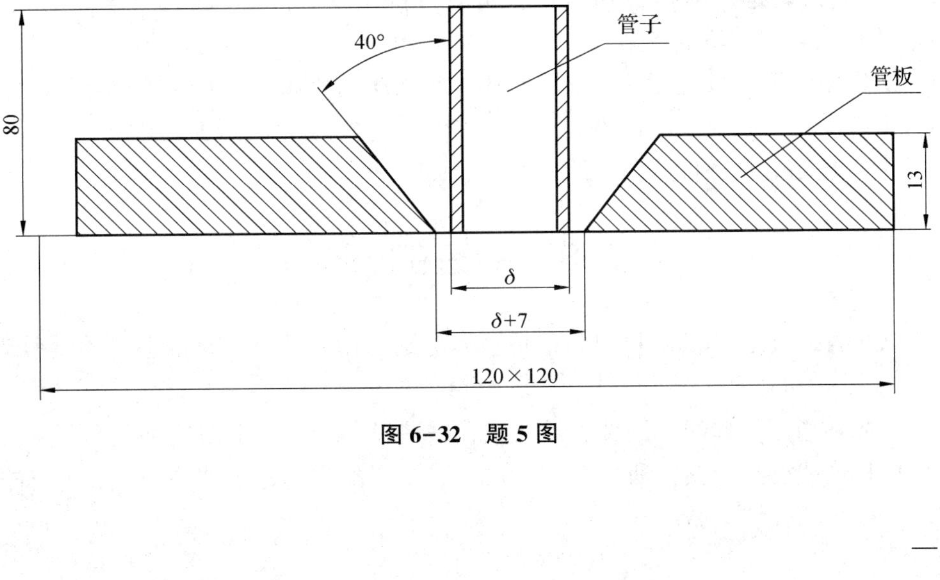

图 6-32 题 5 图

第7章

锻　压

锻压是锻造和冲压的合称，是利用锻压机械的锤头、砧块、冲头或通过模具对坯料施加压力，使之产生塑性变形，从而获得所需形状和尺寸的制件的成形加工方法。锻造一般是将轧制圆钢、方钢（中、小锻件）或钢锭（大锻件）加热到高温状态后进行加工。在锻造加工中，坯料整体发生明显的塑性变形，有较大量的塑性流动。冲压是在冲床上用冲模使金属或非金属板料产生分离或变形而获得制件的加工方法。板料冲压通常在室温下进行，所以又叫冷冲压。锻压主要用于加工金属制件，也可用于加工某些非金属，如工程塑料、橡胶、陶瓷坯、砖坯以及复合材料的成形等。

7.1　锻　造

锻造是指将金属坯料加热使其具有较高的塑性，然后放在锻造设备上，利用通用工具或专用模具对其施加压力，迫使其产生塑性变形，从而获得所需形状和尺寸的锻件，这种压力加工方法称为锻造。

7.2　锻造的特点

（1）能改善金属的组织，提高金属的机械性能。

（2）提高材料的利用率和经济效益（节省材料和切削加工工时）。

（3）具有较高的劳动生产率。

（4）适应范围广；可进行单件、小批生产也可进行大批量生产。

（5）不能获得形状复杂的锻件。

（6）生产现场劳动条件差。

7.3　锻造的分类

（1）按照生产工具不同，可以将锻造技术分成自由锻造、模型锻造、胎模锻造和特种锻造。

自由锻造：指用简单的通用性工具，或在锻造设备的上、下砧铁之间直接对坯料施加外力，使坯料产生变形而获得所需形状、尺寸以及内部质量的锻件的一种加工方法。

模型锻造：指金属坯料在具有一定形状的锻模膛内受压变形而获得锻件的一种锻造方法。

胎模锻：是在自由锻设备上使用可移动模具生产模锻件的一种锻造方法。所用模具称为胎膜。胎模锻一般先用自由锻制坯，再在胎膜中最后成形。

特种锻造：包括辊锻、楔横轧、径向锻造、液态模锻等锻造方式，这些方式都比较适用于生产某些特殊形状的零件。

（2）按照锻造温度，可以将锻造技术分为热锻、温锻和冷锻。

钢的开始再结晶温度约 727 ℃，但普遍采用 800 ℃作为划分线，高于 800 ℃的是热锻；在 300~800 ℃之间称为温锻或半热锻，在室温下进行锻造的称为冷锻。用于大多数行业的锻件都是热锻，温锻和冷锻主要用于汽车、通用机械等零件的锻造，温锻和冷锻可以有效地节材。

（3）根据锻模的运动方式，锻造又可分为摆辗、摆旋锻、辊锻、楔横轧、辗环和斜轧等方式。

7.4 锻造应用

锻件产品通常是经过一定的锻压工艺而成的，它的应用范围及其广泛。在工业、制造业等方面大显身手。

按重量计算，飞机上有 85%左右的构件是锻件，飞机发动机的涡轮盘、后轴颈（空心轴）、叶片、机翼的翼梁，机身的肋筋板、轮支架、起落架的内外筒体等都是涉及飞机安全的重要锻件；按重量计算，汽车上有 17%~19%的构件是锻件，如汽车发动机所使用的曲轴、连杆、凸轮轴、前桥所需的前梁、转向节、后桥使用的半轴、半轴套管、桥箱内的传动齿轮等，无一不是有关汽车安全运行的保安关键锻件。其他的还有像柴油机锻件、船用锻件、石油化工锻件、矿山锻件等。

7.5 锻造技术发展方向

1. 锻压设备自动化

现代化的大型自由锻造车间的锻造液压机、操作机、锻造吊车实现了联动控制，全部机械化，并配有锻件尺寸自动测量装置，锻造压机与操作机数控联动，锻造加热炉自动控制。中小型自由锻实现了压机与操作联动微要控制、计算机自动编程的自动程序锻造。

2. 高速化复合化相结合，提高加工效率

将几种工艺或几个工序复合在一台机床上完成，是当前各类机床大幅压缩生产辅助时间，提高生产率的重要技术途径，在锻压机械上也得到了成功应用，效果十分显著。

3. 锻压设备控制系统的发展趋势

锻压产品面临的重要挑战之一，是如何更具柔性，以适应“及时生产”的要求。具有现场通信网络、现场设备互联、互动操作性、分散功能模块、开放式互联网络的现场总线技术，是压力机控制技术的发展方向，对实现自动化具有明显的推动作用。

4. 注重环境保护是当今世界性的潮流

许多国外锻压设备越来越重视环保问题，如在数控转塔压力机上，工作台普遍采用柔性的尼龙刷支撑代替传统的滚珠支撑，以减少噪声污染；变速压机实现快速下降，慢速冲裁工件，快速回程，使振动和噪声大大降低。

7.6 常用锻造方法及工序

锻造是毛坯成型的重要手段，尤其在工作条件复杂、力学性能要求高的重要结构零件的制造中，具有重要地位。根据变形时金属流动的特点不同可将锻造分为自由锻造、模型锻造和胎膜锻造三种。

1. 自由锻造

自由锻造的特点是工具简单、通用性强；锻造的精度比较低、加工余量大、劳动强度大、生产率低；锻件的质量范围大等特点。主要用于单件、小批量生产，它是大型锻件唯一的生产方法。

常用的自由锻造的设备有空气锤、蒸汽-空气自由锻锤、液压机等。自由锻造工序包括基本工序、辅助工序和修整工序。自由锻造的基本工序包括拔长、镦粗、冲孔、弯曲、切割、错移、锻接和扭转。其中以拔长、镦粗、冲孔最为常见。

（1）基本工序。

①拔长。拔长是使毛坯横断面积减小、长度增加的锻造工序。拔长常用于锻造杆、轴类零件。对于圆形坯料，一般先锻打成方形后，再进行拔长，最后锻打成所需形状。主要有在平砧上拔长和在芯棒上拔长两种拔长方法。

在平砧上拔长。如图 7-1（a）所示为在锻锤上、下砧间拔长。高度为 H（或直径为 D）的坯料由右向左送进，每次送进量为 L。为了使锻件表面平整，L 应小于砧宽 B，一般 $L \leq 0.75B$。对于重要锻件为了整个坯料产生均匀的塑性变形，L/H（或 L/D）应为 0.4~0.8。

在芯棒上拔长。如图 7-1（b）所示在芯棒上拔长空心坯料。

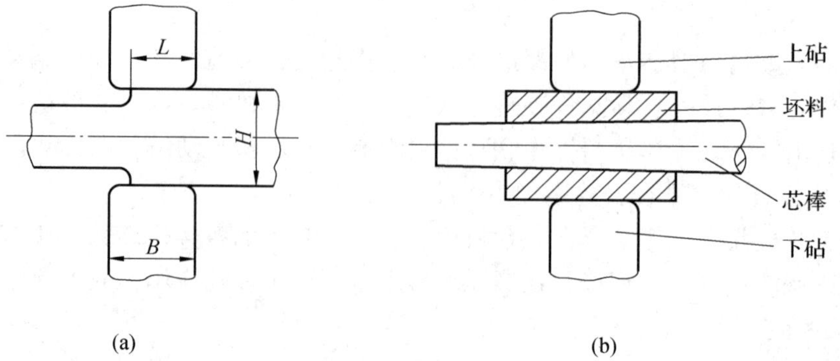

图 7-1 拔长

（a）在锻锤上、下砧间拔长；（b）在芯棒上拔长空心坯料

②镦粗。镦粗是使毛坯高度减小，横断面积增大的锻造工序。镦粗工序主要用于锻造齿轮坯、圆饼类锻件，可有效地改善坯料组织，减小力学性能的意向性。

镦粗可分为完全镦粗、端部镦粗和中间镦粗三种形式。其中图7-2（a）为完全镦粗，图（b）为局部镦粗。对于带凸座的盘类锻件或带较大头部的杆类锻件，可以使用漏盘镦粗坯料某个局部，如图7-2（c）。

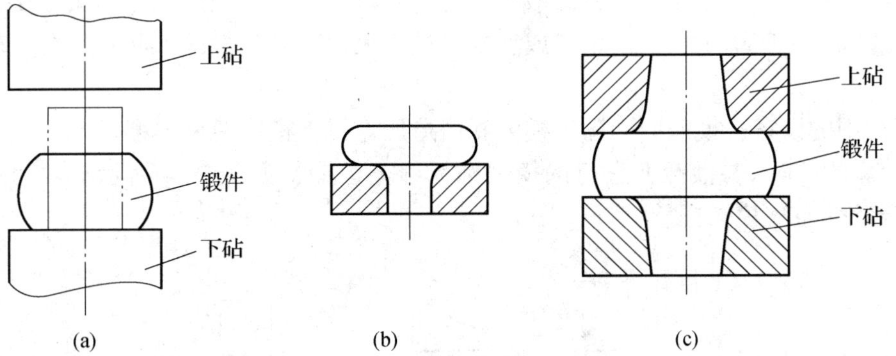

图7-2　镦粗

（a）完全镦粗；（b）端部镦粗；（c）中间镦粗

③冲孔。冲孔是用冲头在坯料上冲出通孔或不通孔的锻造工序。如图7-3所示，它可分为单面冲孔和双面冲孔两种，主要用于锻造空心锻件，如齿轮、圆环、套筒等。

对于直径小于25 mm的孔，一般不锻出，而是采用钻削的方式进行。

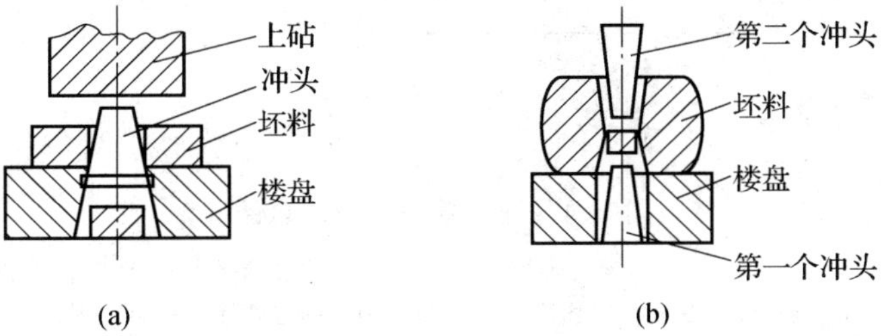

图7-3　冲孔

（a）单面冲孔；（b）双面冲孔

④弯曲、切割、错移。弯曲是采用一定的工具或模具将坯料弯成所规定的外形的锻造工序。常用的弯曲方法有锻锤压紧弯曲法和模弯曲法两种。

切割是指将坯料分成两部分的锻造工序。切割的工具称为剁刀。切割常用于下料和切除锻件的余料。

错移是指将坯料的一部分相对于另一部分平行错开一段距离，但仍保持轴心平行的锻造工序，常用于锻造曲轴零件。

（2）辅助工序。辅助工序是为基本工序操作方便而进行的预先变形工序，如压钳口、压肩、钢垫倒棱等。

（3）修整工序。修整工序是用以减少锻件表面缺陷而进行的工序，如校正、滚圆、平整等。

2. 模型锻造

在压力或冲击力作用下，金属坯料在锻模模膛内变形，从而获得锻件的工艺方法。与自由锻比较，模锻有以下特点：生产效率高；模锻件尺寸精确，加工余量小；可以锻造形状比较复杂的锻件；模锻生产比自由锻消耗的金属材料少，切削加工工作量也少，有利于降低生产成本。一般用于大批量生产或者批量虽不大，但对锻件的形状和性能有较高要求的场合。

根据使用的设备，模锻分为锤上模锻和锻造压力机上模锻两种类型。

（1）锤上模锻。在锻锤上进行的模锻称为锤上模锻，如图 7-4 所示。常用的锤上模锻设备为蒸汽-空气模锻锤。

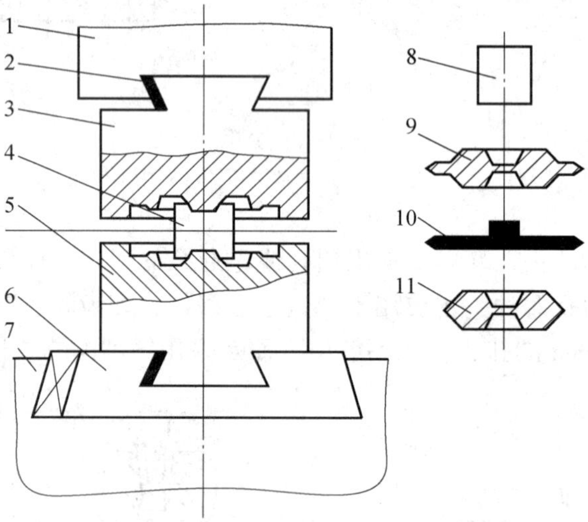

图 7-4　锤上模锻成形示意图

1—锤头；2—楔铁；3—上模；4—锻造中的坯料；5—下模；6—模座；7—砧铁；
8—坯料；9—带毛边和连皮的锻件；10—毛边和连皮；11—锻件

锤上模锻所用的锻模由上模和下模组成。上模和下模分别通过楔铁和键块固定在锤头下端和模座的燕尾槽内。锤上模锻成形时，上模和下模合在一起，金属在模膛内成形。

（2）锻造压力机上模锻。由于锤上模锻是利用冲击力进行锻打，噪声和振动大，因此有被压力机取代的趋势。锻造压力机上模锻包括热模锻压力机上模锻、螺旋压力机上模锻和平锻机上模锻。

①热模锻压力机上模锻。热模锻压力机采用整体床身或有预应力的框架式床身，通过曲柄连杆机构使滑块往复运动进行模锻，如图 7-5 所示。

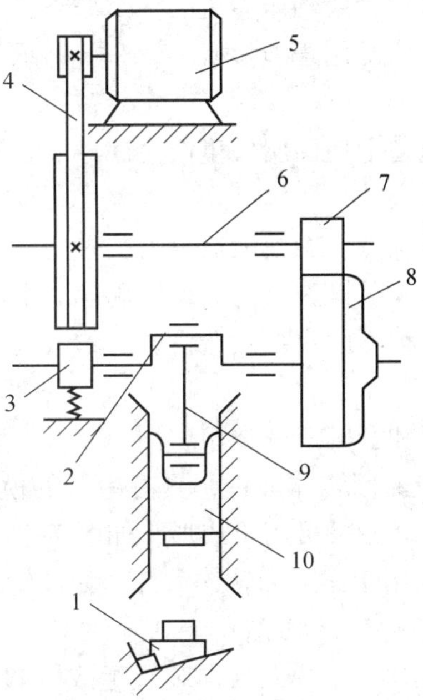

图 7-5　热模锻压力机上模锻的工作原理

1—下模；2—曲轴；3—带闸制动器；4—V 形带；5—电动机；
6—轴；7—传动齿轮；8—摩擦离合器；9—连杆；10—滑块

热模锻压力机滑块运动精确，其模具有导向装置，分为预成形、预锻、终锻等工序，如图 7-6 所示。

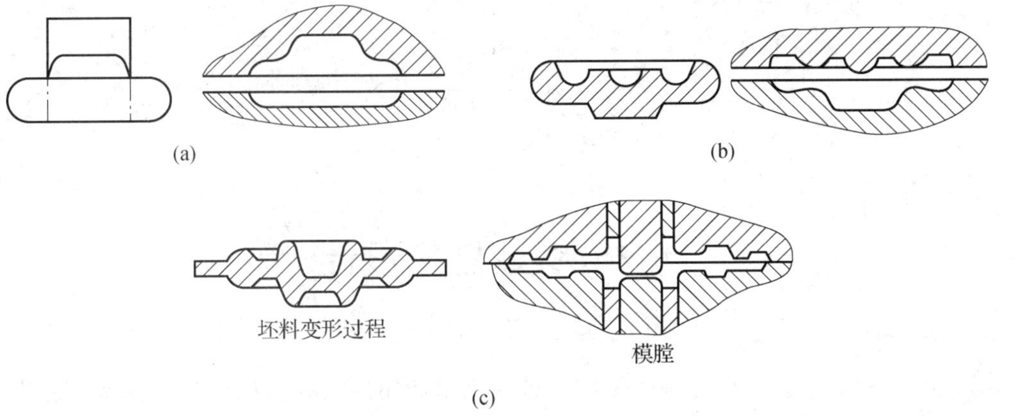

图 7-6　热模锻压力机上模锻的工序

（a）预成形；（b）预锻；（c）终锻

②螺旋压力机上模锻。螺旋压力机是利用飞轮旋转积蓄的能量，靠螺杆的旋转带动滑块上、下运动使坯料模锻成形的。设备结构简单、紧凑、振动小，劳动条件较好，在精锻齿轮中得到广泛应用。

③平锻机上模锻。平锻机作为曲轴压力机的一个分支，主要是采用局部镦粗的方法来生产模锻件。生产效率较高，广泛用于拖拉机、汽车、轴承和航空领域中。

3. 胎模锻造

胎模锻造是在自由锻造设备上使用胎模生产模锻件的工艺方法，一般采用自由锻方法制坯，然后在胎模中成型。

胎模锻与模锻比较有以下优点：胎模锻造不需要采用昂贵的模锻设备，并扩大了自由锻造设备的应用范围；胎模锻工艺操作灵活，可以局部成型或分段成型，能够用较小的设备成型较大的锻件；胎模是一种不固定在锻造设备上的锻模，其结构简单，通过组合多个模具可完成不同的锻造工序。

胎模主要有扣模、套筒模和合模三种类型。

（1）扣模。扣膜用于锻造非回转体锻件，具有敞开的模膛，锻造时工件一般不翻转，不产生毛边。扣膜既可用于制坯，又可用于成形，如图 7-7（a）。

（2）套筒模。套筒模主要用于锻造回转体锻件，如齿轮、法兰等。套筒模有开式套筒模和闭式套筒模两种类型，如图 7-7（b）。

（3）合模。合模一般由上模、下模及导向装置组成，如图 7-7（c）所示。合模可用来锻造形状复杂的锻件。在锻造过程中多余金属流入飞边槽会形成飞边。

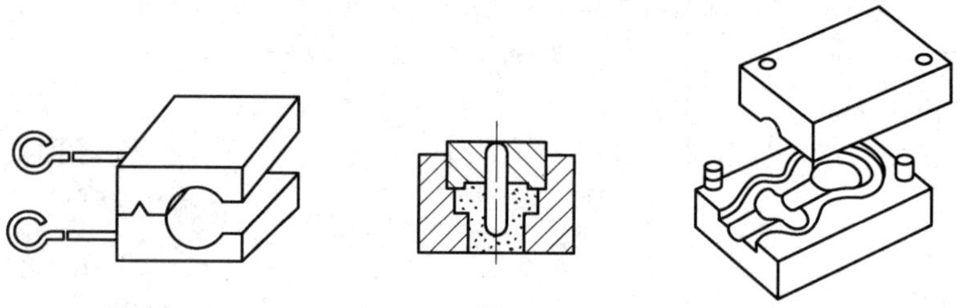

(a)　　(b)　　(c)

图 7-7　胎模

（a）扣模；（b）套筒模；（c）合模

7.7　锻造结构设计

1. 锻件的结构工艺性

锻件的结构工艺性是指锻件的结构设计在满足使用性能和保证质量的前提下，在一定的生产条件和生产规模下，能以最少的劳动量，最低的成本、最高的生产率的方法锻造成型的性质。对锻造零件结构工艺性的要求如下：

（1）结构力求简单、对称，横截面尺寸不应有突然变化。

（2）锻模件应有合理的锻造斜度和圆角半径。

（3）材料应具有良好的可锻性。

在进行锻件的结构设计时，应充分考虑到：①锻件材料；②锻造设备与工装；③生产批量；④零件的使用要求；⑤零件的形状和尺寸特征等因素，从中寻求最合理的工艺过程所对应的具有良好工艺性的锻件结构。因此，要求设计人员不但要熟练地掌握锻件的设计知识，而且还要很好地了解工艺知识。

2. 自由锻件的结构设计

设计自由锻件时，除满足使用性能要求外，还需考虑自由锻造的设备和工具的特点，零件的结构要符合自由锻造的工艺要求。具体要求如下：

（1）锻件上应避免锥面和斜面的结构。

（2）锻件上应尽量避免加强筋、凸台、工字形截面或空间曲面。

（3）断面结构应避免截面尺寸的急剧变化。

3. 模锻件的结构工艺性

（1）模锻件应具有合理的分模面、模锻斜度和圆角半径。

（2）在满足使用性能要求的前提下，零件形状应力求简化、平直和对称，尽量避免薄壁、高筋和高台等结构，在分模面上避免出现小枝杈和薄凸缘。

（3）应避免窄沟、深槽、深孔及多孔结构，以便于制造模具和延长模具使用寿命。

（4）在条件允许的情况下，可采用锻-焊组合工艺，减少敷料，简化工艺。

7.8 冲 压

冲压是指在室温下，利用安装在压力机上的模具对材料施加压力，使其产生分离或塑性变形，从而获得所需零件的一种压力加工方法。由于它加工的材料主要是板料，又称为板料加工。冲压可加工金属材料也可加工非金属材料。

7.9 冲压的特点

（1）冲压是一种高生产效率、低材料消耗的加工方法。冲压工艺适用于较大批量零件制品的生产，便于实现机械化与自动化，有较高的生产效率，同时，冲压生产不仅能努力做到少废料和无废料生产，而且即使在某些情况下有边角余料，也可以充分利用。

（2）操作工艺方便，不需要操作者有较高水平的技艺。

（3）冲压出的零件一般不需要再进行机械加工，具有较高的尺寸精度。

（4）冲压件有较好的互换性。冲压加工稳定性较好，同一批冲压，可相互交换使用，不影响装配和产品性能。

（5）由于冲压件用板材作材料，它的表面质量较好，为后续表面处理工序（如电镀、喷漆）提供了方便条件。

（6）冲压加工能获得强度高、刚度大而质量轻的零件。

（7）用模具批量生产的冲压件成本低廉。

（8）冲压能制造出其他金属加工方法难加工出的形状复杂的零件。

7.10 冲压的分类

冲压主要是按工艺分类，可分为分离工序和成形工序两大类。

分离工序也称冲裁，其目的是使冲压件沿一定轮廓线从板料上分离，同时保证分离断面的质量要求。成形工序的目的是使板料在不破坏的条件下发生塑性变形，制成所需形状和尺寸的工件。在实际生产中，常常是多种工序综合应用于一个工件。其中冲裁、弯曲、剪切、拉深、胀形、翻边、整形是几种主要的冲压工艺。

7.11 冲压应用

由于冲压加工的诸多优点，使得冲压加工的应用十分广泛。全世界的钢材中，有60%~70%是板材，其中大部分是经过冲压制成成品。在汽车、拖拉机、电机、电器、仪表玩具以及日常生活用品等方面，都占有十分重要的地位。

根据近年来的统计表明，在机电以及仪器、仪表生产中，有60%~70%的零件是采用冲压工艺完成的。在汽车生产中大概有60%~70%的零件是采用冲压工艺制成的，冲压生产所占的劳动量是整个汽车劳动量的25%~30%。在电子生产中，冲压件所占的比例也相当大。日常生活中所见的铝锅、不锈钢餐具等都是冲压件，可见冲压技术应用之广泛。

7.12 冲压技术发展方向

21世纪的冲压技术将以更快的速度持续发展，发展的方向将更加突出“精、省、净”的需求。

（1）冲压成形技术将更加科学化、数字化、可控化。科学化主要体现在对成形过程、产品质量、成本、效益的预测和可控程度。人工智能技术、智能化控制将从简单形状零件成形发展到覆盖件等复杂形状零件成形，从而真正进入实用阶段。

（2）注重产品制造全过程，最大程度地实现多目标全局综合优化。优化将从传统的单一成形环节向产品制造全过程及全生命期的系统整体发展。

（3）对产品可制造性和成形工艺的快速分析与评估能力将有大的发展。以便从产品初步设计甚至构思时起，就能针对零件的可成形性及所需性能的保证度，做出快速分析评估。

（4）冲压技术将具有更大的灵活性或柔性，以适应未来小批量多品种混流生产模式及市场多样化、个性化需求的发展趋势。

（5）重视复合化成形技术的发展。以复合工艺为基础的先进成形技术不仅正在从制造毛坯向直接制造零件方向发展，也正在从制造单个零件向直接制造结构整体的方向发展。

7.13　常见的冲压基本工序与模具

1. 冲压基本工序

板料冲压的基本工序可分为分离工序和变形工序。

（1）分离工序。分离工序指该道冲压工序完成后，材料变形部分的应力达到了该材料破坏应力的数值，造成材料断裂而分离。如冲孔、落料、切断、切边等工序。其中以落料和冲孔应用最广。如图 7-8 为典型的冲孔落料件。

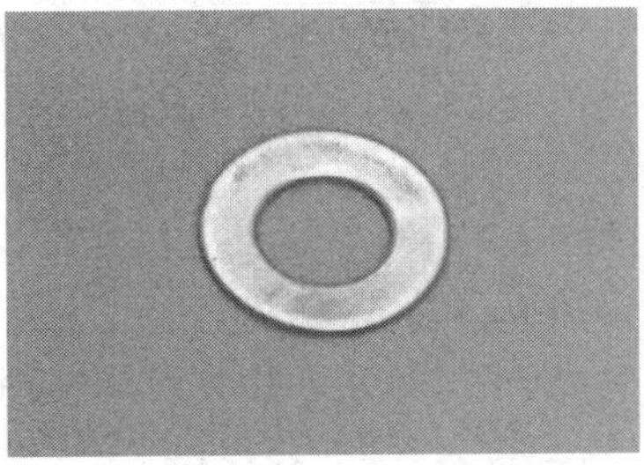

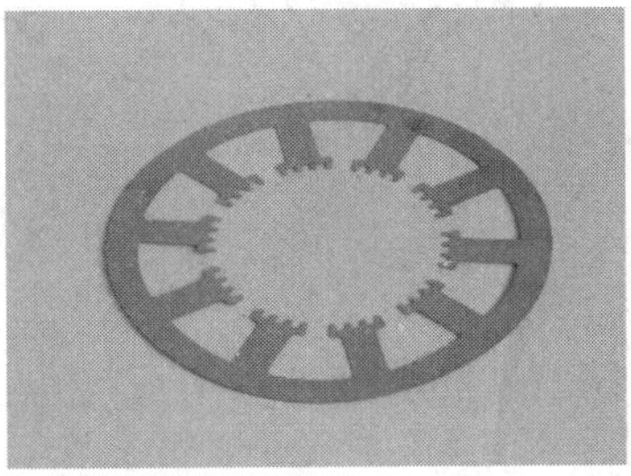

图 7-8　冲孔落料件

落料和冲孔是使坯料沿封闭轮廓分离的工序。两者区别是：落料落下来的是工件，留下来的是废料，如图 7-9；冲孔与之恰好相反，如图 7-10。落料工序和冲孔工序习惯上统称为冲裁。

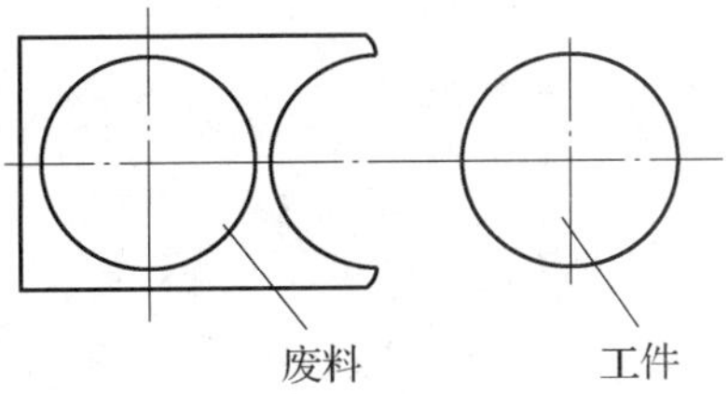

图 7-9　落料

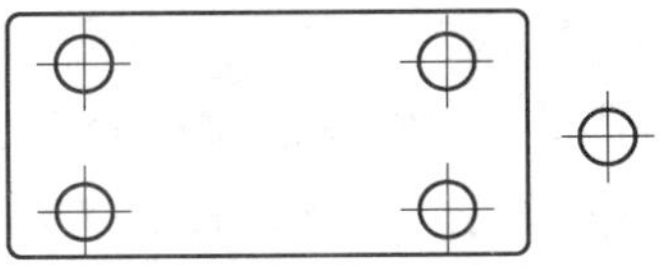

图 7-10　冲孔

（2）变形工序。变形工序是使坯料的一部分相对于另一部分产生塑性变形而不破裂的工序，如弯曲、拉深、翻边、胀形等工序。如图 7-11 拉深件和图 7-12 落料冲孔翻边件。

图 7-11　拉深件

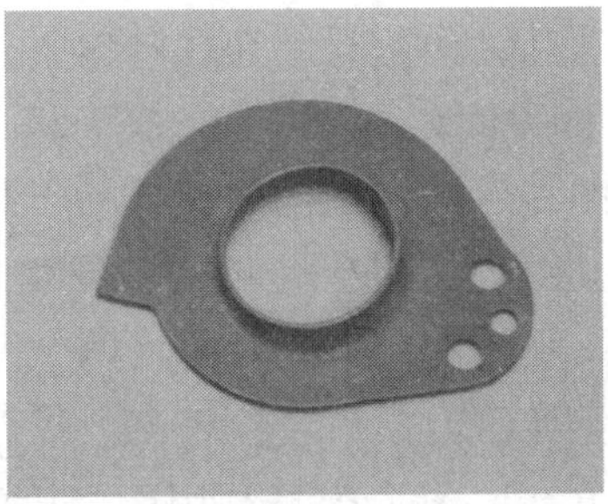

图 7-12　落料冲孔翻边件

①弯曲。弯曲是使坯料的一部分相对于另一部分弯曲成一定角度的工序。如图 7-13 所示为弯曲时金属变形简图。

②拉深。拉深是使坯料变形成开口空心零件的工序。如图 7-14 拉深过程简图。

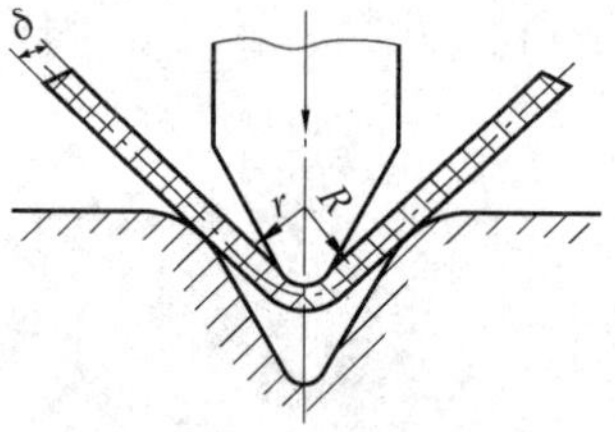

图 7-13 弯曲变形简图

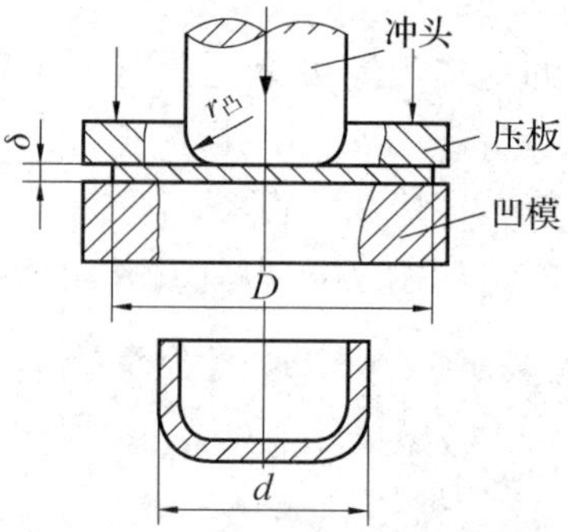

图 7-14 拉深过程简图

③翻边。在预先冲孔的坯料上成型出凸缘的工序叫翻边。如图 7-12 中间孔部分为内孔翻边。

④成形工序。材料的局部区域发生变形的工序叫成形，有起伏、胀形、缩口等。

起伏：在板材毛坯或零件的表面上用局部成形的方法制成各种形状的突起和凹陷。

胀形：指从空心件内部施加径向压力，强迫局部材料厚度减薄和表面积增大，获得所需形状和尺寸的冷冲压工艺方法。

缩口：指将预先拉深好的圆筒或管状坯料，通过模具将其口部缩小的冲压工序。

2. 冲压模具

冲压模具简称为冲模，是使板料分离或变形的工具，按工序的组合程度可分为简单模、级进模和复合模三种。

（1）简单模。简单模是在压力机的一次行程中只完成一道工序的模具。

如图 7-15 为落料单工序模。工作原理如下：凹模 8 用凹模固定板 12 固定在下模座版 11 上，下模座 11 用螺栓固定在冲床的工作台上。凸模 3 用凸模固定板 4 固定在上模座 2 上，上模座 2 通过模柄 1 与冲床的滑块连接，凸模 3 可随滑块做上、下运动。为了使凸模 3 向下运动时能对准凹模孔，并在凹模孔之间保持均匀间隙，通常用导套 5 和导柱 6 来保证，条料在凸模 3 上沿导向板 7 和 13 松紧，碰到定位销 9 停止。凸模 3 向下冲压时，冲下部分进入凹模孔，而条料则夹住凸模 3 一起回程向上运动。条料碰到卸料板 10 时被推下，这样条料就可以继续沿两个导向板 7 和 13 送进，然后进行下一循环。

简单模的特点是：结构简单，易于制造，适应于小批量生产。

（2）级进模。级进模是把两个或两个以上的简单模安装在一个模板上，在压力机一次行程内在模具不同部位上同时完成两个及以上冲压工序的模具。该冲模生产效率高，易于实现自动化生产，但模板定位精度要求高，具有制造麻烦和成本高的缺点。

（3）复合模。复合模是利用压力机的一次行程，在模具的同一位置完成数道工序的模具。该冲模适用于生产批量大、精度要求高的场合。

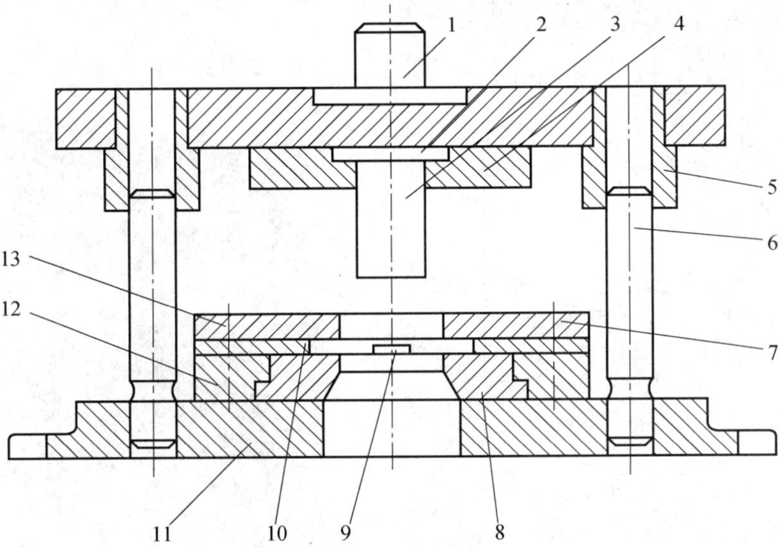

图 7-15 落料用的简单模

1—模柄；2—上模座；3—凸模；4—凸模固定板；5—导套；6—导柱；
7、13—导向板；8—凹模；9—定位销；10—卸料板；11—下模座；12—凹模固定板

3. 冲模结构

一副冲压模具，无论复杂程度如何，基本上是由以下几部分零件组成：工作零件（凸模、凹模等）、定位零件（挡料销、定位销、侧刃等）、卸料零件（卸料板、弹顶器等）、导向零件（导柱、导套等）、支撑零部件（上下模座板、固定板等）、紧固零部件等。

4. 冲压设备

冲压常用设备有剪床和压力机。剪床（也称为剪板机）的用途是将板料切成一定宽度的条料，以供冲压所用。如图 7-16 为剪板机传动机构和剪切示意图，其结构由机身、传动系统、刀架、刀片间隙调整装置、压料器、前后挡料架、电器控制等部件组成。

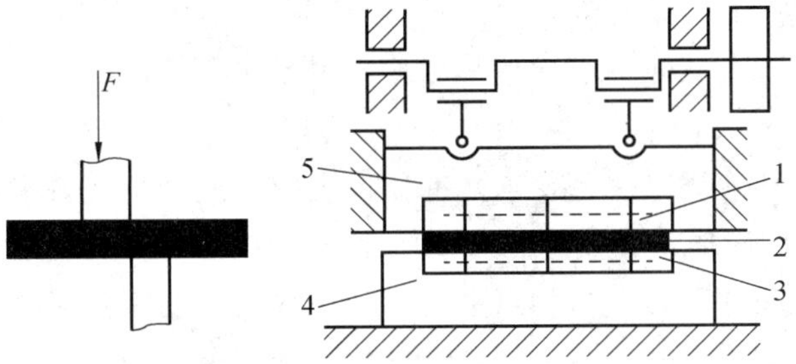

图 7—16 平刃剪床

1—上刀片；2—板材；3—下刀片；4—工作台；5—滑块

压力机是冲压加工的基本设备。压力机按工作原理可分为曲柄压力机、螺旋压力机和液压机 3 种，按工艺用途分为通用压力机和专用压力机。如图 7-17 的右图为 JB-23 型通

用压力机的外形，左图为运动原理图。通用压力机是采用曲柄滑块机构的锻压机械设备。

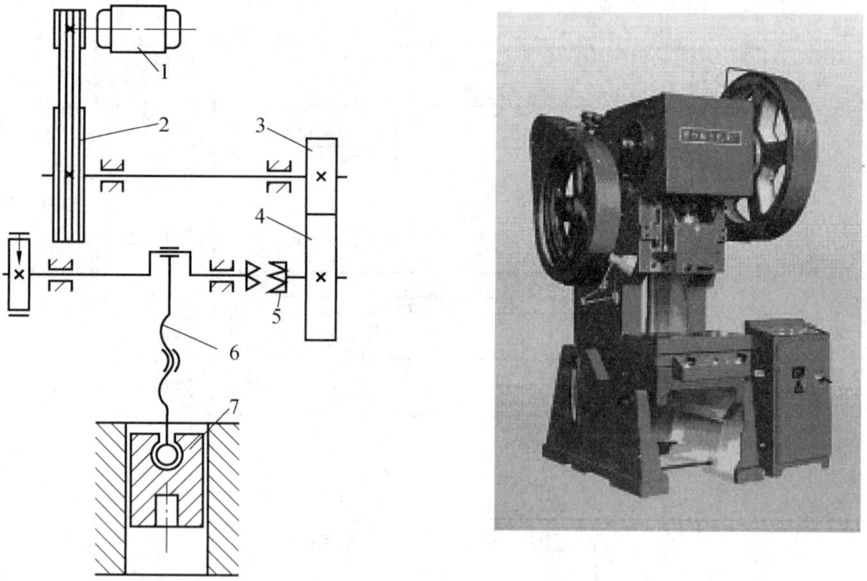

图 7-17 曲轴压力机传动系统

1—电机；2—皮带轮；3、4—齿轮；5—离合器；6—连杆；7—滑块

7.14 冲压结构设计

1. 冲压件的工艺性分析

冲压件的工艺性是指冲压件对冲压加工工艺的适应性。良好的冲压工艺性是在满足零件使用要求的前提下，能以最简单、最经济的冲压方式加工出冲压件。影响冲压件工艺性的主要因素有冲压件的形状、尺寸、精度及材料等。

2. 冲压结构设计

（1）落料与冲孔的形状应力求简单、对称，尽量采用圆形、矩形等规则形状，并在排样时尽量减少废料量。

（2）孔与有关尺寸应满足工艺要求。冲压件上应采用圆角代替尖角连接，以防应力集中而被冲裂；孔与沟槽应尽量在变形工序前的平板坯料上冲出，以免变形。

（3）为防止板料在冲压时偏移和窜动，应利用坯料上已有孔，或另加定位孔与模具上的导正销配合定位。

（4）弯曲件形状力求对称，弯曲半径不能小于坯料许可的最小弯曲半径。

（5）拉深件形状应简单对称，不能过深，圆角半径不能太小，以便于模具制造，提高模具寿命，并减少拉深次数。

（6）为减少组合键可采用冲口工艺。冲口工艺是指在冲压件口边上冲压出裂痕的工艺。

（7）为减少冲力和模具磨损，节约材料，应尽量采用薄板。

（8）冲压件的精度要求一般不能超过各冲压工序的经济精度。冲压件的表面质量要求一般应不高于原材料的表面质量。

练习题

一、选择题

1. 下列是自由锻造特点的是（　　）。

A. 精度高　　B. 精度低　　C. 生产效率高　　D. 大批量生产

2. 下列是模锻特点的是（　　）。

A. 成本低　　B. 效率低　　C. 操作复杂　　D. 尺寸精度高

3. 锻造前对金属进行加热，目的是（　　）。

A. 提高塑性　　B. 降低塑性　　C. 增加变形抗力　　D. 以上都不正确

4. 冲压工序中属于冲裁的工序是（　　）。

A. 弯曲　　B. 拉深　　C. 成形　　D. 落料

二、简答题

1. 什么是自由锻造、模型锻造和胎模锻造？

2. 冲压的基本工序包括哪些最主要形式？

3. 冲压模具的类型常见有哪些？

4. 简述图 7-15 简单冲压模的工作原理。

第 8 章

铸　造

铸造是将液态金属或合金浇注到与零件尺寸、形状相适应的铸型型腔中，凝固后获得具有一定形状、尺寸和性能的金属零件毛坯的成型方法。铸造毛坯因近乎成形，而达到免机械加工或少量加工的目的，降低了成本并在一定程度上减少了制作时间。铸造是现代装置制造工业的基础工艺之一。

8.1 铸造的特点

铸造是熔炼金属，制造铸型，并将金属液浇入铸型，凝固后获得一定形状和性能铸件的成型方法。铸造是获得零件毛坯的主要方法之一。与其他加工方法比较，铸造具有适应性广、生产成本低等优点，尤其在制造内腔复杂的构件时，更显其优越性。在机械产品中，铸件占有很大的比例，如机床中为60%~80%。但是铸造存在着铸件质量不稳定，尺寸精度不高，工人劳动强度大，工作环境差等问题。总的来说铸造具有以下一些优点：

（1）可铸造出形状十分复杂的铸件，铸件的尺寸和重量几乎不受限制。

（2）铸造原材料价格低廉，铸件的成本较低。

（3）铸件的形状和尺寸与零件很接近，因而节省了金属材料及加工的工时。

8.2 铸造的分类

根据铸型、铸造材料和工艺的不同主要有砂型铸造和特种铸造两大类。

1. 砂型铸造

利用砂作为铸模材料，又称砂铸，翻砂，包括湿砂型、干砂型和化学硬化砂型三类，但并非所有砂均可用于铸造。砂型铸造的优点是成本较低，因为铸模所使用的砂可重复使用；缺点是铸模制作耗时，铸模本身不能被重复使用，须破坏后才能取得成品。

2. 特种铸造

为克服砂型铸造的缺点，人们通过改变铸型的材料、造型工艺或液态合金的充填材料等因素，探索出许多铸造方法，即特种铸造。特种铸造按造型材料又可分为以天然矿产砂石为主要造型材料的特种铸造（如熔模铸造、泥型铸造、壳型铸造、负压铸造、实型铸造、陶瓷型铸造等）和以金属为主要铸型材料的特种铸造（如金属型铸造、压力铸造、连续铸造、低压铸造、离心铸造等）两类。

8.3 铸造的应用

铸造业在机械制造业中应用十分广泛。铸件所占的比例相当大，铸件主要用作机器零部件的毛坯，也可直接用作机器的零部件。铸件在机械产品中占有很大的比重，如拖拉机中，铸件重量约占整机重量的 50%~70%，农业机械中占 40%~70%，机床、内燃机等中达 70%~90%。各类铸件中，以机械用的铸件品种最多，形状最复杂，用量也最大，约占铸件总产量的 60%。其次是冶金用的钢锭模和工程用的管道以及生活中的一些工具。铸件也与日常生活有密切关系。例如经常使用的门把、门锁、暖气片、上下水管道、铁锅、煤气炉架、熨斗等都是铸件。

8.4 铸造技术发展方向

8.4.1 行业趋势

随着我国铸造产业的不断发展，国内铸造产业将打造“四有”创新企业，即有创新思想、创新计划、创新的制度和体系以及创新的工作方式。我国如今也已经形成了一批颇具特色的专业化铸造生产企业。这些企业主要包括：高紧实度造型+先进制芯+双联熔炼的发动机铸件铸造企业；大批量机械化生产的刹车毂、制动盘、排气管等汽车铸件厂；树脂自硬砂为主体的机床、箱体、风电等大型铸件生产厂；金属型或金属型覆砂为主的曲轴、磨球生产厂；有色合金砂铸压（高/低/差）铸厂等。

8.4.2 铸造凝固技术发展趋势

（1）顺序凝固技术。使液态金属的热量沿一定向排出，或通过对液态金属施行某方向的快速凝固，从而使晶粒的生长（ 凝固 ）向着一定的方向进行，最终获得具有单方向晶粒组织或单晶组织的铸件的一种工艺方法。

（2）快速凝固技术。即在比常规工艺条件下的冷却速度快得多的冷却条件下，使液态合金转变为固态的工艺方法。

（3）复合材料。就是在非金属或金属基体中引入增强相或特殊成分，通过控制凝固使增强相按所希望的方式分布或排列的一种具有特殊性能的材料。

8.5 常用铸造方法与工艺

8.5.1 砂型铸造

1. 造型材料

制造砂型和型芯的材料称为造型材料。生产上习惯称为型砂或芯砂。它主要由原砂、黏结剂和水按一定比例混合而成。原砂多为天然的石英砂，黏结剂一般为黏土，还可为水玻璃、树脂等。

型砂质量对铸件质量有很大影响，铸件中的砂眼、夹砂、气孔和裂纹等缺陷往往是由型砂质量不合格而引起的。为了保证铸件质量，型砂应具有一定的强度、透气性、耐火性及容让性等性能。

按照黏结剂的不同，型（芯）砂可分为黏土砂、水玻璃砂、油砂、合脂砂及树脂砂等。

2. 造型方法及过程

用型砂及模样等工艺装备制造铸型的过程称为造型。它是砂型铸造的最基本工序，通常分为手工造型和机器造型。

（1）手工造型。全部由手工或手动工具完成的造型工序称为手工造型。手工造型操作方便灵活，适应性强；对模样、砂箱的要求不高，模样生产准备时间短，投资少；但生产率低，铸件的精度及表面质量等均不高，对工人的技术要求较高，劳动强度大，劳动环境差，适用于单件、小批量铸件的生产。

常用手工造型的方法常见的有整模造型（如图 8-1 整模造型的过程）、挖砂造型、假箱造型、分模造型等。

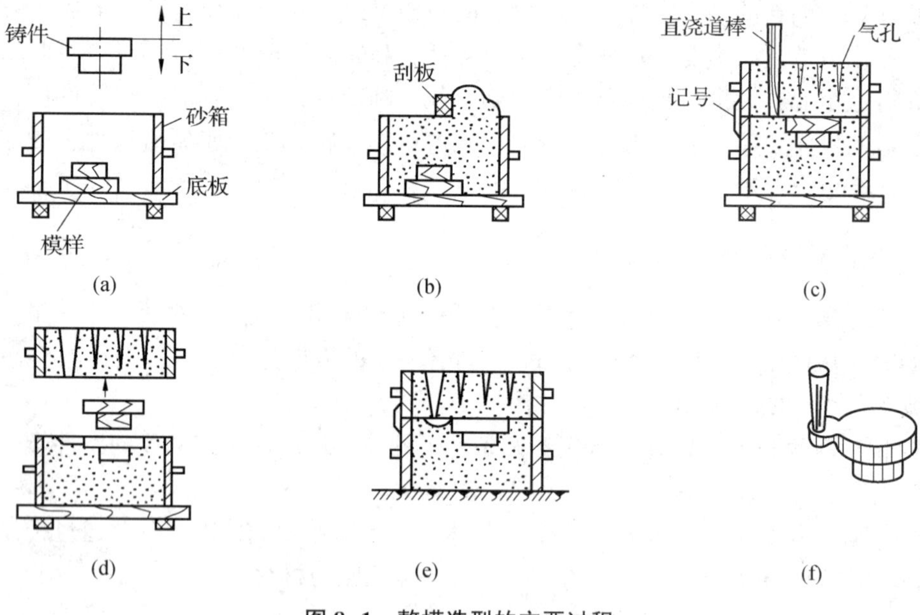

图 8-1　整模造型的主要过程

（a）放好模样和砂箱；（b）造下型；（c）造上型

（d）翻箱、起模、挖浇道；（e）合型待浇注；（f）带浇注系统的铸件

常用手工造型方法及其特点和应用范围见表 8-1。

表 8-1　常用手工造型方法及其特点和应用范围

手工造型方法	主要特点	应用范围
整模造型	模样是一个整体，通常型腔全部放在一个砂箱内，分型面为平面	适用于最大截面在端面且为平面的铸件，如轴承、齿轮坯等
挖砂造型	模样制成整体。铸件的分型面为曲面，造型时，需挖去阻碍起模的型砂，造型操作费时，生产效率低	适应于分型面为曲面的铸件，生产性质是单件、小批量生产
假箱造型	用假箱或成型底板造下型可使模样的最大截面露出，不必挖砂就可起出模样	当挖砂造型的铸件生产量较大时，采用假箱造型的方法
分模造型	模样沿最大截面处分为两半，型腔位于上、下两个砂箱内。分模造型操作较简便，但是模样制作较复杂	适用于形状较复杂，最大截面在中部的铸件，如套筒、管子、箱体、阀体等
活块造型	在制模时将铸件上妨碍起模的凸台、肋条等部分做成活块，起模时，先起出主体模样，再从侧面取出活块	活块造型只适用于单件小批量生产
三箱造型	铸型由上、中、下三部分组成。造型比较费时，且要选配高度相适应的砂箱	适应于铸件有两个分型面，且生产数量较少的场合

（2）机器造型。指用机械设备实现紧砂和起模的造型方法。与手工造型相比，机器造型既提高了生产率，改善了劳动条件，又提高了铸件精度和表面质量。但是机器造型所用造型设备和工艺装备的费用高，生产准备时间长，只适用于中、小铸件成批、大量生产。顶杆起模式振压造型机的工作过程示意图如图 8-2 所示。

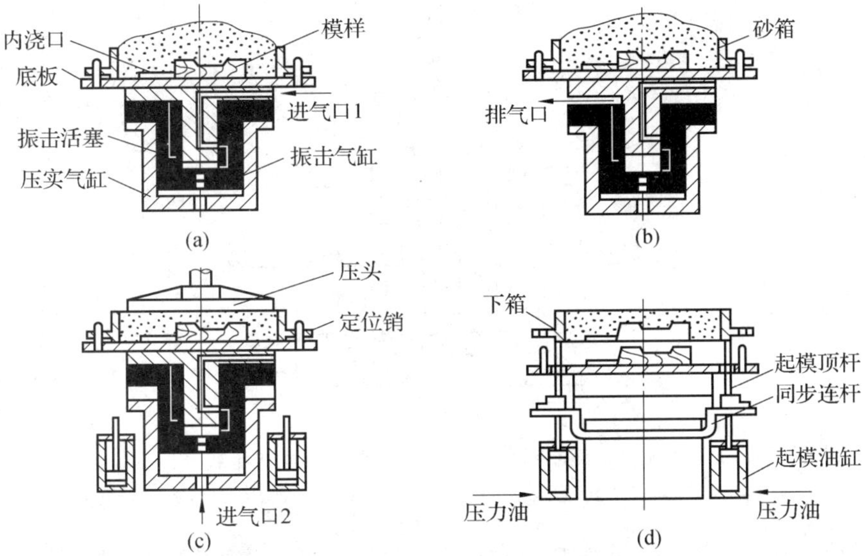

图 8-2　顶杆起模式振压造型机的工作过程示意图

（a）填砂；（b）振击紧砂；（c）辅助压实；（d）起模

3. 造芯方法

为获得铸件的内腔或局部外形，用芯砂或其他材料制成的、安放在型腔内部的铸型组元称型芯。绝大部分型芯是用芯砂制成的。

浇注时砂芯受高温液体金属的冲击和包围，因此除要求砂芯具有铸件内腔相应的形状外，还应具有较好的透气性、耐火性、退让性、强度等性能，故要选用杂质少的石英砂和用植物油、水玻璃等黏结剂来配制芯砂，并在砂芯内放入金属芯骨和扎出通气孔以提高强度和透气性。型芯一般用芯盒制成，开式芯盒制芯是常用的手工制型芯方法。

4. 浇注、落砂、清理和检验

（1）浇注。把液体合金浇入铸型的过程称为浇注。浇注是铸造生产中的一个重要环节。浇注工艺是否合理，不仅影响铸件质量，还涉及工人的安全。

（2）落砂。砂型浇注后用手工或机械使铸件、型砂和砂箱分开的工序叫落砂。人工就地落砂，通常在浇注场地进行，其特点是工具简单，适应性广，但生产率低，作业环境恶劣，劳动条件很差。所以现在一般工厂落砂的方式，都是在落砂机上进行。

（3）清理。铸件清理包括：切除浇冒口、清除型芯、清除内外表面黏砂、铲除铸件表面毛刺与飞边、表面精整等。

8.5.2 特种铸造

1. 金属型铸造

将液态金属浇入金属铸型内而获得铸件的方法称为金属型铸造。由于金属铸型可反复使用多次，因而又称为永久型铸造。如图 8-3 所示为铸造铝合金活塞用的垂直分型式金属型。

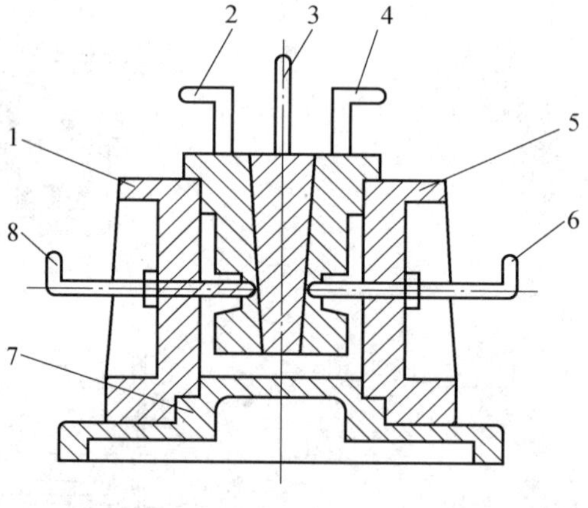

图 8-3 铸造铝合金活塞用的垂直分型式金属型

1、5—左、右半型；2、3、4—分块金属型芯；6、8—销孔金属型芯；7—低型

金属型铸造的工艺特点如下：

（1）可以在金属型的工作表面喷刷涂料。

（2）对金属型进行预热后再浇注，预热温度不低于 150 ℃。

（3）用金属型浇注时，合金的浇注温度和浇注速度必须适当。

（4）应及时开型取出铸件，因为金属型无退让性，铸件在金属型内停留时间过长，易产生铸造应力而开裂，甚至会卡住金属型。

2. 压力铸造

压铸的基本设备是压铸机。压铸机可分为热室压铸机和冷室压铸机两大类。冷室压铸机又可分为立式冷室压铸机和卧式冷室压铸机等类型，但它们的工作原理基本相似。卧式冷室压铸机的工作原理如图 8-4 所示。

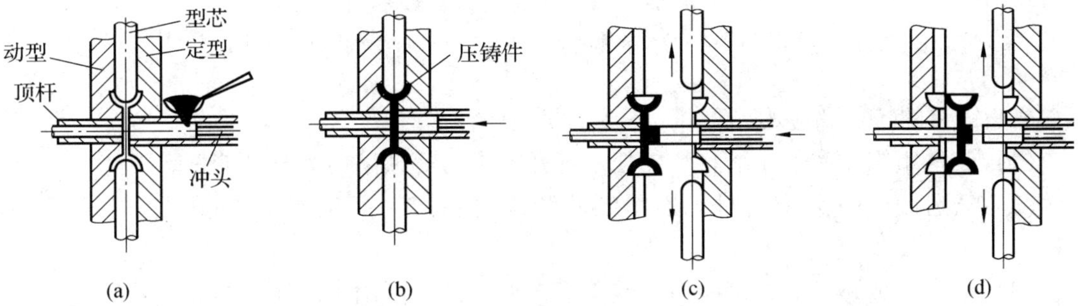

图 8-4　卧式冷室压铸机的工作原理

（a）充型；（b）压铸；（c）抽芯；（d）顶出铸件

压铸的工艺特点及应用如下：

（1）压铸件尺寸精度高，一般可达 IT11～IT13。

（2）能压铸出形状较复杂、轮廓清晰、薄壁深腔的零件。

（3）压铸件组织致密，具有较高的强度和硬度，有良好的耐磨性和耐蚀性。

（4）可以将其他的材料嵌件嵌入到压铸件上，从而减少工时，简化制造工艺，而且可实现自动化，生产效率高。

（5）压铸时液态金属充填型腔速度高，流态不稳定，铸件易产生气孔。对内凹复杂的铸件，压铸较为困难。

（6）不宜小批量生产，其主要原因是压铸型制造成本高。

压铸生产效率高，广泛应用于铝合金压铸，其次为锌合金。压铸件主要用于汽车、拖拉机、航天航空、电工仪表、电讯器材、医疗器械、日用五金等行业。如小型发电机缸体、变速箱、发动机罩、仪表壳体以及工艺品等。

3. 离心铸造

离心铸造是将金属液浇入绕水平、倾斜或立轴旋转的铸型，在离心力的作用下凝固的铸造方法。铸件的轴线与旋转铸型的轴线重合。铸型可用金属型、砂型、陶瓷型、熔模壳型等。

根据铸型旋转空间位置的不同，离心铸造可分为立式离心铸造和卧式离心铸造两大类。如图 8-5 所示为两种离心铸造机的原理图。

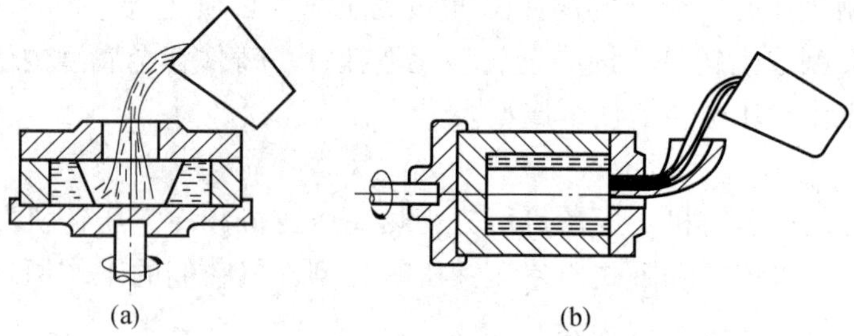

图 8-5　离心铸造机的原理图

（a）立式离心铸造机的原理图；（b）卧式离心铸造机的原理图

离心铸造的特点和应用如下：

（1）铸件组织致密，无缩孔、缩松、气孔、夹渣等缺陷，力学性能好。

（2）铸造圆形中空铸件时，不用型芯和浇注系统，简化了工艺过程，降低了金属消耗。

（3）提高了金属液的充型能力，改善了充型条件，可用于浇注流动性较差的合金及薄壁铸件。

（4）可生产双金属铸件，如钢套内镶铜轴承等，其结合面牢固、耐磨，又可节约贵重金属材料。

离心铸造适应性较广，铸造合金的种类几乎不受限制。既合适于铸造中空件，又可以铸造成形铸件。离心铸造主要用于生产各种管、套、环类铸件，如铸铁管、铜套、滑动轴承、缸套、双金属钢背铜套等铸件，也可用于生产齿轮、叶轮、涡轮等成形铸件。

4. 熔模铸造

熔模铸造是指在易熔（如蜡料）制成的模样上包覆若干层耐火涂料，待其干燥硬化后熔出模样而制成型壳，型壳经高温焙烧后即可浇注的铸造方法。熔模铸造是精密铸造方法之一。

熔模铸造的工艺过程如图 8-6 所示，具体工艺如下：

（1）用钢或铜合金等加工制成用来制造压型的母模。

（2）制造压型。压型是制造熔模的模具。批量大、精度高的铸件所用压型常用钢或铝合金加工制成，小批量生产可用易熔合金浇注而成。

（3）制造模样。模样的材料有石蜡、蜂蜡、硬脂酸和松香等，常用的为 50% 石蜡加 50% 硬脂酸。将其加热至熔融（糊状）状态后压入压型，凝固后取出得到蜡模组。当铸件较小时，常将单个蜡模黏焊在预制好的蜡质浇注系统上制成蜡模组。

（4）制造型壳。将蜡模组浸入涂料（石英粉加水玻璃黏结剂）中，取出后在其表面撒上一层石英砂，再放入硬化剂（氯化铵熔液）中进行化学硬化。如此反复涂挂 4～9 层，得到厚度约 5～10 mm 的坚硬型壳。然后将结壳后的蜡模组放入 90～95 ℃的热水中，使蜡模熔化并从浇口流出得到中空的型壳。

（5）造型和焙烧。为加固型壳，防止型壳浇注时变形或破裂，可将其竖放在铁箱中，周围用干砂填紧，此过程称为造型。对于强度高的型壳可不必填砂。为进一步排除型壳内的水分、残留蜡料及其他杂质，提高其强度，还需将装好型壳的铁箱送入加热炉内在900~950 ℃焙烧。

（6）浇注。为提高金属液的充型能力，应在型壳焙烧出炉后趁热（600~700 ℃）进行浇注。冷却凝固后清除型壳，便得到一组带有浇注系统的铸件。

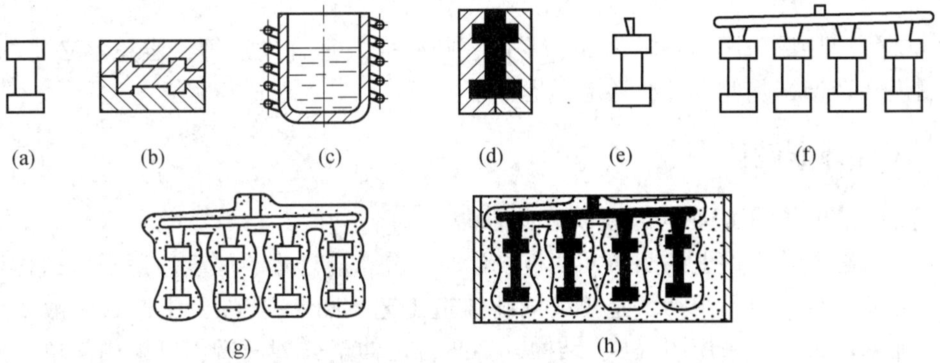

图 8-6 熔模铸造的工艺过程

（a）母模；（b）压型；（c）熔蜡；（d）压制蜡模；（e）蜡模；
（f）蜡模组；（g）结壳、脱蜡；（h）填砂、浇注

熔模铸造的特点和应用如下：

（1）可生产形状复杂、轮廓清晰、薄壁铸件。其最小铸出孔的直径为 0. 5 mm，最小壁厚为 0. 3 mm。

（2）铸件精度高，表面质量好。

（3）适用于各种合金，尤其适用于高熔点合金及难以切削加工的合金，如耐热合金。磁钢、不锈钢等。

（4）生产批量不受限制，可实现机械化流水生产。

熔模铸造主要用于生产汽轮机、水轮机上小型的叶片和叶轮、切削刀具及汽车、拖拉机、船舶、机床和风动工具上的小型零件等，目前，其应用范围还在不断扩大。

5. 低压铸造

低压铸造是使液态金属在压力作用下完成充填型腔及凝固过程，从而获得铸件的铸造方法。由于所用的压力较低（20~60 kPa），因而称为低压铸造。

6. 陶瓷铸造

陶瓷铸造是将液态金属浇注到陶瓷铸型中得到铸件的方法。它是在砂型铸造和熔模铸造的基础上发展起来的一种精密铸造方法。

8.6 铸件结构设计

铸件的结构设计不仅要考虑符合使用的要求，还必须考虑是否符合铸造工艺及铸造性能的要求。合理地设计铸件结构，可简化铸造工艺、提高生产效率、改善铸件质量、降低生产成本。以下主要从铸件的外形、内腔、壁厚及壁间连接几方面，讨论铸件设计的原则。

铸件外形应尽量采用规则的易加工平面、圆柱面、垂直连接等，避免不必要的曲面，以便于制模和造型，除此以外，还应考虑如下方面：

8.6.1 铸件外形设计

1. 铸件上的凸台不应妨碍起模以减少活块

对箱体、缸盖等零件上的凸台、肋板设计时，分布应合理、厚度应适当，这样可使造型时起模方便，少用或不用活块造型，简化铸造工艺。图 8-7（a）上凸台一般要用活块或型芯才能取出模样，采用图（b）结构，将凸台延伸至分型面后，可采用简单的两箱造型，避免了活块。

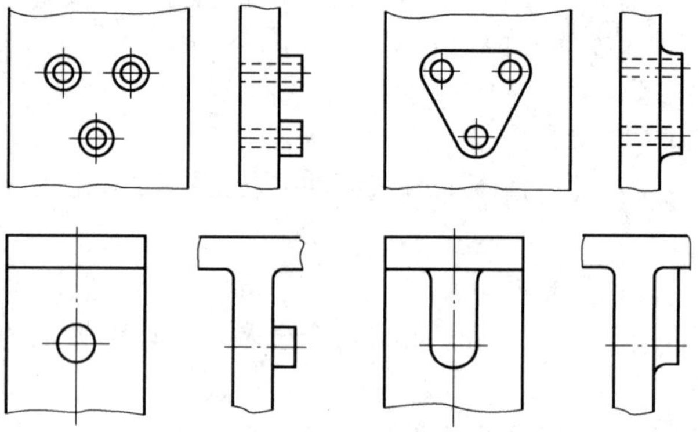

(a)　　　　(b)

图 8-7　改进妨碍起模的铸件结构

（a）不合理；（b）合理

2. 铸件应避免外部侧凹以减少分型面

外壁侧凹的铸件一般要采用砂芯、三箱或多箱造型，增加了分型面数量，造型难度较大。而避免侧凹可采用二箱造型，减少分型面和砂箱的数量，从而简化铸造工艺，还能减少错型和偏芯，以提高铸件的精度。如图 8-8（b）所示可以减少分型面数量。

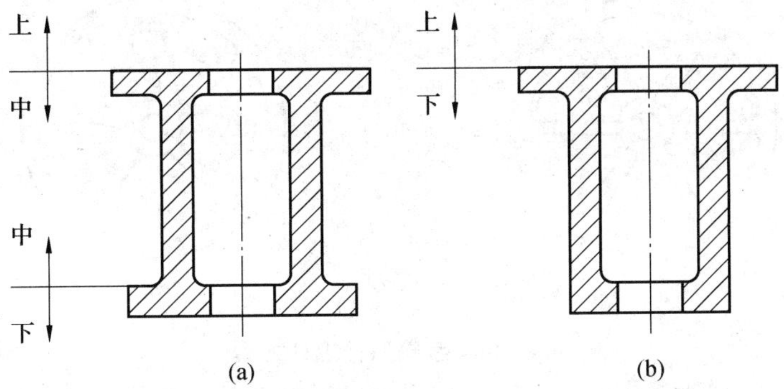

图 8-8 改进铸件外侧凹

（a）不合理；（b）合理

3. 设计结构斜度以便于起模

造型时为便于起模，在垂直于分型面的非加工侧壁，一般应设计 1°～3°的结构斜度。结构斜度的大小随壁的高度增加而减小；并且内壁的斜度应大于外壁的斜度。

如图 8-9 为改进斜度示例。

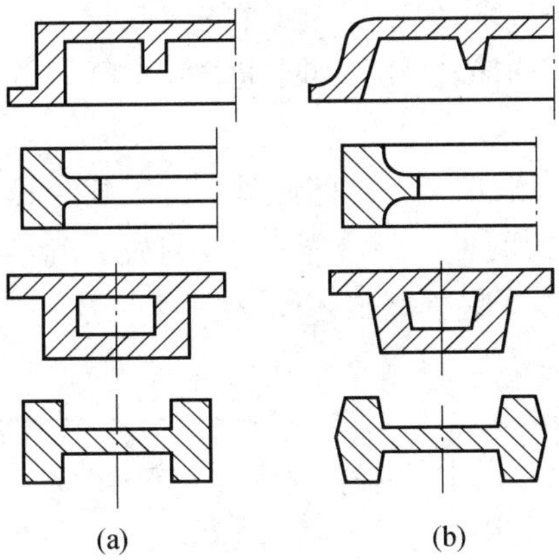

图 8-9 铸件斜度改进

（a）不合理；（b）合理

4. 铸件结构应有利于自由收缩以防裂纹

如图 8-10 为手轮轮辐的两种设计方案。其中图 8-10（a）方案采用偶数直轮辐，易在轮辐和轮缘处产生裂纹，故结构不合理；图 8-10（b）方案采用弯曲轮辐后，可防止开裂，结构较合理。

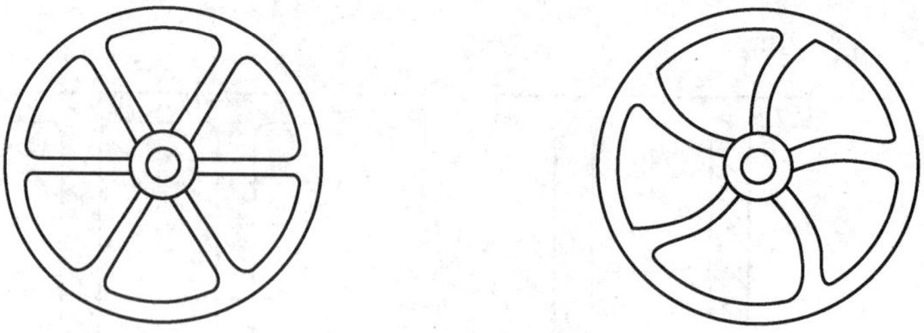

(a) (b)

图 8-10 手轮两种设计方案

（a）不合理；（b）合理

5. 避免过大水平面以防铸造缺陷

过大的平面不利于金属液的填充，易产生浇不足和冷隔；在大平面上方，铸型受金属液的高温烘烤使型砂拱起，铸件易产生夹砂的缺陷。将大的水平面改为倾斜面，可防止上述缺陷的产生。

8.6.2 铸件的孔和内腔的设计

铸件上的孔和内腔是用型芯来形成的。合理的内腔设计既可减少型芯数量，又有利于型芯的固定、排气和清理。从而简化工艺，防止偏芯、气孔等铸造缺陷。

1. 减少型芯数量

有砂芯的铸件，不仅成本增加，而且使造型、造芯和合箱工艺复杂，影响生产率和铸件质量。图 8-11 为端盖铸件的两种设计方案，采用（a）结构必须要用一个型芯，而采用（b）结构可采用砂垛代替型芯，使造型工艺简化。

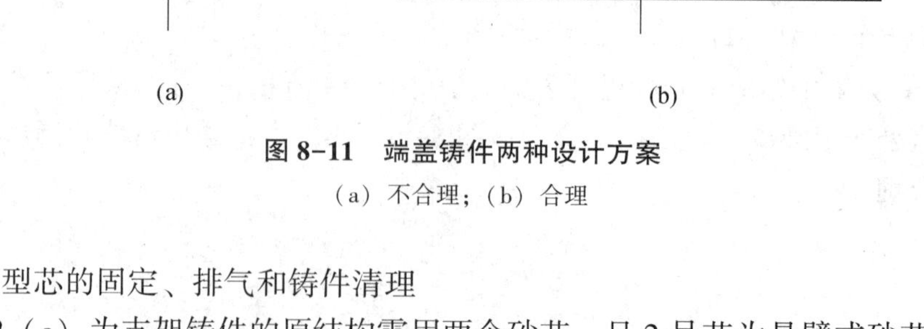

(a) (b)

图 8-11 端盖铸件两种设计方案

（a）不合理；（b）合理

2. 便于型芯的固定、排气和铸件清理

图 8-12（a）为支架铸件的原结构需用两个砂芯，且 2 号芯为悬臂式砂芯，支撑不够稳固，需用芯撑支承；若连通中间部分，改为（b）结构，将内腔连为一体，只用一个整

体芯，不仅下芯方便、型芯稳定性提高，而且利于排气和清理。

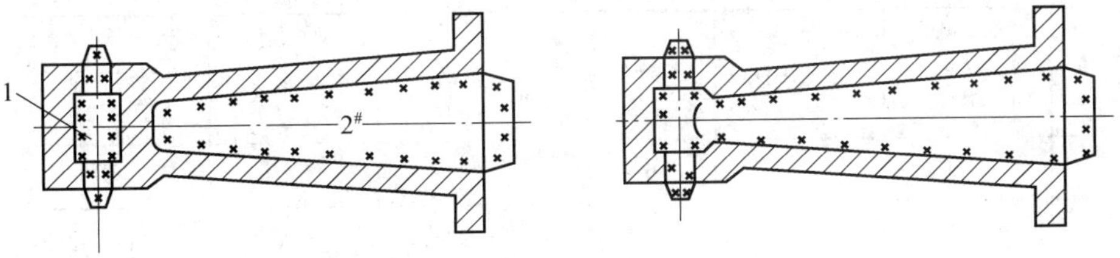

(a) (b)

图 8-12 轴承支架铸件结构设计

（a）不合理；（b）合理

8.6.3 铸件的壁厚与壁间连接

1. 壁厚应均匀，避免“热节”

铸件各部分壁厚相差过大，不仅容易在较厚处产生缩孔、缩松，还会使各部位冷速不均，产生较大的铸造内应力，造成铸件开裂。可采用加强肋或工艺孔等措施使铸件壁厚均匀。图 8-13 为使铸件壁厚均匀改进的例子。

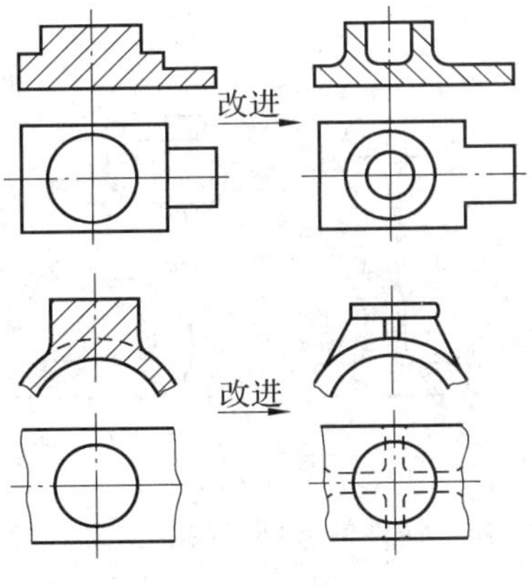

(a) (b)

图 8-13 铸件壁厚均匀结构改进

（a）不合理；（b）合理

2. 壁的厚度应合理

铸件的壁不宜太薄，否则浇注时金属液在狭窄的型腔内流动性受到影响，易产生浇不足、冷隔等缺陷。在一定的铸造条件下，铸造合金能充满铸型型腔的最小厚度称为该合金的“最小壁厚”。铸件的最小壁厚与金属的流动性有关，还与铸件尺寸大小有关。砂型铸造铸件的最小壁厚如表 8-2 所示。

表 8-2 砂型铸造铸件的最小壁厚

铸件最大轮廓尺寸	灰铸铁	球墨铸铁	可锻铸铁	铸钢	铸铝合金	铸造锡青铜	铸造黄铜
<200	3~4	3~4	2.5~4.5	8	3~5	3~6	≥ 8
200~400	4~5	4~8	4~5.5	9	5~6	8	≥ 8
400~800	5~6	8~10	5~8	11	6~8	8	≥ 8

铸件的壁厚也不宜过大，否则由于铸件冷却过慢使晶粒粗大，且易产生缩孔、缩松等缺陷，使性能下降，所以不能靠无节制地增大铸件的壁厚来提高承载能力。可采取在铸件的脆弱处增设加强肋的方法来提高铸件的强度和刚度。

3. 铸件的壁间连接、交叉应合理

铸件壁与壁的连接或转角处应设有结构圆角，避免直角或尖角连接，以免造成应力集中而产生裂纹；如结构上确有要求厚、薄壁相连时，应采用逐步过渡，避免尺寸突变，以防产生铸造内应力和出现应力集中；壁与壁应避免十字形交叉，交叉密集处金属液集聚较多，产生热节后易出现缩孔等铸造缺陷，可改为交错接头或环形接头。铸件的壁间连接、交叉结构设计如图 8-14 所示。

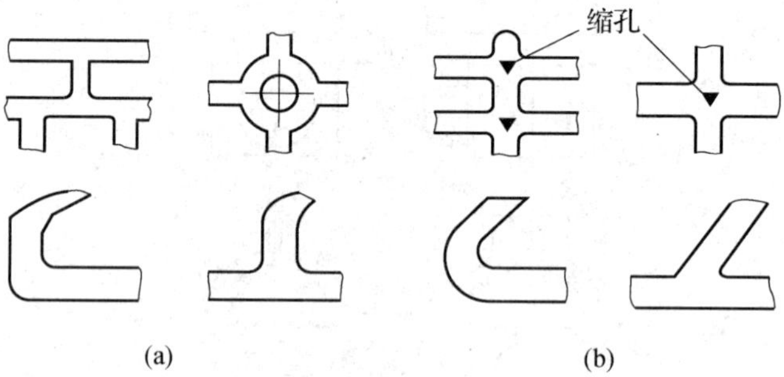

图 8-14 铸件的壁间连接、交叉结构设计

（a）合理；（b）不合理

练习题

一、填空题

1. 目前铸造方法的种类繁多，按生产方法可分为________和________两大类。

2. 砂型铸造的造型方法通常有________和________两种，其中________方法造型操作方便灵活。

3. 铸件结构设计时要求壁厚尽量________、________，尽量减少或简化________。

4. 型芯一般用________制成，________是常用的手工造型方法。

二、简答题

1. 铸件外形、内腔结构设计应注意哪些要求，为什么？

2. 简述铸造常见的几种方法，并比较各自的工艺特点。

3. 有哪些常用的手工造型方法？比较各自特点和应用范围。

第 9 章

钻　　床

9.1　钻削概述

摇臂钻床是一种典型的机械、液压、电气一体化协同控制的通用加工机床。摇臂钻床的摇臂可绕立柱回转和升降，它与立式钻床的区别是主轴可方便地在水平面上调整位置，使刀具对准被加工孔轴心，而工件则固定不动。

摇臂可绕立柱回转和升降，主轴箱在摇臂上做水平移动。外立柱用于安装摇臂，可绕内立柱回转，具有精密坐标定位装置的工作台纵向移动，构成两个坐标方向的运动，可进行钻孔和镗削。

钻削加工时，主轴旋转为主运动，而主轴的直线移动为进给运动。当进行钻孔工作时，钻头一面做旋转运动，一面做纵向进给运动。此时，主轴箱应通过夹紧装置紧固在摇臂的水平导轨上，摇臂与外立柱也应通过夹紧装置紧固在内立柱上。摇臂钻床的辅助运动有：摇臂沿外立柱做上下移动，主轴箱沿摇臂水平导轨做长度方向移动，摇臂与外立柱一起绕内立柱的回转运动，它与立式钻床的区别是主轴可方便地在水平面上调整位置，使刀具对准被加工孔轴心，而工件则固定不动。

因此，对于加工大而重的工件上的孔带来很大的方便。摇臂可绕立柱回转和升降，主轴箱在摇臂上做水平移动。外立柱用于安装摇臂，可绕内立柱回转，内立柱固定在底座上。外立柱有圆形导轨、矩形导轨等形式。有标准型、加强型、轻型等结构，摇臂钻床适用于各种零件上钻孔、扩孔、铰孔、锪孔、攻螺纹等加工，在有工艺装备的条件下也可镗孔。

9.2 摇臂钻床的类型与适用范围

表 9-1 摇臂钻床的类型

类型		简图	结构及性能特点	最大钻孔直径/mm	适应范围
普通型摇臂钻床	通用型	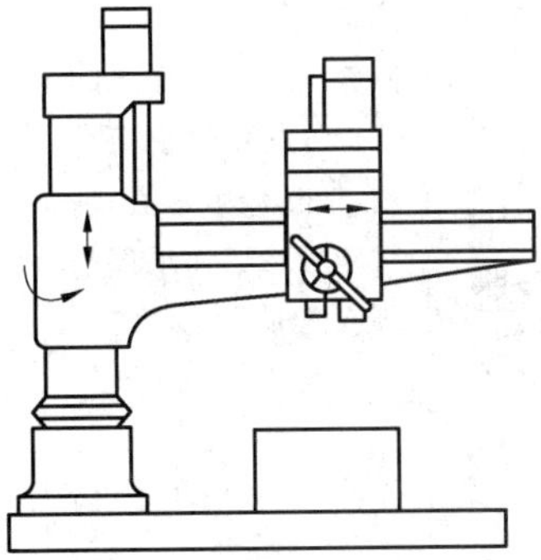	摇臂可绕立柱回转和升降，主轴箱在摇臂上做水平移动。外立柱用于安装摇臂，可绕内立柱回转，内立柱固定在底座上。外立柱有圆形导轨、矩形导轨等形式。有标准型、加强型、轻型等结构	25~160	适用于各种零件上钻孔、扩孔、铰孔、锪孔、攻螺纹等加工，在有工艺装备的条件下也可镗孔
	滑座摇臂钻床	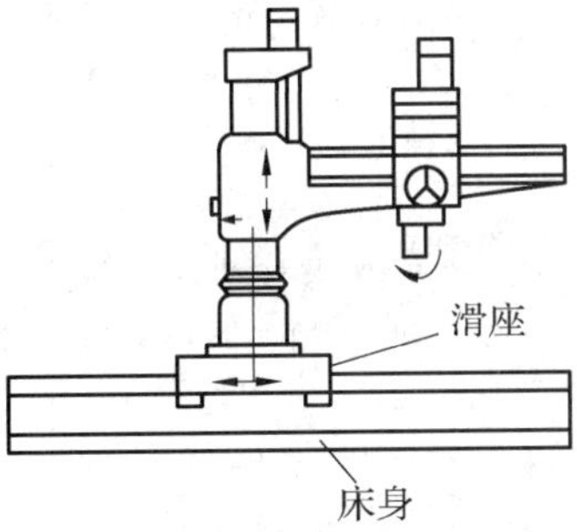	具有床身，滑座可沿床身导轨移动，以扩大一个方向的行程	40~125	适宜长型零件钻孔加工
	车式摇臂钻床	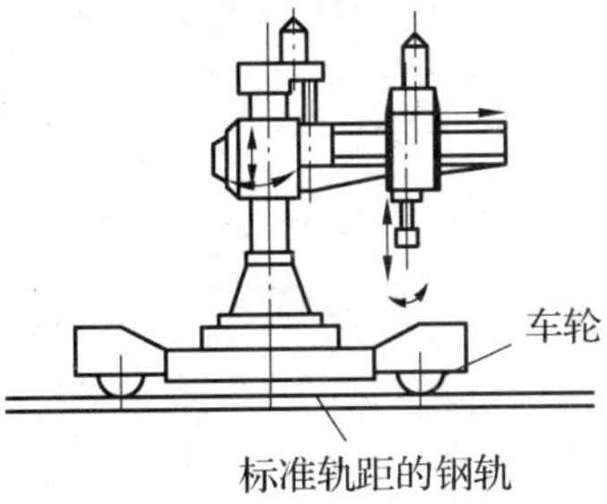	底座带有车轮，可在轨道上移动，又称桥式摇臂钻床	40~100	适宜长、宽尺寸大的零件钻孔加工
	固定臂坐标镗钻床	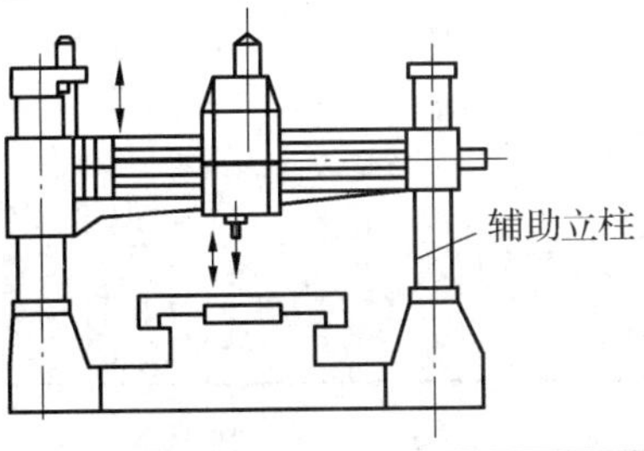	有辅助立柱，摇臂可沿立柱移动但不回转，具有精密坐标定位装置的工作台纵向移动，构成两个坐标方向的运动，可进行钻孔和镗削	40~63	适宜中等尺寸的孔距精度要求较高的且需镗削的零件孔加工

续表9-1

类型		简图	结构及性能特点	最大钻孔直径/mm	适应范围
万向型摇臂钻床	无底座万向摇臂钻床	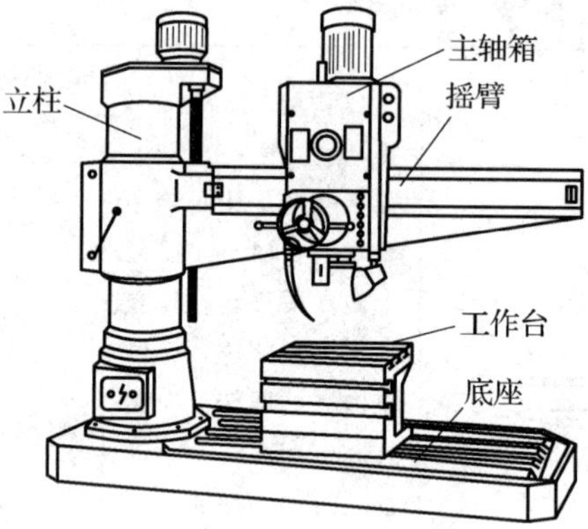	前摇臂装有主轴箱和操纵机构，可在后摇臂前端绕两互相垂直的轴线转动（回转或倾斜）使主轴在空间任意方向都可进行钻削。底盘为法兰式，机床可吊运在工件周围或内部进行加工	40~80	适宜大中型零件在不同方向的位置上的孔加工，可作为机床拼组加工用的设备
	底座万向摇臂钻床	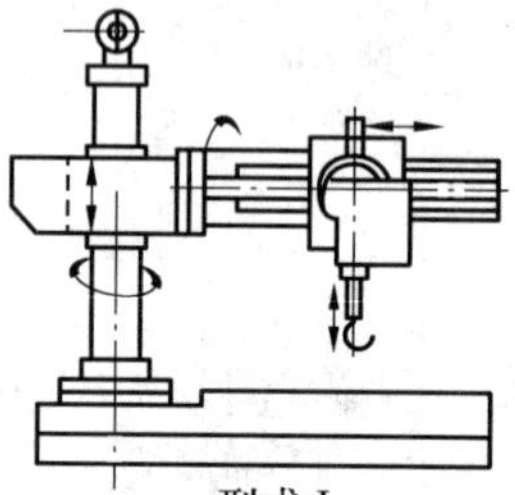 型式Ⅰ 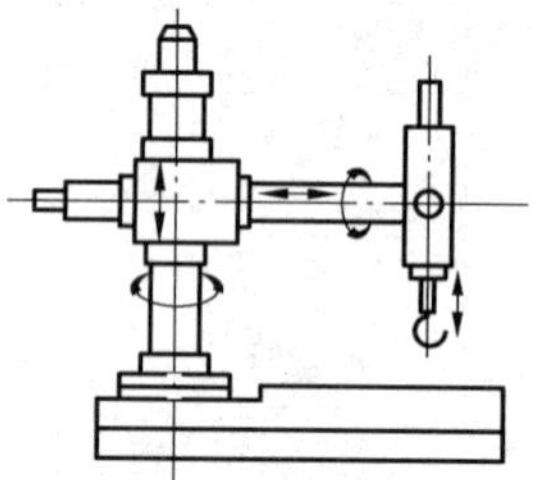 型式Ⅱ	Ⅰ型（矩形导轨式）立柱笃定在底座上，摇臂在立柱上做升降和回转运动，主轴箱安置在摇臂滑板上，可水平移动并能转动。Ⅰ型（圆形导轨式）立柱固定在底座上，摇臂在立柱上做升降和回转运动，并沿自身轴线水平移动及转动，主轴箱固定在摇臂端部	25~40	适宜大中型零件上各部任意角度位置的钻孔、扩孔、铰孔、攻螺纹等加工，可将机床吊起移动
	滑座万向摇臂钻床	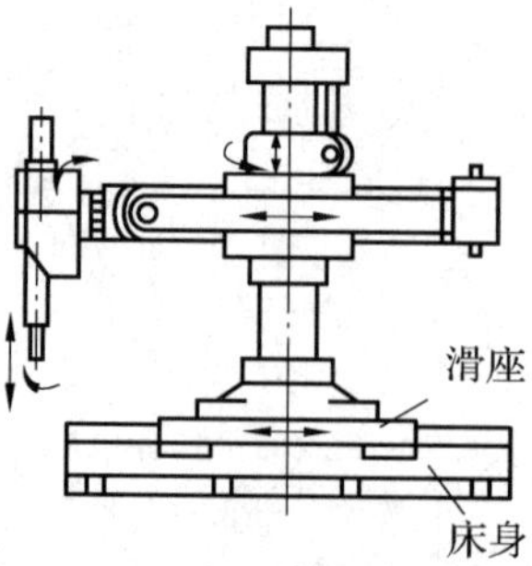	具有床身，滑座可沿床身导轨移动的万向摇臂钻床。可扩大一个特定方向的行程	40~63	适宜长形零件多方向、多位置的孔加工

续表9-1

类型		简图	结构及性能特点	最大钻孔直径/mm	适应范围
万向型摇臂钻床	移动万向摇臂钻床	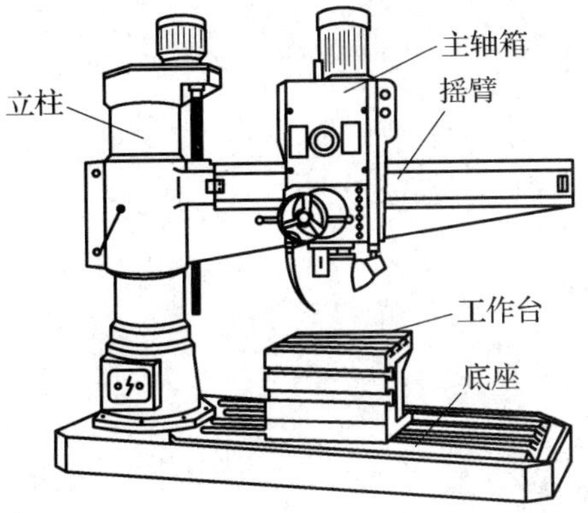	底座带有万向车轮，在地面上可移动的万向摇臂钻床。立柱有矩形导轨、圆形导轨两种型式。机床也可吊起移动	25~40	适宜大中型零件上各部任意角度位置的孔加工

9.3 常用的钻床

1. Z3050摇臂钻床技术规格

最大钻孔直径	50 mm
主轴孔锥度	莫氏5#
主轴最大扭矩	750 NM
最大进给抗力	20 kN
主轴行程	350 mm
主轴箱水平移动距离	1 050 mm
摇臂升降距离	680 mm
主轴中心线至立柱母线的距离	450~1 500 mm
主轴下端面至底座工作面的距离	470~1 500 mm
摇臂回转角度	360°
工作台尺寸（长×宽）	2 430×970 mm
摇臂升降速度	1. 2 m/min
主轴变速范围：正转	75~1 700 r/min
反转	67~1 700 r/min
主轴进给（18级）	0. 12~1. 2 mm/r
立柱直径	350 mm
主轴电机：功率/转速	4. 5 kW/1 440 r/min
升降电机：功率/转速	1. 7 kW/1 440 r/min
液压夹紧电机：功率/转速	0. 6 kW/1 410 r/min
冷却电机：功率/转速	0. 125 kW/2 800 r/min

机床重量	3.5 t

2. Z310摇臂钻床技术规格

最大钻孔直径	100 mm
主轴孔锥度	莫氏6#
主轴最大扭矩	2 500 NM
最大进给抗力	50 kN
主轴行程	500 mm
主轴箱水平移动距离	2 650 mm
摇臂升降距离	1 350 mm
主轴中心线至立柱母线的距离	500~3 150 mm
主轴下端面至底座工作面的距离	750~2 600 mm
摇臂回转角度	360°
工作台尺寸（长×宽）	1 000×1 000 mm
摇臂升降速度	0.6 m/min
主轴变速级别数	21级
主轴变速范围	9~1 000 r/min
主轴进给级数	18级
主轴进给范围	0.1~2.12 mm/r
主轴电机：功率/转速	14 kW/1 460 r/min
升降电机：功率/转速	2.8 kW/1 410 r/min
冷却电机：功率/转速	0.125 kW/2 800 r/min
机床重量	19 t

3. Z30100×31摇臂钻床技术规格

最大钻孔直径	100 mm
主轴孔锥度	莫氏6#
主轴行程	500 mm
主轴箱水平移动距离	2 580 mm
主轴中心线至立柱母线的距离	570~3 150 mm
主轴下端面至底座工作面的距离	750~2 500 mm
工作台尺寸（长×宽）	1 250×800 mm
主轴转速级别	22级
主轴转速范围	8~1 000 r/min
主轴进给量级数	16级
主轴进给量范围	0.06~3.2 mm/r
主轴电机：功率	15 kW
机床重量	20 t

4. Z3132 万向摇臂转床技术规格

最大钻孔直径	32 mm
主轴孔锥度	莫氏 4#
主轴行程	160 mm
主轴中心线至立柱母线的距离	360~730 mm
主轴端面至底座工作面距离	20~680 mm
主轴中心线至底座工作面距离（主轴水平时）	305~1 005 mm
摇臂垂直升降行程	700 mm
摇臂水平移动行程	400 mm
主轴绕摇臂中心线回转角度	360°
主轴绕立柱中心线回转角度	360°
主轴转速（8 级）	24、48、75、150、385、770、1 200、2 400 r/min
主轴进给（3 级）	0. 06、0. 12、0. 24 mm/min
底座工作台尺寸	1 160×690 mm
主轴电机：功率	1. 5 kW
机床重量	800 kg

5. Z3140A 万向摇臂转床技术规格

最大钻孔直径	40 mm
主轴孔锥度	莫氏 4#
主轴行程	315 mm
主轴箱水平移动距离	750 mm
主轴中心线至立柱母线的距离	850~1 600 mm
主轴转速级别	16 级
主轴转速范围	16~1 250 r/min
主轴进给量级数	9 级
主轴进给量范围	0. 06~1 mm/r
主轴电机：功率	3 kW
套筒升降距离	900 mm
主轴箱倾斜角度	±900
机床重量	4 500 kg

9.4 摇臂（万向）钻床操作规程

（1）穿好劳保防护用品。

① 将工作服袖口、下摆等扎紧。

② 严禁穿宽松外衣、佩戴有碍操作的饰物以及戴手套等不规范且危及安全的着装。

（2）检查机床线路、开关是否正常归零位。

① 使用机床前必须验证各线路及行程开关等的可靠性。

② 检查电源接地的可靠性，检查相序的正确性，检查急停按钮的可靠性等。

③ 主轴正反转及空挡手柄是否打到空挡位置等。

④ 如图 9-1 所示为主轴正反转及空挡手柄处在空挡位置的图片。

图 9-1 正转手柄在空挡位置（往左搬动主轴正转，往右搬动主轴反转）

（3）装夹工件及钻头等，如图 9-2 所示。

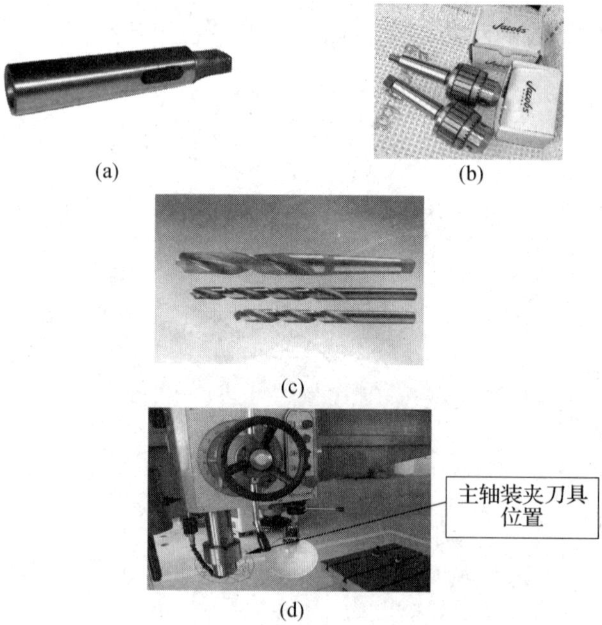

图 9-2 主轴装夹刀具部位

（a）锥柄钻套；（b）钻夹头；（c）直、锥柄钻头；（d）主轴装夹刀具位置

① 工件和切削刀具等必须装夹牢固可靠，使用机床前必须要验证机床各部位夹紧、松开的可靠性。

② 钻头装夹：直柄钻头（一般钻削直径小于 $\phi14$）装夹时利用到钻夹头，将钻夹头套入钻套中再套入主轴上检查是否套牢固，再将直柄钻头夹紧在钻夹头上。锥柄钻头则根据锥柄大小利用钻套中间衔接直接套在主轴上，同样也要检查装夹是否牢固。

③ 更换钻头或夹具时，锥柄钻套等各配合部位必须保持清洁，经常拆卸的锥柄套严禁敲打使之变形。

（4）根据加工要求选择合适的转速。

① 根据加工材料及钻头直径的不同，应合理选择转速与进给量，否则易造成机床的损坏。

② 转速的选择见机床主轴箱上的标牌。如图 9-3 所示是拍下来的供参考。

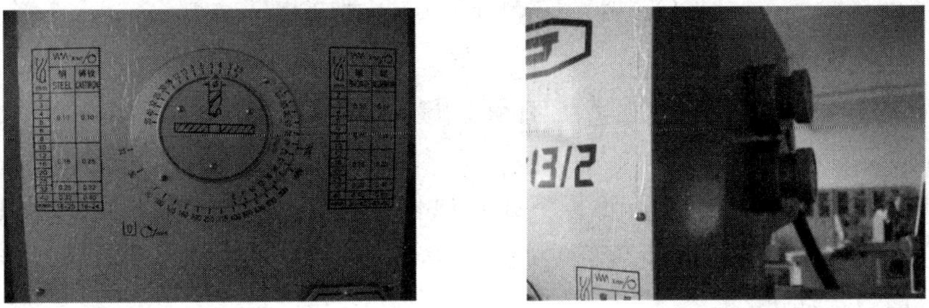

(a)　　(b)

图 9-3　主轴标牌

（a）转速选择标示牌；（b）主轴转速调节手柄

（5）启动电源开启主轴马达，确认转速是否合适，不合适时应关闭主轴马达后换挡，并再次确认。

① 关闭马达后严禁在主轴未停止转动情况下换挡调速，这样容易使调速轮磨损打坏，损坏机床。

② 用主轴转速调节手柄将转速换挡后，启动主轴马达，将正反转及空挡手柄在空挡位置下压 3 秒钟以上，确认转速是否调节到合适转速。若为合适转速将正反转及空挡手柄抬起至水平位置即可，如图 9-4 所示。

④ 严禁为了使主轴尽快停止而用手抓主轴等一些不安全行为。

（6）按下“↑”“↓”按钮，将摇臂调到合适的高度且转动主轴箱移动手柄和推拉摇臂，将钻头移到合适位置之后，将摇臂夹紧手柄及主轴箱夹紧手柄锁紧。

① 在摇臂钻的摇臂回转范围内严禁站人以免发生碰伤等安全事故。在推拉摇臂前应检查是否有人在回转范围内避免碰伤等。

② 在主轴箱移动过程中严禁一手搭在摇臂上，一手转动手柄。这样可能会造成压伤、撞伤、擦伤等危险。

③ 主轴箱与限位块、摇臂与外柱件存在挤压点，操作者应注意调整位置时不得超程，注意安全。

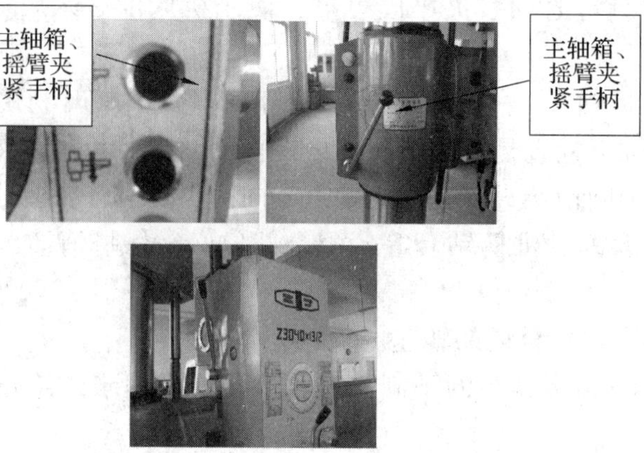

图 9-4　摇臂升降按钮摇臂夹紧手柄
（反转松、正传紧主轴箱夹紧手柄）

（7）开启主轴，开启水泵，旋转主轴箱上的进给手柄，降下主轴至钻头触及板面即开始加工。

① 手动进给：若操作开始时，不压下机动进给手柄 19 再将手柄 5 向里推进，如图 9-5 所示，机动进给即不执行；逆时针旋转手柄 5，实现手动进给钻削。手动钻削转动手柄 5 在切削时应用力均匀转动进给。

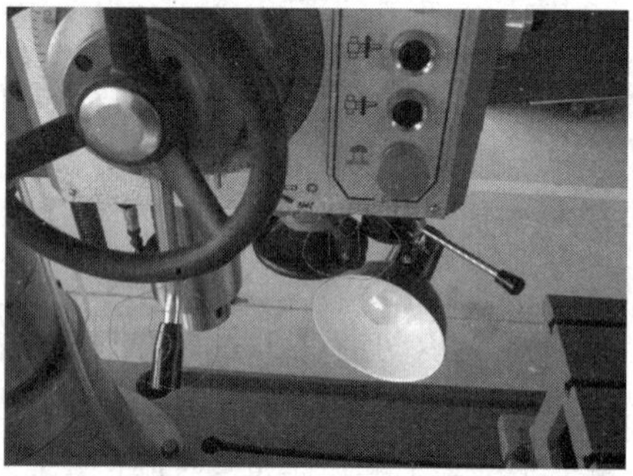

图 9-5　手动进给

② 机动进给：操作开始时，压下机动进给手柄 19，再将手柄 5 向外拉出，则机动进给执行。

③ 微动进给：将手柄 19 置于水平位置，再将手柄 5 向外拉出，转动手柄 21 即可。

④ 机动进给改为手动进给：在前述机动进给过程中，如要换位手动进给，只需向里推进手柄 5，断开机动进给，然后用手控制手柄即可。

⑤ 开启主轴后注意主轴正转为切屑加工、反转为攻丝退刀、排屑等所用，若为切屑加工主轴应打到正传位置。

⑥ 操作摇臂钻床不提倡机动（自动）进给，在机动进给时，主轴移动手柄转动，操作者应远离此手柄，否则容易碰伤。

⑦ 机床运转时，除操作者外不允许其他人在工作区域内停留，过往人员不得进入限区内。

⑧ 加工工件不可过量切削，钻孔直径大于等于 $\phi12$ 时要预先引孔。避免钻不动挤压工件使工件松动甩出、断钻头、甩钻头等危险情况发生。

⑨ 钻削加工深孔时要注意排屑，可采用钻头上升、毛刷清屑等，不得用手抹或用嘴吹等排屑，当铁屑较长而不断裂时要停机断屑，不可在主轴转动时用手拉断或借用其他工具断屑。

（8）加工完毕，先提升主轴关掉马达，再关水泵，最后切断电源，如图 9-6 所示。

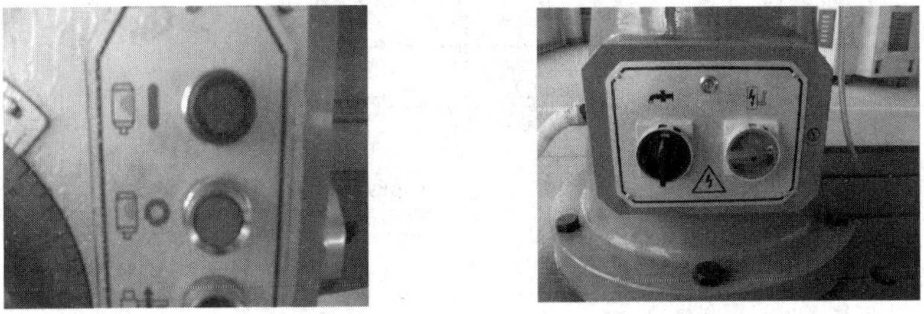

(a) (b)

图 9-6 切断电源示意图

（a）主轴转动马达电机开关；（b）总电源及水泵开关

① 将机动进给手柄 5 抬起，断开机动进给。

② 将主轴移动手柄向里推进，断开机动进给。

③ 将主轴箱、立柱夹紧。

④ 按下主电机停止按钮，使主电机停止转动。

⑤ 关闭冷却液开关。

⑥ 关闭总电源开关。

（9）卸下钻头并松开摇臂夹紧手柄及主轴箱夹紧手柄。

① 结束后松开夹紧手柄将摇臂和主轴箱归位且给油保养。

② 操作者在立柱准备转动摇臂时，注意观察机床周围的人和物，以免碰伤。

（10）卸下工件，清理现场，保养设备，执行 6S 至标准化。

练习题

1. 钻床钻孔时，孔径扩大的原因及排除办法。

2. 简述在斜面上钻孔的方法。

3. 钻削加工是利用钻头对工件做相对（　　）运动的切削加工方法。

A. 曲线　　B. 直线　　C. 圆周　　D. 旋转

4. 加工如图 9-7 所示（锐边倒钝、未注公差按 IT10~IT11 精度加工）。

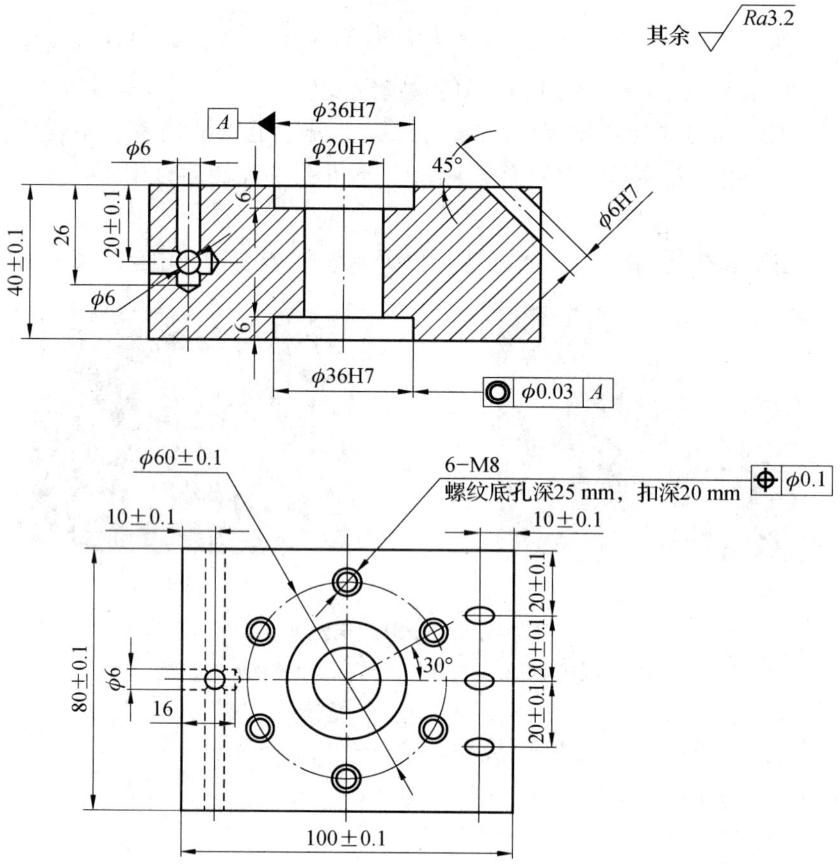

图 9-7　题 4 图

第 10 章 砂 轮 机

10.1 砂轮机概述

砂轮机主要是由基座、砂轮、电动机或其他动力源、托架、防护罩和给水器等组成，砂轮是设置于基座的顶面，基座内部具有供容置动力源的空间，动力源传动减速器，减速器具有穿出基座顶面的传动轴供固接砂轮，基座对应砂轮的底部位置具有一凹陷的集水区，集水区向外延伸流道，给水器设于砂轮一侧上方，给水器内具有盛装水液的空间，且给水器对应砂轮的一侧具有一出水口。具有整体传动机构十分精简完善，使研磨的过程更加方便顺畅及提高整体砂轮机的研磨效能的功效。

10.2 砂轮机的类型与用途

1. 砂轮机的类型

① 台式砂轮机；

② 立式砂轮机又称落地式砂轮机；

③ 除尘式砂轮机又称环保型砂轮机，吸尘式砂轮机；

④ 手持式砂轮机；

⑤ 悬挂式砂轮机；

⑥ 它驱式砂轮机；

⑦ 软轴式砂轮机；

⑧ 防爆式砂轮机；

⑨ 滤板型砂轮机（滤板除尘式砂轮机）；

⑩ 除尘式侧磨砂轮机。

2. 砂轮机的用途

砂轮机主要的用途是磨削，打磨工具（錾子、冲头、扁产等）、坡口（焊接厚的钢板）、焊接的焊口（比如楼梯扶手、焊后磨平）、玻璃、木头、宝石、机加工的刀具、抛光、切割、点火。

3. 工作原理

电机运转后带动砂轮转动（通常高速）来进行磨削等工作。

10.3 常见的砂轮机

表 10-1 砂轮常用规格

砂轮外径（D）	砂轮厚度（H）/mm	砂轮孔径（d）/mm
4	3（1/8 英寸）	3（1/8 英寸）
6	5（3/16 英寸）	6（1/4 英寸）
8	6（1/4 英寸）	10（3/8 英寸）
10	10（3/8 英寸）	13（1/2 英寸）
125（5 英寸）	13（1/2 英寸）	16（5/8 英寸）
150（6 英寸）	20（3/4 英寸）	19 或 20（3/4 英寸）
175（7 英寸）	20（3/4 英寸）	25 或 25.4（1 英寸）
200（8 英寸）	40	31.75（1 1/4 英寸）
250（10 英寸）	50	32
300（12 英寸）	63	40
305 *	75	50
350（14 英寸）	86	65
400	100	75
450	125	120 *
455 *	150	127
500	200	203
600	205 *	228.6 *
750	300	305

砂轮硬度：以砂轮硬度的选择与使用为例，在正常使用过程中，砂轮硬度是指砂轮表面的砂粒在磨削过程中脱落的难易程度，即砂轮结合剂黏结砂粒的牢固程度。如果砂轮硬度低，砂粒易脱落，反之砂轮硬度高，不易脱落。为了适应不同磨削加工的要求，则需要有各种砂轮硬度等级的砂轮选用，以满足实际使用的需要，我国磨具硬度等级根据GB 2484—84规定，分七大级十四小级（如表 10-2 所示）

表 10-2 磨具硬度等级及代号

大级	小级	代号
超软	超软	D E F
软	软 1	G
	软 2	H
	软 3	J

续表10-2

大级	小级	代号
中软	中软 1	K
	中软 2	L
中	中 1	M
	中 2	N
中硬	中硬 1	P
	中硬 2	Q
	中硬 3	R
硬	硬 1	S
	硬 2	T
超硬	超硬	Y

注意：硬度对砂轮的使用起至关重要的作用，请参照此表选准硬度

磨具硬度的选择主要考虑磨削效率和加工表面质量。如果磨具选得过硬，就不能有效地磨削，并且容易烧伤工件；如果磨具选得过软，便缩短了磨具的使用时间，增加成本。结合自己磨削加工的各种条件，选择好国家标准的砂轮硬度级别，对于磨削加工来说，非常重要。

10.4 砂轮机安全操作规程

砂轮较脆、转速很高，使用时应严格遵守安全操作规程及其运作流程：

（1）砂轮机的旋转方向要正确，只能使磨屑向下飞离砂轮。

（2）砂轮机启动后，应在砂轮机旋转平稳后再进行磨削。若砂轮机跳动明显，应及时停机修整。

（3）砂轮机托架和砂轮之间应保持 3 mm 的距离，以防工件扎入造成事故。

（4）磨削时应站在砂轮机的侧面，且用力不宜过大。

（5）根据砂轮使用的说明书，选择与砂轮机主轴转数相符合的砂轮。

（6）新领的砂轮要有出厂合格证，或检查试验标志。安装前如发现砂轮的质量、硬度、粒度和外观有裂缝等缺陷时，不能使用。

（7）安装砂轮时，砂轮的内孔与主轴配合的间隙不宜太紧，应按松动配合的技术要求，一般控制在 0.05~0.10 mm 之间。

（8）砂轮两面要装有法兰盘，其直径不得少于砂轮直径的三分之一，砂轮与法兰盘之间应垫好衬垫。

（9）拧紧螺帽时，要用专用的扳手，不能拧得太紧，严禁用硬的东西锤敲，防止砂轮受击碎裂。

（10）砂轮装好后，要装防护罩、挡板和托架。挡板和托架与砂轮之间的间隙，应保持在 1~3 mm 内，并要略低于砂轮的中心。

（11）新装砂轮启动时，不要过急，先点动检查，经过5~10 min试转后，才能使用。

（12）初磨时不能用力过猛，以免砂轮受力不均而发生事故。

（13）禁止磨削紫铜、铅、木头等东西，以防砂轮嵌塞。

（14）磨刀时，人应站在砂轮机的侧面，不准两人同时在一块砂轮上磨刀。

（15）磨刀时间较长的刀具，应及时进行冷却，防止烫手。

（16）经常修整砂轮表面的平衡度，保持良好的状态。

（17）磨刀人员应戴好防护眼镜。

（18）吸尘机必须完好有效，如发现故障，应及时修复，否则应停止磨刀。

练习题

1. 更换新砂轮时，应切断________，同时安装时要检查新砂轮片是否________，若肉眼不易辨别，可用坚固的线把砂轮吊起来，再用一根木棒敲打，静听其声（金属声则优、哑声则劣）。

2. 安装砂轮时、螺母上的不得________，在使用前检查螺母是否松动。

3. 凡使用者要戴________，不得________砂轮，应站在侧面。使用砂轮时，不准________，严禁使用棉纱包裹刀具进行磨削。

4. 砂轮磨薄、小时，使用________严重时，不准使用，应及时更换，保证安全。

5. 磨削完毕后，应________，不要让砂轮空转，同时应经常清理防护罩内积尘，并定期检修更换主轴润滑油脂。

6. 磨刀刃时，操作者应站在砂轮的________位置，不要站在砂轮的正面，同时刀具应略高于砂轮中心位置。不能用力过猛，以防滑脱伤手。

7. 砂轮不准________，要经常保持干燥，以防湿水后失去平衡，发生事故。

8. 不允许在砂轮上磨________的物体，防止震碎砂轮飞出伤人。

第11章

磨　床

11.1　磨削概述

磨削是以砂轮或其他磨具对工件进行加工，其主运动是砂轮的旋转。砂轮的磨削过程实际上是磨粒对工件表面的切削、刻削和滑擦三种作用的综合效应。磨削中，磨粒本身也由尖锐逐渐磨钝，使切削作用变差，切削力变大。当切削力超过黏合剂强度时，圆钝的磨粒脱落，露出一层新的磨粒，形成砂轮的“自锐性”。但切屑和碎磨粒仍会将砂轮阻塞。因而，磨削一定时间后，需用金刚石车刀等对砂轮进行修整。

磨削时，由于刀刃很多，所以加工时平稳、精度高。磨床是精加工机床，磨削精度可达 IT4~IT6，表面粗糙度 Ra 可达 1.25~0.01 μm，甚至可达 0.1~0.008 μm。磨削的另一特点是可以对淬硬的金属材料进行加工。因此，往往作为最终加工工序。磨削时，产生热量大，需有充分的切削液进行冷却。按功能不同，磨削还可分为外圆磨、内圆磨、平面磨等。磨削加工是一种易引起工件表面金相组织变化的加工方法。

11.2　磨床类型与用途

磨床是用磨料磨具（砂轮、砂带、油石和研磨料）对工件进行切削加工的机床。广泛用于零件的精加工，尤其是淬硬钢件，高硬度特殊材料及非金属材料（如陶瓷）的精加工。

磨床种类很多。主要有：外圆磨床、内圆磨床、平面磨床、工具磨床和用来磨削特定表面和工件的专用化磨床，如花键轴磨床、凸轮轴磨床、曲轴磨床等。以上均为使用砂轮作切削工具的磨床。此外，还有以柔性砂带为切削工具的砂带磨床，以油石和研磨剂为切削工具的精磨磨床等。

磨削可以加工各种表面，如内、外圆柱面和圆锥面、平面、渐开线齿廓面、螺旋面以及各种成形表面。磨床可以对各种高硬、超硬材料进行粗加工、精加工和超精加工，还可以刃磨刀具和进行切断等，工艺范围十分广泛。

11.3 常见的磨床

11.3.1 外圆磨床

1. M1432A 型万能外圆磨床

M1432A 型万能外圆磨床是普通精度级外圆磨床。它主要用于磨削圆柱形、圆锥形的外圆和内孔，还可磨削阶梯轴的轴肩、端平面等。可获得 IT6~IT7 精度，表面粗糙度 *Ra* 在 0.08~1.25 μm 之间，主参数是最大磨削直径。这种机床的通用性较好，但生产效率低，故适于单件小批量生产。

2. 无心外圆磨床

无心外圆磨床进行磨削时，工件放在砂轮与导轮之间，且工件中心高于砂轮和导轮中心连线，以被磨削外圆表面作定位基准，支承在托板上。

无心外圆磨床与外圆磨床相比，具有以下优点：

① 生产率高（无须打中心空，且装夹省时），所以多用于成批生产和大量生产。

② 磨削表面尺寸精度，几何形状精度较高，*Ra* 小。

③ 能配上自动上料机构，实现自动化生产。

无心外圆磨床生产率较高，加工精度好，但只能磨削连续外圆表面，且磨床调整费时，只适用于成批及大量生产中。

11.3.2 内圆磨床

内圆磨床用于磨削各种圆柱孔（通孔、盲孔、阶梯孔和断续表面的孔等）和圆锥孔，某些内圆磨床还附有磨削端面的磨头。其主参数是最大磨削内孔直径。

内圆磨床主要类型有普通内圆磨床、无心内圆磨床和行星式内圆磨床。

普通内圆磨床采用纵磨法和切入磨法磨削内孔。采用专门的端磨装置，可在工件一次装夹中磨削内孔和端面。

无心内圆磨床适于加工外圆表面已经精加工的薄壁工件，如轴承环等。

对于同直径的工件，内圆磨削的质量和生产率低于外圆磨削。

11.3.3 平面磨床

平面磨床主要用于磨削各种工件上的平面。根据磨削方法和机床布局不同，平面磨床要有以下四种类型：卧轴矩台平面磨床（生产率低些，但加工精度较高，*Ra* 较小，属于周边磨削），卧轴圆台平面磨床、立轴矩台平面磨床和立轴圆台平面磨床（生产率高，但加工精度较低，*Ra* 较大，属于端面磨削）。

11.3.4 砂轮

砂轮是磨削加工中最主要的一类磨具。砂轮是在磨料中加入结合剂，经压坯、干燥和焙烧而制成的多孔体。每个磨粒相当于一把刀具，当砂轮高速旋转时，就能不断将工件表面的金属切下，所以磨削的原理类似于多刀刃的超高速铣削。

由于磨料、结合剂及制造工艺不同，砂轮的特性差别很大，因此对磨削的加工质量、生产率和经济性有着重要影响。砂轮的特性主要是由磨料、粒度、结合剂、硬度、组织、形状和尺寸等因素决定。

刃磨刀具时应注意以下几个问题：

（1）侧面磨削问题。在砂轮机的日常使用中，我们常常可以发现有的操作者不分砂轮机的种类、不分砂轮的种类，随意地就使用砂轮的侧面进行磨削，这是严重违反安全操作规程的违章操作行为。按规程用圆周表面做工作面的砂轮不宜使用侧面进行磨削，这种砂轮的径向强度较大，轴向强度很小，操作者用力过大时会造成砂轮破碎，甚至伤人，在实际的使用过程中应禁止这种行为。

（2）正面操作问题。在日常的使用中，许多操作者总习惯正对着砂轮进行操作，原因是这个方向上能用上劲，其实这种行为是砂轮机操作中应特别禁止的行为。按操作规程，使用砂轮机磨削工件时，操作者应站在砂轮的侧面，不得在砂轮的正面进行操作，以免砂轮出故障时，砂轮飞出或砂轮破碎飞出伤人。

（3）用力操作问题。在砂轮机的使用时，有些操作者，尤其是年青的操作者，为求磨削的速度快，用力过大过猛，这是一种极不安全的操作行为。任何砂轮的本身都有一定的强度，这样做很可能会造成砂轮的破碎，甚至是飞出伤人，也是一种应禁止的行为。

（4）共同操作问题。在实际的日常操作中，也有这样的情况发生，有人为赶生产任务、抢工作时间，两人共用一台砂轮机同时操作，这是一种严重的违章操作行为，应严格禁止。一台砂轮机不够用的时候，可以采用添加砂轮机的办法解决，绝对不允许同时共用一台砂轮机。

11.4 磨床操作规程

1. 操作前

（1）在砂轮装夹在主轴马达前，以外物轻敲砂轮，如发出的声响是暗哑而非清脆的，则砂轮极可能是暗裂的，应立即将砂轮报销，切勿使用。

（2）没有或甩掉保护垫纸的砂轮，必须加以介子装夹。

（3）砂轮必须要稳固地装夹在主轴马达上。

（4）必须确认所选用砂轮的转速限制吻合主轴马达的转速条件，方可使用该砂轮。

（5）绝对不能使用没有装上砂轮防护罩的磨床。

（6）检查磨床的紧急掣停按钮是否有效。

（7）操作员绝对不能佩戴手套操作磨床。

（8）不应戴颈链、戒指、手表等饰物操作磨床。

（9）操作磨床时，必要时佩戴护目镜。

2. 操作过程中

（1）必须要按加工图纸的工艺要求施工。

（2）正常情况基准边为 0.2 余量，如有不确定的情况下用卡尺卡孔的位置测余量加工。

（3）选择合适的砂轮，进行加工。

（4）在加工进行前，确认磁盘的磁力已启动。

（5）小面积，太高或非铁金属之工件，需以挡块及夹具使其能稳固地装夹在磁盘上。

（6）须佩戴手套装夹大型工件时，必须确定砂轮已完全停止转动。

（7）每当要在磁盘上装卸工件、夹具或砂轮修正器时，砂轮应远离手部的活动范围；甚至停止其转动。

（8）磨削加工的进给量，绝对不能拖慢砂轮的转动速度。

（9）砂轮的磨削往复加工行程，应完全跨越工件的平面面积。

（10）磨削扁薄或大面积的工件的平面，其磨削加工的进给量应保持在不会令工件过热的幅度；必要时，加入适量的切削液加快工件冷却的速度。扁薄的工件，亦应不时作底面的交替磨削。

（11）扁薄工件的平面磨削，应使用直径较细的砂轮减低工件发热的机会。

（12）磨削加工是最容易导致工件及砂轮发热的加工方式，因此磨削加工必需保留一定的精加工余量；并不时以量具测量其实际尺寸。

（13）大平面、槽沟、弧形及斜度的磨削加工，必须先以颗粒较疏松的砂轮进行粗切削；精磨削必须应用颗粒坚硬及密度高的砂轮，并不时以砂轮修正器修整砂轮，避免金属滓籽积存在砂轮颗粒之间；产生金属相互研磨的高温效应，导致工件受热变形。

（14）完成加工后，必须确定工件符合加工图纸的工艺要求，并加签确认。

3. 使用后

（1）使用机床时，若机床出现异常的声响或震动，应立即停机并通知维修人员，实时检查及维修。

（2）操作员必须定期清洗油缸及更换新润滑油。

（3）使用机床后，必须关闭机床的电源。

（4）下班前，操作员必须把机床打扫干净。

（5）当机床贴上停用标签时，切勿使用机床。

练习题

1. 常用外圆磨床________、________、________、________、砂轮架和内圆磨具等部件组成。

2. 磨削精密主轴时应采用________顶尖。

3. 不平衡的砂轮做高速旋转时产生的________力，会引起机床________，加速轴承________，严重的甚至造成砂轮________。

4. 外圆磨削时横向进给量一般取（　　）mm。

A. 0.001~0.004　　B. 0.005~1　　C. 0.05~1　　D. 0.005~0.05

5. 冷却液不清洁，磨削轧辊时冷却液将磨粒或磨屑带入砂轮与轧辊表面之间引起(　　)。

A. 轧辊表面划痕　　B. 润滑不良　　C. 辊面斑点

6. 如何防止磨削时的振动？

7. 简述磨削冷却液的作用及常用冷却液种类？

8. 利用平面磨床试加工如图 11-1 所示。

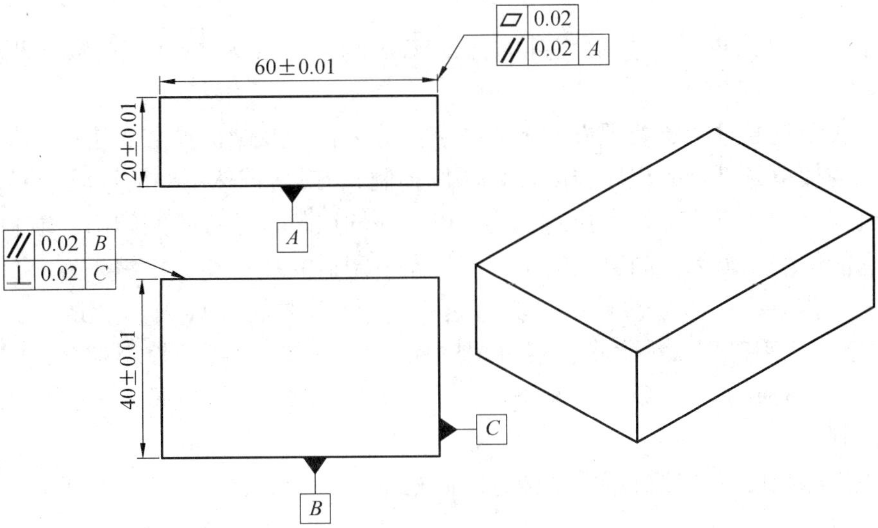

图 11-1　题 8 图

9. 利用外圆磨床试加工如图 11-2 所示。

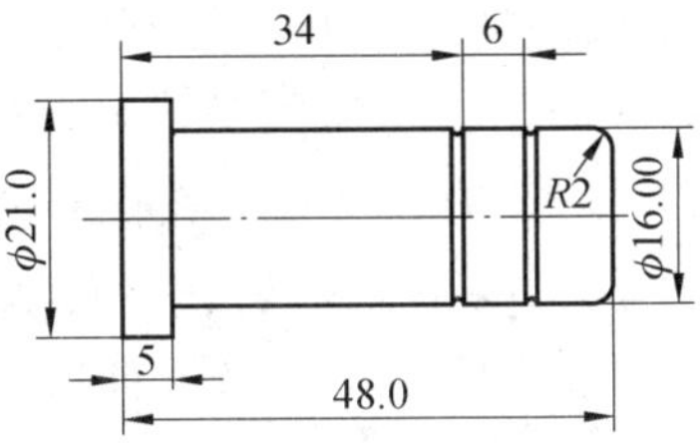

图 11-2　题 9 图

第 12 章

数控车床

数控定义：数控即数字控制（Numerical Control，简称为 NC），是数字程序控制的简称。

数控的实质是通过特定处理方式下的数字信息去自动控制机械装置进行动作，它与通过连续变化的模拟量进行的程序控制（即顺序控制），有着截然不同的性质。

数控机床：是一个装有程序控制系统的机床，利用数字进行控制的高效能自动化加工的机床，它能够按照国际或国家，甚至生产厂家所制造的数字和文字编码方式，把各种机械位移量、工艺参数（如主轴转速、切削速度）、辅助功能（如刀具变换、切削液开停等），用数字、文字符号表示出来，经过程序控制系统，发出各种控制指令，实现要求的机械动作，自动完成加工任务。在被加工零件变换时，它只需改变控制的指令程序就可以实现新的控制。

与普通机床相比，数控机床的结构具有高精度、高效率、高速度和低摩擦等特点。

12.1 机床型号

为便于管理和使用，都赋予每种机床一个型号，表示机床的名称、特性、主要规格和结构特点。按照 1986 年颁布的金属切削机床型号编制方法（JB 1838—85）。

其编制的基本方法 CAK4085ni 所示，机床的类代号，用大写的汉语拼音字母表示，当需要时，每类可分为若干分类，用阿拉伯数字写在类代号之前，作为型号的首位（第一分类不予表示）。机床的特性代号，用大写的汉语拼音字母表示。机床的组、系代号用两位阿拉伯数字表示。机床的主参数用折算值表示，当折算数值大于 1 时，则取整数，前面不加“0”，当折算数值小于 1 时，则以主参数值表示，并在前面加“O”，某些通用机床，当无法用一个主参数表示尺寸，则在型号中用设计顺序号表示，顺序号由 1 起始，当设计顺序号少于十位数时，则在设计顺序号之前加“0 ”。机床的第二主参数列入型号的后部，并用“x”（读作“乘”）分开，凡属长度（包括跨距，行程等）的采用“1/100”的折算系数，凡属直径、深度、宽度的则采用“1/10”的折算系数，属于厚度等，则以实际数值列入型号；当需要以轴数和最大模数作为第二主参数列入型号时，其表示方法与以长度单位表示的第二主参数相同，并以实际的数字列入型号。机床的重大改进顺序号是用汉语拼音字母大写表示的，按 A、B、C 等汉语拼音字母的顺序选用（但“I、O”两个字母 不得选用），以区别原机床型号。同一型号机床的变型代号是指某些类型机床，根据不同加工的需要，在基本型号机床的基础上，仅改变机床的部分性能时，加变型代号以便与原机床型号区分，这种变型代号是在原机床型号之后，加 1、2、3 等阿拉伯数字的顺序号，并用、（读作“之”）分开。

如：C6132A

C——表示车床（类代号）；

61——表示卧式车床（组、系代号）；

32——表示车床上加工最大回转直径的 1/10（主参数）；

A——表示此车床的结构经过第一次改选（改进顺序号）。

对于以前已生产的机床，其旧型号一般不再变动，仍沿用原型号。

如：C616

C——表示车床；

6——表示车床类第六组，以前没有系别；

16——表示床面到主轴中心高的 1/10。

如：CAK4085ni

C——表示车床；

A——表示机床结构特征代号；

K——表示自动化控制、数控；

40——表示车床上加工最大回转直径的 1/10（主参数）；

85——表示车床导轨上加工最大长度的 1/10（主参数）；

n——表示此车床配置数控系统；

i——表示此机床全封闭防护。

12.2　CAK4085ni 数控车床的构成及基本工作原理概述

1. 程序编制及程序载体

数控程序是数控机床自动加工零件的工作指令。在对加工零件进行工艺分析的基础上，确定零件坐标系在机床坐标系上的相对位置，即零件在机床上的安装位置；刀具与零件相对运动的尺寸参数；零件加工的工艺路线、切削加工的工艺参数以及辅助装置的动作等。得到零件的所有运动、尺寸、工艺参数等加工信息后，按照数控机床规定的指令代码及程序格式，编制零件加工的数控程序单。编制程序的工作可由人工进行；对于形状复杂的零件，则要在专用的编程机或通用计算机上进行自动编程（APT）或 CAD/CAM 设计。

编好的数控程序，存放在便于输入到数控装置的一种存储载体上，它可以是穿孔纸带、磁带和磁盘等，采用哪一种存储载体，取决于数控装置的设计类型。

2. 数控机床的基本结构

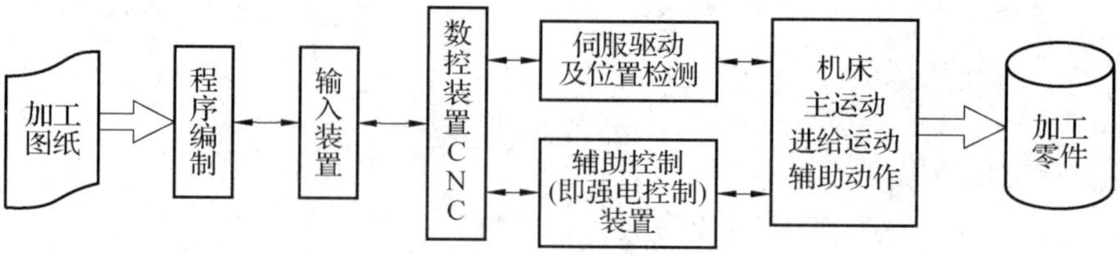

图 12-1　基本结构

数控机床一般由输入、输出装置、数控装置、可编程控制器、伺服系统、检测反馈装置和机床主机等组成。

（1）输入输出装置。输入装置可将不同加工信息传递于计算机。在数控机床产生的初期，输入装置为穿孔纸带，现已趋于淘汰；目前，使用键盘、磁盘等，大大方便了信息输入工作。

输出指输出内部工作参数（含机床正常、理想工作状态下的原始参数，故障诊断参数等），一般在机床刚工作状态需输出这些参数做记录保存，待工作一段时间后，再将输出与原始资料作比较、对照，可帮助判断机床工作是否维持正常。

（2）数控装置。数控装置是数控机床的核心。数控装置从内部存储器中取出或接受输入装置送来的一段或几段数控加工程序，经过数控装置的逻辑电路或系统软件进行编译、运算和逻辑处理后，输出各种控制信息和指令，控制机床各部分的工作，使其进行规定的有序运动和动作。

零件的轮廓图形往往由直线、圆弧或其他非圆弧曲线组成，刀具在加工过程中必须按零件形状和尺寸的要求进行运动，即按图形轨迹移动。但输入的零件加工程序只能是各线段轨迹的起点和终点坐标值等数据，不能满足要求，因此要进行轨迹插补，也就是在线段的起点和终点坐标值之间进行“数据点的密化”，求出一系列中间点的坐标值，并向相应坐标输出脉冲信号，控制各坐标轴（即进给运动的各执行元件）的进给速度、进给方向和进给位移量等。

（3）可编程控制器。即 PLC，它对主轴单元实现控制，将程序中的转速指令进行处理而控制主轴转速；管理刀库，进行自动刀具交换、选刀方式、刀具累计使用次数、刀具剩余寿命及刀具刃磨次数等管理；控制主轴正反转和停止、准停、切削液开关、卡盘夹紧松开、机械手取送刀等动作；还对机床外部开关（行程开关、压力开关、温控开关等）进行控制；对输出信号（刀库、机械手、回转工作台等）进行控制。

（4）驱动装置和位置检测装置。驱动装置接受来自数控装置的指令信息，经功率放大后，严格按照指令信息的要求驱动机床移动部件，以加工出符合图样要求的零件。因此，它的伺服精度和动态响应性能是影响数控机床加工精度、表面质量和生产率的重要因素之一。驱动装置包括控制器（含功率放大器）和执行机构两大部分。目前大都采用直流或交流伺服电动机作为执行机构。

位置检测装置将数控机床各坐标轴的实际位移量检测出来，经反馈系统输入到机床的数控装置之后，数控装置将反馈回来的实际位移量值与设定值进行比较，控制驱动装置按照指令设定值运动。由检测元件和相应的电路组成，主要是检测速度和位移，并将信息反馈于数控装置，实现闭环控制以保证数控机床加工精度。

（5）机床主机。数控机床的机床本体与传统机床相似，由主轴传动装置、进给传动装置、床身、工作台以及辅助运动装置、液压气动系统、润滑系统、冷却装置等组成。但数控机床在整体布局、外观造型、传动系统、刀具系统的结构以及操作机构等方面都已发生了很大的变化。这种变化的目的是为了满足数控机床的要求和充分发挥数控机床的特点。

12. 3　数控车床面板与操作

熟练掌握数控系统 GSK 980TD 面板上每个按钮的使用方法：能灵活应用数控系统 GSK 980TD 所提供的编程指令，能熟练掌握车床在手动方式、自动方式、编辑方式及通信方式下的相关操作，能按零件图中的技术要求，完成中等复杂零件的车削加工。

12. 3. 1　数控车床面板与编程

1. FANUC OiT 操作面板（如图 12-2）

图 12-2　FANUC OiT 操作面板

2. GSK980TD 操作面板（如图 12-3）

图 12-3　GSK980TD 操作面板

3. GSK980TD 数控机床操作面板各按钮的说明

表 12-1　GSK980TD 数控机床操作面板各按钮的说明

按钮	名称	用途
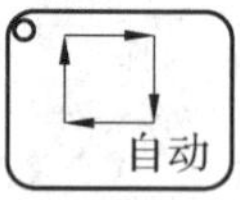	自动方式选择按钮	选择自动操作方式
	循环启动按钮	自动运行的启动。在自动运行中，自动运行的指示灯亮
	进给保持按钮	在自动运转中，按操作面板上的进给保持键可以使自动运转暂时停止
	程序编辑按钮	编辑、修改、存储文件
	机床锁住按钮	机床不移动，但位置坐标的显示和机床运动时一样，并且 M、S、T 都能执行。此功能用于程序校验
	辅助功能锁住按钮	辅助功能锁住开关置于 ON 位置，M、S、T 代码指令不执行，与机床锁住功能一起用于程序校验

续表12-1

按钮	名称	用途
	复位按钮	用 LCD/MDI 上的复位键，使自动运转结束，变成复位状态。在运动中如果进行复位，则机械减速后停止
	单程序段按钮	当单程序段开关置于 ON 时，单程序段灯亮，执行程序的一个程序段后，停止。如果再按循环启动按钮，则执行完下个程序段后，停止
	空运转键按钮	快速检查程序是否正确
	单步方式选择按钮	选择单步进给方式
	手动方式选择按钮	选择手动操作方式
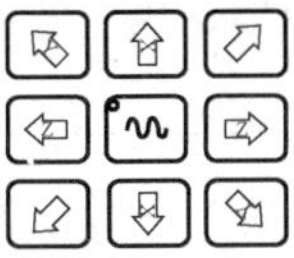	手动轴向运动按钮	手动连续进给，单步进给，轴方向运动
	返回程序起点	返回程序起点开关为 ON 时，为回程序零点方式
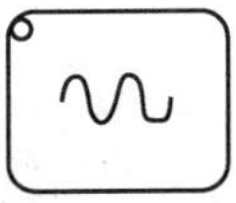	快速进给倍率	选择快速进给倍率
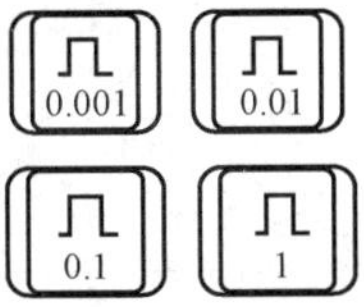	单步/手轮移动量	选择单步一次的移动量（单步方式）
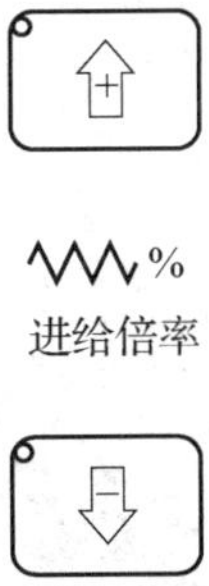	进给速度倍率	在自动运行中，对进给速率进行倍率
	主轴正转	主轴按逆时针方向转动

续表12-1

按钮	名称	用途
	主轴反转	主轴按顺时针方向转动
	主轴停止	主轴停止转动
	主轴倍率	主轴倍率选择（含主轴模拟输出时）
	冷却液开关按钮	冷却液启动（详见机床厂发行的说明书）
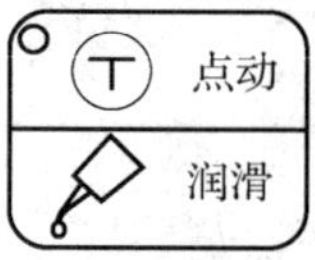	主轴点动、润滑液开关按钮	主轴点动，润滑液启动
	手动换刀	手动换刀（详见机床厂发行的说明书）
	手轮控制轴选择键	手轮操作方式 X、Y、Z 轴选择
	快速倍率键	快速移动速度的调整

4. 开机操作

操作步骤：按下［电源开］按钮：接通机床控制系统电源；

按下［电源关］按钮：关闭机床控制系统电源。

（1）系统上电后显示页面，如图 12-4 所示。

图 12-4　系统初始化

此时系统自检、初始化，若自检发现故障，停留在图 12-4 页面，按任意键进入报警页面显示相关的报警信息。系统自检正常、初始化完成后，显示现在位置（相对坐标）页面，如图 12-5 所示。

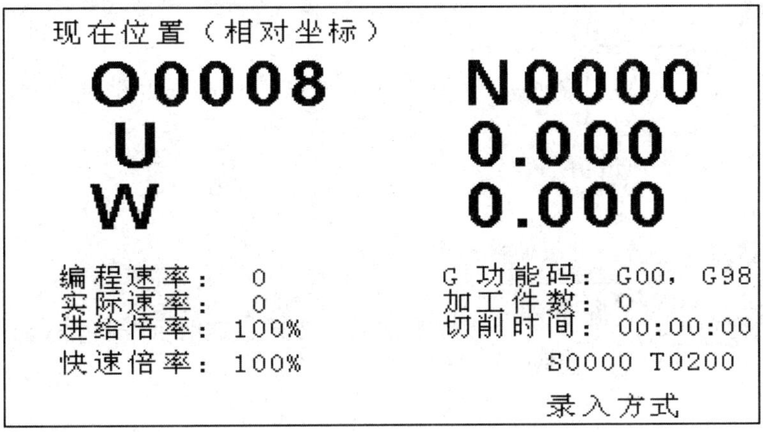

图 12-5　正常启动

（2）返回机床参考点。操作步骤：

①参考点方式 

键，选择回参考点操作方式，这时 CRT 屏幕右下角显示［机械回零］按机床回零按钮。

②按下手动轴向运动开关，机床向选择的轴向运动。按［+X］后，机床会移动 X 轴当机床碰到行程开关后，减速移动到参考点停下，回零指示灯亮；同理再按［+Z］后机床回到 Z 方向的机械零点。

③返回参考点后，相应的参考点指示灯亮并告知完成。

为了保证安全，在回参考点时应该先+X 方向回参考点，然后+Z 方向回参考点。

5. 手动方式

操作步骤：

按下手动方式键→选择［+X］、［-X］、［+Z］、［-Z］方向移动键，机床沿着选择的方向运行，结合快速移动键也可获得快速移动。

① 按下手动方式键，选择手动操作方式，这时液晶屏幕右下角显示［手动方式］。

② 选择移动轴  机床沿着选择轴方向移动。

③ 选择 JOG 进给速度 

。

④ 快速进给。

按下快速进给 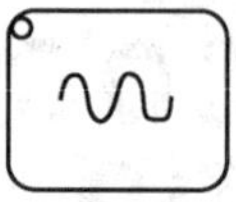 键时，位于按键上部指示灯亮，取消快速进给时指示灯灭。选择为开时，手动以快速进给。

6. 手轮进给方式

转动手摇脉冲发生器，可以使机床微量进给。

① 按下手轮方式键 

，选择手轮操作方式，这时液晶屏幕右下角显示［手轮方式］。

② 选择手轮运动轴：在手轮方式下，按下相应的键，则选择其轴，所选手轮轴的地址［U］或［W］闪烁。

③ 选择移动增量，

，相应的选择在 CRT 屏幕左下角显示。

④ 转动手轮。手摇脉冲发生器，顺时针旋转：+方向；逆时针旋转：-方向。

输入单位制	0.001	0.01	0.1
公制输入/mm	0.001	0.01	0.1

7. 其他手动操作

按下 

键或 

键后，可通过 

键，转换刀具当前加工位置。

按下

键或

键后，可通过

键，控制冷却液的开、关。

按下

键或

键后，可通过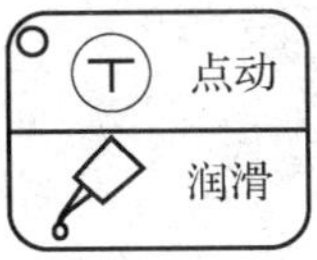

键，控制润滑油的开、关。

按下

键或

键后，可通过

键，控制机床主轴正转。

按下

键或

键后，可通过

键，控制机床主轴反转。

按下

键或

键后，可通过

键，控制机床主轴停止。

8. 录入方式

在录入操作方式下，可进行指令字的输入以及指令字的执行、参数的设置。

(1) 指令字的输入。例如选择 MDI 方式，进入程序页面，输入一个程序 M03 S500，并执行，操作步骤如下：

①按录入键进入录入操作方式；

②按程序键（必要时再按翻页键）进入 MDI 页面，如图 12-6 所示。

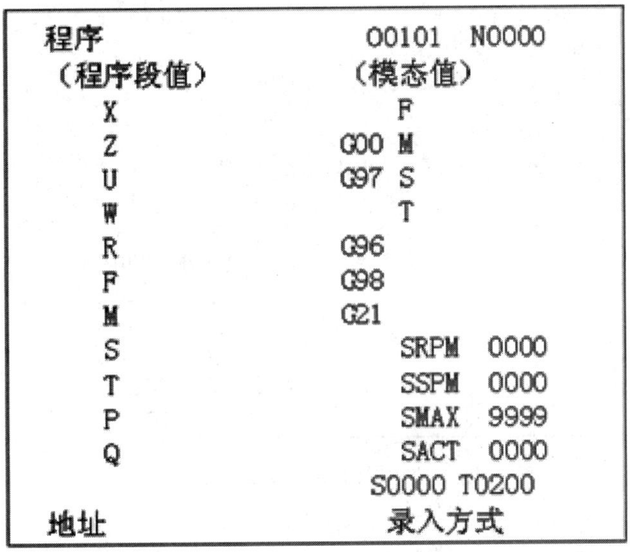

图 12-6　MDI 页面

③按“输入”键，页面显示如图 12-7 所示。

```
程序                          O0101   N0000
（程序段值）                  （模态值）
G50 X                           F
    Z                       G00 M
    U                       G97 S
    W                           T
    R                       G96
    F                       G98
    M                       G21
    S                           SRPM   0000
    T                           SSPM   0000
    P                           SMAX   9999
    Q                           SACT   0000
                             S0000 T0200
地址                          录入方式
```

图 12-7　页面

④键入 Z100，按“输入”键。

⑤键入 X50，按“输入”键。

执行完上述操作后，页面显示如图 12-8 所示画面。

```
程序                          O0101   N0000
（程序段值）                  （模态值）
G50 X      50.000               F
    Z     100.000           G00 M
    U                       G97 S
    W                           T
    R                       G96
    F                       G98
    M                       G21
    S                           SRPM   0000
    T                           SSPM   0000
    P                           SMAX   9999
    Q                           SACT   0000
                             S0000 T0200
地址                          录入方式
```

图 12-8　页面

⑥指令字输入后，按“循环启动”键执行 MDI 指令字。

注意：运行过程中可按“复位”键、“暂停”键以及急停按钮使 MDI 指令字停止运行。

（2）子程序调用指令（M98 P...　　；等）、复合型切削循环指令（G70、G71、G72、G73、G74、G75、G76 等）在 MDI 下执行无效。

（3）数据的修改。在录入方式，程序界面下，对输入的数据进行执行前，若字段输入过程中有错，可按“CAN”键清除所有内容，再重新输入正确的数据；或者重新输入正确的部分取代错误的内容。如本例中如果由于错误输入了 X50，要修改为正确的 X100，可键入地址键 X、数字键 1、0、0 及“输入”键，则 X100 取代先前错误输入的 X50。

9. GSK980TD 常用指令介绍（如表 12-2）

表 12-2　GSK980TD 常用指令

指令名	功 能	指令名	功 能
G00	快速定位	G71	轴向粗车循环
G01	直线插补	G72	径向粗车循环
G02	顺时针圆弧插补	G73	封闭切削循环
G03	逆时针圆弧插补	G74	轴向切槽循环
G04	暂停、准停	G75	径向切槽循环
G28	自动返回机械零点	G76	多重螺纹切削循环
G32	等螺距螺纹切削	G90	轴向切削循环
G33	*Z* 轴攻丝循环	G92	螺纹切削循环
G34	变螺距螺纹切削	G94	径向切削循环
G40	取消刀尖半径补偿	G96	恒线速控制
G41	刀尖半径左补偿	G97	取消恒线速控制
G42	刀尖半径右补偿	G98	每分进给
G50	设置工件坐标系	G99	每转进给
G70	精加工循环	G65	宏指令

常用 G 指令举例：

（1）快速定位 G00。

指令格式：G00 X（U）＿ Z（W）＿；

指令功能：*X* 轴、*Z* 轴同时从起点以各自的移动速度快速到达指定位置，如图 12-9 所示。

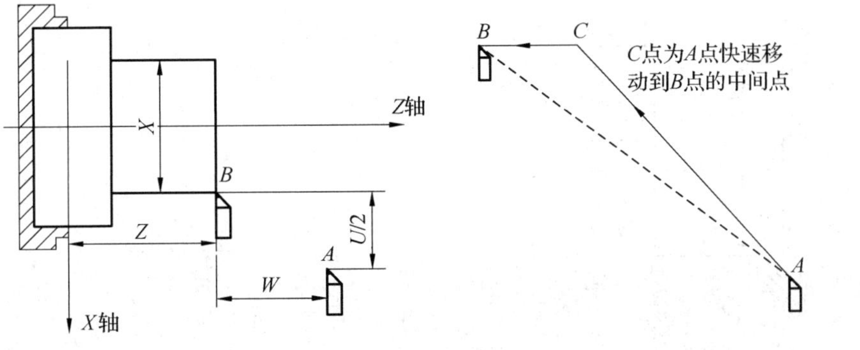

图 12-9　指令轨迹图

两轴是以各自独立的速度移动，短轴先到达终点，长轴独立移动剩下的距离，其合成轨迹不一定是直线。X 与 U、Z 与 W 在同一程序段时 X、Z 有效，U、W 无效。

示例：刀具从 *A* 点快速移动到 *B* 点，图 12-10 所示。

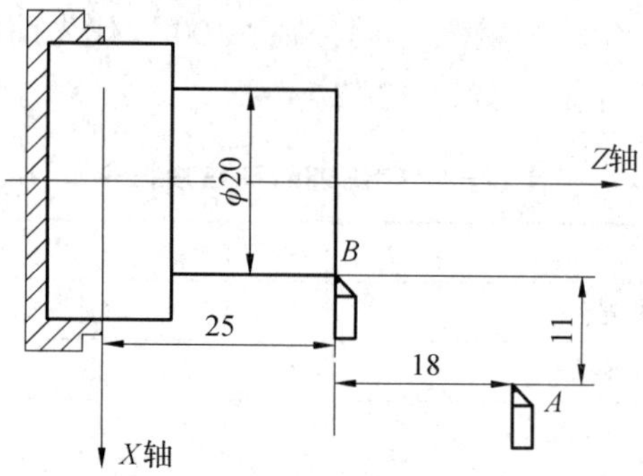

图 12-10　刀具快速从 *A* 点到 *B* 点的示例

G0 X20 Z25；(绝对坐标编程)

G0 U-22 W-18；(相对坐标编程)

G0 X20 W-18；(混合坐标编程)

G0 U-22 Z25；(混合坐标编程)

(2) 圆弧插补 G02、G03。

指令格式：

$$\left.\begin{matrix}G02\\ \\G03\end{matrix}\right\}X\ (U)\ \_\_\ Z\ (W)\ \_\_\left\{\begin{matrix}R\ \_\_\ F\ \_\_\\ \\I\ \_\_\ K\ \_\_\ F\ \_\_\end{matrix}\right.$$

指令功能：

G02 指令运动轨迹为从起点到终点的顺时针（后置刀架）/逆时针（前置刀架）圆弧，轨迹如图 12-11 所示。

G03 指令运动轨迹为从起点到终点的逆时针（后置刀架）/顺时针（前置刀架）圆弧，轨迹如图 12-12 所示。

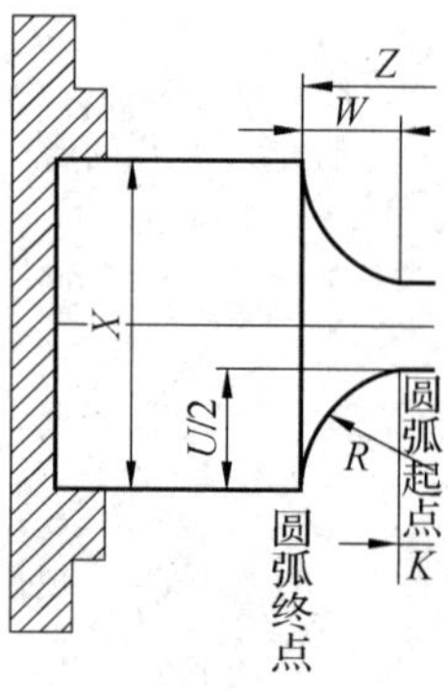

图 12-11

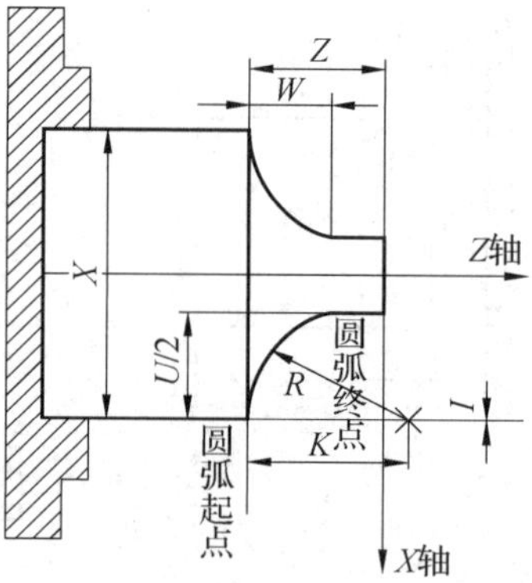

图 12-12

指令说明：

R 为圆弧半径。

I 为圆心与圆弧起点在 X 方向的差值，用半径表示。

K 为圆心与圆弧起点在 Z 方向的差值。

圆弧中心用地址 I、K 指定时，其分别对应于 X，Z 轴 I、K 表示从圆弧起点到圆心的矢量分量，是增量值；如图 12-13 所示。I=圆心坐标 X-圆弧起始点的 X 坐标；K=圆心坐标 Z-圆弧起始点的 Z 坐标；I、K 根据方向带有符号，I、K 方向与 X、Z 轴方向相同，则取正值；否则，取负值。

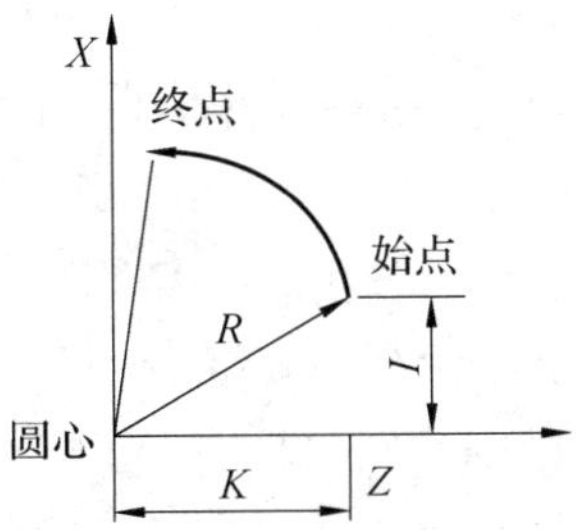

图 12-13　圆弧起终点

圆弧方向：G02/ G03 圆弧的方向定义，在前置刀架和后置刀架是相反的示例：从直径 ϕ45. 25 切削到 ϕ63. 06 的圆弧程序指令，图 12-14 所示。

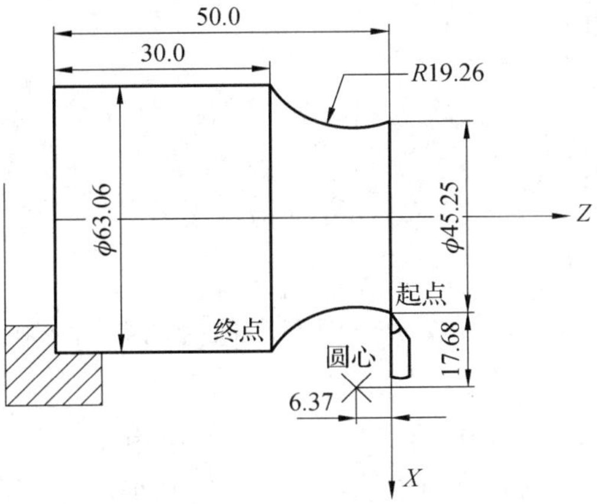

图 12-14　圆弧指令的应用示例

程序：

G02 X63. 06 Z-20. 0 R19. 26 F300；

或 G02 U17. 81 W-20. 0 R19. 26 F300；

或 G02 X63. 06 Z-20. 0 I17. 68 K-6. 37；

或 G02 U17. 81 W-20. 0 I17. 68 K-6. 37 F300。

示例：G02/G03 指令综合编程实例，如图 12-15 所示。

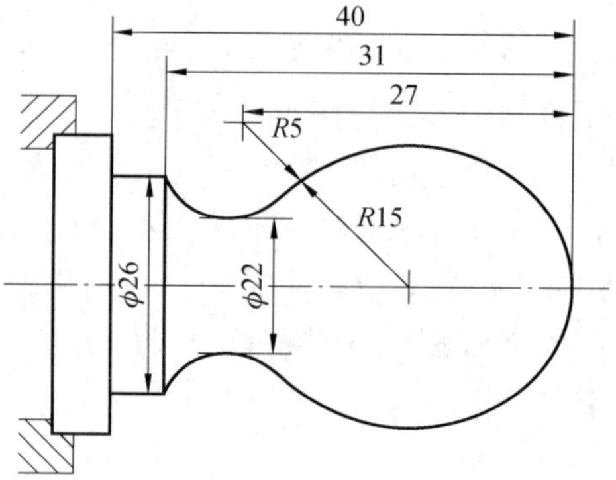

图 12-15 G02/G03 指令综合编程示例

程序：O0001

N10 M03 S200 T0101 G98；（快速定位）

N20 G0 X40 Z5；（主轴开，利用 1 号刀具）

N30 G01 X0 Z0 F100；（靠近工件）

N40 G03 U24 W-24 R15；（切削 *R*15 圆弧段）

N50 G02 X26 Z-31 R5；（切削 *R*5 圆弧段）

N60 G01 Z-40；（切削 ϕ26）

N70 G00 X40 Z5；（返回起点）

N80 M30；（程序结束）

（3）暂停指令 G04。

指令格式：G04 P __；

G04 X __；

G04 U __；

G04 指令功能：

各轴运动停止，不改变当前的 G 指令模态和保持的数据、状态，延时给定的时间后，再执行下一个程序段。

指令说明：G04 为非模态 G 指令；G04 延时时间由指令字 P __、X __或 U __指定；指令字 P __、X __或 U __指令值的时间单位，见表 12-3 所示。

表 12-3 指令值的时间单位

地址	P	U	X
单位	0.001 秒	秒	秒

注意事项：

①当 P、X、U 未输入时或 P、X、U 指定负值时，表示程序段间准确停。

②P、X、U 在同一程序段，P 有效；X、U 在同一程序段，X 有效。

③G04 指令执行中，进行进给保持的操作，当前延时的时间要执行完毕后方可暂停。

（4）返回机械零点 G28。

指令格式：G28 X（U）__ Z（W）__；

指令功能：从起点开始，以快速移动速度到达 X（U）、Z（W）指定的中间点位置后再回机械零点。

指令说明：G28 为非模态 G 指令；

X：中间点 *X* 轴的绝对坐标；

U：中间点与起点 *X* 轴绝对坐标的差值；

Z：中间点 *Z* 轴的绝对坐标；

W：中间点与起点 *Z* 轴绝对坐标的差值。

指令动作过程（如图 12-16）：

①快速从当前位置定位到指令轴的中间点位置（*A* 点→*B* 点）；

②快速从中间点定位到参考点（*B* 点→*R* 点）；

③若非机床锁住状态，返回参考点完毕时，回零灯亮。

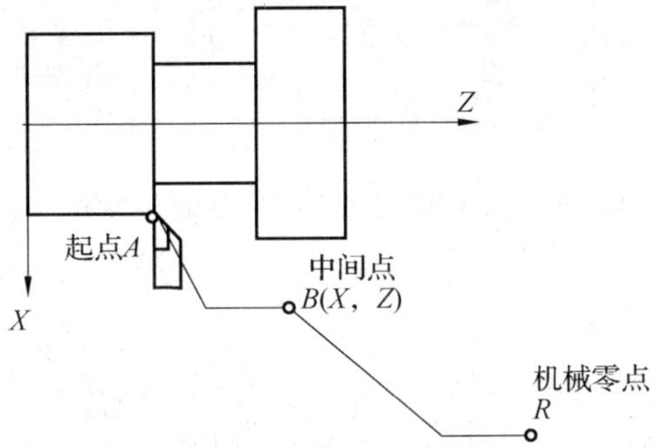

图 12-16　G28 指令动作过程示例

注意：执行 G28 指令回机械零点操作后，系统取消刀具长度补偿。

（5）工件坐标系设定 G50。

指令格式：G50 X（U）　Z（W）；

指令功能：设置当前位置的绝对坐标，通过设置当前位置的绝对坐标在系统中建立工件坐标系（也称浮-动坐标系）。工件坐标系建立后，绝对坐标编程按这个坐标系输入坐标值，直至再次执行 G50 建立新的工件坐标系。

（6）固定循环指令。

单一固定循环，为了简化编程，GSK980TD 提供了只用一个程序段完成快速移动定位、直线/螺纹切削、最后快速移动返回起点的单次加工循环的 G 指令：

①轴向切削循环 G90。

指令格式：G90 X（U）__ Z（W）__ F __；（圆柱切削）

G90 X（U）__ Z（W）__ R __ F __；（圆锥切削）

指令功能：从切削点开始，进行径向（*X* 轴）进刀、轴向（*Z* 轴或 *X*、*Z* 轴同时）切削，实现圆柱面或圆锥面切削循环。

X：切削终点 X 轴绝对坐标，单位：mm；

U：切削终点与起点 X 轴绝对坐标的差值，单位：mm；

Z：切削终点 Z 轴绝对坐标，单位：mm；

W：切削终点与起点 Z 轴绝对坐标的差值，单位：mm；

R：切削起点与切削终点 X 轴绝对坐标的差值（半径值），带方向，当 R 与 U 的符号不一致时，要求 $|R| \leqslant |U/2|$；R=0 或缺省输入时，进行圆柱切削，如图 12-17，否则进行圆锥切削，如图 12-18，单位：mm。

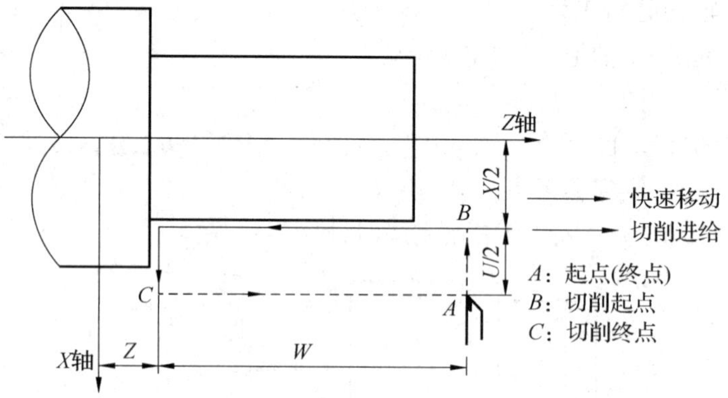

图 12-17　G90 进行圆柱切削的路线示例

循环过程：

a. X 轴从起点快速移动到切削起点；

b. 从切削起点直线插补（切削进给）到切削终点；

c. X 轴以切削进给速度退刀，返回到 X 轴绝对坐标与起点相同处；

d. Z 轴快速移动返回到起点，循环结束。

示例：G90 进行圆锥切削的路线，如图 12-18，毛坯 $\phi125\times110$。

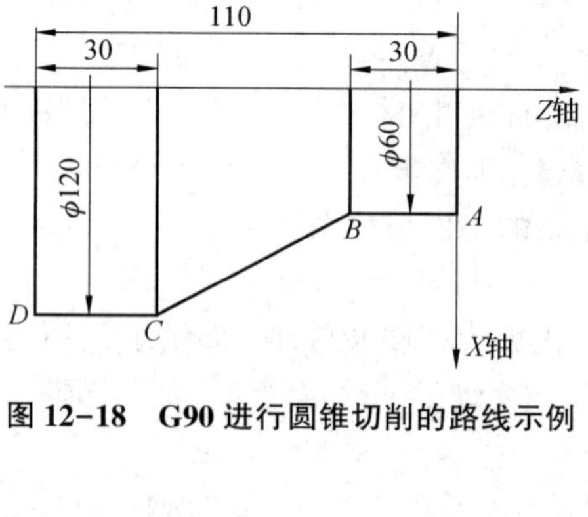

图 12-18　G90 进行圆锥切削的路线示例

程序：O0002；

N10 M03 S500 T0101 G98；

N20 G00 X130 Z3；

N30 G90 X120 Z-110 F120；（$A \to D$，$\phi 120$ 切削）

N40 X110 Z-30；

N50 X100；

N60 X90；

N70 X80；　　　（从 N40 到 N90　$A \to B$，$\phi 60$ 切削，分六次进刀循环，每次切削 10 mm）

N80 X70；

N90 X60；

N100 G0 X120 Z-30；

N110 G90 X120 Z-38 R-5.5 F150；

N120 Z-46 R-10；

N130 Z-62 R-15；（$B \to C$，锥度切削，分四次进刀循环加工）

N140 Z-71 R-25；

N150 M30；

②径向切削循环 G94。

指令格式：G94 X（U）__ Z（W）__ F __；（端面切削）

G94 X（U）__ Z（W）__ R __ F __；（锥度端面切削）

指令功能：从切削点开始，轴向（Z 轴）进刀、径向（X 轴或 X、Z 轴同时）切削，实现端面或锥面切削循环，指令的起点和终点相同。

指令说明：

X：切削终点 X 轴绝对坐标，单位：mm；

U：切削终点与起点 X 轴绝对坐标的差值，单位：mm；

Z：切削终点 Z 轴绝对坐标，单位：mm；

W：切削终点与起点 Z 轴绝对坐标的差值，单位：mm；

R：切削起点与切削终点 Z 轴绝对坐标的差值，当 R 与 U 的符号不同时，要求 $|R| \leq |W|$，径向直线切削如图 12-19，径向锥度切削如图 12-20，单位：mm。

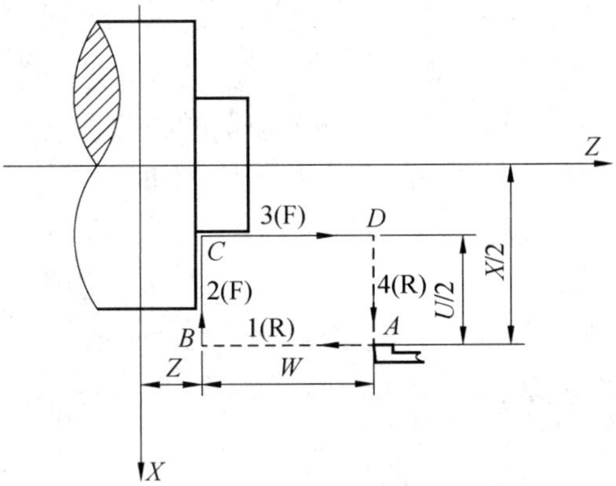

图 12-19　G94 圆柱切削路线

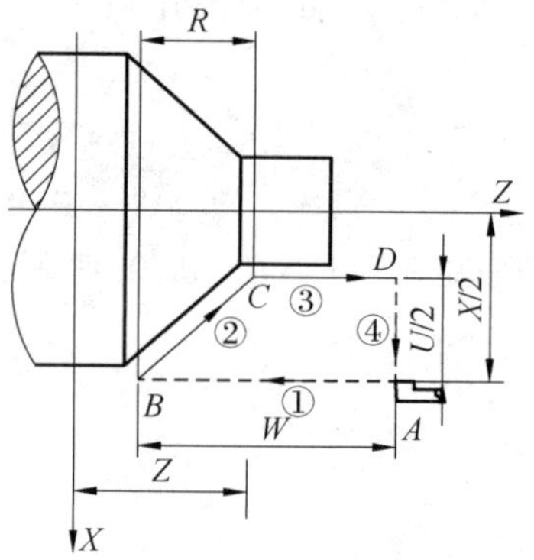

图 12-20　G94 径向锥度切削

多重循环指令，GSK980TD 的多重循环指令包括：轴向粗车循环 G71、径向粗车循环 G72、封闭切削循环 G73、精加工循环 G70、轴向切槽多重循环 G74、径向切槽多重循环 G75 及多重螺纹切削循环 G76。系统执行这些指令时，根据编程轨迹、进刀量、退刀量等数据自动计算切削次数和切削轨迹，进行多次进刀→切削→退刀→再进刀的加工循环，自动完成工件毛坯的粗、精加工，指令的起点和终点相同。G76 多重螺纹切削循环指令在螺纹功能一节中讲述。

③轴向粗车循环 G71。

指令格式：G71 U（△d）R（△e）F　S　T；(1)

　　　　　G71 P（ns）Q（nf）U（△u）W（△w）；(2)

```
N (ns) ...  ┐
...;        │
...F;       │
...S;       ├ (3)
...  .      │
N (nf) ...; ┘
```

指令意义：G71 指令分为三部分：

a. 给定粗车时的切削量、退刀量和切削速度、主轴转速、刀具功能程序段；

b. 给定定义精车轨迹的程序段区间、精车余量的程序段；

c. 定义精车轨迹的若干连续的程序段，执行 G71 时，这些程序段仅用于计算粗车的轨迹，实际并未被执行。系统根据精车轨迹、精车余量、进刀量、退刀量等数据自动计算粗加工路线，沿与 Z 轴平行的方向切削，通过多次进刀→切削→退刀的切削循环完成工件的粗加工。G71 的起点和终点相同。切削路线如图 12-21 所示。

△d：粗车时 X 轴的切削量；

△e：粗车时 X 轴的退刀量；

ns：精车轨迹的第一个程序段的程序段号；

nf：精车轨迹的最后一个程序段的程序段号；

△u：*X* 轴的精加工余量；

△w：*Z* 轴的精加工余量；

M、S、T、F：可在第一个 G71 指令或第二个 G71 指令中，也可在 ns～nf 程序中指定。在 G71 循环中，ns～nf 间程序段号的 M、S、T、F 功能都无效，仅在有 G70 精车循环的程序段中才有效。

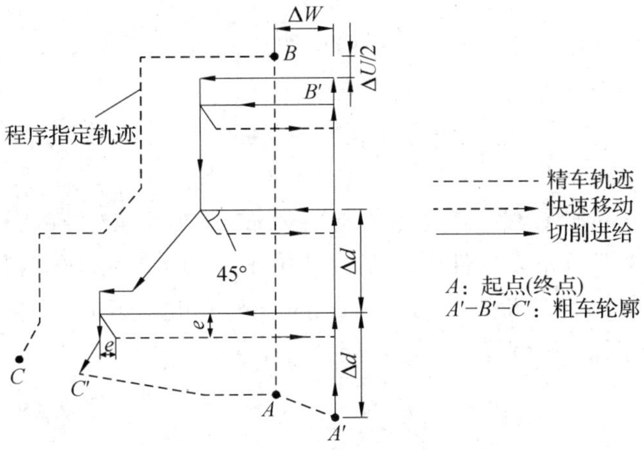

图 12-21　G71 的切削路线

例 12-1　材料为 ϕ102×200 的 45 号钢，如图 12-22 所示。

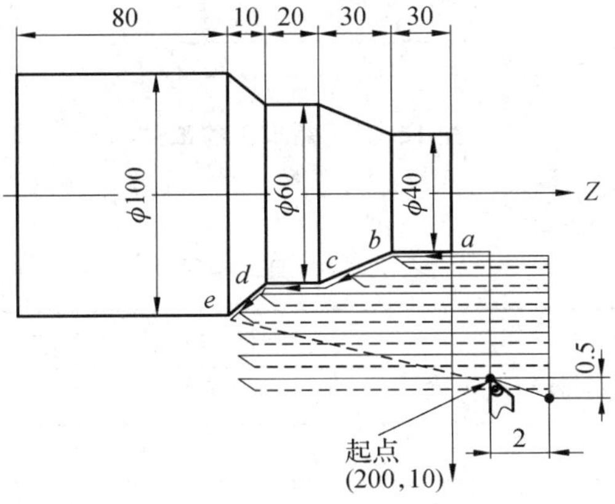

图 12-22　G71 的切削路线及用法示例

程序：O0004；

N10 M03 S800 T0101 G98；

N20 G00 X105 Z100；　（主轴正转，转速 800 转/分）

N30 G71 U2 R1 F200；　（每次切深 2 mm［半径值］，退刀量 1 mm［半径值］）

N40 G71 P50 Q100 U0. 5 W0. 2 F150；（对 *a*→*e* 粗车加工，精加工余量 *X* 方向 0. 5 mm［直径］，*Z* 方向余量 0. 2 mm）

N50 G00 X40 S1200；（定位）
N60 G01 Z0；
N70 G01 Z-30 F100；（$a \to b$）
N80 X60 W-30；（$b \to c$）
N90 W-20；（$c \to d$）
N100 X100 W-10；（$d \to e$）
（以上 N50～N100 为：精加工路线 $a \to b \to c \to d \to e$ 程序段）
N110 G70 P50 Q100；　（对 $a \to e$ 精车加工）
N120 G00 X100 Z100；　（退刀安全位置）
N120 M30；　（程序结束）

例 12-2　如图 12-23 所示。

（1）需加工的工件如图 12-23 所示，材料为 $\phi 25 \times 70$ 的 45 号钢。

（2）要求使用 3 把刀完成零件的加工，其中 1 号刀为粗车 90°外圆车刀，2 号刀是精车 90°外圆车刀，3 号刀为切断刀（刀宽为 3 mm，对刀时对刀的右边点）。

（3）请编写粗精车加工程序。

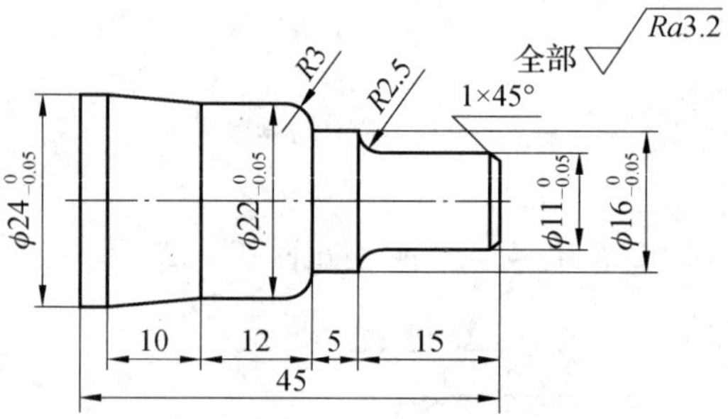

图 12-23　需加工的工件

表 12-4　加工程序

序号	程序内容
N10	T0101 S560 M03 G98 粗加工刀具
N20	G0 X70 Z100
N30	G0 X25 Z3
N40	G71 U1 R0. 5
N50	G71 P60 Q160 U0. 5 W0. 2 F150
N60	G0 X0
N70	G1 Z0 F100
N80	X9
N90	X10. 975 W-1
N100	Z-12. 5

续表12-4

序号	程序内容
N110	G2 X15.975 Z-15 R2.5
N120	G1 Z-20
N130	G3 X21.975 Z-23 R3
N140	G1 Z-32
N150	X23.975 Z-42
N160	Z-49
N170	G0 X100 Z100 M5
N180	M00
N190	T0202 S1120 M3　　精加工刀具
N200	G0 X25 Z3
N210	G70 P60 Q160
N220	G0 X100 Z100
N230	T0303 S200　　切断刀具，左侧对刀
N240	G0 X25 Z-48　　刀宽度 3 mm
N250	G1 X14 F20
N260	G0 X25
N270	G1 X7 F20
N280	G0 X25
N290	G1 X4 F20
N300	G1 X-2′
N310	G0 X100
N320	Z100
N330	M5
N340	M30

④径向粗车循环 G72。

指令格式：G72 W（△d）R（△e）F　S　T；　　(1)

G72 P（ns）Q（nf）U（△u）W（△w）；　　(2)

N（ns）...；
...；
...F；
...S；
...；
N（nf）...；　　(3)

指令意义：G72 指令分为三部分：

a. 给定粗车时的切削量、退刀量和切削速度、主轴转速、刀具功能的程序段；

b. 给定定义精车轨迹的程序段区间、精车余量的程序段；

c. 定义精车轨迹的若干连续的程序段，执行 G72 时，这些程序仅用于计算粗车的轨迹，实际并未被执行。系统根据精车轨迹、精车余量、进刀量、退刀量等数据自动计算粗加工路线，沿与 *Z* 轴平行的方向切削，通过多次进刀→切削→退刀的切削循环完成工件的粗加工，G72 的起点和终点相同。如图 12-24 所示。

△d：粗车时 *Z* 轴的切削量；

△e：粗车时 *Z* 轴的退刀量；

ns：精车轨迹的第一个程序段的程序段号，精加工轨迹的第一段（ns 程序段）只能是 Z 轴的快速移动或切削进给；

nf：精车轨迹的最后一个程序段的程序段号；

△u：粗车时 *X* 轴留出的精加工余量；

△w：粗车时 *Z* 轴留出的精加工余量；

M、S、T、F：可在第一个 G72 指令或第二个 G72 指令中，也可在 ns～nf 程序中指定。在 G72 循环中，ns～nf 间程序段号的 M、S、T、F 功能都无效，仅在有 G70 精车循环的程序段中才有效。

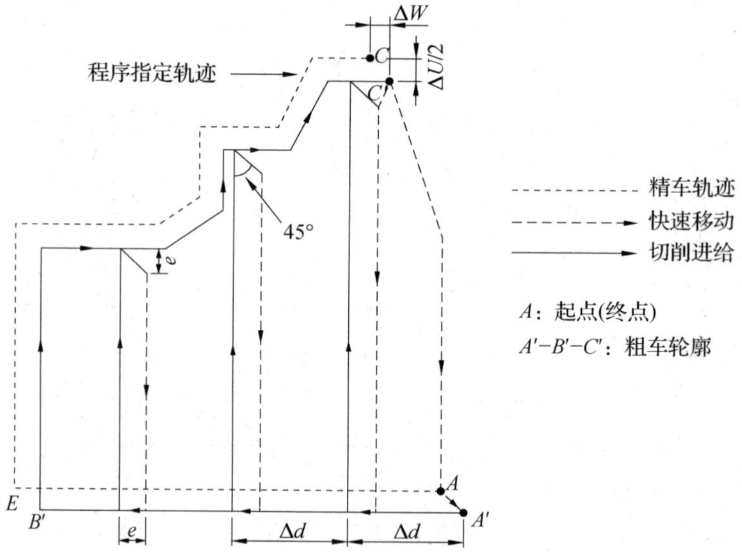

图 12-24　轮廓轨迹

例 12-3　材料为 $\phi162\times100$ 的 45 号钢，如图 12-25 所示。

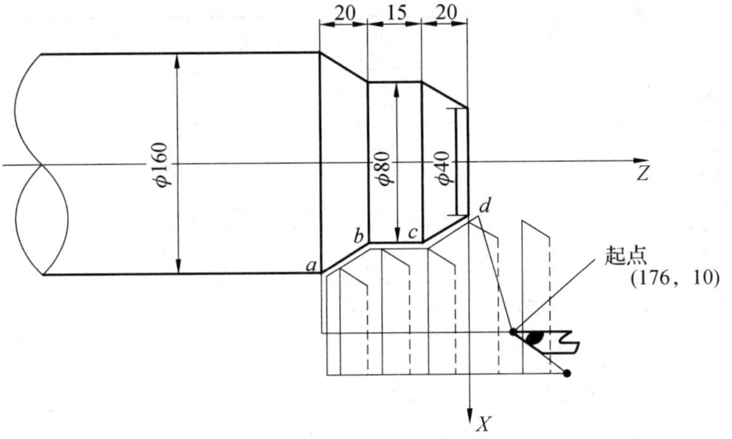

图 12-25　G72 的切削路线及用法

程序：O0005；

N10 G00 X176 Z10；（主轴正转，转速 500 r/min）

N20 T0202 M03 S500；（换 2 号刀，执行 2 号刀补）

N30 G72 W2.0 R0.5 F50；（进刀量 2 mm，退刀量 0.5 mm）

N40 G72 P40 Q80 U0.2 W0.1；（对 $a\to d$ 粗车，X 留 0.2 mm，Z 留 0.1 mm 余量）

N50 G00 Z-55 S800；（快速移动）

N60 G01 X160 F30；（进刀至 a 点）

N70 X80 W20；（加工 a—b）

N80 W15；（加工 b—c）

N90 X40 W20；（加工 c—d）

N100 G70 P50 Q90；（精加工 a—d）

（N50～N100：精加工路线程序段）

N110 G00 X100 Z100；

N110 M30；

例 12-4　材料为 $\phi25\times70$ 的 45 号钢，如图 12-26 所示。

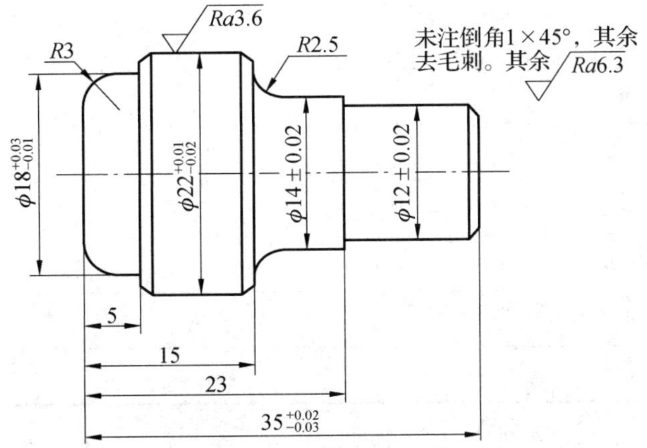

图 12-26　G72 的用法示例

表 12-5　程序内容

序号	程序内容
N10	G0 X100 Z100
N20	T0101 S560 M3
N30	G0 X25 Z3
N40	G71 U1 R0.5
N50	G71 P60 Q160 U0.5 F150
N60	G0 X0
N70	G1 Z0 F80
N80	X10
N90	X12 Z-1
N100	Z-12
N110	X13
N120	X14 W-0.5
N130	Z-17.5
N140	G2 X19 Z-20 R2.5
N145	G1 X20
N150	G1 X22 W-1
N160	Z-39
N170	G0 X100 Z100 M5
N180	M00
N190	T0202 S1120 M3
N200	G0 X25 Z3
N210	G70 P60 Q160
N220	G0 X100 Z100
N230	T0303 S200　　切断刀（6 mm）
N240	G0 X23 Z-39
N250	G1 X12　F20
N260	G0 X100

续表12-5

序号	程序内容
N270	Z100
N280	T0202 S500 G00 X23 Z2
N290	G72 W1 R0.5
N300	G72 P300 Q350 U0.5 F50
N310	G0 Z-29
N320	G1 X22 F30
N330	X20 W-1
N340	X18
N350	Z-32
N355	G3 X12 Z-35 R3
N360	G70 P300 Q350 S1000
N370	G0 X100 Z100
N380	T0303 S200
N390	G0 X23 Z-39
N400	G1 X-2 F20
N410	G0 X100 Z100
N420	M30

⑤封闭切削循环 G73。

指令格式：G73 U（Δi）W（Δk）R（d）F　S　T；(1)

G73 P（ns）Q（nf）U（Δu）W（Δw）；　　　(2)

N（ns）...
...;
...F;
...S;
...;
N（nf）...;　(3)

Δi：*X* 轴粗车退刀量（单位：mm，半径值）；

Δk：*Z* 轴粗车退刀量（单位：mm）；

d：切削的次数，*R*5 表示 5 次切削完成封闭切削循环；

ns：精车轨迹的第一个程序段的程序段号；

nf：精车轨迹的最后一个程序段的程序段号；

Δu：X 轴的精加工余量；

Δw：Z 轴的精加工余量；

M、S、T、F：指令字可在第一个 G73 指令或第二个 G73 指令中，也可在 ns～nf 程序中指定。在 G73 循环中，ns～nf 间程序段号的 M、S、T、F 功能都无效，仅在有 G70 精车循环的程序段中才有效。

例 12-5 材料为 ϕ185×150 的 45 号钢，如图 12-27 所示。

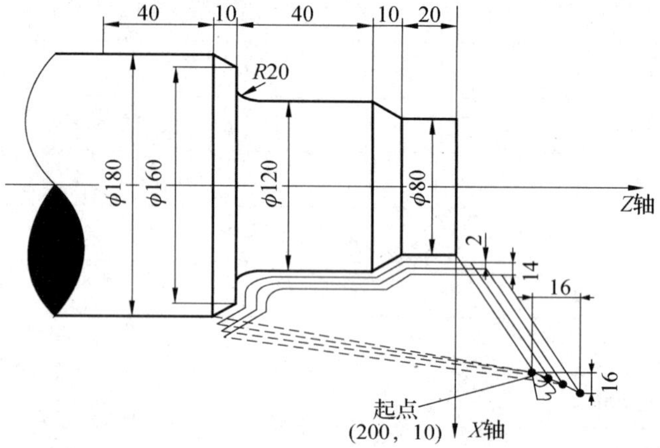

图 12-27 G73 的切削路线及用法

程序：O0006；

N10 T0101 M03 S500；

N15 G00 X182 Z2 ；（指定每转进给，定位起点，启动主轴）

N20 G73 U20 W1. 0 R10 ；

N30 G73 P40 Q90 U0. 5 W0. 3 F0. 3 ；（粗车，*X* 轴留 0. 5 mm，*Z* 轴留 0. 3 mm 精车余量）

N40 G00 X80 Z0 ；

N50 G01 W-20 F0. 15 S600 ；

N60 X120 W-10 ；

N70 W-20 ；

N80 G02 X160 W-20 R20 ；（N40 到 N90 为精加工形状程序段）

N90 G01 X180 W-10 ；

N100 G70 P40 Q90；（精加工）

N110 G00 X100 Z100；

N120 M30；

例 12-6　材料为 $\phi30\times150$ 的 45 号钢，如图 12-28 所示。

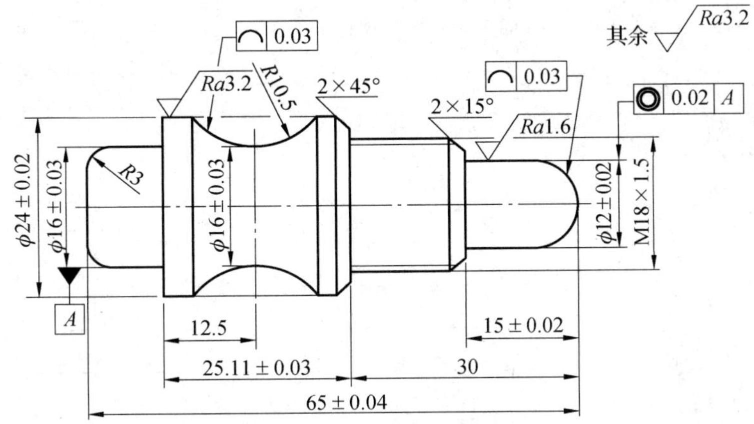

图 12-28　G73 的用法示例

表 12-6　程序内容

序号	O1224;
N10	G0 X100 Z100;
N20	T0101 S560 M3;
N30	G0 X25 Z3 M8;
N40	G71 U1 R0. 5;
N50	G71 P60 Q150 U0. 5 F150;
N60	G0 X0;
N70	G1 Z0 F80;
N80	G03 X12 Z-6 R6;
N90	G1 Z-15;
N100	X14;
N110	X17. 8 W-2;
N120	Z-30;
N130	X20;
N140	X24 W-2;
N150	Z-69;
N160	G0 X100 Z100 M5;
N170	M00;
N180	T0202 S1120 M3;
N190	G0 X25 Z3;
N200	G70 P60 Q150;
N210	G0 X100 Z100;

续表12-6

序号	O1224;
N220	T0404 S200;
N230	G0 X18.5 Z-13;
N240	G92 X17.5 Z-30 F1.5;
N250	X17.3;
N260	X17.1;
N270	X16.9;
N280	X16.8;
N290	X16.7;
N300	X16.5;
N310	X16.45;
N320	X16.4;
N330	X16.35;
N340	X16.35;
N350	G0 X100 Z100;
N360	T0101 S500;
N365	G00 X25 Z-34.364;
N370	G73 U4 R6;
N380	G73 P390 Q400 U0.5 F120;
N390	G1 X24 F30;
N400	G2 X24 Z-50.856 R10.5;
N410	G70 P390 Q400;
N420	G0 X100 Z100;
N430	T0303 S260;切断刀(4 mm)
N440	G0 X24.5 Z-65.5;
N450	G1 X10 F20;
N460	G0 X100 Z100;
N470	T0101;
N475	G00 X30 Z2;
N480	G72 W1 R0.5;
N490	G72 P500 Q550 U0.5 F50;
N500	G0 Z-54.61;
N510	G1 X24 F30;
N520	X23 W-0.5;
N530	X16;
N540	Z-62;

续表12-6

序号	O1224；
N550	G3 X10 Z-65 R3；
N570	G70 P500 Q550 ；
N575	G0 X100 Z100；
N576	T0303 S200；
N578	G0 X32 Z-69；
N580	G1 X-1 F20；
N590	G0 X100 ；
N600	Z100；
N610	M5；
N620	M30；

⑥ 精加工循环 G70。

指令格式：G70 P（ns）Q（nf）；

指令功能：刀具从起点位置沿着 ns～nf 程序段给出的工件精加工轨迹进行精加工。在 G71、G72 或 G73 进行粗加工后，用 G70 指令进行精车，单次完成精加工余量的切削。G70 循环结束时，刀具返回到起点并执行 G70 程序段后的下一个程序段。

其中：

ns：精车轨迹的第一个程序段的程序段号；

nf：精车轨迹的最后一个程序段的程序段号。

⑦轴向切槽多重循环 G74。

指令格式：G74 R（e）；

G74 X（U）Z（W）P（Δi）Q（Δk）R（Δd）F；

⑧径向切槽多重循环 G75。

指令格式：G75 R（e）；

G75X（U）Z（W）P（Δi）Q（Δk）R（Δd）F；

R（e）：每次径向（*X* 轴）进刀后的径向退刀量；

X：切削终点 *Bf* 的 *X* 轴绝对坐标值（单位：mm）；

U：切削终点 *Bf* 与起点 *A* 的 *X* 轴绝对坐标的差值（单位：mm）；

Z：切削终点 *Bf* 的 *Z* 轴的绝对坐标值（单位：mm）；

W：切削终点 *Bf* 与起点 *A* 的 *Z* 轴绝对坐标的差值（单位：mm）；

P（Δi）：径向（*X* 轴）进刀时，*X* 轴断续进刀的进刀量；

Q（Δk）：单次径向切削循环的轴向（*Z* 轴）进刀量；

R（Δd）：切削至径向切削终点后，轴向（*Z* 轴）的退刀量（单位：mm）省略 R（Δd）时，系统默认径向切削终点后，轴向（*Z* 轴）的退刀量为 0。（切槽时常省略）

例 12-7

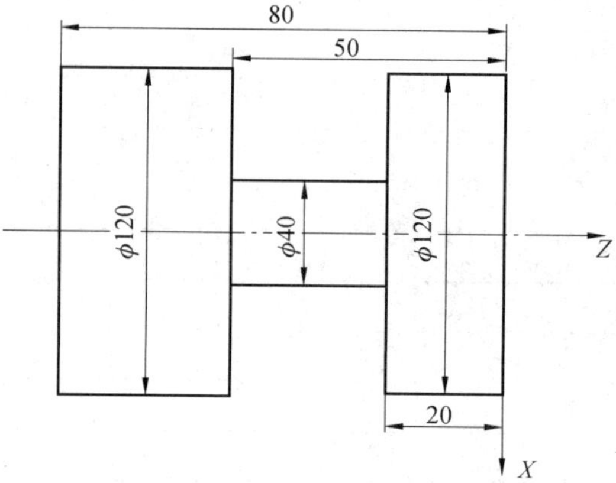

图 12-29　G75 的应用举例

程序：O0008；

N10 M3 S500 T0101；	（启动主轴，置转速 500 刀具宽度 4 mm）
N20 G0 X125 Z-20；	（定位到加工起点）
N25 M08；	（冷却液打开）
N30 G75 R0.5；	（加工循环）
N50 G75 X40 Z-50 P3000 Q3000 F50；	（*X* 轴每次进刀 3 mm，退刀 0.5 mm，进给到终点 X40 后，快速返回到起点 X125，*Z* 轴进刀 3 mm，循环以上步骤继续运行）
N60 G0 X150 Z50；	（返回到加工起点）
N65 M09；	（冷却液关闭）
N70 M30；	（程序结束）

螺纹切削指令

GSK980TD 具有多种螺纹切削功能，可加工英制/公制的单头、多头、变螺距螺纹与攻丝循环，螺纹退尾长度、角度可变，多重循环螺纹切削可单边切削，保护刀具，提高表面光洁度。螺纹功能包括：连续螺纹切削指令 G32、变螺距螺纹切削指令 G34、攻丝循环切削指令 G33、螺纹循环切削指令 G92、螺纹多重循环切削指令 G76。

使用螺纹切削功能机床必须安装主轴编码器，切削螺纹时，系统收到主轴编码器一转信号才移动 X 轴或 Z 轴，开始螺纹加工，因此只要不改变主轴转速，可以分粗车、精车多次切削完成同一螺纹的加工。

⑨等螺距螺纹切削指令 G32。

指令格式：G32 X（U）_ Z（W）_ F（I）_ J_ K_ Q_

F：公制螺纹螺距，为主轴转一圈长轴的移动量，F 指令值执行后保持有效，直至再次执行给定螺纹螺距的 F 指令字。

I：每英寸螺纹的牙数。

J：螺纹退尾时在短轴方向的移动量（退尾量）。

K：螺纹退尾时在长轴方向的长度。

Q：起始角，指主轴一转信号与螺纹切削起点的偏移角度。

示例：螺纹螺距：2 mm。$\delta 1 = 3$ mm，$\delta 2 = 2$ mm，总切深 2 mm，分两次切入，如图 12-30 所示。

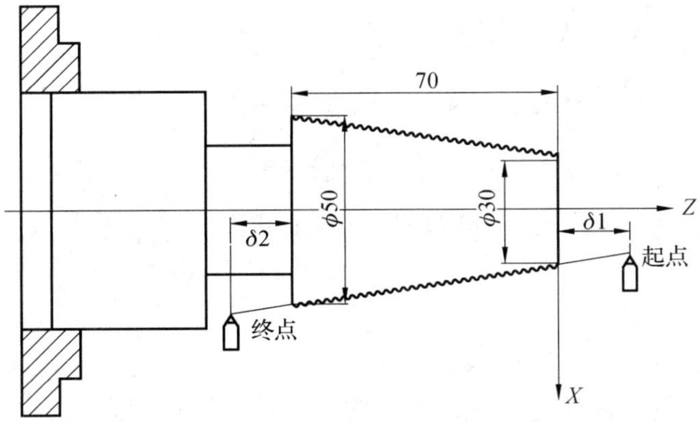

图 12-30　锥螺纹加工

程序：O0009；

N05 M03 S300 T0101 M08；

N10 G00 X28 Z3；　　　　　（第一次切入 1 mm）

N20 G32 X48 W-75 F2.0；　　（锥螺纹第一次切削）

N30 G00 X55；　　　　　　（刀具退出）

N40 W75；　　　　　　　　（Z 轴回起点）

N50 X26.975；　　　　　　（第二次再进刀 0.5 mm）

N60 G32 X47.435 W-75 F2.0；（锥螺纹第二次切削）

N70 G00 X55；　　　　　　（刀具退出）

N80 W75；　　　　　　　　（Z 轴回起点）

N90 M30；

⑩变螺距螺纹切削指令 G34。

指令格式：G34 X（U）__ Z（W）__ F（I）__ J __ K __ R __；

指令说明：G34 为模态 G 指令；

X（U）、Z（W）、J、K 的意义与 G32 一致；

F：从起点坐标值开始的第一个螺距的公制螺纹，取值范围 0.001～500 mm；

I：从起点坐标值开始的第一个螺距的英制螺纹，取值范围 0.06～25 400 牙/英寸；

R：主轴每转螺距的增量值或减量值，R=I1-I2，R 带有方向；I1>I2 时，R 为负值时螺距递减；I1<I2 时，R 为正值时螺距递增；

R 值的范围：±0.001~±500.000 毫米/螺距（公制螺纹）；±0.060~±25 400 牙/英寸（英制螺纹）。

当 R 值超过上述范围值和因 R 的增加/减小使螺距超过允许值或螺距出现负值时产生报警，如图 12-31 所示。

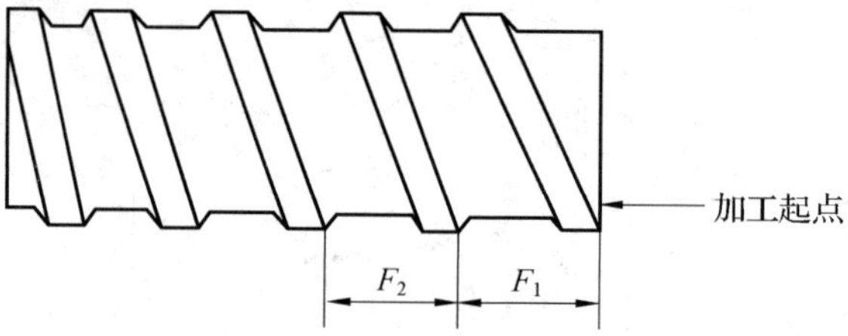

图 12-31　G34 的用法

⑪Z 轴攻丝循环 G33。

指令格式：G33 Z（W）__ F（I）__ L __；

指令功能：刀具的运动轨迹是从起点到终点，再从终点回到起点。运动过程中主轴每转一圈 Z 轴移动一个螺距，与丝锥的螺距始终保持一致，在工件内孔形成一条螺旋切槽，可一次切削完成内孔的螺纹加工。

指令说明：G33 为模态 G 指令；

Z（W）：不输入 Z 或 W 时，起点和终点的 Z 坐标值相同，不进行螺纹切削；

F：公制螺纹螺距，取值范围 0.001~500 mm；

I：每英寸螺纹的牙数，取值范围 0.06~25 400 牙/英寸；

L：多头螺纹的头数，取值范围 1~99，省略 L 时默认为 1 头。

程序示例：螺纹 M10×1.5，如图 12-32 所示。

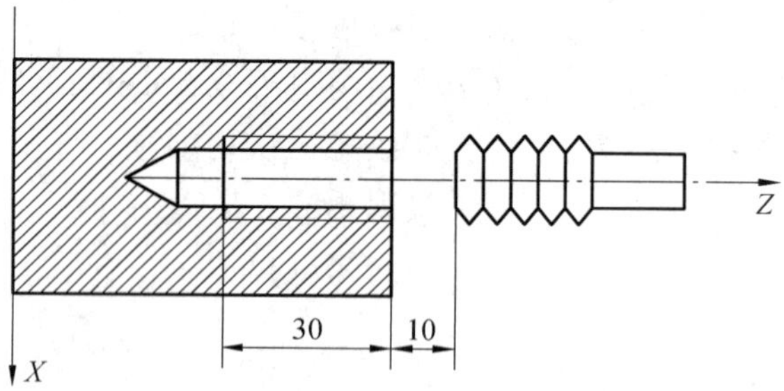

图 12-32　G33 的用法

程序：O0011；

N05 M03 S200 T0101 M08；　　　启动主轴

N10 G00 Z90 X0；

N20 G33 Z-35 F1.5；　　　攻丝循环

N30 M03；　　　再启动主轴

N35 G33 Z-35 F1.5;　　　　　　继续加工

N40 G00 X100 Z100;

N50 M30

注意：

攻牙前应根据丝锥的旋向来确定主轴旋转方向，攻牙结束后主轴将停止转动，如需继续加工则需要重新启动主轴。

⑫螺纹切削循环 G92，如图 12-33 所示。

指令格式：

G92 X（U）_ Z（W）_ F_ J_ K_ L;（公制直螺纹切削循环）

G92 X（U）_ Z（W）_ I_ J_ K_ L;（英制直螺纹切削循环）

G92 X（U）_ Z（W）_ R_ F_ J_ K_ L;（公制锥螺纹切削循环）

G92 X（U）_ Z（W）_ R_ I_ J_ K_ L;（英制锥螺纹切削循环）

指令说明：

G92 为模态 G 指令；G92 指令可以分多次进刀完成一个螺纹的加工，但不能实现 2 个连续螺纹的加工，也不能加工端面螺纹；G92 指令螺纹螺距的定义与 G32 一致，螺距是指主轴转一圈长轴的位移量（*X* 轴位移量按半径值）；

X：切削终点 *X* 轴绝对坐标，单位：mm；

U：切削终点与起点 *X* 轴绝对坐标的差值，单位：mm；

Z：切削终点 *Z* 轴绝对坐标，单位：mm；

W：切削终点与起点 *Z* 轴绝对坐标的差值，单位：mm；

R：切削起点与切削终点 *X* 轴绝对坐标的差值（半径值），单位：mm；

F：公制螺纹螺距；

I：英制螺纹每英寸牙数；

J：螺纹退尾时在短轴方向的移动量；

K：螺纹退尾时在长轴方向的长度；

L：多头螺纹的头数。

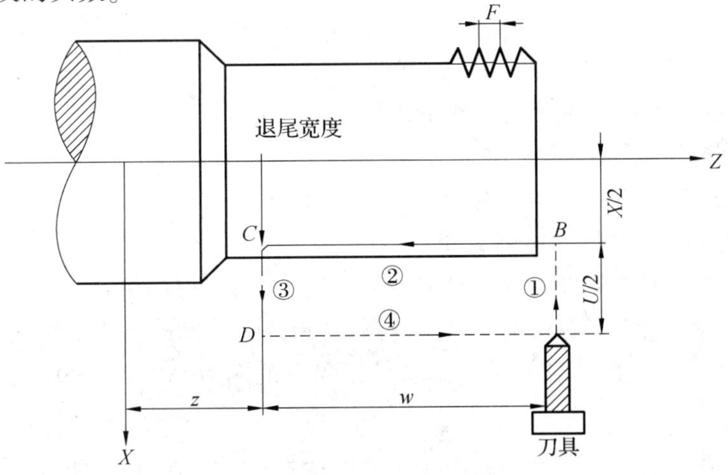

图 12-33　G92 的用法

示例：如图 12-34 所示。

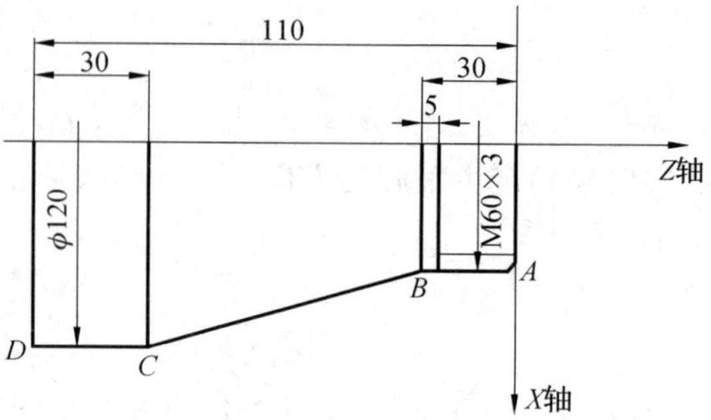

图 12-34　G92 的应用举例

程序：O0012;

N05 G0 X150 Z50;

N10 M3 S300;

N15 T0101 M08;　　　　　　（螺纹刀）

N20 G0 X65 Z5;　　　　　　（快速定位）

N30 G92 X58.7 Z-28 F3 J3 K1;（加工螺纹，分 4 刀切削，第一次进刀 1.3 mm）

N40 X57.7;　　　　　　　　（第二次进刀 1 mm）

N50 X57;　　　　　　　　　（第三次进刀 0.7 mm）

N60 X56.9;　　　　　　　　（第四次进刀 0.1 mm）

N65 G00 X100 Z100;

N67 M05;

N68 M09;

N70 M30;

⑬多重螺纹切削循环 G76，如图 12-35 所示。

指令格式：G76 P（m）（r）（a）Q（△dmin）R（d）;

G76 X（U）Z（W）R（i）P（k）Q（△d）F　I;

X：螺纹终点 X 轴绝对坐标，单位：mm;

U：螺纹终点与起点 X 轴绝对坐标的差值，单位：mm;

Z：螺纹终点 Z 轴的绝对坐标值，单位：mm;

W：螺纹终点与起点 Z 轴绝对坐标的差值，单位：mm;

P（m）：螺纹精车次数 00~99，单位：次;

P（r）：螺纹退尾长度 00~99，单位：0.1×L，L 为螺纹螺距;

P（a）：相邻两牙螺纹的夹角，取值范围为 00~99，单位：度（°）;

Q（△dmin）：螺纹粗车时的最小切削量，取值范围为 00~99 999，单位：0.001 mm，无符号，半径值;

R（d）：螺纹精车的切削量，取值范围为 00~99.999，单位：mm，无符号，半径值;

R（i）：螺纹锥度，螺纹起点与螺纹终点 X 轴绝对坐标的差值，单位：mm，半径值；
P（k）：螺纹牙高，螺纹总切削深度，单位：0.001 mm，半径值、无符号；
Q（△d）：第一次螺纹切削深度，单位：0.001 mm，半径值、无符号；
F：公制螺纹螺距，取值范围为 0.001～500 mm；
I：英制螺纹每英寸的螺纹牙数，取值范围为 0.06～25 400 牙/英寸。
示例：螺纹为 M68×6。

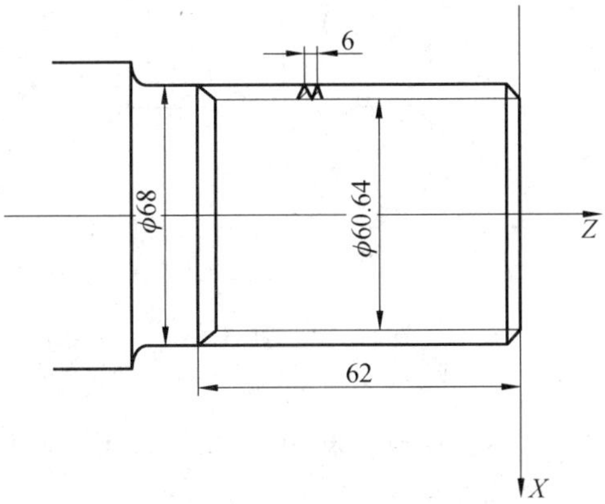

图 12-35　G76 的用法

程序：O0013；
N10 G50 X100 Z50 M3 S300；　　(设置工件坐标系启动主轴，指定转速)
N15 T0101；　　(螺纹刀)
N20 G00 X80 Z10；　　(快速移动到加工起点)
N30 G76 P020560 Q150 R0.1；　　(精加工重复次数 2，倒角宽度 0.5 mm，刀具角度 60°，最小切入深度 0.15，精车余量 0.2)
N40 G76 X60.64 Z-62 P3680 Q1800 F6；(螺纹牙高 3.68，第一螺纹切削深度 1.8)
N50 G00 X100 Z100；　　(返回程序起点)
N60 M30；　　(程序结束)

⑭恒线速控制 G96、恒转速控制 G97。
指令格式：G96 Sxxxx；(S0000～S9999，前导零可省略)
指令功能：恒线速控制有效、给定切削线速度（米/分），取消恒转速控制。
指令格式：G97 Sxxxx；(S0000～S9999，前导零可省略)
指令功能：取消恒线速控制、恒转速控制有效，给定主轴转速（转/分）。
⑮每分钟进给 G98、每转进给 G99。
指令格式：G98 Fxxxx；(F0001～F8000，前导零可省略，给定每分进给速度，毫米/分)
指令功能：以毫米/分为单位给定切削进给速度，G98 为模态 G 指令。
指令格式：G99 Fxxxx；(F0.0001～F500，前导零可省略)
指令功能：以毫米/转为单位给定切削进给速度，G99 为模态 G 指令。

练习题

1. 试利用数控加工如图 12-36 所示，利用 GSK980TDb、FANUC OiT 系统。

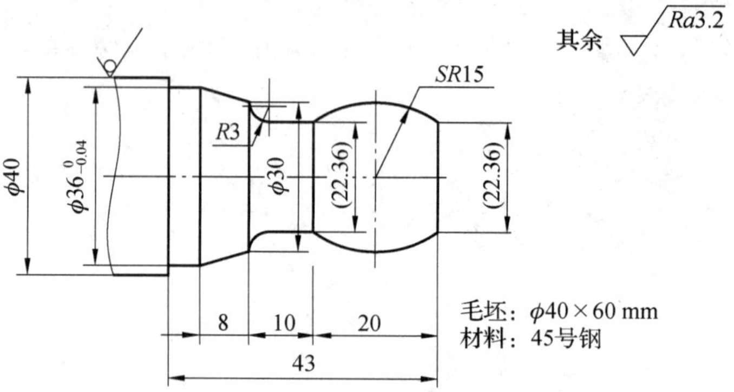

图 12-36　题 1 图

2. 试利用数控加工如图 12-37 所示，利用 GSK980TDb、FANUC OiT 系统。

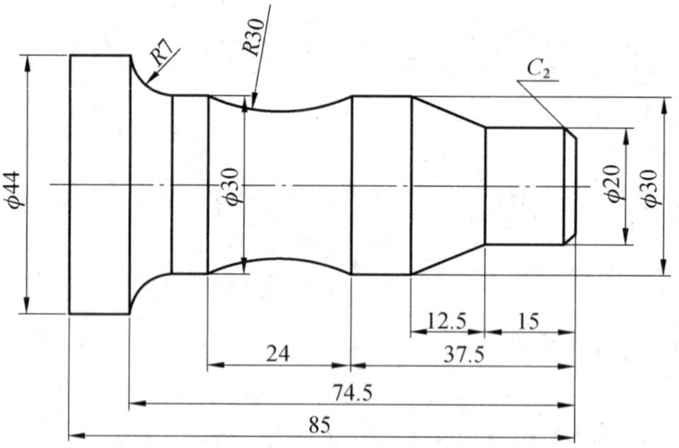

图 12-37　题 2 图

3. 试利用数控加工如图 12-38 所示，利用 GSK980TDb、FANUC OiT 系统。

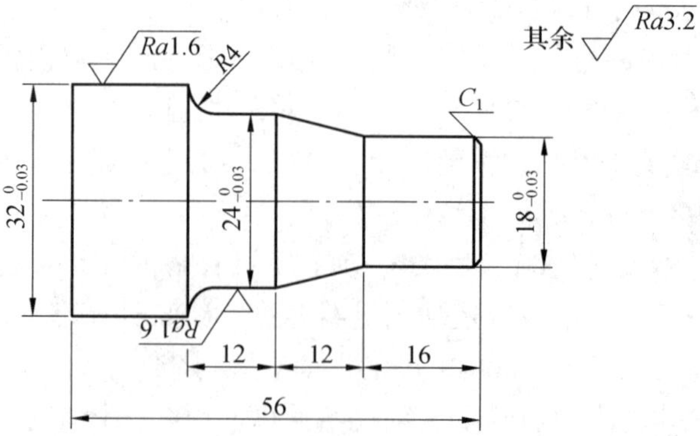

图 12-38　题 3 图

4. 试利用数控加工如图 12-39 所示，利用 GSK980TDb、FANUC OiT 系统。

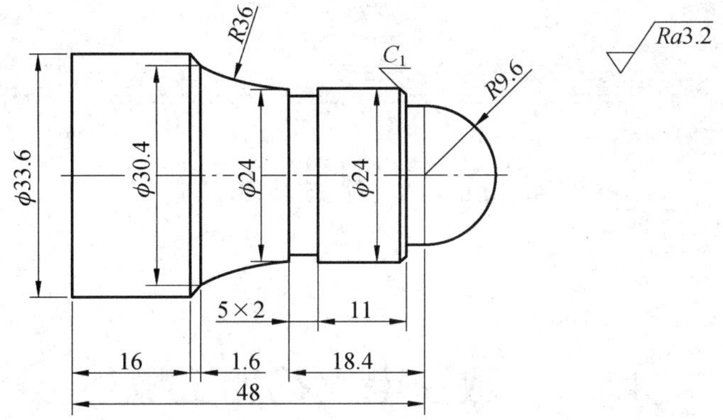

图 12-39　题 4 图

5. 试利用数控加工如图 12-40 所示，利用 GSK980TDb、FANUC OiT 系统。

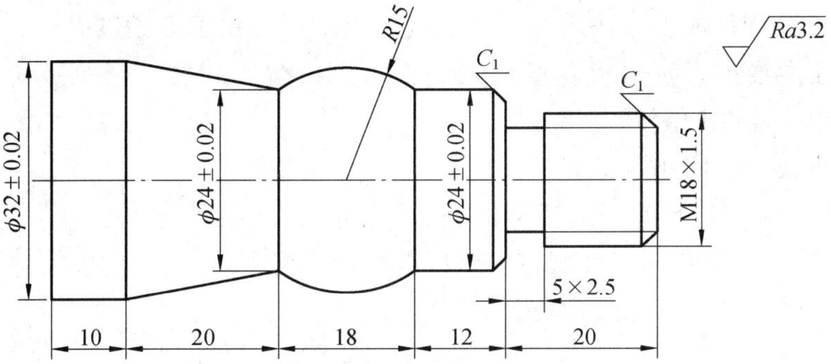

图 12-40　题 5 图

6. 试利用数控加工如图 12-41 所示，利用 GSK980TDb、FANUC OiT 系统。

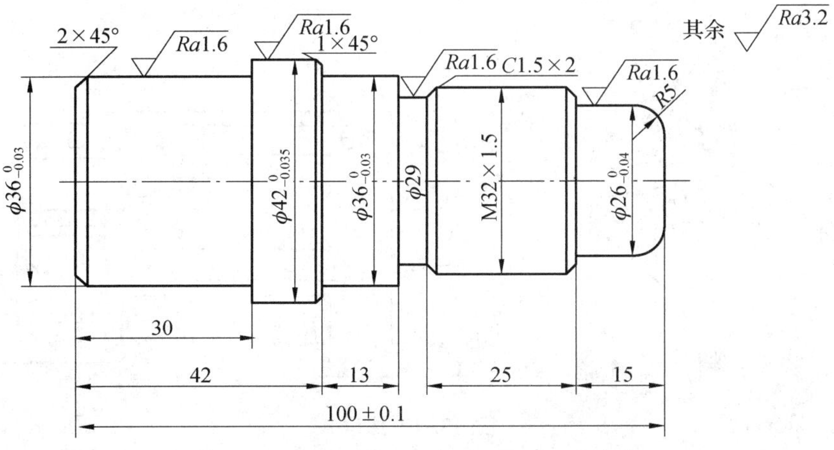

图 12-41　题 6 图

第13章

数控线切割机床

13.1　数控电火花加工概述

数控电火线切割定义：Electrical Discharge Machining，又称放电加工，简称EDM。在加工过程中，使工具和工件之间不断产生脉冲性的火花放电，靠放电时局部、瞬间产生的高温去除工件多余材料。因放电过程可见到火花，故称之为电火花加工。

电火花加工是特种加工方法之一，其工具的硬度不必比工件硬度高。

电火花加工主要方式：电火花成形加工、电火花线切割加工（高速走丝电火花线切割、低速走丝电火花线切割）。

电火花加工技术的应用领域包括：

① 难切削材料。钛合金、耐热不锈钢、硬质合金、高强度钢等。

② 难加工零件。复杂的三维型腔、微型群孔、窄缝等。

③ 低强度零件。薄壁零件、弹性元件等。

13.2　数控电火花线切割加工原理

1. 原理（如图13-1所示）

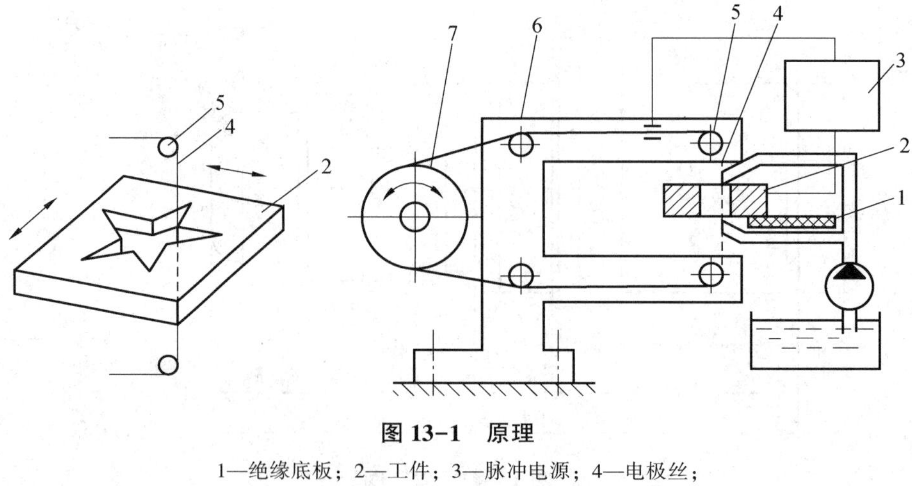

图13-1　原理

1—绝缘底板；2—工件；3—脉冲电源；4—电极丝；
5—导向轮；6—支架；7—冷却液

利用移动的细小金属导线（铜丝或钼丝）作电极，对工件进行脉冲火花放电，通过计算机进给控制系统，配合一定浓度的水基乳化液进行冷却排屑，就可以对工件进行图形加工。

2. 正常运行的条件

（1）间隙。电极丝与工件的被加工表面之间，宽度由工作电压、加工量条件而定。间隙过大，极间电压不能击穿极间介质，则不能产生电火花放电；间隙过小，则容易形成短路连接，也不能产生电火花放电。通常放电间隙 $\delta_{电}$ 在 0.01 mm 左右，若电脉冲的电压高，放电间隙会大一些。

（2）绝缘介质。如煤油、皂化油、去离子水等，液体介质还有排除间隙内电蚀产物和冷却电极的作用。

（3）脉冲电源。在脉冲间隔内，使间隙介质消除电离，使下一个脉冲能在两极间击穿放电。

3. 应用

（1）加工模具。一次编程后只需通过调整不同的间隙补偿量，就可以切割凸模、凸模固定板、凹模及卸料板等。此外，电火花线切割还可以加工各种形状的冲模、挤压模、粉末冶金模、弯曲模、塑压模等。

（2）加工电火花成形加工用的电极。

（3）加工特殊零件。试制新产品时，可直接在坯料上割出零件，而且修改程序与变更加工程序容易；加工薄件时可多片叠加在一起加工；可加工品种多、数量少的零件，特殊难加工材料的零件、材料试验样件、各种型孔、特殊齿轮凸轮、样板、成形刀具；还可进行微细异形孔、槽和窄缝加工等。

13.3　数控电火花线切割加工工艺基础

1. 线切割加工的模坯准备过程

（1）选择毛坯——热处理。

（2）坯料预加工。

（3）留出装夹部位及足够的切割余量（一般不小于 5 mm）。

（4）刨、铣、磨等加工。画线确定刃口轮廓线和孔（螺孔、销孔、穿丝孔等）的位置，加工螺孔、销孔、穿丝孔等，退磁处理。

2. 工件的装夹，如图 13-2 所示。

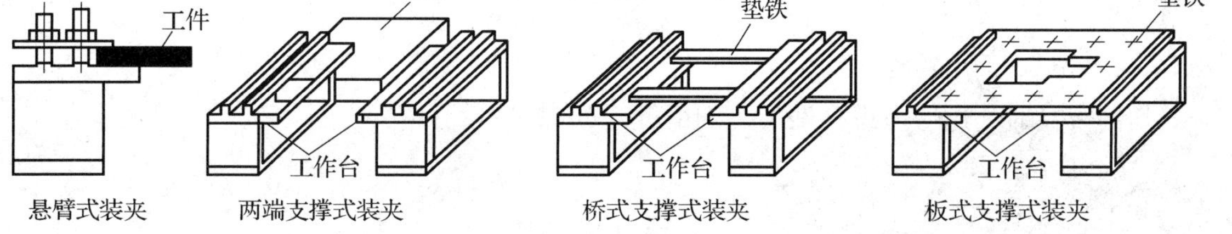

图 13-2　工件装夹

3. 电极丝的选择

钼丝（ϕ0.08~0.2 mm），抗拉强度高，适于快速走丝加工。

钨丝（ϕ0.03~0.1 mm），抗拉强度高，一般用于各种窄缝的精加工，但价格昂贵。

黄铜丝（ϕ0.1~0.3 mm），加工表面粗糙度和平直度较好，蚀屑附着少，但抗拉强度差，损耗大，一般用于慢速单向走丝加工。

穿丝孔和电极丝切入位置，如图 13-3 所示。

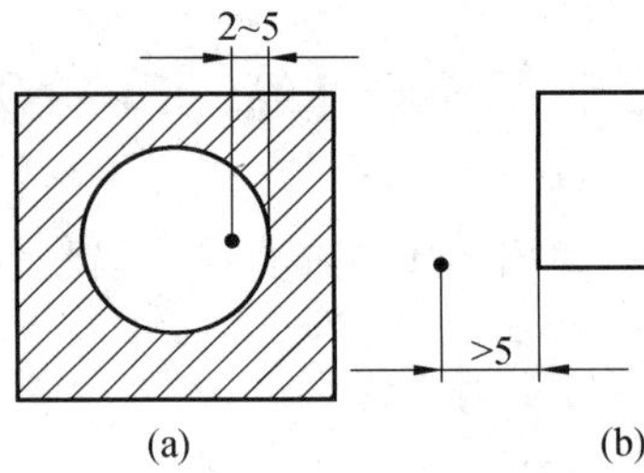

图 13-3　穿丝孔和电极丝切入位置

（a）加工型孔；（b）加工凸模

4. 工艺尺寸的确定

（1）加工坐标系的确定及零件公差尺寸的处理。尽量选取图形的对称轴线为坐标轴。

$$中差尺寸=基本尺寸+（上偏差+下偏差）/2$$

（2）间隙补偿量 ΔR 的确定，如图 13-4 所示。

$$\Delta R=r+\delta_{电}$$

式中　r——电极丝半径；

$\delta_{电}$——单边放电间隙。

切割凹体，应将编程轨迹减小 ΔR，切割凸体，则应偏移增大 ΔR。

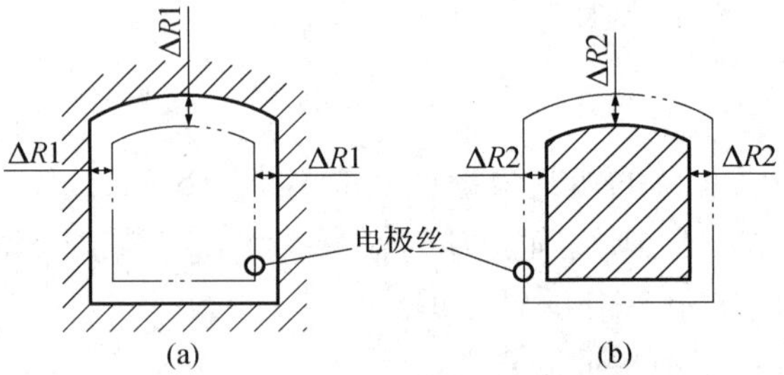

图 13-4　间隙补偿量 ΔR 的确定

（a）凹模；（b）凸模

切割模具时，还应考虑凸凹模之间的配合间隙 z。

（3）间隙补偿量 ΔR 的确定，如图 13-5 所示。

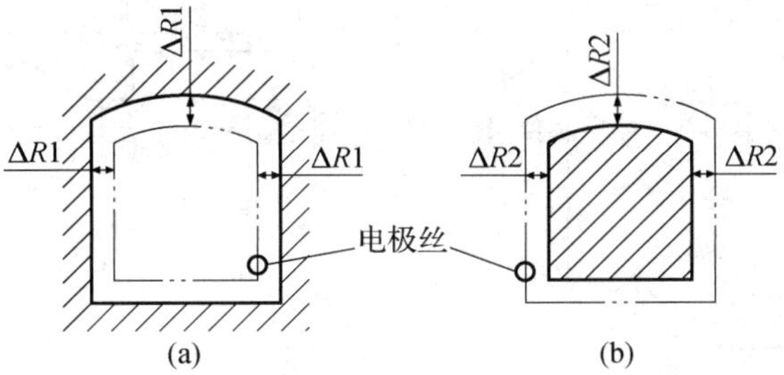

图 13-5　间隙补偿量 Δ R 的确定

（a）凹模；（b）凸模

加工落料模具时（即冲后要求保证冲下的工件尺寸），凹模的尺寸由工件尺寸确定，因配合间隙在凸模上扣除，故凸模补偿量

$$\Delta R_2 = r+\delta_{电}-z/2$$

凹模的补偿量

$$\Delta R_1 = r+\delta_{电}$$

加工冲孔模具时（即冲后要求保证工件孔的尺寸），凸模的尺寸由孔的尺寸确定，因配合间隙在凹模上扣除，故凸模的间隙补偿值

$$\Delta R_2 = r+\delta_{电}$$

凹模的间隙补偿量

$$\Delta R_1 = r+\delta_{电}-z/2$$

（4）确定坐标值，如图 13-6 所示。

将电极丝中心轨迹分割成平滑的直线和单一的圆弧线，按型孔或凸模的中差尺寸计算出各线段交点的坐标值。

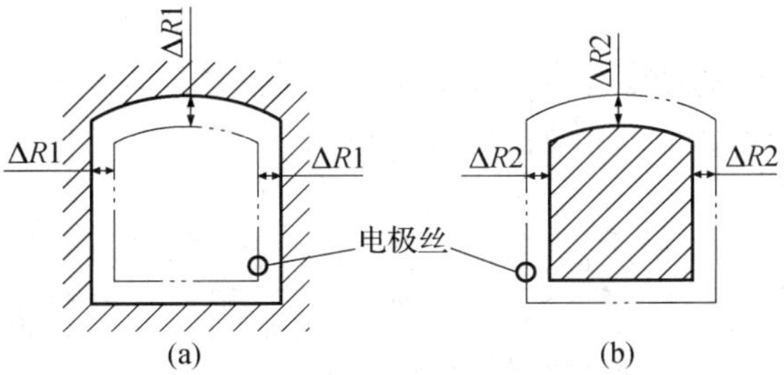

图 13-6　确定坐标值

（a）凹模；（b）凸模

为编制加工图 13-7 所示冲孔凸凹模的数控线切割程序计算各交点坐标。凸凹模配合间隙为 $z=0.02$ mm，电极丝为直径 $\phi0.1$ mm 的钼丝，单面放电间隙为 0.01 mm。

①建立加工坐标系。

②计算中差尺寸。

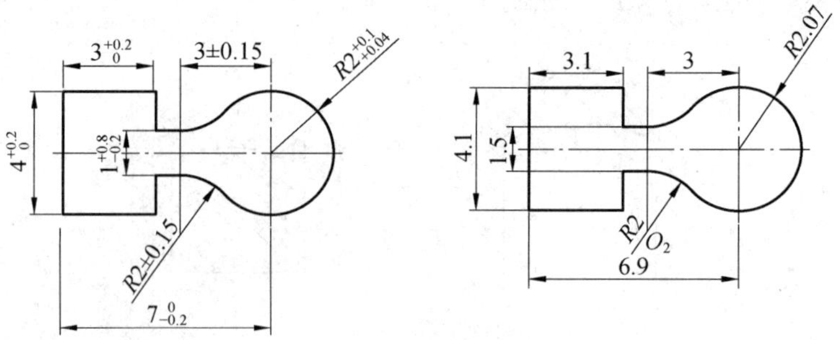

图 13-7　零件图

（5）计算间隙补偿量，如图 13-8 所示。

冲孔模（冲后要求保证工件孔的尺寸），凸模的尺寸由孔的尺寸确定，因此配合间隙在凹模上扣除。

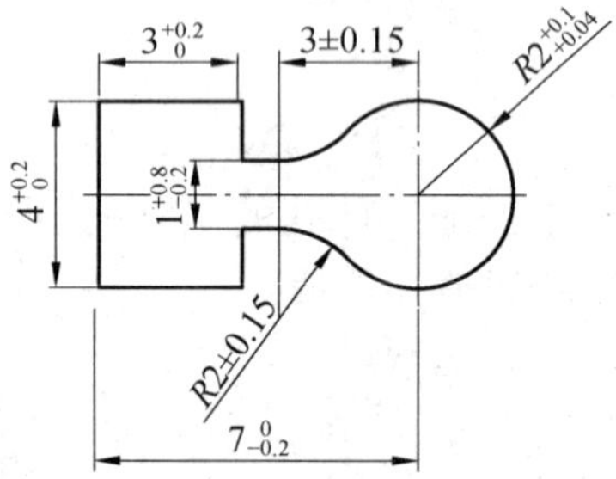

图 13-8　零件图

凸模：间隙补偿量

$$\Delta R_2 = r + \delta_{电} = 0.1/2 + 0.01 = 0.06\ \text{mm}$$

凹模：间隙补偿量

$$\Delta R_1 = r + \delta_{电} - z/2 = 0.1/2 + 0.01 - 0.02/2 = 0.05\ \text{mm}$$

（6）计算凸模编程交点坐标，如图 13-9 所示。

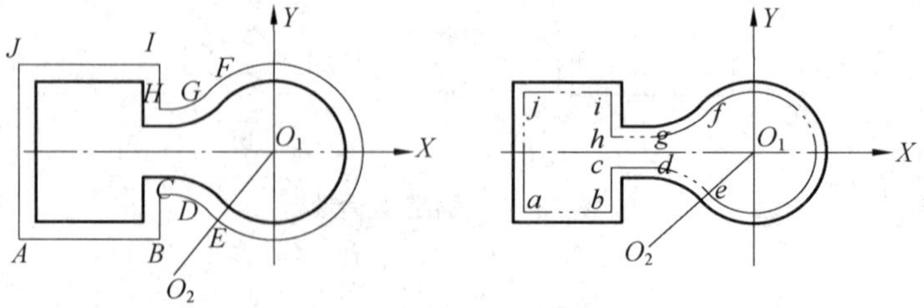

图 13-9　零件图

表 13-1　交点坐标

交点	X	Y	交点	X	Y	交点	X	Y
A	-6.96	-2.11	J	-6.96	2.11	O_1	0	0
B	-3.74	-2.11	I	-3.74	2.11	O_2	-3	-2.75
C	-3.74	-0.81	H	-3	0.81			
D	-3	-0.81	G	-3	0.81			
E	-1.57	-1.439	F	-1.57	1.439			

13.4　数控电火花线切割编程

数控线切割加工编程代码 3B、4B、ISO 等代码格式。编程程序可采用手工编程或自动编程的方式。

当零件的形状比较复杂或具有非圆曲线时，人工编程的工作量大，容易出错，甚至无法实现，此时利用计算机进行自动编程可以提高工作效率，保证加工质量。很多线切割机床也配有微机编程系统，其主要功能包括：处理直线、圆弧、非圆曲线、列表曲线所组成的图形；以绝对或相对坐标编程；进行图形旋转、平移、镜像、缩放、偏移、加线径补偿、加过渡圆弧等。

线切割编程：
- 快走丝切割机床→3B 格式编程
- 慢走丝切割机床→ISO 格式编程

3B 格式程序编制

BX　BY　BJ　G　Z

（1）B：分隔符

（2）坐标值：X、Y
- 加工圆弧时，是圆弧起点（坐标系原点）对其圆心的坐标值
- 加工直线时，是直线终点对其起点的坐标值

① 在直线段程序中，X、Y 只是用来确定斜率，所以两坐标值可同时扩大或缩小相同倍数，只要其比值不变即可。

② 若直线与坐标轴重合，X、Y 值均可不写或全写成 0。但要保留分隔符 B。

③ X、Y 坐标值为增量值，单位为 μm。

（3）计数方向 G：
- 加工直线时若终点坐标 $X_e > Y_e$，则取 G_x，反之取 G_y
- 加工圆弧时若终点坐标 $X_e > Y_e$，则取 G_y，反之取 G_x

（4）计数长度 J：取计数方向从起点到终点移动的总距离。

直线 J 的确定，如图 13-10 所示。

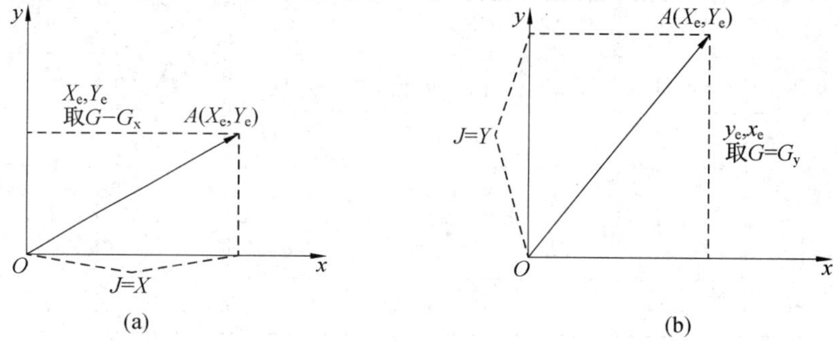

图 13-10　直线 J 的确定

圆弧 J 的确定，如图 13-11 所示。

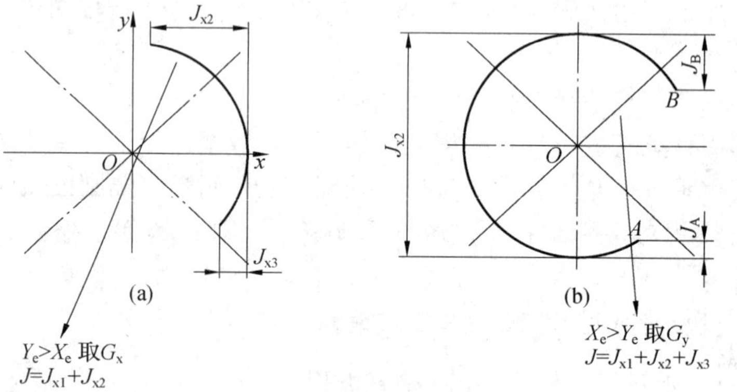

图 13-11　圆弧 J 的确定

特殊情况，如图 13-12 所示。

若直线终点坐标 $X_e=Y_e\begin{cases}\text{第一、三象限取 } G_y \\ \text{第二、四象限取 } G_x\end{cases}$

若圆弧终点坐标 $X_e=Y_e\begin{cases}\text{第一、三象限取 } G_x \\ \text{第二、四象限取 } G_y\end{cases}$

（5）加工指令 Z：$\begin{cases}\text{直线插补指令 L} \\ \text{圆弧插补指令 R}\end{cases}$ 用来确定轨迹的形状；起点、终点所在坐标象限和加工的方向。

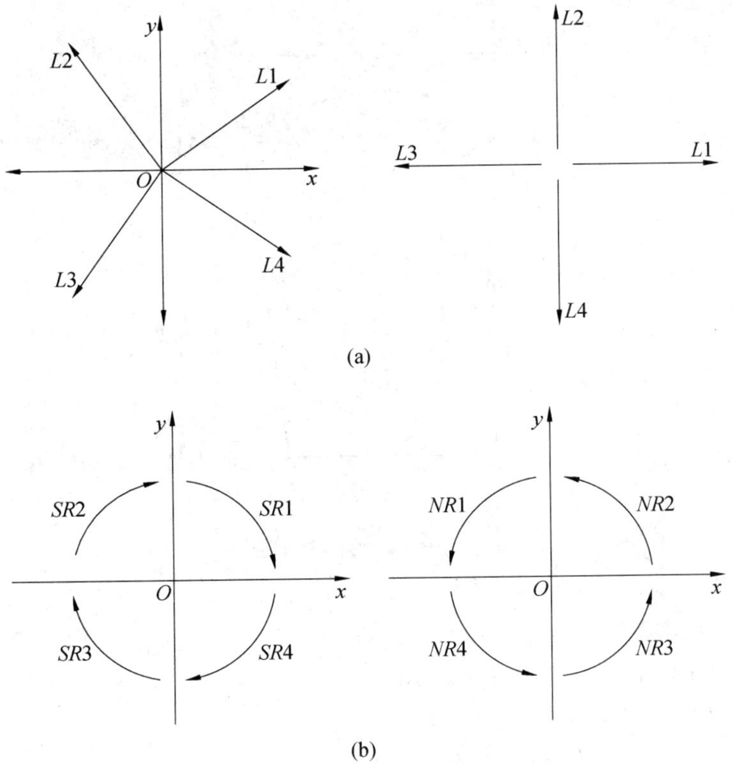

图 13-12　特殊情况

（a）直线终点所在象限；（b）圆弧起点所在象限

例 13-2　如图 13-13 所示。

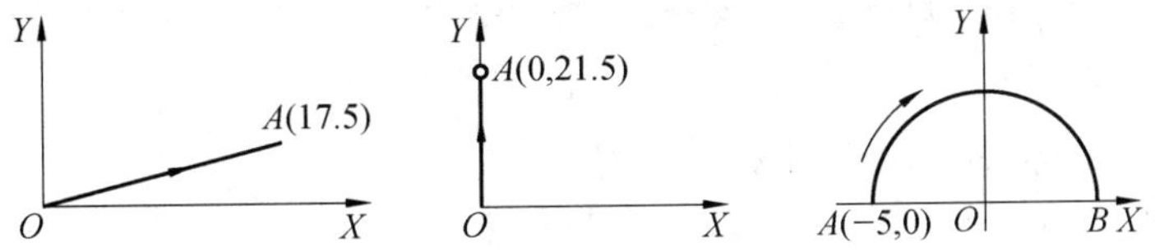

图 13-13　例 13-2 图

B17000B5000B17000GxLl

BBB21500GYL2

B5000BB10000GYSR2

例 13-3 （3B 编程举例）如图 13-14 所示。

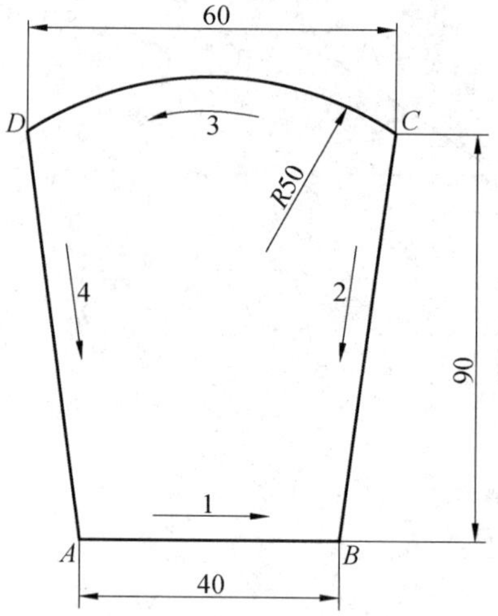

图 13-14 例 13-3 图

（A→B） BBB40000GxL1

（B→C） B10000B90000B90000GyL1

（C→D） B30000B40000B60000GxNR1

（D→A） B10000B90000B90000GyL4

（停机） D

注意：在图中若标注有公差则应用平均尺寸编程。

练习题

1. 什么是快走丝线切割加工机床？它与慢走丝切割加工机床的主要区别在哪里？

2. 试叙述线切割机床的组成部分。

3. 3B 指令的格式如何？其字母分别代表了什么含义？

4. 电火花线切割加工的主要工艺指标有哪些？影响表面粗糙度的主要因素有哪些？

5. 用 3B 格式编程时，如何确定切割直线和圆弧的计算长度、计算方向和加工指令？

6. 利用线切割知识，按图 13-15 加工方向编程，引线 2 mm，不考虑补偿，格式不能简化。

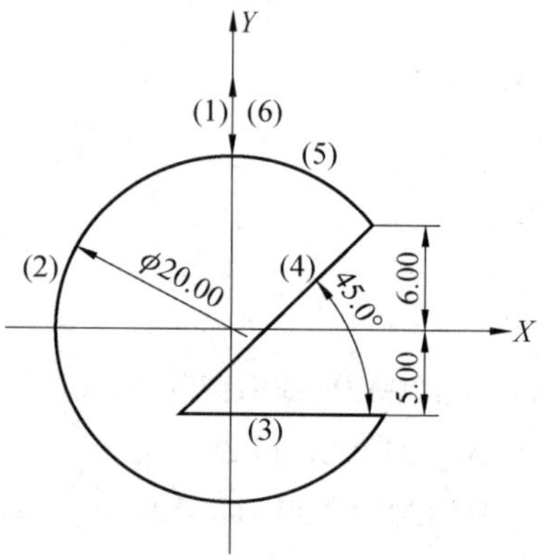

图 13-15 题 6 图

第 14 章

数控铣床/加工中心

数控铣床是一种用途广泛的数控机床，它是在一般铣床的基础上发展起来的。数控铣床与一般铣床的加工工艺基本相同，结构也有些相似，但由于数控铣床是靠程序控制的自动加工机床，所以数控铣床可以进行钻孔、镗孔、攻螺纹、轮廓铣削、平面铣削、平面型腔铣削及空间三维复杂型面的铣削加工，特别适合于加工凸轮、模具、螺旋桨等形状复杂的零件，在汽车、模具、航空航天、军工等行业得到了广泛的应用。

一般铣床都必须对三轴或三个以上的轴进行控制，同时控制轴数不低于两轴。三轴联动的数控铣床可以完成空间曲面加工，但编程极为复杂，一般要采用计算机编程。不同的数控铣床，具有不同的数控系统，其具体指令体系会有区别，但编程基本原理都是一样的。加工中心、柔性制造单元等都是在数控铣床的基础上产生和发展起来的。数控铣床应用范围相对于数控车床应用范围更加广泛，可以加工各种复杂的工件。如图 14-1 所示。

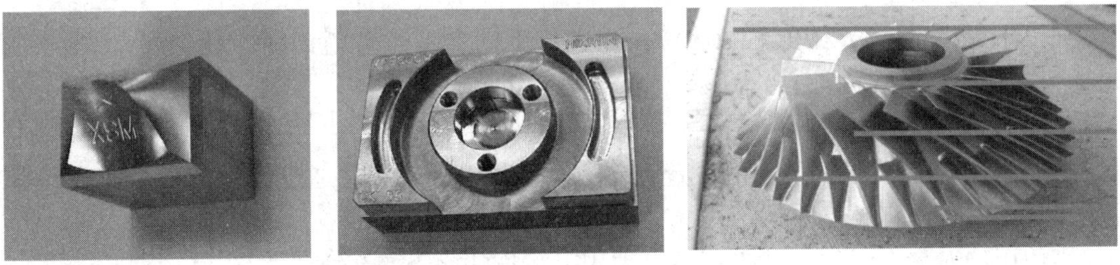

(a) (b) (c)

图 14-1　工件

14.1　数控铣床编程基础

1. 工件坐标系的建立

在编程中，一般要选择工件或夹具上的某一点作为编程零点，并以这一点为原点，建立一个坐标系，称为工件坐标系。

这个坐标系的原点与机床坐标系的原点之间的距离用 G92 指令进行设定。即确定工件坐标系原点在距刀具现在位置多远的地方，也就是以程序的原点为准，确定刀具起始点的坐标值，并把这个设定值存到程序存储器中，作为零件所有加工尺寸的基准点。因此在每个程序的开头都要有设定工件坐标系的指令。

指令格式：G92 X__Y__Z

G92 指令是不产生运动的指令。所有设定工件坐标系的程序段只是设定程序的原点，并不产生运动。

例：G92 X20 Y10 Z10

其确立的加工原点在距离刀具起始点 X=-20，Y=-10，Z=-10 的位置上，如图 14-2 所示。

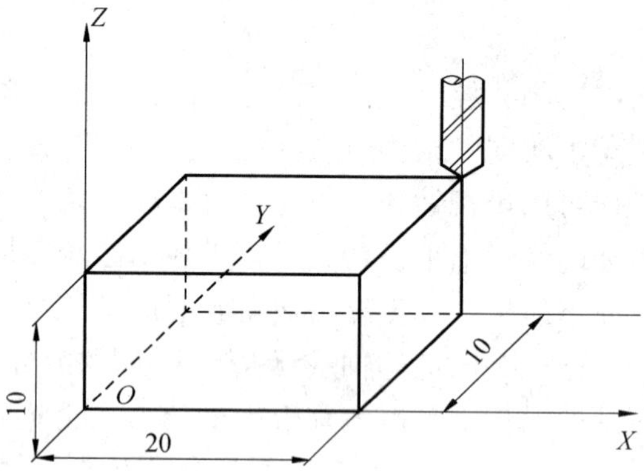

图 14-2　确立加工原点

自动设定的方法：

如果事先设定参数 ZPR（120#0），在进行手动参考位置返回时，就会自动设定工件坐标。

使用 G54~59 的方法：

事先用 MDI 面式异构体板的设置设定 6 个工件坐标系，并通过程序命令 G54~59 来选择使用哪个工件坐标系。

当使用绝对命令时，工件坐标系必须用上述方法之一来建立，如图 14-3 所示。

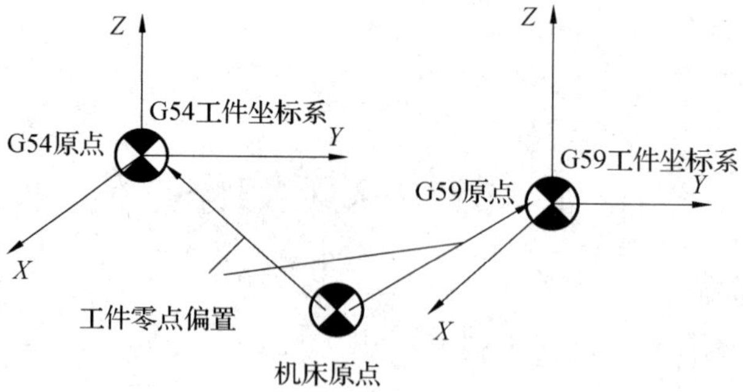

图 14-3　工件坐标系选择（G54~G59）

2. 直接机床坐标系编程 G53

格式：G53

在含有 G53 指令的程序段中，用绝对值编程（G90）的移动指令位置就是在机床坐标系中（相对于机床原点）的坐标值。

G53 指令仅在其被规定的程序段中有效。

3. 坐标平面选择 G17，G18，G19

格式：　G17

　　　　G18

　　　　G19

该指令选择一个平面，在此平面中进行圆弧插补和刀具半径补偿。

G17 选择 XY 平面，G18 选择 ZX 平面，G19 选择 YZ 平面。

移动指令与平面选择无关。例如在规定了 G17　Z_ 时，Z 轴照样会移动。

G17、G18、G19 为模态功能，可相互注销，G17 为缺省值。

4. 基本移动指令

快速定位指令 G00

格式：G00　X_ Y_ Z_ A_

其中，X、Y、Z、A 为快速定位终点，G90 时为终点在工件坐标系中的坐标；G91 时为终点相对于起点的位移量。G00 为模态功能，可由 G01、G02、G03 或 G33 功能注销。

线性进给指令 G01

格式：G01　X _ Y_ Z_ A_ F_

其中，X、Y、Z、A 为终点，G90 时为终点在工件坐标系中的坐标；G91 时为终点相对于起点的位移量。

G01 和 F 都是模态代码，G01 可由 G00、G02、G03 或 G33 功能注销。

圆弧进给指令 G02，G03

格式：

$$\left\{\begin{matrix} G17 \\ G18 \\ G19 \end{matrix}\right\} \left\{\begin{matrix} G02 \\ G03 \end{matrix}\right\} \left\{\begin{matrix} X\_\ Y\_ \\ X\_\ Z\_ \\ Y\_\ Z\_ \end{matrix}\right\} \left\{\begin{matrix} I\_\ J\_ \\ J\_\ K\_ \\ R\_ \end{matrix}\right\} \quad F\_$$

其中用 G17 代码进行 XY 平面的指定，省略时就被默认为是 G17，但当在 ZX（G18）和 YZ（G19）平面上编程时，平面指定代码不能省略。不同的平面 G02 和 G03 有着不同的选择，如图 14-4 所示。

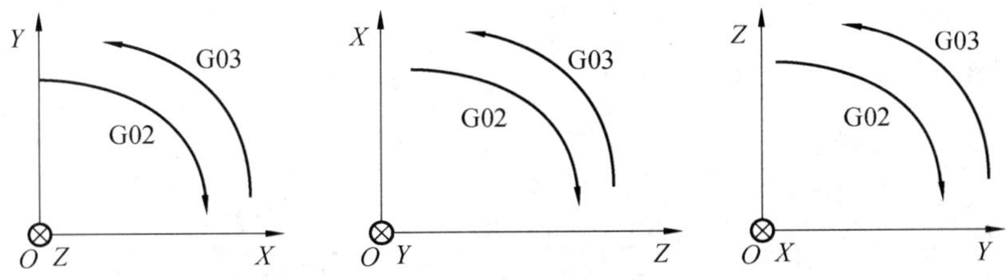

图 14-4　不同平面中的 G02 与 G03

圆弧插补注意事项：

① 当圆弧圆心角小于 180°时，R 为正值；

② 当圆弧圆心角大于 180°时，R 为负值；

③ 整圆编程时不可以使用 R，只能用 I、J、K；

④ F 为编程的两个轴的合成进给速度。

螺旋线进给格式：

$$\left\{\begin{matrix}\text{G17}\\ \text{G18}\\ \text{G19}\end{matrix}\right\} \quad \left\{\begin{matrix}\text{G02}\\ \text{G03}\end{matrix}\right\} \quad \left\{\begin{matrix}\text{X\_ Y\_}\\ \text{X\_ Z\_}\\ \text{Y\_ Z\_}\end{matrix}\right\} \quad \left\{\begin{matrix}\text{I\_ J\_}\\ \text{J\_ K\_}\\ \text{R\_}\end{matrix}\right\} \quad \left\{\begin{matrix}\text{Z\_}\\ \text{Y\_}\\ \text{X\_}\end{matrix}\right\} \quad \text{F\_}$$

螺旋线插补的进给速度 F 为合成运动速度。

例 14-1 如图 14-5 所示的螺旋线程序。

G91 时：G91 G03 X-30. 0 Y30. 0 R30. 0 Z10 F100

G90 时：G90 G03 X0 Y30. 0 R30. 0 Z10 F100

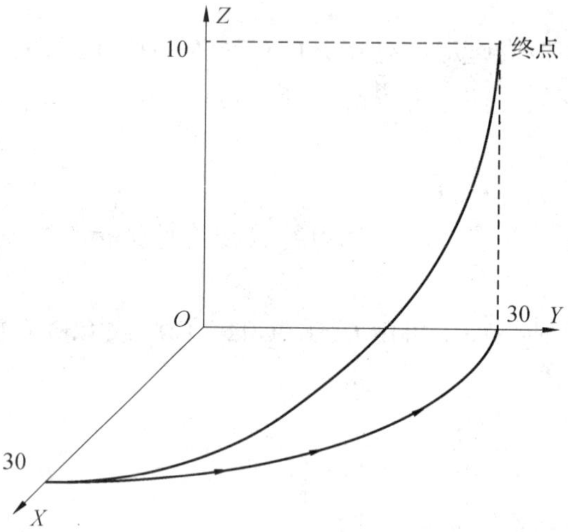

图 14-5 螺旋线编程图

14. 2 刀具补偿功能

1. 刀具半径补偿 G40，G41，G42

格式：

$$\left\{\begin{matrix}\text{G17}\\ \text{G18}\\ \text{G19}\end{matrix}\right\} \quad \left\{\begin{matrix}\text{G41}\\ \text{G42}\end{matrix}\right\} \quad \left\{\begin{matrix}\text{G00}\\ \text{G01}\end{matrix}\right\} \quad \left\{\begin{matrix}\text{X\_ Y\_}\\ \text{X\_ Z\_}\\ \text{Y\_ Z\_}\end{matrix}\right\}$$

$$G40\begin{cases}X\_\ \ Y\_\\X\_\ \ Z\_\\Y\_\ \ Z\_\end{cases}$$

其中刀补号地址 D 后跟的数值是刀具号，它用来调用内存中刀具半径补偿的数值。在进行刀具半径补偿前，必须用 G17 或 G18、G19 指定补偿是在哪个平面上进行。a，b 必须与指定平面中的轴相对应。在多轴联动控制中，投影到补偿平面上的刀具轨迹受到补偿，平面选择的切换必须在补偿取消方式下进行，若在补偿方式进行，则报警。

G40 是取消刀具半径补偿功能。

G41 是在相对于刀具前进方向左侧进行补偿，称为左刀补，如图 14-6（a）所示。

G42 是在相对于刀具前进方向右侧进行补偿，称为右刀补，如图 14-6（b）所示。

G40、G41、G42 都是模态代码，可相互注销

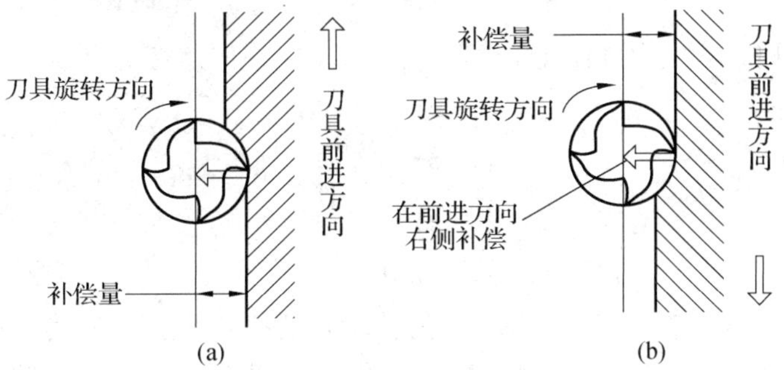

图 14-6　刀具半径补偿

（a）左刀补；（b）右刀补

如图 14-7 所示为刀具半径补偿程序。设加工开始时刀具距离工件表面 50 mm，切削深度为 10 mm。

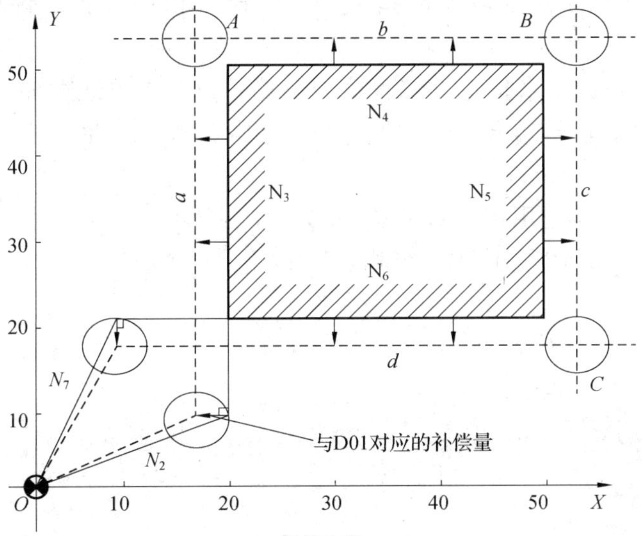

图 14-7　按绝对方式编程

N10 G92 X0.0 Y0.0 Z50
N20 G90 G17 G00　　由 G17 指定刀补平面
N30 G41 X20.0 Y10.0 D01　　启动刀补
N35 Z2 M03 S500
N38 G01 Z-10 F200
N40 G01 Y50.0 F100　　刀补状态
N50 X50.0
N60 Y20.0
N70 X10.0
N80 G00 Z50 M05
N85 G40 X0 Y0　　解除刀补
N90 M30

2. 刀具长度补偿 G43，G44，G49

格式：

$$\begin{Bmatrix} G43 \\ G44 \end{Bmatrix} \_\ H\_$$

$$G49$$

其中，a∈｛X，Y，Z，U，V，W｝，为补偿轴的终点坐标，H 为长度补偿偏置号。假定的理想刀具长度与实际使用的刀具长度之差作为偏置设定在偏置存储器中，该指令不改变程序就可实现对 a 轴运动指令的终点位置进行正向或负向补偿。

用 G43（正向偏置），G44（负向偏置）指令偏置的方向。H 指令设定在偏置存储器中的偏置量。

无论是绝对指令还是增量指令，由 H 代码指定的已存入偏置存储器中的偏置值在 G43 时加，在 G44 时则是从 a 轴运动指令的终点坐标值中减去。计算后的坐标值成为终点。

偏置号可用 H00-H99 来指定。偏置值与偏置号对应，可通过 MDI/CRT 先设置在偏置存储器中。对应偏置号 00 即 H00 的偏置值通常为 0，因此对应于 H00 的偏置量不设定。

要取消刀具长度补偿时用指令 G49 或 H00。

G43、G44、G49 都是模态代码，可相互注销。

例 14-2 图 14-8 所示为刀具长度补偿程序。

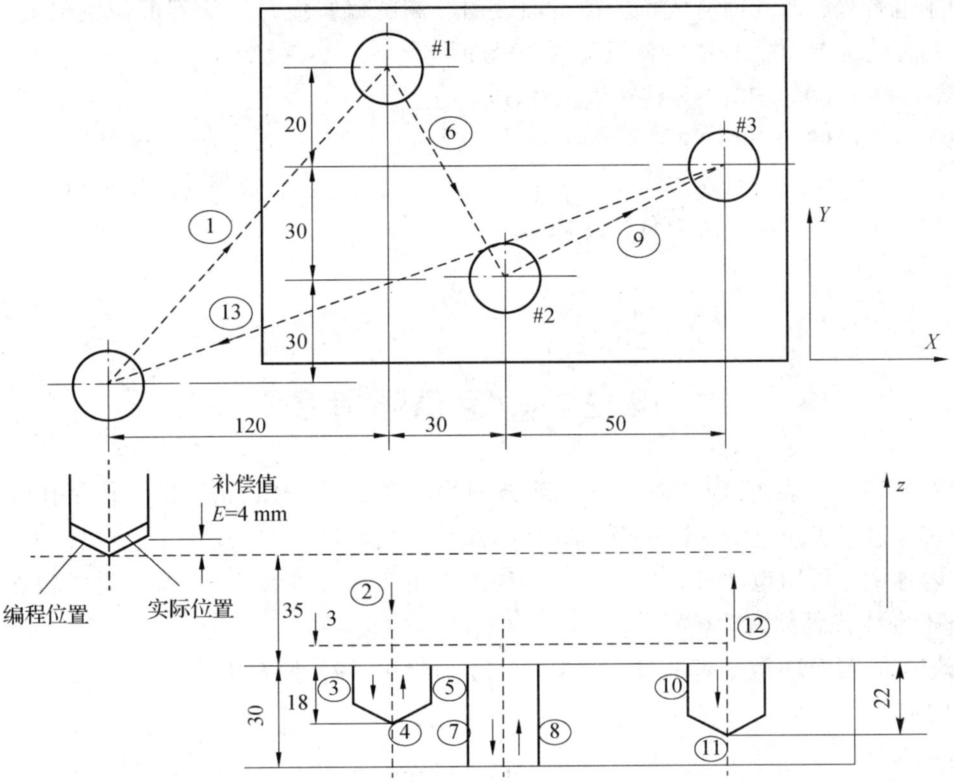

图 14-8 刀具长度补偿加工

```
H01=-4.0        (偏置值)
N01 G91 G00 X120.0 Y80.0 M03 S500
N02 G43 Z-32.0 H01
N03 G01 Z-21.0 F1000
N04 G04 P2000
N05 G00 Z21.0
N06 X30.0 Y-50.0
N07 G01 Z-41.0
N08 G00 Z41.0
N09 X50.0 Y30.0
N10 G01 Z-25.0
N11 G04 P2000
N12 G00 Z57.0 H00       (G49)
N13 X-200.0 Y-60.0
N14 M05
```

N15 M30

由于偏置号的改变而造成偏置值的改变时，新的偏置值并不加到旧偏置值上。例如，H01 的偏置值为 20.0，H02 的偏置值为 30.0 时

G90 G43 Z100.0 H01　Z 将达到 120.0

G90 G43 Z100.0 H02　Z 将达到 130.0

刀具长度补偿同时只能加在一个轴上，因此下列指令将出现报警。要进行刀具长度补偿轴的切换，必须取消一次刀具长度补偿。

G43 Z_ H_

G43 X_ H_　　　报警

14.3　固定循环指令

数控加工中，某些加工动作循环已经典型化。例如，钻孔、镗孔的动作是孔位平面定位、快速引进、工作进给、快速退回等，这样一系列典型的加工动作已经预先编好程序，存储在内存中，可用包含 G 代码的一个程序段调用，从而简化编程工作。这种包含了典型动作循环的 G 代码称为循环指令。

孔加工固定循环指令有 G73，G74，G76，G80~G89，通常由下述 6 个动作构成（见图 14-9）：

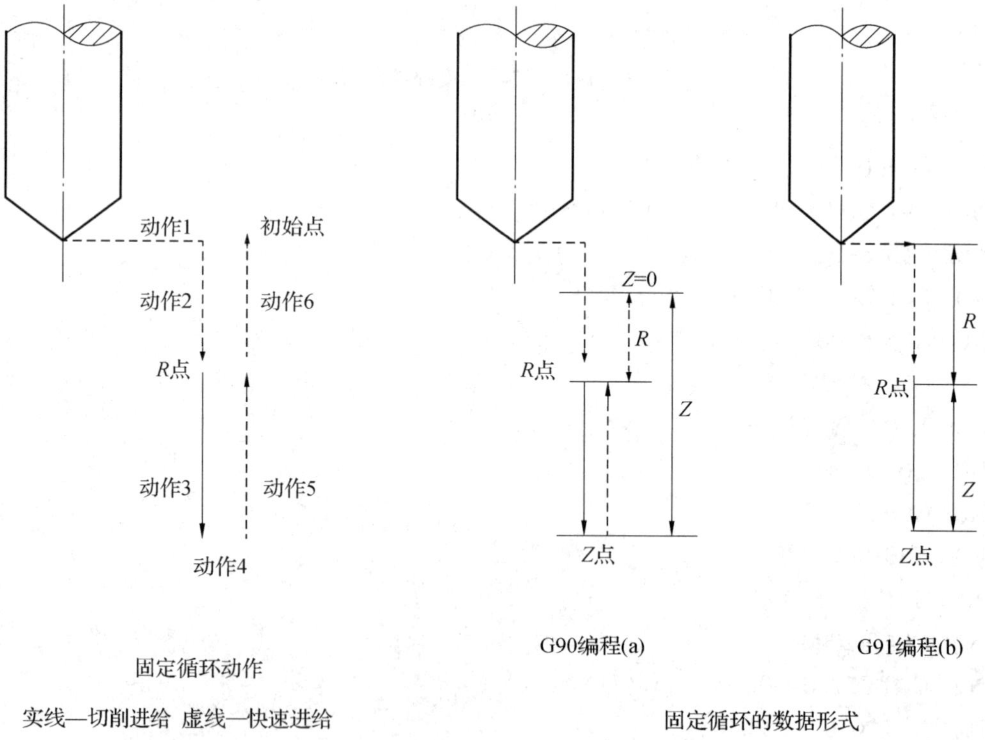

图 14-9　孔系列动作

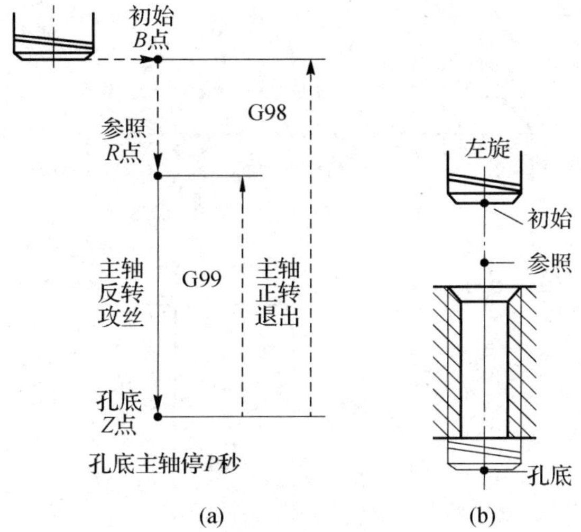

图 14-14　G74 孔系列加工动作

（a）G74 左旋攻制左螺纹；（b）主轴转速与进给速度同步

功能：攻反螺纹时主轴反转攻丝，到孔底时主轴停止旋转，主轴正转退回。攻丝时速度倍率不起作用。使用进给保持时，在全部动作结束前也不停止。

说明：X、Y：螺纹孔的位置。

Z：绝对编程时是孔底 *Z* 点的坐标值；增量编程时是孔底 *Z* 点相对于参照 *R* 点的增量值。

R：绝对编程时是参照 *R* 点的坐标值；增量编程时是参照 *R* 点相对于初始 *B* 点的增量值。

P：为孔底停顿时间。

F：螺纹导程。

K：指定加工孔的循环次数，不写，默认为 K1。

例：O0074

N10 G92 X0 Y0 Z80 F200

N20 G98 G74 G91 X100 G90 R40 P10 G90 Z0 F1

N30 G0 X0 Y0 Z80

N40 M30

注意：如果 *Z* 的移动量为零时。该指令不执行。

（6）G85：粗镗循环，如图 14-15 所示。

G98（G99）G85 X_ Y_ Z_ R_ F_ K_

G98（G99）G85 X_ Y_ Z_ R_ F_ K_

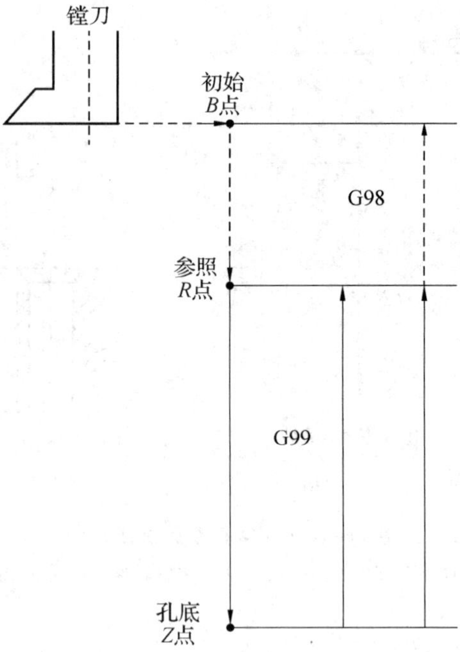

图 14-15　G85 孔系列加工动作

功能：该指令主要用于精度要求不太高的镗孔加工，其动作为：F 速工进镗孔、孔底延时、F 速工退，全过程主轴旋转。

例：

O0076

N10 G92 X0 Y0 Z80

N15 G00

N20 G99 G85 G91 X100 G91 R-40 G91 Z-40 F200

N30 G00 X0 Y0 Z80

N40 M30

注意：如果 Z 移动量为零，该指令不执行。

（7）G89：锪镗循环、镗阶梯孔循环，如图 14-16 所示。

G98（G99）G89 X_ Y_ Z_ R_ P_ F_ K_

此指令与 G86 指令相同，但在孔底有暂停。（孔底延时、停主轴）

例：

O0089

N10 G92 X0 Y0 Z80

N15 G00

N20 G99 G89 G90 X100 Y100 G90 R40 Q-10 K5 P2 G90 Z0 F200

N30 G90 G00 X0 Y0 Z80

N40 M30

注意：如果 Z 的移动量为零，该指令不执行。

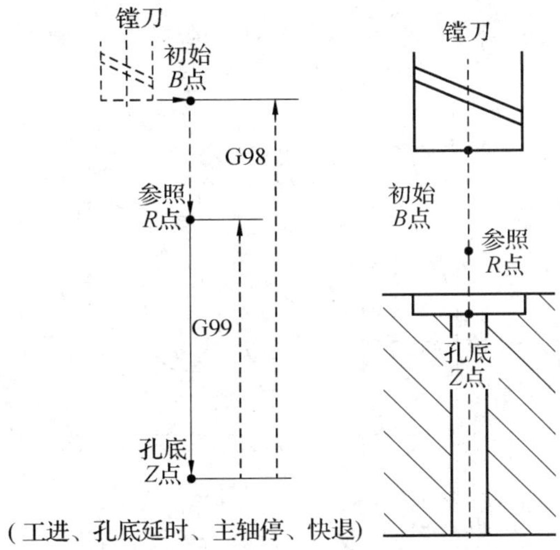

图 14-16　G89 孔系列加工动作

使用固定循环时应注意以下几点：

在固定循环指令前应使用 M03 或 M04 指令使主轴回转在固定循环程序段中，*X*，*Y*，*Z*，*R* 数据应至少指令一个才能进行。

孔加工在使用控制主轴回转的固定循环（G74、G84、G86）中，如果连续加工一些孔间距比较小，或者初始平面到 *R* 点平面的距离比较短的孔时，会出现在进入孔的切削动作前时，主轴还没有达到正常转速的情况，遇到这种情况时，应在各孔的加工动作之间插入 G04 指令，以获得时间。当用 G00～G03 指令之一注销固定循环时，若 G00～G03 指令之一和固定循环出现在同一程序段，当程序格式为

G00（G02，G03）G_ X_ Y_ Z_ R_ Q_ P_ F_ L_

时，按 G_ 指定的固定循环运行。当程序格式为

G_　G00（G02，G03）X_ Y_ Z_ R_ Q_ P_ F_ L_

时，按 G00（或 G02，G03）进行 X、Y 移动在固定循环程序段中，如果指定了辅助功能 M，则在最初定位时送出 M 信号，等待 M 信号完成，才能进行孔加工循环。

钻孔循环程序（设 Z 轴开始点距工作表面 100 mm 处，切削深度为 20 mm）如图 14-17 所示。

G92 X0 Y0 Z50

G91 G00 S300 M03

G99 G81 X10.0 Y-10.0 Z-22.0 R-48.0　F150

G99 G81 Y30.0 Z-22 R-48

G99 G81 X10.0 Y-10.0 Z-22 R-48

G99 G81 X10.0 Z-22 R-48

G98 G81 X10.0 Y20.0 Z-22 R-48（G98 指令刀具返回初始点）

G80 X-40.0 Y-30.0 M05　　　　（G80 取消固定循环，只移动不加工）

G00 X0 Y0 Z50

M30

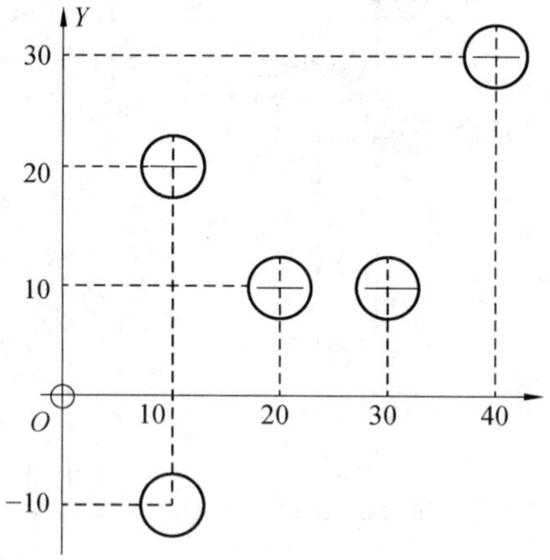

图 14-17　孔的循环

14.4　其他简化编程指令

1. 镜像功能 G24，G25

格式：G24 X __ Y __ Z __ A __

　　　M98 P_

　　　G25 X __ Y __ Z __ A __

G24 建立镜像，由指令坐标轴后的坐标值指定镜像位置（对称轴、线、点），G25 指令用于取消镜像。

G24、G25 为模态指令，可相互注销，G25 为缺省值。

注：有刀补时，先镜像，然后进行刀具长度补偿、半径补偿。

图 14-18 所示的镜像功能程序。

%1 主程序

N01 G92 X0 Y0 Z10

N02 G91 G17 M03

N03 M98 P100　　　加工①

N04 G24 X0　　　　以 Y 轴镜像

N05 M98 P100　　　加工②

N06 G25 X0　　　　取消 Y 轴镜像

N07 G24 X0 Y0　　以位置点为（0，0）
N08 M98 P100　　加工③
N09 G25 X0 Y0　　取消点（0，0）镜像
N10 G24 Y0　　以 X 轴镜像
N11 M98 P100　　加工④
N12 G25 Y0　　取消 X 轴镜像
N13 M05
N14 M30
%100 子程序
N01 G01 Z-5 F50
N02 G00 G41 X20 Y10 D01
N03 G01 Y60
N04 X40
N05 G03 X60 Y40 R20
N06 Y20
N07 X10
N08 G00 X0 Y0
N09 Z10
N10 M99

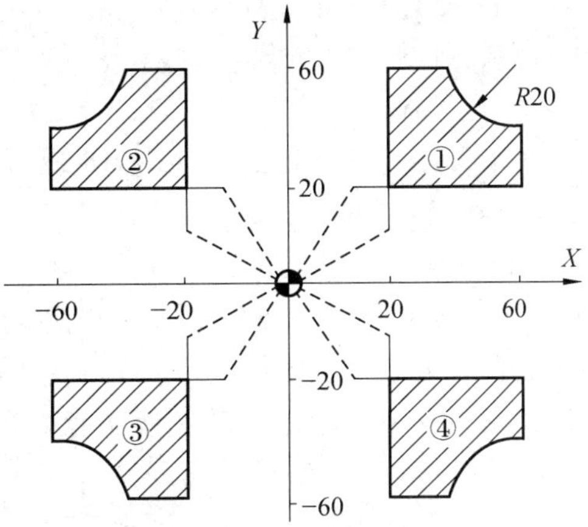

图 14-18　镜像

2. 缩放功能 G50，G51

格式：G51 X_ Y_ Z_ P_
　　　M98 P_
　　　G50

其中，G51 中的 X、Y、Z 给出缩放中心的坐标值，P 后跟缩放倍数。G51 既可指定平面缩放，也可指定空间缩放。用 G51 指定缩放开，G50 指定缩放关。在 G51 后，运动指令的坐标值以（X，Y，Z）为缩放中心，按 P 规定的缩放比例进行计算。使用 G51 指令可用一个程序加工出形状相同，尺寸不同的工件。G51、G50 为模态指令，可相互注销，G50 为缺省值。

注：有刀补时，先缩放，然后进行刀具长度补偿、半径补偿。

例如在图 14-19 所示的三角形 *ABC* 中，顶点为 *A*（30，40），*B*（70，40），*C*（50，80），若缩放中心为 *D*（50，50），则缩放程序为 G51 X50 Y50 P2

执行该程序，将自动计算 *A′*，*B′*，*C′* 三点坐标数据为 *A′*（10，30），*B′*（90，30），*C′*（50，110），从而获得放大一倍的△*A′B′C′*。

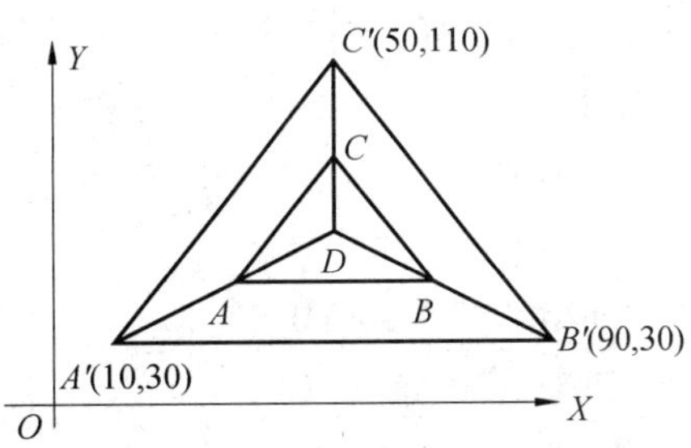

图 14-19　缩放

3. 旋转变换 G68，G69

格式：G68　α __ β __ P __

　　　G69

其中，（α、β）是由 G17，G18 或 G19 定义的旋转中心的坐标值，P 为旋转角度，单位是（°），0≤P≤360.000。

G68 为坐标旋转功能，G69 为取消坐标旋转功能。

注：在有刀具补偿的情况下，先进行坐标旋转，然后才进行刀具半径补偿、刀具长度补偿。在有缩放功能的情况下，先缩放后旋转。

如图 14-20 所示的旋转变换功能程序。

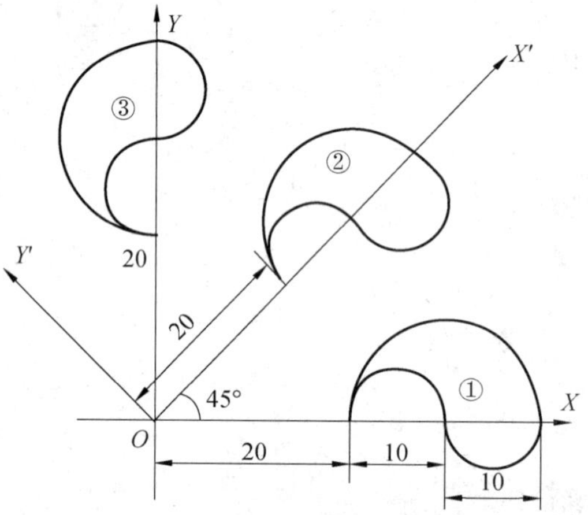

图 14-20　旋转

```
%1                          主程序
N10 G90 G17 M03
N20 M98 P100                加工①
N30 G68 X0 Y0 P45           旋转 45°
N40 M98 P100                加工②
N50 G69                     取消旋转
N60 G68 X0 Y0 P90           旋转 90°
N70 M98 P100                加工③
N80 G69 M05 M30             取消旋转
%100                        子程序（①的加工程序）
N100 G90 G01 X20 Y0 F100
N110 G02 X30 Y0 I5
N120 G03 X40 Y0 I5
N130 X20 Y0 I-10
N140 G00 X0 Y0
N150 M99
```

14.5　数控铣床/加工中心模拟仿真

选择 FANUC0i-M，数控铣床的界面和数控车床的界面是一样的，在这里就不做详细介绍了，而对刀过程是有很大的区别的。所以，主要讲解的是铣床的对刀过程，用一个简单的程序检验对刀是否正确。

数控铣床是三轴联动，我们规定以主轴相对于工件的移动方向来判定 x 轴 y 轴的正负方向。当主轴相对于工件在向左移动的时候，为 x 轴的负方向，反之为 x 轴的正方向。当主轴相对于工件在向外移动的时候，为 y 轴的负方向，反之为 y 轴的正方向。当主轴向下移动时，为 z 轴的负方向，反之为 z 轴的正方向。方向判定好之后，需要确定工件的圆点，对于一个有规则的工件来说，通常将圆点设定在工件中心点处。

选择工件长度为 200×200×40。

下面开始对刀，在工件大小设置里面选择基准芯棒，如图 14-21 所示。

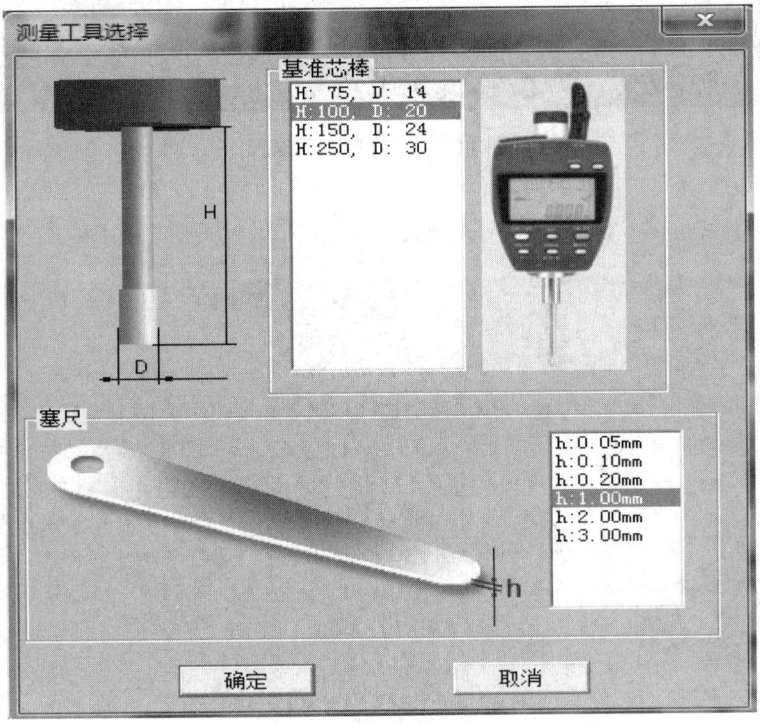

图 14-21　测量工具选择

选择默认参数，这时主轴上装有基准芯棒，工件表面上有一把塞尺，如图 14-22 所示。

图 14-22　工件侧面塞尺

控制主轴的移动，让基准芯棒靠近塞尺，调整到合适为止，如图 14-23 所示。

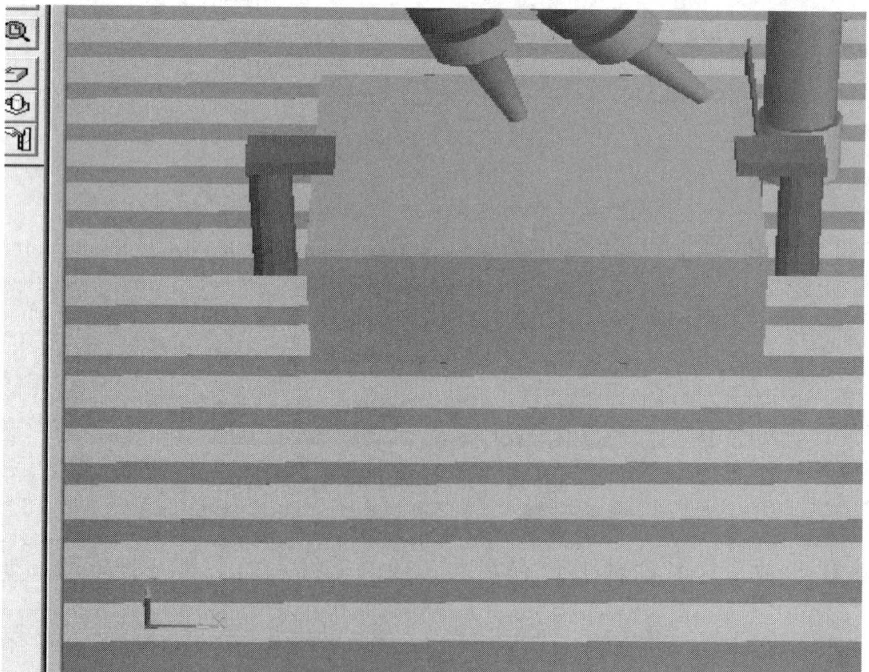

图 14-23　基准芯棒对刀

屏幕的下方会显示塞尺检查为合适。

那么此时需要对 x 轴的对刀做数据处理，那么依据

工件零面值 = 对刀数（G54）+ 高度差（EXT）= 工件坐标 + 补偿

其中

补偿=塞尺的厚度+基准芯棒的半径+“工件长度/2”

工件坐标就是此时 x 轴的坐标值，如图 14-24 所示。

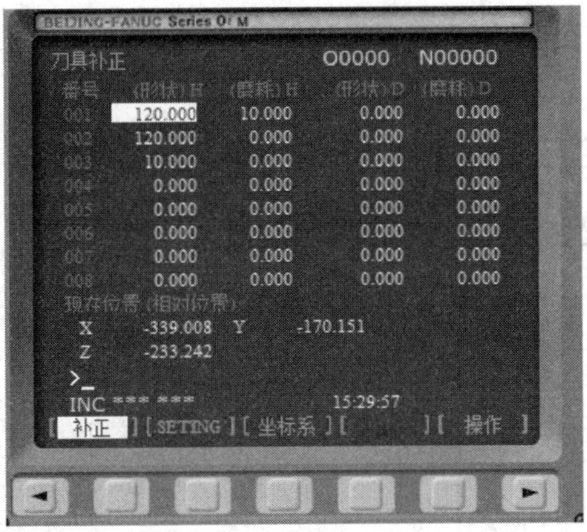

(a)

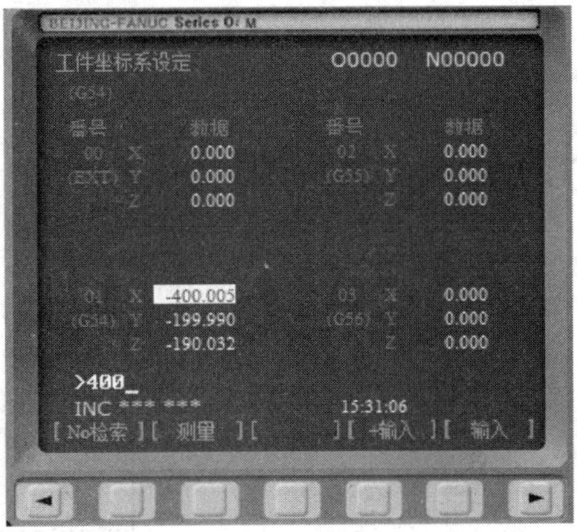

(b)

图 14-24　刀补界面

（a）刀具补正界面；（b）选择坐标系

在此界面下，在 G54 这一栏，直接输入 x 轴方向对刀的数值，点击输入，这样 x 轴方向的对刀完成。y 轴方向的对刀与 x 轴方向的对刀方法是一样的，这里就不做详细介绍了。

z 轴方向的对刀，是用铣刀接触到工件上表面，因是用目测的方式进行检测，那么就会出现一定的误差。铣刀铣到工件表面一点点是没关系的。数据的处理也是进入图 14-24 的界面，输入 z 轴此时的坐标值，这就是铣床完整的对刀过程。可以调用简单程序检验对刀是否正确，程序如下：

```
O0007;
M03 S500 M08;
G90 G54 G00 X-45 Y-75 Z0;
G01 Z-1.0 F100.0;
G01 X-45 Y-40;
X-25 Y-40;
G03 X-20.0 Y-15.0 R65;
G02 X20.0 Y-15.0 R-25;
G03 X25 Y-40.0 R65;
G01 X45 Y-40.0;
X45 Y-75;
```

```
X0 Y-65.0;
X-45.0 Y-75.0;
G00 X0 Y0 Z50.0;
M05;
M30;
```

练习题

1. 利用数控铣床/加工中心知识试编程加工，如图 14-25 所示。

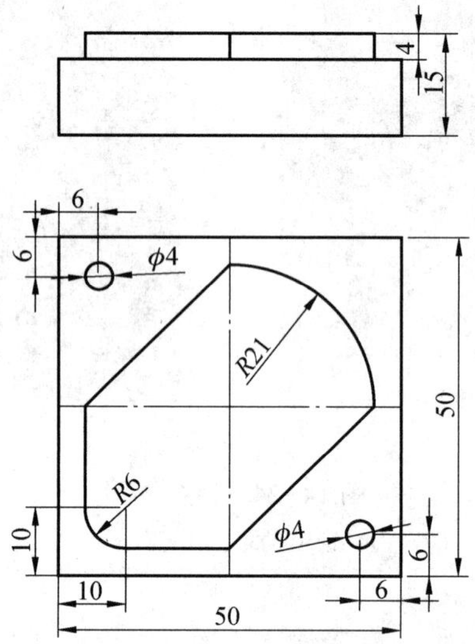

图 14-25 题 1 图

2. 利用数控铣床/加工中心知识试编程加工，如图 14-26 所示。

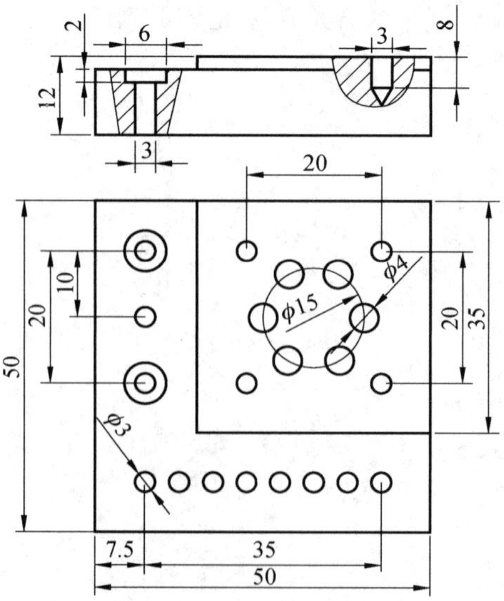

图 14-26 题 2 图

3. 利用数控铣床/加工中心知识试编程加工，如图 14-27 所示。

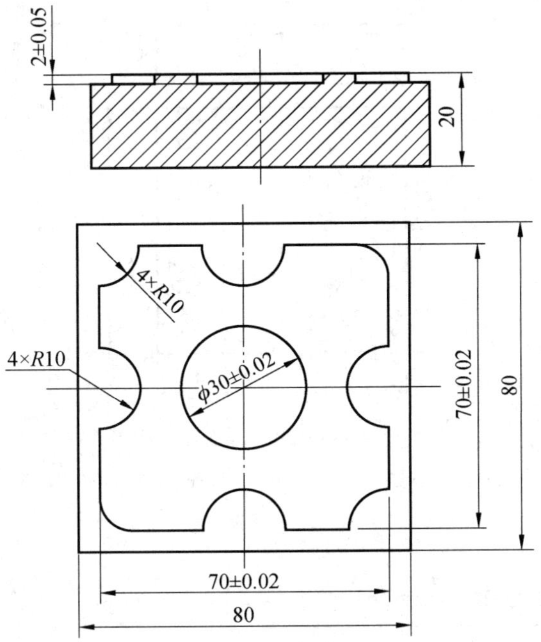

图 14-27 题 3 图

4. 利用数控铣床/加工中心知识试编程加工，如图 14-28 所示。

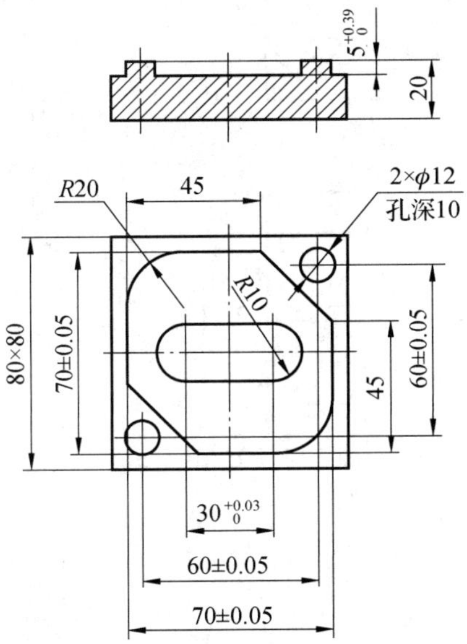

图 14-28 题 4 图

5. 利用数控铣床/加工中心知识试编程加工，如图 14-29 所示。

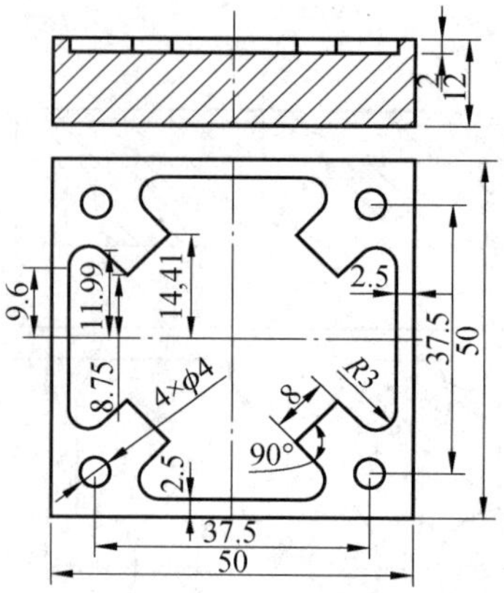

图 14-29　题 5 图

6. 利用数控铣床/加工中心知识试编程加工，如图 14-30 所示。

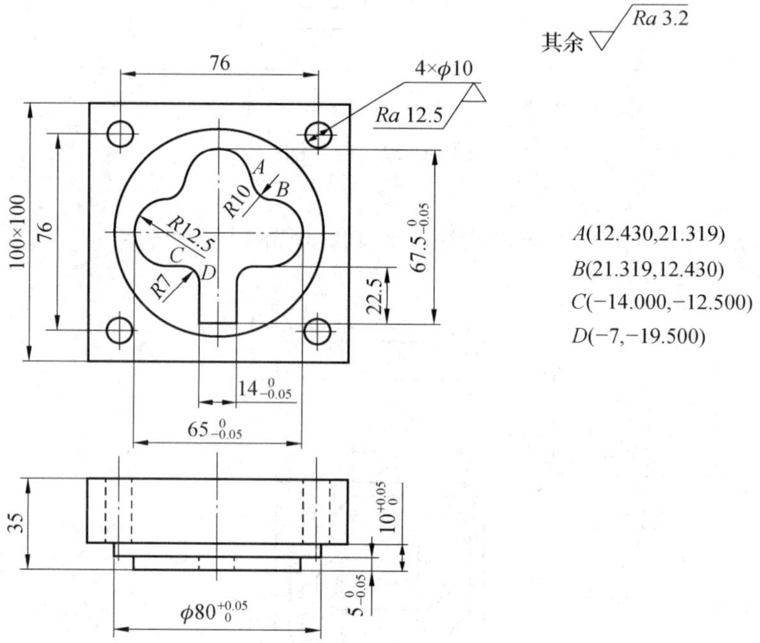

图 14-30　题 6 图

参考文献

[1] 吴拓. 机械制造工艺与机床夹具 [M]. 北京：机械工业出版社，2011.
[2] 陈忠建. 金工实训教程 [M]. 大连：大连理工大学出版社，2011.
[3] 戴曙. 金属切削机床 [M]. 北京：机械工业出版社，2012.
[4] 柳秉毅. 金工实习 [M]. 北京：北京工业出版社，2005.
[5] 中国机械工程学会焊接学会. 焊接手册 [M]. 北京：机械工业出版社，1992.
[6] 张玲. 数控加工编程 [M]. 南京：南京大学出版社，2012.
[7] 邵刚，陈之林. 数控铣床操作技术 [M]. 合肥：安徽科学技术出版社，2010.
[8] 周炳章. 铣工工艺学 [M]. 北京：中国劳动出版社，1997.
[9] 薛源顺. 磨工工艺学 [M]. 北京：中国劳动出版社，1998.
[10] 姚平. 刨工工艺学 [M]. 北京：中国劳动出版社，1995.
[11] 董献坤. 数控机床结构与编程 [M]. 北京：机械工业出版社，1999.
[12] 宋小春，张木青. 数控车床编程与操作 [M]. 广州：广东经济出版社，2002.